空间微波遥感研究与应用丛书

新型海洋微波遥感探测机理及应用

林明森 等 编著

科 学 出 版 社

北 京

内 容 简 介

本书是“十三五”国家重点研发计划项目“新型海洋微波遥感探测机理模型与应用研究”的成果之一，书中总结了海洋微波遥感辐射传输机理与模型、实时验证与校正技术、四种新型海洋微波遥感器的定量化反演新算法等关键技术，以及海洋微波遥感海面风、浪、流和盐度等参数的信息提取新算法，着重介绍海洋微波遥感动力环境多要素、高精度、准实时探测机理和定量化信息提取自主算法等科学问题，并展示了这些新型海洋微波遥感的应用示范与检验结果。

本书可供从事海洋微波遥感、海洋环境监测、海况预报等科技人员以及高等院校海洋、遥感、环境监测等专业的师生阅读使用。

图书在版编目（CIP）数据

新型海洋微波遥感探测机理及应用 / 林明森等编著. —北京：科学出版社，2021.4

（空间微波遥感研究与应用丛书）

ISBN 978-7-03-068669-5

Ⅰ. ①新… Ⅱ. ①林… Ⅲ. ①海洋调查－微波遥感－研究 Ⅳ. ①P715.7

中国版本图书馆 CIP 数据核字（2021）第 076977 号

责任编辑：彭胜潮　赵　晶 / 责任校对：何艳萍
责任印制：肖　兴 / 封面设计：黄华斌

科 学 出 版 社 出版
北京东黄城根北街 16 号
邮政编码：100717
http：//www.sciencep.com

北京汇瑞嘉合文化发展有限公司 印刷
科学出版社发行　各地新华书店经销
*
2021 年 4 月第　一　版　开本：787×1092　1/16
2021 年 4 月第一次印刷　印张：27
字数：637 000

定价：280.00 元

（如有印装质量问题，我社负责调换）

丛 书 序

空间遥感从光学影像开始，经过对水汽特别敏感的多光谱红外辐射遥感，发展到全天时、全天候的微波被动与主动遥感。被动遥感获取电磁辐射值，主动遥感获取电磁回波。通过遥感数据与图像可以获得这些测量值，通过这些测量值可以反演重构数据图像中内含的天地海目标多类、多尺度、多维度的特征信息，进而形成科学知识与应用，这就是“遥感——遥远感知”的实质含义。因此，空间遥感从各类星载遥感器的研制与运行到天地海目标精细定量信息的智能获取，是一项综合交叉的高科技领域。

20 世纪七八十年代，中国的微波遥感从最早的微波辐射计研制、雷达技术观测应用等开始，开展了大气与地表的微波遥感研究。1992 年作为“九五”规划之一，我国第一个具有微波遥感能力的气象卫星风云三号 A 星开始前期预研，多通道微波被动遥感信息获取的基础研究也已经开始。当时，我们与美国早先已运行的星载微波遥感的差距大概是 30 年。

自 20 世纪 863 计划开始，合成孔径雷达(SAR)的微波主动遥感技术调研和研制开始启动。

自 2000 年之后，中国空间遥感技术得到了十分迅速的发展。中国的风云气象卫星、海洋遥感卫星、环境遥感卫星等微波遥感技术相继发展，覆盖了可见光、红外、微波多个频段通道，包括星载高光谱成像仪、微波辐射计、散射计、高度计、高分辨率 SAR 等被动与主动遥感星载有效载荷。空间微波遥感信息获取与处理的基础研究和业务应用得到了迅速发展，在国际上已占据了十分显著的地位。

现在，我国已有了相当大规模的航天遥感计划，包括气象、海洋、资源、环境与减灾、军事侦察、测绘导航、行星探测等空间遥感应用。

我国气象与海洋卫星近期将包括星载新型降水测量与风场测量雷达、新型多通道微波辐射计等多种主被动新一代微波遥感载荷，具有更为精细的通道与精细的时空分辨率，其多计划综合连续地获取大气、海洋及自然灾害监测、大气水圈动力过程等遥感数据信息，以及全球变化的多维遥感信息。

中国高分辨率米级与亚米级多极化多模式 SAR 也在相当迅速地发展，在一些主要的技术指标上日益接近国际先进水平。干涉、多星、宽幅、全极化、高分辨率 SAR 都在立项发展中。

我国正在建成陆地、海洋、大气三大卫星系列，实现多种观测技术优化组合的高效全球观测和数据信息获取能力。空间微波遥感信息获取与处理的基础理论与应用方法也得到了全面的发展，逐步进入了世界先进行列。

如果说，21 世纪前十多年中国的遥感技术正在追赶世界先进水平，那么正在到来的二三十年将是与世界先进水平全面“平跑与领跑”研究的开始。

为了及时总结我国在空间微波遥感领域的研究成果，促进我国科技工作者在该领域研究与应用水平的不断提高，我们编撰了《空间微波遥感研究与应用丛书》。可喜的是，丛书的大部分作者都是在近十多年里涌现出来的中国青年学者，他们都取得了很好的研究成果，值得总结与提高。

我们希望这套丛书高质量、高品位地向国内外遥感科技界展示与交流，百尺竿头，更进一步，为伟大的中国梦的实现贡献力量。

主编：**姜景山**（中国工程院院士　中国科学院国家空间科学中心）
吴一戎（中国科学院院士　中国科学院电子学研究所）
金亚秋（中国科学院院士　复旦大学）

2017 年 6 月 10 日

前　　言

连续不断的观测是人类认识海洋、开发海洋和利用海洋的主要途径之一。海风、海浪、海流、海温、盐度、海面高度等海洋动力环境要素是海上生产、海上活动的重要保障因素。随着微波遥感技术的发展，人类可以利用卫星微波遥感的手段获取这些海洋动力环境要素。

我国海洋微波遥感技术已有长足的发展，但受制于遥感基础理论和原创性实验等基础性工作的不足，海洋动力环境多要素观测、高精度反演、定量化提取和准实时观测等海洋环境立体观测的需求仍然无法满足社会需求，特别在微波遥感辐射传输理论的原创性研究较少，大部分依赖国外已有的遥感基础模型，这在一定程度上制约了我国自主海洋卫星遥感观测技术的创新发展。

针对“十四五”期间及后续我国拟发射的星载五种新型微波载荷的需求，围绕星地一体化观测原理、算法模型和数据处理中存在的科学问题和技术难题，国家重点展开了一系列相关研究。本书总结了近年来在这些领域的创新性研究成果。

本书共 8 章。第 1 章介绍海洋极化微波散射和辐射遥感机理，阐述星载主被动微波传感器海洋动力环境和特征目标监测关键技术。第 2 章介绍海面微波多普勒散射机理及流场反演技术，重点阐述了顺轨干涉合成孔径雷达（SAR）测流、SAR 多普勒中心偏移测流以及最近新提出的多波束 SAR 测流和多普勒散射计测流等方法。第 3 章介绍针对盐度计、成像雷达高度计和波谱仪的海表盐度、海面高度、有效波高等微波遥感产品的实时验证与校正技术。第 4 章介绍宽刈幅成像雷达高度计海面高度、有效波高、海面风速测量原理及海洋信息提取方法。第 5 章讨论了波谱仪海洋信息提取技术，分析了波谱仪海浪方向谱探测原理，研究了海浪谱探测中的关键技术-斑点噪声去除方法、海浪谱分区方法，还介绍了波谱仪海面风速探测技术和海浪斜率概率密度函数探测技术。第 6 章介绍海洋盐度遥感探测机理、盐度计海表盐度信息提取技术以及盐度反演环境影响要素、规律及反演误差等，并在此基础上介绍了我国海洋盐度卫星关键技术指标体系。第 7 章针对高轨 SAR 的海洋遥感仿真技术，介绍了以海洋遥感应用为主的高轨 SAR 的轨道设计、成像算法流程、对海洋环境和目标的成像仿真以及高轨 SAR 半实物仿真演示系统和计算机仿真系统。第 8 章介绍基于未来我国新型微波遥感载荷的多元协同观测的海洋信息集成与应用示范。本书可供物理海洋学、海洋遥感方向的科研技术人员参考，也适用于高等院校海洋学专业的本科生、研究生教学使用。

本书各章主要撰写人员如下：第 1 章：张彪、张毅、徐星欧、程明、范陈清、赵屹立、尹乐彬、任永政、陈勇；第 2 章：何宜军、刘保昌、鲍青柳、任永政、李水清；第 3 章：朱建华、王贺、阎龙浩、翟万林、孙东波、马超飞、穆博、刘亚豪、陈春涛；第 4 章：贾永君、张云华、苗洪利、徐永生、任林；第 5 章：陈萍、李秀仲、任林；第 6 章：

林明森、周武、魏恩伯、殷晓斌、李炎、佟晓林、张兰杰、郝增周、任永政、陈权、王进、王新新；第 7 章：杨劲松、张振华、李财品、谢涛、张颜敏、刘根旺、任林、郑罡、周立章、张升、赵立、肖忠源、刘娇、安文韬、陈鹏、王贺、范剑超、陈权；第 8 章：陈戈、田丰林、吴奎桥、韩静雨、邢建勇、刘晓燕、张洁、魏士俨、许德伟、王程、周斌、雷惠、高乐、徐永生、沙金。

感谢丛书主编金亚秋院士对本书撰写给予的关心和指导！

本书的出版得到国家重点研发计划项目“新型海洋微波遥感探测机理模型与应用研究”（编号：2016YFC1401000）的资助。

由于时间紧迫和编写人员水平所限，书中不足和疏漏之处在所难免，请读者不吝指正。

编著者

2021 年 4 月

目　录

第1章 微波极化遥感机理与应用技术

1.1 全极化海面微波散射和辐射机理与模型

1.1.1 全极化海面微波散射机理

海面微波后向散射的理论研究有着十分悠久的历史，发展而来的普遍观点包括准镜面散射、布拉格散射和复合表面散射理论(Valenzuela，1978；Plant，1986；Donelan and Pierson，1987；Romeiser et al.，1997)。近些年的研究表明，对于许多情况(低风速或者中等到大入射角)，散射过程一般可以用基尔霍夫积分乘以取决于入射角和介电常数的系数来描述(Plant，2002)。

对于小入射角(0°～20°)，海表面的散射过程由准镜面散射主导。海表面可以看作是由大尺度波和叠加在其上的小尺度波组成，小入射角下的雷达后向散射主要来自大尺度波上与入射电磁波垂直的小平面(等效面元)。通常认为，当等效面元的长度为微波波长的 3～6 倍时会对后向散射信号有贡献。在小入射角、长波陡度小于 10%和波束足印的方位向宽度大于同一方向上相关长度的情形下，雷达横截面与长波倾斜调制的局地斜率相关。

中等入射角(20°～60°)下的后向散射主要来自经典的布拉格散射。在中等海况下，雷达发射的电磁波和布拉格波的波长与电磁波相当，发生共振。海洋中这些自由传播的散射体被较长的波浪平流和调制。实验数据已经证明，归一化雷达横截面和布拉格波的波高谱密度成比例。

数值模拟和实验观测表明，共极化后向散射在高风速情况下趋于饱和甚至衰减，尤其是在飓风海况下。但是最近的观测研究表明，交叉极化雷达后向散射在高风况中不饱和(Hwang et al.，2010)。对于 VV 极化，雷达横截面主要受布拉格共振机制控制，而 HH 和 VH 极化中包含了重要的非布拉格散射贡献(Hwang and Fois，2015；Voronovich and Zavorotng，2010)，其主要来源于波浪破碎过程，包括泡沫、破碎波增强的粗糙度区、破碎波峰锋面的镜面反射、楔形衍射等。Kudryavtsev 等(2003)遵循 Phillips(1985)提出的概念，即波浪破碎的散射区对雷达回波的总体贡献与破碎波锋面的统计量有关，而不依赖于某种具体的机制。他们将每个破碎区和被羽流特征化的溢出型碎波相联系，从而根据波浪破碎统计将非布拉格散射表示为高散射区之和。在这些极化模式中，HH 和 VH 极化的后向散射系数(NRCS)相较于布拉格散射分量对破碎波更加敏感，特别是在高入射角的情况下，因为此时来自布拉格共振波的散射非常小。相反，波浪破碎效应对 VV 极化 NRCS 的影响较小。

1.1.2 常见的海面散射近似方法

电磁波散射到粗糙边界的问题一直以来备受关注，目前常见的解决这个问题的近似方法有基尔霍夫近似(Kirchhoff approximation，KA)、小扰动理论(或微扰法)(small perturbation method，SPM)、双尺度模型(或复合表面模型)(two scale model，TSM)、小斜率近似(small slope approximation，SSA)、积分方程模型(integral equation model)等。

KA 的提出是基于格林定理，该定理描述的是在以封闭曲面为界的无源区域内，任意点上的散射场可以用曲面上的切向场来表示(Ulaby and Elachi，1990)。KA 适用于大曲率半径或局部光滑曲面，即观测目标的曲率半径大于辐射信号的波长。KA 也被称为切平面近似，或者在高频形式时被称为物理光学近似。因为 KA 的有效性取决于雷达波长 λ，在 $\lambda \to 0$ 时的极限情况下，这种近似方法将得到准确解，即几何光学限制。

在 KA 表面上的场与同一点上切平面所产生的场相同，因此 KA 只依赖于局地入射角处的菲涅尔反射系数，它能较准确地重现准镜面散射，但没有任何极化敏感度。因为没有考虑多重散射和曲率效应，所以该近似方法要求海面粗糙度的均方根倾角大于入射角和掠射角。根据物理光学，KA 要求：

$$Rk\cos^3\theta \gg 1 \tag{1.1.1}$$

式中，R 为曲率半径；k 为雷达入射波数；θ 为标称入射角。KA 的散射幅度为

$$S(k,k_0)=\frac{1}{Q_Z}\int K(k_0;\nabla h)\mathrm{e}^{-iQ_Z h(r)}\mathrm{e}^{-iQ_H r}\mathrm{d}r \tag{1.1.2}$$

式中，Q_Z 和 Q_H 分别为入射和反射电磁波的垂直分量和水平分量；K 为依赖于局地斜率的基尔霍夫核；$h(r)$ 为海表面高程。

建立于瑞利(Rayleigh)假设上的 SPM 即微扰法，其认为散射场可以表示为沿远离边界传播的平面波相叠加，这些平面波的未知振幅可以通过边界条件获取。20 世纪 60 年代，Valenzuela(1967, 1968)完成了水平和倾斜平面一维扰动的二阶计算。不同于 KA，SPM 适用于表面标准偏差和相关长度都小于电磁波波长的情形。SPM 要求表面标准偏差小于电磁波长的 5%，以及表面平均斜率与波数和标准偏差之积有同一数量级，即

$$k\sigma<0.3 \tag{1.1.3}$$

$$\sqrt{2}\sigma/l<0.3 \tag{1.1.4}$$

式中，σ 为标准偏差；l 为相关长度。在实际应用 SPM 时，以上条件仅作参考。

SPM 的散射振幅形式表示为海表面高度的 Taylor-Volterra 展开(Elfouhaily and Guerin，2006)：

$$\begin{aligned}S(k,k_0)=&\frac{1}{Q_Z}B(k,k_0)\delta(Q_H)-iB(k,k_0)h(Q_H)\\&-Q_Z\int B_2(k,k_0;\xi)h(k-\xi)h(\xi-k_0)\mathrm{d}\xi+L\end{aligned} \tag{1.1.5}$$

式中，$h(\xi)$为海面高程的傅里叶转换。

SPM 适用于小的均方根高度/波长比率，因此它为低频限制近似方法提供了参考，同时 SPM 提供了极化敏感度。其缺点是没有包含长波或镜面散射的影响。

基于 KA 和 SPM 可以得到 TSM(Valenzuela，1978；Barrick and Peake，1968)，从而提高对海面后向散射计算的可行性。根据双尺度方法，海表面可以看作是由长波和叠加在其上的毛细波组成，于是大尺度表面应用 KA(镜面反射)，而被大尺度波倾斜调制的小尺度粗糙面用 SPM 计算散射系数。Donelan 和 Pierson(1987)将详细的参数作为输入，提出了包含重力–毛细波效应的复合表面模型。Romeiser等(1997)通过在二维表面斜率上对 NRCS 进行泰勒展开，近似得到布拉格散射面的几何和流体动力学调制，提出了基于物理原理的改进复合表面模型。

众所周知，TSM 固有的缺点是该模型引入了一个尺度划分参数，该参数可在较宽的范围内选取任意粗糙度的小尺度和大尺度分量。在 $k/40 \sim k/1.5$ 范围内，不同的学者对尺度划分参数有着不同的选择，目前很少的定量观测支持该参数的选择对结果的影响很小。TSM 不允许评价高阶修正对结果的影响。TSM 也不能准确地预测入射平面内的交叉极化信号，在大入射角时它对雷达后向散射有着明显的低估。

1.1.3　全极化海面微波散射模型

复合表面散射模型能够较好地重现共极化雷达横截面，但是因为没有包含高阶布拉格散射或波浪破碎的贡献而无法合理解释交叉极化的 NRCS。大约半个世纪以前，布拉格共振已经被确定为来自水面的雷达后向散射的重要机制(Valenzuela，1978)。布拉格散射的解决方案是

$$\sigma_{0\text{pq}}(\theta) = 16\pi k^4 \cos^4\theta \left| g_{\text{pq}}(\theta) \right|^2 W(2k\sin\theta, 0) \tag{1.1.6}$$

式中，下标 p 和 q 表示极化方式，可以为水平极化 h 或者垂直极化 v；g_{pq} 为与海水相对介电常数相关的极化系数；W 为海面粗糙度的二维波数谱，对所有波数积分得到表面位移方差；$2k\sin\theta$ 为布拉格共振波分量的波数大小。

真实海表面由具有多尺度波分量的波浪场构成，布拉格共振中的短波被长波倾斜，从而产生交叉极化信号，导致局部入射角 $\theta_{\text{i}} = \cos^{-1}\left[\cos(\theta+\psi)\cos\delta\right]$ 偏离以水平面为基准的标称入射角。对于一个略微粗糙的面元，单位面积的海面归一化雷达横截面可以得到以下表达式。

对于水平极化：

$$\sigma_{0\text{hh}}(\theta_{\text{i}}) = 16\pi k^4 \cos^4\theta_{\text{i}} \left| g_{\text{hh}}(\theta_{\text{i}}) \left(\frac{\alpha\cos\delta}{\alpha_{\text{i}}} \right)^2 + g_{\text{vv}}(\theta_{\text{i}}) \left(\frac{\sin\delta}{\alpha_{\text{i}}} \right)^2 \right|^2 \times W(2k\alpha, 2k\gamma\sin\delta) \tag{1.1.7}$$

对于垂直极化：

$$\sigma_{0\mathrm{vv}}(\theta_{\mathrm{i}})=16\pi k^4\cos^4\theta_{\mathrm{i}}\left|g_{\mathrm{vv}}(\theta_{\mathrm{i}})\left(\frac{\alpha\cos\delta}{\alpha_{\mathrm{i}}}\right)^2+g_{\mathrm{hh}}(\theta_{\mathrm{i}})\left(\frac{\sin\delta}{\alpha_{\mathrm{i}}}\right)^2\right|^2 \times W(2k\alpha,2k\gamma\sin\delta) \tag{1.1.8}$$

对于交叉极化：

$$\sigma_{0\mathrm{vh}}(\theta_{\mathrm{i}})=\sigma_{0\mathrm{hv}}(\theta_{\mathrm{i}})=16\pi k^4\cos^4\theta_{\mathrm{i}}\left(\frac{\alpha\sin\delta\cos\delta}{\alpha_{\mathrm{i}}^2}\right)^2 \times\left|g_{\mathrm{vv}}(\theta_{\mathrm{i}})-g_{\mathrm{hh}}(\theta_{\mathrm{i}})\right|^2W(2k\alpha,2k\gamma\sin\delta) \tag{1.1.9}$$

考虑到所有的表面倾斜效应，海面的单位面积后向散射横截面为

$$\sigma_{0\mathrm{pq}}(\theta)=\int_{-\infty}^{+\infty}\int_{-\infty}^{+\infty}\sigma_{0\mathrm{pq}}(\theta_{\mathrm{i}})p(\tan\psi,\tan\delta)\mathrm{d}(\tan\delta)\mathrm{d}(\tan\psi) \tag{1.1.10}$$

式中，$\alpha_{\mathrm{i}}=\sin\theta_{\mathrm{i}}$；$\alpha=\sin(\theta+\psi)$；$\gamma=\cos(\theta+\psi)$；$\psi$ 和 δ 分别为雷达入射平面内和垂直于雷达入射平面的倾斜表面的角度；$p(\tan\psi,\tan\delta)$ 为描述海表面粗糙度斜率的概率密度函数。

为了克服复合表面模型中尺度划分参数的影响，SSA 被提出并且得到了发展和应用(Voronovich and Zavorotny，2001；Voronovich，1994)。SSA 适用于任意的波长范围，同时可以获得入射/散射电磁波掠射角的正切值。当海表面满足高斯统计分布时，SSA 以粗糙度斜率的形式呈现了散射振幅(或散射横截面)的规则展开，于是可以得到 SSA 的一阶和二阶后向散射。对散射振幅以入射/散射波分量和表面高程的形式进行扩展，有

$$S(\bar{k},\bar{k}_0)=\frac{2(q_kq_0)^{1/2}}{q_k+q_0}\int\frac{\mathrm{d}\bar{r}}{(2\pi)^2}\exp\left[-i(\bar{k}-\bar{k}_0)\bar{r}-i(q_k+q_0)h(\bar{r})\right] \times\left[B(\bar{k},\bar{k}_0)-\frac{i}{4}\int M(\bar{k},\bar{k}_0;\xi)\hat{h}(\xi)\exp(i\xi\bar{r})\mathrm{d}\xi\right] \tag{1.1.11}$$

式中，$\bar{r}=(x,y)$ 为水平坐标系；$\bar{k}_0$ 和 $\bar{k}$ 分别为入射波和散射波波矢量的水平分量；q_k 和 q_0 为垂直分量；$\hat{h}(\xi)$ 为对表面粗糙度高程的傅里叶转换；$M(\bar{k},\bar{k}_0;\xi)=B_2(\bar{k},\bar{k}_0;\bar{k}-\xi)+B_2(\bar{k},\bar{k}_0;\bar{k}_0+\xi)+2(q_k+q_0)B(\bar{k},\bar{k}_0)$，提供了对一阶 SSA 的修正。因此，式(1.1.11)对应着 SSA2；当 $M=0$ 时为 SSA1。

当海面粗糙度满足高斯分布时，散射横截面表示为

$$\sigma_{\alpha\alpha_0}(\bar{k},\bar{k}_0)=\left(\frac{2q_kq_0}{q_k+q_0}\right)^2\int\mathrm{e}^{-\mathrm{i}(\bar{k}-\bar{k}_0)\bar{r}}R_{\alpha\alpha_0}(\bar{k},\bar{k}_0;\bar{r})\frac{\mathrm{d}\bar{r}}{(2\pi)^2} \tag{1.1.12}$$

式中，$R_{\alpha\alpha_0}$ 为关于 $F_{\alpha\alpha_0}$、$M_{\alpha\alpha_0}$ 和 $B_{\alpha\alpha_0}$ 的函数；$F_{\alpha\alpha_0}$ 与 M 和高程谱 $S(\xi)$ 相关。

SSA2 因为包含了二阶布拉格散射，因此相较于 CB 模型对全极化后向散射有显著的提升。但在高风速期间，SSA2 模型仍然出现了饱和问题，也不能很好地重现 HH 极化 NRCS。因此，以破碎波为代表的非布拉格散射对雷达后向散射的模拟非常关键。

1.1.4　全极化海面微波辐射机理

Stokes 矢量是 1852 年由 George Gabriel Stokes 定义的一系列值，用以描述电磁波辐射的极化状态。它是以总能量(I)、极化度(p)和极化椭圆形状参数的形式，以更为通用的数学方法，来描述电磁波的极化状态。Stokes 矢量定义为(Valenznela，1978)

$$\boldsymbol{I}_{\mathrm{s}}=\begin{bmatrix} I \\ Q \\ U \\ V \end{bmatrix}=\frac{1}{\eta}\begin{bmatrix} \langle E_{\mathrm{v}}E_{\mathrm{v}}^{*}\rangle+\langle E_{\mathrm{h}}E_{\mathrm{h}}^{*}\rangle \\ \langle E_{\mathrm{v}}E_{\mathrm{v}}^{*}\rangle-\langle E_{\mathrm{h}}E_{\mathrm{h}}^{*}\rangle \\ 2\operatorname{Re}\langle E_{\mathrm{v}}E_{\mathrm{h}}^{*}\rangle \\ 2\operatorname{Im}\langle E_{\mathrm{v}}E_{\mathrm{h}}^{*}\rangle \end{bmatrix} \tag{1.1.13}$$

式中，E_{v} 和 E_{h} 分别为垂直和水平方向的电场；η 为波阻抗；I 为总功率；Q 为正交极化；U 为±45°线性极化；V 为圆极化。电磁波辐射的极化度 p 利用 Stokes 参数则可以表示为

$$p=\frac{\sqrt{Q^{2}+U^{2}+V^{2}}}{I} \tag{1.1.14}$$

由式(1.1.14)可以发现，极化度在 Stokes 参数中主要是以 U 和 V 来表征的。当 $p=1$ 时，表征电磁波辐射为完全极化状态；当 $p<1$ 时，表征电磁波辐射为部分极化。

海面微波辐射亮温的 Stokes 矢量可以表示为

$$\boldsymbol{T}_{\mathrm{B}}=\frac{\lambda^{2}}{k\eta}\begin{bmatrix} \langle E_{\mathrm{v}}E_{\mathrm{v}}^{*}\rangle+\langle E_{\mathrm{h}}E_{\mathrm{h}}^{*}\rangle \\ \langle E_{\mathrm{v}}E_{\mathrm{v}}^{*}\rangle-\langle E_{\mathrm{h}}E_{\mathrm{h}}^{*}\rangle \\ 2\operatorname{Re}\langle E_{\mathrm{v}}E_{\mathrm{h}}^{*}\rangle \\ 2\operatorname{Im}\langle E_{\mathrm{v}}E_{\mathrm{h}}^{*}\rangle \end{bmatrix}=\begin{bmatrix} T_{\mathrm{v}}+T_{\mathrm{h}} \\ T_{\mathrm{v}}-T_{\mathrm{h}} \\ U \\ V \end{bmatrix} \tag{1.1.15}$$

式中，k 为波尔兹曼常数；λ 为辐射波长。此外，Stokes 矢量还有另一种形式(Plant，1986)：

$$\boldsymbol{T}_{\mathrm{B}}=\begin{bmatrix} T_{\mathrm{v}} \\ T_{\mathrm{h}} \\ U \\ V \end{bmatrix}=\begin{bmatrix} T_{\mathrm{v}} \\ T_{\mathrm{h}} \\ T_{45}-T_{-45} \\ T_{\mathrm{lc}}-T_{\mathrm{rc}} \end{bmatrix} \tag{1.1.16}$$

式中，T_{v}、T_{h}、T_{45}、T_{-45}、T_{lc}、T_{rc} 分别为垂直极化、水平极化、45°线性极化、–45°线性极化、左旋圆极化和右旋圆极化亮温。理论和实验均证实，海面微波辐射的第三和第四 Stokes 参数包含较强的风向信息(Donelan and Pierson，1987；Romeiser et al.，1997；Plant，2002)。因此，全极化微波辐射计(如 WindSat)可以通过测量海面微波辐射的所有四个 Stokes 参数来实现海面风矢量的观测(Hwang et al.，2010)。

1.1.5　全极化海面微波辐射模型

在模拟海面全极化微波辐射时通常采用 TSM。Yueh 等(1994)采用双尺度近似将粗糙海面视为海面长波及骑行其上的毛细波两部分，利用 Bragg 散射计算毛细波对微波的散射，同时考虑大尺度波对毛细波散射的调制。Yueh 的 TSM 模拟结果与机载全极化微波辐射计观测数据的对比显示两者具有较好的一致性，如图 1.1 所示。

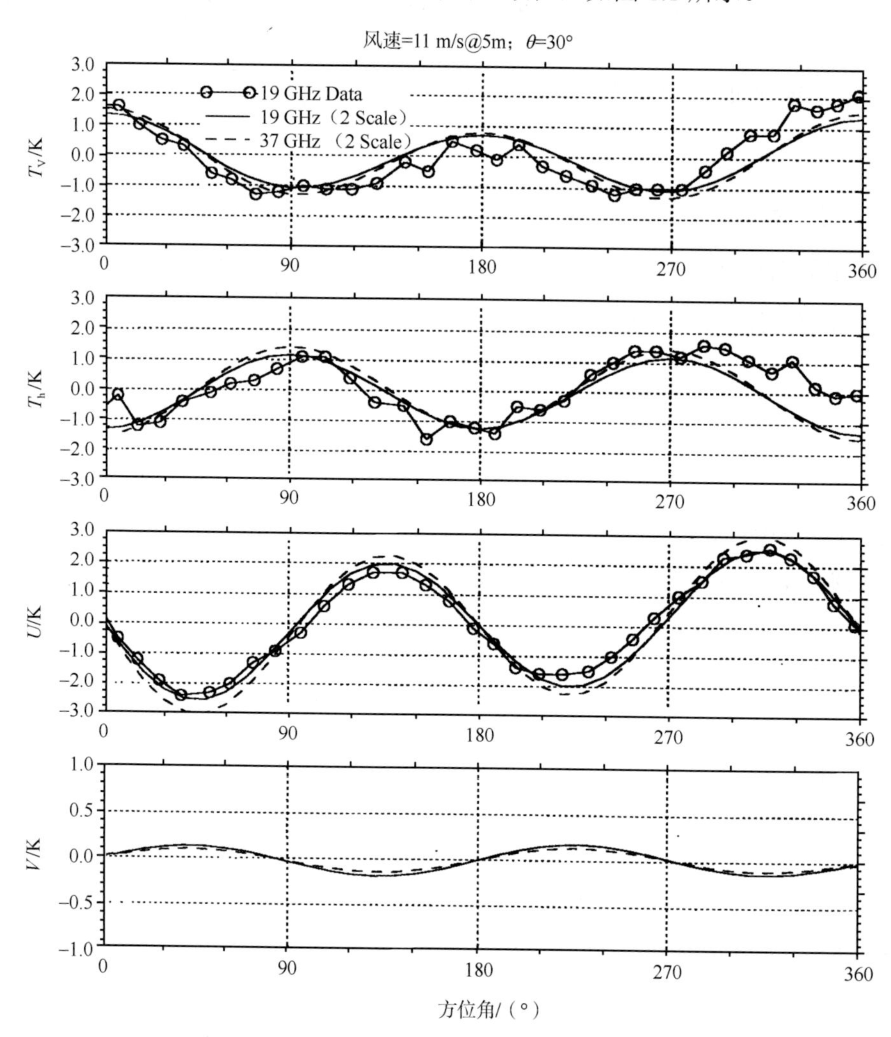

图 1.1　Yueh 的 TSM 模拟结果与机载观测数据

Yueh 的 TSM 首先依据海面波数阈值，将海面波谱划分为长波和短波两部分：

$$W_l(K,\varphi_k)=W(K<k_d,\varphi_k) \tag{1.1.17}$$

$$W_s(K,\varphi_k)=W(K>k_d,\varphi_k) \tag{1.1.18}$$

在 Yueh(1997)的 TSM 的计算中添加了短波波谱的水动力调制：

$$W_{\mathrm{s}}\left(K,\varphi_k,S_x\right)=hW_{\mathrm{s}}\left(K,\varphi_k\right) \tag{1.1.19}$$

式中，h 为调制系数，其定义如下：

$$h=\begin{cases}1-0.5\operatorname{sgn}\left(S_x\right) & \left|\dfrac{S_x}{S_y}\right|>1.25\\ 1-\dfrac{0.4S_x}{S_y} & \left|\dfrac{S_x}{S_y}\right|\leqslant 1.25\end{cases} \tag{1.1.20}$$

长波对海面微波辐射的贡献在于对骑行其上的短波辐射进行调制：

$$I_{\mathrm{s}}=\int_{-\infty}^{+\infty}\mathrm{d}S_y'\int_{-\infty}^{+\infty}\mathrm{d}S_x' I_{\mathrm{sl}}\left(1-S_x'\tan\theta\right)P\left(S_x,S_y\right) \tag{1.1.21}$$

式中，S_x'、S_y' 分别为海面斜率沿微波辐射计观测方位向和垂直于观测方位向的分量；S_x、S_y 分别为沿海面风向和垂直海面风向的海面斜率分量。海面斜率分布的方差由海面长波波谱 W_{l} 通过积分计算得到。I_{sl} 为短波辐射，随着海面风速的增大，波浪破碎产生的泡沫会覆盖部分海面，因此长波调制的对象 I_{sl} 变为短波辐射和海面泡沫辐射：

$$I_{\mathrm{sl}}=\left(1-F\right)I_{\mathrm{ss}}+FI_{\mathrm{sf}} \tag{1.1.22}$$

式中，I_{ss} 为海面短波辐射；I_{sf} 为海面泡沫辐射；F 为海面泡沫覆盖率。在地球坐标系下，在实际计算中首先计算局部坐标系(参考倾斜海面)下的短波辐射 I_{ss}'，然后通过坐标系转换得到 I_{ss}。

根据基尔霍夫定律局部海面的辐射系数 I_{ss}' 可以由散射系数 I_{r} 通过下式表示，然后将散射系数转换，其过程如下

$$I_{\mathrm{ss}}'=\begin{bmatrix}T_{\mathrm{v}}\\T_{\mathrm{h}}\\U\\V\end{bmatrix}=T_{\mathrm{s}}\left(\begin{bmatrix}1\\1\\0\\0\end{bmatrix}-I_{\mathrm{r}}\right) \tag{1.1.23}$$

式中，T_{s} 为海表温度；I_{r} 为小尺度海面波的反射系数向量，基于粗糙海面散射的二阶解，I_{r} 可以表示如下：

$$I_{\mathrm{r}}=I_{\mathrm{rc}}-I_{\mathrm{ri}} \tag{1.1.24}$$

式中，I_{rc} 为相干反射率；I_{ri} 为非相干反射率。I_{ri} 利用双站散射系数在上半球积分得出，计算形式如下：

$$I_{\mathrm{s}}=\int_0^{\frac{\pi}{2}}\sin\theta_{\mathrm{i}}\mathrm{d}\theta_{\mathrm{i}}\int_0^{2\pi}\mathrm{d}\varphi_{\mathrm{i}}\frac{\cos\theta_{\mathrm{i}}}{4\pi\cos\theta_{\mathrm{i}}}\begin{bmatrix}\gamma_{\mathrm{vvvv}}^{\mathrm{i}}\left(\theta_{\mathrm{l}},\varphi_{\mathrm{l}};\theta_{\mathrm{i}},\varphi_{\mathrm{i}}\right)+\gamma_{\mathrm{vhvh}}^{\mathrm{i}}\left(\theta_{\mathrm{l}},\varphi_{\mathrm{l}};\theta_{\mathrm{i}},\varphi_{\mathrm{i}}\right)\\ \gamma_{\mathrm{hhhh}}^{\mathrm{i}}\left(\theta_{\mathrm{l}},\varphi_{\mathrm{l}};\theta_{\mathrm{i}},\varphi_{\mathrm{i}}\right)+\gamma_{\mathrm{hvhv}}^{\mathrm{i}}\left(\theta_{\mathrm{l}},\varphi_{\mathrm{l}};\theta_{\mathrm{i}},\varphi_{\mathrm{i}}\right)\\ 2\operatorname{Re}\left[\gamma_{\mathrm{vhhh}}^{\mathrm{i}}\left(\theta_{\mathrm{l}},\varphi_{\mathrm{l}};\theta_{\mathrm{i}},\varphi_{\mathrm{i}}\right)+\gamma_{\mathrm{vvhv}}^{\mathrm{i}}\left(\theta_{\mathrm{l}},\varphi_{\mathrm{l}};\theta_{\mathrm{i}},\varphi_{\mathrm{i}}\right)\right]\\ 2\operatorname{Im}\left[\gamma_{\mathrm{vhhh}}^{\mathrm{i}}\left(\theta_{\mathrm{l}},\varphi_{\mathrm{l}};\theta_{\mathrm{i}},\varphi_{\mathrm{i}}\right)+\gamma_{\mathrm{vvhv}}^{\mathrm{i}}\left(\theta_{\mathrm{l}},\varphi_{\mathrm{l}};\theta_{\mathrm{i}},\varphi_{\mathrm{i}}\right)\right]\end{bmatrix} \tag{1.1.25}$$

式中，$\gamma_{\alpha\beta\mu\nu}^{\mathrm{i}}\left(\theta_1,\varphi_1;\theta_{\mathrm{i}},\varphi_{\mathrm{i}}\right)$为双站散射系数；$\alpha$、$\beta$、$\mu$、v 表示极化状态 v 或 h；$\theta_1$ 和 φ_1 为局部海面坐标系下辐射传播方向的天顶角和方位角；θ_{i} 和 φ_{i} 为入射波的天顶角和方位角。

$$\gamma_{\alpha\beta\mu\nu}^{\mathrm{i}}\left(\theta_1,\varphi_1;\theta_{\mathrm{i}},\varphi_{\mathrm{i}}\right)=4\pi k_0^4\cos^2\theta_1 F_{\alpha\beta\mu\nu}\left(\theta_1,\varphi_1;\theta_{\mathrm{i}},\varphi_{\mathrm{i}}\right)\times\frac{W_{\mathrm{s}}\left(k_{\rho}\cos\varphi_1-k_{\rho\mathrm{i}}\cos\varphi_{\mathrm{i}},k_{\rho}\sin\varphi_1-k_{\rho\mathrm{i}}\sin\varphi_{\mathrm{i}}\right)}{\cos\theta_{\mathrm{i}}} \tag{1.1.26}$$

式中，$k_{\rho}=k_0\sin\theta_1$，$k_{\rho\mathrm{i}}=k_0\sin\theta_{\mathrm{i}}$ 分别为散射波和入射波在水平面的投影；k_0 为真空中的电磁波波数；W_{s} 为小尺度波波谱。

$$F_{\alpha\beta\mu\nu}\left(\theta_1,\varphi_1;\theta_{\mathrm{i}},\varphi_{\mathrm{i}}\right)=g_{\alpha\beta}^{(1)}\left(\theta_1,\varphi_1;\theta_{\mathrm{i}},\varphi_{\mathrm{i}}\right)g_{\mu\nu}^{(1)*}\left(\theta_1,\varphi_1;\theta_{\mathrm{i}},\varphi_{\mathrm{i}}\right) \tag{1.1.27}$$

$$g_{\mathrm{hh}}^{(1)}\left(\theta_1,\varphi_1;\theta_{\mathrm{i}},\varphi_{\mathrm{i}}\right)=\frac{2\cos\theta_{\mathrm{i}}\left(\varepsilon-1\right)\cos\left(\varphi-\varphi_{\mathrm{i}}\right)}{\left(\cos\theta+\sqrt{\varepsilon-\sin^2\theta}\right)\left(\cos\theta_{\mathrm{i}}+\sqrt{\varepsilon-\sin^2\theta_{\mathrm{i}}}\right)} \tag{1.1.28}$$

$$g_{\mathrm{hv}}^{(1)}\left(\theta,\varphi;\theta_{\mathrm{i}},\varphi_{\mathrm{i}}\right)=\frac{2\cos\theta_{\mathrm{i}}\left(\varepsilon-1\right)\sqrt{\varepsilon-\sin^2\theta_{\mathrm{i}}}\sin\left(\varphi-\varphi_{\mathrm{i}}\right)}{\left(\cos\theta+\sqrt{\varepsilon-\sin^2\theta}\right)\left(\varepsilon\cos\theta_{\mathrm{i}}+\sqrt{\varepsilon-\sin^2\theta_{\mathrm{i}}}\right)} \tag{1.1.29}$$

$$g_{\mathrm{vh}}^{(1)}\left(\theta,\varphi;\theta_{\mathrm{i}},\varphi_{\mathrm{i}}\right)=\frac{2\cos\theta_{\mathrm{i}}\left(\varepsilon-1\right)\sqrt{\varepsilon-\sin^2\theta_{\mathrm{i}}}\sin\left(\varphi-\varphi_{\mathrm{i}}\right)}{\left(\varepsilon\cos\theta+\sqrt{\varepsilon-\sin^2\theta}\right)\left(\cos\theta_{\mathrm{i}}+\sqrt{\varepsilon-\sin^2\theta_{\mathrm{i}}}\right)} \tag{1.1.30}$$

$$g_{\mathrm{vh}}^{(1)}\left(\theta,\varphi;\theta_{\mathrm{i}},\varphi_{\mathrm{i}}\right)=2\cos\theta_{\mathrm{i}}\left(\varepsilon-1\right)\times\frac{\varepsilon\sin\theta\sin\theta_{\mathrm{i}}-\sqrt{\varepsilon-\sin^2\theta_{\mathrm{i}}}\sin\left(\varphi-\varphi_{\mathrm{i}}\right)}{\left(\cos\theta+\sqrt{\varepsilon-\sin^2\theta}\right)\left(\varepsilon\cos\theta_{\mathrm{i}}+\sqrt{\varepsilon-\sin^2\theta_{\mathrm{i}}}\right)} \tag{1.1.31}$$

经过二阶散射场校正的海面相干散射系数 I_{rc} 可以表示为

$$I_{\mathrm{rc}}=\begin{bmatrix}\left|R_{\mathrm{vv}}^{(0)}\right|^2+2\,\mathrm{Re}\left(R_{\mathrm{vv}}^{(0)}R_{\mathrm{vv}}^{(0)*}\right)\\ \left|R_{\mathrm{hh}}^{(0)}\right|^2+2\,\mathrm{Re}\left(R_{\mathrm{hh}}^{(0)}R_{\mathrm{hh}}^{(0)*}\right)\\ 2\,\mathrm{Re}\left(R_{\mathrm{vh}}^{(2)}R_{\mathrm{hh}}^{(0)*}+R_{\mathrm{vv}}^{(0)}R_{\mathrm{hv}}^{(2)*}\right)\\ 2\,\mathrm{Im}\left(R_{\mathrm{vh}}^{(2)}R_{\mathrm{hh}}^{(0)*}+R_{\mathrm{vv}}^{(0)}R_{\mathrm{hv}}^{(2)*}\right)\end{bmatrix} \tag{1.1.32}$$

式中，$R_{\mathrm{vv}}^{(0)}$ 和 $R_{\mathrm{hh}}^{(0)}$ 分别为垂直极化和水平极化的菲涅尔反射系数：

$$R_{\mathrm{vv}}^{(0)}=\frac{\varepsilon\cos\theta_{\mathrm{i}}-\sqrt{\varepsilon-\sin^2\theta_{\mathrm{i}}}}{\varepsilon\cos\theta_{\mathrm{i}}+\sqrt{\varepsilon-\sin^2\theta_{\mathrm{i}}}} \tag{1.1.33}$$

$$R_{\mathrm{hh}}^{(0)}=\frac{\cos\theta_{\mathrm{i}}-\sqrt{\varepsilon-\sin^2\theta_{\mathrm{i}}}}{\cos\theta_{\mathrm{i}}+\sqrt{\varepsilon-\sin^2\theta_{\mathrm{i}}}} \tag{1.1.34}$$

$$R_{\alpha\beta}^{(2)*}=\int_0^{2\pi}\int_{-\infty}^{\cot\theta}k_0^2W_{\mathrm{s}}\left(k_{\rho\mathrm{i}}\cos\varphi_{\mathrm{i}}-k_\rho\cos\varphi,k_{\rho\mathrm{i}}\sin\varphi_{\mathrm{i}}-k_\rho\sin\varphi\right)g_{\alpha\beta}^{(2)}k_\rho\mathrm{d}k_\rho\mathrm{d}\varphi \tag{1.1.35}$$

式中，$R_{\alpha\beta}^{(2)*}$下标 α 和 β 表示极化状态 v 或 h，它是对镜面反射系数在有小尺度波扰动时的校正；W_{s}为小尺度波波谱。

$$\begin{aligned}g_{\mathrm{hh}}^{(2)}=&\frac{2\cos\theta_{\mathrm{i}}(\varepsilon-1)}{\left(\cos\theta_{\mathrm{i}}+\sqrt{\varepsilon-\sin^2\theta_{\mathrm{i}}}\right)^2}\\&\times\left\{\sqrt{\varepsilon-\sin^2\theta_{\mathrm{i}}}-\frac{(\varepsilon-1)\left[\sqrt{\varepsilon-\xi^2}\sqrt{1-\xi^2}+\xi^2\cos^2(\varphi-\varphi_{\mathrm{i}})\right]}{\left(\xi^2+\sqrt{\varepsilon-\xi^2}\sqrt{1-\xi^2}\right)\left(\sqrt{\varepsilon-\xi^2}+\sqrt{1-\xi^2}\right)}\right\}\end{aligned} \tag{1.1.36}$$

$$\begin{aligned}g_{\mathrm{hv}}^{(2)}=&\frac{2\cos\theta_{\mathrm{i}}(\varepsilon-1)\sin(\varphi-\varphi_{\mathrm{i}})}{\left(\cos\theta_{\mathrm{i}}+\sqrt{\varepsilon-\sin^2\theta_{\mathrm{i}}}\right)\left(\varepsilon\cos\theta_{\mathrm{i}}+\sqrt{\varepsilon-\sin^2\theta_{\mathrm{i}}}\right)\left(\xi^2+\sqrt{\varepsilon-\xi^2}\sqrt{1-\xi^2}\right)}\\&\times\left[\varepsilon\xi\sin\theta_{\mathrm{i}}-\frac{(\varepsilon-1)\xi^2\sqrt{\varepsilon-\sin^2\theta_{\mathrm{i}}}\cos(\varphi-\varphi_i)}{\sqrt{\varepsilon-\xi^2}+\sqrt{1-\xi^2}}\right]\end{aligned} \tag{1.1.37}$$

$$g_{\mathrm{vh}}^{(2)}=-g_{\mathrm{hv}}^{(2)} \tag{1.1.38}$$

$$\begin{aligned}g_{\mathrm{vv}}^{(2)}=&\frac{2\cos\theta_{\mathrm{i}}(\varepsilon-1)\varepsilon}{\left(\cos\theta_{\mathrm{i}}+\sqrt{\varepsilon-\sin^2\theta_{\mathrm{i}}}\right)^2}\\&\times\left\{\frac{(\varepsilon-1)\xi^2\sin^2\theta_{\mathrm{i}}}{\left(\xi^2+\sqrt{\varepsilon-\xi^2}\sqrt{1-\xi^2}\right)\left(\sqrt{\varepsilon-\xi^2}+\sqrt{1-\xi^2}\right)}\right.\\&+\sqrt{\varepsilon-\sin^2\theta_{\mathrm{i}}}\left[1-\frac{2\xi\sin\theta_{\mathrm{i}}\cos(\varphi-\varphi_{\mathrm{i}})}{\xi^2+\sqrt{\varepsilon-\xi^2}\sqrt{1-\xi^2}}\right]\\&\left.-\frac{\left(\varepsilon-\sin^2\theta_{\mathrm{i}}\right)(\varepsilon-1)}{\varepsilon\left(\sqrt{\varepsilon-\xi^2}+\sqrt{1-\xi^2}\right)}\left[1-\frac{\xi^2\cos^2(\varphi-\varphi_{\mathrm{i}})}{\xi^2+\sqrt{\varepsilon-\xi^2}\sqrt{1-\xi^2}}\right]\right\}\end{aligned} \tag{1.1.39}$$

TSM 是通过波数阈值 k_{d} 将海面波划分为长波和短波两部分，它是 TSM 的关键参数之一。Yueh 的模拟中针对 19.35 GHz 和 37 GHz 采用 120 rad 和 230 rad 作为这两个频率对应的 k_{d}，模拟中海表温度为 12 ℃，5 m 高海面风速为 9 m/s，入射角为 55°。Johnson (2006) 模拟中，则设定 $k_0/10$（k_0 为辐射波在真空中的波数）为 k_{d}。Wentz (1975) 与 Guissad

和 Sobieski（1987）在模拟中采用的 k_d 都与风速相关，随着风速的增大而增大。

图 1.2 显示了采用不同 k_d 值模拟的全极化海面微波辐射亮温，对应环境参数为海表温度 12℃、5 m 高海面风速 9 m/s、入射角 55°、频率 19.35 GHz 和 37 GHz。由于 Guissad 和 Sobieski 计算所得的 k_d 与 Yueh 所采用的 k_d 值较为接近（19.35 GHz：Guissad 和 Sobieski—112.8，Yueh—120；37 GHz：Guissad 和 Sobieski—224，Yueh—230），因此这两种模拟所得的海面微波辐射亮温较为接近。利用 Jonson 的方法计算的 k_d 值（19.35 GHz：40.6；37 GHz：77.5）的海面全极化模拟结果与其他两种模拟结果相比，垂直极化亮温（T_v）和水平极化亮温（T_h）明显偏高；第三和第四 Stokes 参数（U、V）随相对风向变化的振幅大于其他两种模拟结果，且这种差异在 37GHz 中较为明显。通过模拟可以发现，在海表温度、海面风速、海表盐度和观测入射角相同的情况下，基于 TSM 模拟的 T_v 和 T_h 会随着 k_d 值的减小而增大，同时 U、V 随着相对风向的变化振幅也会变大。

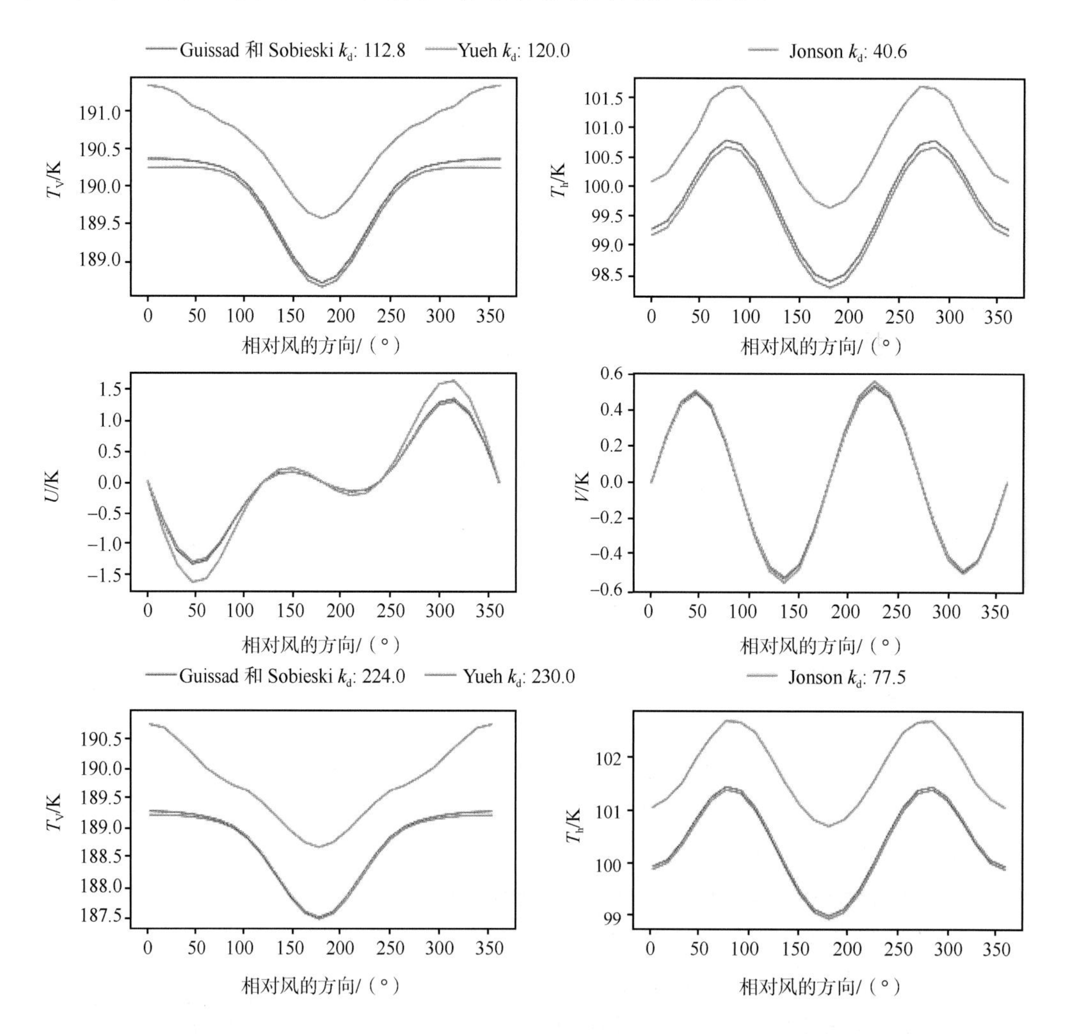

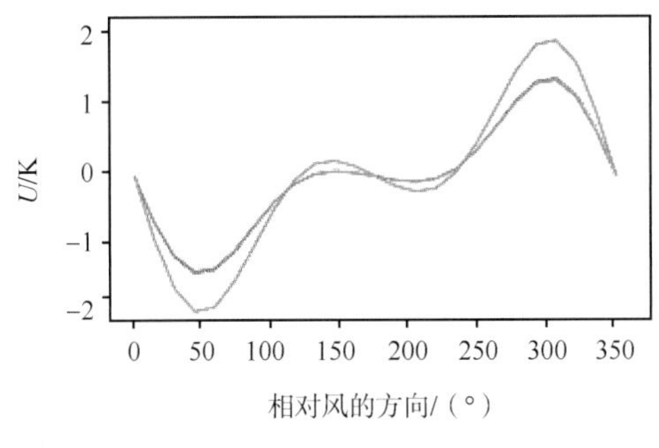

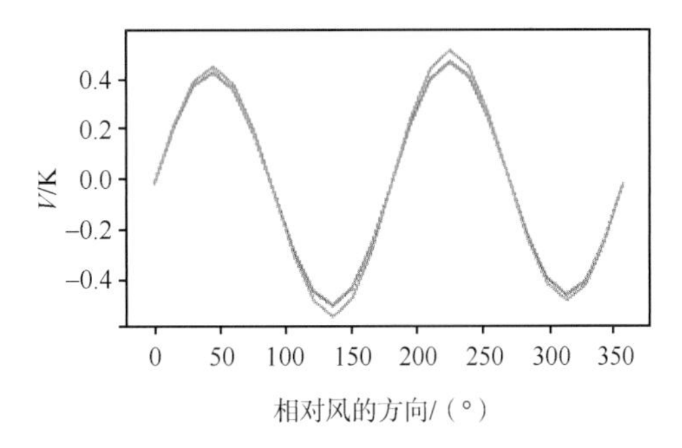

图 1.2　采用 Guissad 和 Sobieski、Yueh k_d 值模拟的海面微波辐射亮温随方位角(相对于顺风向)的变化
图中所有模拟结果模拟时采用的海表温度为 12℃、5 m 高海面风速为 9 m/s、入射角为 55°，未考虑泡沫辐射

随着海面风速的增大，海浪破碎部分海面会被泡沫覆盖，海面总的辐射率也因此改变。在海面微波辐射模拟中通常采用 Stogryn(1972)基于观测数据建立的经验模型：

$$\varepsilon_{\mathrm{p}}(v,\theta)=\frac{\varepsilon(v,0)T_{\mathrm{w}}F_{\mathrm{p}}(\theta)}{T_{\mathrm{w}}}\qquad(p=\mathrm{h},\mathrm{v})\tag{1.1.40}$$

$$\varepsilon(v,0)T_{\mathrm{w}}=208+1.29v\tag{1.1.41}$$

$$F_{\mathrm{h}}(\theta)=1-1.748\times10^{-3}\theta-7.336\times10^{-5}\theta^{2}+1.044\times10^{-7}\theta^{3}\tag{1.1.42}$$

$$F_{\mathrm{v}}(\theta)=1-9.946\times10^{-4}\theta+3.218\times10^{-5}\theta^{2}-1.187\times10^{-6}\theta^{3}+7\times10^{-20}\theta^{10}\tag{1.1.43}$$

式中，v 为辐射频率(GHz)；θ 为观测角(°)；T_{w} 为海表温度(K)。Stogryn 模型中采用的辐射测量数据来自于人造泡沫和由波浪破碎自然生成的泡沫，观测方式包含固定观测和机载观测，但是数据中只包含正交极化亮温并未涉及第三和第四 Stokes 参数。除此之外，Smith(1988)利用机载观测数据建立了经验的泡沫辐射模型，但是模型只适用于 19 GHz 和 37 GHz，同样也不包含第三和第四 Stokes 参数。Padmanabhan 等(2004)和 Rose 等(2002)分别利用实验测量的人造泡沫辐射数据建立了 10.8 GHz 和 36.5 GHz 的辐射模型。Padmanabhan 等(2004)采用人造风来驱动水面形成波浪破碎形的泡沫覆盖，然后对泡沫辐射进行了正交极化的测量。Rose 的试验则采用布置在水下的泡沫生成装置生成泡沫，除正交极化亮温外，还在 10.8 GHz 测量了左右旋极化亮温和±45°线性极化亮温。

假设海面泡沫覆盖率 F_{r} 为 1，则海面辐射亮温全部由泡沫辐射贡献，式(1.1.21)可以改写为

$$I_{\mathrm{sf}}'=\int_{-\infty}^{+\infty}\mathrm{d}S_y'\int_{-\infty}^{\cot\theta}\mathrm{d}S_x'I_{\mathrm{sf}}\left(1-S_x'\tan\theta\right)P\left(S_x,S_y\right)\tag{1.1.44}$$

式中，I_{sf} 为长波上海面泡沫的直接辐射；I_{sf}' 为长波调制后的泡沫辐射。假设泡沫中气泡的散射和辐射各向同性且气泡分布均匀，则 I_{sf} 也是各向同性的，只与频率、入射角、海表温度和海表盐度相关。根据经验模型所使用的数据源，可以认为，Stogryn、Smith 和 Padmanabhan 模型所使用的观测数据，是经过长波调制后的泡沫辐射，即 I_{sf}'。相比以上三种模型，Rose 模型适用于计算 I_{sf}。该模型可以计算 10.8 GHz 的所有四个 Stokes 参数，这对模拟泡沫辐射对全极化亮温各向异性尤为重要。Rose 模型采用二阶多项式计算泡沫辐射率，

$$E_{\mathrm{fp}} = a_0 + a_1\theta + a_2\theta^2 \tag{1.1.45}$$

式中，p 表示极化，详细的计算系数如表 1.1 所示。表 1.1 中，H 和 V 表示水平极化和垂直极化；P 和 M 表示+45°和–45°线性极化；L 和 R 表示左旋和右旋圆极化。

表 1.1　Rose 泡沫辐射模型计算系数（Rose et al.，2002）

频率/GHz	极化	a_0	a_1	a_2
10.8	H	0.8962	0.002 159	–6.572e-5
	V	0.7864	0.006 696	–7.329e-5
	M	0.7504	0.007 478	–9.665e-5
	P	0.6878	0.010 64	–1.353e-4
	L	0.7458	0.007 729	–1.019e-4
	R	0.7220	0.009 183	–1.209e-4
36.5	H	0.5601	0.017 47	–2.306e-4
	V	0.6696	0.012 23	–1.352e-4

泡沫对海面总辐射的贡献还受到泡沫覆盖率的影响。目前，海面泡沫覆盖率的计算是基于经验模型，这些经验模型多数基于光学图像或视频估算泡沫覆盖率并建立其与海面 10 m 高风速（U_{10}）的经验关系。除海面风速外，海面泡沫覆盖率同样受到大气稳定性(海水温度与海面气温差)、海表温度、海水盐度、海面流速、波浪成长状态等多种因素的影响。Anguelova 和 Webster(2006)研究中对比分析了 Monahan 和 Omuircheartaigh (1986)30 种海面泡沫覆盖率的经验模型，发现模型计算结果具有较大差异。图 1.3 显示了各种经验模型随海面风速的变化。在海面微波辐射模拟中，采用频率较高的 Monahan 和 Omuircheartaigh(1986)的泡沫覆盖率模型。

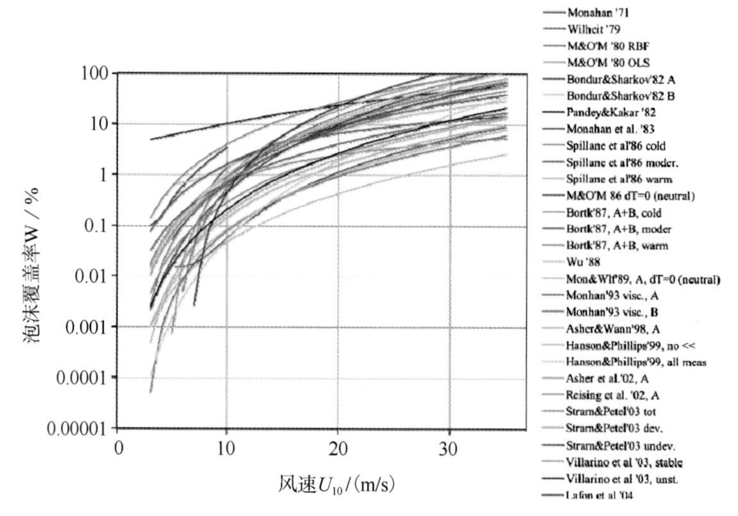

图 1.3　泡沫覆盖率随海面风速的变化(Anguelova and Webster，2006)

$$F = 1.95\times10^{-5}U_{10}^{\ 2.56} \tag{1.1.46}$$

式中，U_{10}为海面 10 m 高海面风速。

1.2　高时空变化条件下的极化干涉散射机制

1.2.1　时变海面模拟

图 1.4 给出了顺轨干涉 SAR 海面观测几何，x 正向指向平台飞行方向，y 正向指向雷达视向在水平面的投影矢量方向，z 正向朝上，(x,y) 描述平均海面，$z=z(x,y)$ 表示海面起伏。θ 为雷达波束入射角，ϕ 为波向相对于 y 正向的角度，$\boldsymbol{U}$ 为流速矢量，$\boldsymbol{V}$ 为卫星飞行速度矢量。SAR 系统在飞行方向上前后放置了两幅天线，间距为 B。

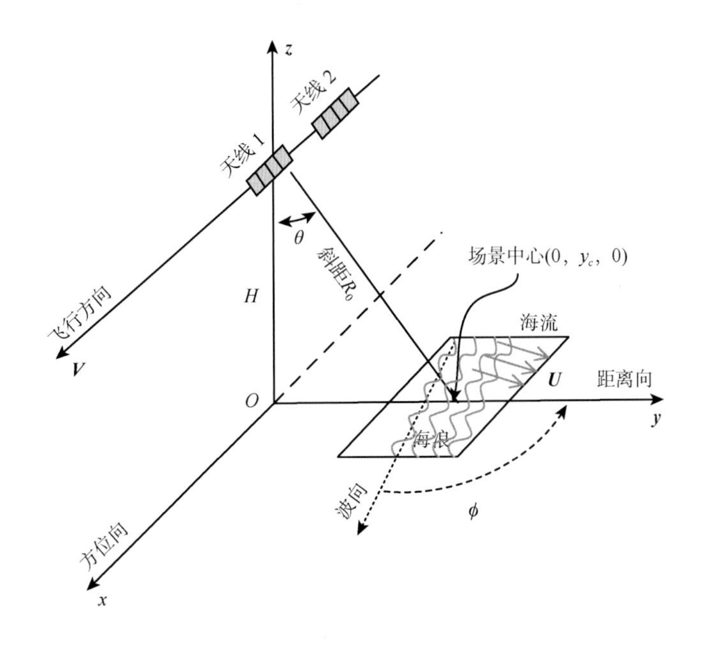

图 1.4　顺轨干涉 SAR 海面观测几何

假设海面是双尺度的，由大、小两种尺度波组成(图 1.5)。大尺度波可局部近似为小面元。小面元尺寸大于入射波波长，小于 SAR 分辨率，可反映大尺度波几何特征。小尺度波为微观粗糙度，叠加在每个面元上，受大尺度波倾斜和水动力调制(Voronovich and Zavorotny，2001；Kudryavtsev et al.，2003)。

假设海面场景在 x 方向长度为 L_x，分辨率为 Δx；y 方向长度为 L_y，分辨率为 Δy，则 x 和 y 方向面元个数为 $M=L_x/\Delta x$ 和 $N=L_y/\Delta y$，大尺度场景网格点坐标可表示为

$$
\begin{aligned}
x_m &= \Delta x\left(m-M/2\right)\Big|_{m=1,2,\cdots,M} \\
y_n &= y_c+\Delta y\left(n-N/2\right)\Big|_{n=1,2,\cdots,N}
\end{aligned}
\tag{1.2.1}
$$

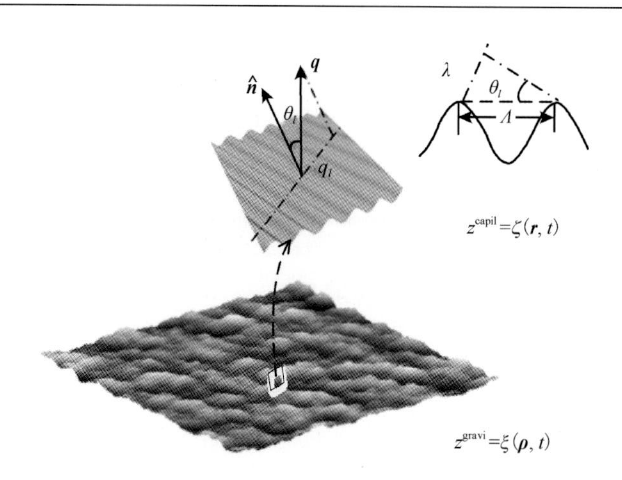

图 1.5　双尺度海面示意图

对应的大尺度波的空间波数网格为

$$
\begin{aligned}
k_i &= 2\pi(i-M/2)/L_x\Big|_{i=,2,\cdots,M} \\
k_j &= 2\pi(j-N/2)/L_y\Big|_{i=,2,\cdots,N}
\end{aligned}
\tag{1.2.2}
$$

网格点高度表示为 $z^{\text{gravi}}=\xi(\boldsymbol{\rho},t)=\xi(x_m,y_n,t)$，大尺度结构可利用双叠加模型模拟

$$
\xi(x_m,y_n,t)=\sum_{i=1}^{M}\sum_{j=1}^{N}a_{ij}\cos\left[k_ix_m+k_jy_n-\omega_{ij}t+\varphi_{ij}(\text{seed})\right] \tag{1.2.3}
$$

式中，振幅 a_{ij} 满足瑞利分布，且有 $<a_{ij}^2>=2F(k_{ij},\phi_{ij})\mathrm{d}k\mathrm{d}\phi$，因此：

$$
a_{ij}=\sqrt{2F(k_{ij},\phi_{ij})\mathrm{d}k\mathrm{d}\phi} \tag{1.2.4}
$$

式中，$F(k,\phi)=S(k)f(k,\phi)$ 为海浪方向谱；$S(k)$ 为全向波高谱，采用 JONSWAP 谱；$f(k,\phi)$ 为方向扩展函数。$\varphi_{ij}(\text{seed})$ 为[$-\pi$, π]之间均匀分布的随机变量。角频率 ω 与波数 $k=(k_x,k_y)=(k,\phi)$ 存在以下频散关系：

$$
\omega=\sqrt{(gk+\tau k^3)\tanh(kh)}+k\cdot U \tag{1.2.5}
$$

式中，$g=9.81\ \mathrm{m/s^2}$，为重力加速度；$\tau=7.44\times10^{-5}$，为海水的张力密度比；h 为水深，对于深水海域（$kh\gg1$），$\tanh(kh)\approx1$。

对于每个面元 A，小尺度波产生的扰动 $z^{\text{capil}}=\zeta(\boldsymbol{r},t)$，形式设为

$$
\zeta(\boldsymbol{r},t)=B(\boldsymbol{\kappa})\sin(\boldsymbol{\kappa}\cdot\boldsymbol{r}+\omega t+\vartheta) \tag{1.2.6}
$$

式中，$B(\boldsymbol{\kappa})$ 为小尺度波振幅；$\boldsymbol{\kappa}$ 为小尺度波的波数矢量，需满足 Bragg 共振条件；ϑ 为

小尺度波的随机相位。振幅 $B(\boldsymbol{\kappa})$ 为

$$B(\boldsymbol{\kappa})=\sqrt{2\pi S(\boldsymbol{\kappa}) f(\boldsymbol{\kappa},\phi)/\boldsymbol{\kappa}} \tag{1.2.7}$$

式中，$S(\boldsymbol{\kappa})$ 为小尺度波谱，采用如下形式(Kudryavtsev et al.，2003)：

$$S_{\mathrm{gc}}(\boldsymbol{\kappa})=A_{\mathrm{m}}\Omega_{\mathrm{m}}^{p-1}\frac{\dfrac{g+3g\kappa^2}{\kappa_{\mathrm{m}}^2}}{\left(\dfrac{g\kappa+g\kappa^3}{\kappa_{\mathrm{m}}^2}\right)^{(p+1)/2}} \tag{1.2.8}$$

$$S_{\mathrm{c}}(\boldsymbol{\kappa})=\frac{u_*^3}{U_{\mathrm{m}}^3}\frac{\kappa_{\mathrm{m}}^6}{\kappa^9}$$

式中，$S_{\mathrm{gc}}(\boldsymbol{\kappa})$ 为毛细重力波谱；$S_{\mathrm{c}}(\boldsymbol{\kappa})$ 为毛细波谱；$\kappa_{\mathrm{m}}=\sqrt{g/\tau}=363.2\ \mathrm{rad/m}$；$A_{\mathrm{m}}=0.875\times10^{-4}\mathrm{m}^2$；$U_{\mathrm{m}}=0.1893\mathrm{m/s}$；$\Omega_{\mathrm{m}}=2\pi\mathrm{s}^{-1}$；$p=5-\lg(u_*/u_0)$，$u_*$ 为摩擦风速，$u_0=0.01\ \mathrm{m/s}$。

根据上面的讨论，面元内的海面轮廓可以描述为

$$z(\boldsymbol{r},t)=\xi(\boldsymbol{\rho},t)+\zeta(\boldsymbol{r},t)+\delta_x(x-x_m)+\delta_y(y-y_n) \tag{1.2.9}$$

式中，$\delta_x=\partial\xi/\partial x$ 和 $\delta_y=\partial\xi/\partial y$ 为长波在 x 方向和 y 方向的斜率。

另外，水动力调制作用引起长波波峰处短波波高增大，波谷处减小。根据前人的研究，本书通过短波谱分量乘以因子 $\left[1+\xi(x_m,y_n,t)k_{\mathrm{p}}\right]$ 来加入水动力效应，其中 k_{p} 为主波波数(Phillips，1985)。海流也会对海面微尺度波产生调制作用。海流对微尺度波的调制主要通过波流相互作用实现。海流对海浪谱的调制作用是由流场梯度产生的。

1.2.2　面元极化散射系数计算

通过考虑入射电磁波与海面之间的相互作用，来估计海面场景的后向散射系数分布。对于中等入射角，海面散射机理主要是 Bragg 共振散射(Ulaby and Elachi，1990)。典型 SAR 系统均是在 20°～50° 的中等入射角范围工作。因此，本书主要考虑 Bragg 共振散射的贡献。

利用 KA 求解每个小面元的散射场，得到散射电场与入射电场的关系(Valenzuela，1967，1968；Elfouhaily and Guerin，2006)：

$$\begin{vmatrix}E_{\mathrm{h}}^{\mathrm{s}}\\E_{\mathrm{v}}^{\mathrm{s}}\end{vmatrix}=\frac{jK}{4\pi R}\exp(-jKR)\boldsymbol{\gamma}\begin{vmatrix}E_{\mathrm{h}}^{\mathrm{i}}\\E_{\mathrm{v}}^{\mathrm{i}}\end{vmatrix} \tag{1.2.10}$$

式中，E_{h}、E_{v} 分别为水平极化和垂直极化电场分量；上标 i 和 s 代表入射和散射；K 为入射波数；R 为 SAR 天线与面元中心的距离；$\boldsymbol{\gamma}$ 为散射系数矩阵。$\boldsymbol{\gamma}$ 的计算方法如下：

$$\boldsymbol{\gamma} = \boldsymbol{F} D\left(\theta_i, \delta_x, \delta_y\right) \tag{1.2.11}$$

式中，$\boldsymbol{F}$ 描述了面元散射的极化特征；$D\left(\theta_i, \delta_x, \delta_y\right)$ 代表了海面微尺度波对散射的贡献。$\boldsymbol{F}$ 表达式如下：

$$\begin{aligned}
F_{\mathrm{hh}} &= \frac{2\left(\delta_x \sin\Delta\theta - \delta_r \cos\Delta\theta\right)}{\delta_x^2 + \left(\delta_r \sin\Delta\theta + \delta_s \cos\Delta\theta\right)^2} \times \left[\delta_x^2 R_{\mathrm{q}} - \left(\delta_r \sin\Delta\theta + \delta_s \cos\Delta\theta\right)^2 R_{\mathrm{p}}\right] \\
F_{\mathrm{vv}} &= \frac{2\left(\delta_s \sin\Delta\theta - \delta_r \cos\Delta\theta\right)}{\delta_x^2 + \left(\delta_r \sin\Delta\theta + \delta_s \cos\Delta\theta\right)^2} \times \left[\left(\delta_r \sin\Delta\theta + \delta_s \cos\Delta\theta\right)^2 R_{\mathrm{q}} - \delta_x^2 R_{\mathrm{p}}\right] \\
F_{\mathrm{hv}} = F_{\mathrm{vh}} &= \frac{2\delta_x\left(\delta_s \sin\Delta\theta - \delta_r \cos\Delta\theta\right)\left(\delta_r \sin\Delta\theta + \delta_s \cos\Delta\theta\right)}{\delta_x^2 + \left(\delta_r \sin\Delta\theta + \delta_s \cos\Delta\theta\right)^2} \times \left[R_{\mathrm{q}} + R_{\mathrm{p}}\right]
\end{aligned} \tag{1.2.12}$$

式中，δ_x、δ_r 和 δ_s 为长波在 (x, r, s) 坐标系内的斜率；r 正向与雷达入射波束指向一致（图 1.6）；$\Delta\theta = \theta_{\mathrm{i}} - \theta$ 为有效入射角与标称入射角的差；R_{p} 和 R_{q} 为两种极化的菲涅尔反射系数：

$$R_{\mathrm{p}} = \frac{\cos\theta_1 - \sqrt{\varepsilon_r - \sin^2\theta_1}}{\cos\theta_1 + \sqrt{\varepsilon_r - \sin^2\theta_1}} \tag{1.2.13}$$

$$R_{\mathrm{q}} = \frac{\sqrt{\varepsilon_r - \sin^2\theta_1} - \varepsilon_r - \cos\theta_1}{\sqrt{\varepsilon_r - \sin^2\theta_1} + \varepsilon_r - \cos\theta_1} \tag{1.2.14}$$

式中，θ_1 为面元的局地入射角。

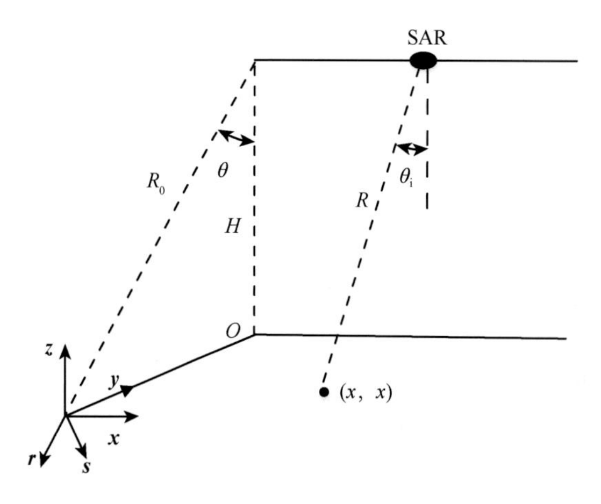

图 1.6　SAR 海面观测的相对几何关系

$D\left(\theta_{\mathrm{i}}, \delta_x, \delta_y\right)$ 的表达式为

$$D\left(\theta_{\mathrm{i}}, \delta_x, \delta_y\right) = \int_A \exp\left(-j\boldsymbol{q} \cdot \boldsymbol{r}\right) \mathrm{d}A \tag{1.2.15}$$

式中，A 为面元投影在 (x, y) 平面上的面积；$\boldsymbol{q}=-2\boldsymbol{K}$；$\boldsymbol{r}$ 为面元中心指向面元一点的矢量：

$$\boldsymbol{r}=\left(x-x_{\mathrm{m}}\right)\hat{\boldsymbol{x}}+\left(y-y_{\mathrm{n}}\right)\hat{\boldsymbol{y}}+\left(z-\xi\right)\hat{\boldsymbol{z}} \tag{1.2.16}$$

将式(1.2.16)和式(1.2.9)代入式(1.2.15)，可得

$$D\left(\theta_{\mathrm{i}},\delta_x,\delta_y\right)=\int_{-\Delta x/2}^{\Delta x/2}\mathrm{d}x\int_{-\Delta y/2}^{\Delta y/2}\mathrm{d}y\exp\left\{\frac{4\pi}{\lambda}j\left[\begin{array}{l}\left(\delta_x\cos\theta_i\right)x-\left(\sin\theta_i+\delta_y\cos\theta\right)y-\\ B\left(\kappa_x,\kappa_y\right)\cos\theta_i\sin\left(\kappa_x x+\kappa_y y+\omega t+\vartheta\right)\end{array}\right]\right\} \tag{1.2.17}$$

根据 Bragg 共振散射机理，SAR 传感器是一个频率选择器。也就是说，仅满足 Bragg 共振条件的小尺度波对 SAR 后向散射有贡献。因此，式(1.2.17)可简化为

$$D\left(\theta_{\mathrm{i}},\delta_x,\delta_y\right)=\sum_{p=1}^{\infty}J_p\left[\frac{4\pi}{\lambda}B\left(\kappa_x,\kappa_y\right)\cos\theta_{\mathrm{i}}\right]M'N'\exp\left[jp\left(\omega t+\vartheta\right)\right]\frac{4\pi^2}{\kappa_x\kappa_y} \tag{1.2.18}$$

式中，J_p 为 p-th 贝塞尔函数；κ_x、κ_y 满足 Bragg 共振条件：

$$\begin{cases}\kappa_x=\dfrac{4\pi}{p\lambda}\delta_x\cos\theta_i\\ \kappa_y=\dfrac{4\pi}{p\lambda}\left(\sin\theta_{\mathrm{i}}+\delta_y\cos\theta_{\mathrm{i}}\right)\end{cases}\quad p=1,2,\cdots \tag{1.2.19}$$

则在 x 和 y 方向上面元内的小尺度波纹的个数分别为 $M'=\dfrac{\Delta x\cdot\kappa_x}{2\pi}$ 和 $N'=\dfrac{\Delta y\cdot\kappa_y}{2\pi}$。

1.2.3　顺轨干涉 SAR 回波仿真

顺轨干涉 SAR 有单发双收和双发双收两种工作模式。单发双收是天线 1 发射雷达信号，两个天线接收后向散射回波信号；双发双收是两个天线分别发射和接收信号。对于双发双收模式，两个天线有效基线长度为物理基线长度，时间间隔 $\Delta t=B/V$，而对单发双收模式，有效基线长度为物理基线长度的一半，时间间隔 $\Delta t=B/2V$。

本书采用单发双收模式。顺轨干涉 SAR 的有效基线长度不应太长，以避免后向散射信号去相关，也不应太短，以获取可测量的相位差。换句话说，时间间隔 Δt 应小于海面场景的相关时间，但 Δt 也应尽量大，以提高测速的灵敏度。Δt 的量级一般是毫秒。图 1.7 给出了顺轨干涉 SAR 海面场景回波仿真流程。为了避免前后两个回波信号的去相关，在海面模拟、散射计算和回波生成时应采用相同的随机量。

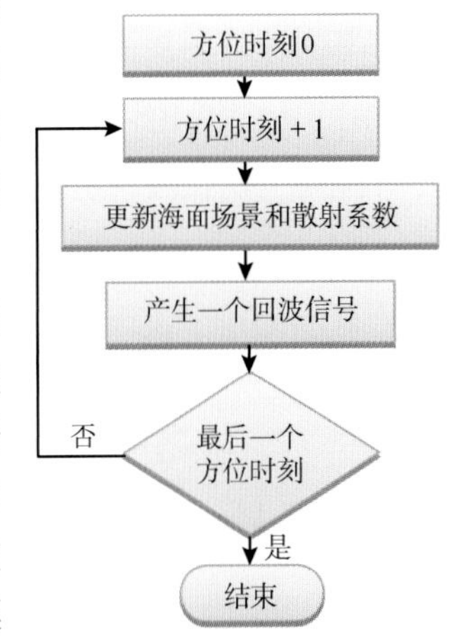

图 1.7　海面场景回波仿真流程图

假设 SAR 发射线性调频脉冲信号，在二维时域内，t_0 时

刻的 SAR 海面回波信号为(Barrick and Peake，1968)

$$s(\tau,\eta)=\sum_{m=1}^{M}\sum_{n=1}^{N}\left\{\begin{aligned}&\gamma(x_m,y_n)\mathrm{rect}\left(\frac{\tau-2R(\eta\,|\,x_m,y_n)/c}{T_\mathrm{r}}\right)\mathrm{rect}\left(\frac{\eta-x_m/(V-v_x)}{T_\mathrm{a}}\right)\\&\times\exp\left[-j4\pi f_0\cdot R(\eta\,|\,x_m,y_n)/c\right]\exp\left[j\pi K_\mathrm{r}\left(\tau-2R(\eta\,|\,x_m,y_n)/c\right)^2\right]\end{aligned}\right\} \tag{1.2.20}$$

式中，η 为 SAR 信号的慢时间(方位时间)，相对于雷达波束中心通过海面场景中心的时间 t_0 定义；τ 为 SAR 信号的快时间(距离时间)；T_r 为脉冲持续时间；T_a 为 SAR 照射时间；K_r 为发射脉冲调频率；f_0 为雷达载频；c 为光速；V 为平台飞行速率；v_x 为海面速度在 x 方向的分量；rect(·) 为标准矩形窗函数，具体含义如下：

$$\mathrm{rect}\left(\frac{t}{T}\right)=\begin{cases}1, & |t|\leqslant T/2\\ 0, & \text{其他}\end{cases} \tag{1.2.21}$$

式(1.2.20)中的 $R(\eta\,|\,x_m,y_n)$ 为雷达与散射面元的瞬时距离，利用如下距离方程描述：

$$R(\eta\,|\,x_m,y_n)=\sqrt{\left[R_0(x_m,y_n)+\hat{v}_\mathrm{r}(x_m,y_n)\left(\eta-\frac{x_m}{V-v_x}\right)\right]^2+\left[(V-v_x)\eta-x_m\right]^2} \tag{1.2.22}$$

式中，$\hat{v}_\mathrm{r}(x_m,y_n)$ 为面元 (x_m,y_n) 的径向速度，这里通过考虑海面速度对瞬时距离的影响加入了速度聚束效应；$R_0(x_m,y_n)$ 为雷达天线与面元 (x_m,y_n) 之间的最短距离：

$$R_0(x_m,y_n)=\sqrt{\left[H-\xi_0(x_m,y_n)\right]^2+y_n^2} \tag{1.2.23}$$

式中，$\xi_0(x_m,y_n)$ 为 $\eta=x_m/(V-v_x)$ 时面元 (x_m,y_n) 的海面高度：

$$\xi_0(x_m,y_n)=\xi(x_m,y_n,t)\Big|_{t=t_0+\frac{x_m}{V-v_x}} \tag{1.2.24}$$

海面速度场由流速、长波轨道速度和短波相速度组成。令斜距平面内的海面速度矢量 $\boldsymbol{v}=\left[v_x(x_m,y_n,t),v_r(x_m,y_n,t)\right]$，$v_x(x_m,y_n,t)$ 指方位向速度，$v_\mathrm{r}(x_m,y_n,t)$ 指径向速度。在方位向上，长波轨道速度和短波相速度相对于平台飞行速度是极小量，因此：

$$v_x(x_m,y_n,t)=U_x \tag{1.2.25}$$

径向速度 $v_\mathrm{r}(x_m,y_n,t)$ 是海面流速、长波轨道速度和短波相速度的视向速度分量的叠加：

$$\begin{aligned}v_\mathrm{r}(x_m,y_n,t)=&U_y\sin\left[\mathrm{atan}\left(\frac{y_n}{H}\right)\right]\\&+\sum_{i=1}^{M}\sum_{j=1}^{N}a_{ij}\omega_{ij}g_{ij}\cos\left[k_ix_m+k_jy_n-\omega_{ij}t+\varphi_{ij}(\mathrm{seed})+\psi_{ij}\right]+u_\mathrm{r}^c\end{aligned} \tag{1.2.26}$$

$$g_{ij}=\sqrt{\left(k_j\Big/\sqrt{k_i^2+k_j^2}\right)^2\sin^2\left[\theta\left(y_n\right)\right]+\cos^2\left[\theta\left(y_n\right)\right]} \tag{1.2.27}$$

$$\psi_{ij}=\operatorname{atan}\left\{\frac{\sqrt{k_i^2+k_j^2}\cos\left[\theta\left(y_n\right)\right]}{k_j\sin\left[\theta\left(y_n\right)\right]}\right\} \tag{1.2.28}$$

短波相速度 u_{r}^c 是期望为 0、标准差为 $\sqrt{\left\langle\left(u_{\mathrm{r}}^c\right)^2\right\rangle}$ 的高斯随机变量，$\sqrt{\left\langle\left(u_{\mathrm{r}}^c\right)^2\right\rangle}$ 表达式为

$$\sqrt{\left\langle\left(u_{\mathrm{r}}^c\right)^2\right\rangle}=\sqrt{\frac{\beta\cdot g\cdot\sqrt{\Delta x\cdot\Delta y}}{2\pi}} \tag{1.2.29}$$

从式(1.2.26)可以看出，海面径向速度场是时间的函数，这使得 SAR 海面回波模拟更为复杂，可对其做进一步简化：

$$v_{\mathrm{r}}\left(x_m,y_n,\eta\right)=v_{\mathrm{r}}^0\left(x_m,y_n\right)+a_{\mathrm{r}}\left(x_m,y_n\right)\left(\eta-\frac{x_m}{V-v_x}\right)+u_{\mathrm{r}}^c \tag{1.2.30}$$

$$\begin{aligned}&v_{\mathrm{r}}^0\left(x_m,y_n\right)\\&=U_y\sin\left[\operatorname{atan}\left(\frac{y_n}{H}\right)\right]+\sum_{i=1}^{M}\sum_{j=1}^{N}a_{ij}\omega_{ij}g_{ij}\cos\left[k_ix_m+k_jy_n-\omega_{ij}t+\varphi_{ij}\left(\mathrm{seed}\right)+\psi_{ij}\right]\Bigg|_{t=t_0+\frac{x_m}{V-v_x}}\end{aligned} \tag{1.2.31}$$

$$a_{\mathrm{r}}\left(x_m,y_n\right)=\sum_{i=1}^{M}\sum_{j=1}^{N}a_{ij}\omega_{ij}^2g_{ij}\sin\left[k_ix_m+k_jy_n-\omega_{ij}t+\varphi_{ij}\left(\mathrm{seed}\right)+\psi_{ij}\right]\Bigg|_{t=t_0+\frac{x_m}{V-v_x}} \tag{1.2.32}$$

式中，$a_{\mathrm{r}}\left(x_m,y_n\right)$ 为长波径向速度的加速度，可导致 SAR 照射时间内径向速度的变化。由加速度导致的径向速度变化 $u_{\mathrm{r}}^{\mathrm{acc}}\left(x_m,y_n\right)$ 是一个高斯随机变量，期望为 0，标准差为

$$\sqrt{\left\langle\left(u_{\mathrm{r}}^{\mathrm{acc}}\right)^2\right\rangle}\left(x_m,y_n\right)=a_{\mathrm{r}}\left(x_m,y_n\right)T_a \tag{1.2.33}$$

$u_{\mathrm{r}}^{\mathrm{acc}}\left(x_m,y_n\right)$ 和 u_{r}^c 合成一个随机变量：

$$u_{\mathrm{r}}\left(x_m,y_n\right)=u_{\mathrm{r}}^{\mathrm{acc}}\left(x_m,y_n\right)+u_{\mathrm{r}}^c \tag{1.2.34}$$

假设长波和短波的运动是相互独立的，则 $u_{\mathrm{r}}\left(x_m,y_n\right)$ 的标准差为

$$\sqrt{\left\langle u_{\mathrm{r}}^2\right\rangle}\left(x_m,y_n\right)=\sqrt{\left\langle\left(u_{\mathrm{r}}^{\mathrm{acc}}\right)^2\right\rangle+\left\langle\left(u_{\mathrm{r}}^c\right)^2\right\rangle} \tag{1.2.35}$$

最终，面元 $\left(x_m,y_n\right)$ 的径向速度为

$$\hat{v}_{\mathrm{r}}\left(x_m,y_n\right)=v_{\mathrm{r}}^0\left(x_m,y_n\right)+u_{\mathrm{r}}\left(x_m,y_n\right) \tag{1.2.36}$$

利用上述仿真方法可生成不同极化的 SAR 海面回波，然后利用距离多普勒算法生成 SAR 复图像。最终可生成同一场景的不同极化组合的顺轨干涉 SAR 复图像对。

1.2.4 极化干涉相干最优分析

对一组 SAR 复图像对做复数共轭相乘，生成干涉图。其数学表达式为

$$\boldsymbol{I} = \boldsymbol{M} \cdot S^{*} \tag{1.2.37}$$

式中，$\boldsymbol{M}$ 为主图像复数据；S^{*} 为辅图像复数据 S 的共轭复数。复乘结果 $\boldsymbol{I}$ 表示生成的复数形式的干涉图，对 $\boldsymbol{I}$ 取辐角 $\arg(\boldsymbol{I})$，即干涉相位图。

相关系数反映干涉相位质量的高低，在干涉处理中具有非常重要的地位，其表达式为

$$\rho = \left| \frac{\sum_i \sum_j M(i,j) \cdot S(i,j)^*}{\sqrt{\left|\sum_i \sum_j M(i,j)\right|^2 \cdot \left|\sum_i \sum_j S(i,j)\right|^2}} \right| \tag{1.2.38}$$

相关系数 $\rho\left[\rho \in (0,1)\right]$ 值越大，干涉相位图质量越高，噪声越小，干涉相位越可信。反之，相关系数值越小，干涉条纹越模糊，干涉相位噪声越大。本章将通过分析极化对相关系数 ρ 的影响，以确定进行顺轨干涉 SAR 测流的最优极化组合。

1.2.5 顺轨干涉 SAR 径向流速提取

利用确定的极化干涉相干最优的复图像对，通过干涉处理，提取海面径向流速，对高时空变化条件下极化干涉散射机制仿真的准确性进行验证。顺轨干涉 SAR 径向流速提取流程如图 1.8 所示。首先，利用选择的 SAR 复图像对得到干涉相位图；然后，进行滤波和解缠，得到消除 2π 模糊的绝对相位；紧接着进行干涉相位图的校准和修正，使斜距速度为 0 的散射元的相位也为 0；随后，去除长波轨道速度和 Bragg 相速度的贡献，得到径向海面流速；最后，与仿真时输入的流速进行比较。

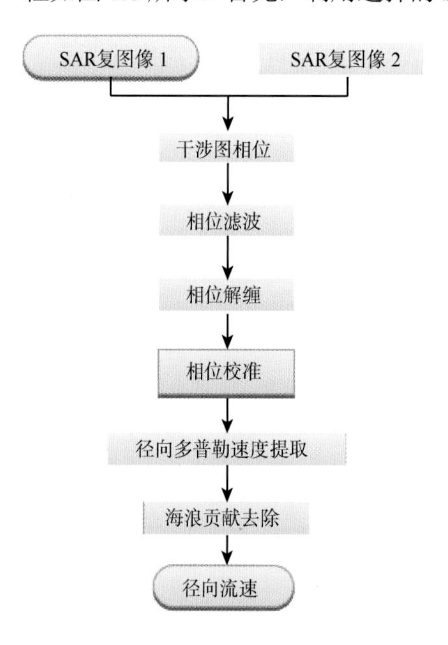

图 1.8 顺轨干涉 SAR 径向流速提取流程

干涉相位通常缠绕在 (−π，π] 范围内，其与实际相位有 $2n\pi$（n 为整数）的偏差，需要将其恢复为真实值。相位解缠就是把折叠的干涉相位恢复为真实相位的过程。相位解缠是干涉 SAR 数据处理过程中最重要的环节之一，其处理的好坏直接影响着最后结果的精度。目前，二维相位解缠算法大体可以分为两类：一类是路径积分方法；另一类是基于最小二乘的整体解缠方法。本章研究采用第一类方法中的枝切线法进行解缠处理，该方法分四个步骤：①寻找残差点，把残差点分为偶极子残差点和单极子残差点两类。理论上偶极子残差点对结果影

响不大，而单极子残差点对穿过它的积分解缠影响甚大，导致结果错误。②采用周期性滤波方法对相位进行滤波。通过相位图滤波有效减少偶极子残差点，剩余单极子残差点，从而有利于枝切线的连接。③连接枝切线，从某个单极子残差点出发，搜索其最近邻残差点并连接，直到整个枝切线“极性”达到平衡或连接到边界为止。④绕过枝切线进行积分解缠，选择不处于枝切线上的某个点作为出发点，沿着一些积分线路对整幅图像进行积分解缠，其公式如下：

$$\varphi(x+1)=\varphi(x)+\delta\psi(x) \qquad x=1,2,3,\cdots,n \tag{1.2.39}$$

式中，x 为积分线路上点的位置，x 和 $x+1$ 为积分路线上两个最近邻点。这里需要强调的是积分线路不穿过枝切线才能确保解缠结果正确。

解缠后的顺轨干涉相位已经能够直观地反映海面视向速度的基本特征，但还不能直接用于视向速度反演。相位解缠起算点具有一定随机性，起算点的相位误差会被引入解缠后的相位中，使解缠后相位偏离真实相位。因此，通过相位校准去除相位偏移后，干涉相位才能用于计算视向多普勒速度，相位校准的效果直接影响流速反演精度。相位校准一般借助于海岛、陆地及其周边海域的干涉相位实现。顺轨干涉相位反映了地球表面视向速度信息。一般认为，陆地、海岛的运动速度为 0，且在垂直于视向的海岸线附近，视向流速也为 0，因此这些区域的顺轨干涉相位应为 0。而实际相位图中这些区域的干涉相位明显偏离零值，其平均值就是相位偏移近似值。

利用处理后的干涉相位提取视向多普勒速度。顺轨干涉 SAR 相位 φ_{ATI} 与视向多普勒速度 v_{r} 成比例，其关系如下：

$$v_{\mathrm{r}}=-\frac{\lambda V}{2\pi B}\varphi_{\mathrm{ATI}} \tag{1.2.40}$$

式中，B 为物理基线长度；λ 为电磁波波长；V 为卫星平台速度。斜距多普勒速度需要向地距投影才能得到海面真实多普勒速度(地距多普勒速度)，其计算公式如下：

$$v_{\mathrm{hrz}}=v_{\mathrm{r}}/\sin\theta \tag{1.2.41}$$

式中，θ 为入射角。

上述多普勒速度实际是海面流速、大尺度海浪轨道速度以及 Bragg 波相速度等多种视向速度分量的叠加。获取海面视向流速需去除另外两个分量的影响。根据重力波理论，海浪表面水质点围绕其平衡位置做圆周运动或椭圆运动，因而大尺度海浪轨道速度沿传播方向具有周期性，均值为 0。因此，可利用空间平均或者低通滤波方法来去除该速度分量。空间加权平均处理时，窗口内各点的平均权重与各点相对于窗口中心的方位角和海浪传播方向角的角度差有关，某点相对于窗口中心的方位角与海浪传播方向角越一致，平均权重越大，反之则越小。这样处理既去除了沿传播方向海浪的速度分量，又保证垂直于海浪传播方向上流场具有较高的空间分辨率。顺轨干涉多普勒速度中所包含的Bragg 波的贡献本质上是沿视向传播的 Bragg 波相速度和逆视向传播的 Bragg 波相速度的加权矢量和：

$$\begin{aligned} v_{\mathrm{b}}(\theta_{\mathrm{w}}) &= \alpha(\theta_{\mathrm{w}})v_p - [1-\alpha(\theta_{\mathrm{w}})]v_{\mathrm{p}} \\ &= \frac{G(\theta_{\mathrm{w}}) - G(\theta_{\mathrm{w}}+\pi)}{G(\theta_{\mathrm{w}}) + G(\theta_{\mathrm{w}}+\pi)} v_{\mathrm{p}} \end{aligned} \tag{1.2.42}$$

式中，α 和 $1-\alpha$ 分别为沿视向和逆视向传播的 Bragg 波的权重；θ_{w} 为视向与风向的夹角；v_{p} 为 Bragg 波的相速度；权重因子 α 的取值与雷达视向和风向的夹角 θ_{w} 有关。当视向为逆风向时，则 $\alpha=1$，$v_{\mathrm{b}}=v_{\mathrm{p}}$；当视向顺风向时，则 $\alpha=0$，$v_{\mathrm{b}}=-v_{\mathrm{p}}$。当视向偏离风向时，$\alpha$ 与风向的关系可以经由风向扩展函数 $G(\theta_{\mathrm{w}})$ 表达，风向扩展函数为

$$G(\theta_{\mathrm{w}}) = \cos^{2n}\left(\frac{\theta_{\mathrm{w}}}{2}\right) \tag{1.2.43}$$

Bragg 波相速度 v_{p} 为

$$v_{\mathrm{p}} = \sqrt{\frac{g}{k_{\mathrm{b}}} + \frac{\tau k_{\mathrm{b}}}{\rho}} \tag{1.2.44}$$

式中，g 为重力加速度；τ 为表面张力；ρ 为海水密度；$k_{\mathrm{b}} = \dfrac{2\pi}{\lambda}$ 为 Bragg 波波数矢量；λ 为电磁波波长。

1.3　新型简缩极化雷达数据重构和信息提取模型

1.3.1　简缩极化 SAR 散射矢量

电磁波与目标相互作用产生波的极化特性变化是描述目标的关键。由于雷达有效截面和散射系数仅仅描述入射波与散射波之间的幅度特性，因此缺少描述目标散射波的相位信息和极化特性。随着极化 SAR 系统的广泛应用，在描述目标的极化散射特性时，需要引入新的物理量表征目标的极化散射特性，从而提出了 Sinclair 矩阵(极化散射矩阵)的概念(Valenzuela，1978)。

对于一个全极化 SAR 数据，其 Sinclair 矩阵为

$$\boldsymbol{S} = \begin{bmatrix} S_{\mathrm{hh}} & S_{\mathrm{hv}} \\ S_{\mathrm{vh}} & S_{\mathrm{vv}} \end{bmatrix} \tag{1.3.1}$$

式中，S_{hh}、S_{vh} 为发射水平极化波(h)时，在水平(h)和垂直(v)通道接收到的信号分别经过 SAR 处理器得到的同极化和交叉极化复散射幅度的测量值。相应地，通过交替发射 H 和 V 极化脉冲，即可得到全极化散射测量值(Kudryavtsev et al.，2003)。

简缩极化 SAR 目标散射矢量可由全极化 SAR 数据散射测量值模拟，具体如下。

(1) π/4 模式简缩极化 SAR：

$$\vec{k}_{\pi/4} = \begin{bmatrix} E_{x\mathrm{h}} \\ E_{x\mathrm{v}} \end{bmatrix} = \left(1/\sqrt{2}\right)\begin{bmatrix} S_{\mathrm{hh}} + S_{\mathrm{hv}} \\ S_{\mathrm{vv}} + S_{\mathrm{hv}} \end{bmatrix} \tag{1.3.2}$$

(2) DCP 模式简缩极化 SAR：

$$\vec{k}_{\mathrm{DCP}}=\begin{bmatrix}E_{x\mathrm{r}}\\E_{x\mathrm{l}}\end{bmatrix}=(1/2)\begin{bmatrix}S_{\mathrm{hh}}-S_{\mathrm{vv}}+2iS_{\mathrm{hv}}\\S_{\mathrm{vv}}+S_{\mathrm{hv}}\end{bmatrix}\tag{1.3.3}$$

(3) CTLR 模式简缩极化 SAR：

$$\vec{k}_{\mathrm{CTLR}}=\begin{bmatrix}E_{x\mathrm{h}}\\E_{x\mathrm{v}}\end{bmatrix}=(1/\sqrt{2})\begin{bmatrix}S_{\mathrm{hh}}-iS_{\mathrm{hv}}\\S_{\mathrm{hv}}-iS_{\mathrm{vv}}\end{bmatrix}\tag{1.3.4}$$

1.3.2　新型简缩极化 SAR 数据重构模型

利用简缩极化 SAR 数据进行全极化信息重建是简缩极化 SAR 数据处理技术研究的重要内容之一。全极化信息重建的过程就是把简缩极化数据 2×2 的协方差矩阵重建恢复成 3×3 的全极化协方差矩阵(基于互易性、对称性假设，即 $S_{\mathrm{hv}}=S_{\mathrm{vh}}$)，再利用全极化模式下较为成熟的信息处理方法进行数据处理和研究应用。这样的方法最大的优势在于全极化信息处理的方法研究较为广泛和成熟，可以直接对重建后的全极化信息进行处理。

Souyris 等(2005)对 π/4 模式的简缩极化进行了重建。他将其协方差矩阵分解为共极化、交叉极化和残差 3 个部分，基于这已知的三个值来估计 6 个待重建参数，可想而知，没有固定解。为了得到重建的固定解，首先，Souyris 在重建中引入交叉极化通道与共极化通道之间完全不相干的假设，即反射对称性假设[如式(1.3.5)]，由此，重建参数减少为 4 个；其次，他提出了共极化功率、交叉极化功率及共极化相关系数之间的经验关系式[如式(1.3.6)]，并通过实验解得式中 N 经验值为 4，将重建参数减少为 3 个，使得方程有固定解，进而使全极化协方差矩阵得以重建。

$$\langle S_{\mathrm{hh}}S_{\mathrm{hv}}^{*}\rangle=\langle S_{\mathrm{vv}}S_{\mathrm{hv}}^{*}\rangle=0\tag{1.3.5}$$

$$\frac{\langle|S_{\mathrm{hv}}|^{2}\rangle}{\langle|S_{\mathrm{hh}}|^{2}\rangle+\langle|S_{\mathrm{vv}}|^{2}\rangle}=\frac{1-|\rho|}{N}\tag{1.3.6}$$

其中，共极化相关系数 $|\rho|$ 表示为

$$|\rho|=\frac{|S_{\mathrm{hh}}S_{\mathrm{vv}}^{*}|}{\sqrt{|S_{\mathrm{hh}}|^{2}|S_{\mathrm{vv}}|^{2}}}\tag{1.3.7}$$

Souyris 针对 π/4 模式提出的方法对于森林、草地等植被覆盖茂密区域重建具有良好的效果，但是对于城市地区等较为复杂的区域重建效果不好，并不能完全反映该地区的全极化信息。

基于 Souyris 的研究，Nord 等(2009)分析了城市地区等较为复杂的区域，利用 Souyris 算法获得初始重建结果，然后更新 N 值[式(1.3.8)]，实验得出误差约为 12%。

$$N=\frac{|S_{\mathrm{hh}}-S_{\mathrm{vv}}|^{2}}{|S_{\mathrm{hv}}|^{2}}\tag{1.3.8}$$

上述模型中，分别使用迭代法求解 $|S_{hv}|^2$ 和共极化相关系数 $|\rho|$；伪共极化分量 (S_{hh}, S_{vv}) 及其相对相位 $(S_{hh}S_{vv}^*)$ 直接从简缩极化模型协方差矩阵中得到。

Collins 等(2013)利用 Souyris 和 Nord 的方法进行协方差矩阵重建，发现重建结果并不适用于所有地区，尤其在海洋地区。为了对海上目标进行监测，Collins 在海洋区域选择了一组实验区域，区内风速相同，视为均匀地区。基于反射对称性假设，利用式(1.3.9)计算不同成像入射角图像下参数 N 的均值 $\bar{N}$，实验结果表明，$\bar{N}$ 随入射角的增大逐渐变小。由此，根据不同入射角 θ 建立参数 N 与成像入射角的非线性经验模型：

$$\bar{N} = b_1 + b_2 \exp\left(-\theta^{b_3}\right) \tag{1.3.9}$$

采用非线性回归进行拟合，得到相应模型参数：

$$\begin{cases} b_1 = 6.52 & [0.78 \sim 12.26] \\ b_2 = 18305.73 & [-34644 \sim 71255] \\ b_3 = 0.60 & [0.46 \sim 0.75] \end{cases} \tag{1.3.10}$$

由实验数据得出，Collins 的重建模型在海洋地区改善了重建的效果。

Yin 等(2001)采用新的体散射模型，提出了改进四分量分解算法，并基于改进的分解方法，对 Souyris 重建模型进行了修正，新模型不需要进行反射对称性假设，而且还能从简缩极化协方差矩阵中获取螺旋体散射分量，使城市等复杂场景具有更好的重建结果。

1.3.3　新型简缩极化 SAR 数据信息提取模型

挖掘简缩极化数据的信息，直接在简缩极化空间进行信息提取，是目前简缩极化SAR研究的热点之一。其优势在于无须进行全极化信息重建，避免了重建过程信息的损失和错误。其中，采用较多的有 $m-\delta$ 分解(Raney et al.，2012)、$m-\chi$ 分解(Valenzuela，1968)和 $H-\alpha$ 分解(Elfouhaily and Guerin，2006)。

单色平面电磁波的电场矢量末端沿极化椭圆的轨迹随时间做周期性的运动，故称为完全极化状态。若电场矢量末端的运动轨迹没有任何规律，则称该电磁波处在完全非极化状态。而介于完全极化状态和完全非极化状态之间的电磁波则称为部分极化波，如图 1.9 所示。

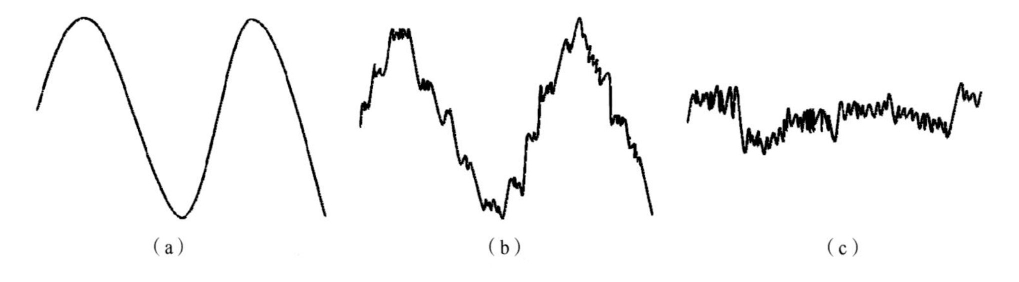

图 1.9　完全极化波(a)、部分极化波(b)、完全非极化波(c)

在实际情况中，一个辐射源产生的电磁波不可能是完全极化状态的，Stokes 矢量则是用于描述部分极化波和完全非极化波的一种形式(Raney et al.，2012)。对于部分极化波及完全非极化波而言，其 Stokes 矢量为

$$\boldsymbol{g}_{\mathrm{E}}=\begin{bmatrix} g_0 \\ g_1 \\ g_2 \\ g_3 \end{bmatrix}=\begin{bmatrix} <\left|E_{ox}\right|^2>+<\left|E_{oy}\right|^2> \\ <\left|E_{ox}\right|^2>-<\left|E_{oy}\right|^2> \\ <2\left|E_{ox}\right|\left|E_{oy}\right|\cos\delta> \\ <2\left|E_{ox}\right|\left|E_{oy}\right|\sin\delta> \end{bmatrix} \tag{1.3.11}$$

式中，E_{ox}、E_{oy} 分别为电场矢量在 x 轴方向和 y 轴方向上的分量；δ 为两个分量之间的相位差；Stokes 矢量中，参数 g_0 为电磁波的强度；g_1 为电场矢量的 x 轴方向分量与 y 轴方向分量的强度差；g_2 为极化椭圆的方位角为$\pm45°$ 时的线性极化程度；g_3 为圆极化程度。

另外，Raney 等(2012)给出了简缩极化模式下的 Stokes 矢量，其表达式如下(以 CTLR 模式为例)：

$$\boldsymbol{g}=\begin{bmatrix} g_0 \\ g_1 \\ g_2 \\ g_3 \end{bmatrix}=\begin{bmatrix} <\left|E_{x\mathrm{h}}\right|^2>+<\left|E_{x\mathrm{v}}\right|^2> \\ <\left|E_{x\mathrm{h}}\right|^2>-<\left|E_{x\mathrm{v}}\right|^2> \\ 2\,\mathrm{Re}<\left|E_{x\mathrm{h}}\right|\left|E_{x\mathrm{v}}^*\right|> \\ 2\,\mathrm{Im}<\left|E_{x\mathrm{h}}\right|\left|E_{x\mathrm{v}}^*\right|> \end{bmatrix} \tag{1.3.12}$$

式中，*表示复共轭；<·>表示空间统计平均；Re 表示取复数实部；Im 表示取复数虚部；$E_{x\mathrm{h}}$、$E_{x\mathrm{v}}$ 由式(1.3.2)给出；Stokes 矢量中，参数 g_0 为电磁波总功率；g_1 为水平或垂直线极化分量功率值；g_2 为倾角为$\pm45°$时的线性极化分量功率值；g_3 为右旋圆极化分量的功率值。

Raney 等(2012)推导了简缩极化 SAR 模式下的 Stokes 矢量，提出 m-δ 分解算法，m 表示极化度，是部分极化波的重要特征之一，δ 表示回波信号的相对相位。m-δ 分解能够将回波信号中去极化分量和完全极化分量分离开。其分解公式如下：

$$\begin{bmatrix} P_{\mathrm{d}} \\ P_{\mathrm{v}} \\ P_{\mathrm{s}} \end{bmatrix}_{m\text{-}\delta}=\begin{bmatrix} \left(mg_0\dfrac{1-\sin\delta}{2}\right)^{1/2} \\ \left[g_0(1-m)\right]^{1/2} \\ \left(mg_0\dfrac{1+\sin\delta}{2}\right)^{1/2} \end{bmatrix} \tag{1.3.13}$$

$$m=\frac{\left(g_1^2+g_2^2+g_3^2\right)^{1/2}}{g_0}\quad(0<m<1) \tag{1.3.14}$$

$$\tan\delta = -\frac{g_3}{g_2} \tag{1.3.15}$$

式中，m 为极化度；g_0、g_1、g_2、g_3 为 Stokes 矢量的参数；δ 为相对相位；P_{d}、P_{v}、P_{s} 分别为偶次散射、体散射和表面散射，且三者的平方和为总功率。Charbonneau 等(2010)指出，相对相位 δ 能够区分占优散射机制，当 $\delta > 0$ 时，表面散射强度大于偶次散射强度；当 $\delta < 0$ 时，偶次散射强度大于表面散射强度。

Raney 等(2012)在进一步的研究中发现，δ 对天线发射场敏感，于是在 m-δ 分解的基础上，进一步提出 m-χ 分解方法，该方法中引入了圆度(degree of circularity) χ 的概念，该参数直观体现了完全极化波中偶次散射和表面散射所占比重，并且视体散射成分是完全非极化部分的功率，其表达式为

$$\begin{bmatrix} P_{\mathrm{d}} \\ P_{\mathrm{v}} \\ P_{\mathrm{s}} \end{bmatrix}_{m\text{-}\chi} = \begin{bmatrix} \left(mg_0\dfrac{1+\sin 2\chi}{2}\right)^{1/2} \\ \left[g_0(1-m)\right]^{1/2} \\ \left(mg_0\dfrac{1-\sin 2\chi}{2}\right)^{1/2} \end{bmatrix} \tag{1.3.16}$$

$$\sin 2\chi = -\frac{g_3}{mg_0} \tag{1.3.17}$$

式中，m 为极化度；g_0、g_3 为 Stokes 矢量的参数；χ 为圆度。

Guo 等(2012)将全极化模式下 H-α 分解结果映射到 3 种简缩极化模式下并应用于分类识别中，结果表明，在 DCP 模式下的效果优于 CTLR 模式和 π/4 模式，以 DCP 模式为例，其协方差矩阵为

$$[C] = <\vec{k}_{\mathrm{DCP}}\vec{k}_{\mathrm{DCP}}^{*}> = \begin{bmatrix} <|E_{x\mathrm{r}}|^2> & <E_{x\mathrm{r}}E_{x\mathrm{l}}^{*}> \\ <E_{x\mathrm{l}}E_{x\mathrm{r}}^{*}> & <|E_{x\mathrm{l}}|^2> \end{bmatrix} \tag{1.3.18}$$

对上述协方差矩阵进行特征值分解，得到特征值 λ_1、λ_2，散射熵 H 和散射角 α 可表示为

$$H = -\sum_{i=1}^{2} p_i \log_2 p_i \tag{1.3.19}$$

$$\alpha = \sum_{i=1}^{2} p_i \alpha_i \tag{1.3.20}$$

其中，

$$p_i = \frac{\lambda_i}{\sum_{i=1}^{2}\lambda_i} \tag{1.3.21}$$

α_i 由对应特征值的特征向量获得：

$$\boldsymbol{u}_i = \mathrm{e}^{j\phi_i}\left[\cos\alpha_i \quad \sin\alpha_i \mathrm{e}^{j\delta_i}\right]^{\mathrm{T}} \tag{1.3.22}$$

Guo 等(2012)根据散射机制分布特征提出了 DCP 模式下的 H-α 空间：

(1)以 $H=0.95$ 划分高熵区与中熵区，以 $H=0.5$ 划分中熵区与低熵区；

(2)在高熵区，以 $\alpha=56.8^{\circ}$ 划分体散射与表面散射，以 $\alpha=43^{\circ}$ 划分偶次散射与体散射；

(3)在中熵区，以 $\alpha=50^{\circ}$ 划分体散射与表面散射，以 $\alpha=38^{\circ}$ 划分偶次散射与体散射；

(4)在低熵区，以 $\alpha=49^{\circ}$ 划分体散射与表面散射，以 $\alpha=43^{\circ}$ 划分偶次散射与体散射。

基于 DCP 模式下的 H-α 分解，可以快速获取不同地物的主要散射机制，为地物分类、目标检测提供决策支持。

基于全极化 H-α 分解，Cloude 等(2012)将散射角 α 映射到简缩极化模式下，得到参数 α_{s}，建立了新的三分量分解方法。其中，Stokes 矢量可表示为

$$g_{\mathrm{s}} = \begin{bmatrix} g_0 \\ g_1 \\ g_2 \\ g_3 \end{bmatrix} = \frac{m_{\mathrm{s}}}{2}\begin{bmatrix} 1 \\ \sin 2\alpha_{\mathrm{s}}\cos\varphi \\ \sin 2\alpha_{\mathrm{s}}\sin\varphi \\ -\cos 2\alpha_{\mathrm{s}} \end{bmatrix} \tag{1.3.23}$$

式中，α_{s}、φ 可由 Stokes 矢量表示为

$$\alpha_{\mathrm{s}} = \frac{1}{2}\tan^{-1}\left(\frac{\sqrt{g_1^2+g_2^2}}{-g_3}\right) \tag{1.3.24}$$

$$\varphi = \tan^{-1}\frac{g_2}{g_1} \tag{1.3.25}$$

基于此，Cloude 提出的三分量分解方法的结果为

$$\begin{bmatrix} P_{\mathrm{d}} \\ P_{\mathrm{v}} \\ P_{\mathrm{s}} \end{bmatrix}_{\text{Cloude}} = \begin{bmatrix} \frac{1}{2}g_0 m\left(1-\cos 2\alpha_{\mathrm{s}}\right) \\ g_0\left(1-m\right) \\ \frac{1}{2}g_0 m\left(1+\cos 2\alpha_{\mathrm{s}}\right) \end{bmatrix} \tag{1.3.26}$$

Yin 等(2015)基于 X-Bragg 粗糙表面散射模型，针对 DCP、CTLR 模式简缩极化 SAR，以 CTLR 模式为例，可由 Stokes 矩阵推导获得三个参数 C_{CTLR}、r_{CTLR}、ρ_{CTLR}。

$$C_{\mathrm{CTLR}} = g_1 \tag{1.3.27}$$

$$r_{\mathrm{CTLR}} = \sqrt{\frac{g_1^2+g_2^2}{g_0^2-g_3^2}} \tag{1.3.28}$$

$$\rho_{\mathrm{CTLR}} = \arctan\left(\frac{g_0 \mp g_3}{g_0 \pm g_3}\right) \tag{1.3.29}$$

式中，C_{CTLR} 的取值表征不同的目标。在舰船检测应用中，对于舰船，$C_{\text{CTLR}}>0$；对于海平面，$C_{\text{CTLR}}<0$；r_{CTLR} 为表面粗糙度；ρ_{CTLR} 为极化差异。

Zhang 等(2017)在海面溢油检测中还应用到 NPH(归一化脉冲高度)、Corr(相关系数)及 Coh(一致性系数)，以 CTLR 模式为例：

$$\text{NPH}=\frac{\min(\lambda_1,\lambda_2)}{\max(\lambda_1,\lambda_2)} \tag{1.3.30}$$

式中，λ_1、λ_2 为协方差矩阵的两个特征值；NPH 描述了反射总功率中非极化能量占比，对于平静海面而言，NPH 值接近于 0。

$$\text{Corr}=\frac{\text{Re}\left\{-\text{i}<E_{x\text{h}}E_{x\text{v}}^{*}>\right\}}{\sqrt{<\left|E_{x\text{h}}\right|^{2}><\left|E_{x\text{v}}\right|^{2}>}} \tag{1.3.31}$$

$$\text{Coh}=\frac{<E_{x\text{h}}+\text{i}E_{x\text{v}}><E_{x\text{h}}-\text{i}E_{x\text{v}}>^{*}}{\sqrt{<E_{x\text{h}}+\text{i}E_{x\text{v}}>^{2}<E_{x\text{h}}-\text{i}E_{x\text{v}}>^{2}}} \tag{1.3.32}$$

式中，Corr、Coh 分别为通道间的相关性和一致性。

1.4　多频多极化雷达、散射计和辐射计地球物理模式函数

1.4.1　散射计地球物理模式函数

散射计数据反演海洋风场主要是通过地球物理模型函数(geophysical model function，GMF)来实现。GMF 是以观测入射角、频率、极化方式、观测方位角、风速和风向为变量，描述后向散射系数的函数。海面后向散射系数受到相对风向(真实风向与散射计观测方向的夹角)的调制作用，对于同一空间位置的风矢量，不同的观测方位角会有不同的后向散射系数。垂直于风向观测时后向散射系数最小，逆风时最大，顺风时略小于逆风时。这种变化关系可以通过式(1.4.1)描述：

$$\sigma^{0}=A+B\cos\phi+C\cos 2\phi \tag{1.4.1}$$

式中，ϕ 为相对风向；A、B、C 为入射角、风速、极化方式的函数。该公式描述了后向散射系数随相对风向的变化情况。

从一般海面散射机理分析，在 20°～70°入射角范围内，布拉格散射在海面微波后向散射中占主导地位，因此通过建立海面风矢量与后向散射系数之间的关系就有可能从散射计观测数据中获取风场信息。上述 GMF 的一般形式如下：

$$\sigma^{0}=M\left|\left(U,\varphi,\theta;p,f,L\right)\right. \tag{1.4.2}$$

式中，σ^{0} 为海面的后向散射系数；U 为风速；φ 为相对方位角，即风向与观测方位角的夹角；θ 为入射角；p 为极化方式；f 为电磁波频率；L 为其他一些次要的地球物理变量，

如海洋表面温度(SST)等。

GMF 是通过大量观测建立的经验模型，其不断得到修正，其准确性获得了认可。虽然散射计有不同天线工作模式，但现有的数据处理方法都相同：通过 GMF 建立海面同一或接近的研究区域的不同方位角与后向散射数据的关系，联立求解得到风速和风向。通常，GMF 表现为含有风速相关项和风向相关的一个奇项、一个偶项的三项的傅里叶展开式。解算方程组求得风速和风向的过程相当于寻找 GMF 各曲线的公共点。以比较有名的 C 波段 vv 极化方式 GMF-CMOD5.n 的情况为例，在真实风速为 15 m/s、真实风向为 5°时，使用入射角为 40°、以航向为起始方向的方位向夹角为 45°、115°、135°的天线分别进行观测，由 GMF 模拟回波后向散射系数后得到的解曲线如图 1.10 所示。

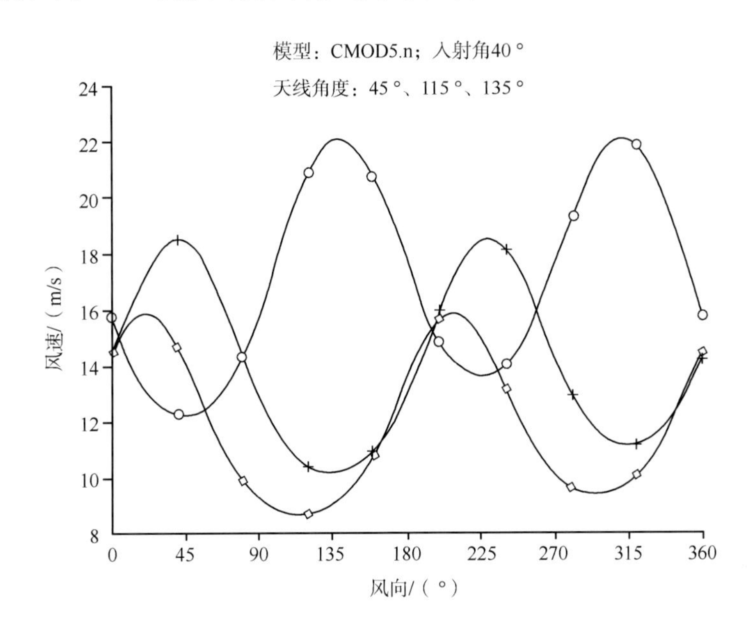

图 1.10 使用 CMOD5.n 在入射角为 40°、风速为 15 m/s、风向为 5°时与轨道方向夹角为 45°(图中“○”标识的曲线)、115°(“◇”标识的曲线)和 135°(“+”标识的曲线)的天线观测的后向散射系数求解风速、风向的解曲线
(三条曲线的交点为真实风场的解)

从理论上讲，当观测值多于 3 组时，一般能够得到一组确定的风速-风向解。测量过程中存在的各种误差会导致得到多于一组的风速-风向解，该解称为模糊解。从图 1.中可以看出，三条曲线在(40，15)处有一个交点，在(220，15)处也大致相交。当观测存在误差时，将会产生两组解。模糊解直接影响到散射计反演风场的准确度，如何减少和消除模糊解是使用 GMF 反演风场时的重要问题。现有的方法主要是通过数值模拟、圆中数滤波、等风速线的分析或者结合复杂的数值天气模型方法来解决。从图 1.10 还可以看出，GMF 曲线在顺风-逆风(图中 0°和 180°)方向、顺风-横风(图中 0°和 90°)方向的散射系数数值的差异对模糊解的产生有很大影响，这种差异称为顺风-逆风和顺风-横风向非对称性。后向散射系数的非对称性是由海面在这些方向上的非对称性引起的。在傅里叶展开

表示的 GMF 中，这两种非对称性分别表现在模型函数式的第二和第三项系数上。目前使用基于大量的观测数据综合的方法，来确保这些系数的稳健性。

常用的 GMF 中，适用于 Ku 波段的 NSCAT、QSCAT GMF 是以数值查找表的形式给出的。适用于 C 波段的 CMOD 可以用公式表达。以 CMOD5.n 为例，其表达式如下：

$$\sigma^0 = 10^{a_0 + a_1 U_{10}} f\left(a_2 v, s_0\right)^\gamma \left(1 + b_1 \cos\varphi + b_2 \cos 2\varphi\right)^{1.6} \tag{1.4.3}$$

式中，b_1、b_2 为风速的函数；a_1、a_2 为入射角的函数。其具体计算方法和参数数值可在公开的文献中查询。

现存的 GMF 只考虑了回波后向散射系数与风生海面的一阶特性，随着数据和观测的增多，高阶项的考虑将提高风场反演的精度。现有的研究表明，较复杂的影响因素中，海面降水和海洋表面温度对 C 波段的影响较弱，但对 Ku 波段的影响的改正能提高风场反演的精度。目前对 Ku 波段的改正模型已经在新的业务运行中进行测试，其基本方法是分析理论上 SST 变化引起的后向散射系数变化，并利用 ASCAT-B 和 RapidSCAT 测量的数据集进行 GMF 的改正。

目前，对降水影响的分析研究大致分为两类：①从降水对散射计观测影响的电磁散射机理出发，分析并建立改正模型，再使用数据对模型参数进行拟合；②从 C 和 Ku 波段联合观测的数据出发，结合降水产品，对比不受降水影响的真实风速，分析降水对 Ku 波段的影响，并建立改正。

除了海洋表面温度和降水影响，高风速条件下现有的 GMF 无法准确进行风场反演。目前的研究表明，散射计具有较好的稳定性，在定标后 C 波段 ASCAT 系列的测量精度能达到长期稳定在 0.1 dB。高风速具有海况复杂的特点，且回波趋于饱和的条件下，高稳定性和高测量精度也使得观测成为可能。欧洲气象卫星应用组织(EUMETSAT)开展的 C 波段高和极端风速(C-band high and extreme-force speeds，CHEFS)计划中，便有使用 C 波段散射计进行高风速反演的研究。现有的仿真实验表明，全极化散射计对于提高风场反演精度的作用，从理论上能从已有的 GMF 扩展得到一种极化地球物理模型函数。但全极化散射计硬件实现上技术难度还较大，目前仅处于仿真阶段。现有研究中，还有使用 RADARSAT-2 数据生成了适用于交叉极化方式的 C 波段散射计地球物理模型函数，并证实了在高风速条件下交叉极化回波与风场具有很好的相关性。但该条件下风向的获取需要使用额外算法。

如前所述，GMF 是考虑了风生海面的非对称特性对后向散射系数数值调制特征，使用傅里叶展开建立起来的半经验模型。随着智能计算的发展，出现了对数据特征提取的有效算法。对 GMF 的研究中也引入了相应方法。现有的研究中有基于神经网络和支持向量机的核函数方法，使用辅助的降水数据作为训练数据集合，结合浮标提供的风速等信息进行训练，拟合降水存在条件下 GMF，并直接进行降水存在条件下海面风场反演。但目前，这类方法对训练数据集合依赖性较大，且由于降水种类繁多，情况复杂，散射计分辨单元具有相对降水范围较大的空间覆盖，对智能算法设定和训练数据集合要求较高。

1.4.2　辐射计地球物理模式函数

使用辐射计进行海面风场的反演，主要是通过建立观测亮度温度(亮温)与风成海面发射率之间的辐射传输方程求解得到风场。建立的辐射传输方程，即辐射计反演海面风场的 GMF。全极化散射计除了可以反演出海面风场(风向和风速)以外，还可以同时获取海面温度、水汽总量、云中液态水含量和降水率等参数。目前常用的反演方法是使用海洋发射率和反射率模式以及大气模式来模拟辐射计不同通道的亮温，以获取不同传感器的地球物理模型函数，从而实现反演。常用的模式有欧洲数值预报中心(ECMWF)的 FASTEM3 模式、美国国家航空航天局(NASA)的 PyARTS 模式等；欧洲气象卫星应用组织还发布了对 WindSat 的全极化辐射计模拟计算的快速辐射传输模式 RTTOV。但是辐射传输模式在高风速和降水存在条件下的结果仍然不满足需求，其中有的还只适用于中等尺度的大气-海洋环境，对更小尺度的观测和应用还需要发展额外的传输模型。

对于高风速和降水存在的台风条件下的机载试验，比较有名的是 NASA 的 HIRAD 和美国国家海洋和大气管理局(NOAA)的步进频率微波辐射计(stepped frequency microwave radiometer，SFMR)。目前使用 SFMR，进行了热带气旋的观测。最近的实验和算法修正了 15～45 m/s 风速的 GMF，并对 45 mm/h 以下的降水影响通过带全球定位系统(GPS)测量信息的下投探空仪进行了修正，得到高风速的辐射计 GMF。目前还在机载实验阶段。这项工作的主要思路是构建风雨耦合的 GMF，通过理论分析和数据分析得到海表面亮温与风速、降水率的关系，从而改善从 SFMR 亮温反演海面风场产品的质量。该 GMF 是在 SFMR 各个频段上建立频道海面发射率和风速的映射关系，其基本形式如下：

$$\varepsilon_{\mathrm{w}}\left(f,U_{\mathrm{sfc}}\right)=\varepsilon\left(f,T_{\mathrm{s}},S,U_{\mathrm{sfc}}\right)-\varepsilon_{0}\left(f,T_{\mathrm{s}},S\right) \tag{1.4.4}$$

式中，f 为观测频率；T_{s} 为海面温度；S 为海水盐度；U_{sfc} 为海面风速。由于低频率的测量结果受降水的影响最小，可以选择其模型的参考。同时使用约束分段回归的方法，对多频观测数据进行拟合，从而得到海面风速产品。

另一种较为成熟的模型是用于 WindSat 风场反演的全天候 RTM 模型。其主要思路是通过对数据的分析，找出降水存在条件下受降水影响较小的频段组合，尽可能多地保留风速信息。利用海面发射率模型和半统计算法，将大气层中降水和风导致海面粗糙形成的亮温进行分离，得到准确的风场亮温，进而得到较为精确的海面风场产品。

从上述内容可以看出，波散射计具有测量稳定性的优点，但其实现频段单一，对降水的改正算法复杂，且还处于研究阶段。散射计与辐射计的联合观测，可以简化这些问题的解决，并弥补辐射计在测量稳定性和多极化测量观测灵敏度上的弱点，有利于更好地实现降水存在和高风速的极端海况的风场反演。

传统的散射计测量和反演，在低风速和中等风速条件下的有效性已经得到验证。在高风条件下，尤其是台风，此时，综合使用不同频率的辐射计能提供丰富的降水等信息能填补一些常规海况 GMF 的缺失信息。海-气相互作用剧烈，海面后向散射很复杂由于现有模型不能精确表示这些复杂情况下海况与后向散射系数的关系，导致散射计风场产品精度降低。在这种情况下，不同频率的辐射计可以提供降雨信息以及复杂的海气作用情况。人工神经网络(ANN)是一种能够结合主动和被动微波传感器的观测结果进行风场反演的方法。

一种典型的方法是利用辐射计和散射计数据与ANN，可以实现台风条件下风场的反演。一种典型的应用是通过使用数值预报模型的风场产品对 ANN 进行培训，风场数据为真值，进行 ANN 的训练，并通过测试数据集来验证建立的网络。从实验情况来看，这种方法反演的风速和方向精度均优于现有 GMF 和最大似然法的风场产品。

另一种联合反演思路是构建降水改正的 ANN，其可以用来较为精确地反演 0～20 m/s 情况下的海面风场。这种 ANN 使用在 SeaWinds 散射仪得出的后向散射系数，同时利用先进的微波扫描辐射计(AMSR)反演得到的降水参数和数值天气预报(NWP)模型风场用于优化网络参数。以 H*Wind 风场产品作为训练的真值，通过训练确定降水改正网络的各类参数，进而得到 SeaWinds 观测值与风速映射关系表，实现主被动联合的风场反演。

1.4.3　X 波段 SAR 地球物理模式函数

利用星载 SAR 反演海面风场的基本原理是建立雷达后向散射系数 σ_0 与海面风速 U、风向与雷达视向之间的夹角 φ，及雷达入射角 θ 之间的地球物理模式函数，如式(1.4.5)所示：

$$\sigma_0 = B_0(v,\theta)\left[1 + B_1(v,\theta)\cos\varphi + B_2(v,\theta)\cos 2\varphi\right] \tag{1.4.5}$$

由于不同雷达电磁波段与海面相互作用的机理和敏感程度不同，因此对应工作于不同波段的星载 SAR，需要建立相应的地球物理模式函数。到目前为止，利用 SAR 反演海面风场的方法主要基于 C、L、X 波段 SAR 数据，如利用 C 波段的微波散射计数据采用经验模式 CMOD4、CMOD_IFR、CMOD5 进行海面风场反演，以及利用 PALSAR 数据采用 L 波段经验模式函数进行海面风场反演。最近，利用 SIR-X-SAR、TerraSAR-X 和 TanDEM-X 数据开展了 X 波段 SAR 地球物理模式函数研究。

地球物理模式函数 XMOD1 使用 SIR-X-SAR 数据进行调试是基于线性方法，其表达式如下：

$$\sigma_0(U,\theta,\varphi) = x_0 + x_1 U + x_2 \sin\theta + x_3 \cos 2\varphi + x_4 U \cos 2\varphi \tag{1.4.6}$$

式中，σ_0 为归一化雷达后向散射系数(NRCS)；U 为海平面 10 m 高度风速；θ 为雷达入射角；φ 为海平面 10 m 高度风向，这里是风向与雷达视向之间的夹角；x_0、x_1、x_2、x_3、x_4 为需要调试的模式参数。

整个数据集可以组成一个线性方程组。利用 ERA-40 的风场和 SIR-X-SAR 数据就可以调试 XMOD1 模式，一共使用了 166 个 SIR-X-SAR 数据，其中 114 个数据用来调试 XMOD 模式，52 个数据用来测试 XMOD1 模式。

图 1.11 是利用 XMOD1 模式对 2008 年 6 月 5 日获取的 VV 极化的 TerraSAR-X 数据

反演的海面风场。图像获取时间是当地早晨，陆地上的空气温度低于海面大气温度，导致落山风的产生。

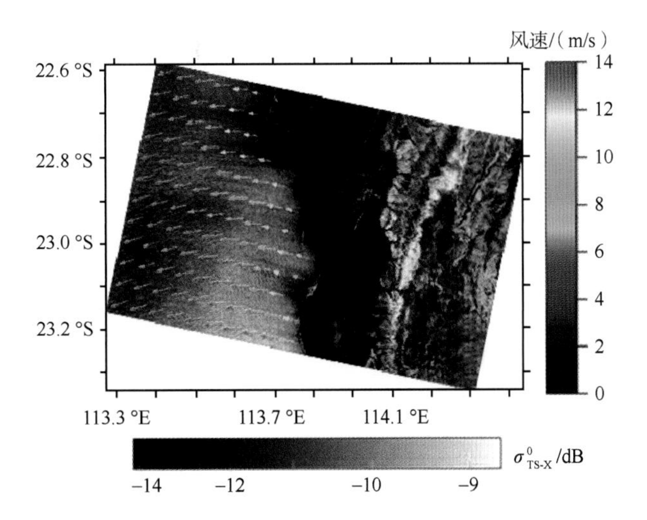

图 1.11　利用 XMOD1 对 TerraSAR-X 数据进行海面风场反演结果

XMOD1 是线性地球物理模型函数，对于高风速和低风速不适用。Li 和 Lehner(2014) 提出了一个非线性的 X 波段球物理模式函数 XMOD2，其表达式如下：

$$z(v,\phi,\theta)=B_0^p(v,\theta)\left[1+B_1(v,\theta)\cos\phi+B_2(v,\theta)\cos 2\phi\right] \tag{1.4.7}$$

式中，$p=0.625$；v 为海面 10 m 高度风速；ϕ 为雷达视向与风向之间的夹角；θ 为雷达入射角。

B_0 和 B_2 与 CMOD5 参数一样，是传递函数，其中 B_0 的定义为

$$B_0=10^{a_0+a_1 v} f(a_2 v,s_0)^r \tag{1.4.8}$$

$$f(s,s_0)=\begin{cases}(s_0)^\alpha g(s_0) & s<s_0\\ g(s) & s\geqslant s_0\end{cases} \tag{1.4.9}$$

$$g(s)=1/\left[1+\exp(-s)\right] \tag{1.4.10}$$

$$\alpha=s_0\left[1-g(s_0)\right] \tag{1.4.11}$$

式中，

$$\begin{aligned}a_0&=c_1+c_2x+c_3x^2+c_4x^3\\ a_1&=c_5+c_6x\\ a_2&=c_7+c_8x\\ r&=c_9+c_{10}x+c_{11}x^2\\ s_0&=c_{12}+c_{13}x\end{aligned} \tag{1.4.12}$$

XMOD2 中的参数 B_1 (如表 1.2 所示)与 CMOD5 中的定义是不同的，其表示为

$$B_1=\left(c_{14}+c_{15}x+c_{16}x^2\right)+\left(c_{17}+c_{18}x+c_{19}x^2\right)v+\left(c_{20}+c_{21}x+c_{22}x^2\right)v^2 \tag{1.4.13}$$

参数 B_2 的定义为

$$B_2=\left(-d_1+d_2v_2\right)\exp\left(-v_2\right) \tag{1.4.14}$$

其中，v_2 表示为

$$v_2=\begin{cases} a+b\left(y-1\right)^n & y<y_0 \\ y & y\geqslant y_0 \end{cases} \tag{1.4.15}$$

其中，

$$y=\frac{v+v_0}{v_0} \tag{1.4.16}$$

$$a=y_0-\left(y_0-1\right)/n\text{，}\quad b=1\Big/\left[n\left(y_0-1\right)^{n-1}\right] \tag{1.4.17}$$

式中，y_0、n 分别为 c_{23} 和 c_{24} 的系数；v_0、d_1、d_2 为入射角的函数，表示为

$$\begin{aligned} v_0&=c_{25}+c_{26}x+c_{27}x^2 \\ d_1&=c_{28}+c_{29}x+c_{30}x^2 \\ d_2&=c_{31}+c_{32}x \end{aligned} \tag{1.4.18}$$

表 1.2　XMOD2 系数

系数	XMOD2
C_1	–1.3434
C_2	–0.7179
C_3	0.2562
C_4	–0.2612
C_5	0.0312
C_6	0.0094
C_7	0.2527
C_8	0.0515
C_9	4.3308
C_{10}	0.2745
C_{11}	–2.0974
C_{12}	–5.0261
C_{13}	–0.4141
C_{14}	–0.0004
C_{15}	0.0417
C_{16}	–0.0197

续表

系数	XMOD2
C_{17}	0.0184
C_{18}	0.0085
C_{19}	–0.0145
C_{20}	–0.0009
C_{21}	–0.0004
C_{2}	0.0011
C_{23}	7.4878
C_{24}	0.8279
C_{25}	19.6282
C_{26}	–14.6501
C_{27}	14.4326
C_{28}	–0.0314
C_{29}	0.1610
C_{30}	0.1393
C_{31}	0.6362
C_{32}	–0.0291

图 1.12 是利用 XMOD 2 模式对 2012 年 2 月 4 日获取的亚得里亚海东侧 VV 极化的 TerraSAR-X 数据反演的海面风场。在冬季，亚得里亚海交替地刮布拉风(Bora，强劲的东北风)和西洛可风(Sirocco，较温和的东南风)。图 1.12 显示的就是风力强劲的布拉风。

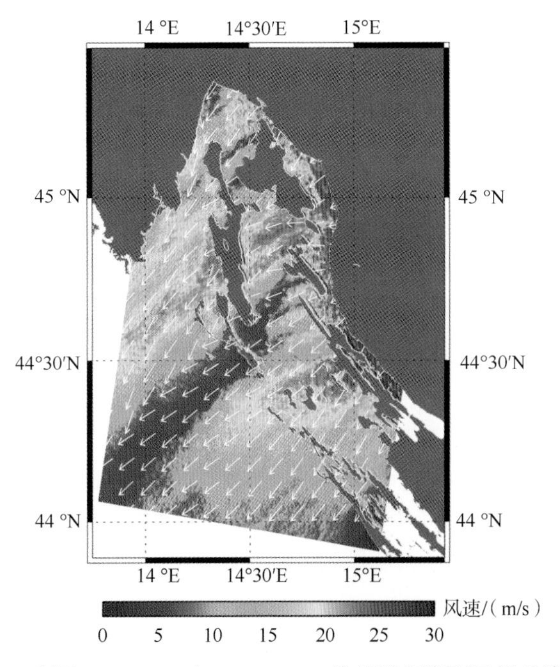

图 1.12 利用 XMOD 2 对 TerraSAR-X 数据进行海面风场反演结果

1.5　基于极化信息的应用技术研究

1.5.1　多极化 SAR 海洋降雨信号识别与散射机制

雨滴穿过大气时，与电磁波相互作用，发生散射和吸收；雨滴降落至海面时产生环波，增加海面粗糙度，从而增大雷达后向散射；雨滴在水面上层产生湍流，减小海面粗糙度，从而减小雷达后向散射；雨滴与海面接触后，产生雨柱，与电磁波相互作用，发生体散射。C 波段 SAR 降雨信号特征和散射机制可以总结如下。

(1) C 波段 SAR 降雨信号对后向散射贡献可正可负。降雨增强海面粗糙度的主要原因包括：①雨滴降落至海面产生的环波与雨滴和海面相互作用后形成的雨柱产生的散射；②与降雨有关的下沉风产生的散射。降雨减小海面粗糙度的原因是雨滴降落至海面产生的湍流会衰减表面布拉格波。归一化雷达后向散射增加或减小取决于雨率、风速、入射角、雨滴分布等参数。

(2) 在低和中等风速下 (<10 m/s) 及低和中等雨率下 (<50 mm/h)，环波布拉格散射和雨柱散射是 C 波段雷达降雨成像的主要原因，同时可增大雷达后向散射。由于环波谱的最大值位于 C 波段布拉格波长范围内，因此 C 波段雷达对环波比较敏感。随着雨率增加，环波谱能值增大。根据布拉格散射理论，雷达后向散射也随雨率的增加而增大。

(3) 在高风速 (>10 m/s) 及低和高雨率 (<50 mm/h) 条件下，降雨会引起 C 波段雷达后向散射减小。雨率越大，衰减越强，这主要是由于降落至海面的雨滴产生的湍流衰减表面布拉格波，从而引起海面粗糙度减小。

(4) 对于 L 波段，布拉格波的波长约为 25 mm，湍流对环波的抑制总是占主体地位，这表明降雨总是会引起归一化雷达后向散射系数衰减。然而，对于其他波段，当降雨区域存在下沉风时，雷达散射会增强。

(5) 对于 C 波段，随着入射角的增大，降雨的敏感度也随之增加。其主要原因在于：当入射角增加时，布拉格波的波长减小。布拉格波的波长越短，环波引起的散射越强，从而导致归一化雷达后向散射的增强。

(6) 由于降雨率随空间和时间变化，因此 C 波段雷达降雨信号经常由临近的雷达散射增强区域和减弱区域构成。在降雨初级阶段，水面上层湍流并没有完全成长，因而对布拉格波的抑制作用较小。另外，在降雨停止后，湍流并不会立即衰减，因此在雨停后会继续对布拉格波产生阻尼作用。

图 1.13 (a) 和 (b) 分别显示了 C 波段交叉极化和垂直极化 Sentinel-1A 降雨 SAR 图像特征。图 1.13 (c) 和 (d) 给出了图 1.13 (a) 和 (b) 中横截线对应的归一化雷达后向散射系数的变化曲线。从图 1.13 中可以看出，垂直极化 SAR 图像展现了降雨信号伴随的下沉风，然而在交叉极化 SAR 图像中并没有显现。这可能是由于 Sentinel-1A 交叉极化 SAR 后向散射小于其噪声级别。对于该图像，海面风速约为 2.5 m/s，接近于小尺度毛细重力波产生的风速门槛值。在该风速条件下，下沉风具有准圆形的形状特征，如图 1.13 (b) 所示。

从图 1.13(c)和(d)可以看出，相对于下沉风区域，降雨可以使得交叉极化雷达散射增加 4 dB、垂直极化雷达散射增加 7 dB。

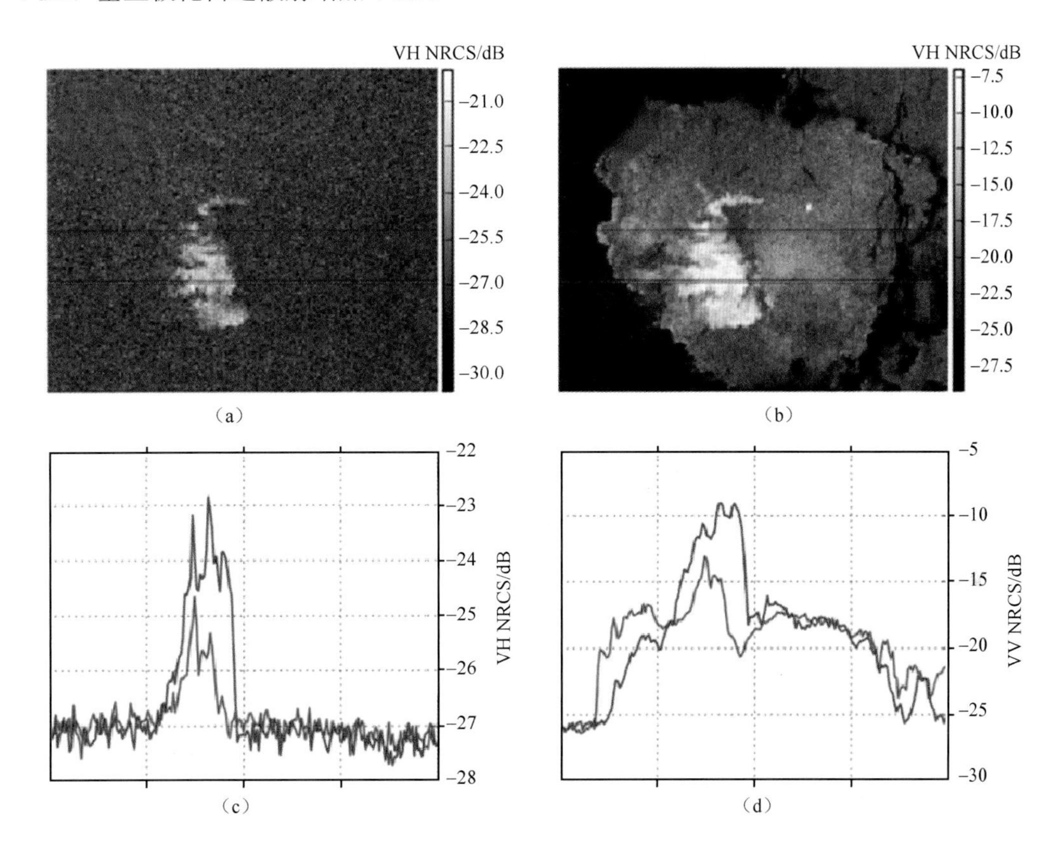

图 1.13　(a)和(b)为 2015 年 6 月 9 日 21:53 UTC Sentinel-1A 在中国南海观测的 SAR 图像子区域，显示出雷达降雨信号，图(a)是交叉极化，图(b)是垂直极化；(c)和(d)是子图像中横截线对应的归一化雷达后向散射系数

图 1.14(a)和(c)分别给出了 C 波段 RADARSAT-2 垂直和交叉极化 SAR 降雨图像。图 1.14(b)为 S 波段多普勒天气雷达测量的降雨率，范围为 1～7 mm/h。图 1.14(d)描绘了水平、垂直和交叉极化雷达后向散射在无降雨和有降雨区域的量值变化特征。从图 1.14(d)中可以清晰地看到，水平和垂直极化雷达后向散射变化曲线有 4 个明显的峰值，然而交叉极化雷达后向散射变化曲线只有 1 个非常小的峰值。这个较小的峰值可能与交叉极化通道低信噪比有关。对于该图像，雷达入射角约为 40°，而 RADARSAT-2 在 40°入射角附近的等效噪声范围为–34～–33 dB，非常接近于无雨区域的交叉极化雷达散射值。然而，在同极化通道，归一化雷达后向散射值均在等效噪声之上，无雨区域的垂直极化雷达后向散射约为–19 dB，而水平极化雷达后向散射约为–22 dB。对于垂直极化，这个量值与风速为 4 m/s 时复合表面布拉格散射理论模拟值比较一致。在降雨区域，垂直极化雷达后向散射变化量介于 7～8.5 dB，水平极化介于 2～7 dB，交叉极化介于 6～8 dB。

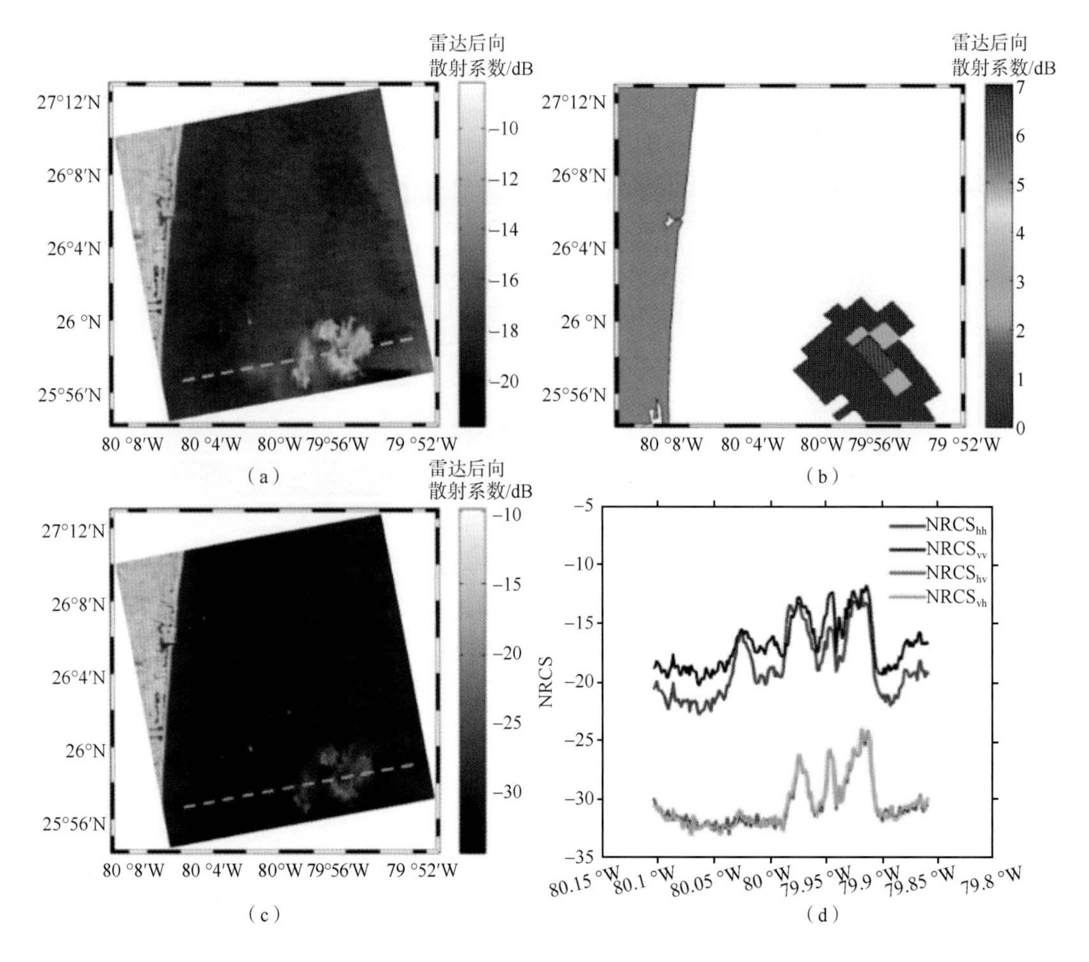

图 1.14　RADARSAT-2 于 2010 年 7 月 15 日 23：27 在佛罗里达海岸附近观测的全极化 SAR 降雨图像

(a) 垂直极化图像；(b) 多普勒天气雷达于 2010 年 7 月 15 日 23：27 UTC 观测的雨率；
(c) 交叉极化图像；(d) 图 (a) 和图 (c) 中横截线对应的归一化雷达后向散射系数

基于极化雷达分解理论，利用图 1.14 所示的全极化雷达图像计算了极化熵、平均散射角，如图 1.15 所示。从图中可以看出，在无降雨区域，极化熵和平均散射角较小，表明布拉格散射是主要的散射机制。然而，在降雨区域，极化熵和平均散射角相对增大。降雨区域内的最大熵为 0.5，最大散射角为 28°，这些值在熵/散射角平面内对应于表面散射。

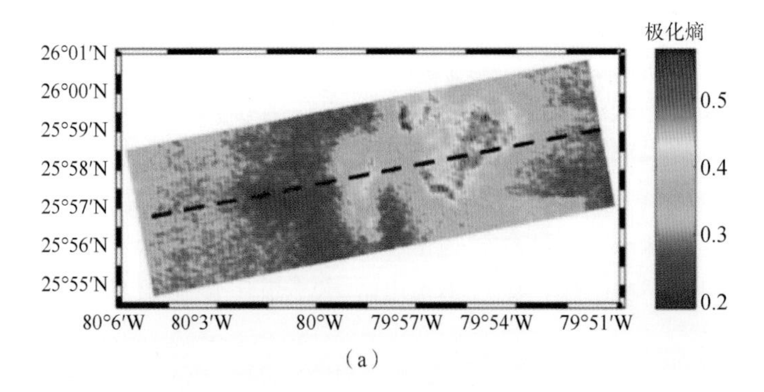

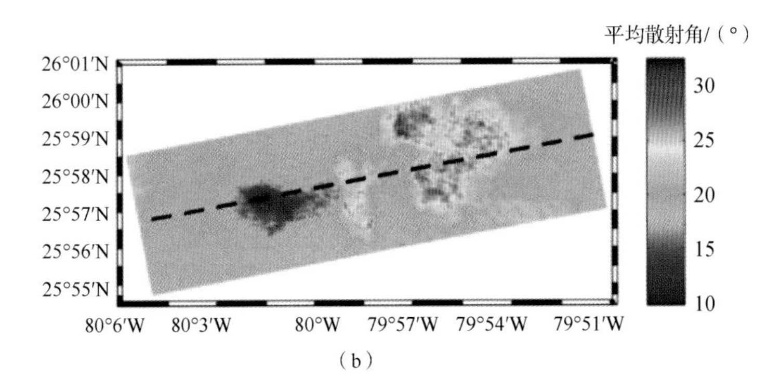

（b）

图 1.15　利用全极化 SAR 图像计算的极化熵(a)和平均散射角(b)

1.5.2　简缩极化 SAR 海洋溢油和石油平台探测

全极化雷达能够观测海面目标的散射矩阵，同时提供水平、垂直和交叉极化后向散射系数。然而，由于其空间分辨率较高，故成像刈幅较小，不适用于业务化海面目标监测需求。简缩极化雷达是一种相干双极化雷达系统，能够发射线极化或圆极化电磁波，接收水平或垂直极化电磁波。相对于全极化雷达，简缩极化雷达的优势在于发射功率减半，成像刈幅增大一倍，而且包含丰富的极化信息，较为适合海面目标检测。简缩极化(π/4 和 CTLR)协方差矩阵为

$$C_{\mathrm{cp}}^{\pi/4}=\frac{1}{2}\begin{bmatrix}|S_{\mathrm{HH}}|^2 & S_{\mathrm{HH}}\cdot S_{\mathrm{VV}}^*\\ S_{\mathrm{VV}}\cdot S_{\mathrm{HH}}^* & |S_{\mathrm{VV}}|^2\end{bmatrix}+\frac{1}{2}\begin{bmatrix}|S_{\mathrm{HV}}|^2 & |S_{\mathrm{HV}}|^2\\ |S_{\mathrm{HV}}|^2 & |S_{\mathrm{HV}}|^2\end{bmatrix}+\frac{1}{2}\begin{bmatrix}2\Re\left(S_{\mathrm{HH}}\cdot S_{\mathrm{HV}}^*\right) & S_{\mathrm{HH}}\cdot S_{\mathrm{HV}}^*+S_{\mathrm{VV}}^*\cdot S_{\mathrm{HV}}\\ S_{\mathrm{HH}}^*\cdot S_{\mathrm{HV}}+S_{\mathrm{VV}}\cdot S_{\mathrm{HV}}^* & 2\Re\left(S_{\mathrm{VV}}\cdot S_{\mathrm{HV}}^*\right)\end{bmatrix}\tag{1.5.1}$$

$$C_{\mathrm{cp}}^{\mathrm{CTLR}}=\frac{1}{2}\begin{bmatrix}|S_{\mathrm{HH}}|^2 & i\left(S_{\mathrm{HH}}\cdot S_{\mathrm{VV}}^*\right)\\ -i\left(S_{\mathrm{VV}}\cdot S_{\mathrm{HH}}^*\right) & |S_{\mathrm{VV}}|^2\end{bmatrix}+\frac{1}{2}\begin{bmatrix}|S_{\mathrm{HV}}|^2 & -i|S_{\mathrm{HV}}|^2\\ i|S_{\mathrm{HV}}|^2 & |S_{\mathrm{HV}}|^2\end{bmatrix}+\frac{1}{2}\begin{bmatrix}-2\Im\left(S_{\mathrm{HH}}\cdot S_{\mathrm{HV}}^*\right) & S_{\mathrm{HH}}\cdot S_{\mathrm{HV}}^*+S_{\mathrm{VV}}^*\cdot S_{\mathrm{HV}}\\ S_{\mathrm{HH}}^*\cdot S_{\mathrm{HV}}+S_{\mathrm{VV}}\cdot S_{\mathrm{HV}}^* & 2\Im\left(S_{\mathrm{VV}}\cdot S_{\mathrm{HV}}^*\right)\end{bmatrix}\tag{1.5.2}$$

基于反射对称原理 $<S_{\mathrm{HH}}S_{\mathrm{HV}}^*>=<S_{\mathrm{HV}}S_{\mathrm{VV}}^*>$，简缩极化(π/4 和 CTLR)协方差矩阵可以进一步表示为

$$C_{\mathrm{cp}}^{\pi/4}=\frac{1}{2}\begin{bmatrix}|S_{\mathrm{HH}}|^2+|S_{\mathrm{HV}}|^2 & S_{\mathrm{HH}}\cdot S_{\mathrm{VV}}^*+|S_{\mathrm{HV}}|^2\\ S_{\mathrm{VV}}\cdot S_{\mathrm{HH}}^*+|S_{\mathrm{HV}}|^2 & |S_{\mathrm{VV}}|^2+|S_{\mathrm{HV}}|^2\end{bmatrix}\tag{1.5.3}$$

$$C_{\mathrm{cp}}^{\mathrm{CTLR}}=\frac{1}{2}\begin{bmatrix}|S_{\mathrm{HH}}|^2+|S_{\mathrm{HV}}|^2 & i\left(S_{\mathrm{HH}}S_{\mathrm{VV}}^*-|S_{\mathrm{HV}}|^2\right)\\ i\left(|S_{\mathrm{HV}}|^2-S_{\mathrm{VV}}S_{\mathrm{HH}}^*\right) & |S_{\mathrm{VV}}|^2+|S_{\mathrm{HV}}|^2\end{bmatrix} \tag{1.5.4}$$

简缩极化数据重构分为两个步骤：①由全极化雷达观测计算简缩极化雷达数据；②由简缩极化雷达数据重构伪全极化雷达协方差矩阵元素。对于简缩极化 π/4 数据重构，初始猜测为

$$\rho_{(0)}=\frac{C_{\mathrm{cp}}^{12}}{\sqrt{C_{\mathrm{cp}}^{11}\cdot C_{\mathrm{cp}}^{22}}} \tag{1.5.5}$$

$$|S_{\mathrm{HV}}|_{(0)}^2=\frac{\left(C_{\mathrm{cp}}^{11}+C_{\mathrm{cp}}^{22}\right)}{2}\cdot\left(\frac{1-|\rho_{(0)}|}{3-|\rho_{(0)}|}\right) \tag{1.5.6}$$

然后对下述方程进行迭代，直至收敛：

$$\rho_{(i+1)}=\frac{C_{\mathrm{cp}}^{12}-|S_{\mathrm{HV}}|_{(i)}^2}{\sqrt{\left(C_{\mathrm{cp}}^{11}-|S_{\mathrm{HV}}|_{(i)}^2\right)}\cdot\sqrt{\left(C_{\mathrm{cp}}^{22}-|S_{\mathrm{HV}}|_{(i)}^2\right)}} \tag{1.5.7}$$

迭代过程结束后，交叉极化后向散射为

$$|S_{\mathrm{HV}}|_{(i+1)}^2=\frac{C_{\mathrm{cp}}^{11}+C_{\mathrm{cp}}^{22}}{2}\left(\frac{1-|\rho_{(i+1)}|}{3-|\rho_{(i+1)}|}\right) \tag{1.5.8}$$

或

$$|S_{\mathrm{HV}}|_{(i+1)}^2=\left(C_{\mathrm{cp}}^{11}+C_{\mathrm{cp}}^{22}\right)\left[\frac{1-|\rho_{(i+1)}|}{N+2\left(1-|\rho_{(i+1)}|\right)}\right] \tag{1.5.9}$$

最后，简缩极化 π/4 模式重构的伪全极化协方差矩阵如下：

$$C_{\mathrm{pq}}^{\pi/4}=\begin{bmatrix}C_{\mathrm{cp}}^{11}-|S_{\mathrm{HV}}|^2 & 0 & C_{\mathrm{cp}}^{12}-|S_{\mathrm{HV}}|^2\\ 0 & 2|S_{\mathrm{HV}}|^2 & 0\\ \left(C_{\mathrm{cp}}^{12}-|S_{\mathrm{HV}}|^2\right)^* & 0 & C_{\mathrm{cp}}^{22}-|S_{\mathrm{HV}}|^2\end{bmatrix} \tag{1.5.10}$$

对于简缩极化 CTLR 模式重构，初始猜测为

$$\rho_{(0)}=\frac{-iC_{\mathrm{cp}}^{12}}{\sqrt{C_{\mathrm{cp}}^{11}C_{\mathrm{cp}}^{22}}} \tag{1.5.11}$$

$$\rho_{(i+1)}=\frac{-iC_{\mathrm{cp}}^{12}+|S_{\mathrm{HV}}|_{(i)}^2}{\sqrt{\left(C_{\mathrm{cp}}^{11}-|S_{\mathrm{HV}}|_{(i)}^2\right)\left(C_{\mathrm{cp}}^{22}-|S_{\mathrm{HV}}|_{(i)}^2\right)}} \tag{1.5.12}$$

迭代结束后，重构的伪全极化协方差矩阵为

$$
\boldsymbol{C}_{\text{pq}}^{\text{CTLR}}=\begin{bmatrix} C_{\text{cp}}^{11}-\left|S_{\text{HV}}\right|^2 & 0 & -iC_{\text{cp}}^{12}+\left|S_{\text{HV}}\right|^2 \\ 0 & 2\left|S_{\text{HV}}\right|^2 & 0 \\ \left(-iC_{\text{cp}}^{12}+\left|S_{\text{HV}}\right|^2\right)^* & 0 & C_{\text{cp}}^{22}-\left|S_{\text{HV}}\right|^2 \end{bmatrix} \tag{1.5.13}
$$

许多学者利用 π/4 和 CTLR 两种简缩极化数据重构模型，基于全极化雷达观测数据，对陆地目标进行了重构，然而对海洋目标的重构研究较少，且不清楚对于海洋目标，究竟应该采用哪种简缩极化重构模型。针对这一问题，本书选择了不同的海洋目标(石油平台、海面风、海洋溢油)，结合全极化雷达观测数据，使用不同的重构模型，对不同的海洋目标进行了重构，并对重构结果进行了精度评定。图 1.16 给出了一幅全极化雷达海洋石油平台例子图像，从图 1.16 中可以看出，白色亮点为石油平台，在交叉极化图像上尤为清晰。

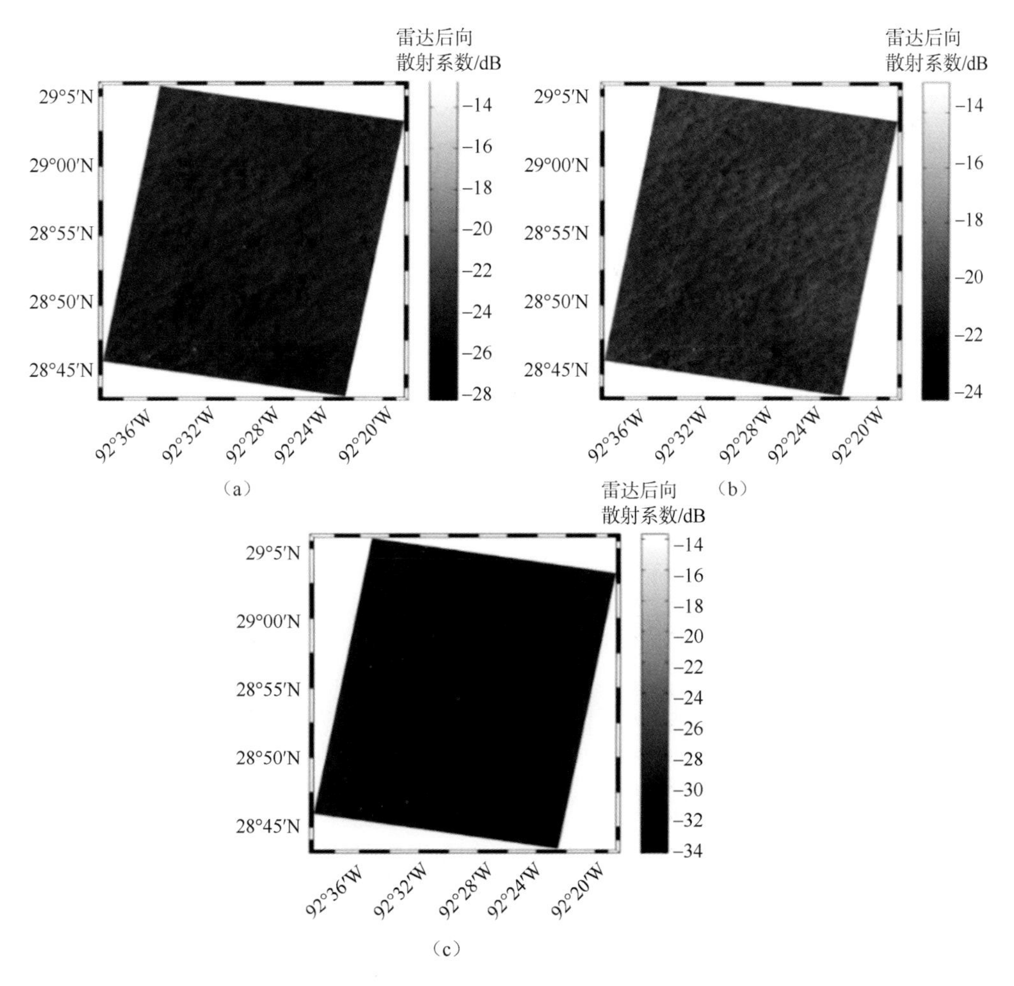

图 1.16　C 波段 RADARSAT-2 全极化雷达图像

(a) 水平极化；(b) 垂直极化；(c) 交叉极化

重构前需检查重构假设的常量 N=4 是否合理，于是计算了重构假设等式左右两边的变量，如图 1.17 所示。对于该个例，重构假设等式中左右两边的变量值基本相等，均匀地分布在对角线的两侧，因此 N 可以设置为常量 4。于是，基于简缩极化 π/4 模式，对上述图像进行简缩极化数据重构，重构的同极化和交叉极化后向散射如图 1.18 所示。为了评价重构精度，比较了重构前和重构后的后向散射，如图 1.19 所示。从图 1.19 中可以看出，水平极化和垂直极化重构精度较高，均方根分别为 0.198 dB 和 0.083 dB；而交叉极化重构精度稍差，偏差为–0.381 dB，均方根为 0.977 dB。此外，我们也用简缩极化 CTLR 模式对上述图像进行简缩极化数据重构，交叉极化重构偏差和均方根为 0.82 dB 和 0.94 dB。不难看出，两种模式重构的交叉极化后向散射系数的均方根比较接近，但 π/4 模式重构结果明显优于 CTLR 模式(偏差较小)。

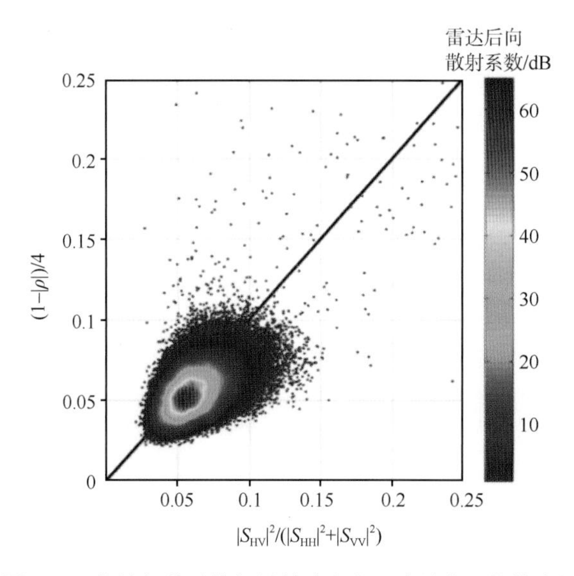

图 1.17　简缩极化重构假设等式左右两边量值比较散点图

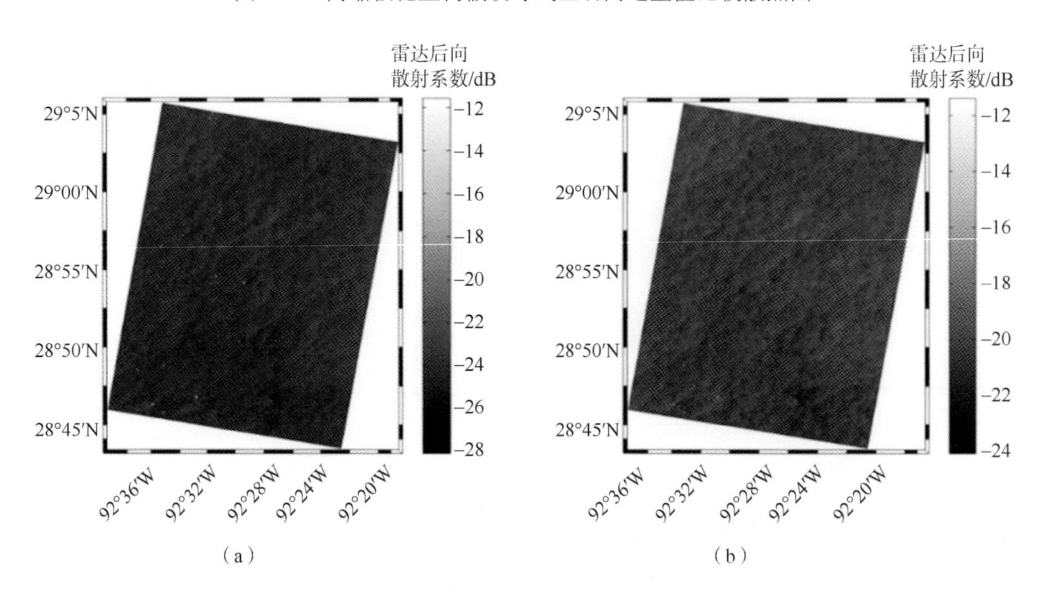

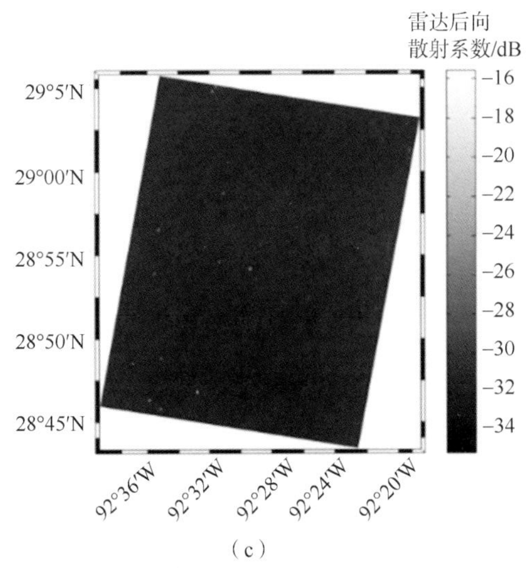

（c）

图 1.18　简缩极化 π/4 模式重构的 C 波段 RADARSAT-2 全极化雷达图像(N=4)

(a) 水平极化；(b) 垂直极化；(c) 交叉极化

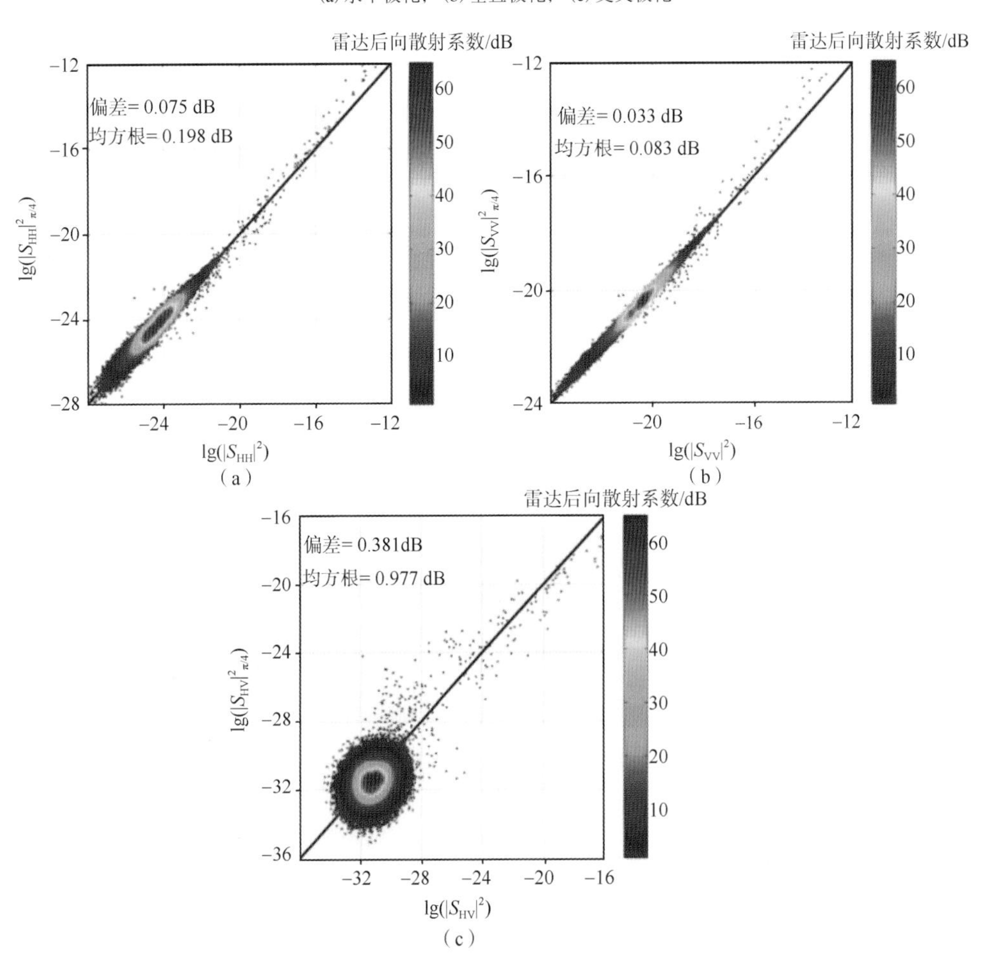

图 1.19　简缩极化重构结果与原始全极化观测比较散点图

为进一步评价两种简缩极化重构模式，选择了图 1.20 所示的全极化 SAR 图像进行测试。该图像中包含清晰的海面风条纹特征，并且不含有舰船、岛屿、溢油等目标。在该图像覆盖区域内有一个浮标，观测的风速大小为 10.7 m/s。在重构前，首先检查重构假设是否成立，于是计算了重构假设方程左右两边量值，其比较结果如图 1.21 所示。从图 1.21 中可以看出，左右两边量值明显不等。因此，至少对于该个例，重构假设中 N 不能设置为常量 4，而应当是一个变量，即 $|N|=|S_{\mathrm{HH}}-S_{\mathrm{VV}}|^2/|S_{\mathrm{HV}}|^2$ 。对于该个例，首先使用 CTLR 模式进行数据重构，其重构的同极化和交叉极化后向散射系数如图 1.22 所示。

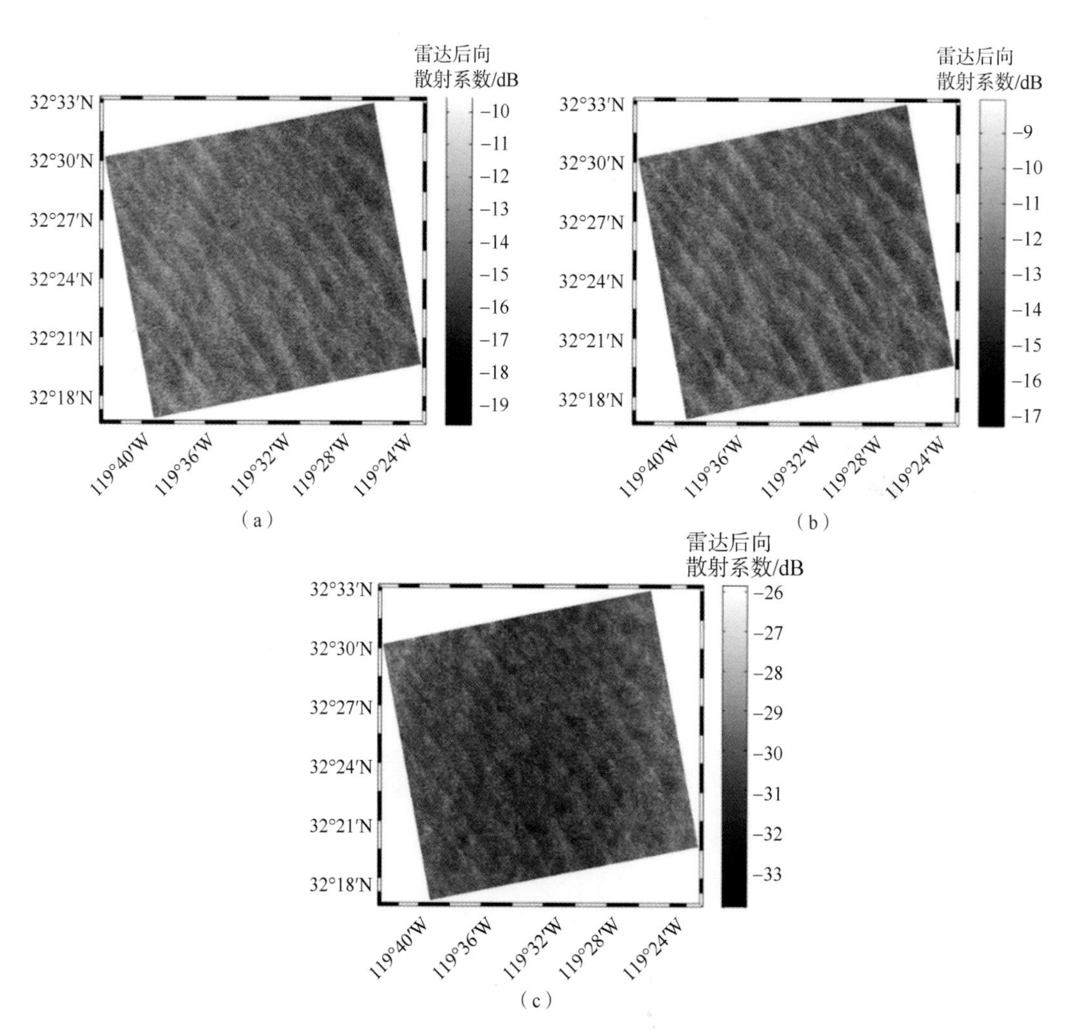

图 1.20　C 波段 RADARSAT-2 全极化雷达图像
(a) 水平极化；(b) 垂直极化；(c) 交叉极化

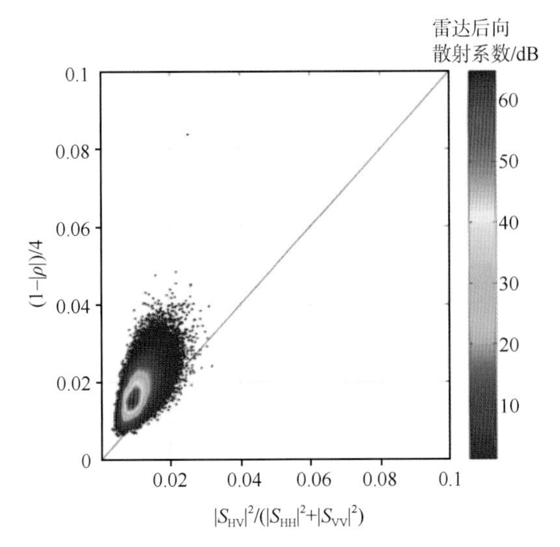

图 1.21　简缩极化重构假设等式左右两边量值比较散点图

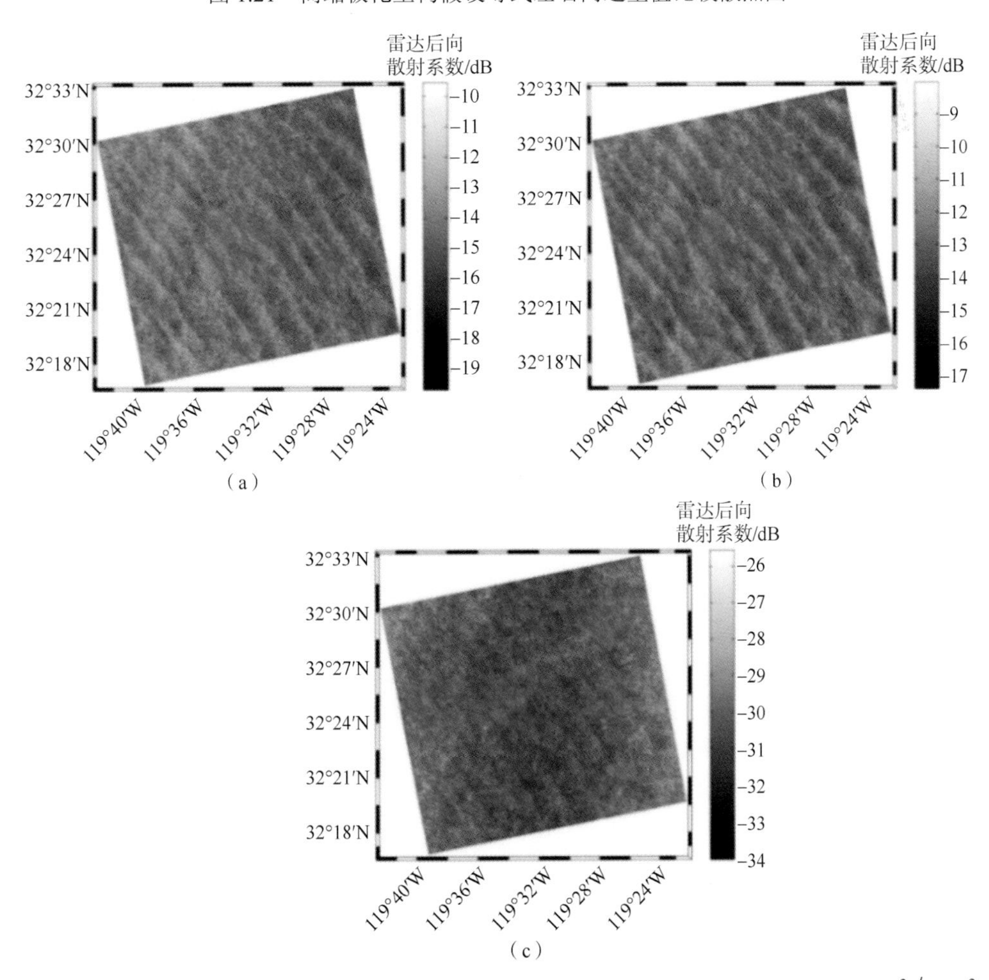

图 1.22　简缩极化 CTLR 模式重构的 C 波段 RADARSAT-2 全极化雷达图像（$N=\left|S_{\mathrm{HH}}-S_{\mathrm{VV}}\right|^2/\left|S_{\mathrm{HV}}\right|^2$）

(a) 水平极化；(b) 垂直极化；(c) 交叉极化

图 1.23 给出了简缩极化 CTLR 模式重构结果与原始全极化观测比较散点图。对于交叉极化重构，偏差和均方根分别为 0.204 dB 和 0.391 dB。此外，也利用 π/4 模式进行了重构，并且和原始全极化观测进行了比较，其交叉极化重构的偏差和均方根分别为 2.16 dB 和 2.35 dB。对于该个例，CTLR 模式重构结果明显优于 π/4 模式重构结果。

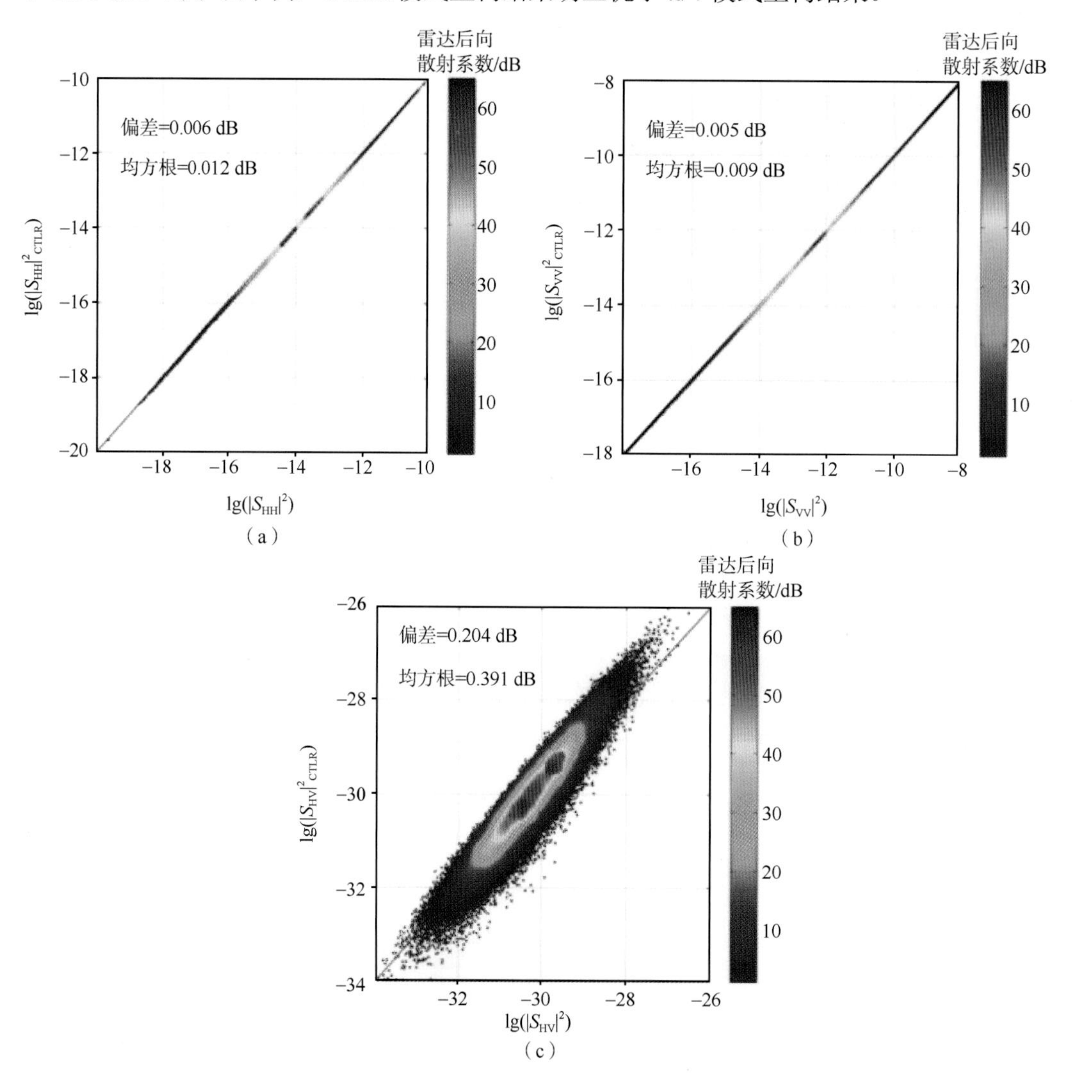

图 1.23　简缩极化重构结果与原始全极化观测比较散点图

此外，用全极化海洋溢油雷达图像(图 1.24)评价了两种简缩极化数据重构模式。从图 1.24(a)和图 1.24(b)即水平和垂直极化图像中，可以明显地看到海洋溢油特征，而图 1.24(c)交叉极化图像中几乎无法呈现黑色的溢油特征现象，主要是因为交叉极化的信号相对水平极化和垂直极化较低。此外，交叉极化溢油后向散射与图像等效噪声比较接近，因此图像的对比度较小。图 1.25 则再次证明了无论采用哪种简缩极化重构模式，N 值不能取常量 4，而应该是 $N=|S_{HH}-S_{VV}|^2/|S_{HV}|^2$。图 1.26 给出了利用简缩极化 CTLR 模式重

构的结果，对于该个例重构，交叉极化重构的偏差和均方根差为 0.09 dB 和 0.41 dB。对于简缩极化 π/4 模式，其重构的交叉极化后向散射的偏差和均方根分别为–0.53 dB 和 0.62 dB。因此，对于该个例重构，应该选取 CTLR 模式进行数据重构。

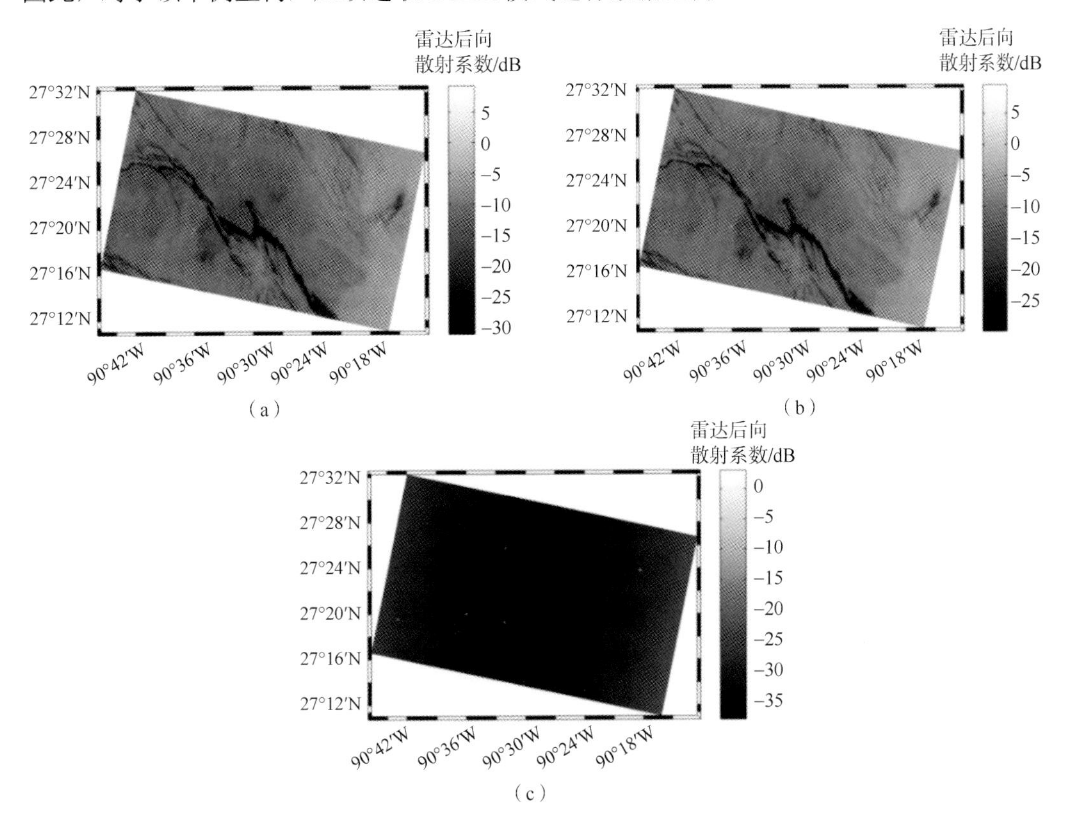

图 1.24　C 波段 RADARSAT-2 全极化雷达图像

(a) 水平极化；(b) 垂直极化；(c) 交叉极化

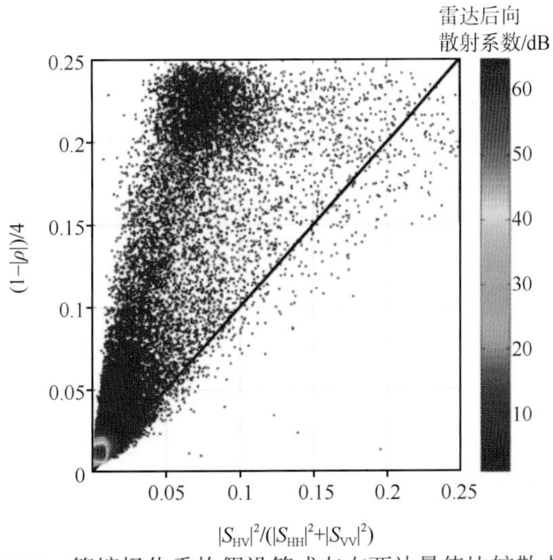

图 1.25　简缩极化重构假设等式左右两边量值比较散点图

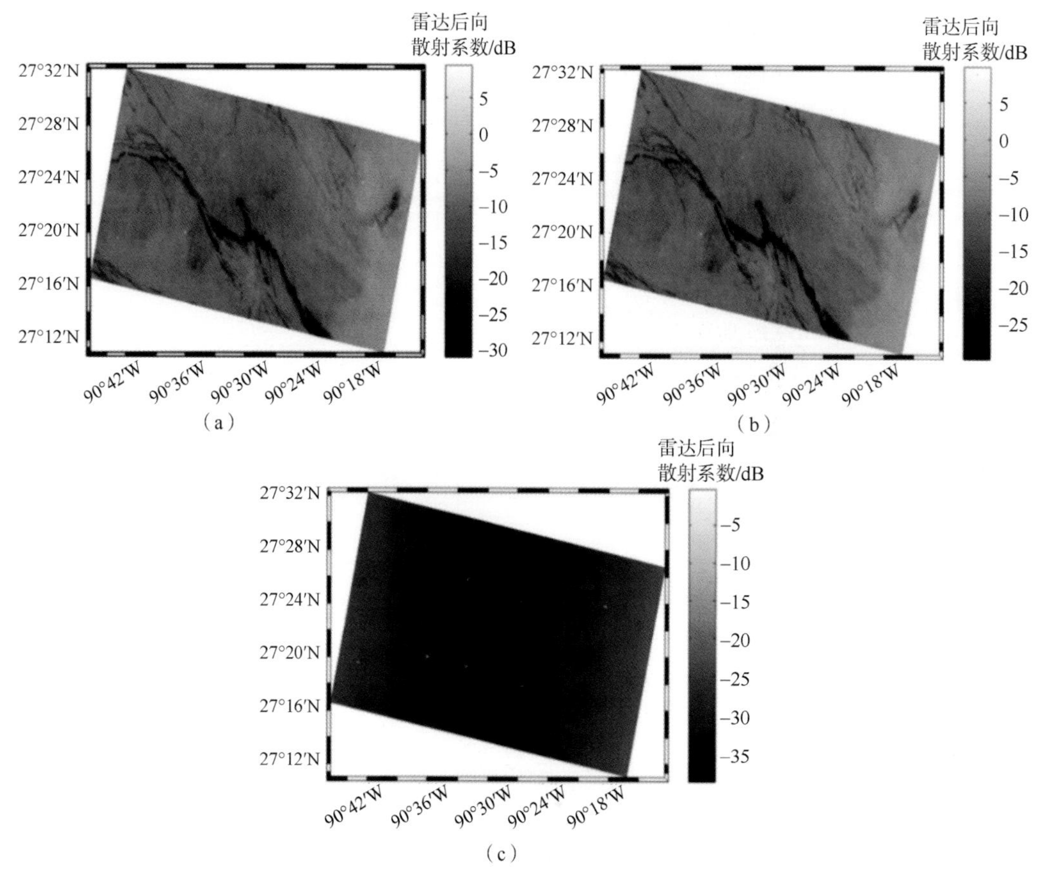

图 1.26　简缩极化 CTLR 模式重构的 C 波段 RADARSAT-2 全极化雷达图像（$N=\left|S_{\mathrm{HH}}-S_{\mathrm{VV}}\right|^2/\left|S_{\mathrm{HV}}\right|^2$）

(a) 水平极化；(b) 垂直极化；(c) 交叉极化

在简缩极化数据重构的基础上，发展了基于相对相位的海洋目标检测方法。利用第三和第四斯托克斯参数即可计算逻辑性相对相位：

$$\delta=\mathrm{atan}(S_4/S_3)\quad -180°\leqslant\delta\leqslant 180° \tag{1.5.14}$$

其中

$$S_3=(1/\sqrt{2})\mathscr{R}(C_{\mathrm{pq}}^{12})+(1/\sqrt{2})\mathscr{R}(C_{\mathrm{pq}}^{23})+\mathfrak{I}(C_{\mathrm{pq}}^{13}) \tag{1.5.15}$$

$$S_4=-(1/\sqrt{2})\mathfrak{I}(C_{\mathrm{pq}}^{12})-(1/\sqrt{2})\mathfrak{I}(C_{\mathrm{pq}}^{23})+\mathscr{R}(C_{\mathrm{pq}}^{13})-1/2\,C_{\mathrm{pq}}^{22} \tag{1.5.16}$$

式中，C_{pq}^{12}、C_{pq}^{13}、C_{pq}^{22}、C_{pq}^{23} 分别为重构的协方差矩阵元素。因此，相对相位可以表示为

$$\delta=\frac{\mathscr{R}[S_{\mathrm{pq}}^{\mathrm{HH}}\cdot(S_{\mathrm{pq}}^{\mathrm{VV}})^*]-\left|S_{\mathrm{pq}}^{\mathrm{HV}}\right|^2}{\mathfrak{I}[S_{\mathrm{pq}}^{\mathrm{HH}}\cdot(S_{\mathrm{pq}}^{\mathrm{VV}})^*]} \tag{1.5.17}$$

基于简缩极化重构的伪全极化雷达图像(图 1.27)，计算了相对相位值(图 1.28)。从图 1.28 中可以看出，海面和石油平台对应于逻辑性的相对相位，主要原因在于不同的散射机制。海面为单次散射，相对相位为正值；而石油平台是多次散射，相对相位为负值。图 1.29 给出了基于物理散射机制的相对相位探测的石油平台位置结果。此外，基于在墨西

哥湾收集的不同时间获取的 28 景全极化图像，利用 π/4 模式进行重构，再计算相对相位值，进一步探测石油平台位置，探测结果如图 1.30 所示。将相对相位方法应用于海洋溢油探测，探测结果如图 1.31 所示，机载光学观测进一步验证了简缩极化雷达溢油探测。

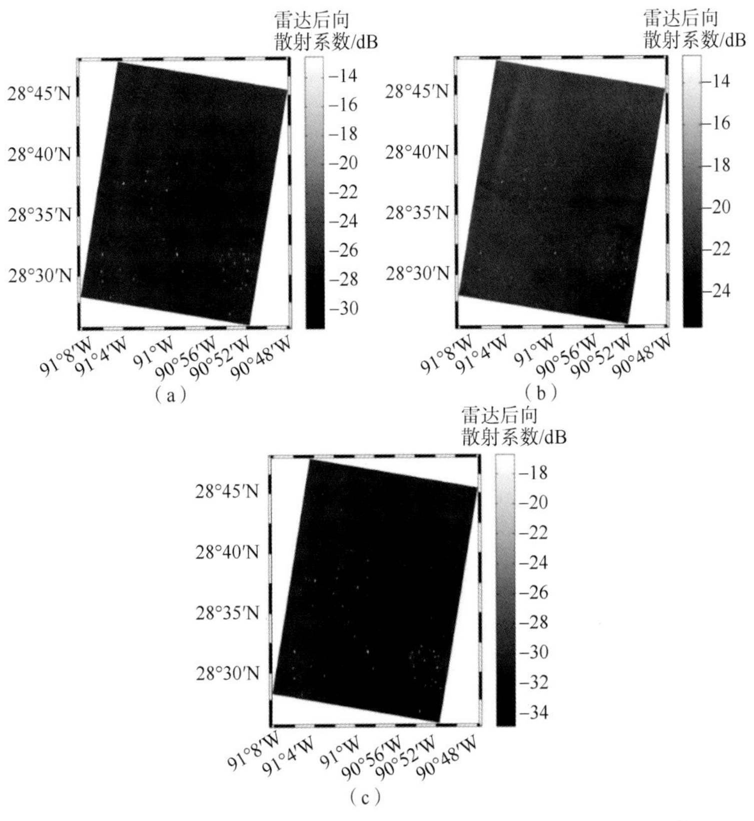

图 1.27　简缩极化 CTLR 模式重构的 C 波段 RADARSAT-2 全极化雷达图像（$N=\left|S_{\mathrm{HH}}-S_{\mathrm{VV}}\right|^2/\left|S_{\mathrm{HV}}\right|^2$）

(a) 水平极化；(b) 垂直极化；(c) 交叉极化

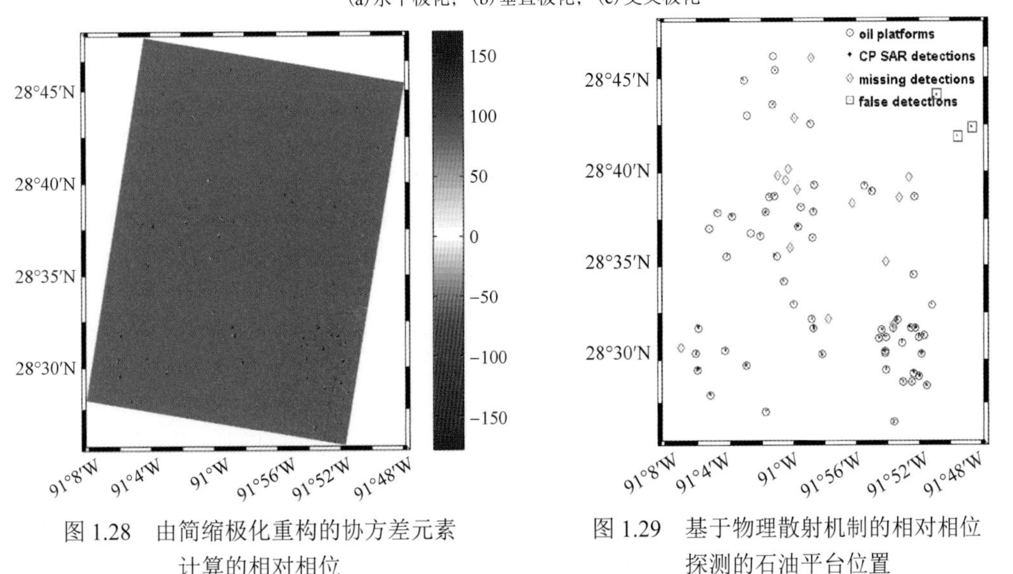

图 1.28　由简缩极化重构的协方差元素计算的相对相位

图 1.29　基于物理散射机制的相对相位探测的石油平台位置

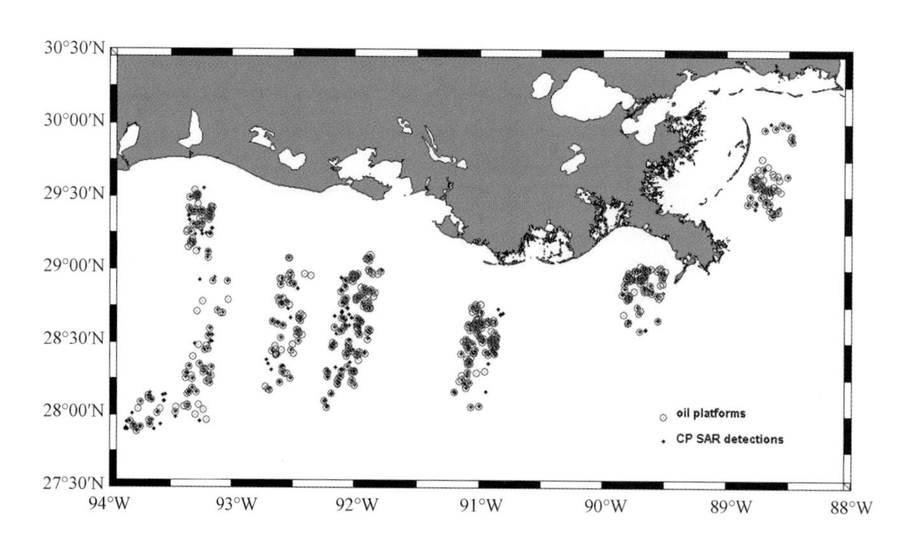

图 1.30　利用 28 景全极化雷达图像检测的石油平台位置

图 1.31　由基于物理散射机制的相对相位探测的海洋溢油位置

参考文献

Anguelova M D, Webster F. 2006. Whitecap coverage from satellite measurements: a first step toward modeling the variability of oceanic whitecaps. Journal of Geophysical Research, 111: 279-298.

Barrick D E, Peake W. 1968. A review of scattering from rough surfaces with different roughness scales. Radio Science, 3: 865-868.

Bettenhausen M H, Smith C K, Bevilacqua R M, et al. 2006. A nonlinear optimization algorithm for WindSat wind vector retrievals. IEEE Transaction on Geoscience and Remote Sensing, 44: 597-610.

Charbonneau F J, Brisco B, Raney R K, et al. 2010. Compact polarimetry overview and applications assessment. Canadian Journal of Remote Sensing, 36: 298-315.

Collins M J, Denbina M, Atteia G. 2013. On the reconstruction of quad-pol SAR data from compact polarimetry data for ocean target detection. IEEE Transaction on Geoscience and Remote Sensing, 51: 591-600.

Donelan M A, Pierson W J. 1987. Radar scattering and equilibrium ranges in wind-generated waves. Journal of Geophysical Research, 92: 4971-5029.

Elfouhaily T M, Guerin C A. 2006. A critical survey of approximate scattering wave theories from random rough surfaces. Waves in Random Media, 14: 1-40.

Franceschetti G, Iodice A, Riccio D, et al. 2002. SAR raw signal simulation of oil slicks in ocean environments. IEEE Transactions on Geoscience and Remote Sensing, 40: 1935-1949.

Franceschetti G, Migliaccio M, Riccio D, et al. 1992. SARAS: a synthetic aperture radar (SAR) raw signal simulator. IEEE Transactions on Geoscience and Remote Sensing, 30: 110-123.

Franceschetti G, Migliaccio M, Riccio D. 1998. On ocean SAR raw signal simulation. IEEE Transactions on Geoscience and Remote Sensing, 36: 84-100.

Guissard A, Sobieski P. 1987. An approximate model for the microwave brightness temperature of the sea. International Journal of Remote Sensing, 8: 1607-1627.

Guo R, Liu Y B, Wu Y H, et al. 2012. Applying H/A decomposition to compact polarimetry SAR. IET Radar, Sonar & Navigation, 6: 61-70.

Harger R O. 1986. The SAR image of short gravity waves on a long gravity wave//phillps O M, Hasselmann K. Wave Dynamics and Radio Probing of the Ocean Surface. Boston: MA: Springer: 371-392.

Hwang P A, Fois F. 2015. Surface roughness and breaking wave properties retrieved from polarimetric microwave radar backscattering. Journal of Geophysical Research, 120: 3640-3657.

Hwang P A, Zhang B, Toporkov J V, et al. 2010. Comparison of composite Bragg theory and quad-polarization radar backscatter from RADARSAT-2: with applications to wave breaking and high wind retrieval. Journal of Geophysical Research, 115: C08019.

Irisov V G, Kuzmin A V, Pospelov M N, et al. 1991. The dependence of sea brightness temperature on surface wind direction and speed. International Geoscience and Remote Sensing Symposium Proceedings, 3: 1297-1300.

Johnson J T. 2006. An efficient two-scale model for the computation of thermal emission and atmospheric reflection from the sea surface. IEEE Transaction on Geoscience and Remote Sensing, 44: 560-568.

Kudryavtsev V, Hauser D, Caudal G, et al. 2003. A semiempirical model of the normalized radar cross section of the sea surface: 1. backgroud model. Journal of Geophysical Research, 108: 8054.

Liu B, He Y. 2016. SAR raw data simulation for ocean senes using inverse Omega-K algorithm. IEEE Transactions on Geoscience and Remote Sensing, 54: 6151-6169.

Liu Q, Huang H, He Z, et al. 2016. Spaceborne AT-InSAR Raw Signal Simulation of Dynamic Ocean Scene. Shanghai: Progress in Electromagnetic Research Symposium (PIERS).

Monahan E C, Omuircheartaigh I G. 1986. Whitecaps and the passive remote sensing of the ocean surface. International Journal of Remote Sensing, 7: 628-642.

Nord M E, Ainsworth T L, Lee J S, et al. 2009. Comparison of compact polarimetric synthetic aperture radar modes. IEEE Transactions on Geoscience and Remote Sensing, 47: 174-188.

Padmanabhan S, Reising S C, Asher W E, et al. 2004. Parameterization of microwave emission due to foam to improve the accuracy of satellite-based retrieval algorithm. International Geoscience and Remote Sensing Symposium Proceedings, 4: 2807-2809.

Phillips O M. 1985. Spectral and statistical properties of the equilibrium range in wind generated gravity waves. Journal of Fluid Mechanics, 156: 505-531.

Plant W J. 1986. A two scale model of short wind-generated waves and scatterometry. Journal of Geophysical Research, 91: 10735-10749.

Plant W J. 2002. A stochastic, multiscale model of microwave scatter from the ocean. Journal of Geophysical Research, 107: 3120.

Raney R K. 2006. Dual-polarized SAR and stokes parameters. IEEE Geoscience and Remote Sensing Letters, 3: 317-319.

Raney R K. Cahill J T, Patterson G W, et al. 2012. Characterization of lunar craters using m-chi decompositions of mini-RF radar data. The Woodlands, TX, USA: 43rd Lunar and Planetary Science Conference.

Romeiser R, Alpers W, Wissmann V. 1997. An improved composite model for the radar backscattering cross section of the ocean surface: 1. theory and model validation/optimization by scatterometer data. Journal of Geophysical Research, 102: 25237-25250.

Rose L A, Asher W E, Reising S C, et al. 2002. Radiometric measurements of the microwave emissivity of foam. IEEE Transaction on Geoscience and Remote Sensing, 40: 2619-2625.

Smith P M. 1988. The emissivity of sea foam at 19 and 37 GHz. IEEE Transactions on Geoscience and Remote Sensing, 26: 541-547.

Souyris J C, Imbo P, Fjortoft R, et al. 2005. Compact polarimetry based on symmetry properties of geophysical media: the Pi/4 mode. IEEE Transactions on Geoscience and Remote Sensing, 43: 634-646.

Stogryn A. 1972. The emissivity of sea foam at microwave frequencies. Journal of Geophysical Research, 77: 1658-1666.

Stokes G C. 1852. On the composition and resolution of steams of polarized light from different sources. Transactions of the Cambridge Philosophical Society, 9: 399-416.

Tsang L, Kong J A, Shin R T. 1985. Theory of Microwave Remote Sensing. New York: Wiley.

Ulaby F T, Elachi C. 1990. Radar Polarimetry for Geoscience and Applications. Norwood, MA: Artech House.

Valenzuela G R. 1967. Depolarization of EM waves by slightly rough surface. IEEE Transactions on Antennas and Propagation, 15: 552-557.

Valenzuela G R. 1968. Scattering of electromagnetic waves from a tilted slightly rough surface. Radio Science,

3: 1058-1066.

Valenzuela G R. 1978. Theories for the interaction of electromagetic and oceanic waves–a review. Boundary Layer Meteorology, 13: 61-85.

Voronovich A G. 1994. Small-slope approximation for electromagnetic wave scattering at a rough interface of two dielectric half-spaces. Waves in Random Media, 4: 337-367.

Voronovich A G, Zavorotny V U. 2001. Theoretical model for scattering of radar signals in Ku and C bands from a rough sea surface with breaking waves. Waves in Random Media, 11: 247-269.

Wentz F J. 1975. A two-scale scattering model for foam-free sea microwave brightness temperature. Journal of Geophysical Research, 80: 3441-3446.

Yin J, Yang J, Zhang X. 2001. On the Ship Detection Performance with Compact Polarimetry. Kansas City, MO, USA: IEEE Radar Conference（RADAR）.

Yin J, Yang J, Zhou Z S, et al. 2015. The extended Bragg scattering model-based method for ship and oil spill observation using compact polarimetric SAR. IEEE Journal of Selected Topics in Applied Earth Observations and Remote Sensing, 8: 3760-3772.

Yueh S H. 1997. Modeling of wind direction signals in polarimetric sea surface brightness temperatures. IEEE Transaction on Geoscience and Remote Sensing, 35: 1400-1418.

Yueh S H, Kwok R, Nghiem S V. 1994. Polarimetric scattering and emission properties of targets with reflection symmetry. Radio Science, 29: 1409-1420.

Yueh S H, Wilson W J, Li F K, et al. 1995. Polarimetric measurements of sea surface brightness temperatures using an aircraft K-band radiometer. IEEE Transaction on Geoscience and Remote Sensing, 33: 85-92.

Zhang M, Chen H, Yin H C. 2011. Facet-based investigation on EM scattering from electrically large sea surface with two-scale profiles: theoretical model. IEEE Transactions on Geoscience and Remote Sensing, 49: 1967-1975.

Zhang Y, Li Y, Liang X, et al. 2017. Comparison of oil spill classifications using fully and compact polarimetric SAR images. Applied Sciences, 7: 193.

第2章 海面微波多普勒散射机理及流场反演技术

海洋覆盖了地球表面约70%的面积，是人类生存发展的重要空间和重要的资源宝库，而海流是海洋最重要的要素之一。首先，掌握海流规律，对海洋科学和气候变化研究具有重要的科学意义。例如，海流对海洋上空的气候和天气的形成及变化有重要的影响和制约作用：由低纬度流向高纬度的海流会造成水汽向上输送，使得空气湿度增大而产生降水；而由高纬度流向低纬度的海流会产生逆温，水汽不易向上输送，蒸发较弱而不易成雨。海流对海洋中多种物理、化学、生物以及地质过程也存在影响和制约作用：寒、暖流交汇的海区，海水易受到扰动，可以将下层的营养物质带到表层，有利于鱼类大量繁殖；海流可以使得污染物迅速扩散而加快其稀释和净化的速度，也相应地使污染范围扩大；海流是形成海岸地形的重要因素，它会引起海岸线变迁，影响沿海沉积物的搬运和沉积作用的进行。其次，海流信息的获取在民用方面也有重要的作用。例如，贸易船只航线的选择要参考海流的状况等；要实现海岸带资源的可持续开发，就要研究海流的规律；石油和天然气勘探等行业需要可靠的海流数据，以确保安全的工作环境。

概括来讲，海流探测方法主要分为现场观测与遥感观测两大类。现场测流的仪器主要包括叶轮海流计、声学多普勒海流剖面仪、漂流浮标等。现场观测的优点是具有较高的测量精度，但其缺点是空间覆盖范围有限而不能满足全球大面积的应用需求，并且每次观测的成本较高。卫星遥感是海流测量的另外一种手段。与现场观测相比，卫星遥感具有自己独特的优点：能够实现大范围(全球范围)的观测、具有反复观测的能力、具有较高的空间分辨率。因此，卫星遥感能够克服现场测量等方法的不足，实现全球范围海洋流场的观测。卫星遥感观测方法分为光学遥感方法和微波遥感方法。考虑到本书主要围绕海洋微波遥感展开讨论，因此，本章主要讨论微波遥感海流观测方法，其中包括星载顺轨干涉合成孔径雷达（SAR）海表流场反演原理及方法、单天线SAR多普勒中心偏移法，以及最近新提出的多波束SAR海流矢量反演技术和多普勒散射计方法。由于海面多普勒散射机理是卫星微波遥感测流的理论基础，因此本章首先对这部分内容进行讨论。

2.1 海面多普勒散射机理与模型

海面多普勒谱是从海洋物理参数到雷达测量参数的桥梁。海面多普勒模型的建立是多普勒雷达散射计进行海面流场测量的基础。海面多普勒谱模型的输入参数包括海浪谱模型、海浪谱方向分布函数、风速、风向等海洋动力学参数，输出参数为多普勒频率概率密度分布函数。

对于以中等入射角入射的电磁波，海浪波与电磁波发生布拉格谐振，因此多普勒频移由与电磁波发生谐振的海浪波的相速度决定。如果海面不存在表面流和长波，那么多普勒频率将是两条谱线，且正频率和负频率大小相等，分别对应于靠近和远离雷达的满足布拉格散射条件的海浪波的相速度。两条谱线的强度正比于该海浪波的均方幅度(波高谱强度)。如果存在表面流，那么两条谱线将向相同的方向做相同幅度的频移。对于真实的海面，由于长波轨道运动的存在，理想的多普勒谱线被展宽。

2.1.1　多普勒调制转移函数

一般来说，某个运动目标的多普勒频率 f_{D} 可表示为

$$f_{\mathrm{D}} = -k_{\mathrm{e}} v_{\mathrm{r}} / \pi \tag{2.1.1}$$

式中，k_{e} 为雷达电磁波波数；v_{r} 为运动目标的径向速度分量。不妨假设目标远离雷达的方向为速度正向，多普勒频率为负。

根据随机海浪理论，海浪由一系列不同频率、不同幅度、不同相位、不同传播方向的正弦波组成。雷达回波的多普勒频率受到海浪的调制作用，其变化与正弦波的幅度变化呈线性关系。假设调制波分量彼此互相独立，那么位置 x、时刻 t 处的多普勒频率可表示为线性调制转移函数的形式(Romeiser and Thompson，2000)：

$$f_{\mathrm{D}\pm}(x,t) = f_{\mathrm{D}\pm}^{(0)} + \mathrm{Re}\left[\iint D(k) k \hat{\zeta}(k) \mathrm{e}^{-\mathrm{i}(kx-\omega t)} \mathrm{d}^2 k\right] \tag{2.1.2}$$

式中，D 为复多普勒调制转移函数；$\hat{\zeta}$ 为波数域海面波高；i 为虚数单位；$k=|k|$ 为调制多普勒频率的海浪的波数；ω 为调制多普勒频率的海浪的角频率；$\mathrm{Re}[\cdot]$ 为取一个复数的实部。$f_{\mathrm{D}-}$ 和 $f_{\mathrm{D}+}$ 分别表示靠近和远离雷达的布拉格散射的多普勒频率。$f_{\mathrm{D}-}^{(0)}$ 和 $f_{\mathrm{D}+}^{(0)}$ 表示零阶多普勒频率，即两个满足布拉格散射条件的海浪波的相速度分量与海洋表面流速度分量产生的多普勒频率之和。当不存在海洋表面流时，$f_{\mathrm{D}-}^{(0)}$ 为正，$f_{\mathrm{D}+}^{(0)}$ 为负，且绝对值相等。式(2.1.2)中的双重积分表示全方位向的积分，波数范围从 0 到 1/6 满足布拉格散射条件的海浪波的波数。

复多普勒调制转移函数表示长波轨道速度对满足布拉格散射条件的海浪波的调制引起的多普勒频率，考虑单一正弦波的情况，不妨设长波的角频率为 ω，波高为 ζ，雷达入射角为 θ，长波沿正 x 轴方向传播，长波轨道速度如图 2.1 所示(Chapron et al.，2005)。

图 2.1 中，长波的线速度 v 可表示为

$$v = \omega \cdot \zeta \tag{2.1.3}$$

x 方向和 y 方向的速度分量可表示为

$$v_x = v \cdot \cos(-kx + \omega t) = v \cdot \cos(kx - \omega t) \tag{2.1.4}$$

$$v_z = -v \cdot \sin(-kx + \omega t) = v \cdot \sin(kx - \omega t) \tag{2.1.5}$$

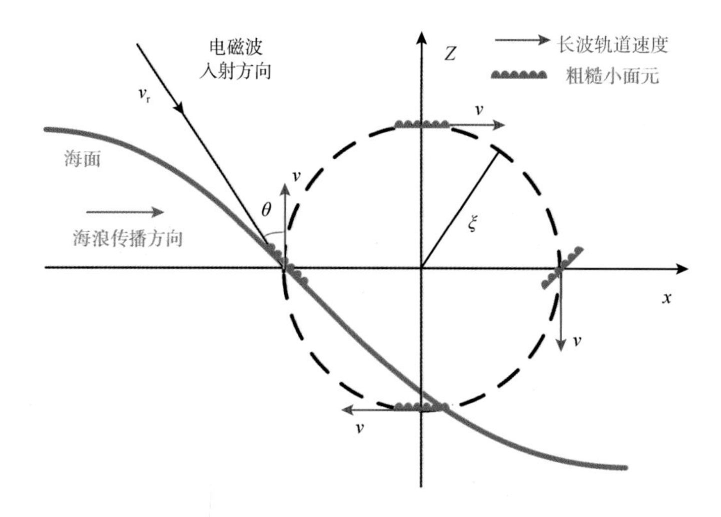

图 2.1　长波轨道速度

设雷达观测方位向与 x 轴的夹角为 ϕ，那么雷达视向的瞬时径向速度为

$$\begin{aligned} v_{\mathrm{r}} &= v_x \cdot \sin\theta \cdot \cos\phi - v_z \cdot \cos\theta \\ &= v \cdot \cos(kx-\omega t) \cdot \sin\theta \cdot \cos\phi - v \cdot \sin(kx-\omega t) \cdot \cos\theta \\ &= v \cdot \mathrm{Re}\left\{ \left(\sin\theta \cdot \cos\phi - \mathrm{i} \cdot \cos\theta \right) \mathrm{e}^{-\mathrm{i}(kx-\omega t)} \right\} \\ &= \omega \cdot \zeta \cdot \mathrm{Re}\left\{ \left(\sin\theta \cdot \cos\phi - \mathrm{i} \cdot \cos\theta \right) \mathrm{e}^{-\mathrm{i}(kx-\omega t)} \right\} \end{aligned} \tag{2.1.6}$$

将式(2.1.6)代入式(2.1.1)，得

$$\begin{aligned} f_{\mathrm{D}} &= -\frac{k_{\mathrm{e}}}{\pi} v_r = -\frac{k_{\mathrm{e}}}{\pi} \cdot \omega \cdot \zeta \cdot \mathrm{Re}\left\{ \left(\sin\theta \cdot \cos\phi - \mathrm{i}\cos\theta \right) \mathrm{e}^{-\mathrm{i}(kx-\omega t)} \right\} \\ &= \mathrm{Re}\left\{ \frac{k_{\mathrm{e}}}{\pi} \cdot \frac{\omega}{k} \cdot \left[\left(-\sin\theta \cdot \cos\phi + \mathrm{i}\cos\theta \right) \mathrm{e}^{-\mathrm{i}(kx-\omega t)} \right] \cdot k \cdot \zeta \right\} \\ &= \mathrm{Re}\left\{ D(k) \cdot k \cdot \zeta \cdot \mathrm{e}^{-\mathrm{i}(kx-\omega t)} \right\} \end{aligned} \tag{2.1.7}$$

因此，$D(k)$ 可表示为

$$D(k) = \frac{k_{\mathrm{e}}}{\pi} \frac{\omega(k)}{k} \left(-\frac{k_{\mathrm{r}}}{k} \sin\theta + \mathrm{i}\cos\theta \right) \tag{2.1.8}$$

式中，k_{r} 为平行于雷达视向的海浪波数分量。

2.1.2　后向散射调制转移函数

海平面上的雷达后向散射系数可表示为(Valenzuela，1978；Romeiser，1997)

$$\sigma = w(H,\zeta,s_{\mathrm{p}},s_{\mathrm{n}}) \cdot T(f_{\mathrm{e}},\theta,s_{\mathrm{p}},s_{\mathrm{n}}) \cdot \left[\psi(k_{\mathrm{B}}) + \psi(-k_{\mathrm{B}}) \right] \tag{2.1.9}$$

式中，函数 w 表示面元高度 ζ 及平行于观测方向的斜率 s_{p} 与垂直于观测方向的斜率 s_{n} 所引起的观测几何的变化；H 表示 $\zeta=0$ 时雷达天线到海面的垂直距离；ψ 表示海浪高度谱；T 为基本的电磁散射比例因子；f_{e} 为雷达电磁波频率。w 和 T（垂直极化）可分别表示为

$$w=\frac{H^2}{(H-\zeta)^2}\frac{\cos(\theta-s_{\mathrm{p}})}{\cos\theta\cdot\cos s_{\mathrm{p}}} \tag{2.1.10}$$

$$T=8\pi k_{\mathrm{e}}^4\cos^4\theta_{\mathrm{t}}\cdot\left|\left(\frac{\sin(\theta-s_{\mathrm{p}})\cos s_{\mathrm{n}}}{\sin\theta_{\mathrm{t}}}\right)^2 b_{\mathrm{VV}}(\theta_{\mathrm{t}})+\left(\frac{\sin s_{\mathrm{n}}}{\sin\theta_{\mathrm{t}}}\right)^2 b_{\mathrm{HH}}(\theta_{\mathrm{t}})\right|^2 \tag{2.1.11}$$

式中，θ_{t} 为有效的本地入射角，可表示为

$$\theta_{\mathrm{t}}=\arccos\left[\cos(\theta-s_{\mathrm{p}})\cos s_{\mathrm{n}}\right] \tag{2.1.12}$$

在海面斜率存在的情况下，满足布拉格散射条件的海浪波的波数矢量的强度和方向可表示为

$$k_{\mathrm{B}}=2k_{\mathrm{e}}\sqrt{\sin^2(\theta-s_{\mathrm{p}})+\cos^2(\theta-s_{\mathrm{p}})\sin^2 s_{\mathrm{n}}} \tag{2.1.13}$$

$$\phi_{\mathrm{B}}=\phi_0+\arctan\frac{\cos(\theta-s_{\mathrm{p}})\sin(-s_{\mathrm{n}})}{\sin(\theta-s_{\mathrm{p}})} \tag{2.1.14}$$

雷达归一化后向散射系数的期望值可以通过对 $\sigma(x,t)$ 进行分解，并对一阶和二阶变化的傅里叶变换进行泰勒展开，然后进行时间和空间域的平均得到。在这个过程中，只有海面斜率的零阶项和二阶项对归一化后向散射系数的期望有贡献，即

$$<\sigma>=\sigma^{(0)}+<\sigma^{(2)}> \tag{2.1.15}$$

式中，$\sigma^{(0)}$ 为后向散射系数的零阶项，在海面斜率 s_{p} 、s_{n} 和波高 ζ 均为 0 的情况下，可由式(2.1.9)得到；$<\sigma^{(2)}>$ 为后向散射系数的二阶项之和，由平行于和垂直于雷达视向的均方表面斜率决定。

同样只考虑单个有限振幅(ζ)的正弦波的情况，雷达后向散射系数的变化可以近似为角频率和波数为 ω 、k 和 2ω 、$2k$ 的正弦振荡的形式：

$$\sigma_{\pm}(\boldsymbol{x},t)=<\sigma_{\pm}>\left\{1+\mathrm{Re}\left[M_{1\pm}(k)k\zeta\mathrm{e}^{-\mathrm{i}(kx-\omega t)}+M_{2\pm}(k)k^2\zeta^2\mathrm{e}^{-\mathrm{i}2(kx-\omega t)}\right]\right\} \tag{2.1.16}$$

式中，$<\sigma_{\pm}>$ 为 $\sigma_{\pm}$ 的期望值；$M_{1\pm}$ 和 $M_{2\pm}$ 分别为海面斜率与后向散射系数波动之间的一阶和二阶线性调制转移函数。符号 ± 分别对应于两个方向(靠近雷达和远离雷达)的海浪波分量。式(2.1.16)中的线性调制转移函数可以定义为

$$M_{1\pm}(k)=-\frac{\mathrm{i}}{k}\frac{1}{\langle\sigma_{\pm}\rangle}\frac{\partial\hat{\bar{\sigma}}_{\pm}}{\partial\hat{\zeta}}\bigg|_{\hat{\zeta}=0} \tag{2.1.17}$$

式中，$\hat{\bar{\sigma}}_{\pm}(k)$ 为归一化后向散射系数的零阶与二阶项之和的傅里叶变换，且归一化后向散射系数的变化与波数为 k 的调制波的本地斜率呈线性关系。

$M_{1\pm}$ 的解析表示很复杂，数值计算是可行的方法，但是很耗时。巨大的计算量来自于 $M_{1\pm}$ 的二阶变化，然而二阶项仅仅是对 $M_{1\pm}$ 的次要修正。例如，忽略掉归一化后向散射系数的二阶项，$M_{1\pm}$ 可近似为

$$M_{1\pm}(k) = -\frac{\mathrm{i}}{k}\frac{1}{\langle\sigma_{\pm}\rangle}\frac{\partial\widehat{\overline{\sigma}}_{\pm}}{\partial\hat{\zeta}}\bigg|_{\hat{\zeta}=0} \approx -\frac{\mathrm{i}}{k}\frac{1}{\sigma_{\pm}^{(0)}}\frac{\partial\hat{\sigma}_{\pm}}{\partial\hat{\zeta}}\bigg|_{\hat{\zeta}=0} \tag{2.1.18}$$

$M_{1\pm}$ 可解析表示为

$$\begin{aligned} M_{1\pm}(k,\phi) &= -\frac{\mathrm{i}}{k}\frac{1}{\sigma_{\pm}^{(0)}}\frac{\partial\hat{\sigma}_{\pm}}{\partial\hat{\zeta}}\bigg|_{\hat{\zeta}=0} \\ &= -\frac{\mathrm{i}}{k}\left(\frac{1}{w_0}\frac{\partial\hat{w}}{\partial\hat{\zeta}}\bigg|_{\hat{\zeta}=0} + \frac{1}{T_0}\frac{\partial\hat{T}}{\partial\hat{\zeta}}\bigg|_{\hat{\zeta}=0} + \frac{1}{\psi(k_{B\pm})}\frac{\partial\psi}{\partial k}\bigg|_{k=\pm k_B}\frac{\partial\hat{k}_{\mathrm{B}}}{\partial\hat{\zeta}}\bigg|_{\hat{\zeta}=0}\right) + M_{\mathrm{h}\pm} \end{aligned} \tag{2.1.19}$$

式中，w_0 和 T_0 分别为非扰动的零阶量，由式(2.1.10)和式(2.1.11)确定。$M_{\mathrm{h}\pm}$ 为水力调制转移函数，表示的是长波的相互水力作用而引起的满足布拉格散射条件的海浪波强度的变化，如 $\psi(k_{\mathrm{B}+})$ 和 $\psi(k_{\mathrm{B}-})$ 随 s_{p} 和 s_{n} 而变化。$M_{\mathrm{h}\pm}$ 解析表示为

$$\begin{aligned} M_{\mathrm{h}\pm} = -\Bigg(&\cos^2\Delta\Phi_{\pm}\left(\frac{k}{\psi(k_{\mathrm{B}\pm})}\frac{\partial\psi}{\partial k}\bigg|_{k=k_{\mathrm{B}\pm}} - \eta\right) \\ &+ \cos\Delta\Phi_{\pm}\sin\Delta\Phi_{\pm}\frac{1}{\psi(k_{\mathrm{B}\pm})}\frac{\partial\psi}{\partial\Phi}\bigg|_{k=k_{\mathrm{B}\pm}}\Bigg)\cdot\frac{\Omega^2 + \mathrm{i}\mu_{\pm}\Omega}{\Omega^2 + \mu_{\pm}^2} \end{aligned} \tag{2.1.20}$$

式中，$\Delta\Phi_{\pm}$ 为调制波与满足布拉格散射条件的海浪波的方位角之差；η 为满足布拉格散射条件的海浪波的群速度与相速度的比值；Ω 为调制波的角频率；$\mu_{\pm}$ 为满足布拉格散射条件的海浪波的松弛系数。松弛系数与波数、波向及风速有关。

2.1.3 海面多普勒谱

多普勒谱可以认为是经过标准小面元回波功率加权后的多普勒频率的分布。同样考虑单一正弦波的情况，可以得到布拉格散射多普勒谱的一阶矩：

$$\begin{aligned} \langle f_{\mathrm{D}\pm}\rangle_{\sigma} &= \frac{\langle f_{\mathrm{D}\pm}\sigma\pm\rangle}{\langle\sigma_{\pm}\rangle} \\ &= \frac{1}{2\pi}\int_0^{2\pi}\left(f_{\mathrm{D}\pm}^{(0)} + \mathrm{Re}\left\{Dk\zeta\mathrm{e}^{-\mathrm{i}\alpha}\right\}\right) \\ &\quad\cdot\left(1 + \mathrm{Re}\left\{M_{1\pm}k\zeta\mathrm{e}^{-\mathrm{i}\alpha} + M_{2\pm}k^2\zeta^2\mathrm{e}^{-\mathrm{i}2\alpha}\right\}\right)\mathrm{d}\alpha \\ &= f_{\mathrm{D}\pm}^{(0)} + \frac{1}{2}\mathrm{Re}\left\{D^{*}M_{1\pm}\right\}k^2\zeta^{*}\zeta \end{aligned} \tag{2.1.21}$$

式中，$\alpha = kx - \omega t$；$\left\langle f_{\mathrm{D}\pm} \right\rangle_\sigma$ 为经过归一化后向散射系数加权后的多普勒频率均值；$f_{\mathrm{D}\pm}^{(0)}$ 为“零阶”多普勒频率。当不存在海表面流时，$f_{\mathrm{D}\pm}^{(0)}$ 为满足布拉格散射条件的海浪波相速度引起的多普勒频率，可表示为

$$f_{\mathrm{D}\pm}^{(0)} = \mp \frac{1}{2\pi} \left\{ g\boldsymbol{k}_{\mathrm{B}} \left[1 + \left(\frac{\boldsymbol{k}_{\mathrm{B}}}{k_0} \right)^2 \right] \right\}^{0.5} \tag{2.1.22}$$

式中，g 为重力加速度；k_0=363 rad/m。

当存在海面表面流的情况下，$f_{\mathrm{D}\pm}^{(0)}$ 为满足布拉格散射条件的海浪波相速度与海洋表面流速度矢量和引起的多普勒频率，可表示为

$$f_{\mathrm{D}\pm}^{(0)} = \mp \frac{1}{2\pi} \left\{ g\boldsymbol{k}_{\mathrm{B}} \left[1 + \left(\frac{\boldsymbol{k}_{\mathrm{B}}}{k_0} \right)^2 \right] \right\}^{0.5} + \frac{1}{2\pi}\boldsymbol{k}_{\mathrm{B}} \cdot \boldsymbol{V} \tag{2.1.23}$$

式中，$\boldsymbol{k}_{\mathrm{B}}$ 为满足布拉格散射条件的海浪波的波数矢量；$\boldsymbol{V}$ 为海洋表面流矢量。

同样，布拉格散射多普勒谱的二阶矩可表示为(Romeiser and Thompson，2000)：

$$\begin{aligned}
\left\langle f_{\mathrm{D}\pm}^2 \right\rangle_\sigma &= \frac{\left\langle f_{\mathrm{D}\pm}^2 \sigma_\pm \right\rangle}{\left\langle \sigma_\pm \right\rangle} \\
&= \frac{1}{2\pi} \int_0^{2\pi} \left(f_{\mathrm{D}\pm}^{(0)} + \mathrm{Re}\left\{ Dk\zeta \mathrm{e}^{-\mathrm{i}\alpha} \right\} \right)^2 \\
&\quad \times \left(1 + \mathrm{Re}\left\{ M_{1\pm} k\zeta \mathrm{e}^{-\mathrm{i}\alpha} + M_{2\pm} k^2 \zeta^2 \mathrm{e}^{-\mathrm{i}2\alpha} \right\} \right) \mathrm{d}\alpha \\
&= \left(f_{\mathrm{D}\pm}^{(0)} \right)^2 + f_{\mathrm{D}\pm}^{(0)} \mathrm{Re}\left\{ D^* M_{1\pm} \right\} k^2 \zeta^* \zeta + \frac{1}{2} D^* D k^2 \zeta^* \zeta + O(\zeta^4)
\end{aligned} \tag{2.1.24}$$

忽略掉二阶项以上的高阶项，利用式(2.1.21)和式(2.1.24)，可以计算出振幅为 ζ 的正弦波的多普勒谱的方差：

$$\left\langle f_{\mathrm{D}\pm}^2 \right\rangle_\sigma - \left\langle f_{\mathrm{D}\pm} \right\rangle_\sigma^2 = \frac{1}{2} D^* D k^2 \zeta^* \zeta \tag{2.1.25}$$

多普勒谱的方差与归一化后向散射系数的变化无关，因此两个布拉格分量对应的多普勒谱具有相同的方差。

现在考虑整个海浪谱的情况，根据随机海浪理论，海浪由一系列不同频率、幅度、相位、传播方向的正弦波组成，且组成的波之间相互独立。N 个相互独立的随机变量之和的均值与方差等于每个随机变量的均值之和与方差之和。因此，整个海浪谱的多普勒频率均值与方差可以表示成单个正弦波分量积分的形式：

$$\left\langle f_{\mathrm{D}\pm} \right\rangle_\sigma = f_{\mathrm{D}\pm}^{(0)} + \mathrm{Re}\left\{ \iint D^*(\boldsymbol{k}) M_{1\pm}(\boldsymbol{k}) k^2 \psi(\boldsymbol{k}) \mathrm{d}^2 k \right\} \tag{2.1.26}$$

$$\gamma_{\mathrm{D}\pm}^2 = \left\langle f_{\mathrm{D}\pm}^2 \right\rangle_\sigma - \left\langle f_{\mathrm{D}\pm} \right\rangle_\sigma^2 = \iint D^*(\boldsymbol{k}) D(\boldsymbol{k}) k^2 \psi(\boldsymbol{k}) \mathrm{d}^2 k \tag{2.1.27}$$

式中，ψ 为波高谱，定义为

$$\psi(\boldsymbol{k})\delta(\boldsymbol{k}-\boldsymbol{k}')=\frac{1}{2}\left\langle\hat{\zeta}^{*}(\boldsymbol{k}')\hat{\zeta}(\boldsymbol{k})\right\rangle \tag{2.1.28}$$

且式(2.1.26)和式(2.1.27)中的积分为全方位向，波数范围从 0 到 1/6 满足布拉格散射条件的海浪波波数的二维积分。

根据中心极限定理，大量相互独立的随机变量之和的概率密度服从高斯分布，即整个海浪谱的多普勒频率 $f_{\mathrm{D}\pm}$ 满足均值为 $\left\langle f_{\mathrm{D}\pm}\right\rangle_{\sigma}$、方差为 $\gamma_{\mathrm{D}\pm}^{2}$ 的高斯分布。利用式(2.1.26)和式(2.1.27)给出的多普勒频率的均值和方差，并对多普勒谱的两个分量进行后向散射系数的归一化，可以得到多普勒概率密度函数，即多普勒谱：

$$S(f_{\mathrm{D}})=\frac{\left\langle\sigma_{+}\right\rangle}{\sqrt{2\pi\gamma_{\mathrm{D}+}^{2}}}\mathrm{e}^{-\left(f_{\mathrm{D}}-\left\langle f_{\mathrm{D}+}\right\rangle_{\sigma}\right)^{2}/\gamma_{\mathrm{D}+}^{2}}+\frac{\left\langle\sigma_{-}\right\rangle}{\sqrt{2\pi\gamma_{\mathrm{D}-}^{2}}}\mathrm{e}^{-\left(f_{\mathrm{D}}-\left\langle f_{\mathrm{D}-}\right\rangle_{\sigma}\right)^{2}/\gamma_{\mathrm{D}-}^{2}} \tag{2.1.29}$$

设雷达两次观测的时间间隔为 τ，则时间间隔 τ 内相位变化的均值等于观测区域的自相关系数的相位。自相关系数由多普勒谱确定，可表示为

$$R(\tau)=\frac{1}{\left\langle\sigma\right\rangle}\int_{-\infty}^{+\infty}\mathrm{e}^{i2\pi f_{\mathrm{D}}\tau}S(f_{\mathrm{D}})\mathrm{d}f_{\mathrm{D}} \tag{2.1.30}$$

如果 $1/\tau$ 大于多普勒谱的带宽，那么自相关系数的相位可近似表示为

$$\arg\left[R(\tau)\right]=\frac{2\pi\tau}{\left\langle\sigma\right\rangle}\int_{-\infty}^{+\infty}f_{\mathrm{D}}S(f_{\mathrm{D}})\mathrm{d}f_{\mathrm{D}} \tag{2.1.31}$$

式中，$\arg(\cdot)$ 表示取一个复数的相位。

2.1.4　海面多普勒谱仿真

随着海面风速的变化，海浪波高谱的幅度也会发生相应的变化。不同风速的波高谱变化主要体现在长波区域，随着风速的增加，长波区域波浪的幅度迅速增加。海浪波高谱的变化会引起多普勒均值和方差的变化，见式(2.1.26)和式(2.1.27)。

对于 Ku 频段、VV 极化、不同风速情况下的海面多普勒谱如图 2.2 所示。不同风速情况下的海面自相关系数随干涉时间间隔的变化如图 2.3 所示。

由图 2.2 可以看出，随着风速的增加，多普勒谱的带宽逐渐增加。当风速较小时[图2.2(a)]，两个多普勒谱分量的带宽较窄，两个多普勒谱的谱峰清晰可见。随着风速的增加，多普勒谱的带宽逐渐增加，幅度较小的多普勒谱的谱峰逐渐被淹没。多普勒频率一阶项 $f_{\mathrm{D}\pm}^{(0)}$ (图 2.2 中的红色垂直虚线)不随风速变化。但是由长波调制引起的多普勒频率[式(2.1.26)中的积分项]的绝对值随着风速的增大而增大。由图 2.3 可以看出，随着风速的增大，相同干涉时间间隔条件下海面自相关系数逐渐减小。

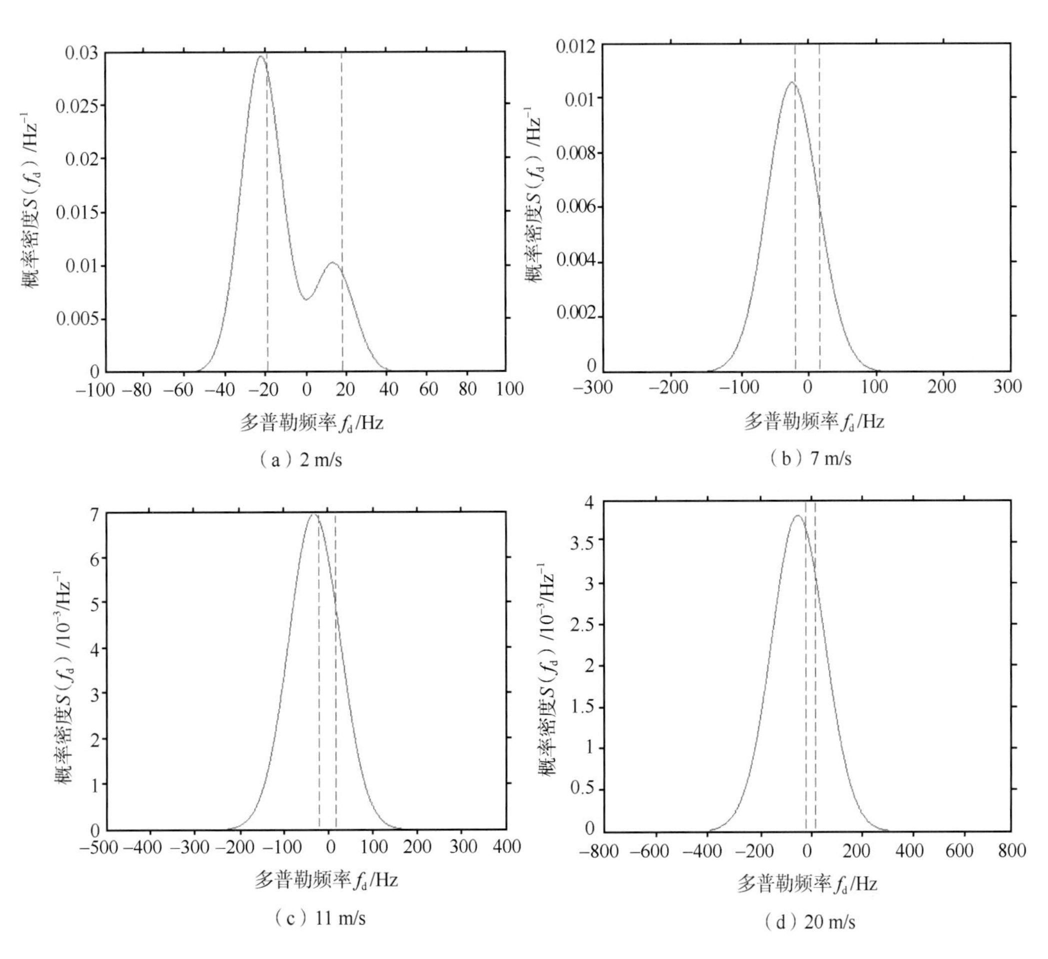

图 2.2　不同风速情况下的海面多普勒谱

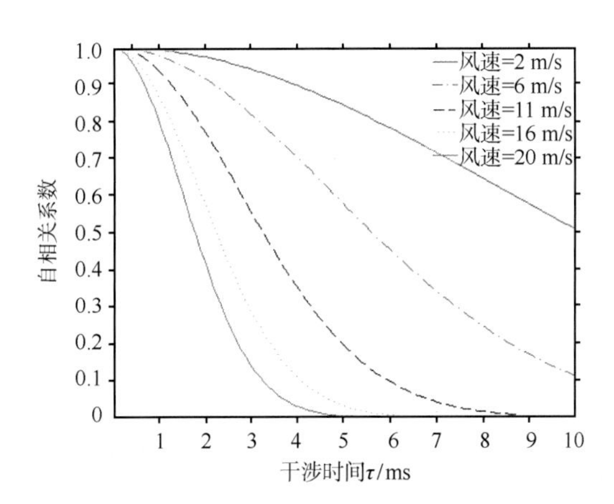

图 2.3　不同风速情况下海面自相关系数

2.2 星载顺轨干涉 SAR 海表流场反演原理及方法

2.2.1 顺轨干涉 SAR 技术发展历史

1987～1989 年，美国喷气推进实验室(JPL)(Goldstein and Zebker，1987；Goldstein et al.，1989)在 *Nature* 和 *Science* 杂志上发表两篇重要文章，首次提出用顺轨干涉合成孔径雷达(along-track InSAR，ATI)测量海表流场。其基本原理是：沿卫星轨道方向配置的两个天线接收的两幅 SAR 复图像的相位差正比于 SAR 后向散射信号的多普勒频移，进而提取视向海表流场。两个顺轨 SAR 天线以相同几何方式获取同一海面元的两幅 SAR 图像，当两幅图像获取时间足够短时，这两幅 SAR 图像可以产生干涉并获得干涉复数图像，从中反演视线方向海表流场分量。他们 1989 年在 San Francisco 湾的 ATI 技术机载实验中测量了潮流并与潮汐表结果做比较；1988 年在加利福尼亚 Mission Bay 和 San Diego 进行了机载 ATI 技术测量海表流场的现场印证实验，流速为 27～56 cm/s 时，反演误差在 20%左右。以上两次实验均没有考虑海浪运动的影响，因此反演误差较大。

Thompson 和 Jensen(1993)又对 ATI 海流特征成像机制进行了完整的原理解释，对 Loch Linnhe 实验中 ATI 相位图像得出的海表流场同现场数据偏离很大的问题给出了理论解释。提出的海浪、海流相互作用和时间相依散射模型考虑了布拉格波和长波速度对 ATI 相位的影响，以及对空间变化海浪谱的影响，但计算费时，不适合大规模二维海流测量。其结果还说明了两幅 SAR 图像像素间的相位差同多普勒频率的关系，使用其提出的模型计算多普勒频率，结果显示，即使海表流很小，计算出的多普勒频率也可能很大，因此在转换相位差到海表流场时必须考虑风速风向、长波轨道速度、布拉格波的影响。

Graber 等(1996)通过定量比较海岸高频地波（HF）雷达和 ATI 测量海表流场的结果发现，二者具有很好的一致性。实验现场数据来自于船载声学多普勒海流剖面仪（ADCP）和浮标，与 HF 雷达测量结果相比具有很好的一致性。为消除表面海浪移动对海表流场的影响，利用了当地风场、海浪信息和微波散射模型，该方法不需要另外的海流测量；另外一种方法是充分利用现场测量，这些测量点分布在 ATI 图像上不同的距离向位置上，结果北向和东向海流分量的均方根误差分别为 0.17 m/s、0.05 m/s。

Romeiser 和 Thompson(2000)对海表流场的顺轨干涉 SAR 成像机制进行了数值模拟研究，证明机载或星载 ATI 技术测量海表流场的可行性。从海面顺轨干涉 SAR 图像的相位信息获得后向散射信号的多普勒频移，由此获得海面视线方向的多普勒速度。然而，正如以前研究所描述，SAR 海面散射的多普勒频移包含了海表流场、海表面波运动等的贡献。此后又提出一个有效的 ATI 技术海表流场反演理论模式，该反演理论模式基于组合表面模型的布拉格散射理论(Romeiser and Alpers，1997；Romeiser et al.，1997)。该模式结果与 Thompson 的依赖于时间的海面雷达散射模型的结果一致，但计算时间可以缩短一个量级。

2001～2005 年，Romeiser 等(2002，2005)利用航天飞机雷达地形测绘任务(shuttle radar topography mission，SRTM)干涉数据分析了由星载沿轨干涉 SAR 进行海表流场测

量的可能性。SRTM 上的 InSAR 系统是设计用来进行高分辨率地形测量的，两个天线沿垂直轨道方向分开 60 m，由于技术原因，两天线在沿轨方向上相隔 7 m，这导致两天线获取统一场景图像时间滞后 0.5 ms。理论上，这个时间滞后就会导致相位差的产生，该相位差同移动目标视线方向速度成比例，因此可以用来进行海表流场的测量。本章以 X 波段荷兰 Waden 海图像为例进行海表流场的反演，结果同 KUSTWAD 模式得到的结果吻合较好，也由此证明了由星载沿轨干涉 SAR 进行海表流场测量的可行性。

Romeiser(2005) 公布了机载 ATI 反演二维海表流场的测量技术以及在德国北海的二次实验结果。文章描述了由 ATI 技术反演海表流场的新算法框架。同步印证实验表明，反演结果与模式海表流场结果一致，与 ADCP 现场测量结果的均方根偏差约为 10 cm/s。由此，证明了所提出的 ATI 海表流场测量技术是有效的、稳健的。为了获得完整的二维海表流场，实验中采用两个航次垂直方向飞行，因此会产生时间去相关性，增加反演误差。

为解决二维海表流场测量问题，2001～2004 年，Frasier 和 Camps(2001)、Frasier 等(2001)、Perkovic 等(2004) 对双波束干涉 SAR 进行了研究。与 Romeiser 机载实验相比，单航飞行就可获得二维海表流场，而无须做双航飞行。单航 ATI 系统测量的海表流场与美国国家海洋服务司(U.S. National Ocean Service) 提供的潮流数据相差 0.5 m/s。但是双波束干涉 SAR 测量海表流场的反演方法及设备安装均显复杂，海表流场反演精度并未提高。

德国于 2007 年发射的卫星 TerraSAR-X 包括 ATI 技术测量海表流场的任务。TerraSAR-X 天线长 4.8 m，入射角 20°～40°，最高分辨率 1 m。进行海流测量时，采用分裂工作模式，SAR 天线一分为二，以形成两个顺轨干涉 SAR。两天线对同一海面元的接收有效时间差为 0.17～0.29 ms。德国 2010 年又发射 TerraSAR-X 的后续卫星 TanDEM-X，同时利用在轨的 TanDEM-X 卫星与 TerraSAR-X 卫星数据，可获得二维的卫星海表流场。Romeiser 等(2010，2014) 利用 TerraSAR-X 和 TanDEM-X 顺轨干涉数据评估了星载 ATI 海表流场反演技术。

2.2.2　顺轨干涉 SAR 海表流场反演模型

利用顺轨干涉 SAR 测量海流的概念，最早由 Goldstein 和 Zebker(1987) 提出。ATI 的工作原理是移动目标的微波后向散射信号的相位以一定速度随时间改变，这个速度由视向目标速度决定(此是多普勒频移的效果)。滞后很短时间获得的同一场景的两幅 SAR 图像相位差同视向目标的速度成比例，相应地，相位差就可以转化成目标速度。

ATI 以相同几何方式获得感兴趣区域时间滞后 Δt 的两幅 SAR 图像，如果时间滞后 Δt 足够短，就可以避免相位测量的时间去相关性效果，这是 ATI 方法应用很重要的限制(Zebker and Villasenor，1992)。相同目标的两幅图像对应像素间的相位差主要来自于天线到目标的斜视距离差别。两幅图像像素点不对应，需要进行图像配准，配准后把两幅图像进行共轭相乘，即产生干涉复数图像。从复数图像的相位差就可以反演出目标沿雷达视线方向的速度分量。如果两个天线独立操作，也就是同时发射同时接收(图 2.4)，则可以得到：

$$\varphi_1 = -\frac{2\pi}{\lambda} 2R_1(t) \tag{2.2.1}$$

$$\varphi_2 = -\frac{2\pi}{\lambda} 2R_2(t+\Delta t) \tag{2.2.2}$$

$$\Delta\varphi = \varphi_2 - \varphi_1 = \frac{4\pi}{\lambda}[R_1(t) - R_2(t+\Delta t)] = \frac{4\pi}{\lambda}(V_{\mathrm{r}}\Delta t) \tag{2.2.3}$$

式中，φ_1、φ_2为相同目标T的两幅图像对应像素的相位；$\Delta\varphi$为干涉图像的相位差；λ为雷达波长；t为天线A_1观察目标的时刻；Δt为滞后时间；$R_1(t)$、$R_2(t+\Delta t)$为天线A_1和A_2到目标的斜视距离；V_{r}为目标速度在视线方向上的分量，假设当天线和目标之间的距离缩小时，V_{r}是正的，根据式(2.2.3)可以估计V_{r}：

$$V_{\mathrm{r}} = \frac{1}{\Delta t}\left(\frac{\lambda}{4\pi}\Delta\varphi\right) \tag{2.2.4}$$

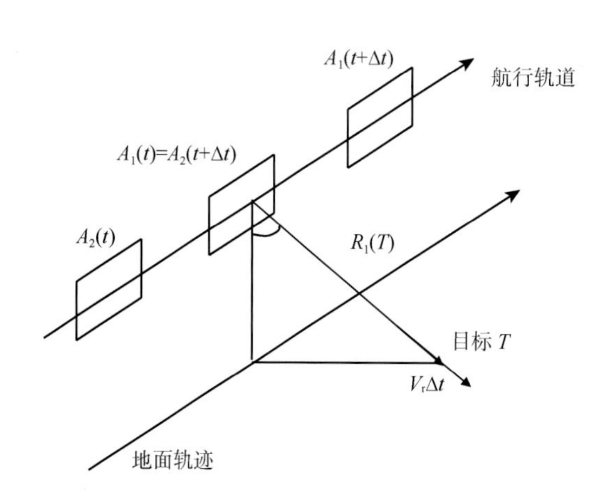

图 2.4 理想 ATI 天线配置几何结构

2.2.3 顺轨干涉 SAR 海表流场反演方法

虽然传统 SAR 图像可以提取海表流场(Johannessen et al.，1994；Lai，1999)，但是其主要问题不在于海流本身，而在于由表面粗糙度(浪–流相互作用)的水力调制绘制的海流梯度。而且，传统 SAR 图像提取海表流场的成像机制是非线性的，受环境参数的影响很大。一般情况下，光从 SAR 亮度图像很难获得第一猜测流场，必须使用外部资源，如潮汐表、数值模型或者现场测量结果。

Romeiser 等(2002)提出的 ATI 技术反演海表流场的框图如图 2.5 所示。首先，将获得的干涉相位图转化成第一猜测海表流场；然后，输入正向成像模型 M4S 中模拟出干涉相位，对两者进行比较，并修改模拟相位；最后，再转换成海表流场输入 M4S 模型中，得到模拟干涉相位，如果与观测的相位一致则认为现在的流场就是实际的流场，不一致继续进行迭代校正。

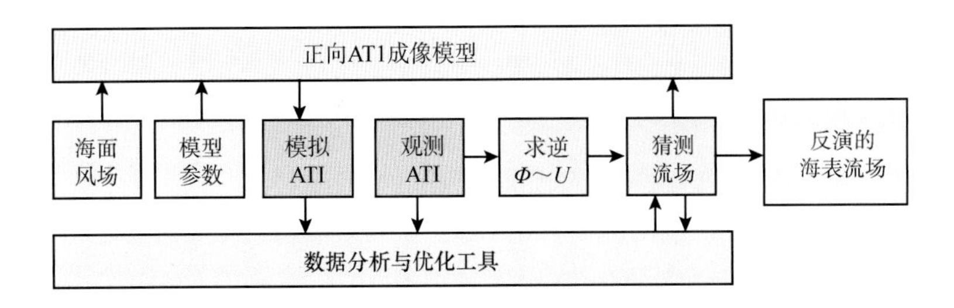

图 2.5　ATI 技术反演海表流场的框图(Romeiser et al.，2002)

与 SAR 成像机制不同，ATI 成像机制对环境参数不敏感，更加线性化。理论上，通过简单地乘以一比例因子比较容易计算海浪运动的影响，ATI 相位图像可以转化为第一猜测模型流场。ATI 反演海表流场流程如图 2.6 所示。即使风速不是很清楚，ATI 图像模型不是很精确，ATI 相位图像反演也比 SAR 亮度图像在理想情况下反推更具有鲁棒性、更准确。

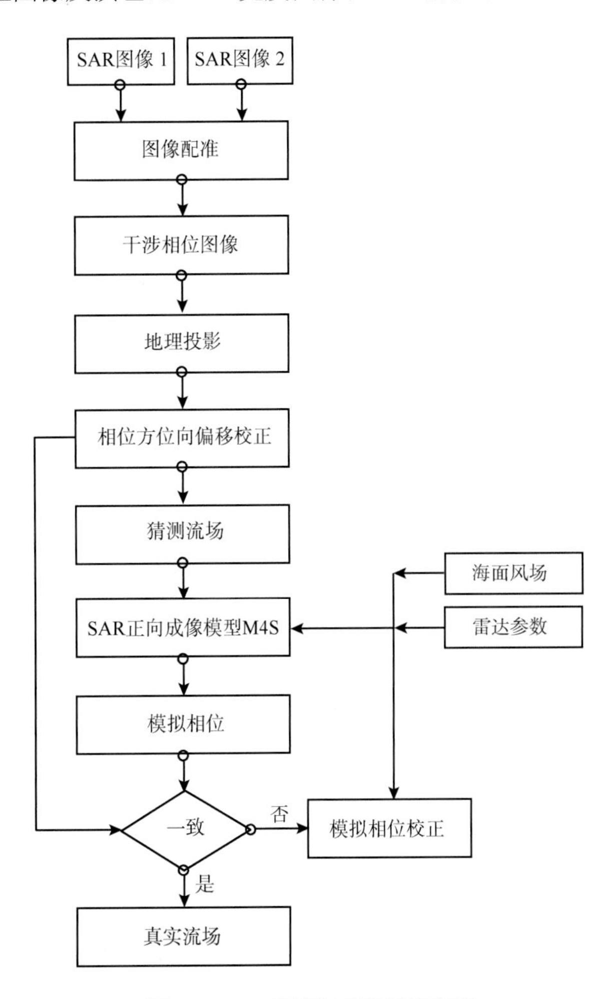

图 2.6　ATI 反演海表流场流程图

2.2.4 机载 ATI 反演海表流场实例

1. 机载 ATI 介绍及数据获取

1999 年 4 月，汉堡大学与德国 Intermap Technologies 公司在德国北海 Heligoland 岛进行了机载 ATI 实验。实验中使用的干涉 SAR 是 Intermap Technologies 公司生产的 AeS-1 系统，如图 2.7 所示。AeS-1 系统 SAR 天线是 HH 极化 X 波段(9.6 GHz)、带宽 400 MHz、最高分辨率可达 0.5 m。AeS-1 系统原来主要是用来测量地形的，为了测量海表流场，Intermap Technologies 公司重新设计了沿轨天线，天线长 0.2 m，两天线相距 0.6 m。Heligoland 实验中，飞机飞行高度为 2 500 m，飞行速度为 100 m/s，入射角为 45°，产生的有效刈幅为 4 000～5 000 m。

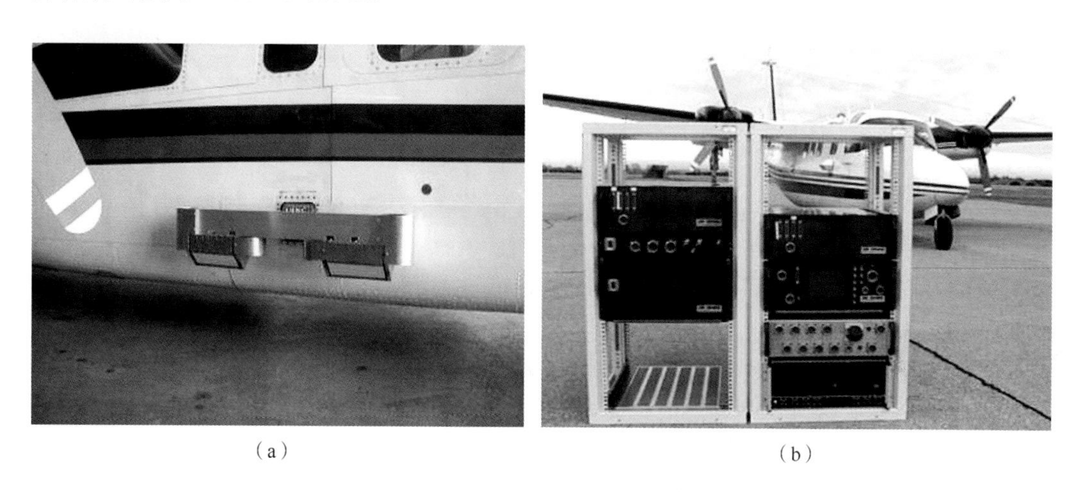

(a)　(b)

图 2.7　ATI 系统 AeS-1 的天线配置(a)和雷达数据采集单元(b)

实验地点选择为水下暗礁北部 2 km×2 km 的区域，如图 2.8(a)所示。飞行路线如图 2.8(b)中的绿线，一共飞行了四次，航线互相垂直，以获得二维的海表流场。图 2.8(b)中的红点为 ADCP 的位置，用以获得现场流场数据。同时德国联邦航道工程研究院(BAW)提供了实验当天的模式流场结果(Romeiser et al.，2005)。

2. ATI 复图像的配准

ATI 复图像的配准在整个干涉处理过程中起着至关重要的作用。所谓配准，就是给定 SAR 图像 1 上的某一点，寻找对应于地面上同一点的 SAR 图像 2 上的点。在干涉处理中，海表流场同相位差呈线性关系，因此对相位的影响比较敏感，如果在配准过程中误差较大，则测量结果将导致较大的误差。现有的干涉图像配准技术精度可达 1/8 像素，能够满足干涉处理的需要。

对于 ATI 的两个图像，由于其频率与分辨率完全相同，通常采用基于相关性的配准方法。配准过程可以分为两个过程：①基于相关性的粗配准；②基于相关性的精配准。

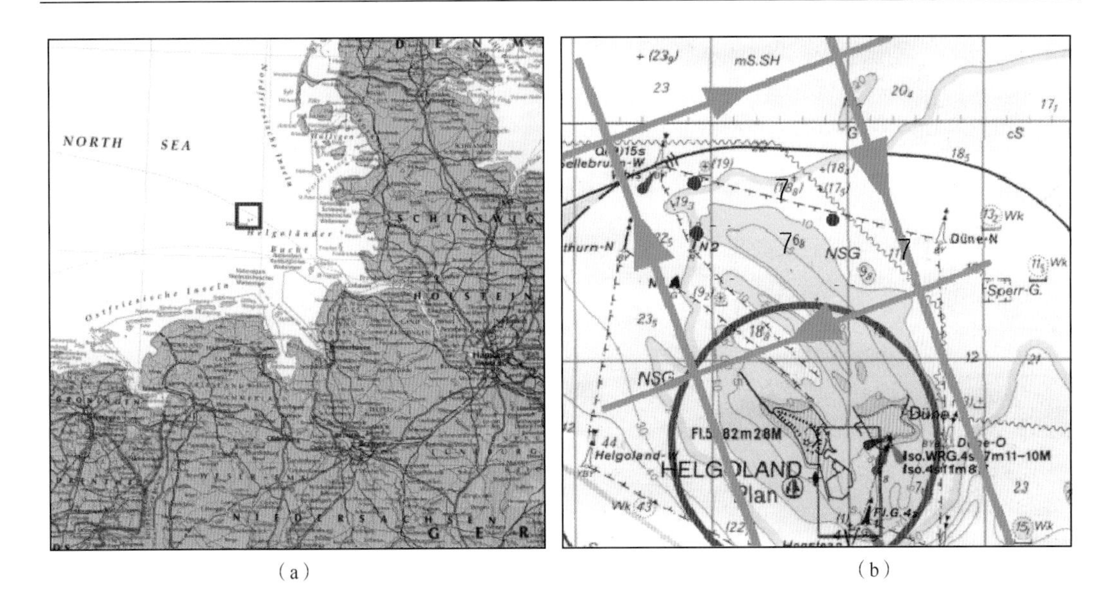

（a）　　　　　（b）

图 2.8　ATI 实验区域及飞行路线(Romeiser et al.，2005)

1)基于相关性的粗配准

相关性是利用 ATI 两幅图像的幅度图，以相关系数最大作为配准质量的评估标准。相关系数可在空间域上进行，也可在频率域上进行。首先，选择主 SAR 图像 1 上的一系列点，计算出每一个点上的偏移量。然后，在 SAR 图像 1 上选择匹配窗口，在 SAR 图像 2 上选择搜索窗口。在搜索窗口内计算两图像不同位置的相关系数，找到相关系数最大的点对应的偏移量就认为是对应 SAR 图像 1 上点的偏移量。这样就可以得到对应于 SAR 图像 1 上一系列点的偏移量。

为了从这些偏移量中选择一个可靠的偏移量，通常依据相关性的大小，选择相关性最大的点对应的偏移量。但是该方法并不可靠，如在水体中，在偏移量误差较大的情况下仍可能得到很高的相关性。所以，在估算偏移量时，除考虑相关性最大的点之外，还需进行一致性测试，即在计算的偏移量中，保证多数点的偏移量一致，去除存在明显误差的点。另外，还可以用复相干系数，同时考虑幅度信息和相位信息进行配准。

2)基于相关性的精配准

与粗配准中的相关性估计相似，首先在 SAR 图像 1 上选择匹配窗口，然后在 SAR 图像 2 上选取搜索窗口。与粗配准不同的是，精配准要选择大量的点来计算偏移量；另外，在估算偏移量的过程中要用到过采样，以获得较高的配准精度；这一步的结果是一个坐标变换关系式。通常精配准包括以下三个步骤：

(1)对两幅 SAR 图像进行过采样处理；

(2)对 SAR 图像 1 上的每一个点，在搜索窗口中进行最大相干估计；

(3)选择相关性大于某一阈值的点作为控制点，然后对控制点进行数据拟合，得出两幅 SAR 图像坐标间的变换关系式，以备后续过采样处理。

在实际处理过程中，也可以把(1)和(2)两个步骤颠倒过来，即首先对SAR图像1上的某一点在搜索窗内计算相关系数，然后对实相关系数进行过采样处理。这样尽管可能增大误差，但却会大大减少工作量。著名的Doris软件，就是用这种方法实现复图像的精确配准。一般来讲，经过精配准，可使匹配精度达1/8像素，可以满足雷达干涉处理的要求。

3. ATI复图像的干涉处理

SAR图像1上任一点为$S_1(x,y)$，对应于SAR图像2上一点为$S_2(x,y)$，它们分别表示为

$$S_1(x,y)=A_1(x,y)\mathrm{e}^{\mathrm{j}\varphi_1(x,y)} \tag{2.2.5}$$

$$S_2(x,y)=A_2(x,y)\mathrm{e}^{\mathrm{j}\varphi_2(x,y)} \tag{2.2.6}$$

则干涉复图像可表示为

$$I(x,y)=S_1(x,y)\cdot S_2^*(x,y)=A_1(x,y)A_2(x,y)\mathrm{e}^{\mathrm{j}[\varphi_1(x,y)-\varphi_2(x,y)]} \tag{2.2.7}$$

其中干涉幅度图为

$$A(x,y)=A_1(x,y)A_2(x,y) \tag{2.2.8}$$

干涉图可表示为

$$\varPhi_{12}(x,y)=\varphi_1(x,y)-\varphi_2(x,y) \tag{2.2.9}$$

在实际处理过程中还要考虑到多视处理等情况。经过干涉处理后得到的干涉相位必须经过相位解缠后方可进行后续处理。由式(2.2.4)可知，在已知雷达频率和入射角的情况下，ATI两幅图像滞后时间0.006s，则1°相位差产生的海表流场约为0.01 m/s。因此，360°相位差产生的海表流场速度为3.6 m/s。图2.9是Heligoland实验中获得的经过干涉处理后的ATI相位差图像，分辨率为2 m×2 m。

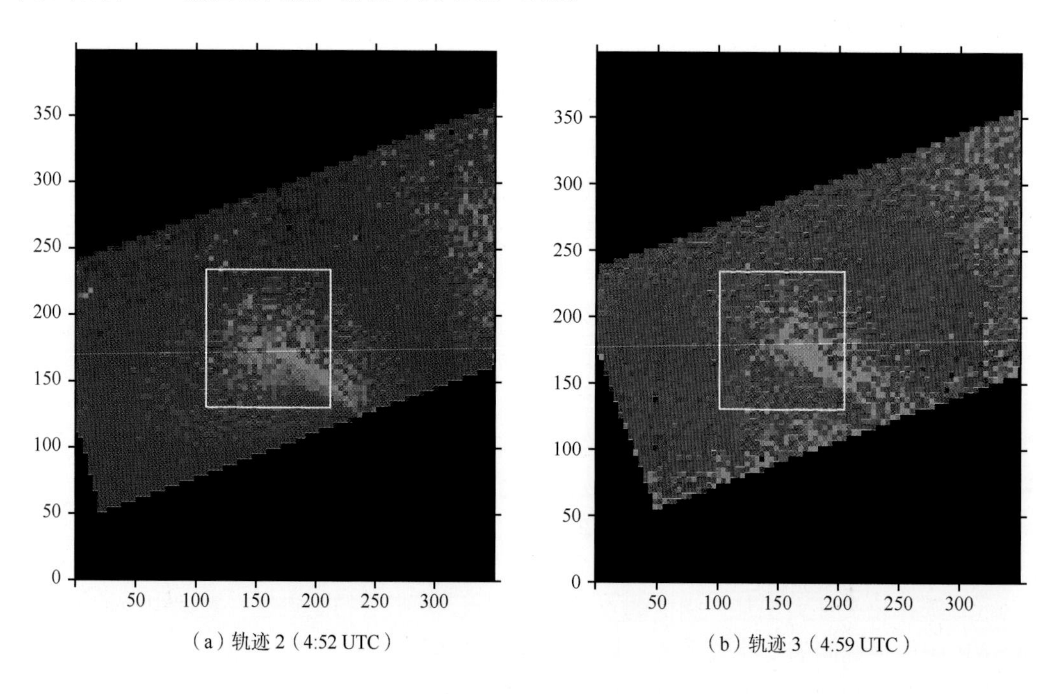

（a）轨迹2（4:52 UTC）　　（b）轨迹3（4:59 UTC）

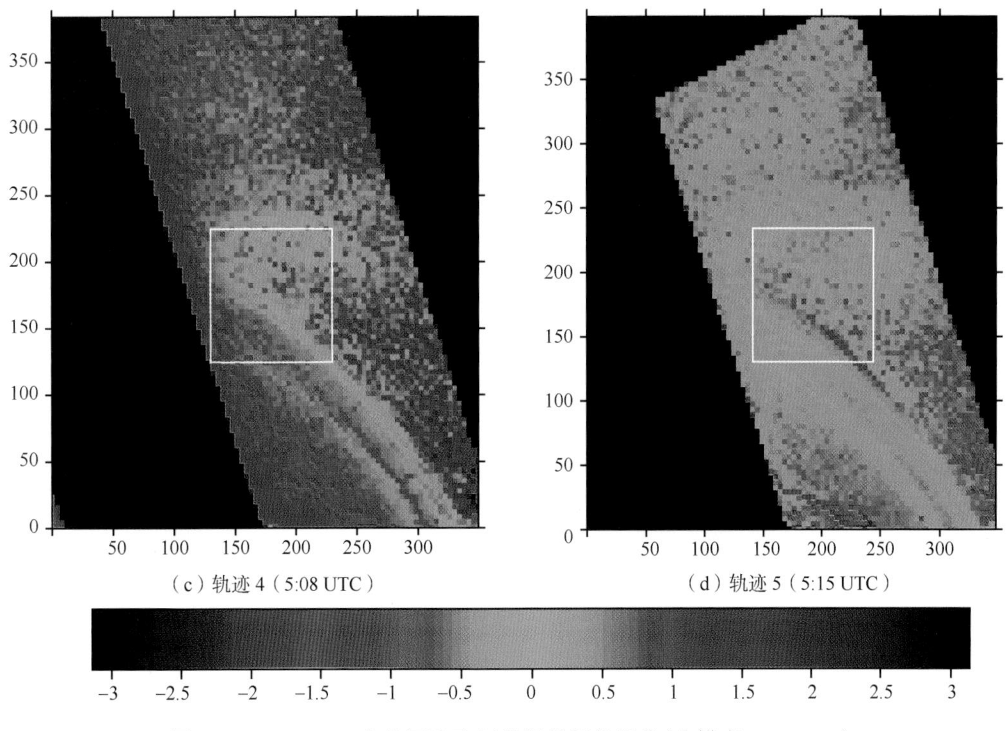

（c）轨迹 4（5:08 UTC）　（d）轨迹 5（5:15 UTC）

图 2.9　Heligoland 实验四次飞行获得的相位图像(分辨率 2 m×2 m)

白色方框区域是本书重点研究的区域(2 km×2 km)，黑色区域无数据

4. ATI 相位图地理投影

精确的地理投影无论对于不同的航过的相位图像的正确匹配还是对于进一步分析和流场反演都具有重要作用。图 2.10 是地理投影后的相位图像，从图中可以清晰地看到海底地形特征。

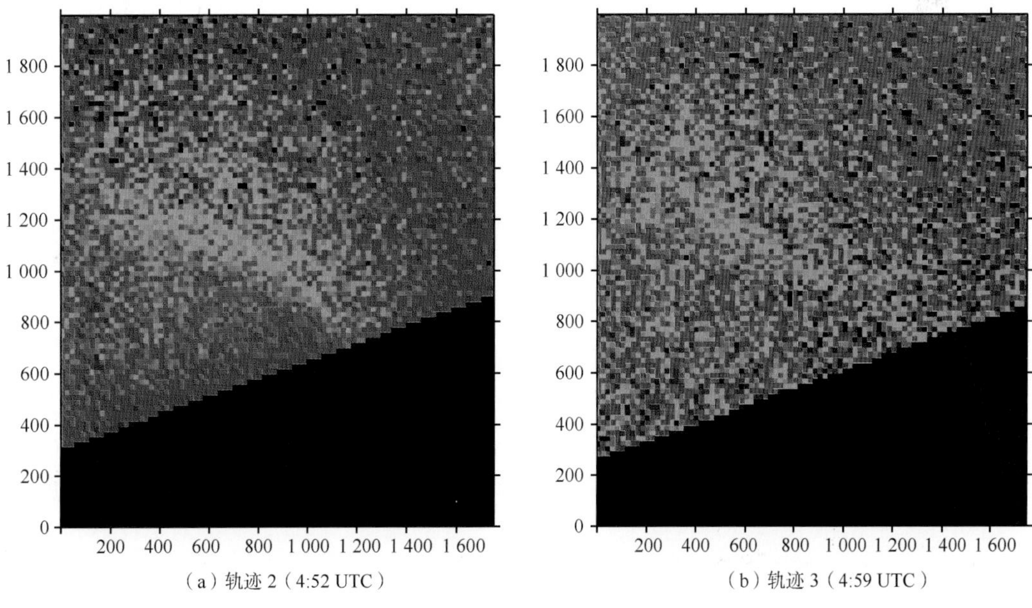

（a）轨迹 2（4:52 UTC）　（b）轨迹 3（4:59 UTC）

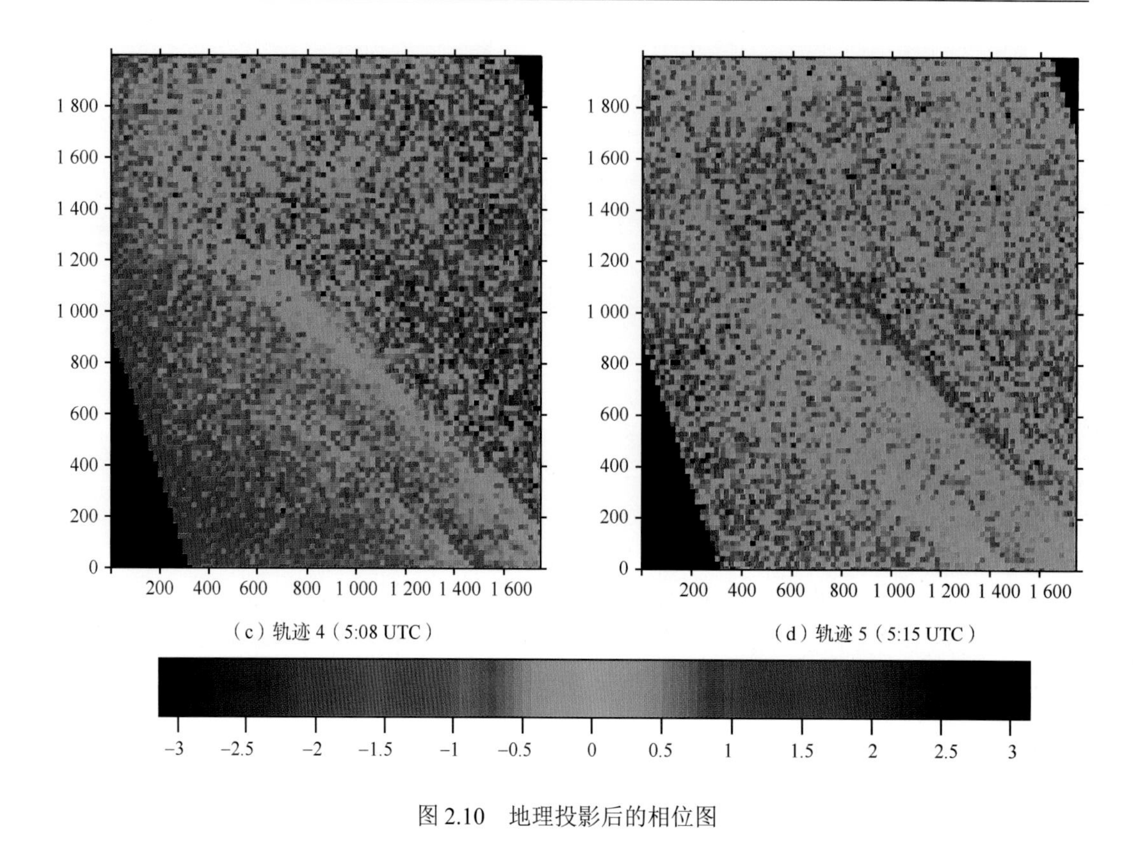

图 2.10　地理投影后的相位图

5. ATI 相位方位向偏移校正

SAR 原始数据产生合成孔径以及相应的方位向高分辨率，导致在雷达视向上有速度分量的目标在处理后的 SAR 图像的方位向会产生偏移。同样，ATI 相位和幅度图像也会产生这种偏移。目标在 SAR 图像上的位置与其实际位置之间的偏移量可以表示为

$$\Delta x = -\frac{R}{V}V_{\mathrm{r}} = \frac{R}{V}\frac{\pi}{k_{\mathrm{e}}}f_{\mathrm{D}} = \frac{R}{V}\frac{1}{2k_{\mathrm{e}}\Delta t}\Delta\varphi \tag{2.2.10}$$

式中，R 为目标到 SAR 天线的距离；V 为 SAR 平台飞行速度；V_{r} 为目标在雷达视向上的速度分量；k_{e} 为电磁波数；f_{D} 为雷达后向散射信号多普勒频移；Δt 为 ATI 同一场景两幅 SAR 图像滞后时间；$\Delta\varphi$ 为 ATI 相位差。

假设目标在雷达视向上的速度分量是正值，那么该目标在 SAR 图像上将在雷达飞行方向上产生偏移；反之，如果目标在雷达视向上的速度分量为负值，那么该目标在 SAR 图像上在雷达飞行反方向产生偏移。对于 Heligoland 实验，飞机飞行高度是 2 500 m，平台飞行速度是 100 m/s，入射角是 45°，假如运动目标在雷达视向水平分量为 1 m/s，那么该运动目标在 SAR 图像的方位向上将产生约 25 m 的偏移。因此，必须对 ATI 相位进行方位向校正，但是校正过程中存在以下问题。

(1) ATI 相位图上某一点的相位可能是由不同位置、不同速度的不同目标共同作用产生的。为精确反演各个像素点的偏移，必须了解每个像素的多普勒谱。

(2) 由于海表流场和海浪的空间变化，逐个像素校正相位会导致原始图像的一些像素会校正到校正后图像的同一像素上，同时，校正后图像的其他像素需保持空白。

为了解决以上两个问题，可以先对 ATI 相位进行校正，然后降低校正后图像的分辨率，这样还可以有效地减少相位噪声。结合实际应用，本书将 ATI 图像的分辨率降低到 20 m×20 m。图 2.11 是经过相位校正并降低分辨率后的 ATI 相位图，可以看到，相比于图 2.10 相位噪声大大减少。但是图 2.11 中依然可以看到“胡椒状”噪声，因此需要进行降噪处理。关于干涉相位降噪方法主要有以下几种：基于自适应滤波方法、基于子波变化方法、基于多视滤波方法和基于均值或中间值滤波方法(Lee et al., 1998; Fornaro and Guarnieri，2002)。其中，均值滤波是线性滤波，优点是有利于保持线性特性，缺点是很容易造成条纹的模糊；中间值滤波可有效保持和增强干涉条纹信息，由于它是非线性滤波，因而不利于保持线性特征，尤其是窗口较大时，中间值滤波的计算量呈现近似平方率增长。因此，本书采用 3×3 窗口的平均值滤波方法对校正后的相位图进行滤波处理，为了研究海表流场梯度变化规律，本书选取图 2.9 白色方框中的区域作为后续研究区域，滤波结果如图 2.12 所示。

6. 第一猜测流场

经过相位校正后的图像就可以进行海表流场的转换了，根据式(2.2.4)可以得出：

$$V_{\mathrm{h}} = -\frac{\Delta\varphi}{2\Delta t k_{\mathrm{e}} \sin\theta} \tag{2.2.11}$$

式中，V_{h} 为海表水平面速度；θ 为雷达入射角，30°～65°。

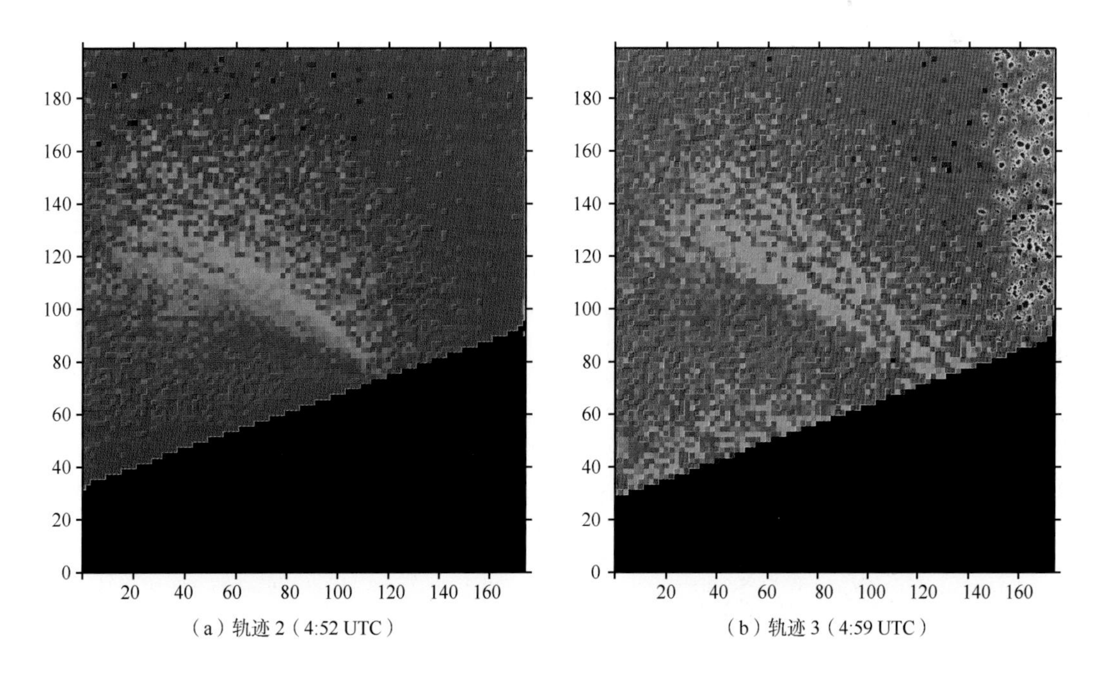

(a) 轨迹 2 (4:52 UTC)　　(b) 轨迹 3 (4:59 UTC)

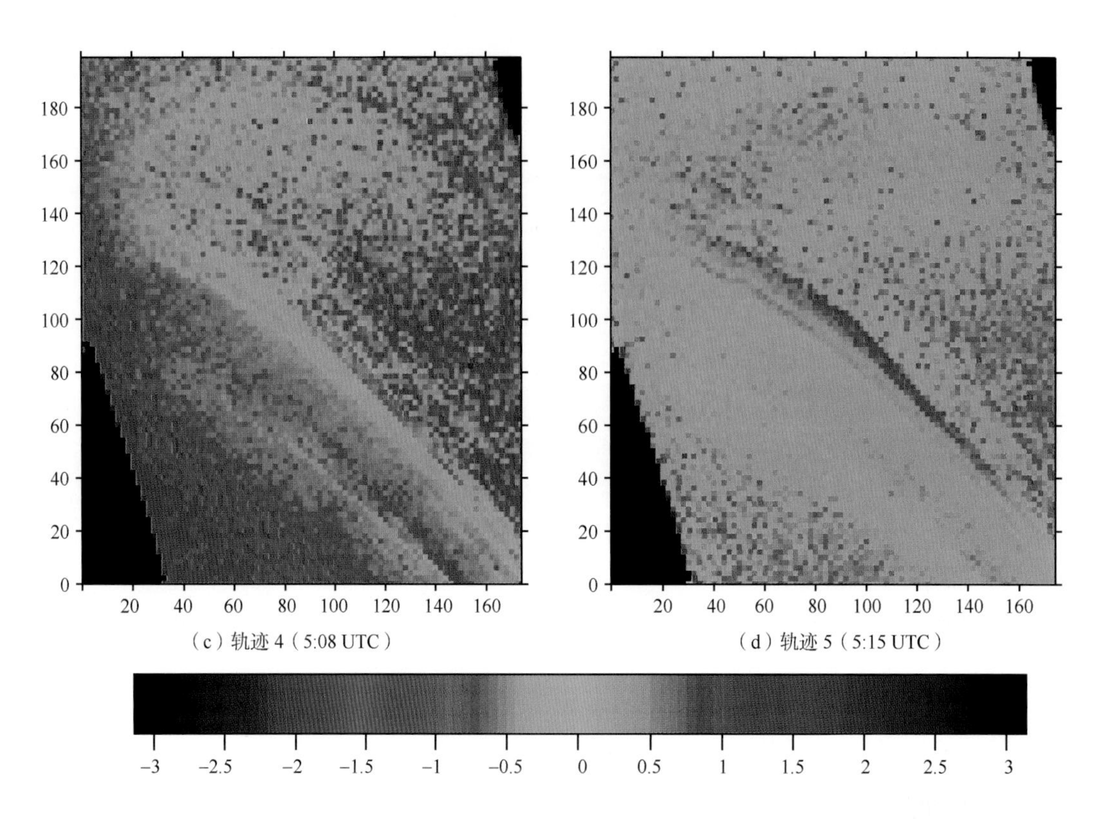

（c）轨迹 4（5:08 UTC）

（d）轨迹 5（5:15 UTC）

图 2.11　相位校正并降低分辨率后的 ATI 相位图(20 m×20 m)

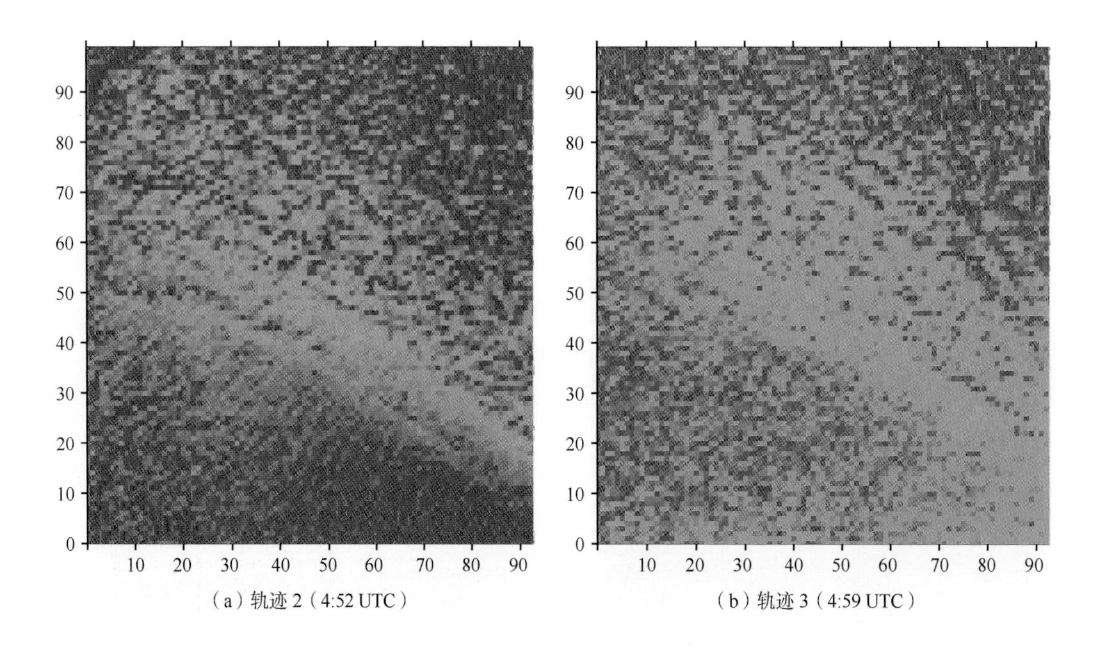

（a）轨迹 2（4:52 UTC）

（b）轨迹 3（4:59 UTC）

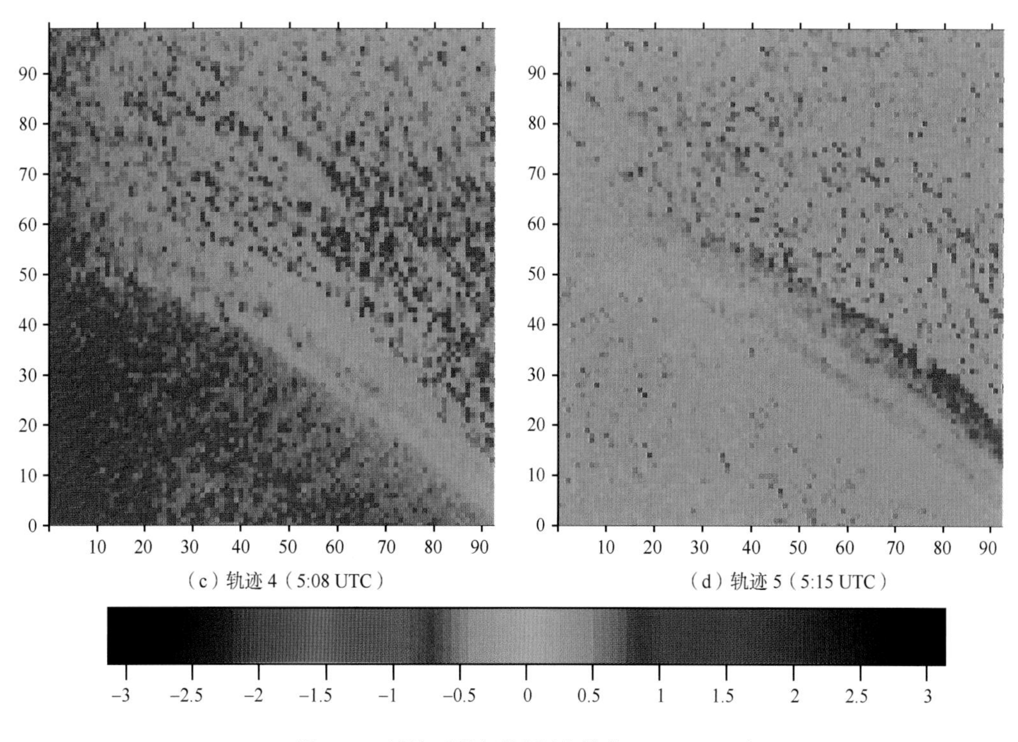

（c）轨迹 4（5:08 UTC）　　（d）轨迹 5（5:15 UTC）

图 2.12　滤波后的相位图(分辨率 20 m×20 m)

对应于图 2.9 中的白色方框区域

此时获得的速度是多普勒速度，包括海浪运动的速度，如图 2.13 所示。海浪运动的存在导致了海表流场与多普勒速度的非线性。为了去除海浪运动的影响，必须利用 ATI 正向成像模型对多普勒速度进行一系列的迭代校正，具体过程将在下一节中做详细介绍。

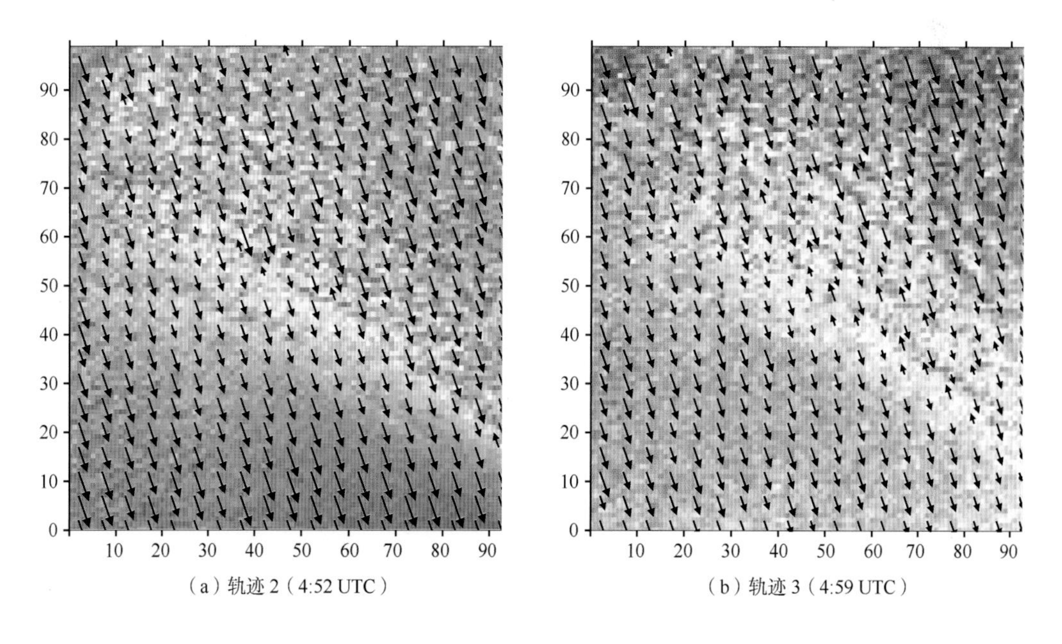

（a）轨迹 2（4:52 UTC）　　（b）轨迹 3（4:59 UTC）

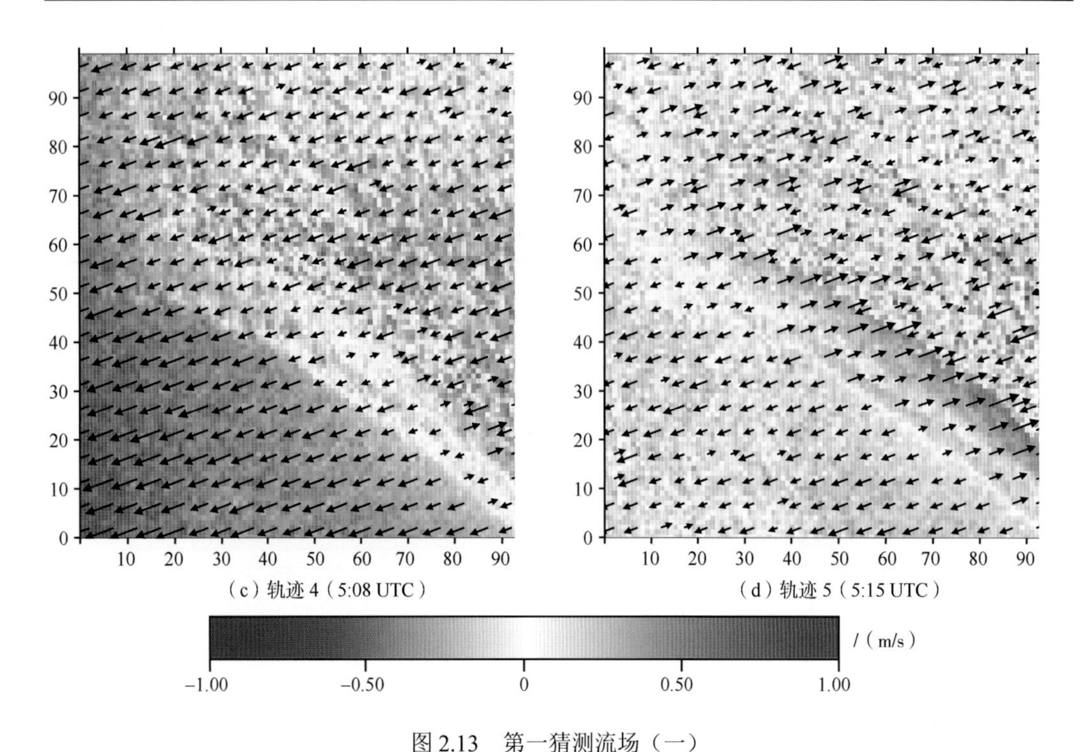

图 2.13　第一猜测流场（一）

对应于图中的白色方框区域的实验四次飞行获得的相位图像(分辨率 20 m×20 m)，
白色方框区域是本书重点研究的区域(2 km×2 km)

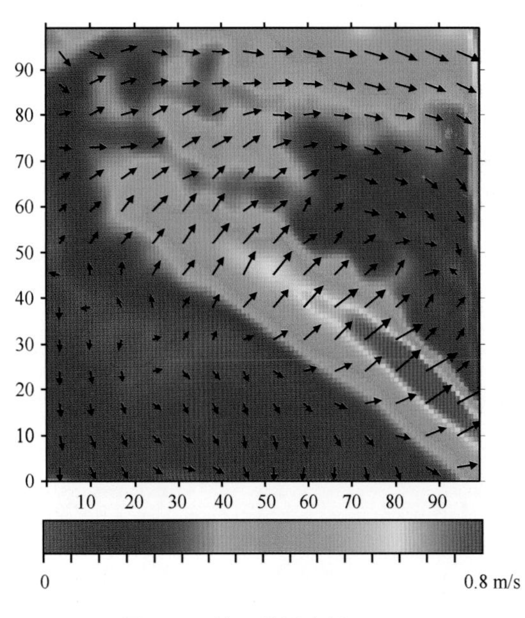

图 2.14　第一猜测流场（二）

由图 2.13 的流场分量合成，未进行海浪运动校正

7. 二维海表流场合成

在图 2.13 中，(a)和(b)飞行轨迹平行、方向相反，(c)和(d)飞行轨迹平行、方向相反，(a)和(b)飞行轨迹分别垂直于(c)和(d)飞行轨迹，因此现在可以由图 2.13 中的第一猜测流场合成二维的海表流场。从图 2.13 可以看出，(a)和(b)的流速存在一定的差别，同样的现象也出现在图(c)和图(d)上，主要原因是相位校正误差以及二次飞机航过时间差导致流场变化。实验中，飞机航过轨迹时间间隔为 7～8 min，因此最后合成的二维流场是整个实验飞行时间内的平均值，如图 2.14 所示。

8. 海浪运动校正

为了反演出真正的海表流场，必须去掉海浪运动的影响。本书利用 Romeiser 2000 年开发的 ATI 正向成像模型 M4S 对海浪运动的影响进行校正(Romeiser and Thompson，2000)。M4S 软件是一个较为成熟的模拟流场调制下 SAR 后向散射系数以及成像的软件，由迈阿密大学 Romeiser 教授研究开发。输入文件至少要包括网格化流场和风场，并且大小匹配，便于数值计算。计算中可加入水深等其他调节参数，而且考虑多种海浪谱、风场校正、作用量方程的多种源函数等因素。其主要计算流程是首先计算流场调制下的海浪谱，然后输入雷达参数模拟雷达散射截面和雷达图像。同时 M4S 模型还可以实现 ATI 的成像模拟，可以模拟干涉相位图和干涉幅度图。

海浪运动的影响校正具体过程如下。

将第一猜测流场、来自地方气象部门的风场(4～5 m/s)、雷达及平台参数输入 M4S 模型，模拟出 ATI 相位。由于相位与海表流场具有线性关系，这里直接将模拟相位转化为模拟流场。

将模拟流场与经过校正后第一猜测流场进行比较，根据两者的差值对模拟流场进行校正。这里需要设置一个阈值，当差值小于该阈值时就认为模拟流场与猜测流场一致，此时模拟的海表流场就认为是实际海表流场。为同时兼顾计算速度和反演精度的要求，阈值设为 0.05 m/s。

如果观测流场和模拟流场之差大于阈值，那么继续对模拟流场进行修正并输入 M4S 模型中，继续模拟海表流场。

以上程序反复迭代，直到模拟出的流场与第一猜测流场一致，停止迭代，此时获得的海表流场被认为是实际的海表流场。

图 2.15 是最后模拟出的海表流场，图中的黑色箭头表示流场正方向。需要指出的是，因为这里的模拟主要集中在海浪运动的影响，因此并没有对噪声以及方位向偏移进行模拟。

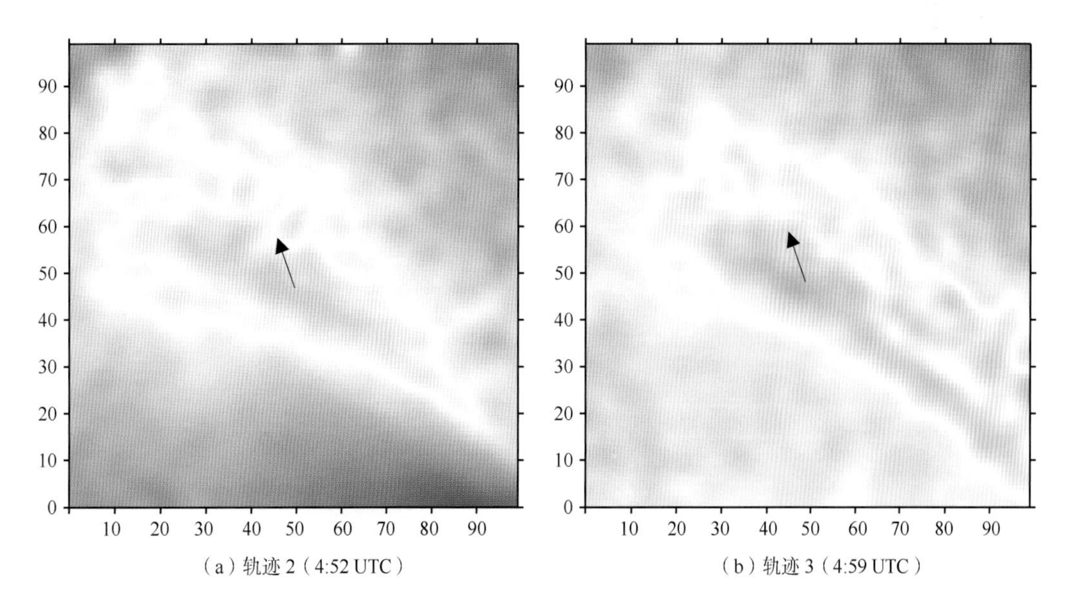

（a）轨迹 2（4:52 UTC）　（b）轨迹 3（4:59 UTC）

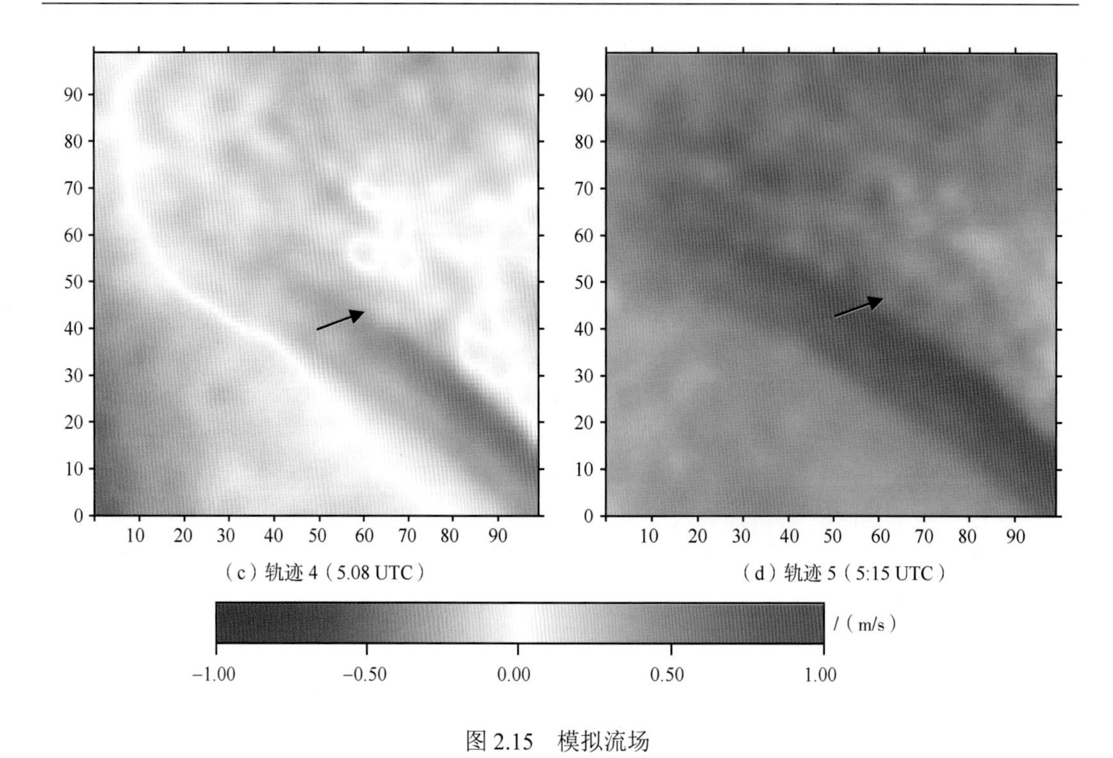

图 2.15　模拟流场

黑色箭头代表流场正方向

9. 校正后的流场与模式及现场 ADCP 结果比较

ATI 流场经过海浪运动校正后就可以合成二维海表流场，图 2.16 是经过海浪运动校正后的二维海表流场，从图 2.16 中可以清晰地看到海底地形结构变化。

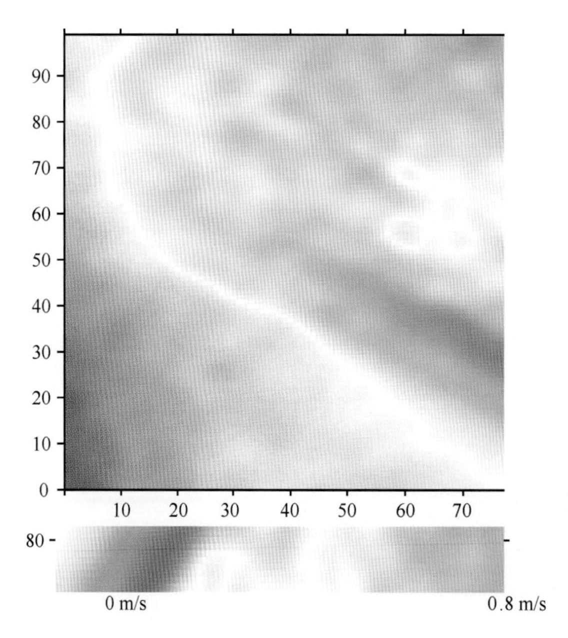

图 2.16　反演的海表流场

为了验证 ATI 反演海表流场的准确性，实验中安置了 ADCP，如图 2.8(b)所示，本书只比较了 700 和 701 位置的 ADCP 测量结果。对于 700 位置的 ADCP，在 X 方向上，ATI 流速比 ADCP 流速小 0.1 m/s，在 Y 方向上小 0.12 m/s。对于 701 位置的 ADCP，ATI 流速比 ADCP 流速小 0.07 m/s，在 Y 方向上小 0.15 m/s。

10. ATI 流场误差分析

ATI 反演的海表流速与 ADCP 的误差是 0.16 m/s，误差主要来源如下。

（1）ATI 平台相对于成像海域非匀速直线平移运动产生的误差。飞机的飞行常常会偏离航线，出现横滚、俯仰和偏转等姿态的变化，这些非理想运动将会导致 SAR 在视线方向出现距离误差、使方位向采样不均匀，导致相位误差，进而引起 SAR 图像质量下降，如分辨力下降、图像对比度下降、雷达图像的几何畸变。

（2）实验中多次飞行导致时间去相关性误差。ATI 单航过只能获得一个方向的海表流场，为了获得完整的二维海表流场，采取航迹相互垂直的多次航过。而实验时间正是涨潮时间，四次飞行时间最长间隔约半小时，因此海表流场会发生变化。而本书求得的海表流场却是四次飞行结果的平均值，因此会产生误差。

（3）ADCP 测量误差。由于海浪会对 ADCP 测量结果产生影响，为了避免这种影响，实验中 ADCP 的位置并非在海表，而是距离海表一定深度。因此，ADCP 测得的并非是海表的流速。

（4）图像处理中的误差。其包括图像配准、干涉处理、地理投影中的误差以及相位噪声等。

2.2.5　SRTM 反演海表流场实例

1. SRTM 系统简介

SRTM 数据是由美国国家航空航天局(NASA)和美国国防部国家测绘局(NIMA)联合测量的，SRTM 全称是 shuttle radar topography mission，即航天飞机雷达地形测绘任务，航天飞机于 2000 年 2 月 11 日发射升空。航天飞机上的 SIR-C/X-SAR，由 SIR-C 和 X-SAR 两台 SAR 集成。其中，X-SAR 是单频单极化多视角 SAR。为得到雷达信号干涉图，除在航天飞机舱内安装了一副主天线外，还在舱外通过天线杆安装了一副天线。雷达波由主天线发射，回波由主副两天线同时接收，如图 2.17 所示。在已知雷达参数和航天飞机飞行参数的情况下，通过干涉相位和基线可计算出地面目标的高程。

尽管 SRTM 天线设计是为了测量地形，但是由于技术原因，主副两副天线并非完全垂直于飞机飞行轨道，因此导致在沿飞行轨道上两副天线相距 7 m，这样就为测量海表流场提供了可能。SRTM/X-SAR 系统参数见表 2.1。

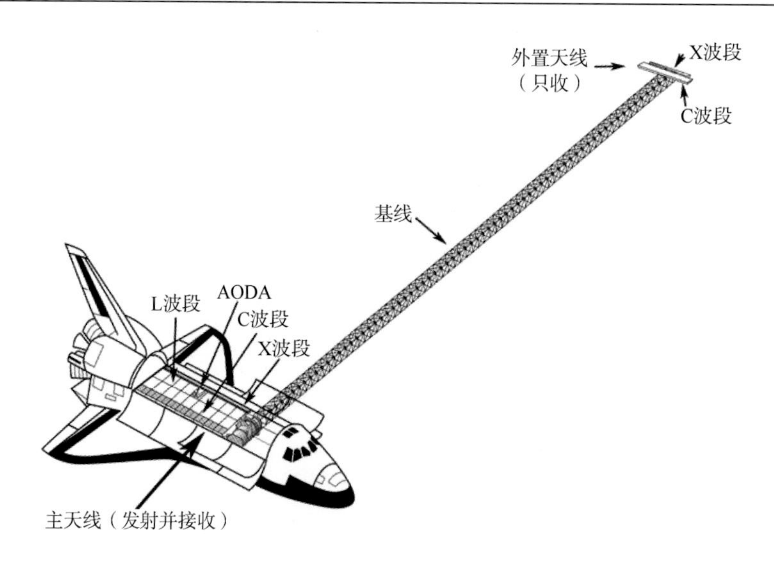

图 2.17　SRTM 天线配置

表 2.1　SRTM/X-SAR 系统参数(小贝尔特海峡)

参数	数值
雷达频率/GHz	9.6
极化	VV
天线垂直轨道间距/m	60
天线沿轨间距/m	7
轨道高度/km	233
飞船飞行速度/(m/s)	7500
方位向/(°)	58.7
视向/(°)	328.7
入射角/(°)	54.6
地面距离向分辨率/m	16
方位向分辨率/m	4.3

2. SRTM-ATI 数据预处理

本书选取丹麦小贝尔特海峡的 X 波段 SRTM 图像进行海表流场反演方法研究，图 2.18 是 SRTM/X-SAR 的幅度图(1 434 像素×700 像素)。图 2.19 是对应的 ATI 干涉相位图，为了减少相位噪声，这里采用 11 像素×11 像素框进行均值滤波，滤波后相位噪声可以下降 10 倍左右(Runge et al.，2004)，如图 2.20 所示。

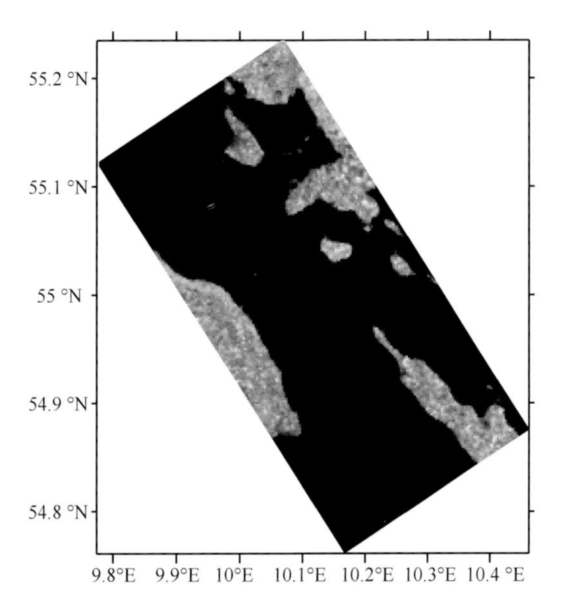

图 2.18　丹麦小贝尔特海峡的 X 波段 SRTM/SAR 幅度图
（2000 年 2 月 15 日，12:34 UTC）

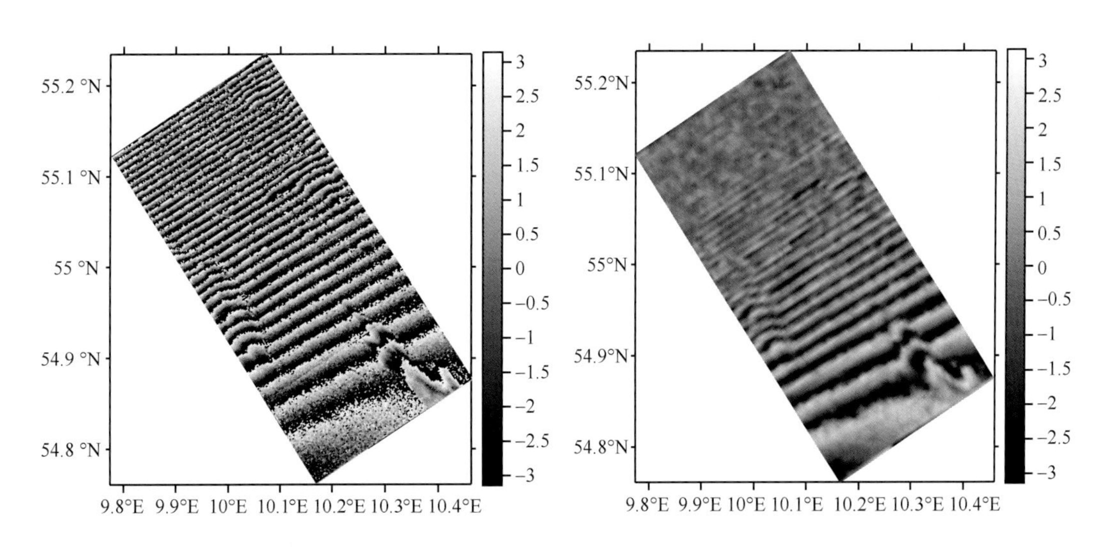

图 2.19　小贝尔特海峡的 ATI 干涉相位图
（2000 年 2 月 15 日，12:34 UTC）

图 2.20　小贝尔特海峡的干涉相位图滤波
（2000 年 2 月 15 日，12:34 UTC）

根据文献(Romeiser et al.，2002)，SRTM 相位 2π 相当于地形高度 175 m，而在小贝尔特海峡附近的岛屿海拔不超过 50m，根据式(2.2.11)计算出的 SRTM 相位 2π 相当于流速 38.5 m/s，因此无论是地形还是流速都不会造成相位的缠绕，因此本章实例不需要进行相位解缠工作。

3. ATI 相位平地效应校正

平地效应是干涉 SAR 系统所特有的现象，平地效应是指，水平地面上高度相同的两物

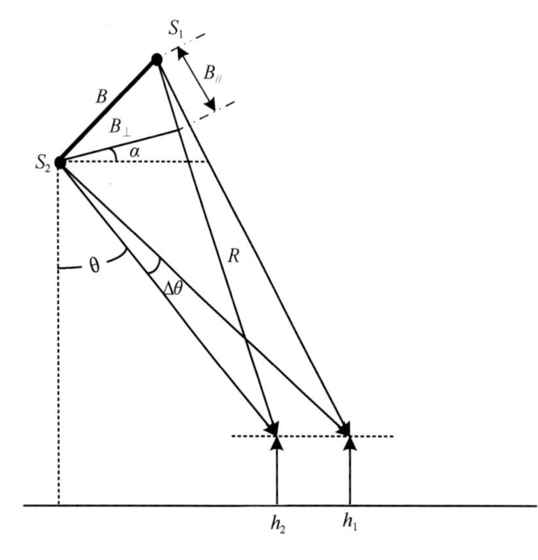

图 2.21　平地效应产生的原理图

体由于距离卫星的距离不同所产生的相位上的差异。造成这种现象的原因是 SAR 采用的斜距成像方式，它是根据接收回波信号的先后顺序成像的，因此先接收的信号先被记录。平地效应产生的原理如图 2.21 所示。

S_1 和 S_2 表示 SRTM 的两个天线，它们的间距（基线）为 B；h_1 和 h_2 分别表示水平方向上具有相同高度、不同位置的两个地面目标，它们的位置不同产生了斜距差 ΔR 以及等效的雷达视角差 $\Delta\theta$。假设目标 h_1 和 h_2 在干涉相位图中的干涉相位分别为 φ_1 和 φ_2，斜距分别为 R_1 和 R_2，干涉基线与水平方向的夹角为 α，则目标 h_1 和 h_2 的干涉相位可以表示为

$$\varphi_1 = -\frac{4\pi}{\lambda} B\sin(\theta-\alpha) \tag{2.2.12}$$

$$\varphi_2 = -\frac{4\pi}{\lambda} B\sin(\theta+\Delta\theta-\alpha) \tag{2.2.13}$$

则 h_1 和 h_2 的干涉相位差为

$$\Delta\varphi = \varphi_2 - \varphi_1 = -\frac{4\pi}{\lambda}\left[B\sin(\theta+\Delta\theta-\alpha) - B\sin(\theta-\alpha)\right] \tag{2.2.14}$$

由三角几何关系得

$$\Delta\varphi = -\frac{4\pi}{\lambda} B\left[\sin(\theta-\alpha)(\cos\Delta\theta-1)+\cos(\theta-\alpha)\sin\Delta\theta\right] \tag{2.2.15}$$

由于 h_1 和 h_2 的水平距离远远小于其到卫星天线的斜距，因此等效雷达视角差 $\Delta\theta$ 非常小，可以认为 $\cos\Delta\theta\approx 1$ 和 $\Delta\theta\approx\sin\Delta\theta$，则

$$\Delta\varphi = -\frac{4\pi}{\lambda} B\Delta\theta\cos(\theta-\alpha) \tag{2.2.16}$$

$$R\Delta\theta = R\sin\Delta\theta = \Delta R\tan\theta \tag{2.2.17}$$

将基线分解为平行于视线方向的分量 $B_{//}$ 和垂直于视线方向的分量 $B_\perp$，则 $B_\perp$ 表示为

$$B_\perp = B\cos(\theta-\alpha) \tag{2.2.18}$$

因此干涉相位差可以表示为

$$\Delta\varphi = -\frac{4\pi}{\lambda}\frac{B\Delta R\cos(\theta-\alpha)}{R\tan\theta} = -\frac{4\pi B_\perp \Delta R}{\lambda R\tan\theta} \tag{2.2.19}$$

图 2.22 是经过平地效应校正后的干涉相位图，从经过校正后的相位图可以清晰地看到地形特征。为了消除噪声，将干涉相位图进行均值滤波同时做缩小分辨率处理，图 2.23 是经过滤波后的相位图(143 像素×70 像素)。

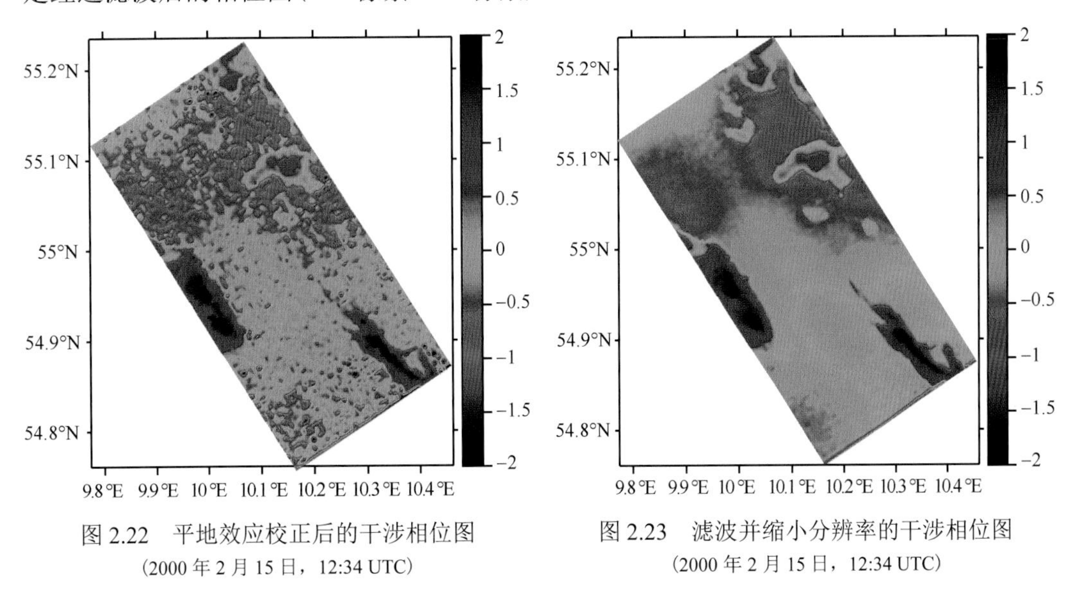

图 2.22　平地效应校正后的干涉相位图
(2000 年 2 月 15 日，12:34 UTC)

图 2.23　滤波并缩小分辨率的干涉相位图
(2000 年 2 月 15 日，12:34 UTC)

4. ATI 非零干涉相位校正

式(2.2.3)和式(2.2.4)是在理想情况下获得的，即假设两个天线关于测试区域具有相同的指向和相同的飞行轨道。

如果平台偏离理想轨道，两副天线的轨道就存在差别，这样同一观测目标就在不同的位置成像，如图 2.24 所示。而且，天线不正确的指向或者平台的晃动都会造成类似结

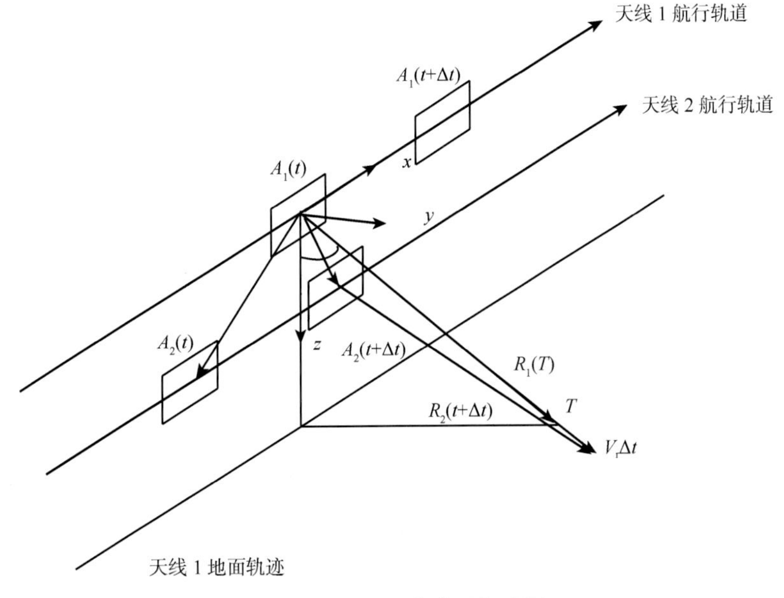

图 2.24　ATI 天线非理想配置

果。因此，即使观测目标不运动，天线到目标的斜距也会发生变化，这就是非零干涉相位。传统的垂直轨道干涉 SAR 正是利用这种效果，采用更长的基线获得地形探测。但是，在沿轨干涉法中，为获得目标速度精确的测量，必须去除这种效果。

如果只考虑非零基线的效果，忽略天线错误指向，则式(2.2.3)和式(2.2.4)修改如下：

$$\begin{aligned}\Delta\varphi &= \frac{4\pi}{\lambda}[R_1(t)-R_2(t+\Delta t)] \\ &= \frac{4\pi}{\lambda}(B_z\cos\theta + B_y\sin\theta + V_r\Delta t)\end{aligned} \tag{2.2.20}$$

$$V_{\mathrm{r}} = \frac{1}{\Delta t}\left(\frac{\lambda}{4\pi}\Delta\varphi - B_z\cos\theta - B_y\sin\theta\right) \tag{2.2.21}$$

式中，B_y 和 B_z 为干涉基线向量 $\boldsymbol{B}$ 的分量。

图 2.25 是经过干涉相位校正后的相位图，可以看到陆地区域的相位接近于 0。

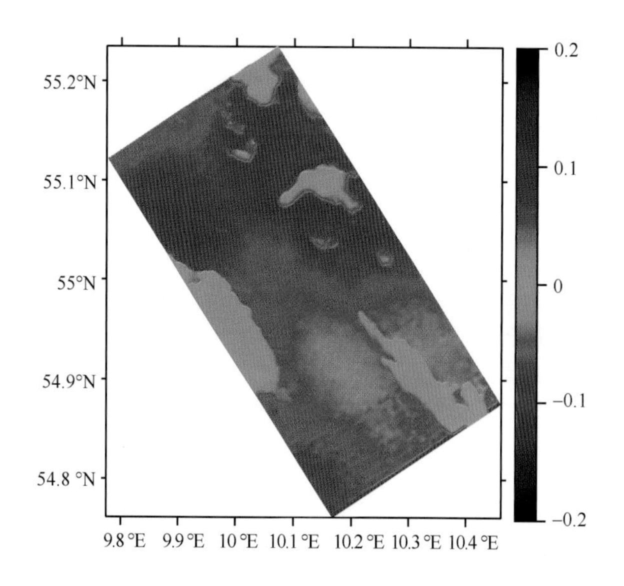

图 2.25　校正后的 ATI 相位图(2000 年 2 月 15 日，12:34 UTC)

5. ATI 海表流场反演

经过滤波、平地效应校正和干涉相位校正后的相位图就可以进行海表流场的反演了。图 2.26 是反演的海表流场结果，箭头表示流场方向。由于交叉轨道的存在，反演的流场不仅包括实际流场，还包括波高产生的交叉轨道相位差导致的虚假流场分量，因此无法使用前面介绍的流程进行海浪运动影响的校正。

6. 误差分析

SRTM 天线设计为地形测量，海表流场测量仅仅是附带产品，因此上面反演的流场并不是绝对流场，还包括以下速度分量：

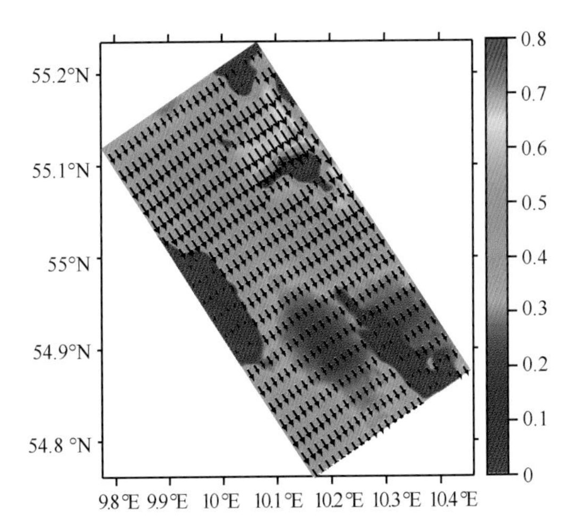

图 2.26　丹麦小贝尔特海峡 ATI 反演的海表流场
(2000 年 2 月 15 日，12:34 UTC)

(1) 长波轨道速度在雷达视向上的分量；

(2) 布拉格波加权平均速度在雷达视向上的分量；

(3) 海浪波高产生的交叉轨道相位差无法校正为零产生的速度分量；

(4) 所有与海浪运动及海面波高相关的波流相互作用产生的速度分量。

虽然 SRTM 数据反演的海表流场结果有待继续进行印证，但其反演过程再次证明星载 ATI 技术具有广阔的前景。特别是对于 TerraSAR-X 卫星，由于采用天线分裂方式进行 ATI 测量，因此没有交叉轨道的干扰，可以进行海表流场的绝对测量。

2.3　单天线 SAR 多普勒中心偏移法

2.3.1　多普勒中心偏移法发展历程

单天线多普勒估计可以直接从实测的回波信号频谱峰值频率(即多普勒中心)得到。SAR 多普勒中心偏移法最初是由 Chapron 等(2005)提出的，他指出，多普勒中心偏移与雷达探测到的表面散射体的平均速度和场景中海洋表面流有关。考虑到卫星与旋转的地球之间存在相对运动，因此常规的 SAR 海洋场景就会存在多普勒中心偏移，而这种由 SAR 平台运动状态数据和海洋探测回波数据计算得到的多普勒中心频率差异就称为多普勒中心偏移，研究表明，多普勒中心偏移正是由海表面流和海面风引起的。Mouche(2008)发现，影响多普勒中心偏移的次要因素还包括雷达频率、入射角、极化方式等环境条件，这为多普勒中心偏移法测量海表面流的精度提高做出了贡献。此外，多普勒中心偏移的测量可以作为传统 SAR 成像过程的补充，从而反演出海洋场景的几何和动力学特征。

Johannessen 等(2008)用该方法测量厄加勒斯海流的测量，验证了该方法的有效性。针对平台运动状态数据，Bezvesilniy 和 Vavriv(2012)提出了机载 SAR 多普勒中心频率的计算方法。而对于探测回波数据处理，Herland 等(1981)则相应地提出了包括距离向压缩前、距离向压缩后和方位向压缩前等方法。Wang 等(2014)基于 ASAR 图像数据，利用多普勒中心偏移法对长江口的表面流进行了定量分析，得到 35°入射角下水平多普勒速度为 29 cm/s。

2.3.2　多普勒中心偏移法反演海流基本原理

由卫星轨道和姿态测量数据计算得到的多普勒中心频率与探测回波数据估计的多普勒中心频率存在的特定差异是由海流造成的。也就是说，SAR 回波数据测得的多普勒中心频率 f_{Dc} 由两部分组成，分别是由卫星轨道、姿态以及地球自转所引起的多普勒频率 f_{Dp} 和由海面运动引起的多普勒中心频率的偏移 f_{Dca}，其表示为

$$f_{\mathrm{Dc}} = f_{\mathrm{Dp}} + f_{\mathrm{Dca}} \tag{2.3.1}$$

注意，由海面运动引起的多普勒中心频率的偏移 f_{Dca} 主要是由海面风和海流运动造成的，其表示为

$$f_{\mathrm{Dca}} = f_{\mathrm{Dca}}^{\mathrm{c}} + f_{\mathrm{Dca}}^{\mathrm{w}} \tag{2.3.2}$$

式中，$f_{\mathrm{Dca}}^{\mathrm{c}}$ 为由海流的运动所引起的多普勒中心频率成分；$f_{\mathrm{Dca}}^{\mathrm{w}}$ 为由海面风和海浪所引起的多普勒中心频率成分。而 $f_{\mathrm{Dca}}^{\mathrm{c}}$ 又可以表示为雷达电磁波波长 λ 和海流径向速度 v_{r} 的函数，即

$$f_{\mathrm{Dca}}^{\mathrm{c}} = \frac{2v_{\mathrm{r}}}{\lambda} \tag{2.3.3}$$

因此，通过以上关系就可以计算出海流的径向速度。关于 SAR 多普勒中心偏移法的具体处理步骤将在 2.4 节详细讨论。

2.3.3　多普勒中心偏移法反演海流结果展示

2014 年，Romeiser 等基于 X 波段 TerraSAR 得到的易北河 2010 年 4 月 26 日、2012 年 2 月 26 日和 2012 年 3 月 19 日的数据，利用多普勒中心偏移法进行了表面流的研究分析，其结果如图 2.27 所示。

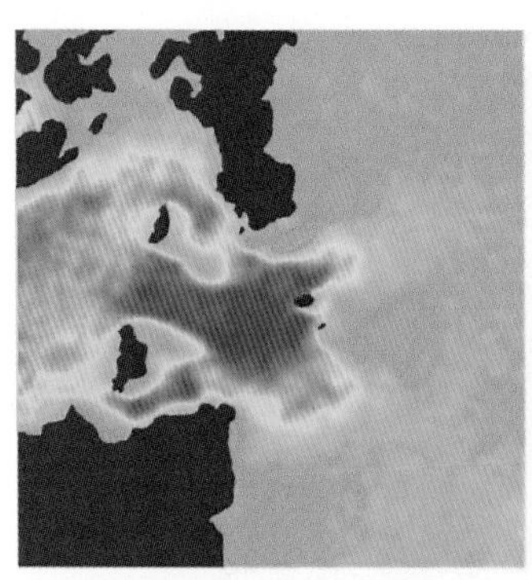

(a) 2010 年 4 月 26 日数据

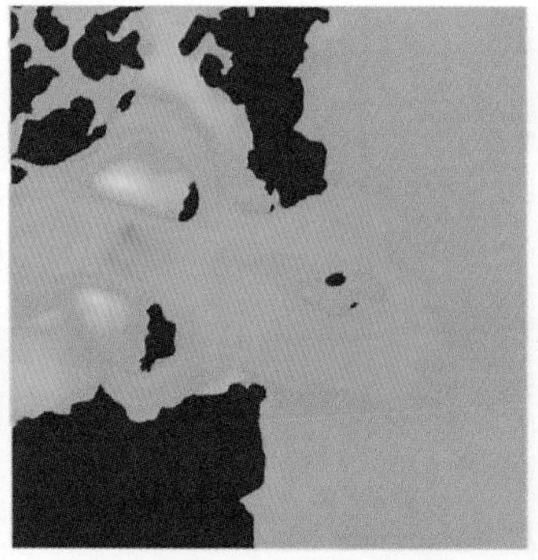

(b) 2012 年 2 月 26 日数据

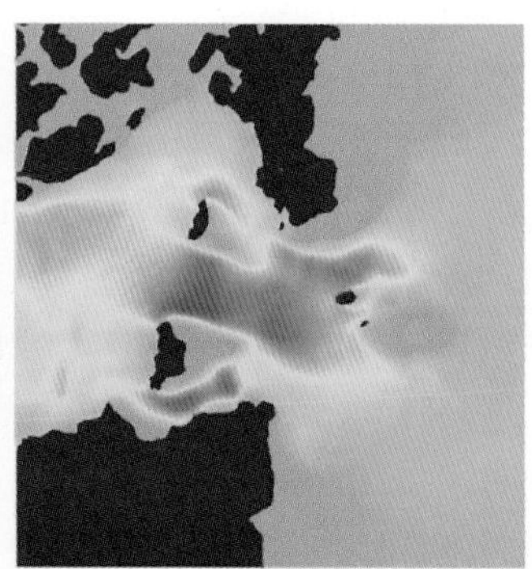

(c) 2012 年 3 月 19 日数据

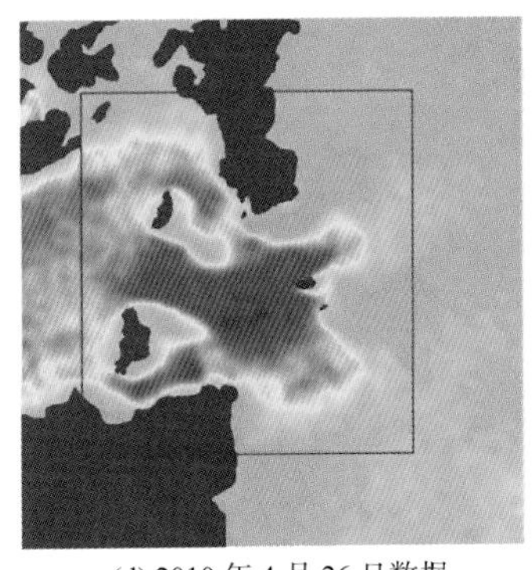
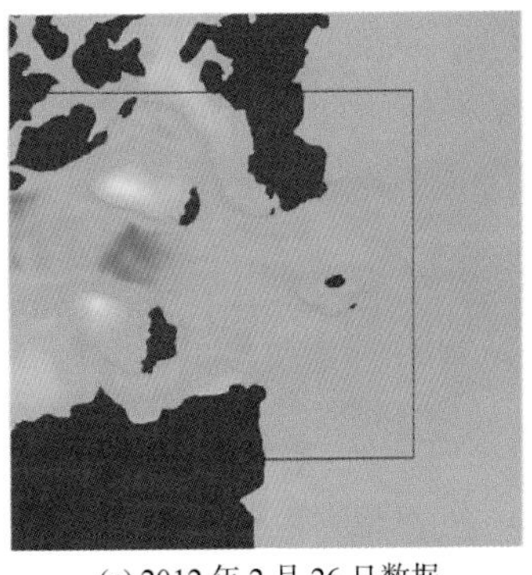
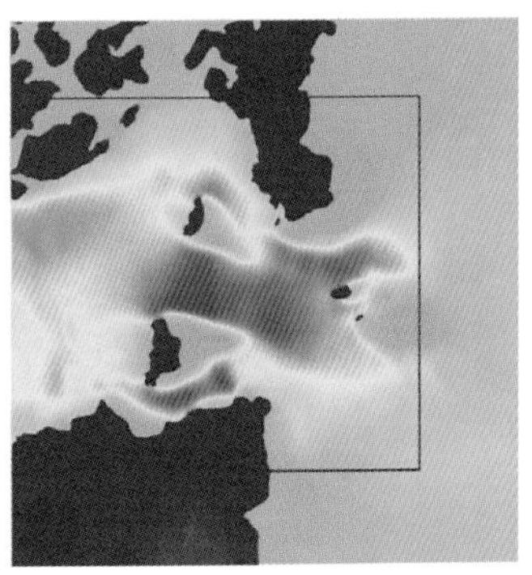

(d) 2010 年 4 月 26 日数据　　(e) 2012 年 2 月 26 日数据　　(f) 2012 年 3 月 19 日数据

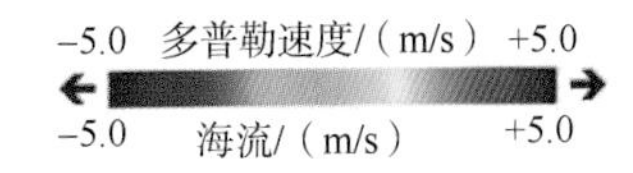

图 2.27　平滑后的多普勒速度(顶部)和修正后的视线向流场(底部)(Romeiser et al.，2014)

利用多普勒中心偏移法计算出的流速平均误差分别为–0.11 m/s(2010 年 4 月 26 日)、0.32 m/s(2012 年 2 月 26 日)、0.06 m/s(2012 年 3 月 19 日)，均方根误差依次为 0.94 m/s、0.86 m/s、0.54 m/s(Romeiser et al.，2014)。

必须强调的是，单天线多普勒中心偏移法与顺轨干涉法一样，都是只能测量海流径向速度，而不能得到二维海流流场矢量。由于多普勒中心偏移法需要特征良好的天线方向图和定义良好的峰值，因而一般情况下其噪声较大，限制因素较多，且多普勒中心的估计容易受到海面后向散射非均匀性的调制，因此需要额外的参考场景进行校正。相比于顺轨干涉法，尽管多普勒中心偏移法没有比其更高的空间分辨率(Romeiser et al.，2014)，但是考虑到反演海流的精度，顺轨干涉法仍然需要更大的空间场景。值得一提的是，尽管多普勒中心偏移法存在一些不足，但它具有更好的普适性，因为大多数 SAR 系统均可提供多普勒中心，并且它对 SAR 系统的复杂度要求相对不高，反演过程相对容易，可操作性强，因而该方法具有较大的发展潜力。

2.4　双波束 SAR 海流矢量反演技术

2.4.1　双波束 SAR 海流矢量反演的基本原理

利用单波束 SAR 数据只能得到海流速度的径向(即雷达视线方向)速度分量，而无法测量海流速度的二维矢量。解决该问题的方法是将单波束 SAR 推广至双波束 SAR。

如图 2.28 所示，将雷达天线沿着雷达平台飞行方向放置，分别产生两个雷达波束(称为前向波束与后向波束)，而两个波束具有相同的下视角，使得两个波束的距离刈幅能够重合在一起，从而使得两个 SAR 波束能够在不同的方向照射海面上的同一块区域。两个雷达波束具有不同的波束指向，其中前向波束的斜视角为 θ_{sq}，后向波束的斜视角为 $-\theta_{sq}$ (两个波束斜视的方向相反)。如此一来，海面上的同一块区域将会获取与前向和后向波束分别对应的两组 SAR 数据，从而可以获得两个不同多普勒中心频率，进而得到两个不同的海流径向速度分量，最后将这两个径向速度联立求解，即可得到海流的二维速度矢量。2.4.2 节将讨论具体的海流矢量反演的过程与步骤。

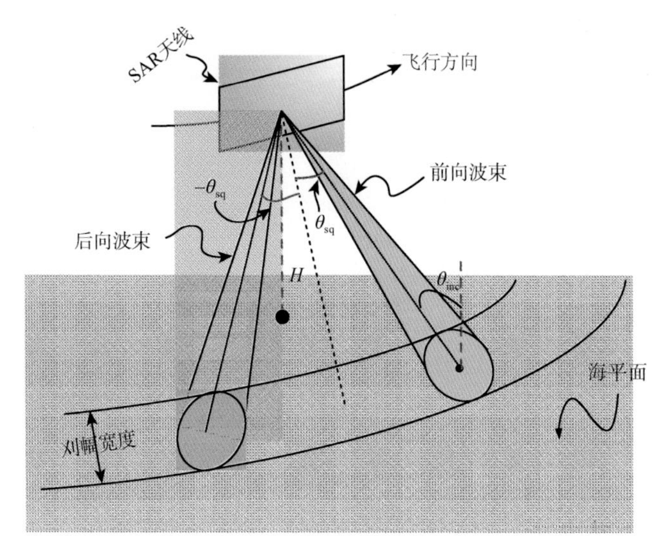

图 2.28　双波束 SAR 的观测几何

2.4.2　双波束 SAR 海流矢量反演的过程与步骤

利用双波束 SAR 多普勒中心偏移法测量海流矢量的步骤与利用单波束多普勒中心偏移法测量海流径向速度分量的步骤的区别在于两个天线波束 SAR 数据的有效“结合”。下面结合图 2.29 所示的流程图详细讨论海流矢量反演的具体步骤。

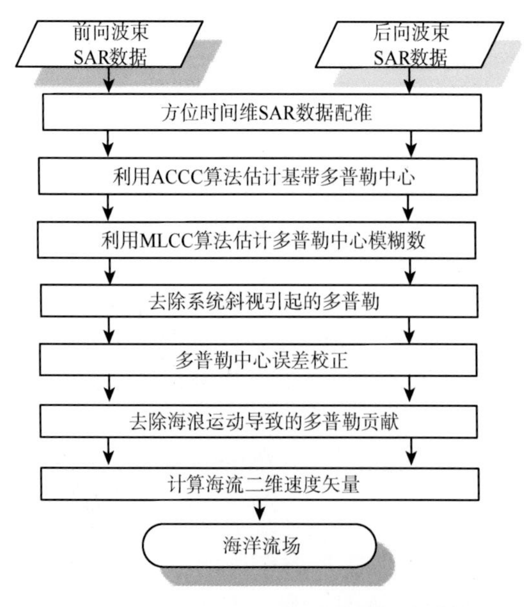

图 2.29　双波束 SAR 海流矢量反演流程

1. 前向波束 SAR 数据与后向波束 SAR 数据空间配准

进行数据配准的原因是为了确保包含在相同分辨率单元位置的前向 SAR 数据和后向 SAR 数据对应于海洋表面的相同区域。为了实现这一点，可以简单地根据给定时刻前视和后视波束的足迹之间的距离，将后向 SAR 数据在方位方向上进行位移。具体讲，将前向波束接收的 SAR 回波数据在慢时间(η)维平移如下时间量(图 2.28)。

$$\Delta\eta = \frac{2H \cdot \tan\theta_{\text{sq}}}{\cos\alpha \cdot V} \tag{2.4.1}$$

式中，θ_{sq} 为波束斜视角；H 为卫星平台高度；V 为卫星平台的速度；α 为两个波束的下视角。

2. 基带多普勒中心估计

根据平均互相关系数法(ACCC)(Cumming，2005)可分别估计前向波束与后向波束接收信号的基带多普勒中心频率：

$$f'_{\text{Dc1}} = \frac{\text{PRF}}{2\pi} \angle\left\{\sum_{\eta} s_1^*(\eta) \cdot s_1\left(\eta + \frac{1}{\text{PRF}}\right)\right\}, \quad -\frac{\text{PRF}}{2} \leqslant f'_{\text{Dc1}} \leqslant \frac{\text{PRF}}{2} \tag{2.4.2}$$

$$f'_{\text{Dc2}} = \frac{\text{PRF}}{2\pi} \angle\left\{\sum_{\eta} s_2^*(\eta) \cdot s_2\left(\eta + \frac{1}{\text{PRF}}\right)\right\}, \quad -\frac{\text{PRF}}{2} \leqslant f'_{\text{Dc2}} \leqslant \frac{\text{PRF}}{2} \tag{2.4.3}$$

式中，f'_{Dc1} 与 f'_{Dc2} 分别为天线 1 与天线 2 的基带多普勒中心频率；PRF 为雷达脉冲重复频率；η 为慢时间(即方位时间)；$s_1(\eta)$ 与 $s_2(\eta)$ 分别为前向波束与后向波束接收海面场景回波“方位维”原始 SAR 信号；$\angle\{\cdot\}$ 表示取信号的相位。

3. 多普勒模糊数估计

图 2.28 所示的双波束 SAR 系统采用了较大的斜视角，导致多普勒中心值相对较大，甚至超出基带间隔。因此，多普勒中心估计，除了基带多普勒中心的估计为，还应估计多普勒中心模糊数。多普勒中心模糊数估计的一种常用方法为多视互相关算法(MLCC)(Cumming，2005)，利用该方法可以分别估计得到前向波束天线与后向波束天线接收信号的多普勒中心模糊数，M_{amb1} 与 M_{amb2}。

根据估计得到的基带多普勒中心 f'_{Dc1} 与 f'_{Dc2} 以及多普勒中心模糊数 M_{amb1} 与 M_{amb2} 可得到前向、后向波束接收 SAR 信号的绝对多普勒中心频率：

$$f_{\text{Dc1}} = f'_{\text{Dc1}} + M_{\text{amb1}} \cdot \text{PRF} \tag{2.4.4}$$

$$f_{\text{Dc2}} = f'_{\text{Dc2}} + M_{\text{amb2}} \cdot \text{PRF} \tag{2.4.5}$$

式中，f_{Dc1} 与 f_{Dc2} 分别为前向波束天线与后向波束天线接收回波 SAR 信号的绝对多普勒中心频率。

4. 去除由系统斜视引起的多普勒频率

由上述步骤估计得到的前向、后向波束回波信号的多普勒中心 f_{Dc1} 与 f_{Dc2} 并非地球物理多普勒频率，其中还包括由 SAR 平台的飞行速度在雷达视线方向上的投影分量(由系统斜视引起)所贡献的多普勒频率成分。因此，为了反演海流速度，需要去除由系统斜视所引起的多普勒频率分量。根据 SAR 几何(图 2.28)，该过程可表示如下：

$$f_{\mathrm{Dc1}}^{\mathrm{A}} = f_{\mathrm{Dc1}} - \frac{2V}{\lambda}\sin\theta_{\mathrm{sq}} \tag{2.4.6}$$

$$f_{\mathrm{Dc2}}^{\mathrm{A}} = f_{\mathrm{Dc2}} + \frac{2V}{\lambda}\sin\theta_{\mathrm{sq}} \tag{2.4.7}$$

式中，$f_{\mathrm{Dc1}}^{\mathrm{A}}$ 与 $f_{\mathrm{Dc2}}^{\mathrm{A}}$ 分别为前向波束与后向波束去除系统斜视多普勒频率后的多普勒中心异常值；λ 为雷达波长。

5. 多普勒中心误差校正

在某些情况下，后向散射系数沿方位向的变化和天线的误指向角存在，估计得到的多普勒中心和几何预测的多普勒频率可能存在一定的偏差，因此有必要纠正这些偏差，可采用一种基于“参考数据”的校正方法。该方法的关键思想是假定某个参考区域由海面运动所导致的多普勒中心异常为 0，然后利用建立的数值模型，可以实现多普勒中心误差的校正。具体的校正过程请参阅文献(Hansen et al.，2011)。经过多普勒中心误差校正后，分别得到前向波束和后向波束对应的地球物理多普勒频率 $\tilde{f}_{\mathrm{Dc1}}^{\mathrm{A}}$ 与 $\tilde{f}_{\mathrm{Dc2}}^{\mathrm{A}}$。

6. 去除海浪运动所导致的多普勒贡献

由上述步骤得到的前向、后向波束的地球物理多普勒频率 $\tilde{f}_{\mathrm{Dc1}}^{\mathrm{A}}$ 与 $\tilde{f}_{\mathrm{Dc2}}^{\mathrm{A}}$ 并非全部由海表面流的运动所贡献，其中还包括了由海浪的运动所贡献的多普勒。因此，为了得到海流矢量，需要去除由海浪所导致的多普勒贡献。具体的去除方法与 ATI 测流方法类似，具体请参阅 2.2.4 节讨论的内容。这里需要注意的是，海浪运动所导致的多普勒的去除需要海浪谱作为输入参数。海浪谱可以采用“现场观测”的方式获得，也可根据“海浪模式”计算得到。

7. 海流速度矢量的计算

根据 SAR 几何(图 2.28)，海流的二维速度矢量 $\hat{\boldsymbol{v}}$ 可以由下式计算得到：

$$\hat{\boldsymbol{v}}_{2\times1} = \begin{bmatrix}\hat{v}_x \\ \hat{v}_y\end{bmatrix} = \frac{\lambda}{2}\cdot\boldsymbol{H}_{2\times2}\begin{bmatrix}\tilde{f}_{\mathrm{Dc1}}^{\mathrm{A}} \\ \tilde{f}_{\mathrm{Dc2}}^{\mathrm{A}}\end{bmatrix} \tag{2.4.8}$$

式中，$\hat{v}_x$ 与 $\hat{v}_y$ 分别为海流的方位向速度与距离向速度；$\boldsymbol{H}_{2\times2}$ 为 2×2 的矩阵，其表达式为

$$\boldsymbol{H}_{2\times2} = \begin{bmatrix}\sin\theta_{\mathrm{sq}} & \sin\alpha\cos\theta_{\mathrm{sq}} \\ -\sin\theta_{\mathrm{sq}} & \sin\alpha\cos\theta_{\mathrm{sq}}\end{bmatrix}^{-1} \tag{2.4.9}$$

式中，$[\ ]^{-1}$ 表示矩阵(方阵)的逆矩阵。

为了直观地展示出双波束 SAR 系统测量海流矢量的能力，对一个大小为 50 km(方位向)×50 km(距离向)的海面场景进行了 SAR 原始数据仿真。海洋表面流速的范围设定为 0.5～0.7 m/s，而海流矢量方向的范围为 0°～360°。海洋表面的反向散射机制考虑了布拉格共振，同时将双尺度波模型作为海洋表面模型，即海洋表面波通过一定的尺度分离成长波和短波两种。这里的长波尺度指远大于 SAR 电磁波长的波，而短波尺度指与电磁波长相当或小于电磁波长的波，使用了 JONSWAP 谱作为长波谱。

图 2.30 为 SAR 原始数据仿真前视波束的中心部分获得，SAR 图像的大小对应于一个海表面流场分辨率。为了获取海洋表面流矢量，采用图 2.29 所示的步骤进行处理。图 2.31 为处理之后的流场，从图 2.31 可以看出，基于双波束星载 SAR 系统确实具有反演海洋表面流矢量的能力，直观地展示了多普勒中心偏移方法的有效性。

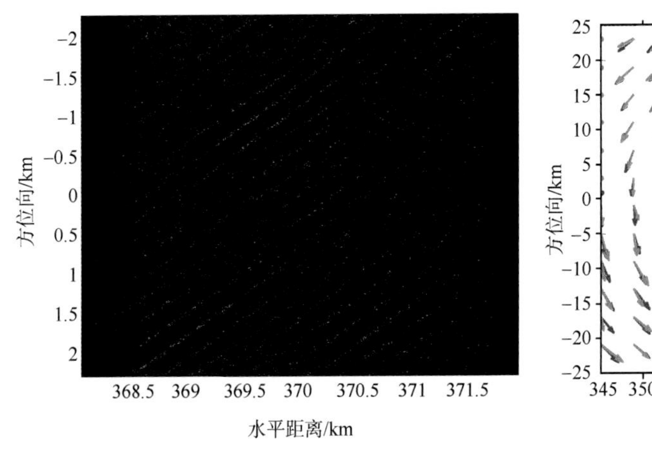

图 2.30　处理后的前向波束 SAR 图像

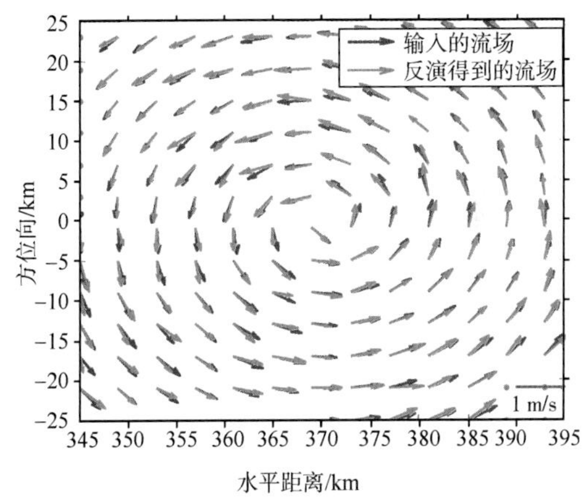

图 2.31　基于双波束星载 SAR 系统反演的海表流场矢量

2.4.3　双波束 SAR 系统联合反演海洋流场与风场的原理与算法

2.4.2 节讨论了如何利用双波束 SAR/多普勒中心偏移法反演海流矢量，其中，在去除由海浪运动所导致的多普勒贡献时，将海浪谱作为输入参数，而海浪谱的获得又需要将“海面风场”作为“先验信息”。事实上，本章所述的双波束 SAR 系统还具有同时反演海流矢量与风场的能力。下面对流场与风场联合反演的原理与算法进行具体讨论。

对于双波束 SAR 系统联合反演海洋流场与风场的原理与算法，由于此处要同时反演流场与风场两种信息，因此仅利用 SAR 的多普勒中心频率或仅利用 SAR 的归一化雷达截面积（NRCS）会存在流场与风场的耦合问题与多解问题。为了解决该问题，需要同时利用两个不同的观测变量，每个观测变量对应各自不同的地球物理模式。选取的第一个观测变量仍然是 SAR 多普勒中心，而对于另外一个观测变量，选取 SAR 的 NRCS。与多普勒中心对应的地球物理模式可如下模型：

$$f_{\mathrm{Dc1}} = f_{\mathrm{Dc1}}^{\mathrm{s}} + \frac{2}{\lambda}\boldsymbol{d}_1^{\mathrm{T}}\boldsymbol{v} + \mathrm{CDOP}\left(\boldsymbol{u},\phi_1,\theta_1,\mathrm{pol}\right) \tag{2.4.10}$$

$$f_{\mathrm{Dc2}} = f_{\mathrm{Dc2}}^{\mathrm{s}} + \frac{2}{\lambda}\boldsymbol{d}_2^{\mathrm{T}}\boldsymbol{v} + \mathrm{CDOP}\left(\boldsymbol{u},\phi_2,\theta_2,\mathrm{pol}\right) \tag{2.4.11}$$

式中，$\boldsymbol{v}$ 与 $\boldsymbol{u}$ 分别为海流的二维速度矢量与风速的二维速度矢量；f_{Dc1} 与 f_{Dc2} 分别为前向波束与后向波束的多普勒中心频率；$\boldsymbol{d}_1$ 与 $\boldsymbol{d}_2$ 分别为前向波束与后向波束(图 2.28)的波束中心指向对应的单位矢量；CDOP 为联系海面风速矢量与多普勒的“地球物理模式”函数，其中，ϕ_1 与 ϕ_2 分别表示前向波束和后向波束与风速矢量的之间的夹角；θ_1 与 θ_2 分别为前向波束与后向波束的入射角；pol 表示极化方式。

由于风场与流场的耦合，SAR 多普勒中心包含三种成分：由系统斜视所引起的多普勒 $f_{\mathrm{Dc}}^{\mathrm{s}}$、由海洋流场引起的多普勒 $\frac{2}{\lambda}\boldsymbol{d}^{\mathrm{T}}\boldsymbol{v}$，以及由风场引起的多普勒 $\mathrm{CDOP}\left(\boldsymbol{u},\phi,\theta,\mathrm{pol}\right)$ (通过海浪的运动产生)。

前向波束和后向波束的后向散射系数与风速、风向、入射角、极化方式的关系可用如下地球物理模式 CMOD 表示：

$$\sigma_1^0 = \mathrm{CMOD}\left(\boldsymbol{u},\phi_1,\theta_1,\mathrm{pol}\right) \tag{2.4.12}$$

$$\sigma_2^0 = \mathrm{CMOD}\left(\boldsymbol{u},\phi_2,\theta_2,\mathrm{pol}\right) \tag{2.4.13}$$

式中，σ_1^0 与 σ_2^0 分别为前向波束与后向波束(图 2.28)的 NRCS，其他符号的含义与式(2.4.10)与式(2.4.11)中的符号含义相同。

由于 CDOP 模式函数与 CMOD 模式函数均是非线性的，因此可采用如下优化方法联合反演风场与流场：

$$\left\{\hat{\boldsymbol{u}},\ \hat{\boldsymbol{v}}\right\} = \min_{\boldsymbol{u},\boldsymbol{v}} J\left(\boldsymbol{u},\boldsymbol{v}\right) \tag{2.4.14}$$

式中，目标函数 $J\left(\boldsymbol{u},\boldsymbol{v}\right)$ 的表达式为

$$\begin{aligned} J\left(\boldsymbol{u},\boldsymbol{v}\right) = & \left(\frac{\hat{\sigma}_1^0 - \mathrm{CMOD}\left(\boldsymbol{u},\phi_1,\theta_1,\mathrm{pol}\right)}{\Delta\sigma^0}\right)^2 + \left(\frac{\hat{\sigma}_2^0 - \mathrm{CMOD}\left(\boldsymbol{u},\phi_2,\theta_2,\mathrm{pol}\right)}{\Delta\sigma^0}\right)^2 \\ & + \left(\frac{\hat{f}_{\mathrm{Dc1}} - f_{\mathrm{Dc1}}^{\mathrm{s}} - \frac{2}{\lambda}\boldsymbol{d}_1^{\mathrm{T}}\boldsymbol{v} - \mathrm{CDOP}\left(\boldsymbol{u},\phi_1,\theta_1,\mathrm{pol}\right)}{\Delta f_{\mathrm{Dc}}}\right)^2 \\ & + \left(\frac{\hat{f}_{\mathrm{Dc2}} - f_{\mathrm{Dc2}}^{\mathrm{s}} - \frac{2}{\lambda}\boldsymbol{d}_2^{\mathrm{T}}\boldsymbol{v} - \mathrm{CDOP}\left(\boldsymbol{u},\phi_2,\theta_2,\mathrm{pol}\right)}{\Delta f_{\mathrm{Dc}}}\right)^2 \end{aligned} \tag{2.4.15}$$

式中，$\hat{\sigma}_1^0$ 与 $\hat{\sigma}_2^0$ 分别为前向波束与后向波束的 NRCS 的估计值；$\hat{f}_{\mathrm{Dc1}}$ 与 $\hat{f}_{\mathrm{Dc2}}$ 分别为前向波

束与后向波束(图 2.28)的多普勒中心的估计值；$\Delta\sigma^0$ 为 NRCS 的估计精度；Δf_{Dc} 为 SAR 多普勒中心的估计精度。图 2.32 给出了完整的海洋风场与流场联合反演的算法流程图。

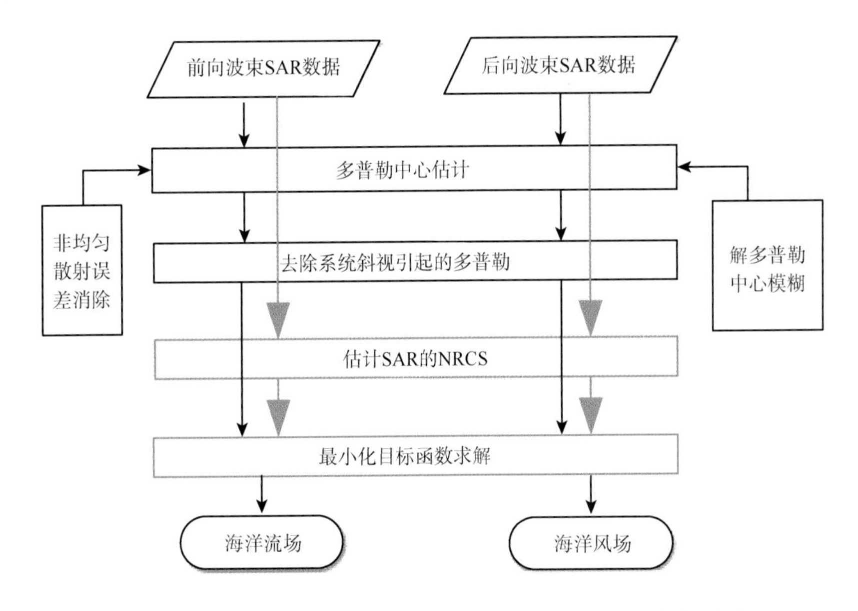

图 2.32　双波束 SAR 联合反演海洋风场与流场的算法流程图

2.5　多普勒散射计

2.5.1　多普勒散射计海面遥感机理

多普勒雷达散射计是一种新型的海洋遥感雷达系统，可以通过测量海面运动所产生的回波信号多普勒频移反演海面流场(速度和方向)，还可以测量海面的风矢量场(鲍青柳，2015)。基于真实孔径雷达体制的多普勒散射计，可以在保证一定分辨率的同时获得很宽的观测刈幅，从而实现海洋表面流场和风场测量的快速全球覆盖，对海洋预报和气候变化研究具有重要的意义。

多普勒雷达散射计进行干涉测量的示意图如图 2.33 所示。$t=0$ 时刻，雷达与观测目标之间的距离为 $r(t=0)$；$t=\tau$ 时刻，雷达与观测目标之间的距离为 $r(t=\tau)$。两个时刻的距离差为 Δr。0 时刻和 τ 时刻的两个回波脉冲的相位差为 $\Delta\phi$，那么有

$$\Delta\phi = 2k\Delta r \tag{2.5.1}$$

式中，k 为雷达电磁波波数。观测目标的径向速度分量可表示为

$$V_{\mathrm{r}} = \frac{\Delta r}{\tau} = \frac{\Delta\phi}{2k\tau} \tag{2.5.2}$$

利用两个观测方位角的径向速度分量 V_{r1} 和 V_{r2} 可以估计出观测目标的速度矢量 $\boldsymbol{V}$，如图 2.34 所示。

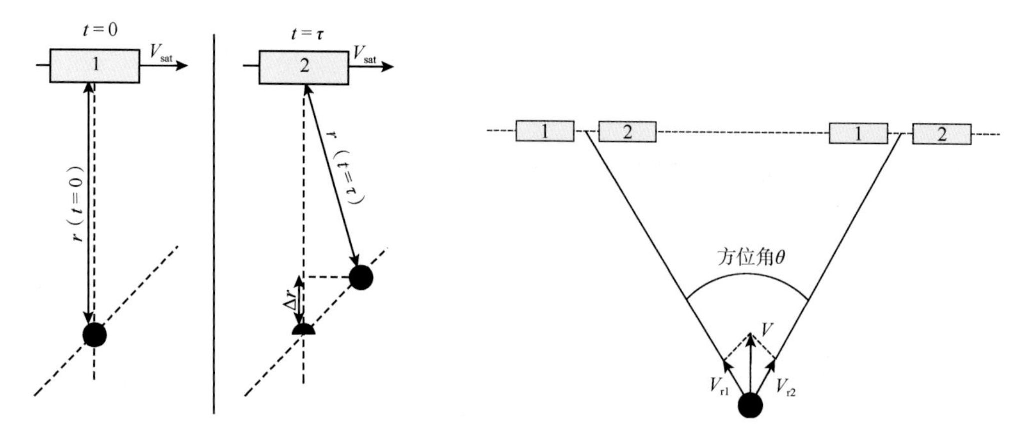

图 2.33　多普勒雷达散射计干涉测量示意图　　图 2.34　目标速度矢量观测示意图

多普勒雷达散射计观测方位角为φ时的观测几何如图 2.35 所示。其中，S 点(多普勒雷达散射计)的坐标为$(0, 0, H)$，P 点(观测目标)的坐标为$(H\tan\theta\cos\varphi, H\tan\theta\sin\varphi, 0)$，卫星速度为$\vec{V}_{sat}=(V_{sat},0,0)$，观测目标速度为$\vec{V}_{current}=(V_x,V_y,0)$。

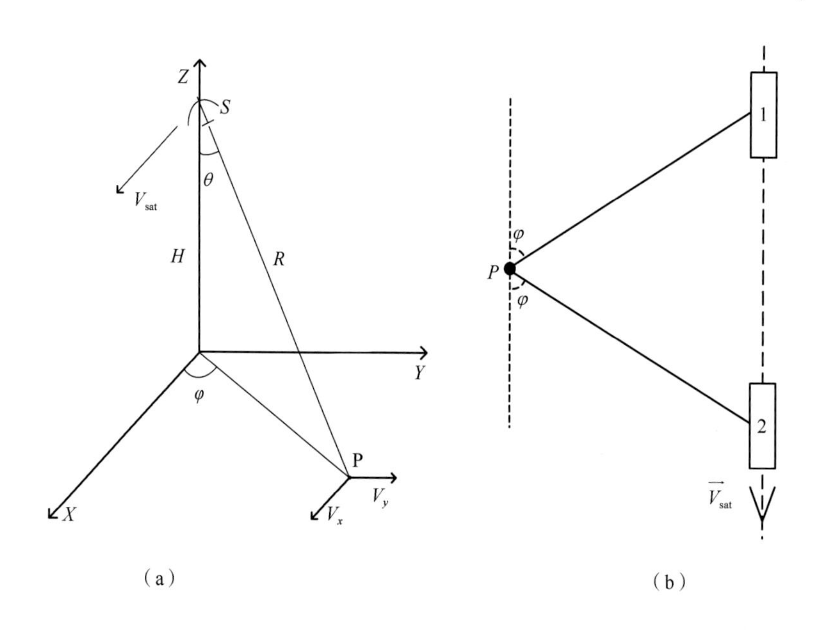

图 2.35　多普勒雷达散射计观测几何

雷达电磁波的入射方向矢量为$\vec{R}_{incident}=\overline{SP}=(H\tan\theta\cos\varphi,\ H\tan\theta\sin\varphi,\ -H)$，其入射方向的单位矢量为$\vec{n}_{incident}=\vec{R}_{incident}\Big/\left|\vec{R}_{incident}\right|=(\sin\theta\cos\varphi,\ \sin\theta\sin\varphi,\ -\cos\varphi)$。卫星与观测点的相对速度(径向速度)为

$$
\begin{aligned}
V_{\mathrm{R}} &= \vec{V}_{\mathrm{sat}} \cdot \vec{n}_{\mathrm{incident}} + \vec{V}_{\mathrm{current}} \cdot (-\vec{n}_{\mathrm{incident}}) \\
&= V_{\mathrm{sat}} \sin\theta \cos\varphi - V_x \sin\theta \cos\varphi - V_y \sin\theta \sin\varphi \\
&= \sin\theta \left[\left(V_{\mathrm{sat}} - V_x \right) \cos\varphi - V_y \sin\varphi \right]
\end{aligned}
\tag{2.5.3}
$$

式中，定义两目标互相靠近时的速度为正。雷达回波信号的多普勒频率 f_{d} 可表示为(Bao et al.，2015)

$$
f_{\mathrm{d}} = \frac{2V_{\mathrm{R}}}{\lambda} = \frac{2\sin\theta\left[\left(V_{\mathrm{sat}} - V_x\right)\cos\varphi - V_y \sin\varphi\right]}{\lambda}
\tag{2.5.4}
$$

若雷达两个脉冲回波的时间间隔为 τ，那么两次回波的干涉相位差可表示为

$$
\phi = 2\pi f_{\mathrm{d}} \tau = \frac{4\pi\sin\theta\left[\left(V_{\mathrm{sat}} - V_x\right)\cos\varphi - V_y \sin\varphi\right]}{\lambda}\tau
\tag{2.5.5}
$$

由式(2.5.5)解出目标速度 V_x 和 V_y，至少需要两个观测方位角的干涉相位差 ϕ_1 和 ϕ_2，其对应的观测方位角分别 φ_1 和 φ_2，解出的 V_x 和 V_y 可表示为

$$
\begin{aligned}
V_x &= V_{\mathrm{sat}} - \frac{\lambda}{4\pi\sin\theta\sin(\varphi_1 - \varphi_2)\tau}\left(\phi_2 \sin\varphi_1 - \phi_1 \sin\varphi_2\right) \\
V_y &= \frac{\lambda}{4\pi\sin\theta\sin(\varphi_1 - \varphi_2)\tau}\left(\phi_2 \cos\varphi_1 - \phi_1 \cos\varphi_2\right)
\end{aligned}
\tag{2.5.6}
$$

根据顺轨干涉测量原理，设雷达两次观测的时间基线为 τ，观测目标的径向速度为 V_{R}，则干涉相位可表示为

$$
\phi = \frac{4\pi\tau}{\lambda} V_{\mathrm{R}} = \frac{4\pi\tau}{\lambda} V \sin\theta
\tag{2.5.7}
$$

由式(2.5.7)可得，观测目标在雷达视向的水平速度可表示为

$$
V = \frac{\lambda}{4\pi\tau\sin\theta}\phi
\tag{2.5.8}
$$

设雷达干涉相位的标准差为 σ_ϕ，观测目标的雷达视向水平速度的标准差为 σ_{V}，根据随机过程理论，其可表示为

$$
\sigma_{\mathrm{V}} = \frac{\lambda}{4\pi\tau\sin\theta}\sigma_\phi
\tag{2.5.9}
$$

由图 2.35(b)可知，雷达对目标的两次观测的方位角互为补角，即

$$
\varphi_2 = \pi - \varphi_1
\tag{2.5.10}
$$

将式(2.5.10)代入式(2.5.6)，并进行化简可得

$$
\begin{aligned}
V_x &= V_{\mathrm{sat}} + \frac{\lambda}{8\pi\sin\theta\cos\varphi_1\tau}\left(\phi_2 - \phi_1\right) \\
V_y &= -\frac{\lambda}{8\pi\sin\theta\sin\varphi_1\tau}\left(\phi_2 + \phi_1\right)
\end{aligned}
\tag{2.5.11}
$$

式中，ϕ_1 和 ϕ_2 具有相同的标准差，均为 σ_ϕ，且相互独立。同样，根据随机过程理论，顺轨向和交轨向的水平速度标准差 σ_{Vx} 和 σ_{Vy} 可表示为

$$\sigma_{Vx}=\frac{\sqrt{2}\lambda}{8\pi\sin\theta\cos\varphi_1\tau}\sigma_\phi$$
$$\sigma_{Vy}=\frac{\sqrt{2}\lambda}{8\pi\sin\theta\sin\varphi_1\tau}\sigma_\phi \tag{2.5.12}$$

将式(2.5.9)代入式(2.5.12)，可得

$$\sigma_{Vx}=\frac{\sqrt{2}}{2\cos\varphi}\sigma_V$$
$$\sigma_{Vy}=\frac{\sqrt{2}}{2\sin\varphi}\sigma_V \tag{2.5.13}$$

速度的无模糊测量范围要求干涉相位 $-\pi<\phi<\pi$，将其代入式(2.5.8)，可以解得速度测量范围为

$$-\frac{\lambda}{4\tau\sin\theta}<V<\frac{\lambda}{4\tau\sin\theta} \tag{2.5.14}$$

2.5.2 多普勒雷达散射计海面流场反演算法

1. 最大似然估计

在遥感领域，物理矢量参数的反演方法主要包括贝叶斯定理、精确代数求解、最小二乘估计、特征值展开等。其中，贝叶斯定理是最常用的方法之一，该方法也广泛应用于反演模型高度非线性的散射计数据处理中。一些基于统计目标的优化方法往往被用于贝叶斯定理，如最大似然估计、最大后验概率、最小波动、最小测量误差等，其中最大似然估计是散射风场反演中最常用的方法，最大似然估计同样适用于多普勒雷达散射计的海面流场反演(Bao et al.，2017)。

假设某个地面单元内有 N 个近似同时间、同地点的后向散射截面积测量值，M 个近似同时间、同地点的多普勒频移测量值，所有这些测量值对应于同一个未知的风场矢量(U_{wind}，ϕ_{wind})和流场矢量(U_{current}，ϕ_{current})。而每个测量值所对应的总体误差是相互独立的，所以这些误差的联合概率密度函数为(Freilich，2000)

$$p\left[R_1^\sigma,\cdots,R_N^\sigma,R_1^f,\cdots,R_M^f\mid\left(U_{\text{wind}},\phi_{\text{wind}},U_{\text{current}},\phi_{\text{current}}\right)\right]=$$
$$\prod_{i=1}^{N}p\left[R_i^\sigma\mid\left(U_{\text{wind}},\phi_{\text{wind}}\right)\right]\cdot\prod_{i=1}^{M}p\left[R_i^f\mid\left(U_{\text{wind}},\phi_{\text{wind}},U_{\text{current}},\phi_{\text{current}}\right)\right] \tag{2.5.15}$$

式(2.5.15)称为海面风场/流场反演的最大似然函数，对式(2.5.15)两边取自然对数，得到最大似然估计的目标函数(Portabella and Stoffelen，2004)：

$$
\begin{aligned}
&J_{\mathrm{MLE}}\left(U_{\mathrm{wind}},\phi_{\mathrm{wind}},U_{\mathrm{current}},\phi_{\mathrm{current}}\right)= \\
&\quad -\sum_{i=1}^{N}\left\{\frac{\left[\sigma_i-M_{\mathrm{Sigma}}\left(U_{\mathrm{wind}},\phi_{\mathrm{wind}}-\phi_i,\theta_i,p_i\right)\right]^2}{2V_{\mathrm{R}_i^{\sigma}}}+\ln\sqrt{V_{\mathrm{R}_i^{\sigma}}}\right\} \\
&\quad -\sum_{j=1}^{M}\left\{\frac{\left[f_j-M_{\mathrm{Doppler}}\left(U_{\mathrm{wind}},\phi_{\mathrm{wind}}-\phi_j,U_{\mathrm{current}},\phi_{\mathrm{current}}-\phi_j,\theta_j,p_j\right)\right]^2}{2V_{\mathrm{R}_j^{f}}}+\ln\sqrt{V_{\mathrm{R}_j^{\mathrm{f}}}}\right\}
\end{aligned}
\tag{2.5.16}
$$

式中，$V_{\mathrm{R}^{\sigma}}$ 可表示为(Lin，2011)

$$
V_{\mathrm{R}^{\sigma}}=K_{\mathrm{p}}^2\cdot\sigma_0^2=\left(K_{\mathrm{pc}}^2+K_{\mathrm{pr}}^2+K_{\mathrm{pm}}^2\right)\cdot\sigma_0^2 \tag{2.5.17}
$$

式中，K_{pc} 为系统传递误差；K_{pr} 为定标误差；K_{pm} 为模型误差。同样，式(2.5.16)中的 $V_{\mathrm{R}^{\mathrm{f}}}$ 可表示为

$$
V_{\mathrm{R}^{\mathrm{f}}}=S_{\mathrm{fc}}^2+S_{\mathrm{fr}}^2+S_{\mathrm{fm}}^2 \tag{2.5.18}
$$

式中，S_{fc} 为系统测量误差，由信噪比、PRF、天线尺寸等散射计系统散射所决定；S_{fr} 为定标误差，与卫星姿态、卫星速度测量误差等直接相关；S_{fm} 为海面多普勒模型误差，由海面多普勒谱模型精度决定。

由上述推导可知，海面风场/流场矢量反演实际上是寻找合适的风矢量(风速、风向)和流矢量(流速、流向)，使得式(2.5.16)取得最大值。由于海面多普勒频移不存在风向的 180° 模糊，因此式(2.5.16)往往不存在模糊解，其全局最大值解即海面风场/流场矢量的最大似然估计解。不需要提供额外的风向信息进行风向模糊去除。目标函数的关于风速和风向的变化特性如图 2.36 所示，图中目标函数取 $-J_{\mathrm{MLE}}\left(U_{\mathrm{wind}},\phi_{\mathrm{wind}},U_{\mathrm{current}},\phi_{\mathrm{current}}\right)$。由图 2.36 可以看出，在风速为 7 m/s 和风向为 90°处，目标函数明显低于模糊解位置(如风速为 7 m/s、风向为 270°处)。

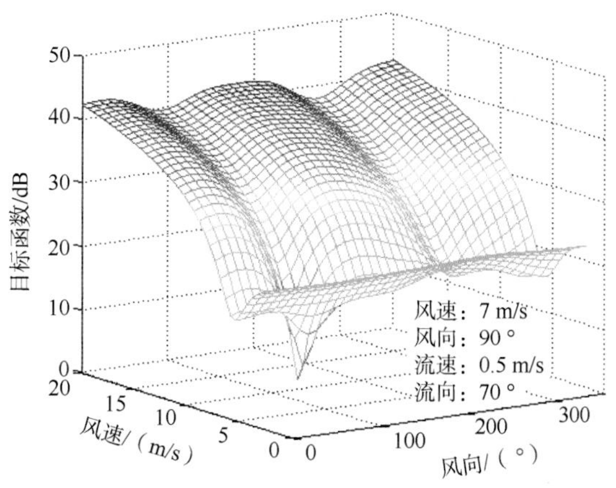

图 2.36　目标函数的关于风速和风向的变化特性

2. 多普勒雷达散射计海面流场反演精度

利用最大似然估计算法对海面流场/风场进行反演，并对流场反演精度进行分析。不同交轨向位置的顺轨/交轨向流速标准差如图 2.37 所示，顺轨/交轨向流速平均偏差如图 2.38 所示。顺轨向和交轨向分别为流场矢量的两个垂直分量。图 2.37 和图 2.38 所示的海面流场测量精度均为单次观测的结果。

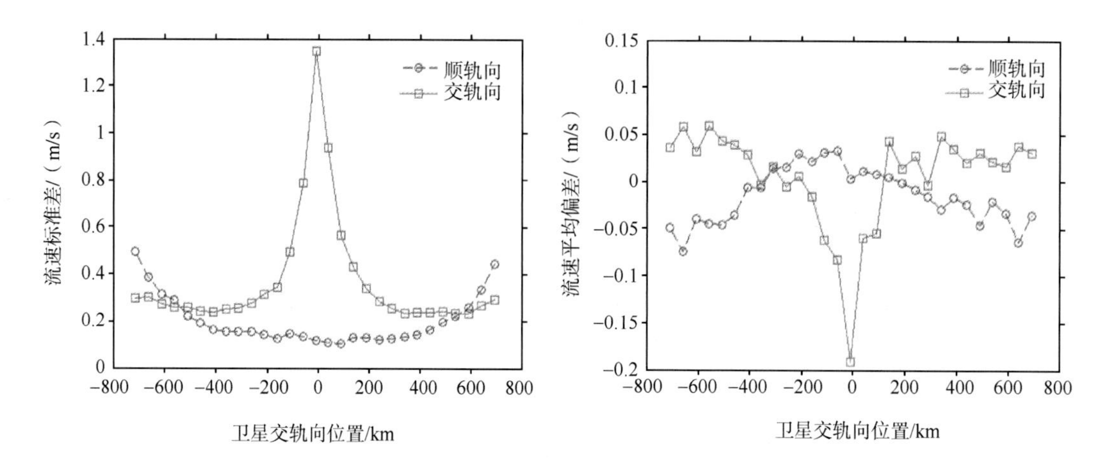

图 2.37 不同交轨向位置的顺轨/交轨向流速标准差

图 2.38 不同交轨向位置的顺轨/交轨向流速平均偏差

由图 2.37 可以看出，顺轨向的流速标准差基本在 0.3 m/s 以下，刈幅两端的流速测量误差较大，在星下点流速测量误差最小。对于交轨向，流速标准差基本在 0.4 m/s 以下，在星下点流速测量误差最大，刈幅两侧中间位置的流速测量误差最小。由图 2.38 可知，顺轨向流速平均偏差基本在 0.05 m/s 以内；除了星下点附近外，其他位置的交轨向流速平均偏差也基本均在 0.05 m/s 以内。

对交轨向不同位置的流速/流向反演精度进行分析，流速/流向标准差如图 2.39 所示，流速/流向平均偏差如图 2.40 所示。

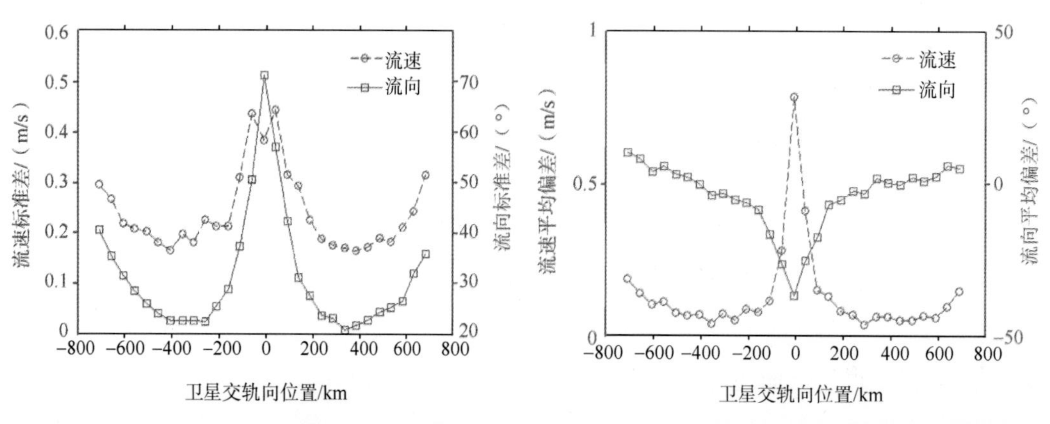

图 2.39 不同交轨向位置的流速/流向标准差

图 2.40 不同交轨向位置的流速/流向平均偏差

由图 2.39 可以看出，在刈幅远端和星下点附近，流速和流向的标准差较大；在两侧刈幅的中间位置，多普勒雷达散射计的流速和流向反演性能最好。流速标准差基本在 0.3 m/s 以下，流向反演标准差基本在 30°以内。同样，由图 2.40 可以看出，流速和流向平均偏差在刈幅远端和星下点附近较大，而在两侧刈幅的中间位置较小。流速平均偏差基本小于 0.15 m/s，流向平均偏差基本小于 10°。在中等风速(7 m/s)海况条件下，海面流场单次测量性能较好(流速标准差<0.3 m/s、流向标准差<30°)的刈幅宽度可达 1 000 km。

3. 全球表面流测量

在星载多普勒雷达散射计的全球表面流观测仿真中，以 Ocean Surface Current Analyses Real-time(OSCAR)产品作为参考流场。OSCAR 是一个由 NASA 资助的研究项目和全球表面流数据库，其主要目的是更好地理解行星边界层之间的动量传输，并不断改善表面流数据精度。OSCAR的全球海洋表面速度计算的数据源主要包括：卫星海面高度梯度数据、海面风场数据和海表温度场数据。OSCAR 数据的改善得益于不断改进的混合层动力传输模型。OSCAR 可以提供自 1992 年以来的全球流场数据，时间间隔为 5 天，空间网格大小为 1.0°×1.0°或者 1/3°×1/3°。需要说明的是，OSCAR 提供的全球表面流场数据是水深 30 m 以内流速的平均。OSCAR 提供的 2015 年 1 月 1 日全球流速地图如图 2.41 所示。由图 2.41 可以看出，绝大多数海域的流速较小，基本在 0.1 m/s 以下。流速较大的区域主要是赤道暖流、墨西哥湾暖流、日本暖流和厄加勒斯暖流。

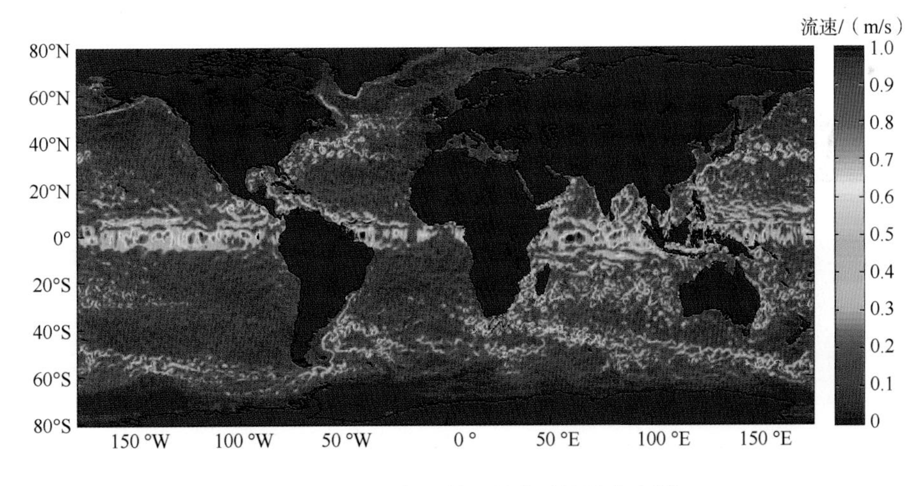

图 2.41　2015 年 1 月 1 日全球流速分布图

采用最大似然估计算法对海面风场/流场进行反演。为了实现更高的海表流场测量精度，需要对其进行更长时间尺度的平均。5 天平均的全球流场测量结果如图 2.42 和图 2.43 所示。10 天平均的全球流场测量结果如图 2.44 和图 2.45 所示。

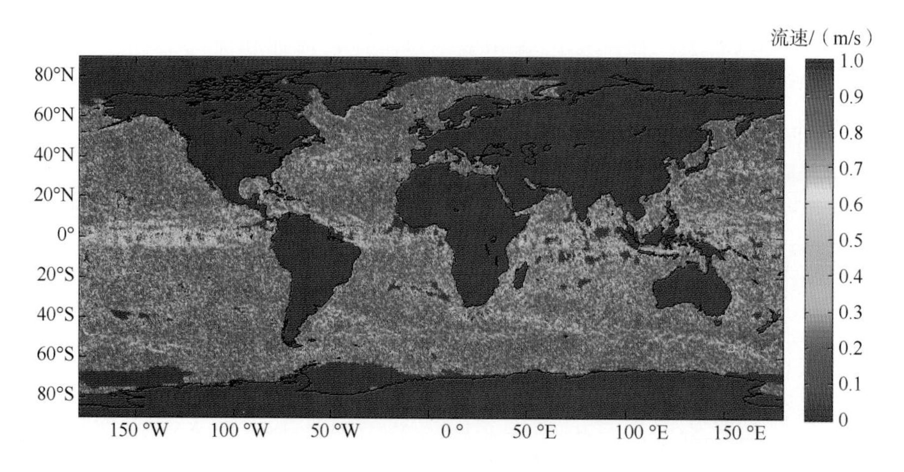

图 2.42　5 天平均全球流场测量结果(空间分辨率：0.5°×0.5°)

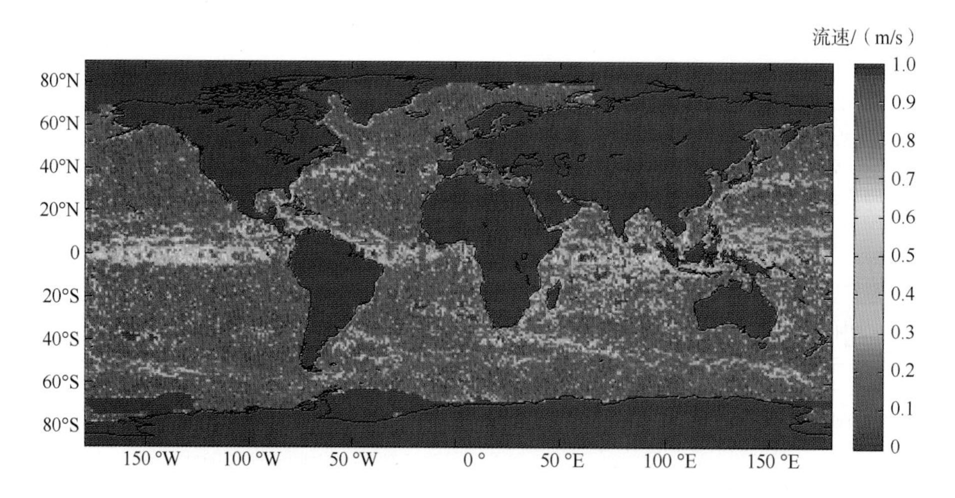

图 2.43　5 天平均全球流场测量结果(空间分辨率：1.0°×1.0°)

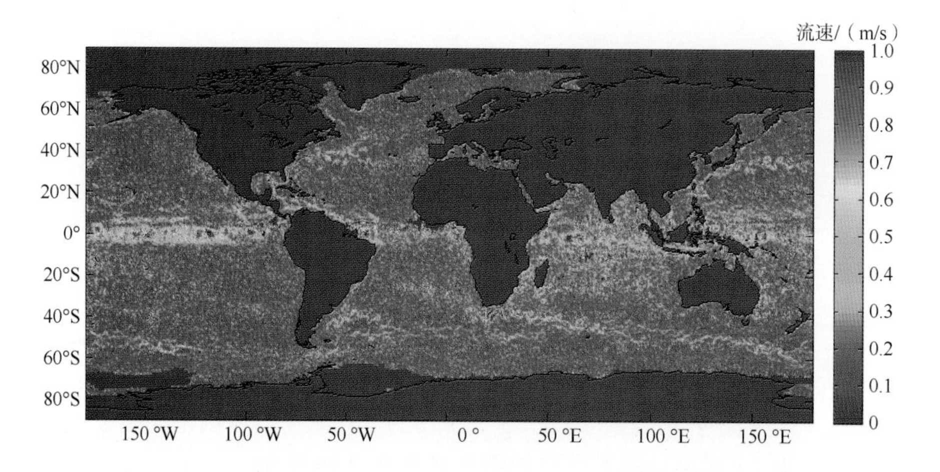

图 2.44　10 天平均全球流场测量结果(空间分辨率：0.5°×0.5°)

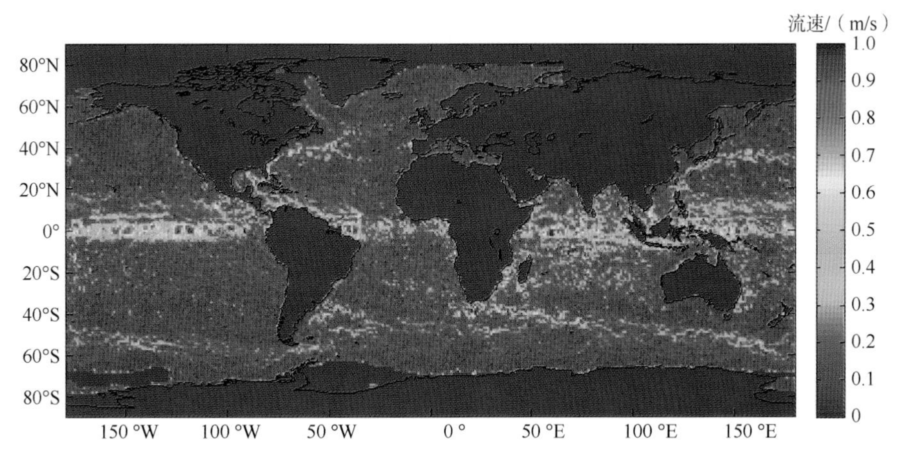

图 2.45　10 天平均全球流场测量结果(空间分辨率：1.0°×1.0°)

由图 2.42～图 2.45 可以看出，经过多天的平均，赤道暖流、墨西哥湾暖流、日本暖流和厄加勒斯暖流等典型强流区清晰可见。对比图 2.42～图 2.45 可以发现，平均的时间越长，海表流场的测量精度越高，且 1.0°×1.0° 网格的海表流场误差更小，尤其是在弱流海域。对图 2.42～图 2.45 的流速误差进行统计，得到不同时间分辨率和空间分辨率情况下的全球海面流场测量精度，如表 2.2 所示。

表 2.2　不同时间分辨率和空间分辨率情况下的全球海面流场测量精度

空间/时间分辨率		流速标准差/(m/s)	流速平均偏差/(m/s)	相关系数
5 天	0.5°×0.5°	0.1797	0.1018	0.5101
	1.0°×1.0°	0.1298	0.0240	0.6554
10 天	0.5°×0.5°	0.1325	0.0551	0.6667
	1.0°×1.0°	0.1099	–0.0002	0.7434

2.6　本 章 小 结

本章主要讨论了卫星微波遥感海流观测方法，其中包括星载顺轨干涉 SAR 海表流场反演原理及方法、单天线 SAR 多普勒中心偏移法，以及多波束 SAR 海流矢量反演技术和多普勒散射计方法。星载顺轨干涉 SAR 海表流场反演原理及方法与任何成像模式都是兼容的，测流精度最高能达到 0.42 m/s，目前该方法较为成熟，但也存在一些局限性：无法得到二维的海流速度场，不能很好地去除海面波浪运动对海流速度反演的影响。单天线 SAR 多普勒中心偏移法能适用于任何单天线 SAR 系统，普适性高，对系统的复杂性要求相对不高，反演能达到与顺轨干涉法相当的精度，但同样不能得到对天线方向图要求较高，并且需要更多的自由度进行校正。多波束 SAR 海流矢量反演技术作为反演海流较新的方法之一，具有能反演二维海流速度矢量场的优势，测速精度可以达到 5 cm/s，但雷达系统重量较大，需要占据较大的空间，因而系统功耗较大。多普勒散射计也是一种新型的海洋遥感雷达系统，能同时反演海面流速度矢量场和海面风矢量场，反演精度可达 0.2 m/s，对于全球海面流场测量，强流场特征清晰，参考流场也具有较好的一致性，但在低风速小，其反演精度较差。

利用多普勒信息对海洋表层流进行定量研究已逐步向业务化层面发展，在国际上，德国航空太空中心(DLR)与挪威南森环境与遥感中心(NERSC)也正在进一步地完善和发展海表面流反演方法。如上所述的各方法既有优点也有缺点，因此为了获取更为详细而精确的海表层流信息，各反演方法都还有进步空间。

参 考 文 献

鲍青柳. 2015. 多普勒雷达散射计的系统设计与仿真. 北京: 中国科学院大学博士学位论文.

Bao Q L, Dong X, Zhu D, et al. 2015. The feasibility of ocean surface current measurement using pencil-beam rotating scatterometer. IEEE Journal of Selected Topics in Applied Earth Observations and Remote Sensing, 8(7): 3441-3451.

Bao Q L, Lin M, Zhang Y, et al. 2017. Ocean surface current inversion method for a doppler scatterometer. IEEE Transactions on Geoscience & Remote Sensing, 55(99): 1-12.

Bezvesilniy O O, Vavriv D M. 2012. Synthetic Aperture Radar Systems for Small Aircrafts: Data Processing Approaches. London: INTECH Open Access Publisher.

Chapron B, Collard F, Ardhuin F. 2005. Direct mearsurements of ocean suface velocity from space: interpretation and validation. Journal of Geophysical Research Oceans, 110(C7): C07008.

Cumming I G and Wong F H. 2005. Digital Processing of Synthetic Aperture Radar Data:Algorithms and Implementation. Norwood, MA, USA:Artech House.

Collard F, Mouche A, Chapron B, et al. 2008. Routine High Resolution Observation of Selected Major Surface Currents from Space. Noordwijk, Netherlands: Proceedings of the SeaSAR 2008, ESA Communication Production Office, ESTEC.

Fornaro G, Guarnieri A M. 2002. Minimum mean square error space-varying filtering of interferometric SAR data. IEEE Transactions on Geoscience and Remote Sensing, 40: 11-21.

Frasier S J, Camps A J. 2001. Dual-beam interferometry for ocean surface current vector mapping. IEEE Transactions on Geoscience and Remote Sensing, 39: 401-414.

Frasier S J, Carswell J R, Capdevila J. 2001. A pod-based dual-beam interferometric radar for ocean surface current vector mapping. Igarss 2001: Scanning the Present and Resolving the Future, 1-7: 561-563.

Freilich M H. 2000. SeaWinds Algorithm Theoretical Basis Document. http: //eospso.nasa.gov/sites/default/files/atbd/atbd-sws-01.pdf

Goldstein R M, Barnett T P, Zebker H A. 1989. Remote-sensing of ocean currents. Science, 246: 1282-1285.

Goldstein R M, Zebker H A. 1987. Interferometric radar measurement of ocean surface currents. Nature, 328: 707-709.

Graber H C, Thompson D R, Carande R E. 1996. Ocean surface features and currents measured with synthetic aperture radar interferometry and HF radar. Journal of Geophysical Research-Oceans, 101: 25813-25832.

Hansen M W, Collard F, Dagestad K, et al. 2011. Retrieval of sea surface range velocities from Envisat ASAR Doppler centroid measurements. IEEE Transactions on Geoxience & Remote Sensing, 49(10): 3582-3592.

Herland E A. 1981. Seasat SAR Processing at the Norwegian Defence Research Establishment. Voss, Norway:

Proceedings of an EALSel-ESA Symposium, 247-253.

Johannessen J A, Chapron B, Collard F, et al. 2008. Direct ocean surface velocity measurements from space: improved quantitative interpretation of Envisat ASAR observations.Geophysical Research Letters, 35: L22608.

Johannessen J A, Shuchman R A, Digranes G, et al. 1994. Detection of Surface Current Features with Ers-1 Sar. Igarss '94-1994 International Geoscience and Remote Sensing Symposium Volumes 1-4, 2017-2019.

Lai D Y. 1999. Extraction of Surface Currents of Solitary Internal Waves from Synthetic Aperture Radar Data. Proceedings of the IEEE Sixth Working Conference on Current Measurement.

Lee J S, Papathanassiou K P, Ainsworth T L, et al. 1998. A new technique for noise filtering of SAR interferometric phase images. IEEE Transactions on Geoscience and Remote Sensing, 36: 1456-1465.

Lin W. 2011. Study on Spaceborne Rotating, Range-Gated, Fan Beam Scatterometer System. Ph.D. dissertation, Dept. Comput. Appl. Technol., Center Space Sci. Appl. Res., Chin. Acad. Sci., Beijing, China.

Mouche A, Chapron B, Reul N and Collard F. 2008. Predicted Doppler shifts induced by ocean surface displacements using asymptotic electromagnetic wave scattering theories, Waves Random Complex Media, 18(1): 185-196.

Perkovic D, Toporkov J V, Sletten M A, et al. 2004. Gulf Stream observations obtained with the UMass dual beam interferometer and an infrared camera. IEEE International Geoscience and Remote Sensing Symposium Proceedings, 1-7: 3325-3328.

Portabella M, Stoffelen A. 2004. A probabilistic approach for SeaWinds data assimilation. Quarterly Journal of the Royal. Meteorological Society, 130(596): 127-152.

Romeiser R. 2005. Current measurements by airborne along-track InSAR: measuring technique and experimental results. IEEE Journal of Oceanic Engineering, 30: 552-569.

Romeiser R, Alpers W. 1997. An improved composite surface model for the radar backscattering cross section of the ocean surface.2. Model response to surface roughness variations and the radar imaging of underwater bottom topography. Journal of Geophysical Research-Oceans, 102: 25251-25267.

Romeiser R, Alpers W, Wismann V. 1997. An improved composite surface model for the radar backscattering cross section of the ocean surface .1. theory of the model and optimization/validation by scatterometer data. Journal of Geophysical Research-Oceans, 102: 25237-25250.

Romeiser R, Breit H, Eineder M, et al. 2002. Demonstration of current measurements from space by along-track SAR interferometry with SRTM data. Igarss 2002: IEEE International Geoscience and Remote Sensing Symposium and 24th Canadian Symposium on Remote Sensing, I-Ⅵ: 158-160.

Romeiser R, Breit H, Eineder M, et al. 2005. Current measurements by SAR along-track interferometry from a space shuttle. IEEE Transactions on Geoscience and Remote Sensing, 43: 2315-2324.

Romeiser R, Runge H, Suchandt S, et al. 2014. Quality assessment of surface current fields from TerraSAR-X and TanDEM-X along-track interferometry and doppler centroid analysis. IEEE Transactions on Geoscience and Remote Sensing, 52: 2759-2772.

Romeiser R, Suchandt S, Runge H, et al. 2010. First analysis of TerraSAR-X along-track InSAR-derived current fields. IEEE Transactions on Geoscience and Remote Sensing, 48: 820-829.

Romeiser R, Thompson D R. 2000. Numerical study on the along-track interferometric radar imaging mechanism of oceanic surface currents. IEEE Transactions on Geoscience and Remote Sensing, 38: 446-458.

Runge H, Suchandt S, Breit H, et al. 2004. Mapping of tidal currents with SAR along track interferometry. Igarss 2004: IEEE International Geoscience and Remote Sensing Symposium Proceedings, 1-7: 1156-1159.

Thompson D R, Jensen J R. 1993. Synthetic-aperture radar interferometry applied to ship-generated internal waves in the 1989 loch-linnhe experiment. Journal of Geophysical Research-Oceans, 98: 10259-10269.

Valenzuela G R. 1978. Theories for the interaction of electromagnetic and oceanic waves-A review. Boundary-Layer Meteorology, 13 (1-4) : 61-85.

Wang L H, Zhou Y X, Ge J Z, et al. 2014. Mapping sea surface velocities in the Changjiang coastal zone with advanced synthetic aperture radar. Acta Oceanologica Sinica, 33 (11) : 141-149.

Zebker H A, Villasenor J. 1992. Decorrelation in interferometric radar echoes. IEEE Transactions on Geoscience and Remote Sensing, 30: 950-959.

第3章　微波遥感产品的实时验证与校正技术

3.1　盐度计和成像雷达高度计现场测量设备研制

3.1.1　盐度计现场测量设备研制

1. 背景

盐度是最重要的海洋学物理参数之一，对于大洋环流和海气相互作用等海洋物理过程都有重要意义。海表盐度(sea surface salinity，SSS)作为描述海洋基本性质的一个重要参量，在全球水循环和大洋环流中扮演着至关重要的角色，也是全球气候变化的一项重要指标。SSS 是气象学、生态学、水文学和渔业等其他学科与应用领域重点关注的科研对象；SSS 还是观测驱动海洋环流输入的热通量以及影响海洋-大气系统界面动量的关键因子，为全球水-气循环研究提供依据；同时它也是研究水团的重要流量示踪物，为水团分析以及全球海洋模式等研究提供了参数依据；SSS 通过影响海表面对 CO_2 的吸收与释放，对海洋的碳循环也做出了重要的贡献，进而推动海洋生态模型的改进以及完善；SSS 变化对海洋储存和释放热能产生影响，进而对海洋-地球气候的调节产生深远影响；另外，SSS 作为分析厄尔尼诺和拉尼娜等海洋现象不可或缺的环境参数，对深入研究和准确预报(厄尔尼诺-南方涛动)(ENSO)事件也有重要意义。

卫星遥感是目前唯一可行的大范围、连续观测 SSS 的方法，克服了现场盐度数据远远不能满足研究需要的困难，成为获取该参量资料的有效手段。但是，由于卫星能够测得的辐射亮温对于盐度的敏感度过低，盐度的卫星遥感非常困难，盐度成为最后一个实现卫星遥感监测的重要海表物理参数。直到 2009 年 11 月，第一颗盐度遥感卫星 SMOS 才成功发射，并开始提供覆盖全球范围的、空间均匀分布、时间上连续的海表盐度产品，大大弥补了之前的海洋观测系统对海洋盐度观测的不足。

卫星遥感测量数据需要用现场测量数据进行实时验证与校正，目前常用的现场校正设备主要包括表面漂流浮标、Argo 浮标、多参数海洋资料浮标等。但是这些常规浮标的测量数据一般测量的是海表面以下 1 m 深的盐度数据。以 Argo 浮标为例，Argo 浮标的观测深度都超过 1 000 m，大多数达到 2 000 m，每个剖面的间隔时间一般为 10 天，7～200 m 的采样间隔为 10 m、200～800 m 的采样间隔为 20 m、800 m 以下的采样间隔则为 50 m，浮标平时停留在 1 000～2 000 m 深处，上升、下降过程和在海面上传输信号长达几个小时。理论上，通常用卫星遥感方法测得的海表盐度为表面——约 5 cm 的盐度，当海况较差时，海表面(5 cm)和海表层(0～0.5 m)海水混合较好，可以用常规浮标测量的盐度数据代替海表面盐度。当海况较好时，海表面和海表层存在较大的盐度差异，所以将上述常规浮标测量数据作为标定校准数据远远无法满足实际需求。

针对温盐遥感产品的实时验证与校正需求，非常有必要研制一种能够获取 0～0.01 m 深度范围内海面表皮温盐数据的浮标样机，实现海表面盐度的有效测量，力图达到 ±0.05 mS/cm 的电导率测量准确度，突破海表面盐度现场测量技术，解决星载盐度计验证中海表盐度与海水水体盐度差异对检验精度的影响。

2. 设计原则

针对海洋海表面(0～0.01 m)温盐数据现场测量需求，海洋表面温盐测量浮标样机需遵循以下设计原则：

(1) 所研制浮标样机可在 5 级以下海况稳定工作，在 7 级以下海况存活；

(2) 浮标体和传感器须采用耐海水腐蚀的疏水材料；

(3) 电子电路采用低功耗元器件设计及分时工作模式，保障在位工作时间；

(4) 为易于布放、回收和可靠工作，在完善防护措施的同时，浮标体设计采用微型化原则；

(5) 为保证数据的可靠获取，采用冗余设计原则，在数据传输到接收端的同时，进行本地数据备份。

如图 3.1 所示，海洋表面温盐测量浮标系统主要由浮标和数据接收单元组成。

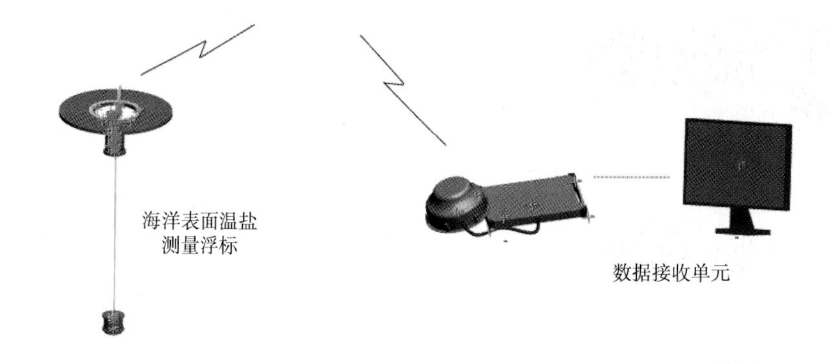

图 3.1 海洋表面温盐测量浮标系统组成

3. 主要功能结构

海洋表面温盐测量浮标样机的主要功能包括：

(1) 海洋表面(0～0.01 m)的温度、电导率数据测量；

(2) 间歇性工作方式发送测量数据；

(3) 可实现测量数据的处理、曲线绘制、数据管理和查询、浮标位置监控等功能。

海洋表面温盐测量浮标样机的功能结构如图 3.2 所示。温盐传感器实时获取海洋温盐测量数据，并将数据传递给测控系统；截取开关随时监测温盐传感器是否位于 0～0.01 m 的测量水层内，并向测控系统发出截取信号，有效截取温盐传感器位于测量水层范围内时所获取的测量数据；控制模块将有效数据按照传送协议打包发送给通信模块，进而由接收天线传递给处理终端，经数据接收处理软件处理后，在处理终端上显示、存储。

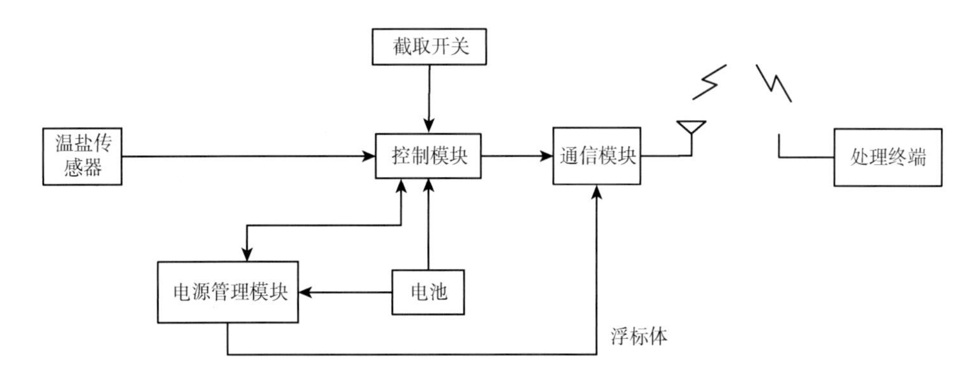

图 3.2　海洋表面温盐测量浮标样机功能结构框图

4. 试验

所研制的海洋表面温盐测量浮标样机于 2018 年 11 月 7～18 日搭载海洋二号 B 星、中法海洋卫星在轨测试海上试验航次进行了海试。试验现场如图 3.3 所示。

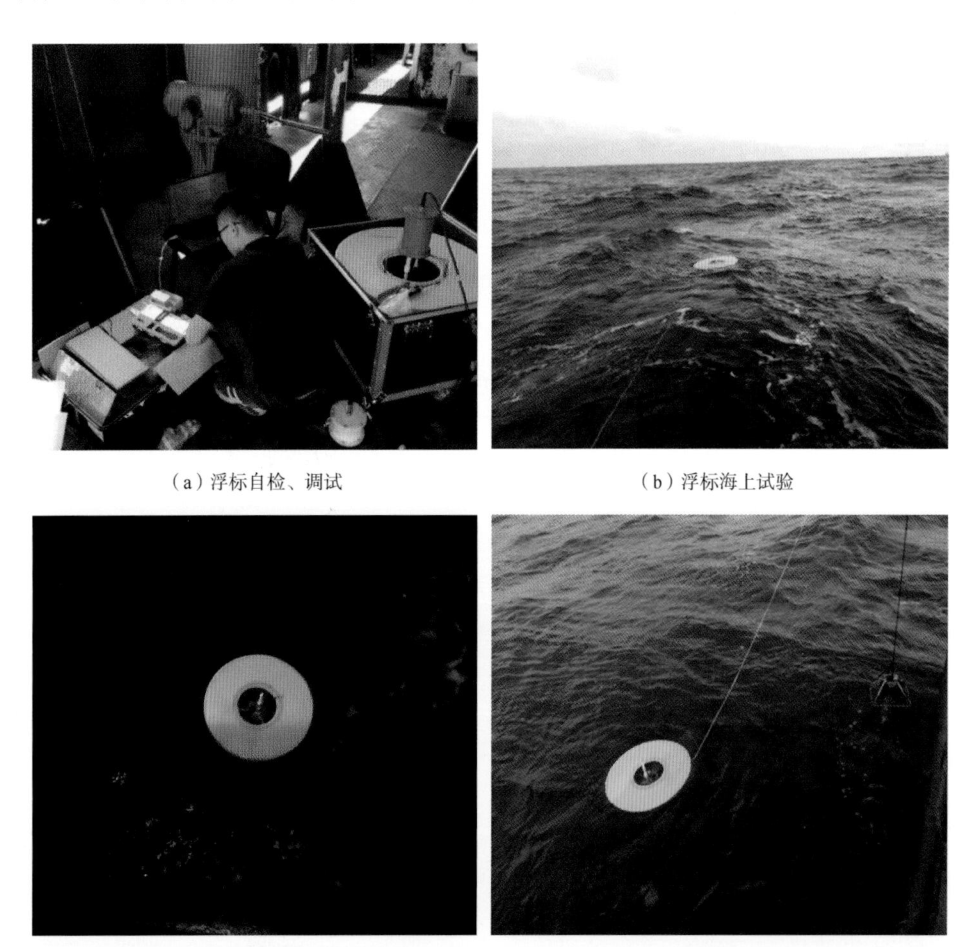

（a）浮标自检、调试　（b）浮标海上试验

（c）夜间试验　（d）表温浮标与自容式CTD同步测量

（e）布放表温浮标

（f）回收后冲洗浮标

图 3.3　海洋表面温盐测量浮标海试现场

本次海试共开展了 10 次测量试验，测量深度 0～0.01 m，试验时表面温盐测量浮标样机距离船体约 20 m。在每次表温浮标测量试验的同一时间段，还开展了自容式 CTD 测量试验，测量水深 1 m，CTD 距离船体 1 m 左右。海洋表面温盐测量浮标样机和自容式 CTD 的测量数据如表 3.1 所示。

表 3.1　海洋表面温盐测量浮标及同时段自容式 CTD 测量数据

序号	试验时间（年/月/日）	CTD 测量值		表温浮标测量值		对比	
		温度/℃	电导率	温度/℃	电导率	温度差/℃	电导率差
1	2018/11/8 7:00	26.716	53.208	27.181	52.787	0.465	0.421
2	2018/11/9 17:38	26.173	52.727	26.639	52.440	0.465	0.287
3	2018/11/11 11:51	24.965	51.414	25.452	51.226	0.487	0.189
4	2018/11/12 6:47	24.430	50.817	24.909	50.482	0.479	0.335
5	2018/11/12 18:20	25.322	51.890	25.813	51.632	0.491	0.258
6	2018/11/16 17:58	26.001	52.539	26.470	52.340	0.469	0.199
7	2018/11/17 5:37	25.930	52.463	26.400	52.280	0.470	0.183
8	2018/11/17 6:36	25.896	52.423	26.330	51.810	0.434	0.613
9	2018/11/17 18:04	25.559	52.052	26.040	51.900	0.481	0.152
10	2018/11/18 18:19	26.002	52.587	26.460	52.300	0.458	0.287

通过本次试验，验证了所研制海洋表面温盐测量浮标样机已经具备了获取海洋表层(0～0.01 m)温度、电导率数据的基本功能，海洋表面温盐测量浮标的性能指标也基本满足了预期要求，浮标体随波性良好，浮标结构件耐海水腐蚀、耐氧化性能良好。

3.1.2　成像雷达高度计现场测量设备研制

近 30 年以来，高度计以其高精度和高性能在海洋研究方面做出了巨大贡献，特别是在 1992 年 T/P 高度计卫星发射后，其海平面高度测量精度达到 2～4 cm，使得卫星高度计在海洋动力环境观测方面得到了广泛的应用，如大洋环流、海洋潮汐、中尺度涡旋、上升流、锋面和大地水准面与重力异常等方面。高度计的业务化广泛应用主要得益于观测精度不断提高，而观测精度的提高与高度计发射后的定标是密不可分的。

卫星高度计海面高度定标主要采用验潮仪法和 GNSS 浮标法。其中，GNSS 浮标法由于具有直接在星下点对高度计进行定标、不受潮汐模型和大地水准面影响等优点，在高度计定标研究中得到广泛使用。目前，GNSS 浮标法是进行高度计海面高度定标的主流方法之一。其定标原理如图 3.4 所示，GNSS 基准站架设在距离卫星星下点较近的岸边，通过与“国际全球卫星导航系统服务组织(International GNSS Service，IGS)基准站”联合静态解算获取与高度计卫星相同参考框架和椭球的下绝对坐标(大地高 H_{ref})。GNSS 浮标布放在高度计过境的距离岸边 20 km 左右的星下点，在卫星过境前后几小时内进行测量，并通过相对 GNSS 基准站的动态坐标解算，获取星下点 GNSS 浮标高程，减去经过校正的浮标天线高，得到星下点海面高度(SSH_{buoy})。对 GNSS 浮标测得的海面高度进行滤波，并与高度计卫星过境时经过校正的瞬时海面高度进行比对，获得高度计测量海面高度的偏差，见下式：

$$\text{Bias} = SSH_{Alt} - SSH_{buoy} \tag{3.1.1}$$

式中，SSH_{Alt} 为由高度计测量得到的瞬时海平面高度，由高度计轨道高度 H_{orb} 减去高度计距离海面高差 H_{ss} 得到；SSH_{buoy} 是由星下点 GNSS 浮标测量得到的海平面高度。

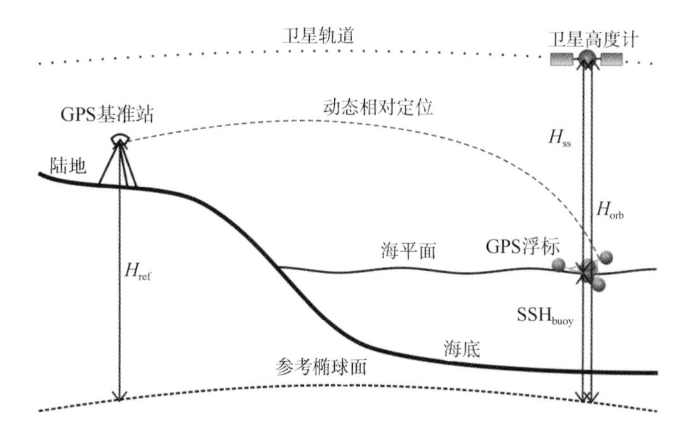

图 3.4　GNSS 浮标卫星高度计定标原理示意图

为了对卫星高度计进行定标，我们根据海面高度测量在测高精度、外形设计、GNSS天线、连续供电、配重、材料、密封、安全以及海上布放 9 个方面的需求对浮标进行了设计。

浮标为三点式浮球结构，主要分为仪器舱、天线、浮球和支架四部分（图 3.5）。三点式浮球型浮标有良好的稳定性，在海洋环境中可靠性高、不易倾覆，主要设计技术参数如下：

(1) 浮标中心径：1 500 mm，浮球直径 400 mm；

(2) 浮标体排水量：70 kg 左右。

图 3.5　三点式浮球型 GNSS 浮标

GNSS 浮标从研制到现场定标试验过程中进行了一系列的测试和试验，主要包括 GNSS 浮标调研与原型设计、模型验证、实验室测试、地面验证、水库比测试验、高度计现场定标试验等，分别对 GNSS 基准站绝对坐标测量精度、GPS 浮标动态相对测量精度、GPS 浮标天线高精度进行了研究和分析。

在完成浮标初步设计后，为了检验浮标在不同风、浪、流情况下的运动姿态，对浮标进行了数值模型验证，并根据模型验证结果对浮标设计进行调整。

按照指定参数建立浮标模型，主要参数是浮标质量、吃水线位置、重心位置、转动惯量等。模拟的基本计算参数见表 3.2，考虑到波浪作用力中流体黏性的影响相对较小，对于运动和载荷的计算可以忽略，故采用不考虑黏性的势流理论解决。

表 3.2　三点式浮球型浮标模拟计算参数

参数	数值	单位
重量	72	kg
吃水(基线在标体底面)	0.2800	M
储备浮力	33	kg
重心(基线在标体底面)	0.1830	M
横向转动惯量(对重心)	5.07	kg·m^2
纵向转动惯量(对重心)	5.16	kg·m^2
垂向转动惯量(对重心)	8.02	kg·m^2

首先，对浮标的横摇和升沉响应按频域进行分析，浮标在 2 m 有效波高情况下，升沉和横摇响应曲线分别如图 3.6 和图 3.7 所示。对浮标升沉值进行无量纲化 $z' = z/H_{\mathrm{w}}$ ，式中 z 为升沉值， H_{w} 为波高值。z' 反映随波浪周期浮标的升沉响应，该值是评价浮标随波性能的一个重要指标。

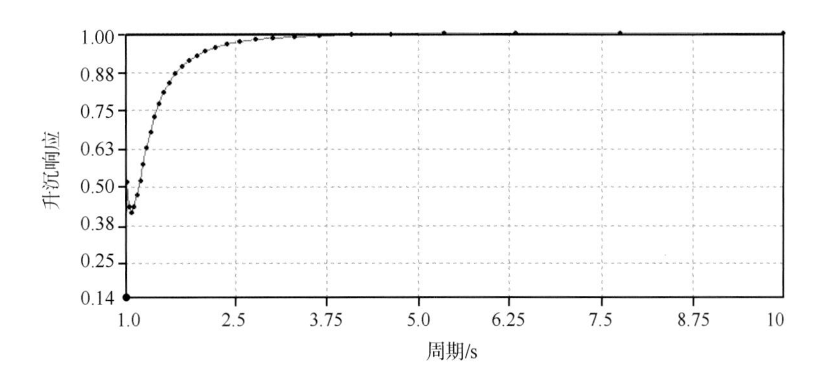

图 3.6　三点式浮球型浮标升沉响应频域图

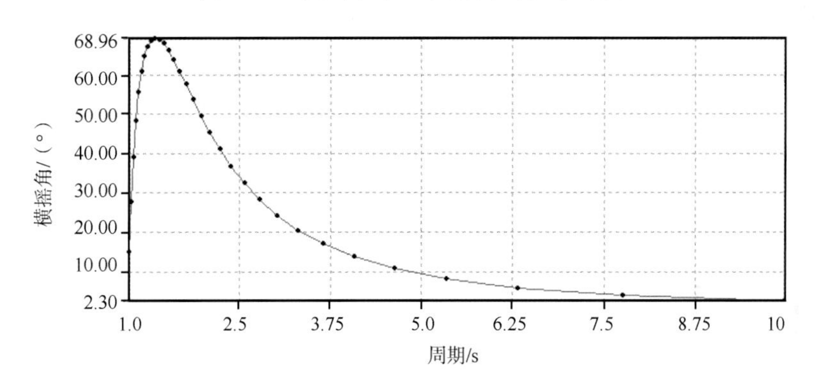

图 3.7　三点式浮球型浮标横摇响应频域图

当波浪周期大于 5 s 时，浮标的随波性能较好，响应值接近 1，说明浮标在 2 m 有效波高情况下，浮标的升沉值与波高值几乎相等，表明浮标有很好的随波性，可真实反映海面高度情况。浮标最大横摇角随波周期增大而减小，当波浪周期大于 5 s 时，浮标横摇角小于 10°，有利于浮标接收信号，减少浮标摇摆带来的测高误差。

然后，设置不同的环境条件，对浮标的升沉和横摇按时域进行分析。分别模拟了浮标在风速 5 m/s、流速 0.5 m/s、有效波高为 2 m、波浪周期为 4～10 s 环境下浮标的升沉和横摇情况，其中周期为 7 s 时浮标升沉和横摇响应曲线如图 3.8 和图 3.9 所示。

图中，横坐标为时间轴，纵坐标为浮标的升沉值与波高值的比值随时间变化的情况，反映某种波浪周期下浮标的升沉响应，波峰和波谷为 1 和−1 时说明浮标起伏与波浪起伏完全一致。图中横坐标为时间轴，纵坐标为浮标在随波浪运动过程中横摇的角度。

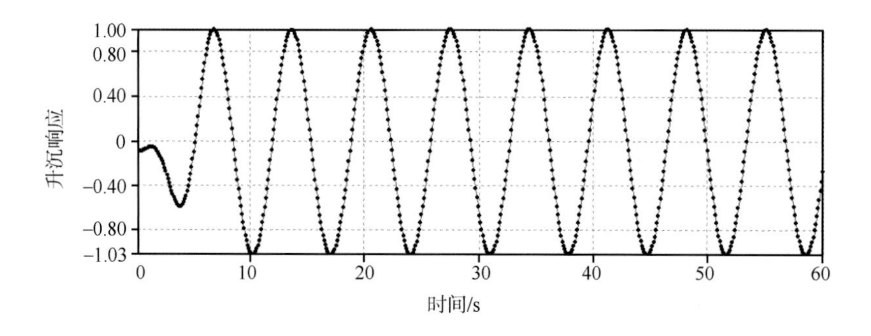

图 3.8　三点式浮球型浮标升沉时域图

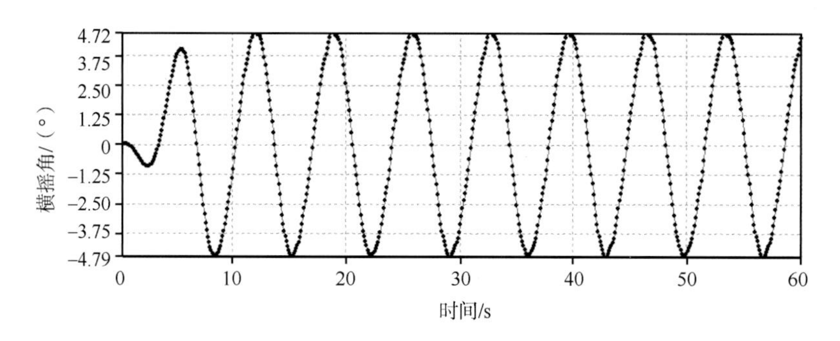

图 3.9　三点式浮球型浮标横摇时域图

在风、浪、流条件下模拟浮标时域结果表明，浮标在波浪周期大于 5 s 时，风与水流对浮体的影响逐渐减小。最大横摇小于 10°，在典型的 7 s 波浪周期 2 m 有效波高的情况下最大横摇角为 4.8°。浮标的升沉幅值与波幅十分接近，体现了较好的随波性，其与频域计算结果一致。

GNSS 浮标法在高度计海面高度定标中得到了广泛的应用，但是目前对 GNSS 浮标这一关键设备的海面高度测量精度评价的研究并不充分，需要对影响浮标高程测量精度的基准站定位精度、GNSS 浮标相对基准站动态定位精度和 GNSS 浮标天线高精度三个主要影响因素进行研究。由于高度计定标过程中对站位选择的限制，GNSS 基准站一般无法选择现有的大地控制网中的站点，在没有雷达高度计定标场的情况下，只能临时架设基准站，并利用 IGS 站点对其进行 ITRF2008 框架下的静态绝对定位，观测时间窗口时影响其精度的最主要的因素。GNSS 浮标相对基准站动态定位精度对 GNSS 浮标测高精度影响最大，其主要受 GNSS 浮标与基准站之间的基线长度等因素的影响，通过在距 GNSS 浮标不同距离位置架设 GNSS 基准站(图 3.10)，分别对 GNSS 浮标进行水面高度解算，并与验潮仪进行比测，获取不同距离基准站对浮标测高精度的影响。GNSS 浮标天线高测量精度受到天线相位中心、温盐、浮标姿态等因素的影响。

通过以上研究可以得出以下结论。

(1) GNSS 浮标高程动态相对定位精度随距离减小而增加，在超短基线情况下精度优于 1 cm，满足高度计海面高度定标需求。

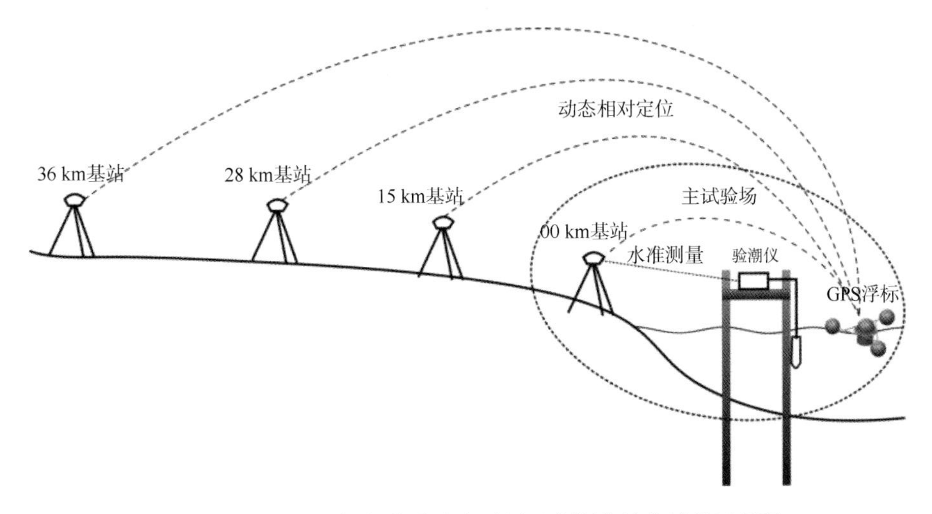

图 3.10　GNSS 浮标与基准站在不同距离测高精度试验示意图

(2) 时间窗口对基准站坐标解算精度有较大影响，在条件允许的情况下选择 24 小时以上的静态观测时间窗口。

(3) 三级海况以内，浮标的姿态较为稳定，对 GNSS 浮标测高精度的影响可以忽略。

(4) 温度和盐度对 GNSS 浮标测高精度的影响为毫米级，可通过校正消除误差。

小型三点式浮标具备方便部署、成本低的显著优势，已经得到验证，并被广泛使用。但是其缺乏长期观测和恶劣海况条件下观测的能力，无法实现长期连续高度计海面高度定标。中、大型 GNSS 浮标锚系在高度计星下点进行海面高度连续测量具备成本低、对现场环境要求低、测高精度一致性好等优点。国际上，早期中、大型浮标多为搭载进行测试，浮标形制、安装高度等造成浮标摇摆角度过大、浮标天线高难以准确测量等问题。同时缺乏天线高精度验证，造成浮标测高精度偏低。目前国家海洋技术中心正在开发中型可长期锚系的 GNSS 浮标系统(图 3.11)，这将实现卫星星下点海面高度的长期连续观测，为高度计海面高度连续定标和长期性能跟踪奠定坚实基础。

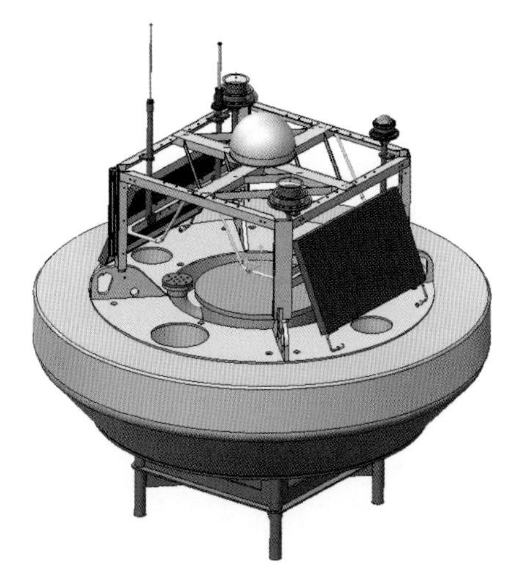

图 3.11　锚系 GNSS 浮标样机

3.2　时空扩展模型与星地匹配技术

3.2.1　时空扩展模型技术

卫星对地观测的结果在投入实际应用之前，需要用星下点地面现场观测数据进行校正和验证；在业务化运行期间，同样需要定期使用现场观测数据进行验证和修正。由于海上现场观测困难，因此能够直接用于海洋卫星遥感数据验证和校正的观测数据相当稀少，多数情况下需要针对某一卫星的轨道参数组织专门的观测航次或投放专用的观测浮标，耗费巨大，同时由于各卫星轨道的不同，单一站位的现场观测往往难以同时服务多颗卫星。

时空扩展模型技术是针对已有的海上观测站位与卫星轨道的星下点不重合的情形，通过建立观测点与星下点的海洋动力参数之间的关系模型，利用已有的观测数据计算星下点的参数值，并以此作为星下点现场观测数据用于卫星观测结果验证和校正的技术。

本节以海浪有效波高参数的时空扩展为例，介绍时空扩展模型技术的应用流程。

海浪由风浪和涌浪两部分组成。风浪是在当地风的直接作用下生成的海浪，风浪的波高与当地海面风场的强度和持续时间有关；涌浪是在风的作用结束后或风浪传播离开风的直接作用区域时，遗留下来的波浪运动，涌浪的波高与当地海面风场没有直接的关联。

建立海面 *AB* 两点间的海浪有效波高时空扩展模型，可以试图根据 *A* 点的风浪和涌浪波高，计算 *B* 点的风浪和涌浪波高。一般地，由于风浪波高可由当地风场信息(包括风场强度、风向、风区风时等)直接计算，因此只需要知道 *B* 点的风场信息，就可以计算 *B* 点的风浪波高。而根据 *A* 点的海浪波高和风场信息，可以大致划分 *A* 点风浪波高和涌浪波高；再根据 *A* 点的涌浪波高和海浪在 *AB* 两点间的传播特性，估算 *B* 点的涌浪波高，从而实现 *AB* 两点间海浪有效波高的时空扩展。

根据以上思路，建立的时空扩展模型输入参数应包括 *A* 点的波高、*A* 点的风场参数和 *B* 点的风场参数，模型输入参数为 *B* 点的波高。考虑输入模型的风场参数可能包括风速、风向、风时等。由于各参数之间的关系是复杂非线性的，没有显式的解析或经验公式可以利用，因此考虑建立包含以上模型参数的 ANN 模型。

ANN 方法提供了一种求解函数形式非线性复杂、难以直接通过数学手段求解问题的独特手段。ANN 也简称为神经网络(NN)或称作连接模型(connection model)，它是一种模仿动物神经网络行为特征、进行分布式并行信息处理的算法数学模型。这种网络依靠系统的复杂程度，通过调整内部大量节点之间相互连接的关系，从而达到处理信息的目的。

研究中采用反向传播学习(BP)算法。BP 算法是 ANN 中最为常用的一种算法，BP 神经网络或它的改进形式占 80%～90%。理论上已经证明，三层 BP 神经网络只要隐含层节点数足够多，就具有模拟任意复杂非线性映射的能力。同时，BP 神经网络具有结构简单、可操作性强、较好的自学习能力、能够有效地解决非线性目标函数的逼近问题等优点，因此被广泛应用于模式识别、信号处理、自动控制、预测、图像识别、函数拟合、系统仿真等学科和领域中。

为了确定兼顾准确和效率的最优输入参数设置方案，本书分别设计了 10 种不同的输入参数组合，并将其作为模型输入项，以 B 点海浪有效波高作为输出项，用以训练神经网络，从而得到时空扩展隐含函数的逆向计算方法。输入参数组合方案见表 3.3。研究使用的 BP 神经网络采用的是一个三层结构，根据输入参数的不同组合方案包括 3～9 个输入节点，(2×输入节点数+1) 个隐含节点，1 个输出节点。输入层向隐含层传递数据的形式为

$$H_j = f\left(\sum_{i=1}^{n} w_{ij} x_i - a_j\right) \quad j = 1,\ 2, \cdots, l \tag{3.2.1}$$

式中，x_i 和 H_j 分别为输入值和隐含值；n 和 l 分别为输入层和隐含层的节点个数；w_{ij} 为权重系数；a_j 为初始阈值；f 可表示为 $f(x) = 1/[1-\exp(-x)]$。隐含层向输出层传递数据的形式为

$$O_k = g\left(\sum_{j=1}^{l} w'_{jk} H_j - b_k\right) \quad k = 1,\ 2, \cdots, m \tag{3.2.2}$$

式中，O_k 为隐含层的输出值；m 为输出层的节点数；w'_{jk} 为权重；b_k 为初始阈值。权重和初始阈值在训练网络的过程中被不断地调整，以减小网络算法误差，其通过 BP 实现。

表 3.3　模型输入参数组合方案

方案序号	输入参数
1	U_1，U_2，A_1，A_2，LU_1，LU_2，LA_1，LA_2，WH_1
2	U_1，U_2，A_1，A_2，WH_1
3	U_1，U_2，A_1，LU_1，LU_2，LA_1，WH_1
4	U_1，U_2，A_1，WH_1
5	U_1，U_2，LU_1，LU_2，WH_1
6	U_1，U_2，WH_1
7	U_1，U_2，A_1，A_2，LU_1，LU_2，WH_1
8	U_1，U_2，A_1，A_2，LA_1，LA_2，WH_1
9	U_1，U_2，A_1，A_2，LU_1，LA_1，WH_1
10	U_1，U_2，A_1，A_2，LU_2，LA_2，WH_1

注：表中 U 代表风速；A 代表风向与 AB 连线的夹角；LU 代表当前风速已持续时间；LA 代表当前风向已持续时间；WH 代表海浪有效波高；下标 1 和 2 分别代表点 A 和 B。

为了方便对模型结果进行检验，本实例中选取了两个东海浮标站的位置作为 A、B 两点，其中 A 点位于中国科学院海洋研究所中国近海浮标观测网的东海站 15 号浮标处

(124°E，31°N)，B 点位于东海站 20 号浮标处(122°45′E，29°45′N)。训练神经网络模型所用的数据为由欧洲中期天气预报中心(European Centre for Medium-Range Weather Forecasts，ECMWF)和哥白尼计划(欧盟对地观测计划)(Copernicus)联合发布的第五代全球气候再分析数据集(ECMWF atmospheric reanalysis 5)。ERA5 数据时间分辨率为每小时一次，空间分辨率为 0.25°×0.25°(气象数据)和 0.5°×0.5°(海浪)，本例所使用数据的时间跨度为 2012～2018 年。

图 3.12 显示了以表 3.3 中各组方案训练的模型输出结果的准确度。图中 rmse 为输出结果相对于目标值的均方根误差，单位为 m；mree 为输出结果相对于目标值的平均相对误差，单位为%；corr 为输出结果与目标值的相关系数(无量纲数)。前两者数值越小、后者数值越大，则扩展效果越好。

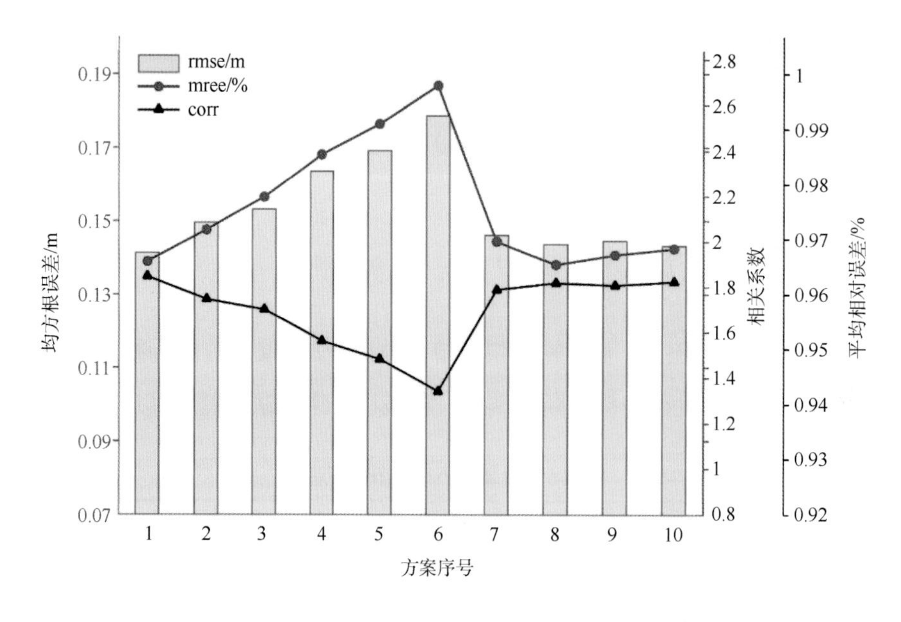

图 3.12　各参数方案模型输出结果比较

结果显示，模型的扩展效果与模型的复杂程度大致呈反比。仅考虑两点风速的模型效果最差，考虑了风速持续时间但未考虑风向的模型次差，其次是考虑了 A 点风向但未考虑风速持续时间的模型。考虑了 A 点风向和风速持续时间的模型结果优于仅考虑 A 点风向但未考虑风速持续时间的模型，劣于同时考虑两点风向但未考虑风速持续时间的模型。考虑全部 8 个风场相关参数的模型表现最佳；从 4 个持续时间相关参数中分别去掉 A 点风速风向、B 点风速风向、两点风速、两点风向等参数，都会在一定程度上使模型的表现变差，但依然优于模型 2～6。由此可以大致判断，除两点风速和 A 点波高这三个必要参数外，风向对扩展结果的贡献高于持续时间(风时)，而 4 个持续时间相关参数的重要性大致相当。

图 3.13(a)显示了以上 10 组方案中表现最佳的方案 1 的模型输出结果与目标值的对比，图中横坐标为目标值(ERA5 数据集中的 B 点有效波高)，纵坐标为模型输出结果，

两者匹配较好，相关系数为 0.9649。图 3.13(b)中的曲线为模型输出结果的相对误差小于横坐标的数据在总体数据中所占的比例，柱状图为绝对误差在各数值段的分布。该模型输出结果中，相对误差小于 0.2 的达到 60.90%，绝对误差小于 0.2 m 的达到 88.09%，相对误差小于 10%或绝对误差小于 0.2 m 的比例为 88.35%。

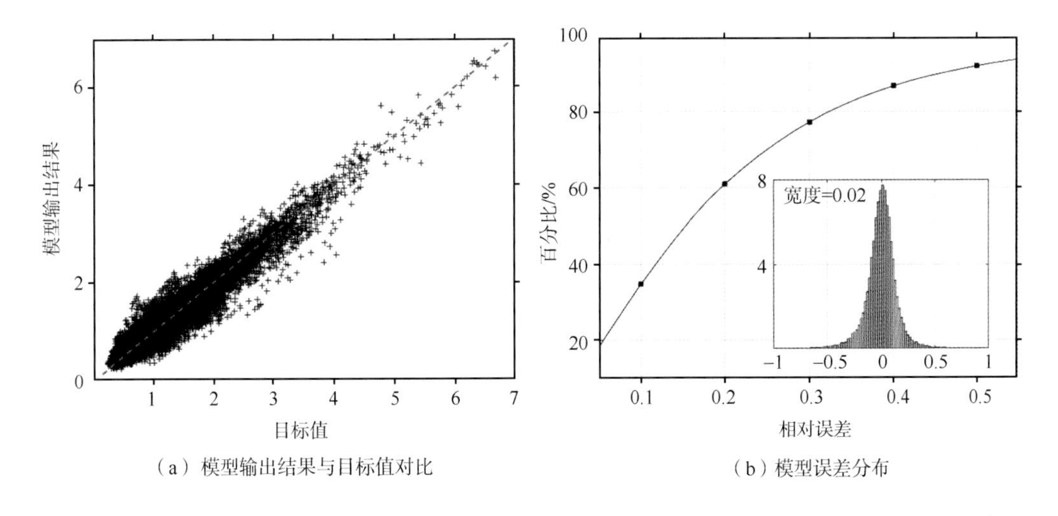

（a）模型输出结果与目标值对比　（b）模型误差分布

图 3.13　表 3.3 中扩展模型方案 1 的表现

为进一步提高扩展模型计算的准确度，考虑海况对海浪波高的影响。复杂海况下受到海浪间波–波相互作用和波浪破碎等过程的影响，风浪的成长状态难以仅靠风场确定；同时仅靠单一地点的数据也难以描述风场，特别是复杂海况下的风场特征，尤其是风时风区特征。为了增加输入模型的信息量，又不过多降低计算效率，同时考虑输入数据的易获得性，我们考虑在模型中引入海面气温、湿度、气压、降水和表层海水温度等海况参数。表 3.4 为引入海况参数的模型设置方案。

表 3.4　引入海况参数的模型输入参数组合方案

方案序号	输入参数
1	方案 2 + TA_1，TA_2，TW_1，TW_2，TD_1，TD_2，SP_1，SP_2，PR_1，PR_2
2	U_1，U_2，A_1，A_2，LU_1，LU_2，LA_1，LA_2，WH_1
3	方案 2 + TA_1，TA_2，TW_1，TW_2，TD_1，TD_2，SP_1，SP_2
4	方案 2 + TA_1，TA_2，TW_1，TW_2，TD_1，TD_2，PR_1，PR_2
5	方案 2 + TA_1，TA_2，TW_1，TW_2，SP_1，SP_2，PR_1，PR_2
6	方案 2 + TA_1，TA_2，TD_1，TD_2，SP_1，SP_2，PR_1，PR_2
7	方案 2 + TW_1，TW_2，TD_1，TD_2，SP_1，SP_2，PR_1，PR_2

注：除表 3.1 中出现的参数外，TA 代表海面气温；TW 代表表层海水温度；TD 代表海面露点温度(表征湿度)；SP 代表海面气压；PR 代表降水量。

图 3.14 显示了表 3.4 中各组方案训练的模型输出结果的准确度。其中，方案 2 未加入任一海况参数，与表 3.3 中的方案 1 相同。通过对比可见，加入海况参数可以明显提高模型结果的准确度。加入的 5 种参数中，除海面气压外，缺少其中的任一参数都不会使模型误差有显著提高；而气压参数与海况的关联最为直接，高海况大多与大气中的低压过程同步出现。这也从一个方面证明了我们思路的合理性。

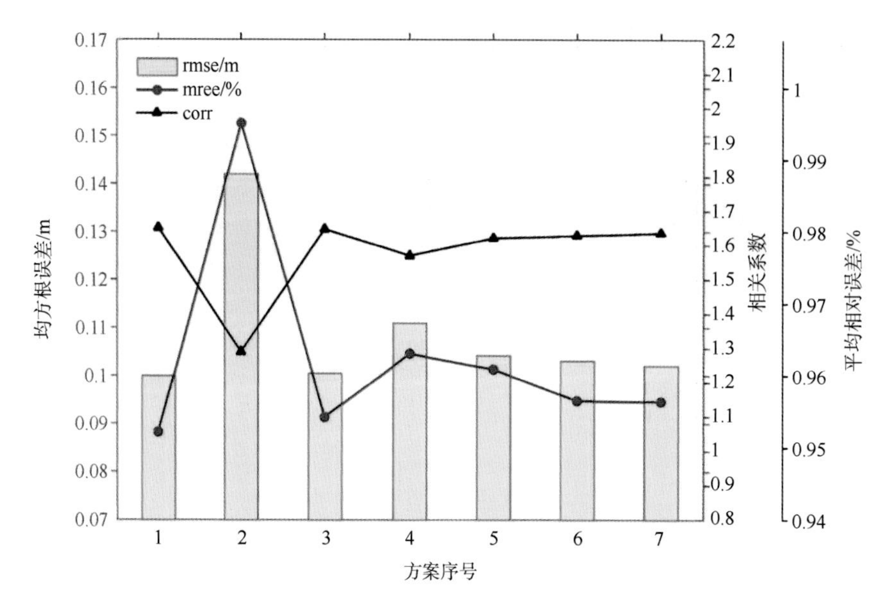

图 3.14　表 3.4 中各组方案模型输出结果比较

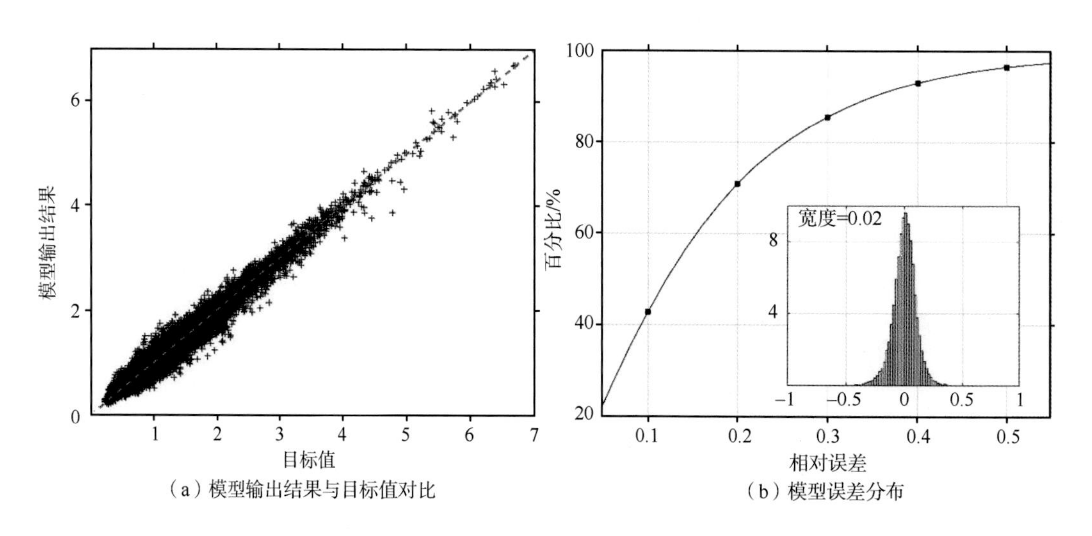

（a）模型输出结果与目标值对比　（b）模型误差分布

图 3.15　表 3.4 中扩展模型方案 1 的表现

选择表 3.4 中方案 1 作为最终的扩展模型，使用 *AB* 两点波高、风速、风向的浮标观测结果，结合 ERA5 数据集中的海况参数，对模型方案进行了验证。图 3.16 显示了验证试验的结果，图中横坐标为东海 120 号浮标（*B* 点）的波高观测结果（2015 年 7 月 1～7 日），纵坐标为模型输出结果，两者吻合良好。

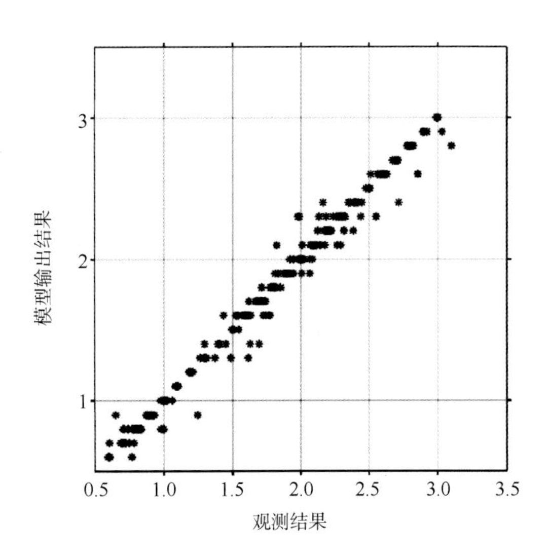

图 3.16　扩展模型的实测数据检验

3.2.2　星地时空匹配技术

1. 引言

海洋遥感卫星数据应用广泛，是人们研究海洋和认识海洋的重要手段。与传统的海洋观测相比，卫星遥感具有投资少、监测能力强、覆盖面积大、全天候、全天时的特点。以卫星高度计为例，卫星高度计是一种星载主动式微波遥感器，具有实时监测的能力，主要用于测量海平面高度、有效波高和海面风速。卫星高度计测量的有效波高数据主要应用在两个方面：一是将其同化到海浪数值预报模式中，提供合理的初始场，并改进和检验预报模式；二是用卫星高度计有效波高数据对全球的或区域的海浪场区进行特征分析，如海况、灾害性大波要素和海浪场区的时空结构等。

为了得到精准的高度计有效波高数据，每个高度计在发射后都需要进行校准和验证工作，同样，因为卫星高度计仪器随时间的老化，以及仪器连续工作产生的测量上的漂移，每年高度计都需要进行校准和验证工作。国际上，卫星高度计的校准和验证采用现场浮标测量与星星交叉两种方法，并将高度计与浮标测量的结果进行比对，作为校准和验证卫星高度计有效波高产品精度的主要参考依据，根据比对结果进行高度计有效波高数据的校准。高度计和浮标测量结果的比对不是简单直接进行的。高度计和浮标测量的是时空变化的波浪场的不同方面，即高度计测量的是波浪场空间上的变化，而浮标测量的是波浪场时间上的变化。采用浮标对高度计进行校准和验证，是采用时间序列的浮标数据来评价高度计空间平均的数据。因此时空窗口的选择就成为高度计和浮标比对工作中重要的任务。

选择不同的时空窗口将得到不同的结果，不能将高度计和浮标两者测量值的均方根偏差(RMS)最小，作为选择时空窗口的标准。如何选择合适的、合理的时空窗口，是正确评价卫星高度计有效波高产品准确度的关键。

目前，高度计与浮标的时空窗口，大部分学者采用 50 km 0.5 h(Chen et al.，2013，2017；Yang et al.，2014；Ye et al.，2015)。国内外的研究人员在进行高度计/浮标海面高度同步比对时采用的时空窗口各不相同，他们也有试图就时空窗口的大小对比较结果的影响进行研究，但他们的结论却有相当大的差异。一种观点认为，时空窗口的不同不会对卫星、浮标数据的比较精度产生重要影响。相反，另一种观点认为减少空间的滞后误差能有效提高高度计的海洋浮标风速测量的一致性，而 1 小时之内的时间滞后不会给均方差和相关系数等统计参数带来显著变化。这些结论大都采用对比不同时空窗口的结果，并未分析不同窗口产生差异的原因。

本书基于陈戈(2000)的 Monte Carlo 数值模拟方法，结合 Monaldo(1988)的时间间隔和空间间隔对有效波高进行比较分析，对时空窗口对 HY-2 高度计与浮标有效波高的影响进行研究，并采用 HY-2 现场同步试验所得到的现场数据对模拟结果进行验证，最终给出 HY-2 有效波高产品准确性检验所需要的最优时空窗口。

2. Monte Carlo 数学模型建立

1)波浪的模拟

随机数的产生是实现 Monte Carlo 模拟计算的先决条件。而大多数概率分布的随机数的产生都是基于均匀分布 $U(0, 1)$ 的随机数。由于均匀分布的随机数的产生总是采用某个确定的模型进行的，从理论上讲，总会有周期现象出现。初值确定后，所有随机数也随之确定，但并不满足真正随机数的要求。因此，通常把由数学方法产生的随机数称为伪随机数。但其周期又相当长，在实际应用中几乎不可能出现。因此，这种由计算机产生的伪随机数可以当作真正的随机数来处理。

地球物理参数的测量误差分布通常为高斯形式，这也适用于有效波高(Monaldo，1988)，因此假设 x_1，x_2，⋯，x_n 是[−1, 1]区域中的独立随机变量，具有单位概率密度函数(PDF)。根据中心极限定理，方差为 σ^2、均值为 μ 的高斯分布 y 可近似表示为

$$y_i = \sqrt{\frac{3}{n}}\sigma\sum_{i=1}^{n} x_{ij} + \mu \tag{3.2.3}$$

其条件是 j 足够大且 n 选择适当。对于海面的有效波高，取 σ=0.5 m、μ=2 m 时，用 Monte Carlo 方法对 n=10、j=10 000 进行模拟，模拟结果如图 3.17 所示。

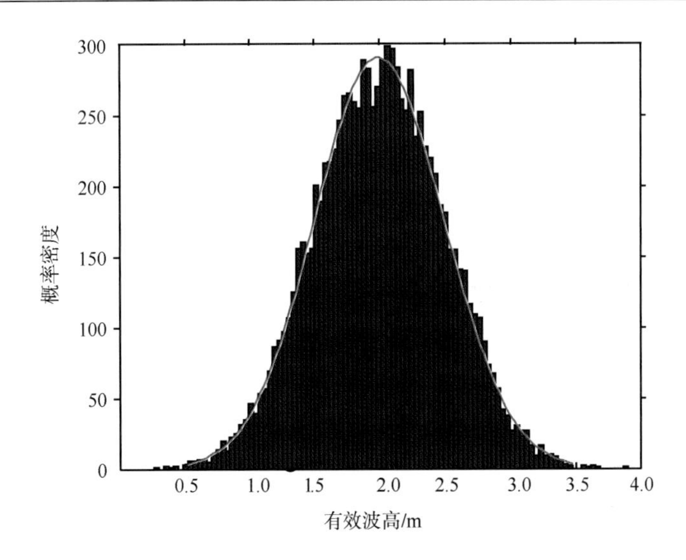

图 3.17　由 Monte Carlo 模拟产生的有效波高的高斯分布概率密度函数

其中标准差和均值分别取 σ=0.5 m，μ=2 m，实验总次数为 10 000 次；图中的光滑曲线为对应的理论分布

将高斯分布的理论概率密度函数[式(3.2.4)]与 Monte Carlo 模拟相叠加比较，模拟结果和理论

$$y(x)=\frac{1}{\sigma\sqrt{2\pi}}\exp\left[-\frac{1}{2}\left(\frac{x-\mu}{\sigma}\right)^2\right] \tag{3.2.4}$$

结果偏差为 0，标准偏差为 0.07 m，相对误差小于 9%。这表明 Monte Carlo 方法产生的模拟高斯分布是理论函数的一种良好近似，证明采用的 Monte Carlo 数值模拟有效波高的可靠性。

2)模拟方案

影响高度计和浮标有效波高比对精度的因子包括高度计测量有效波高的精度、浮标测量有效波高的精度和测量数据的时空滞后。在我们的模拟中，首先考虑空间滞后及仪器测量精度，时间滞后可做类似处理。为简单而不失一般性，考虑如下的几何关系：浮标恰好处在高度计的一个星下点上，且该星下点所在的地面轨道是进入同步窗的唯一一条地面轨迹。

详细的模拟方案可以参考 Chen 等(2000)的论文。本书设计不同海况等级和高度计测量的精度等级。假设 V 有几个可能的模态(用指标 I 表示)，对应于不同的海况；高度计噪声(即高度计测量有效波高的精度，ε_A)有几个可能的等级(用指标 J 表示)，对应于不同的高度计。最后在给定的 $V(I)$ 和 $\varepsilon_A(J)$ 的条件下，研究窗口大小 M 对高度计与浮标两者测量的有效波高比对结果的影响。

3. 数值模拟及分析

为了简化模拟计算的时间，在前期对 HY-2 高度计有效波高检验的基础上(Chen et al.，2013)，已知 HY-2 高度计测量有效波高精度在 0.3 m 左右，因此在高度计测波精度设计上 $J=0.3\,\text{m}$ 代表当前 HY-2 高度计，同时在海况的选择上 $I=1\,\text{m},\ 2\,\text{m},\ 3\,\text{m},\ 4\,\text{m}$。在进行数值模拟之前，首先需要确定模拟次数 N。

检验高度计/浮标有效波高估计值的均方差和同步数据量的关系。对于一个 $I=J=M=0$ 的简单情况，即波浪场是均匀的且高度计是准确无误的，并且只考虑位于浮标处的采样点，这样唯一的误差来源于浮标本身。在 ε_B 中选择 $\sigma=0.5\,\text{m}$，$\mu=2\,\text{m}$，模拟的 D^2 随 N 的函数表示如图 3.18 所示。从图 3.18 中可以清晰地看出，有效波高均方差随数据个数的增加而递减(蓝色曲线)，如图 3.19 所示，在 N 约为 1600 以后有效波高均方差趋向稳定。由统计理论可知：

$$(\sigma_B)_n=\frac{\sigma_B}{\sqrt{N}} \tag{3.2.5}$$

在图 3.18 的下部将数值模拟和理论推算的结果相叠加，可以看出两者的高度一致性，这也能说明数值方案的合理性。N 可以考虑取 2 000。

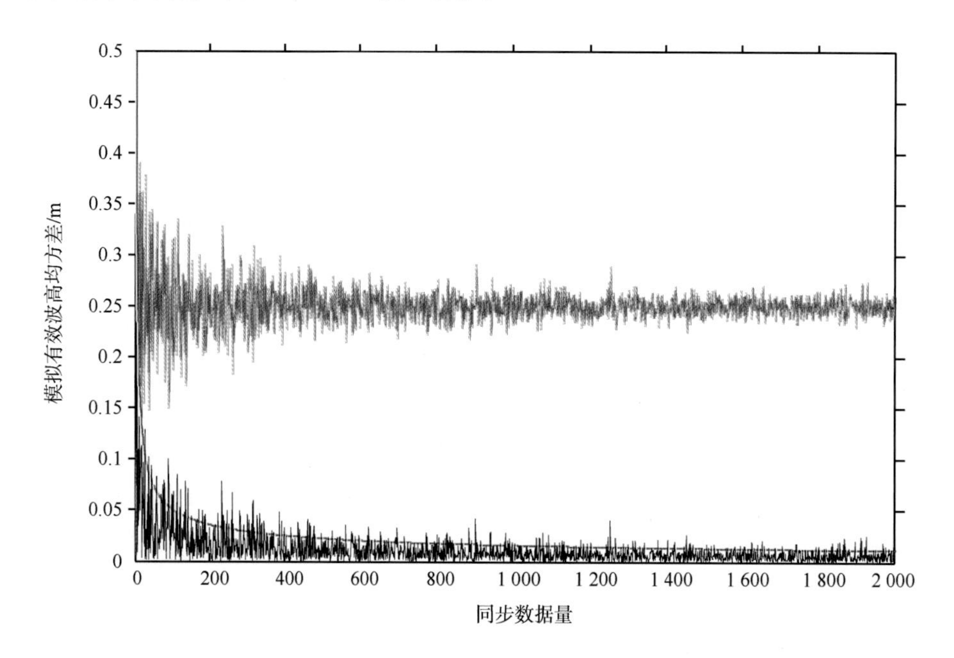

图 3.18　高度计/浮标有效波高的模拟均方差随同步数据量(N)的变化(蓝色曲线)

模拟过程中使用了 σ=0.5 m，μ=2 m 的高斯型 PDF，其理论曲线叠加于图上(红色光滑曲线)；同时绘于图上的还有有效波高的均方差相对于均值的绝对偏差随 N 值的变化(黑色曲线)

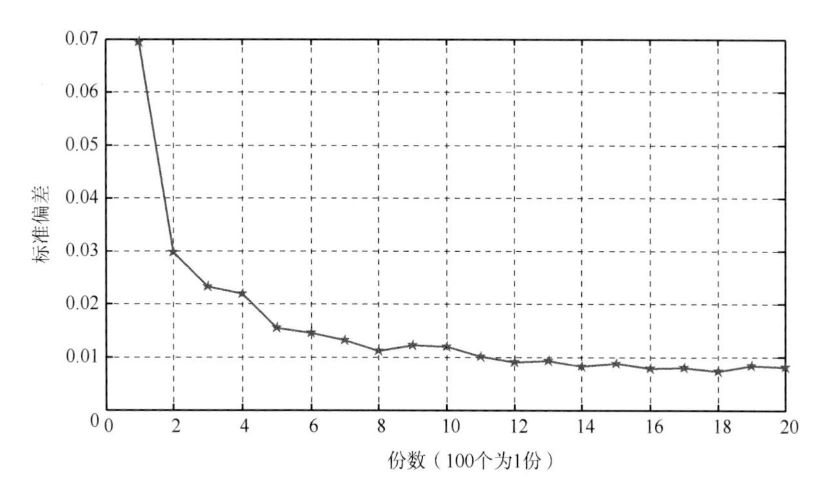

图 3.19　高度计测有效波高的模拟均方差的标准偏差值

将 N=2000，分成 20 份，分别求标准偏差，得到标准偏差的变化曲线，确定均方差随 N 变化，从 N=1600 左右开始趋向平缓

1) 空间窗口模拟及分析

模拟次数为 2 000，空间窗口为 1～150 km，分辨率为 1 km，时间窗口为 0 min，则模拟结果如图 3.20 所示。

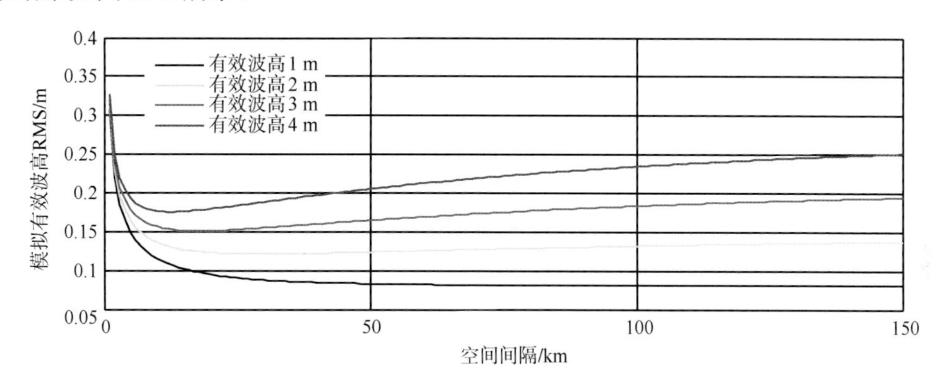

图 3.20　HY-2 高度计测量有效波高误差 0.3 m 的空间间隔影响曲线

从图 3.20 可以看出，空间窗口随着海况的增大而不断减小，海上波浪增大，则需要缩小空间窗口，减少波浪变化带来的误差；HY-2 高度计在进行高度计/浮标比对时，必须分海况选取对应的最优空间窗口进行检验。

2) 时间窗口模拟及分析

模拟次数为 2 000，空间窗口为 1～150 km，分辨率为 1 km，时间窗口为 10～90 min，在有效波高 2 m 的情况下，模拟结果如图 3.21 所示。

在 2 m 有效波高的海况下，对于不同的时间窗口，随时间窗口增加，为了降低时间窗口带来的误差，需要采用不断增大的空间窗口；采用大于 20 min 的时间窗口，需要大于 150 km 的空间窗口来降低时间窗口带来的误差。

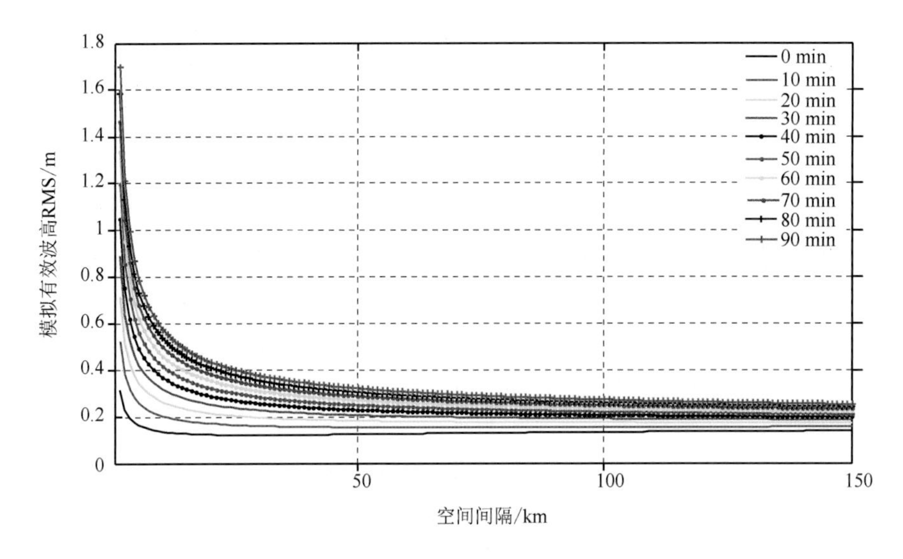

图 3.21　有效波高 2 m 的情况下 RMS 随时空窗口变化曲线

3) 数值模拟结果的验证

采用现场波浪骑士浮标同步测量数据对高度计有效波高产品的准确性进行评价。2011 年 10～11 月组织开展为期约 40 天的 HY-2A 在轨测试南海现场同步观测试验，试验场区如图 3.22 所示，共获得与 HY-2 高度计卫星同步测量数据 6 次，与 HY-2 高度计有效波高比对的结果见表 3.5。

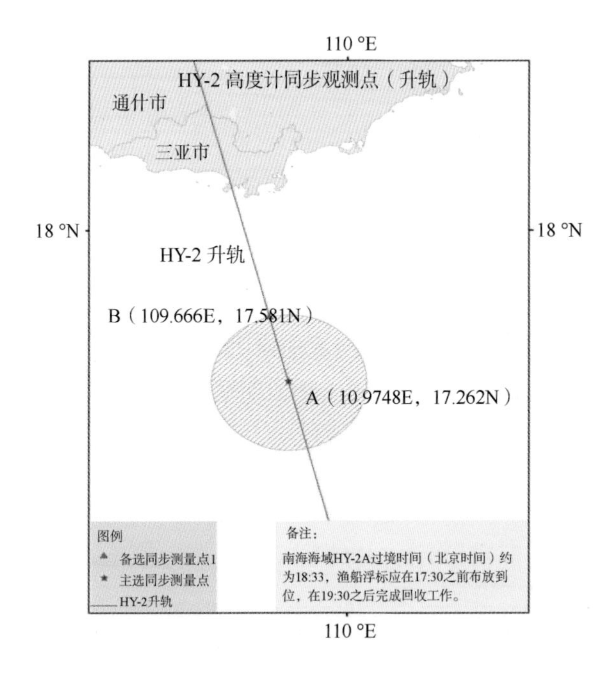

图 3.22　现场同步测量试验海区

表 3.5　现场测量与 HY-2 高度计有效波高比对

项目	空间窗口	50 km	100 km
浮标 HY-2 比对结果	RMS	0.27	0.22
Monte Carlo 模拟结果	RMS	0.21	0.19

波浪骑士现场测量的有效波高主要集中在 2 m 左右，因此 Monte Carlo 模拟采用有效波高 2 m 海况下的误差期望值。对于 2 m 的海况，50 km 的误差期望值为 0.21 m，100 km 的误差期望值为 0.19 m，这与现场测量/HY-2 高度计有效波高比对结果 50 km 误差 0.27 m、100 km 误差 0.22 m 的变化趋势是相同的，表明 Monte Carlo 模拟结果具有可靠性。

4. 时空窗口模拟总结分析

针对 HY-2 高度计有效波高 0.3 m 的精度，开展 4 种海况下不同时空窗口的 Monte Carlo 模拟分析。Monte Carlo 模拟对 HY-2 高度计与浮标比对的误差随空间窗口和时间间隔 Monte Carlo 模拟结果前文。统计结果见表 3.6。

表 3.6　对于 HY-2 高度计(0.3 m)、4 种海况下的最优时空窗口

<table>
<tr><th>海况</th><th>0 min</th><th>10 min</th><th>20 min</th><th>30 min</th><th>40 min</th><th>60 min</th><th>90 min</th></tr>
<tr><td>1</td><td>117</td><td>>150</td><td>>150</td><td colspan="4" rowspan="4">>150</td></tr>
<tr><td>2</td><td>30</td><td>71</td><td>>150</td></tr>
<tr><td>3</td><td>18</td><td>47</td><td>119</td></tr>
<tr><td>4</td><td>13</td><td>39</td><td>86</td></tr>
</table>

综合时间窗口和空间窗口的模拟结果，采用统计分析法得到 HY-2 有效波高在 4 种海况下的最优时空窗口。统计结果表明，对于正在运行的 HY-2 高度计(精度 0.3 m)：

(1) 相同时间窗口下，为了降低海况带来的误差，随有效波高的增加而采用缩小的空间窗口。

(2) 相同海况下，对于不同的时间窗口，随时间窗口的增加，为了降低时间窗口带来的误差，需要采用不断增大的空间窗口。

(3) 采用大于 30 min 的时间窗口，对于不同海况，都需要大于 150 km 的空间窗口来降低时间窗口带来的误差。

(4) 对于 1 m 有效波高的海况，理想的时空窗口为 0 min，117 km；对于 2 m 有效波高的海况，理想的时空窗口为 0 min，30 km；对于 3 m 和 4 m 有效波高的海况，理想的时空窗口为 0 min，18 km 和 0 min，13 km。

3.3　星载海浪谱数据协同验证模型及涌浪追踪星地匹配检验算法

针对星载 SAR 等微波载荷的海浪方向谱遥感数据，建立了基于 Triple Collocation 技术的多源数据资料(卫星–浮标–数值模式)的海浪谱协同验证模型，并依据大洋涌浪追踪原理，发展了涌浪星地匹配算法，从而开展星载海浪谱数据的实时验证技术研究。

3.3.1　星载海浪谱数据协同验证模型研究

基于线性 EV 函数关系误差分析模型，可以构建一种 SAR 海浪产品的协同验证误差模型，其中的主要理论如下。

对于 3 种相互独立的海浪数据(分别为 SAR 反演结果、浮标数据、模式后报) X 、Y 和 Z ，其与理论真值数据 T 及其随机误差 e_x 、 e_y 和 e_z 之间呈线性关系：

$$X = \beta_x T + e_x \tag{3.3.1}$$

$$Y = \beta_y T + e_y \tag{3.3.2}$$

$$Z = \beta_z T + e_z \tag{3.3.3}$$

上述模型在假定随机误差均值 $< e_{x,y,z} >= 0$，且随机误差不相关(即 $< e_x e_y > = < e_x e_z > = < e_z e_y > = 0$)的情况下，根据统计学原理，经过适当的分析和推断，可以给出各观测(或模式)数据的真实误差统计值，如均方根误差 $\mathrm{RMSE}_{x,y,z} = < e_{x,y,z}^2 >$ 等统计参数。

基于 SAR 海浪产品的协同验证误差模型，对 2003～2008 年的 ENVISAT ASAR、美国 NDBC 波浪浮标和 WaveWatchIII(WW3)海浪模式后报结果进行了 Triple Collocation 分析，对欧洲太空署(ESA)的 SAR 海浪反演算法进行了检验。

根据 EV 误差评价结果，在不同匹配距离条件下(50 km、100 km、150 km 和 200 km)，给出了 ENVISAT ASAR 和 NDBC 浮标、ENVISAT ASAR 和 WW3 模式、WW3 模式和 NDBC 浮标的散点图，如图 3.23 所示。

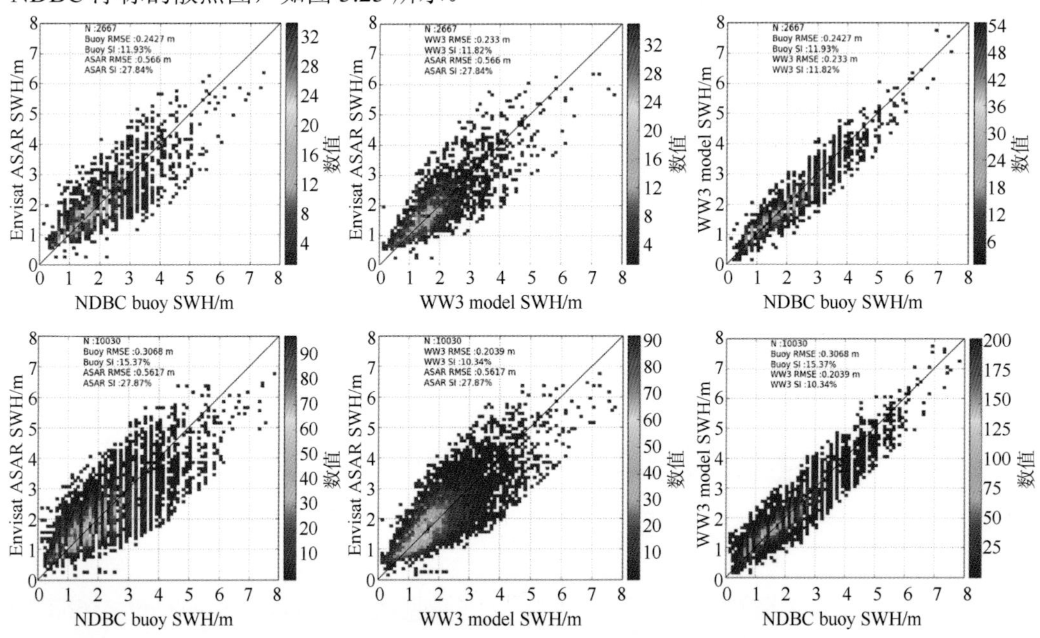

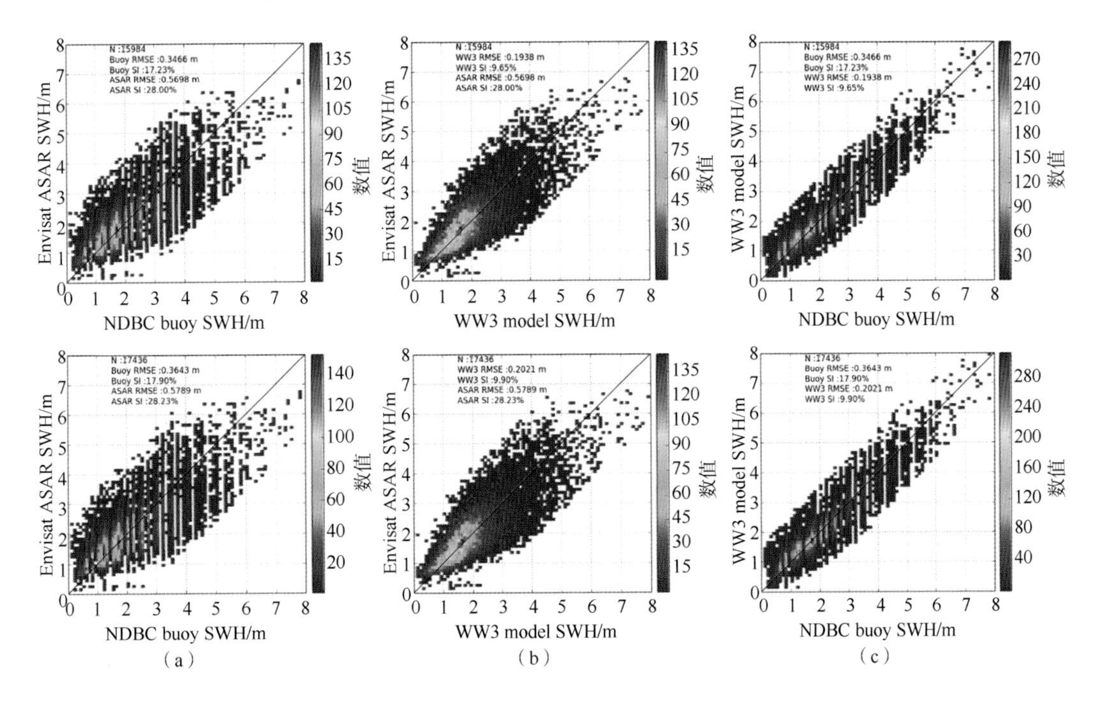

图 3.23　ENVISAT ASAR 和 NDBC 浮标(a)，ENVISAT ASAR 和 WW3 模式(b)，WW3 模式和 NDBC 浮标(c)的散点图

3.3.2　涌浪追踪星地匹配算法研究

1. 涌浪追踪模型构建

基于涌浪传播理论，建立了卫星海浪谱产品与浮标观测资料的动态时空匹配方法。如图 3.24 所示，针对微波遥感海浪谱产品，通过对卫星所观测涌浪系统的前向追踪，研究其与波浪浮标的动态时空匹配技术，以有效地增加误差分析与检验研究中的星地匹配样本量。

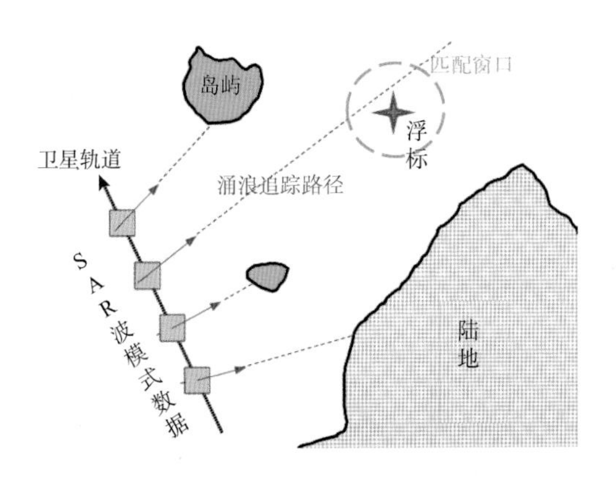

图 3.24　涌浪动态时空匹配示意图

涌浪追踪星地匹配的算法流程如下。

1) 涌浪分离

采用了如下方案对海浪谱进行二维谱分割，分离并提取涌浪信息。

(1) 初步谱分割。拟采用分水岭(watershed)算法对二维海浪方向谱进行初步分割。

(2) 风浪、涌浪区分。利用如下的关系：

$$C_{\mathrm{p}} < \beta U_{10}\cos(\theta_{\mathrm{wave}} - \theta_{\mathrm{wind}}) \tag{3.3.4}$$

式中，C_{p} 为海浪相速度；θ_{wave} 为波向；风速 U_{10} 和风向 θ_{wind}；系数 β 为经验参数。

(3) 涌浪子系统合并。选取适当阈值，对分割结果进行后处理，合并属于同一涌浪的子系统。

(4) 涌浪参数的计算。针对不同涌浪子系统，分别计算波高、波向、周期等参数。

2) 涌浪追踪

根据涌浪的线性传播理论，在深水且不受强海流影响的条件下，以群速度 $C_g = gT/(4\pi)$，沿着地球大圆路径对涌浪成分进行追踪，直至陆地或岛屿结束。

传播追踪过程中，涌浪相关信息拟如下估算预测。

(1) 周期：可认为保持不变。

(2) 涌浪传播位置、波向：依据 Haversine 地球大圆距离进行估算。

(3) 波高：依据涌浪能量衰减、耗散规律(Collard et al.，2009；Ardhuin et al.，2009)，利用确定的涌浪源区，估算涌浪追踪过程中的有效波高。

3) 涌浪溯源

通过对波模式 SAR 观测涌浪系统进行逆向追踪，寻找时空汇聚中心，确定涌浪产生的源。

4) 动态匹配

在 SAR 涌浪追踪的路径上，在一定空间窗口下匹配浮标，完成涌浪动态匹配(图 3.25)。

2. 基于涌浪追踪算法的 SAR 海浪谱验证

利用本书提出的算法，针对 SAR 涌浪方向谱产品进行了初步的验证研究。在该方法中，通过对 SAR 卫星数据开展分析追溯涌浪产生的强风暴源区，然后利用大洋涌浪线性传播的特性开展涌浪传播的追踪，并完成与浮标观测结果的时空匹配，最后对卫星涌浪产品的精度开展评估。

1) Sentinel-1A/B 波模式 SAR 海浪谱产品

本书针对 ESA 2014 年和 2016 年发射的 Sentinel-1A/B 卫星的波模式 SAR 海浪谱 2

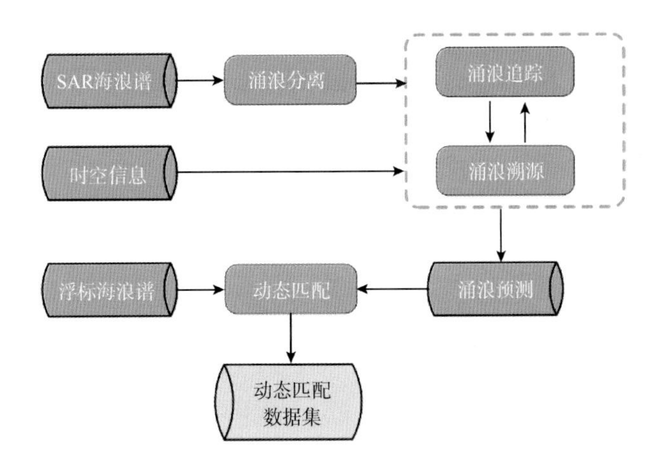

图 3.25　涌浪动态时空匹配路线流程图

级产品(ocean swell wave，OSW)开展验证研究。Sentinel-1A/B 波模式 2 级产品包括涌浪波高、涌浪波长、涌浪方向等。本书使用的数据来源于 2016 年 7 月 1 日～10 月 13 日。

对于波模式 SAR 海浪谱数据，首先对卫星数据开展了涌浪溯源分析，找到了相应的涌浪产生的强风暴源区。图 3.26 即是利用 2016 年 8 月 6～19 日的 Sentinel-1A/B 波模式 2 级产品，通过涌浪溯源分析，得到 2016 年 8 月 5 日的强风暴源区。

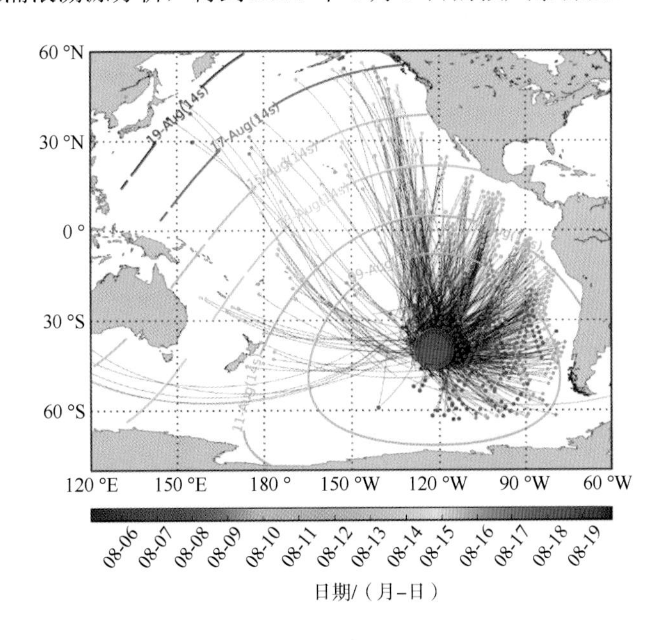

图 3.26　Sentinel-1A/B 波模式涌浪谱产品溯源分析示例(2016 年)

2)浮标海浪谱实测数据

本书使用了美国 NDBC 共计 25 个站位的浮标海浪方向谱资料，浮标位置如图 3.27 所示。

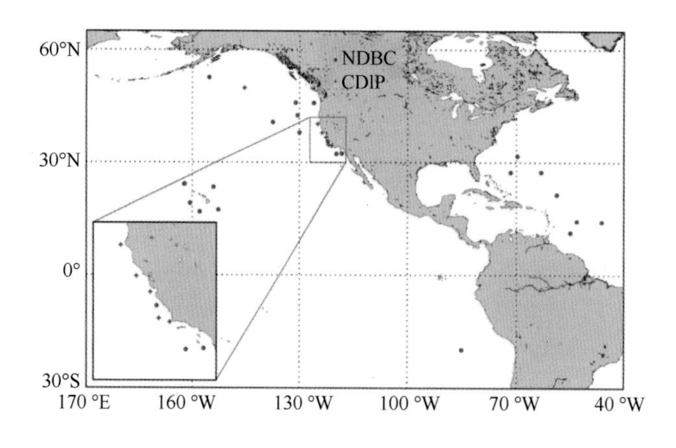

图 3.27　海浪谱观测浮标位置图

3) SAR 海浪谱验证结果

利用本章提出的涌浪追踪算法新方法，对 Sentinel-1A/B 波模式 SAR 数据与浮标实测的涌浪波高、涌浪波长、涌浪方向进行了比较验证，从而对涌浪方向谱 2 级产品数据进行精度评价(图 3.28)。

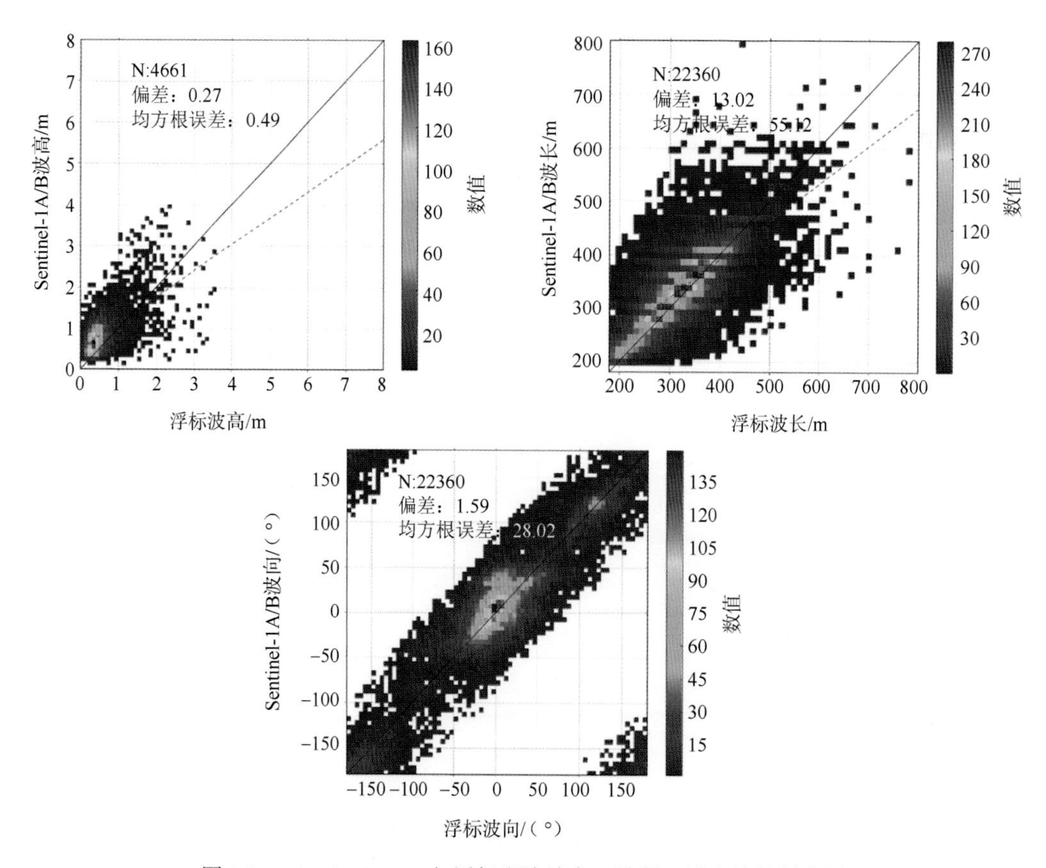

图 3.28　Sentinel-1A/B 与浮标涌浪波高、波长、波向比较散点图

对于涌浪波高，相对于浮标实测，Sentinel-1A/B 波模式产品的平均偏差为 0.27 m，均方根误差为 0.49 m。对于涌浪波长，相对于浮标实测，Sentinel-1A/B 波模式产品的平均偏差为 13.02 m，均方根误差为 55.12 m。对于涌浪波向，相对于浮标实测，Sentinel-1A/B 波模式产品的平均偏差为 1.59°，均方根误差为 28.02°。

3.4　成像雷达高度计现场测量验证与校正技术

3.4.1　成像雷达高度计介绍

在物理海洋研究中，传统高度计采用星下点观测方式已经获取了几十年的海表观测数据，对全球海洋和气候变化研究等提供了宝贵的高精度数据。但是，受限于星下点观测和卫星轨道设计，传统高度计无法同时兼顾时间分辨率和空间分辨率两个方面的观测需求。例如，对于 ERS-1 高度计，早期 168 天回归周期的观测空间分辨率可以达到 0.15°，但远远不能满足中尺度动力变化研究对于时间分辨率的观测要求；测冰任务的 3 天回归周期提高了观测时间分辨率，但在经度方向分辨率非常低，地面轨道间距达 8°多，如此低的分辨率，对于海洋研究基本没有太多有效信息(Fu and Rodriguez，2003)。其他传统高度计，如 ERS1、ERS2、TOPEX/Poseidon、ENVISAT、Jason-1/2/3、HY-2A/B/C 等，每次也只能获取星下点足印轨迹上很窄的、线状条带的海面高度。

因此，随着技术的进步以及对于中小尺度海洋现象的研究需求，宽刈幅成像高度计概念被逐渐提出，以期实现在一次扫描中直接获取足印两个较宽刈幅 2-D 海面地形信息。利用新的成像高度计技术，可以提高中尺度、小尺度和近岸的海洋现象研究。例如：①海洋中的强流(如黑潮、湾流、南极绕极流等)，在与流主轴垂直方向，尺度小于 100 km 流、涡、曲流等海洋动力现象无法观测；②亚中尺度海洋结构的搅动混合在物质、盐度、热量横向传输中扮演重要角色，传统高度计无法实现全球观测；③垂向物质交换是一个很重要的海洋过程，根据研究，在开阔海域 50%垂向输运的营养物质是通过 10～100 km 的亚中尺度涡来实现的(Lapeyre and Klein，2006)。这些通过传统高度计都是无法实现观测的。

成像高度计的目标是把原先传统高度计星下观测的海面高度拓展到远离星下点的刈幅两侧。为了获取远离星下位置的高度，需要额外的信息，一种可能的方法运用扫描高度计(Elachi et al.，1990)，其概念通过激光高度计成功应用，但并没有切实可行的技术让天线尺寸满足厘米级的测量精度及应用需求。 Rodriguez 和 Martin(1992)提出一种通过雷达干涉测量获得更多观测信息的方法，在这种方法中，两个天线之间的相对延迟(相位差)通过基线长度确定，通过图 3.29 的几何关系，可获取观测海域到卫星之间的距离。观测几何三角形由三部分组成：基线 B、海面点到两个天线之间的距离 r_1 和 r_2，通过载荷的结构和姿态信息可以获得基线 B 的长度，相位差和 r_1 与 r_2 之间的距离差相关：

$$\Phi = \frac{2\pi\Delta r}{\lambda} \tag{3.4.1}$$

式中，Δr 为 r_1 与 r_2 之间的距离差；λ 为雷达波长，其和电磁波的波数之间的关系如下：

$$k = \frac{2\pi}{\lambda} \tag{3.4.2}$$

根据图 x 的几何关系：

$$\Delta r \approx B\sin\theta \tag{3.4.3}$$

为了确定远离星下点的准确的几何位置信息，准确的入射角 θ 和波数、基线长度以及相位差之间的关系如下：

$$\Phi \approx kB\sin\theta \tag{3.4.4}$$

通过侧视角便可获得远离星下点的几何位置(海面高度)：

$$h \approx H - r_1\cos\theta \tag{3.4.5}$$

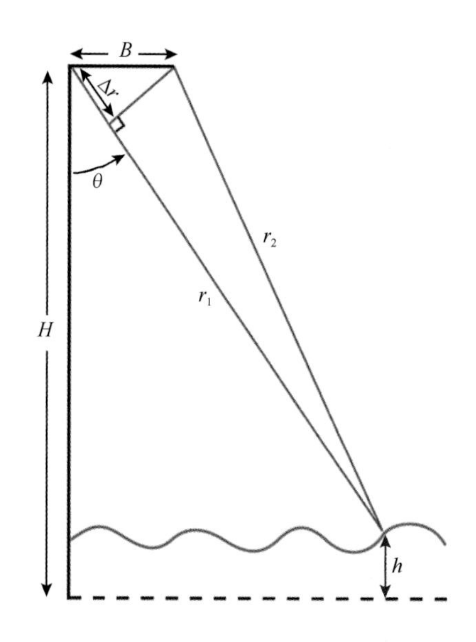

图 3.29　成像高度计观测几何

干涉成像高度计测量基本上就是三角测量。机械稳定的基线是其形成的基础，测距信息由系统精确时间获得，天线两侧之间的测距差异(Δr)从两个雷达通道之间的相位差(φ)获得。干涉成像高度计观测的海面高度精度主要受限于相位的反演精度(波长的很小部分)、基线误差以及其他的传播误差和跟踪误差等，而传统高度计仅受传播误差和回波跟踪准确度影响。

目前，尚无在轨稳定运行的成像雷达高度计，最早提出的成像雷达高度计为宽刈幅雷达高度计(wide-swath ocean altimeter，WSOA)，该任务的设计是搭载干涉成像雷达高度计系统，同时其上配备了多频辐射计用于水汽路径延迟校正，其刈幅宽度达 200 km。此后，美国基于 WSOA 又提出了 SWOT 全球地表水任务。除了提供全球海洋涡场的概要分布的主要功能之外，还提供近岸流和潮汐状况。由于幅宽提高，观测的时空分辨率均有显著的提高，这样将会极大地裨益全球气候、环境变化、陆地水资源管理等研究领域。

3.4.2　成像雷达高度计观测数据验证需求

干涉成像高度计的系统所需性能主要由海洋测量的目标来确定，因为分辨亚中尺度过程需要厘米级的精度。海洋地形测量的高精度要求意味着必须要对测量误差预算合理再分配。波长小于 1 000 km 的区域，其基本的地形测量由干涉成像高度计以刈幅测量的形式提供(图 3.30)；波长大于 1 000 km 的区域，其基本的地形测量由星下点传统高度计测量的形式提供。

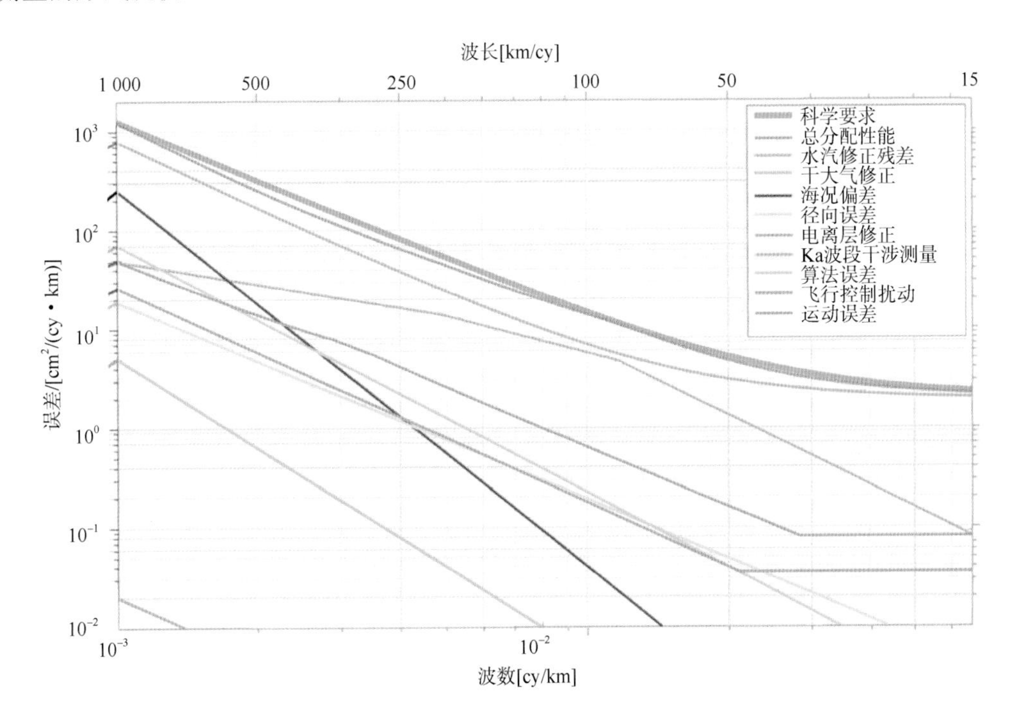

图 3.30　成像雷达高度计在波长小于 1 000 km 尺度上的误差分配

成像雷达高度计的主要误差源为基线误差和水汽误差，在 15～1 000 km 的尺度上基线误差为最大的影响因素，水汽在～100 km 的尺度上对成像高度计观测影响较大，因此在进行成像雷达高度计观测数据验证时，要通过一定的算法模型来对基线误差，尤其是滚动指向角进行修正。

通常，有几个误差源会限制高度测量的最终准确度。

(1) 随机误差：随机误差是与高度(或相位)测量的方差有关的误差，其中最显著的是干涉仪的固有噪声，以及增加方差的其他误差，这一误差不能在地面上校正。随机误差贡献取决于若干因素，如系统信噪比、干涉基线的长度，以及处理算法。此外，它要求平台指向控制的稳定性以及 KaRIn 天线的部署精度，而且天线的稳定性能够最大限度地减少刈幅上的信噪比损失。

(2) 仪器系统误差：通常与漂移或距离变化相关的误差最终会在测量的高度中引入

偏差，若偏差大小已知，则可对其进行校正。其中，系统误差最重要的是与基线滚动、基线长度变化、测距(时间)和相位的漂移误差相关联。缺乏对航天器侧倾角、基线热胀冷缩、天线或 KaRIn 电子设备引入的系统时间和相位漂移信息的了解，会导致相关的高度误差，其中基线滚动倾角误差影响最大，非常微弱的倾角会带来几十厘米的测距偏差。

基线滚动指向角误差可通过星星交叉的方法进行确定并消除：

$$\begin{aligned}\mathrm{SSH}_{\mathrm{diff}} &= \mathrm{SSH}_{\mathrm{KaRin}}(t) - \mathrm{SSH}_{\mathrm{KaRin}}(t') \\ &= xR(t) + \frac{x^2 \Delta B(t)}{AB} + xR(t') + \frac{x^2 \Delta B(t')}{AB} + \varepsilon\end{aligned} \tag{3.4.6}$$

式中，x 为宽刈幅图像上像元点与天底之间的距离；$R(t)$为基线倾斜角度，它随着时间变化，在所形成的影像的距离向上每一行 R 均是定值，其变化的频率较低，大概是 0.02 Hz，相当于沿轨道 350 km 的长度，如此低频的变化使得基线滚动指向角误差可以较好地被剔除；ΔB 为基线长度变化；B 为基线长度；A 为卫星高度计的高度。

(3) 电磁传播(介质)、运动和轨道误差：星上干涉仪所测量的距离必须要进行校正，以解决电磁波在电离层和对流层传播所引起的额外延迟。介质误差包括干湿大气误差和电离层误差，其中包括这些误差在刈幅内跨轨方向的变化。虽然 KaRIn 不会直接测量对流层和电离层信号，但辅助载荷辐射计将会用于获得湿对流层的测距校正(介质误差的最大来源)。Ka 波段在感兴趣的海洋尺度内(海洋波长＜1 000 km)，其干大气误差和电离层误差相对较小。由于他们不是误差预算的主导因素，因此在地面处理期间无须进行特定更正即可直接进行分配。此外，平均海洋速度和海洋中的波浪运动引起的运动误差，也会引入无法校正的测高偏差。最后，卫星和仪器径向位置信息的误差将直接转化为高度误差，这一误差可以通过精密定轨技术进行校正。

传播误差中干大气和电离层修正精度均达到较高的水平，误差修正可继承传统高度计的修正算法，其中干大气的修正算法如下：

$$\Delta R_{\mathrm{dry}} = \frac{0.22768 P_0}{1 - 0.00266\cos\varphi - 0.00028h} \tag{3.4.7}$$

式中，h 为海平面距离参考椭球面的高度(单位：km)。在实际的研究中；P_0 和 h 分别被 P_s 和 h_s 代替，意义为在高度 h_s 处总的大气压。全球海面高度的变化范围为–0.1～0.1 km，在实际计算中由于 $0.00028h$ 项极小，可忽略不计。目前，传统高度计主要通过再分析数据对其进行校正，此项误差小于 7 mm。

水汽路径延迟(湿对流层路径延迟)是由水汽和液态水造成的信号延迟引起的，通常通过星载水汽微波辐射计来进行反演，同时用再分析数据作为备份校正，湿对流层路径延迟主要来自大气中水汽的贡献，液态水引起的路径延迟量相对较小。针对水汽其校正算法如式(3.4.8)所示：

$$\mathrm{PD}_v = 1723\int_0^{h_0} \frac{V(z)}{T(z)}\mathrm{d}z \approx \frac{1723}{T_{\mathrm{eff}}}\int_0^{h_0} V(z)\mathrm{d}z = \frac{1723}{T_{\mathrm{eff}}} I \tag{3.4.8}$$

式中，h_0 为对流层层顶的高度。公式中的量级作如下的规定：I 为水汽积分，其单位为

g / cm^{2}时，PD_v 的单位为 cm。式(3.4.8)做了下面的假设：温度随高度的变化是缓慢的，可以用一个等效值 T_{eff} 表示，其值为 270～280 K。$V(z)$ 随高度呈指数变化，通过模型也带来部分误差。基于米氏散射理论，液态水带来的路径延迟基本可以忽略不计。

基于水汽微波辐射计的湿路径延迟反演算法主要有两种：一种是分段 log 线性拟合算法，主要是美国的 TMR、Jason 系列三频校正辐射计在用；另一种是神经网络算法，主要是欧洲的 ERS、ENVISAT 系列双频校正辐射计在用。

分段 log 线性拟合算法表示如下：

$$\mathrm{PD}_w = c_0\left(\mathrm{PD}_{w0}, W\right) + \sum_f c_f\left(\mathrm{PD}_{w0}, W\right)\log\left[280 - T_{\mathrm{B}}\left(f\right)\right] \tag{3.4.9}$$

式中，PD_{w0} 为根据 $T_{\mathrm{B}}(f)$ 首次得到的湿路径延迟数据；W 为根据 $T_{\mathrm{B}}(f)$ 得到的风速数据，将 PD_{w0} 分为 4 层：0～10 cm、10～20 cm、20～30 cm、>30 cm，风速 W 分为 5 级：0、7 m/s、14 m/s、21 m/s 和 28 m/s；c_0、c_f 为不同 PD_{w0} 和 W 下的分段反演参数。当校正辐射计在轨运行时，利用校正辐射计观测亮温 $T_{\mathrm{B}}(f)$ 和分段的反演参数 c_0、c_f 可以得到湿路径延迟 PD_w。

神经网络算法在解决非线性问题方面有着巨大的优势，已经成功地应用在大气参数反演领域，并取得了很好的结果。ENVISAT 采用的神经网络算法分为 3 层：输入层、隐层和输出层，每层有 8 个神经单元，输入层的神经单元输出采用 Sigmoid 函数，输出层是线性函数，后向传播算法采用 Levenberg-Marquardt 算法。ERS 系列的双频微波辐射计一般采用神经网络算法，神经网络算法也可移植到三频体制的校正微波辐射计中。两种算法在三频体制的校正辐射计中的反演结果相当。

电离层校正对于成像高度计而言，误差非常小，由于电离层误差修正是典型的频率相关的，成像雷达高度计所用的 Ka 波段在典型电子含量情况下的延迟量为 2 cm，用 GIM 模型便可准确校正了(图 3.31)。

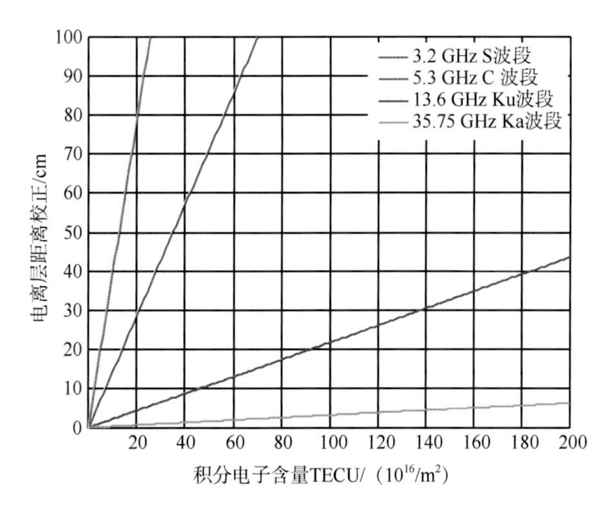

图 3.31　不同频率下电离层距离校正量

(4)波浪相关误差：如海况偏差(又叫电磁偏差)和有效波高相关误差。风场和浪场的时空不均匀性将引入测高的偏差。

成像高度计采用干涉测量的方式进行观测，海面的波浪谱信息可通过 InSAR 反演确定，较之传统高度计获取更多的海面波浪相关的参数，传统高度计的海况偏差通过有效波高和风速来反演，但是更能体现海面波浪信息的波浪周期并没有被考虑，与干大气、水汽路径延迟误差修正不同的是，海况偏差是频率相关的，也就是说 C 波段、Ku 波段和 Ka 波段的模型并不通用，因此对于成像高度计的海况偏差需要新的适应 Ka 波段的校正算法。海况偏差模型建立比大气路径延迟挑战更大，其主要的原因是海况偏差无法在现场进行实测，因此只能采用其他方法来建立反演模型。非参数核平滑估计(non-parameter sea state bias，NPSSB)方法是一种较为可行的海况误差反演方法。

除了以上所述的误差修正算法需求以外，成像高度计和传统高度计在定标验证方面有类似也有差异，对于成像高度计而言，星星交叉可反演基线滚动指向角误差，和传统高度计类似，该方法可在全球尺度上进行成像雷达高度计观测数据的相对验证。与之相对应的是基于现场观测的绝对定标检验，成像高度计绝对定标偏差可通过现场观测和卫星观测水面、海面高度比对来确定，由于成像高度计观测海面地形，同时也能观测陆地的水域，故成像高度计测高数据验证可分别在海域和陆地较为开阔的区域进行。

在开阔海域，干涉测量精度可达 2.7 cm@1 km×1 km(或者 1.35 cm@2 km×2 km，随机误差可随空间平滑消除而降低)，因此对于现场观测海面高度测量的要求为优于 1cm。

在陆地水体，所有大于 250 m×250 m 水体的非植被水域、宽度大于 100 m 的河流可被观测，在非植被区域水体(湖泊、溪流、水库、湿地)的水面高度(1 km^2 平均)的垂向精度必须优于 10 cm(1-sigma)。对于宽度大于 100 m 的河流坡度的测量必须达到 17 μrad(1cm/km)的精度。

3.4.3　成像雷达高度计观测数据验证技术预案

成像雷达高度计观测数据验证可采用相对和绝对的验证技术方案，其中相对验证技术主要通过成像雷达高度计和同类型的成像高度计、传统高度计在全球轨道交叉点上统计其海面高度的不符值确定测高偏差，以及成像高度计与自身进行自交叉来进行测高精度的评估和验证。绝对验证技术主要通过现场观测的海面高度和成像雷达高度计观测的海面高度进行偏差估计以及仪器漂移估计。

1. 相对验证技术

相对验证主要通过对比成像高度计在不同轨道交叉点上的海面高度不符值来确定测高误差及测高偏差，图 3.32 为两条不同轨道之间交叉的观测几何，成像高度计不同轨道可形成四个菱形交叉区。

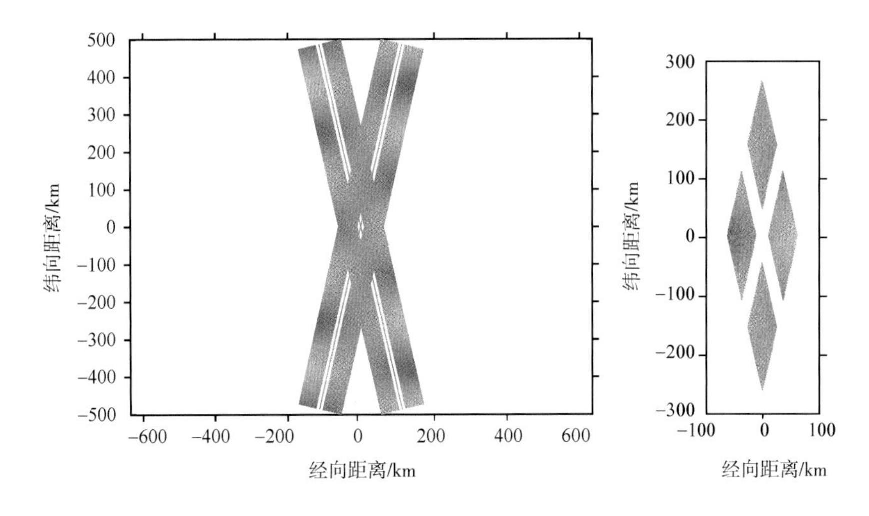

图3.32　星星交叉观测几何

相比较现场绝对定标，交叉定标的优点主要体现在以下五方面。

(1)通过轨道交叉可以获取大量的交叉点用于高度计定标，这是最明显的优势，交叉定标的结果更具有统计意义，在轨道不重复的情况下，不仅上升轨道和下降轨道之间存在交叉点，上升轨道之间以及下降轨道之间也存在交叉点。

(2)通过轨道交叉获取的观测数据其分布为全球分布，可以很好地用来探测地理相关误差(geographically correlated errors)，一般这些误差是由轨道误差所引起的。

(3)绝对定标中对时空窗口限制较多，如GPS浮标需要在卫星过境半小时到一小时前布放，对比的观测数据理论上要求要同步，并且现场观测点要和卫星星下点吻合，在交叉轨道定标的方式中，对于时间窗口要求并不是很严，有研究在进行轨道交叉时采用几天的最大时间窗口。一般认为几天之内海面变化可以忽略不计。

(4)交叉定标不需要geoid、MSS等参考面，进行比较的数据为两个高度计之间观测的海面高度，通过三次样条插值的结果把两个高度计的观测插值到同一地理位置上，而geoid和MSS可以看作时间无关的量，在进行数据订正时并不需要对其进行考虑。

(5)通过交叉分析方法还可探测轨道误差(长波长误差，波长大于40 000 km信号)。

2. 绝对验证技术

定标验证对于成像雷达高度计观测数据的应用至关重要，需要通过绝对定标验证对数据评估。基于现场的定标验证是通过现场观测数据和卫星数据的比对来得出定标系数以及仪器的漂移(长期)，它能提供绝对意义上的高度计定标参数。

1)基于岸基验潮和锚泊阵列的定标验证技术

成像高度计观测的刈幅较宽，只在海面单个位置进行验证误差较大，同时时空匹配数据数量太少，不具有统计意义，此外，KaRin的观测在近星下点精度较高，远离星下点精度较低，因此需要综合考虑地面观测设备的配置。图3.33为成像高度计绝对定标验证的观测几何，考虑到仪器的稳定性、精度，沿跨轨方向布放锚泊阵列为可行的技术方案。

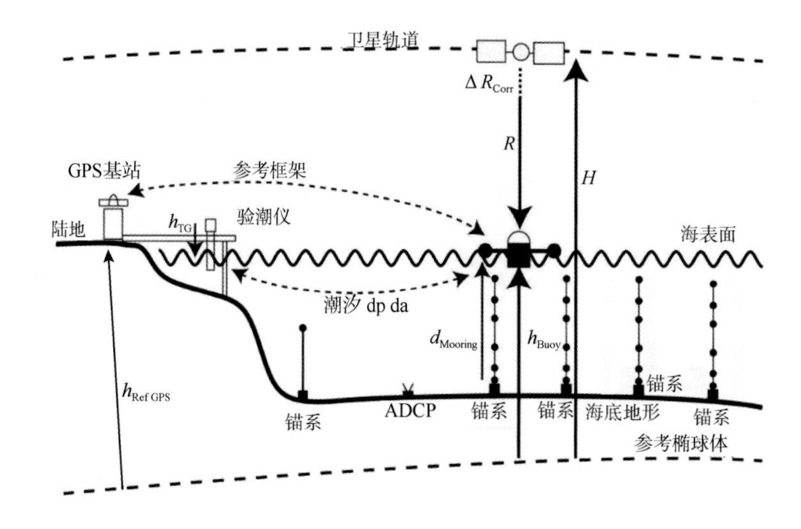

图 3.33　基于岸基验潮和锚泊阵列的定标验证观测几何

2) 基于陆地湖泊的定标验证技术

成像雷达高度计较之传统高度计具有更高的空间分辨率和地面观测范围，还可利用较大的陆地水体对其进行定标验证，而在陆地湖泊等较大范围水体进行浮标等观测设备布放要比在海域布放更加安全可行，同时能够避免海况等误差的影响。

3) 基于水下滑翔机的定标验证技术

成像高度计有较高的海面地形分辨能力，因此可通过在中小尺度涡位置布放水下滑翔机 glider 的技术方案，涡在海洋中的典型表现是带来显著的海面地形变化，glider 可探测各个与涡相关的参数(主要包括温盐流速等观测参数)，基于 glider 的观测技术可验证成像雷达高度计对中尺度以及亚中尺度涡的观测精度。

3.5　微波遥感产品的现场测量验证与校正应用示范

3.5.1　CFOSAT 卫星波谱仪在轨测试现场测量验证应用示范

1. CFOSAT 卫星波谱仪介绍

中法海洋卫星(CFOSAT)是中国和法国联合研制的海洋观测卫星，其上搭载了国际上首次上天的两种新型微波遥感器：一个是中国研制的扇形波束圆锥扫描体制微波散射计；另一个是法国研制的波谱仪(surface wave investigation and monitoring，SWIM)。CFOSAT 卫星已经于 2018 年 10 月 29 日在我国酒泉卫星发射基地成功发射，卫星设计寿命 3 年，将在距地 519 km 的轨道上对全球海洋的风场、浪场进行监测，监测数据可被中法两国科学家共同使用。

SWIM 是一个 Ku 波段(13.575 GHz)实孔径雷达，天线孔径近似为 2°，具有 6 个喇叭馈源，实现 0°、2°、4°、6°、8°和 10°六个观测入射角的波束测量；天线旋转速度约为 5.6 圈/min，以获取全方位角的海表观测。它的工作原理是：在小观测入射角(8°～10°)，海表面后向散射系数对海面长波引起的局地斜坡比较敏感，但对海表风速引起的小尺度粗糙度、海表长波和短波相互作用的水动力调制并不敏感；结合 SWIM 的圆锥扫描，实现对海面全方位向的波浪信息观测；最终实现海面二维波浪谱的观测(图 3.34)。

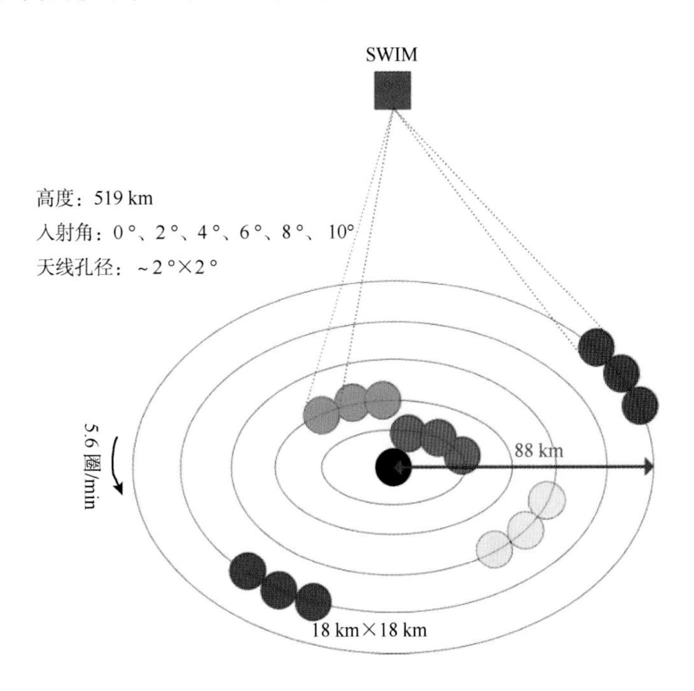

图 3.34　中法海洋卫星波谱仪观测几何示意图

对于 SWIM，星下点波束(0°)类似于雷达高度计，通过它可以观测获得海表面的有效波高和风速，通过与其他波束(2°～10°)的近似同步，可以提供与其他波束之间的相对高度及观测脉冲顺序的时序控制。另外，五个飞行点波束也可以分别实现海表后向散射测量，共同构建海表后向散射系数随观测入射角的剖线函数。还有，因为 6°、8°和 10°波束观测可以实现二维波浪谱，因而又称为“谱观测波束”。

2. 在轨测试试验情况与数据验证结果

CFOSAT 卫星发射后，国家卫星海洋应用中心开展了针对性的在轨测试，其中采用 NDBC 浮标、ECMWF 模式预报资料和西太抛弃式波浪浮标，对 CFOSAT 卫星波谱仪观测海浪谱参数进行了真实性检验。NDBC 浮标侧重于 SWIM 波浪参数精度评价，所选站位分布如图 3.35 所示；ECMWF 模式预报资料侧重于 SWIM 全球观测产品精度评估；西太抛弃式波浪浮标为国产设备的验证测试、为后续业务化产品精度评价积累经验，其搭载向阳红 1 号试验船，于 2018 年 12 月 13 日在西太平洋布放下水，预期其海上观测时长为 6 个月，图 3.35 为西太抛弃式波浪浮标截至 2019 年 5 月 5 日的漂流轨迹。

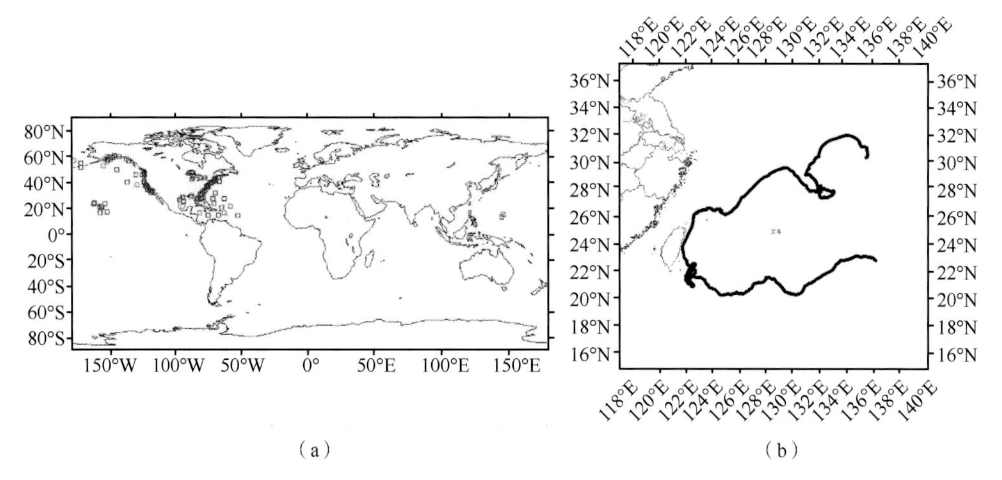

图 3.35　NDBC 浮标空间分布(a)和西太抛弃式波浪浮标漂流轨迹图(b)

利用 2019 年 5 月的 NDBC 浮标数据对 CFOSAT 卫星波谱仪(SWIM)的 L2 级有效波高、波长和波向产品进行真实性检验。NDBC 浮标与 SWIM 数据匹配的空间窗口为 50 km，时间窗口为 30 min。NDBC 浮标主要分布在美国西海岸和东海岸，以及夏威夷岛附近。图 3.36 和图 3.37 星下点有效波高、6～10° 有效波高、波长和波向的检验结果，从中可以看出：

NDBC 浮标有效波高数据与 SWIM 星下点有效波高产品共得到 233 个匹配点，匹配点的有效波高范围为 0.5～5 m，平均偏差为 0.36 m，标准差为 0.43 m。星下点有效波高与 NDBC 有效波高的相关系数约为 0.85。

NDBC 浮标有效波高数据与 SWIM 的 6°～10°有效波高产品共得到 344 个匹配点，由图 3.36 可以看出，SWIM 的 6°～10°有效波高反演结果明显高于 NDBC 有效波高，匹配点的平均偏差为 3.77 m，标准差为 4.94 m。

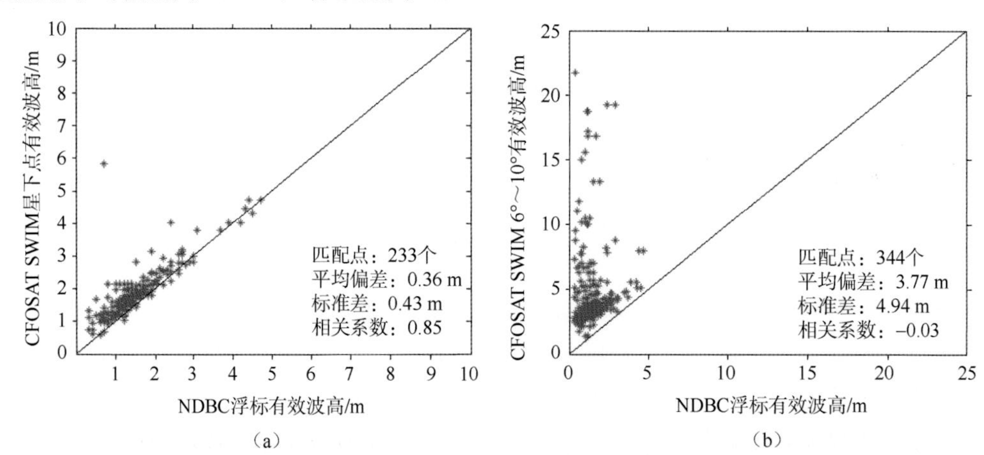

图 3.36　星下点(a)和 6°～10°(b)有效波高产品与 NDBC 有效波高对比

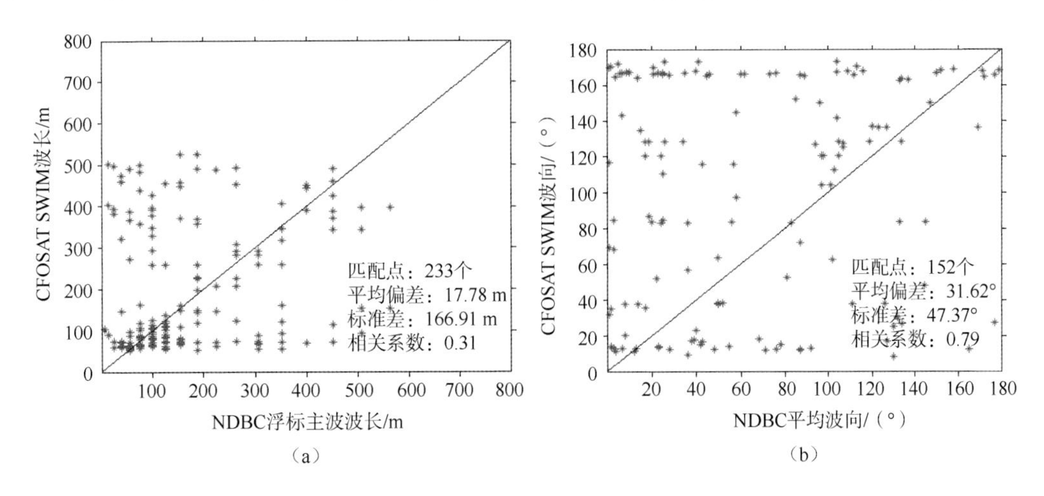

图 3.37　波长(a)、波向(b)产品与 NDBC 浮标主波波长、波向对比

NDBC 浮标主波波长数据与 SWIM 的波长产品共得到 233 个匹配点，匹配点的波长范围为 50～500 m，平均偏差为 17.78 m，标准差为 166.91 m。SWIM 的波长与 NDBC 主波波长的相关系数约为 0.31。

NDBC 浮标平均波向数据与 SWIM 的波向产品共得到 152 个匹配点，平均偏差为 31.62°，标准差为 47.37°。SWIM 的波向产品与 NDBC 平均波向的相关系数约为 0.79。

3.5.2　SMOS 卫星盐度计现场测量验证应用示范

1. SMOS 二维综合孔径辐射计介绍

土壤湿度与海洋盐度(soil moisture and ocean salinity，SMOS)卫星是 ESA 与法国国家空间研究中心(Centre National d'Etudes Spatiales，France)和西班牙工业技术发展中心(Centre for the Development of Industrial Technology，Spain)共同研制的一颗遥感卫星。SMOS 卫星作为首个星载综合孔径辐射计系统，于 2009 年发射，至今仍在轨工作。SMOS 卫星沿平均高度约为 755 km、倾斜角为 98.4°的太阳同步轨道飞行。SMOS 卫星可用于陆地土壤湿度和海洋海水盐度的测量，预期对海表盐度的单次测量精度为 0.5～1.5 psu，10～30 天时间分辨率下对 200 km×200 km 海域测量的平均精度为 0.1 psu。

2. 现场测量验证技术方案

为了验证卫星遥感盐度参数的测量精度，需要选取地面现场测量的“实测”值作为参考。目前，被广泛认可的可以作为卫星盐度测量参考的是 Argo 的浮标测量数据。下面首先介绍 Argo 浮标。

1) Argo 浮标数据简介

全球海洋观测试验项目 Argo(array for real-time geostrophic oceanography)旨在快速、准确、大范围地收集全球海洋上层的海水温度、盐度剖面资料。从 2000 年开始直到现在，

Argo 浮标已经成为海洋观测系统中的重要观测手段。Argo 通过探测浮标观测近实时的全球尺度的海洋温度、盐度和上层洋流的速度，来提高人类对海洋在气候中作用的认识，进而延伸出一系列有价值的海洋应用。Argo 浮标在全球海洋的分布状况如图 3.38 所示。图 3.38 为 2019 年的 Argo 浮标分布状况，从开始的 2 000 个浮标到现在，浮标数量每年均增加 800 个左右。

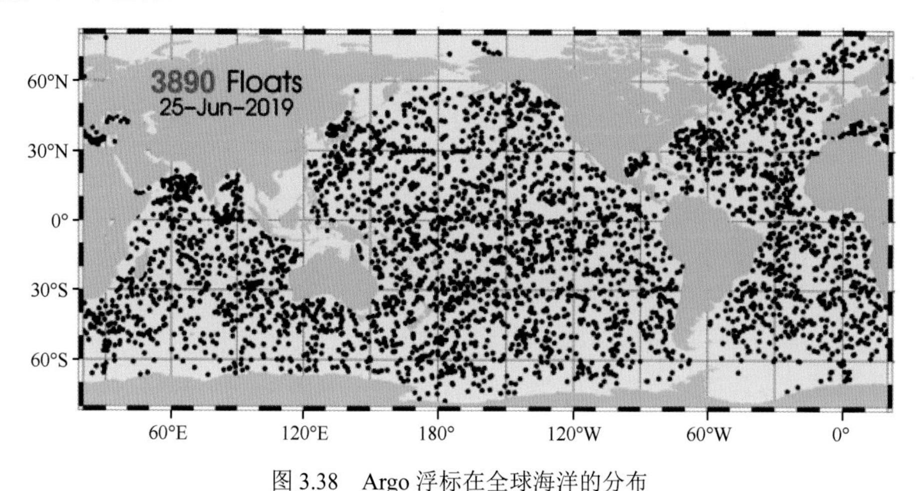

图 3.38　Argo 浮标在全球海洋的分布

2019 年，引自 Argo 网站：http://www.argo.ucsd.edu/About_Argo.html

Argo 浮标通过国际间的合作收集全球范围高质量的深度在 2 000 m 以上的无海冰影响的温度和盐度资料数据。Argo 浮标通过电池驱动，依靠在水中的沉浮过程来完成测量工作，在 10 天的间隔时间里，浮标通过水泵在 6 小时内上升到海面并在此过程中测量盐度和温度；当浮标浮出海面时，卫星和 GPS 确定浮标的位置，然后浮标将测量到的数据传输给卫星；水泵的气囊放水缩小，浮标恢复到原来的密度后开始下沉，然后重复循环过程，浮标在设计寿命内大概可以完成 150 个这样的循环。图 3.39 为 Argo 浮标在 10 天的沉浮周期内的状态图(Argo 大部分时间用在了海里的漂浮过程)，以及研究人员正将 Argo 浮标投入海洋中使用。

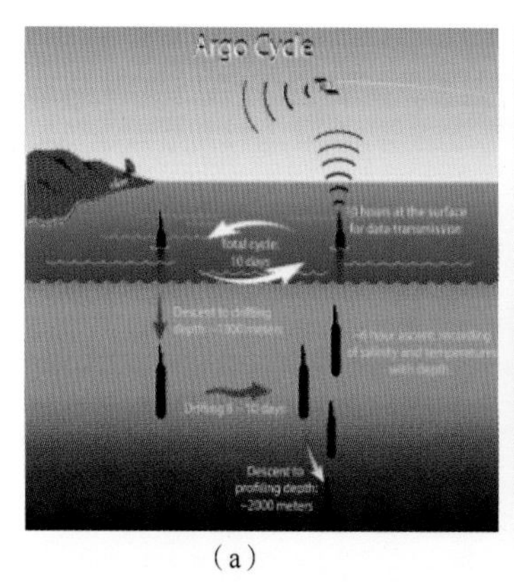

(a)

(b)

图 3.39　Argo 浮标 10 天测量周期状态示意图(a)和 Argo 浮标外观图(b)

引自 Argo 网站：http://www.argo.ucsd.edu/About_Argo.html

2) Argo 浮标验证方法

由于 Argo 测量的是不同深度海洋的盐度和温度值，这里选取的是接近表层的 3～10 m 的盐度数据作为卫星参考的实测数据。另外，由于浮标测量的数据覆盖度有限，这里实际运用的是 Argo/ISAS (in situ analysis system) 数据，Argo/ISAS 数据利用有限覆盖的 Argo 浮标数据，再结合理论模型和其他来源的盐度数据，提供了高精度的盐度地面测量数据 (Gaillard et al.，2009)。

对卫星测量数据进行分析可以分为相关性分析和测量精度分析两块。

对于相关性分析，即利用统计学中线性最小二乘回归，其公式表达为

$$S_{\text{satellite}} = A \cdot S_{\text{in-site}} + B \tag{3.5.1}$$

式中，$S_{\text{satellite}}$ 为卫星测量的盐度结果；$S_{\text{in-site}}$ 为对应的浮标测量结果。通过回归方程计算相关系数 R 。

对于测量精度分析，测量数据即 SMOS 和 Aquarius 卫星测量的盐度数据 $x_{\text{obs},i}$ ，作为参考真值的数据即 Argo 浮标的地面盐度测量数据 $x_{\text{true},i}$ ，所以测量的误差可以表示为

$$\text{error}_i = x_{\text{obs},i} - x_{\text{true},i} \tag{3.5.2}$$

误差的均值 (mean) 则指的是所有误差值的平均值：

$$\text{mean} = \frac{1}{N}\sum_{i=1}^{N}\text{error}_i = \frac{1}{N}\sum_{i=1}^{N}\left(x_{\text{obs},i} - x_{\text{true},i}\right) \tag{3.5.3}$$

平均的目的是消除测量的随机误差，所以均值应该是和真值最为接近的。而误差的中值或中位数 (median) 则指的是所有误差值按大小排序后位于中间的值。在一组数据中，如果个别数据偏大或偏小影响了平均值，这时中值比平均值更能反映它们的一般水平。在测量学中，一般很少用中值或均值来衡量测量精度，用的最多的是均方根误差 (root mean square error，RMSE)，它用来衡量观测值同真值之间的偏差：

$$\text{RMSE} = \sqrt{\frac{\sum_{i=1}^{N}\left(x_{\text{obs},i} - x_{\text{true},i}\right)^2}{N}} \tag{3.5.4}$$

或者标准差 σ (standard deviation，SD)，它则用来衡量误差值自身之间的离散程度：

$$\sigma = \sqrt{\frac{\sum_{i=1}^{N}\left(\text{error}_i - \text{mean}\right)^2}{N}} \tag{3.5.5}$$

3. 数据验证结果

本节的分析将 Argo/ISAS 数据作为盐度地面测量的“真实值”，进而分析卫星遥感数据的精度 (李炎，2016)。

将 Argo 浮标测量的月均海洋盐度数据[图 3.40 (a)]同 Aquarius 和 SOMS 的卫星遥感

月均海洋盐度数据进行比较，结果如图 3.40(b)和图 3.40(c)。

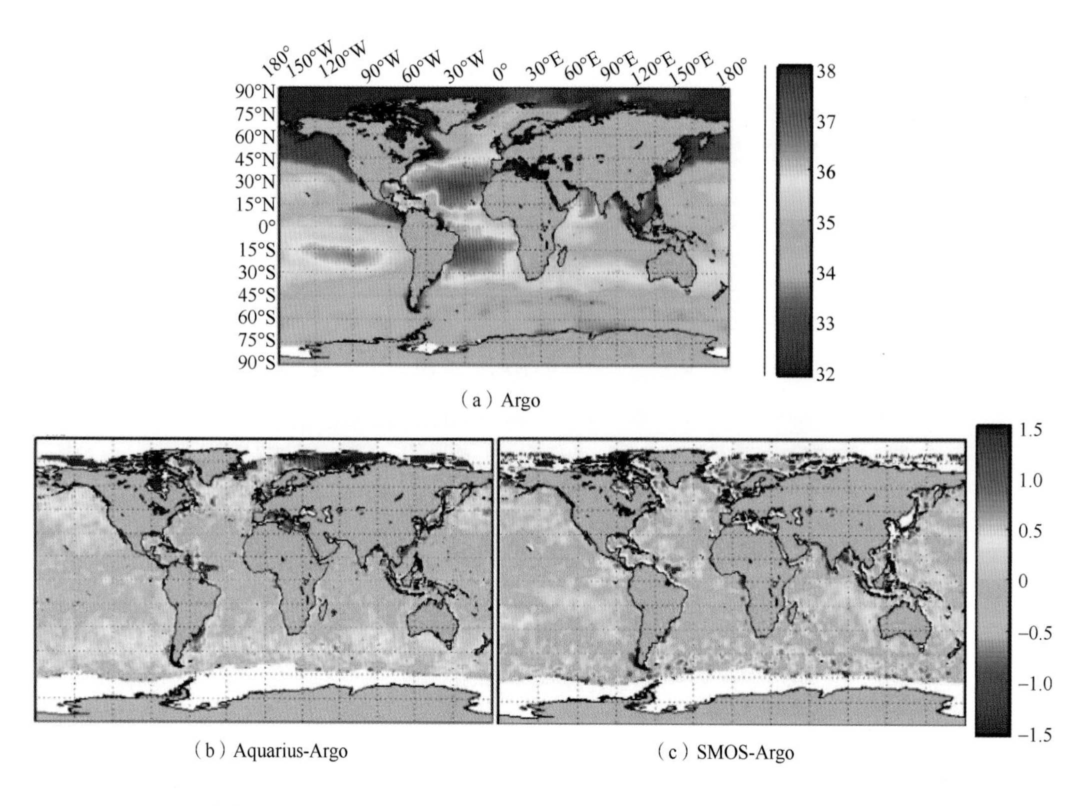

图 3.40　SMOS 和 Aquarius 月均海洋盐度数据同实测数据的差别

(a) Argo 海面浮标盐度数据；(b) Aquarius-Argo；(c) SMOS-Argo

基于图 3.40 的比较结果，下面从卫星数据同 Argo 数据的相关程度，两个卫星数据的全球盐度测量精度以及区域数据的精度这三个方面来分析。

1) 卫星数据和 Argo 数据的相关性

表 3.7 计算了 2013 年 1～12 月的卫星数据同 Argo 数据的相关程度。总体来说，SMOS 月均数据同 Argo 数据的相关系数较高，大部分都在 1 左右；但 Aquarius 月均数据较之 SMOS 则明显偏低，特别是 7～9 月的数据，说明这三个月的盐度测量数据要高于 Argo 实测数据。

表 3.7　Aquarius 和 SMOS 月均数据同 Argo 数据的匹配与相关性(2013 年)

月份	Argo 与 Aquarius		Argo 与 SMOS	
	匹配个数	相关系数	匹配个数	相关系数
1	32 768	0.9117	31 594	0.955 4
2	32 973	0.8951	31 944	0.985 6
3	31 757	0.8519	32 041	0.955 2
4	32 048	0.9136	31 377	0.951 0

续表

月份	Argo 与 Aquarius		Argo 与 SMOS	
	匹配个数	相关系数	匹配个数	相关系数
5	31 714	0.9262	30 947	1.004 3
6	31 488	0.9593	30 795	1.046 1
7	31 757	0.6244	30 936	1.001 3
8	32 028	0.6009	30 780	0.983 0
9	32 242	0.7328	30 718	0.993 9
10	32 064	0.7479	30 338	1.032 7
11	31 425	0.8030	30 227	1.036 1
12	32 029	0.9374	30 784	1.019 4

虽然 SMOS 同 Argo 实测数据的相关性要比 Aquarius 好，但这也并不能说明 SMOS 的盐度测量精度就高于 Aquarius。

2) 全球盐度测量精度分析

表 3.8 计算了 2013 年 1～12 月的 Aquarius 和 SMOS 月均盐度数据的测量精度，包括误差中值、误差均值、均方根误差及误差的标准差。

表 3.8　Aquarius 和 SMOS 月均盐度数据的精度分析(2013 年)

月份	Aquarius-Argo				SMOS-Argo			
	中值	均值	均方根误差	标准差	中值	均值	均方根误差	标准差
1	0.0340	−0.0008	0.5086	0.5086	−0.0021	−0.0470	0.7461	0.7446
2	0.0476	0.0109	0.5077	0.5076	−0.0063	−0.0499	0.8605	0.8590
3	0.0256	−0.0213	0.7403	0.7400	−0.0117	−0.0487	0.7861	0.7846
4	0.0297	0.0184	0.4550	0.4547	0.0011	−0.0199	0.5708	0.5705
5	0.0525	0.0186	0.4585	0.4585	0.0026	−0.0464	0.6612	0.6596
6	−0.0123	−0.0136	0.4552	0.4550	−0.0237	−0.0756	0.6729	0.6686
7	−0.0013	0.0703	0.9333	0.9306	−0.0225	−0.0825	0.9428	0.9392
8	0.0138	0.1238	1.2160	1.2097	−0.0164	−0.1165	1.4168	1.4120
9	0.0239	0.0963	0.9620	0.9572	−0.0243	−0.1256	1.4735	1.4682
10	0.0258	0.0657	0.8613	0.8588	−0.0217	−0.0985	1.1690	1.1649
11	0.0268	0.0372	0.6503	0.6492	−0.0194	−0.0727	0.7798	0.7764
12	0.0019	−0.0323	0.4787	0.4777	−0.0168	−0.0958	0.9257	0.9208

为了方便比较，将表 3.8 中均方根误差和标准差绘制成对月份变化的曲线，如图 3.41 和图 3.42 所示。

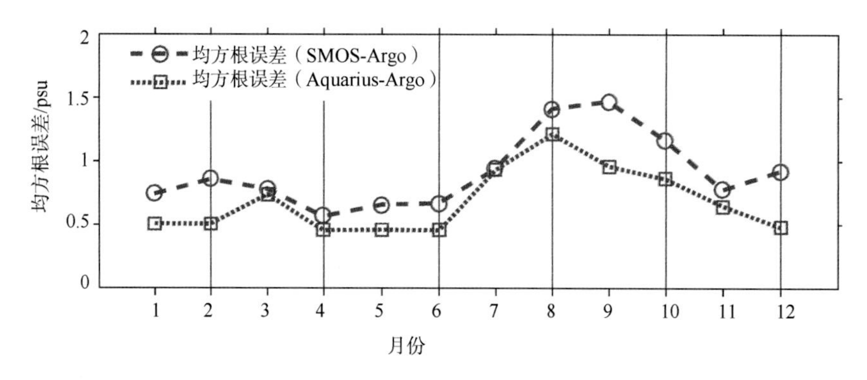

图 3.41　SMOS 和 Aquarius 月均数据的均方根误差随月份的变化

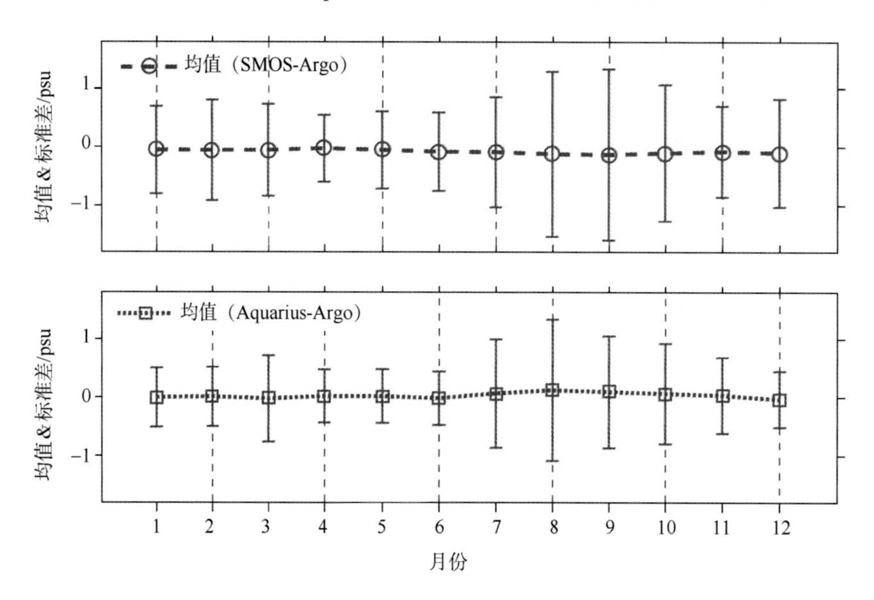

图 3.42　SMOS 和 Aquarius 月均数据的误差均值和标准差随月份的变化

垂直线段的长度代表了当月误差的标准差大小

从图 3.41 中可以看出，同 Argo 实测盐度对比后，Aquarius 的均方根误差小于 SMOS，即表示了 Aquarius 的盐度测量精度比 SMOS 要高。图 3.42 中的垂直线段的长度代表了当月误差的标准差大小，通过比较可以得出，Aquarius 的标准差也要小于 SMOS，即 Aquarius 的盐度测量稳定程度更高。该结果和其他文献中的结果是一致的，由于 Aquarius 运用的是实孔径的观测手段，虽然相比于 SMOS 的综合孔径辐射计有分辨率低、角度信息少等缺点，但却有着更高亮温测量稳定度；同时 Aquarius 少了亮温反演的过程，从而也减少了误差来源。

3）区域盐度测量精度分析

从图 3.40 中可以看出，在不同区域，卫星测量数据的误差是有所差别的。在针对全球范围进行分析后，有必要对不同海域的精度进行分析。下面分别对开阔海域和近海区域的测量精度进行分析。

(1)开阔海域。

对于开阔海域，由于远离了陆地污染及射频干扰(RFI)的影响，因此其一般有着更好的盐度测量精度。表 3.9 选取了 5 个不同的开阔海域，将它们的盐度测量精度进行对比。为了方便与前面的结果进行对比，图 3.43 标示了这 5 个区域在地图上的位置。

表 3.9　开阔海域的选取

编号	区域名称	缩写	位置
1	北太平洋	NPO	10°～30°N，130°E～180°，160°W～180°
2	南太平洋	SPO	15°～35°S，100°～160°W
3	北大西洋	NAO	20°～35°N，30°～65°W
4	南大西洋	SAO	15°～45°S，5°～30°W
5	印度洋	INO	10°～40°S，60°～90°E

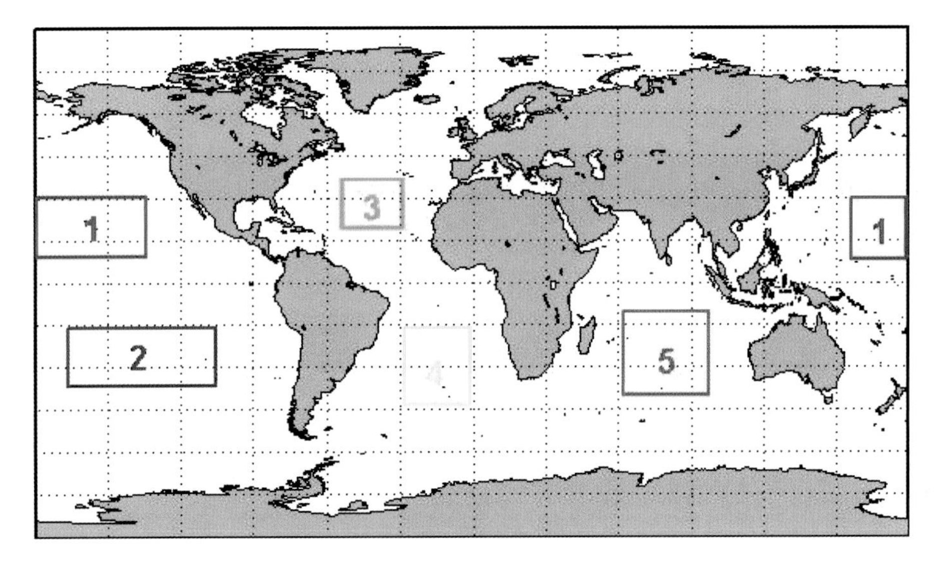

图 3.43　开阔海域选取的地图示意图

选取了这 5 个开阔海域后，分别对该区域的 SMOS 和 Aquarius 数据的测量精度进行计算和分析。表 3.10 计算了 SMOS 和 Aquarius 卫星月均盐度测量结果的均方根误差。

表 3.10　开阔海域 SMOS 和 Aquarius 月均数据区域精度对比(2013 年)

月份	均方根误差(SMOS-Argo)/psu					均方根误差(Aquarius-Argo)/psu				
	NPO	SPO	NAO	SAO	INO	NPO	SPO	NAO	SAO	INO
1	0.1378	0.2101	0.1940	0.1848	0.1324	0.1338	0.2089	0.1660	0.2207	0.2044
2	0.1613	0.1775	0.1450	0.1756	0.1357	0.1302	0.1952	0.1761	0.2350	0.2364
3	0.1638	0.1873	0.1461	0.2046	0.1293	0.2034	0.2174	0.1990	0.2433	0.2120
4	0.1467	0.1817	0.1444	0.1830	0.1442	0.1731	0.2687	0.2313	0.2197	0.2384
5	0.1087	0.1499	0.1310	0.1344	0.1029	0.1895	0.2915	0.1784	0.2600	0.2742

续表

月份	均方根误差(SMOS-Argo)/psu					均方根误差(Aquarius-Argo)/psu				
	NPO	SPO	NAO	SAO	INO	NPO	SPO	NAO	SAO	INO
6	0.2000	0.1387	0.1655	0.2270	0.1347	0.1158	0.2289	0.1986	0.1859	0.1972
7	0.1685	0.1430	0.1557	0.2156	0.1443	0.1185	0.2111	0.1512	0.1760	0.1800
8	0.1856	0.1503	0.1655	0.1742	0.1810	0.1473	0.2034	0.1631	0.1681	0.1613
9	0.2262	0.1533	0.1712	0.1529	0.1809	0.1656	0.2185	0.1969	0.2254	0.2105
10	0.2579	0.1203	0.1310	0.1377	0.1957	0.1833	0.2310	0.1722	0.2704	0.2551
11	0.2143	0.1493	0.1142	0.1626	0.1913	0.1538	0.2363	0.1527	0.2339	0.2593
12	0.1916	0.1382	0.1116	0.1469	0.1434	0.1324	0.2652	0.1328	0.3035	0.2584
	0.1802	0.1583	0.1479	0.1749	0.1513	0.1538	0.2313	0.1765	0.2285	0.2239

为了方便比较，将5个区域的计算结果绘制成随月份变化的曲线，如图3.44所示。

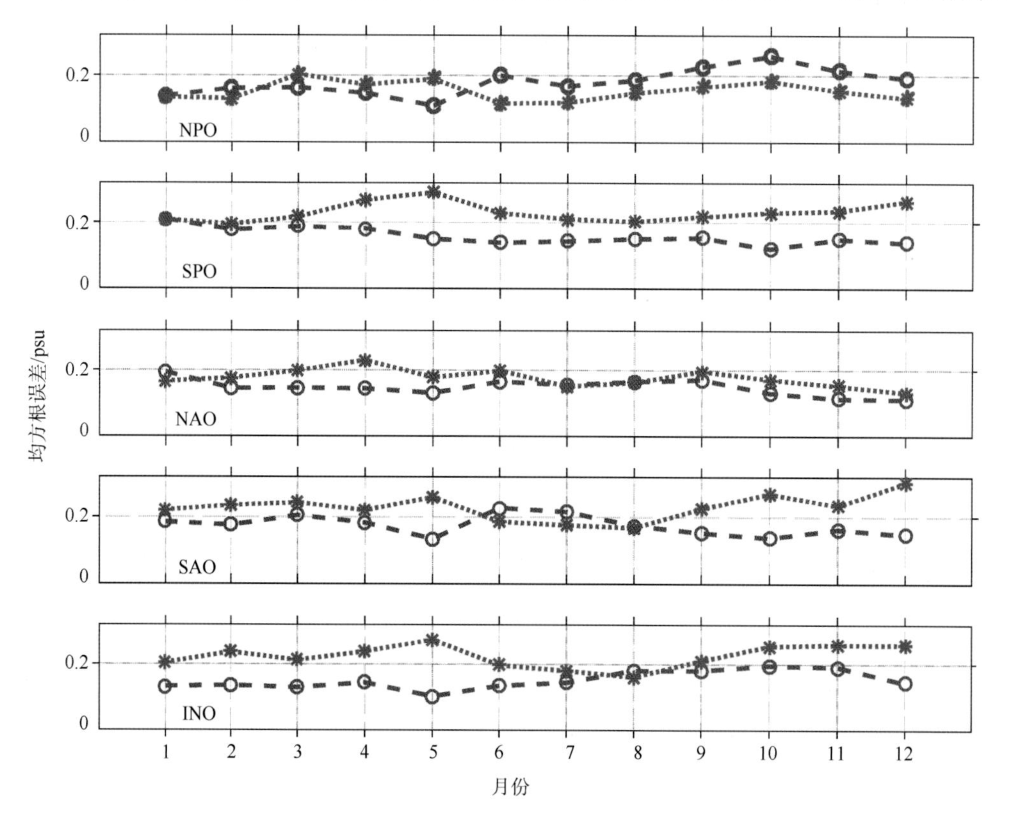

图3.44　5个开阔海域SMOS(蓝色圆圈)和Aquarius(绿色圆圈)月均数据精度对比

从表3.10和图3.44可以看出，在开阔海域，SMOS的月均盐度测量精度为0.14～0.18 psu，Aquarius的精度为0.15～0.23 psu。在SPO、NAO、SAO和INO这4个开阔海域，大多数月份的SMOS的月均测量精度高于Aquarius，只有在区域NPO，7月以后Aquarius的测量精度才高于SMOS。因此，虽然全球范围SMOS的盐度测量精度不如Aquarius，但SMOS在开阔海域的表现是优于Aquarius的。

(2)近海区域。

对于近海区域，盐度测量会受到陆地污染及 RFI 的影响，所以近海区域的盐度遥感一直是难点，测量精度也会明显低于开阔海域。表 3.11 选取了 5 个不同的近海区域，将它们的盐度测量精度进行对比。为了方便和前面的结果进行对比，图 3.45 标示了这 5 个区域在地图上的位置。

表 3.11　海岸区域的选取

编号	区域名称	位置
1	NPO 靠近加拿大和阿拉斯加州	135°～165°W、45°～60°N
2	南大洋靠近智利和阿根廷	55°～85°W、40°～60°S
3	NAO 靠近欧盟诸国	5°～25°E、35°～60°N
4	INO 靠近印度	45°～75°E、5°～25°N
5	中国南海靠近台湾岛	105°～135°E、10°～30°N

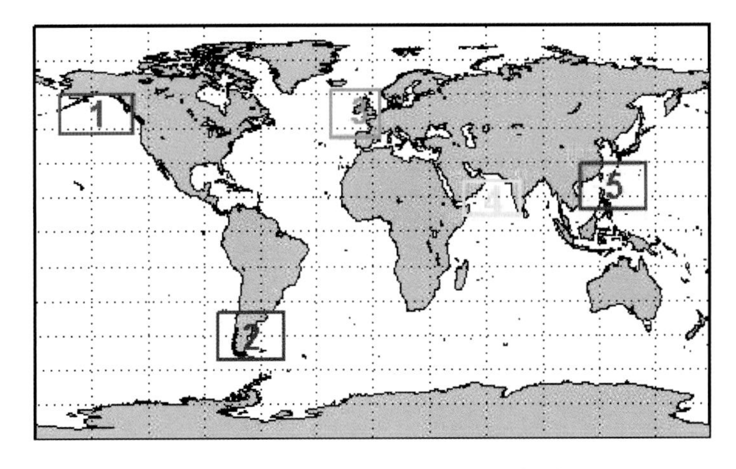

图 3.45　海岸区域选取的地图示意图

选取了这 5 个近海区域后，分别对该区域的 SMOS 和 Aquarius 数据的测量精度进行计算和分析。表 3.12 计算了 SMOS 和 Aquarius 卫星月均盐度测量结果的均方根误差。

表 3.12　海岸区域 SMOS 和 Aquarius 卫星月均数据区域精度对比(2013 年)

月份	均方根误差(SMOS-Argo)/psu					均方根误差(Aquarius-Argo)/psu				
	区域 1	区域 2	区域 3	区域 4	区域 5	区域 1	区域 2	区域 3	区域 4	区域 5
1	0.9680	0.4382	0.6765	0.7546	0.8811	0.4834	0.3363	1.0839	0.4346	0.8781
2	0.6350	0.4420	0.7038	0.5511	1.1578	0.4097	0.3616	0.9020	0.3475	0.9099
3	0.4402	0.4050	0.6559	0.6881	0.7723	0.3225	0.4721	0.7276	0.5095	1.1239
4	0.3557	0.3865	0.6575	0.5342	0.8584	0.5610	0.4534	0.8628	0.3819	0.9416
5	0.4505	0.5468	0.6967	0.5847	0.8380	0.5999	0.4553	0.6820	0.3784	0.9848
6	0.3565	0.6159	0.7553	0.6034	0.8761	0.5016	0.3945	0.6800	0.2397	0.6655
7	0.2815	0.6183	0.6781	0.5974	0.6676	0.4254	0.4649	0.6494	0.2953	0.7693

续表

月份	均方根误差(SMOS-Argo)/psu					均方根误差(Aquarius-Argo)/psu				
	区域 1	区域 2	区域 3	区域 4	区域 5	区域 1	区域 2	区域 3	区域 4	区域 5
8	0.2523	0.5849	0.6364	0.7798	0.8169	0.3704	0.4840	0.6103	0.3261	0.6715
9	0.2824	0.5584	1.7013	0.9775	0.7562	0.4595	0.5971	0.6889	0.3711	0.7747
10	0.4339	0.5484	1.1615	0.7553	1.0167	0.4665	0.6510	0.7090	0.4985	0.8396
11	0.7096	0.5103	0.8372	0.5549	0.9045	0.4463	0.4939	0.7337	0.4110	0.8756
12	0.7730	0.4567	0.8067	0.5533	1.0678	0.5045	0.4098	0.8757	0.4512	0.9038
	0.4949	0.5093	0.8306	0.6612	0.8845	0.4626	0.4645	0.7671	0.3871	0.8615

为了方便比较，将 5 个区域的计算结果绘制成随月份变化的曲线，如图 3.46 所示。

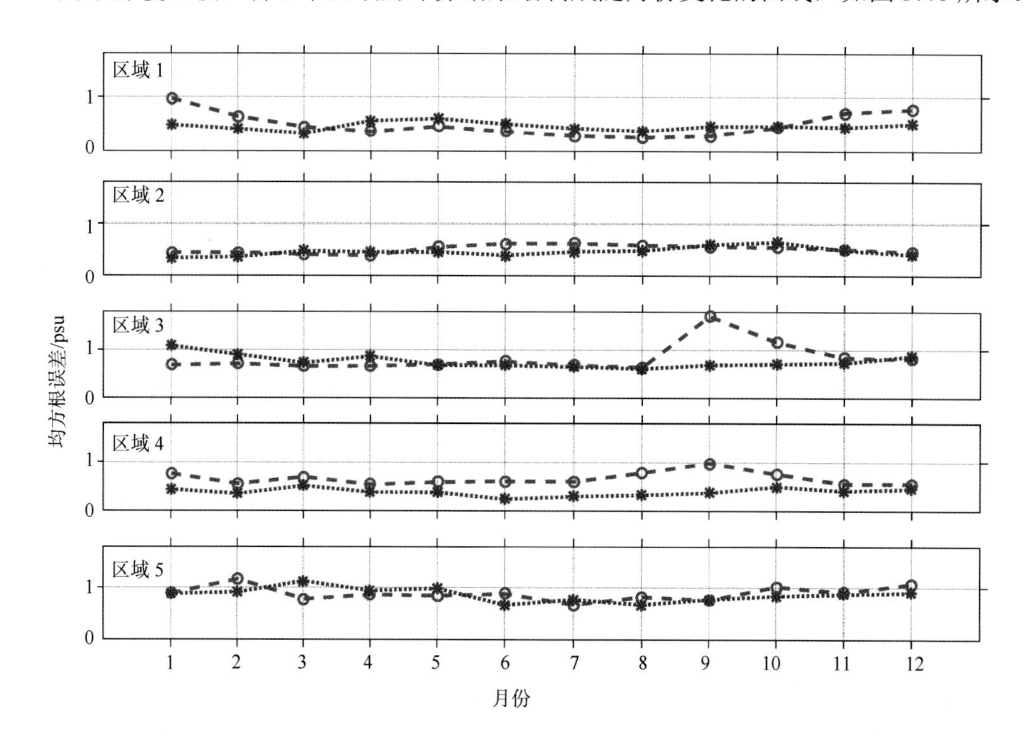

图 3.46　5 个海岸区域中 SMOS(蓝色圆圈)和 Aquarius(绿色圆圈)月均数据精度对比

从表 3.12 和图 3.46 中可以看出，在近海区域，SMOS 的月均盐度测量精度为 0.5～0.88 psu，Aquarius 的精度为 0.46～0.86 psu。在区域 1、区域 2 和区域 5，SMOS 和 Aquarius 的测量精度相近，而在区域 3 和区域 4 的某些月份，Aquarius 的测量精度明显高于 SMOS。SMOS 测量的海岸盐度在某些月份的均方根误差达到 1.8 psu，即 SMOS 在海岸区域的盐度测量稳定度较低。并且，SMOS 和 Aquarius 都在区域 5 即中国南海靠近台湾岛区域呈现大的盐度测量误差。

参考文献

程永存, 徐青, 刘玉光, 等. 2008. T/P, Jason-1 测量风速及有效波高的验证与比较. 大地测量与地球动力学, 28(6):121-126.

李青侠, 陈柯, 郎量, 等. 2017. 高分辨率被动微波遥感——综合孔径微波辐射成像. 北京: 科学出版社.

李炎. 2016. 卫星微波遥感海表盐度数据误差分析及陆地污染校正. 武汉: 华中科技大学硕士学位论文.

Barre H M, Duesmann B, Kerr Y H. 2008. SMOS: the mission and the system. IEEE Transactions on Geoscience and Remote Sensing, 46(3): 587-593.

Chen C T, Zhu J H, Lin M S, et al. 2013. Validation of the significant wave height product of HY-2 altimeter-primary results. Acta Oceanologica Sinica, 32(11):82-86.

Chen G, Xu P, Fang C Y. 2000. Numerical simulation on the choice of space and time windows for altimeter/buoy comparison of significant wave height. IEEE International Geoscience and Remote Sensing Symposium.

Cotton P D, Carter D J T. 1994. Cross calibration of Topex, ERS-1, and Geosat wave heights. Journal of Geophysical Research, 99:25025-25033.

Dobson E B, Monaldo F, Goldhirsh J. 1987. Validation of Geosat altimeter-derives wind speed and significant wave heights using buoy data. Journal of Geophysical Research, 92:10719-10731.

Durrant T H, Diana J M. 2009. Greenslade, ian simmonds, validation of Jason-1 and envisat remotely sensed wave heights. Journal of Atmospheric and Oceanic Technology, 26(1):123-134.

Ebuchi N, Kawamura H. 1994. Validation of wind speeds and significant wave heights observed by the Topex altimeter around Japan. Journal of Oceanography, 50:479-487.

Frank M. 1988. Expected differences between buoy and rader altimeter estimates of wind speed and significant wave height and their implications on buoy-altimeter comparisons. Journal of Geophysical Research, 93(C3):2285-2302.

Gaillard F, Autret E, Thierry V, et al. 2009. Quality control of large Argo datasets. Journal of Atmospheric and Oceanic Technology, 26(2): 337-351.

Glazman R E, Stuart H. 1990. Effects of sea maturity on satellite altimeter measurement. Journal of Geophysical Research, 95:2857-2870.

Gower J F R. 1996. Intercalibration of wave and wind data from TOPEX/POSEIDON and moored buoys off the west coast of Canada. Journal of Geophysical Research, 101:3817-3829.

Hwang C W, Kao E C, Parsons B. 1998. Global derivation of marine gravity anomalies from Seasat, Geosat, ERS-1 and TOPEX/POSEIDON altimeter data. Geophysical Journal International, 134:449-459.

Kerr Y H, Waldteufel P, Wigneron J, et al. 2010. The SMOS mission: new tool for monitoring key elements of the global water cycle. Proceedings of the IEEE, 98(5): 666-687.

Lefevre J M, Barckicke J, Menard Y. 1994. A significant wave height dependent function for Topex/Poseidon wind speed retrieval. Journal of Geophysical Research, 99:25035-25049.

Mcmullan K D, Brown M A, Martin-Neira M, et al. 2008. SMOS: the payload. IEEE Transactions on Geoscience and Remote Sensing, 46(3): 594-605.

Mecklenburg S, Drusch M, Kerr Y H, et al. 2012. ESA's soil moisture and ocean salinity mission: mission performance and operations. IEEE Transactions on Geoscience and Remote Sensing, 50(5): 1354-1366.

Queffeulou P. 2004. Long-term validation of wave height measurements from altimeters. Marine Geodesy,

27:3-4, 495-510.

Xu Y, Lin M, Xu Y. 2015. Validation of Chinese HY-2 satellite radar altimeter significant wave height. Acta Oceanologica Sinica, 34:60-67.

Yang J, Xu G, Xu Y, et al. 2014. Calibration of significant wave height from HY-2A satellite altimeter. International Society for Optical Engineering, SPIE Proceedings, 9221: 92210B.

Yin X, Boutin J, Dinnat E, et al. 2016. Roughness and foam signature on SMOS-MIRAS brightness temperatures: a semi-theoretical approach. Remote Sensing of Environment, 180: 221-233.

Yin X, Boutin J, Martin N, et al. 2014. Errors in SMOS Sea Surface Salinity and their dependency on a priori wind speed. Remote Sensing of Environment, 146: 159-171.

Young I R. 1999. An intercomparision of Geosat, Topex and ERS-1 measurments of wind speed and wave height. Ocean Engineering, 26:67-81.

第4章　三维成像雷达高度计海洋信息提取技术

4.1　发展三维成像雷达高度计的意义

海洋处于时刻变化之中，变化尺度从毫米级到行星尺度。过去20年传统雷达高度计已经被广泛用来研究和监测大尺度海洋环流和海表面高度变化(Ducet et al.，2000；Fu et al.，2010；李大炜等，2012；刘巍等，2012；李艳芳，2012)。卫星雷达高度计自1992年10月以来不断地获得了全球海表面地形，为海洋科学带来了革命性的进步(Fu and Cazenave，2001)。同时，雷达高度计提供了全球范围内海平面变化的精确数据(Nerem et al.，2010)。结合现场观测数据，这些数据可用来研究海平面变化的真实原因，区分人类活动和自然气候变化导致的海平面变化，为进一步改进气候预测模型做出贡献。

虽然传统雷达高度计在物理海洋学和海洋科学等领域已经取得了非常显著的成绩，但是由于数据空间分辨率不足，只能监测尺度大于200 km的海洋现象及其变化(Chavanne and Klein，2010)。近岸海面高度和潮汐的准确测量对于防灾减灾、海洋渔业生产活动等非常重要。目前，除了验潮站等零星现场测量之外，尚无其他较好的手段可用于近岸潮汐测量。传统雷达高度计在近岸测高能量不足，也不能用来测量近岸潮汐。

海洋上层和内部之间的热通量以及碳和营养物质交换主要在尺度小于200 km的海洋过程中进行。这些能量和物质交换是确定海洋在全球气候变化中作用的关键因素(图4.1)。海洋中，垂直方向上碳和热量传输的定量化研究首先需要搞清楚湍动边界层到内区是如何传输的。

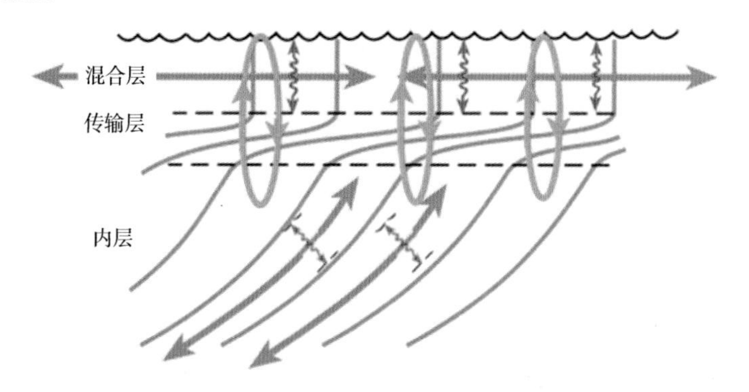

图4.1　海洋中中小尺度运动(10～100 km，图中绿色所示)在热量、二氧化碳及其他海洋表层和深层水交换起重要作用

图中蓝色代表尺度为100～500 km的大尺度运动，红色代表尺度约为1 km的混合过程

另外，目前海洋科学中存在若干亟待解决的科学问题，概括起来主要包括以下几个方面：①垂直流向方向上空间尺度在 100 km 以下的强流(如黑潮、墨西哥湾流、南极绕极流等)及其锋面不稳定过程(贾永君，2010；Jia and Zhang，2010)(图 4.2)拥有大部分的海洋动能。如何全面、定量化观测这些海洋现象成为新的海洋科学命题。②海洋中，空间尺度为 10～100 km 的混合过程在质量、热量、盐和营养物质传输中非常重要，其重要性如何定量化刻画需要持续监测，但这些过程的全天时全天候监测目前尚无有效手段。③近岸区，10～100 km 尺度的上升流是如何影响海洋生物、生态系统及污染物扩散的？在开阔海域，营养物质的垂向传输大约有 50%发生在 10～100 km 尺度(Lapeyre and Klein，2006)，该尺度的海洋现象是如何生成和发展的？这些垂向传输过程的监测急需新的技术手段。

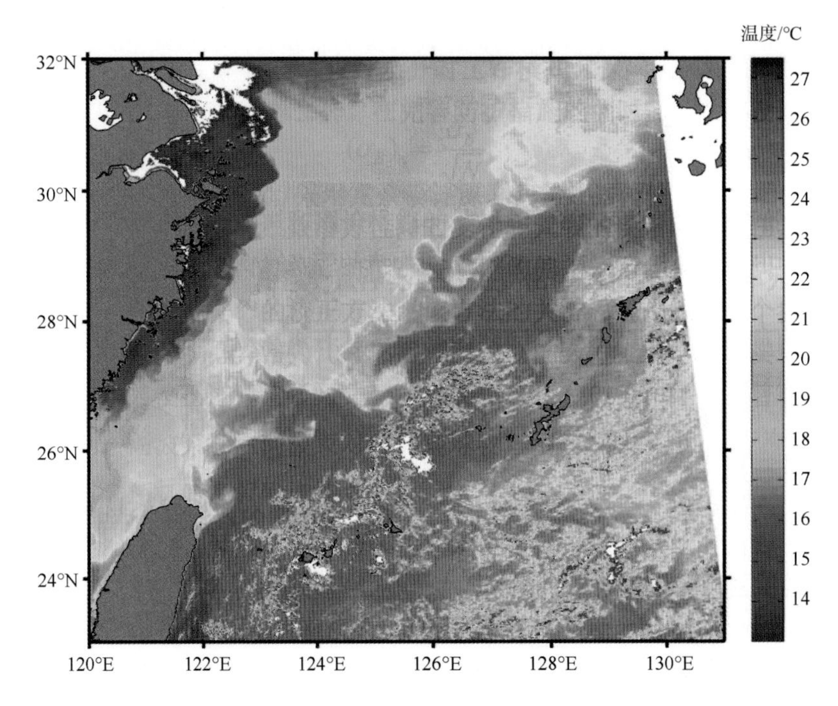

图 4.2　东海海表面温度分布(2008 年 11 月 10 日 MODIS 观察结果)
图中黑潮锋面向西南(左下)方向凸出的暖水舌即中小尺度的不稳定过程

为解决上述气候及海洋科学问题，美国 JPL 早在 20 世纪 90 年代就提出宽刈幅成像雷达高度计计划，并且在航天飞机雷达地形测量任务(shuttle radar topography mission，SRTM)中成功获得有效观测数据。后续，JPL 又提出宽刈幅海洋高度计(wide-swath ocean altimeter，WSOA)，但由于经费短缺没有发射成功。近 10 年来，在 SRTM 和 WSOA 已有技术的基础上，美国国家研究委员会在“地球空间科学与应用：十年后国家迫切需要”提出了 SWOT(The Surface Water and Ocean Topography)卫星计划，并建议该计划由美国国家航空航天局(NASA)具体执行(National Research Council，2007)。SWOT 卫星的主载荷为 Ka 波段的雷达干涉仪，可获得宽刈幅、高精度和高空间分辨率的海面地形信息(Fu and Rodriguez，2004；Alsdorf et al.，2007)。SWOT 卫星观察示意图如图 4.3 所示。

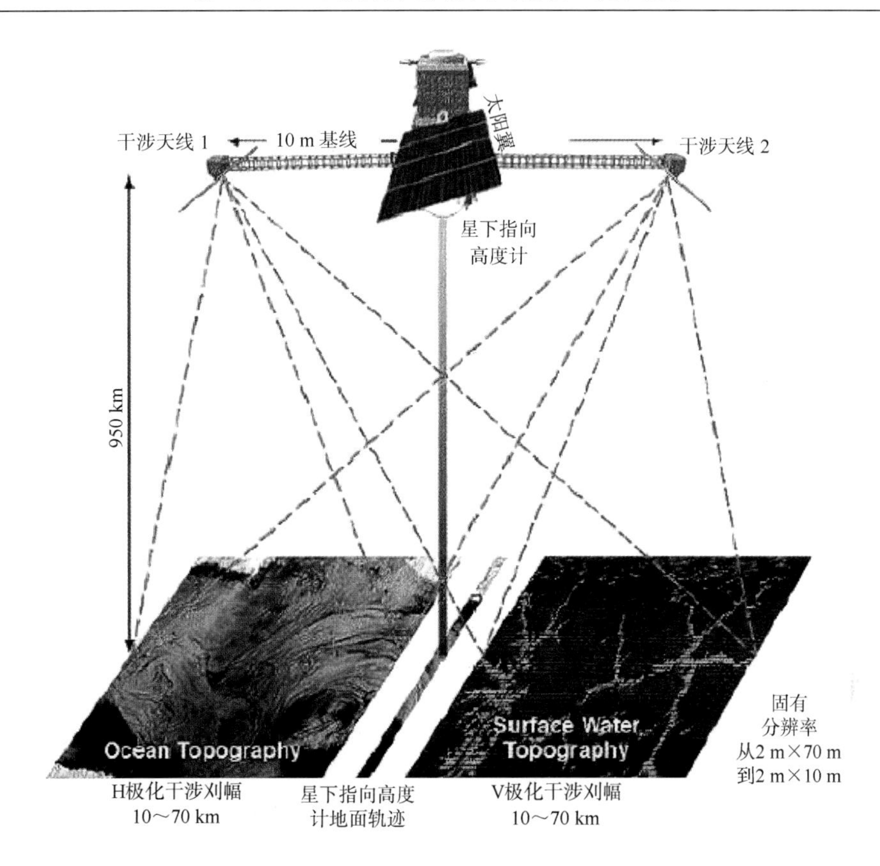

图 4.3　SWOT 卫星观察示意图(http:// swot.jpl.nasa.gov/)

美国及他们的合作组织均公开表示，SWOT 卫星上搭载的三维成像雷达高度计可探测海表面高度、有效波高及海面风速等海洋动力环境信息。但对海表面高度测量中需要消除的误差内容，以及如何消除这些误差等关键技术不对外公开。同时，从目前公开的文献资料中得不到任何关于有效波高和海面风速的反演算法介绍。

三维成像雷达高度计较传统雷达高度计在刈幅、测量精度及空间分辨率等方面具有较大程度的提高，见表 4.1(以 SWOT 为例)，在海洋动力环境监测过程中具有较大优势，其是未来雷达高度计发展的必然趋势。

表 4.1　SWOT 与传统雷达高度计对比

比较要素	传统雷达高度计	SWOT
测量刈幅	2～7 km	星下：2～7 km 两侧：各 60 km
测高精度	2～3 cm	星下：2～3 cm 两侧：4～5 cm
空间分辨率	星下足迹	星下：足迹 两侧：1 km
观测的海洋要素尺度	≥200 km	千米级及以上

国内从 2001 年就开始探索三维成像雷达高度计关键技术，王志森(2002)较为全面地阐述了当时国内对成像雷达高度计的认识，并对仪器可能引起的测量误差进行了分析。张云华等(2004)详细介绍了成像雷达高度计的工作原理和系统设计，重点介绍了机载样机系统及首次机载飞行试验，并首次获得单轨双天线干涉相位图像。对干涉相位进行算法处理后初步得到了三维地形图。这次试验在我国三维成像雷达高度计设计方面具有里程碑式的意义。2005 年，阎敬业介绍了星载三维成像雷达高度计的系统设计方案及相关硬件带来的误差。这些研究均以三维成像雷达高度计硬件设计方面的研究作为重点，没有涉及观测数据的处理。这些工作积累为我国星载三维成像雷达高度计奠定了硬件设计基础。2016 年发射的天宫二号空间实验室搭载了我国自行设计研发的三维成像雷达高度计载荷。这个载荷是全球第一台星载三维成像雷达高度计。

4.2　三维成像雷达高度计海面高度数据处理技术

传统卫星雷达高度计的测高误差包含干对流层、湿对流层、海况、电离层等引入的测高误差。传统雷达高度计是星下测量，原理简单，并且经过几十年的发展，人们已经摸索出如何去掉这些测高误差的方法。

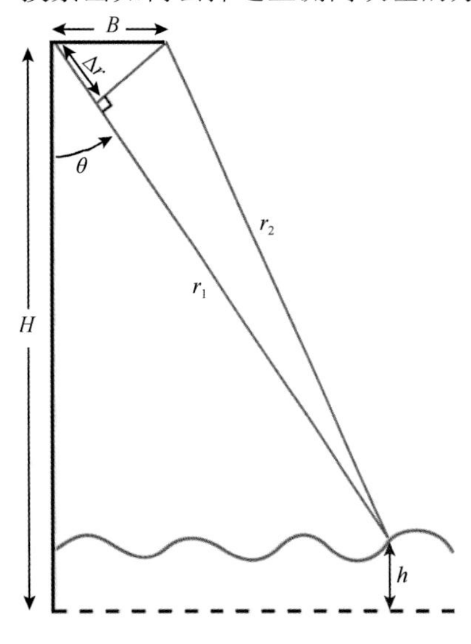

图 4.4　成像雷达高度计测量原理

对于成像雷达高度计而言，与传统雷达高度计有很大的不同，既不是星下测量，也没有可以参考的算法模型。本书根据成像雷达高度计的测量原理(图 4.4)，总结了影响成像雷达高度计测高的因素。

$$h = H - r_1 \cos\theta \tag{4.2.1}$$

$$x = r_1 \sin\theta \tag{4.2.2}$$

式中，h 为海面相对于某参考面的距离(如参考椭球面、大地水准面、平均海平面等)；H 为卫星到参考面的距离(可通过精密定轨获取到)；r_1 为卫星测量的斜距值；θ 为视角；x 为星下点到测量点的距离。这里只有 θ 是未知的。

假设两个天线在同一平面内被一固定基线(基线长度为 B)相连，那么根据成像雷达高度计的测量原理，有

$$r_1 - r_2 = \Delta r \approx B\sin\theta \tag{4.2.3}$$

这样，视角 θ 可以通过基线长度和两个斜距的差计算得到。

4.2.1　基 线 倾 角

卫星平台并不是平稳不变的，导致基线会偏离平衡位置，视角会引入误差，如图 4.5 所示。

$$\delta h(t)=r(t)\sin\left[\theta(t)\right]\delta\theta(t)\approx C\left(1+\frac{H}{R_{\mathrm{E}}}\right)\delta\theta(t) \tag{4.2.4}$$

$$\delta c=(H-h)\delta\theta \tag{4.2.5}$$

式中，C 为观测点距离星下点距离，单位：km；H 为卫星质心距参考面距离，单位：km；R_{E} 为地球半径，单位：km；$\delta\theta(t)$ 为基线倾角，单位：arcsecond；δc 为交轨方向的定位误差。

图 4.6 给出了 120 km 刈幅范围内，基线倾角引入的测高误差，可以发现在基线倾角大约为 0.5 arcsecond 的情况下，60 km 以内的刈幅内，基线倾角引入的测高误差大约在 10 cm 以内，但是随着刈幅的增大测高误差会急剧增加。同时，在 60 km 的刈幅处，随着基线倾角的增加，引入的测高误差也会增加。

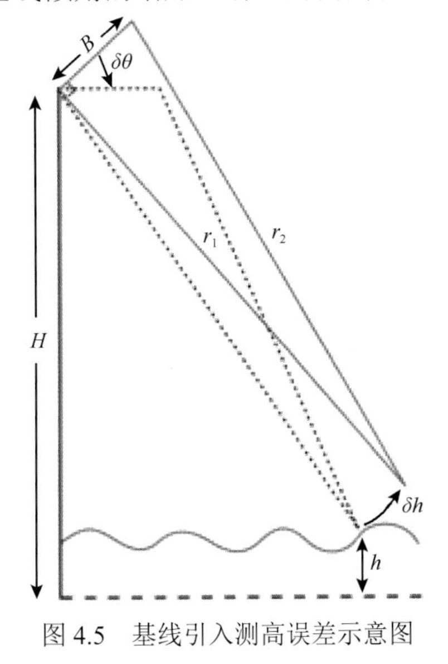

图 4.5　基线引入测高误差示意图

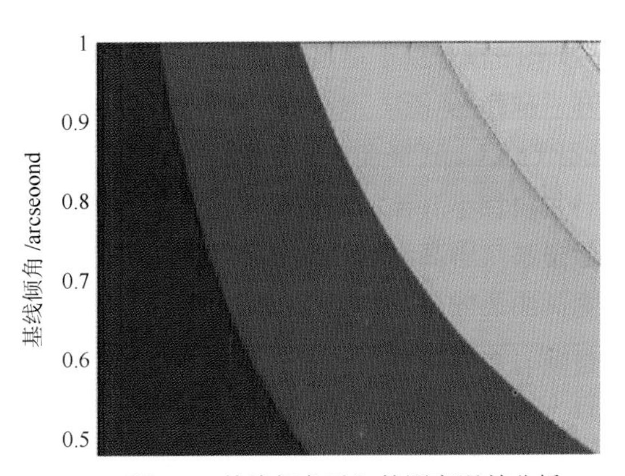

图 4.6　基线倾角引入的测高误差分析

基线倾角误差是影响三维成像雷达高度计测高精度的重要误差源之一，且随着交轨距离的增加该误差线性增大，即在观测刈幅远端会引起更大的高程误差。现有的测角仪(如陀螺仪等)很难将基线倾角测量精度控制在 0.1 角秒以内，无法保证厘米级的测高精度。

由于星下点的特殊几何关系，利用星下点干涉相位与基线倾角的关系可以获得更高精度的基线倾角，有效地对飞行姿态进行估计，提高测量精度。星下点干涉相位和基线倾角的关系为

$$\varphi_{\mathrm{nadir}}=\frac{2\pi}{\lambda}\Delta r_{\mathrm{nadir}}=\frac{2\pi}{\lambda}\left(r_1-r_2\right)\approx\frac{2\pi}{\lambda}B\sin\alpha \tag{4.2.6}$$

$$\alpha=\arcsin\left(\frac{\lambda}{2\pi}\cdot\frac{\varphi_{\mathrm{nadir}}}{B}\right) \tag{4.2.7}$$

忽略轨道高度的影响后，星下点的干涉相位主要与基线倾角 α 和基线长度 B 有关，而且基线长度误差对基线倾角误差的影响远小于干涉相位测量误差对基线倾角误差的影响，因此可以通过星下点干涉相位进行基线倾角的计算。

在仿真测量的基础上，引入标准差 1 角秒的沿轨随机基线倾角误差，假设星下点的干涉相位精度为 0.05°，陀螺仪测角精度为 0.36 角秒。计算结果表明，利用星下点干涉相位法计算基线倾角可达 0.03 角秒的精度。在其他条件不变的情况下，对根据模拟陀螺仪测量和星下点干涉相位法计算的基线倾角进行高程重建，结果表明星下点干涉相位法能对基线倾角误差进行有效校正，观测刈幅内高程误差的标准差(测高精度)分别为 6.02 cm[图 4.7(a)]和 0.48 cm[图 4.7(b)]，最大值分别为 36.65 cm 和 3.22 cm，如图 4.7 所示。

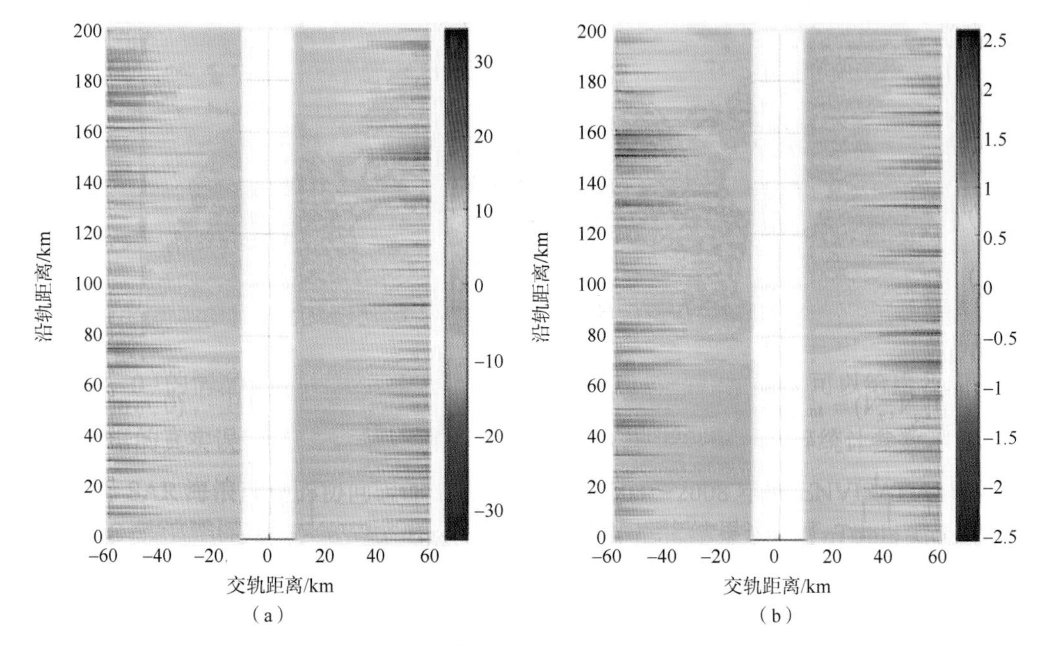

图 4.7　不同基线倾角精度下的高程误差分布

(a)模拟陀螺仪测量，0.36 角秒精度；(b)星下点

4.2.2　相　　位

$$\delta h = \frac{\lambda r \tan\theta}{2\pi B}\delta\phi \cong \frac{C}{kB}\left(1+\frac{H}{R_{\mathrm{E}}}\right)\delta\phi \tag{4.2.8}$$

$$\delta h = C\left(1+\frac{H}{R_{\mathrm{E}}}\right)\frac{100\pi}{18kB}\delta\phi \tag{4.2.9}$$

$$\delta c = \frac{H-h}{kB\cos\theta}\delta\phi \tag{4.2.10}$$

式中，C 为观测点距离星下点距离，单位：km；H 为卫星质心距离参考面距离，单位：km；R_{E} 为地球半径，单位：km；$\delta\phi$ 为相位误差，单位：(°)。

当入射角很小时，$\cos\theta \approx 1$，相位误差退化为基线倾角误差 $\delta\theta = \delta\phi / kB$，在 $kB \gg 1$ 的情况下，相位误差较基线倾角误差的量级较小。

图 4.8 给出了相位引入的测高误差在不同交轨距离处的值。

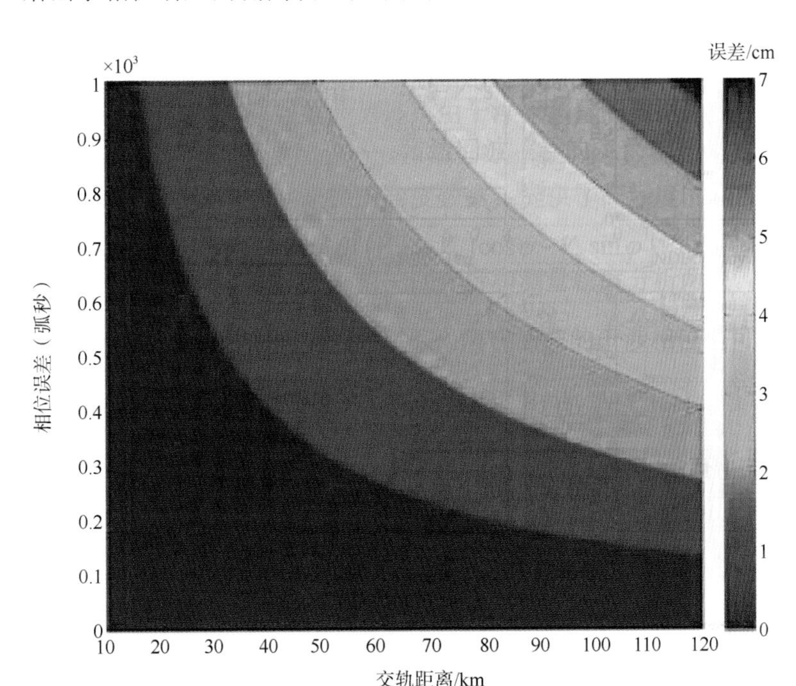

图 4.8　相位误差引入的测高误差随距离向的变化情况

4.2.2　海 况 偏 差

1. 海况偏差非参数模型

基于 Jason-2 高度计，采用核函数估计(NW)和局部线性回归估计(LLR)两种非参数估计方法，选用高斯(Gaussian)核函数和球谐(Epanechnikov)核函数及固定带宽和局部可调带宽，对不同组合形式的模型进行优选，确定 LLR 估计方法的 Epanechnikov 核函数、局部可调带宽为最优非参数模型。通过对最优非参数模型和参数模型结果进行对比分析表明，非参数模型在北纬高纬度区域表现更优，而在中低纬度及南纬区域参数模型不失优势。将非参数模型应用于我国 HY-2A 高度计，得到与以上同样的结论。

1) 模型算法

$$\varphi(\boldsymbol{x})=\sum_{i=1}^{n} y_i\alpha_n(\boldsymbol{x}-\boldsymbol{x}_{2i})+\sum_{i=1}^{n}\varphi(\boldsymbol{x}_{1i})\alpha_n(\boldsymbol{x}-\boldsymbol{x}_{2i}) \tag{4.2.11}$$

式中，$\varphi(\boldsymbol{x})$ 为 SSB 非参数估计值，对于任意的向量 $\boldsymbol{x}=(\mathrm{SWH},U)$，只要 $\varphi(\boldsymbol{x}_1)$ 的值已知(交叉点升轨 SSB 估计值)，则式(4.2.11)就能提供一种对 $\varphi(\boldsymbol{x})$ 估计的算法。

首先要算出交叉点升轨处的 SSB 估计，即 $\varphi(\boldsymbol{x}_1)$。

令 $x = x_{1j}$，则式(4.2.11)可写为

$$\varphi(\boldsymbol{x}_{1j}) = \sum_{i=1}^{n}[y_i \cdot \alpha_n(\boldsymbol{x}_{1j} - \boldsymbol{x}_{2i})] + \sum_{i=1}^{n}[\varphi(\boldsymbol{x}_{1i}) \cdot \alpha_n(\boldsymbol{x}_{1j} - \boldsymbol{x}_{2i})] \quad \forall j = 1,\cdots,n \tag{4.2.12}$$

将式(4.2.12)改为矩阵的形式：

$$(\boldsymbol{I} - \boldsymbol{A})\boldsymbol{\varphi}_1 = \boldsymbol{A}\boldsymbol{y} \tag{4.2.13}$$

式中，$\boldsymbol{I}$ 为一个 $n \times n$ 单位矩阵；$\boldsymbol{A}$ 为一个元素为 $\alpha_{ij} = (\boldsymbol{x}_{1j} - \boldsymbol{x}_{2i})$ 的 $n \times n$ 矩阵；$\boldsymbol{\varphi}_1^{\mathrm{T}} = [\varphi(\boldsymbol{x}_{11}),\cdots,\varphi(\boldsymbol{x}_{1n})]$；$\boldsymbol{y}^{\mathrm{T}} = [y_1,\cdots,y_n]$。

式(4.2.13)是无法求解 $\boldsymbol{\varphi}_1$ 的，因为 $\boldsymbol{I} - \boldsymbol{A}$ 是奇异的。该矩阵每一行元素之和为 0。我们必须设定(而不是计算) $\boldsymbol{\varphi}_1$ 的一个值，也就是说，φ_{11} 作为数据集中的第一个元素(一般可取任意合理值，如−0.05 m 为第一个元素值)。

$$\varphi(x_{11}) = \varphi_0 \tag{4.2.14}$$

那么式(4.2.13)可以写成：

$$\boldsymbol{B}_1\boldsymbol{\varphi} = \boldsymbol{A}\boldsymbol{y} - \boldsymbol{B}_0\varphi_0 \tag{4.2.15}$$

式中，$\boldsymbol{\varphi}$ 为由 $\boldsymbol{\varphi}_1$ 的 n–1 个元素构成的向量，$\boldsymbol{\varphi}^{\mathrm{T}} = [\varphi(\boldsymbol{x}_{12}),\cdots,\varphi(\boldsymbol{x}_{1n})]$；($\boldsymbol{B}_0, \boldsymbol{B}_1$)是 $\boldsymbol{I} - \boldsymbol{A}$ 的分割矩阵。有 n–1 个未知量的 n 个等式，就可以得到一个线性最小二乘的矩阵形式：

$$\hat{\boldsymbol{\varphi}} = (\boldsymbol{B}_1^{\mathrm{T}}\boldsymbol{B}_1)^{-1}\boldsymbol{B}_1^{\mathrm{T}}(\boldsymbol{A}\boldsymbol{y} - \boldsymbol{B}_0\varphi_0) \tag{4.2.16}$$

由此得到了 $\varphi(\boldsymbol{x}_{1i})$ 的值(i=2，…，n)，加之 $\varphi(x_{11})$ 就有了完整的升轨测量值 $\varphi(\boldsymbol{x}_1)$。

2) 不同 SSB 非参数估计模型优选

分别采用非参数的 NW 和 LLR 两种估计方法，取全局带宽为：$h_u = 0.7\ \mathrm{m/s}$；$h_{\mathrm{swh}} = 0.3\ \mathrm{m}$。算局部可调带宽时，选取初始带宽为：$h_{u0} = 2.0\ \mathrm{m/s}$；$h_{\mathrm{swh0}} = 0.9\ \mathrm{m}$。选择高斯(Gaussian)核函数和球谐(Epanechnikov)核函数及不同的带宽形式，共可组合出 8 种非参数海况偏差估计模型。其结果见表 4.2。

表 4.2 不同 SSB 非参数估计模型结果及检验

	K(.)	h_x	SSB		D/cm^2	SSB-SWH	SSB-U	$\bar{\varepsilon}$ - Δswh		$\bar{\varepsilon}$ - ΔU	
			平均值/cm	标准差/cm		R^2	R^2	平均值/cm	标准差/cm	平均值/cm	标准差/cm
NW	G	G	−7.97	3.14	20.67	0.86	0.63	−0.80	4.0	0.39	1.60
		L	−8.25	3.27	21.23	0.86	0.80	−0.35	4.0	0.35	1.40
	E	G	−10.63	4.16	23.29	0.90	0.70	0.52	2.71	1.56	1.00
		L	−9.61	4.28	23.58	0.91	0.70	−0.91	2.64	0.07	0.96

续表

K(.)	h_x		SSB 平均值/cm	SSB 标准差/cm	D/cm^2	SSB-SWH R^2	SSB-U R^2	$\overline{\varepsilon}$ - Δswh 平均值/cm	$\overline{\varepsilon}$ - Δswh 标准差/cm	$\overline{\varepsilon}$ - ΔU 平均值/cm	$\overline{\varepsilon}$ - ΔU 标准差/cm
LLR	G	G	−9.35	4.55	24.30	0.93	0.63	−1.52	2.48	−0.47	0.95
		L	−9.36	4.59	24.60	0.91	0.64	−1.46	2.23	−0.46	0.94
	E	G	−10.76	4.67	24.12	0.91	0.61	0.53	2.43	1.21	0.95
		L	−11.22	4.85	24.72	0.93	0.80	−0.29	2.43	0.36	0.94

注：K(.)：G—Gaussian；E—Epanechnikov。h_x：G—h_Global；L—h_Local

可以看出，不同的估计方法，其 SSB 估计值的均值有所差异，说明不同的方法确实会使 SSB 估计产生差异。从解释方差 D 看，LLR 估计方法要比 NW 估计方法占优；局部可调带宽要强于全局固定带宽。在 LLR 估计中采用 Epanechnikov 核函数且选取局部可调带宽的非参数模型(简称 LLR-E-L)，SSB 与 SWH 和 U 的相关度均处于最大值(0.93，0.80)，而按 ΔSWH 分段的模型残差 $\overline{\varepsilon}$ 和按 ΔU 分段的模型残差 $\overline{\varepsilon}$ 的平均值和标准差都较小，可以确定 LLR-E-L 非参数模型更具优势。

2. 改进的海况偏差参数模型

基于 HY-2 高度计与 Jason-2 高度计时空匹配数据集，将匹配点 Jason-2 的海况偏差视为真值、HY-2 的有效波高和风速视为变量，利用最小二乘法建立海况偏差估计六参数模型。

$$\mathrm{SSB} = \mathrm{SWH}[a_1 + a_2\mathrm{SWH} + a_3U + a_4\mathrm{SWH}^2 + a_5U^2 + a_6\mathrm{SWH}\cdot U] \tag{4.2.17}$$

其系数拟合公式如下：

$$\hat{\boldsymbol{a}} = (\boldsymbol{X}^{\mathrm{T}}\boldsymbol{X})^{-1}\boldsymbol{X}^{\mathrm{T}}\mathbf{SSB} \tag{4.2.18}$$

选取 HY-2 卫星高度计 2015 年 85-111cycle 共 26 个周期的 GDR 数据和 Jason-2 卫星高度计 2015 年 239～276 cycle 共 37 个周期的 GDR 数据，拟合得到参数模型系数见表 4.3。

表 4.3　参数模型系数

$a_1/10^{-4}$	$a_2/10^{-4}$	$a_3/10^{-4}$	$a_4/10^{-4}$	$a_5/10^{-4}$	$a_6/10^{-4}$
−346.00	5.80	−23.00	2.27	3.01	−1.74

将模型应用于 HY-2 第 70、第 71 cycle 数据，图 4.9(a)和图 4.9(b)分别为改进前模型(GDR)和改进后模型(PM)残差与有效波高和风速的关系曲线。结果表明，改进后模型的残差均小于改进前模型。

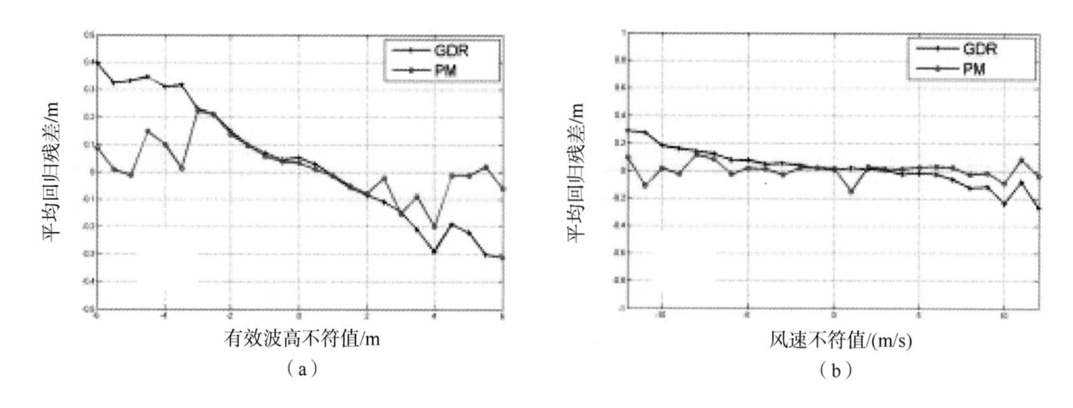

图 4.9　模型残差与有效波高和风速的关系曲线

4.2.3　电离层测高误差分析

1. 利用双频值建立 GIM 修正方程

高度计的 GDR 中提供了电离层双频校正值和 GIM 校正值，GIM 值是基于 GPS 高度的电子含量，要高于高度计所在高度的电子含量，导致 GIM 校正值普遍高于接近真实的双频校正值，需要对 GIM 值进行修正，修正后的电离层校正 GIM 模型可以更好地应用于单频高度计。本章的研究从时间和空间上分为 12 个修正方程，以便更好地适应电离层的时变性和区域变化性质，图 4.10 为修正方程的建立流程图。

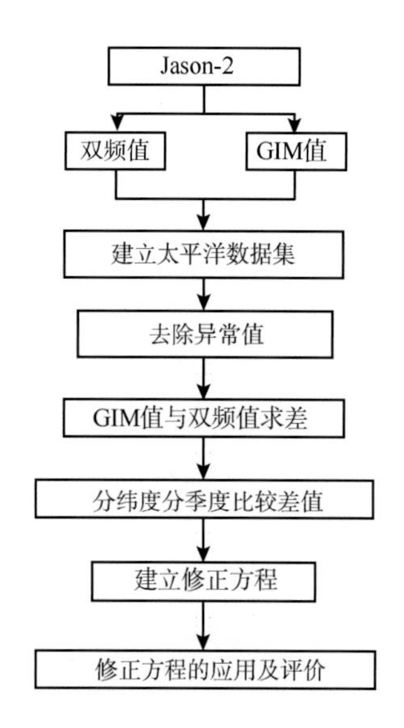

图 4.10　电离层 GIM 修正方程建立流程图

2. 建立多星电离层 BP 神经网络模型

获取不同双频高度计的时间、经纬度、高度和电离层双频校正值，将时间、经度、高度作为神经网络的输入层，电离层双频校正值作为输出层，构建 4 输入变量的 BP 多层神经网络模型，从而为单频高度计提供电离层延迟估计值，其技术路线如图 4.11 示。

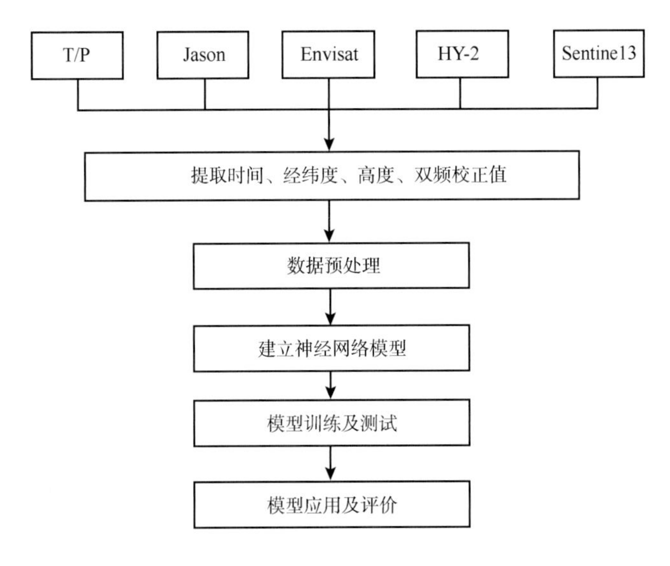

图 4.11　电离层 BP 神经网络模型技术路线

3. 建立高分辨率 GIM 比例截取模型

由于 GPS 在 20 000 km 处工作，而一般的高度计卫星运行在 1 000 km 上下，因此利用 GPS 测得的 GIM 存在过量使用的问题。另外，GIM 数据空间分辨率为 2.5°×5°，时间间隔为 2 h，远不能满足卫星高度计 1 Hz 采样的需求。GPS 和高度计不同高度示意图如图 4.12 所示。

通过数据插值的方式提高 GIM 的时空分辨率，并使用 IRI 电离层模型或 NeQuick 模型获取不同轨道高度下的电子含量比例全球分布情况，建立高分辨率 GIM 比例截取模型。通过对 GIM 数据进行时空插值和比例截取，可以得到适用于目标轨道高度的电离层延迟校正。

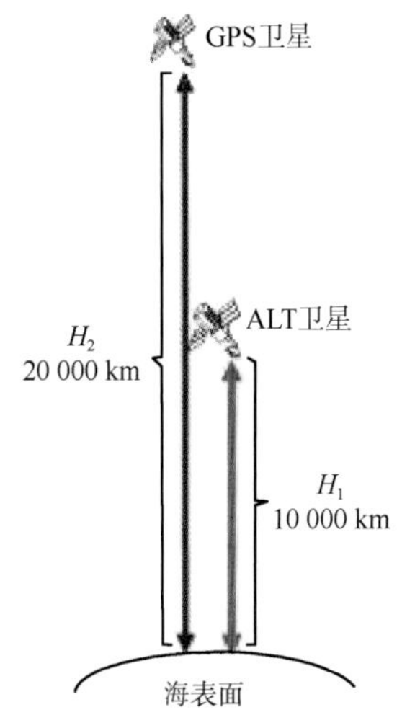

图 4.12　GPS 和高度计不同高度示意图

4.3　三维成像高度计海浪反演

成像高度计数据可能包含三种调制，即倾斜调制、水动力调制和速度聚束调制，本章中只考虑了倾斜调制，以下为推导过程。

假设后向散射系数为σ^0，那么在有效散射面积A上，测量到的后向散射量σ为

$$\sigma = \sigma^0 A \tag{4.3.1}$$

海表各点波陡的差异性，引起后向散射量的相对变化量$\dfrac{\delta\sigma}{\sigma}$：

$$\frac{\delta\sigma}{\sigma} = \frac{\delta\sigma^0}{\sigma^0} + \frac{\delta A}{A} \tag{4.3.2}$$

式中，$\delta\sigma$、$\delta\sigma^0$、δA分别为由于长波波陡倾斜调制而引起的后向散射量、后向散射系数，以及有效散射面积的变化量。

散射系数相对变化量$\dfrac{\delta\sigma^0}{\sigma^0}$的公式如下：

$$\frac{\delta\sigma^0}{\sigma^0} = \frac{\delta p(\tan\theta,0)}{p(\tan\theta,0)} - \frac{\delta(\cos^4\theta)}{\cos^4\theta} \tag{4.3.3}$$

海表x方向波浪波陡为$\dfrac{\partial\zeta}{\partial x}$，设海表局部面元的入射角为$\theta'$，平均海面的入射角为$\theta$，假如波陡引起$\theta'$的变化量为$\eta$，相对入射角$\theta$很小，即$\eta \ll \theta$，那么局部面元的入射角$\theta'$可表示为

$$\theta' = \theta - \eta = \theta - \frac{\partial\zeta}{\partial x} \tag{4.3.4}$$

可得

$$d\theta = \theta' - \theta = -\frac{\partial\zeta}{\partial x} \tag{4.3.5}$$

因此

$$\frac{\delta\sigma^0}{\sigma^0} = \left[-4\tan\theta - \frac{1}{\cos\theta}\frac{\partial(\ln p)}{\partial(\tan\theta)}\right]\cdot\left(\frac{\partial\zeta}{\partial x}\right) \tag{4.3.6}$$

基于波谱仪的几何探测结构，$\dfrac{\delta A}{A}$可表示为

$$\frac{\delta A}{A} = \cot\theta\frac{\partial\zeta}{\partial x} \tag{4.3.7}$$

所以

$$\frac{\delta\sigma}{\sigma} = \alpha(\theta)\frac{\partial\zeta}{\partial x} \tag{4.3.8}$$

将式(4.3.8)两边做傅里叶变换，得到成像高度计成像模型为

$$P(\boldsymbol{k}) = \alpha(\theta)k^2F(\boldsymbol{k})$$

式中，$P(\boldsymbol{k})$ 为图像调制谱；$F(\boldsymbol{k})$ 为海浪谱。

其中的模型系数可表示为

$$\alpha(\theta)=\cot\theta-4\tan\theta-\frac{1}{\cos^2\theta}\frac{\partial\ln p(\tan\theta,0)}{\partial\tan\theta} \tag{4.3.9}$$

假设海面呈高斯分布，波陡概率密度 p 可确定为

$$p(\tan\theta,0)=\frac{1}{2\pi\upsilon}\exp\left(-\frac{\tan^2\theta}{2\upsilon^2}\right) \tag{4.3.10}$$

则

$$\alpha(\theta)=\cot\theta-4\tan\theta-\frac{2\tan\theta}{\upsilon\cos^2\theta} \tag{4.3.11}$$

式中，υ 为海表的均方波陡，只要估计出均方波陡 υ，就可以估计出 $\partial(\theta)$。本章的研究中，根据 Jackson(1985) 建立的均方波陡与海面 10 m 高风速 U_{10} 的经验关系来估计参数 υ，经验关系如下：

$$\upsilon=0.0028U_{10}+0.009 \tag{4.3.12}$$

图 4.13 为用于海浪谱反演的子图像，子图像大小为 5 km，图上存在海浪条纹，说明其具有海浪成像能力。

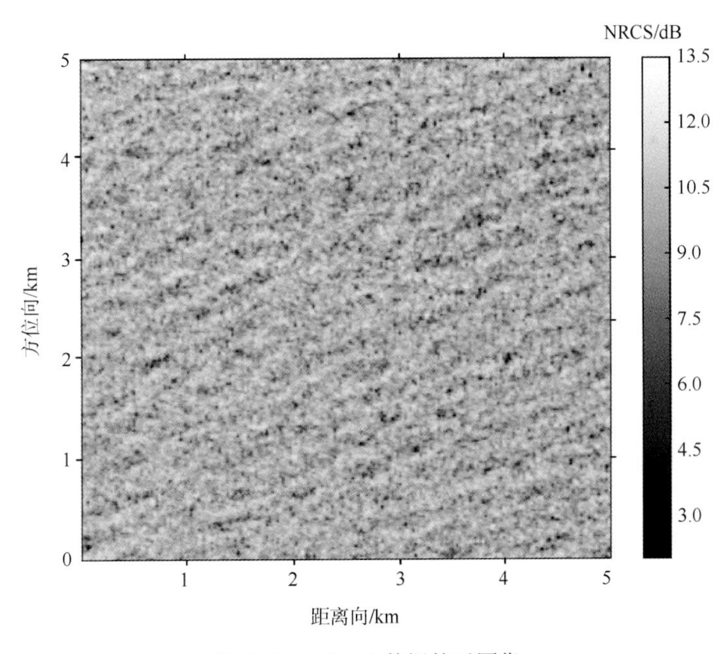

图 4.13　InRA 1 数据的子图像

图 4.14～图 4.16 分别为 InRA 1 上述子图像的图像谱，Sentinel 1b SAR 图像谱以及 WW3 海浪谱，可以发现它们在海浪谱能量、波长和波向等方面基本一致。

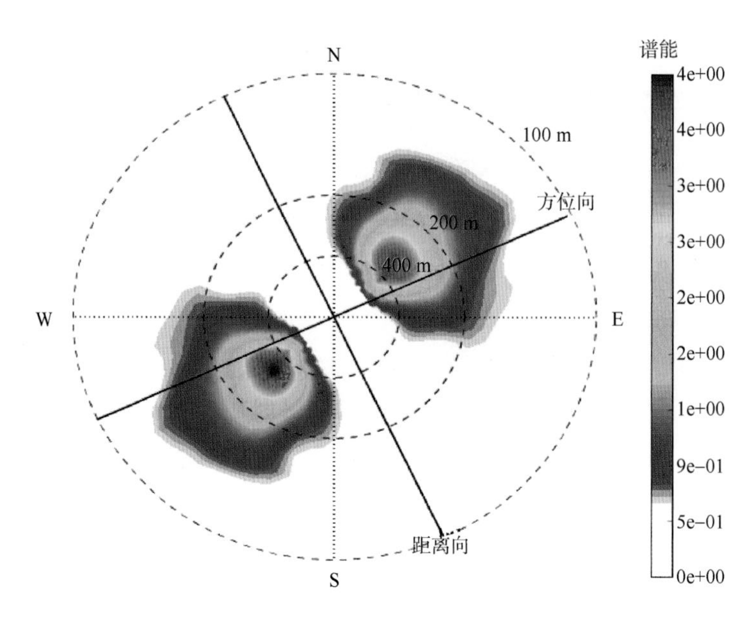

图 4.14　子图像对应的 InRA 图像谱

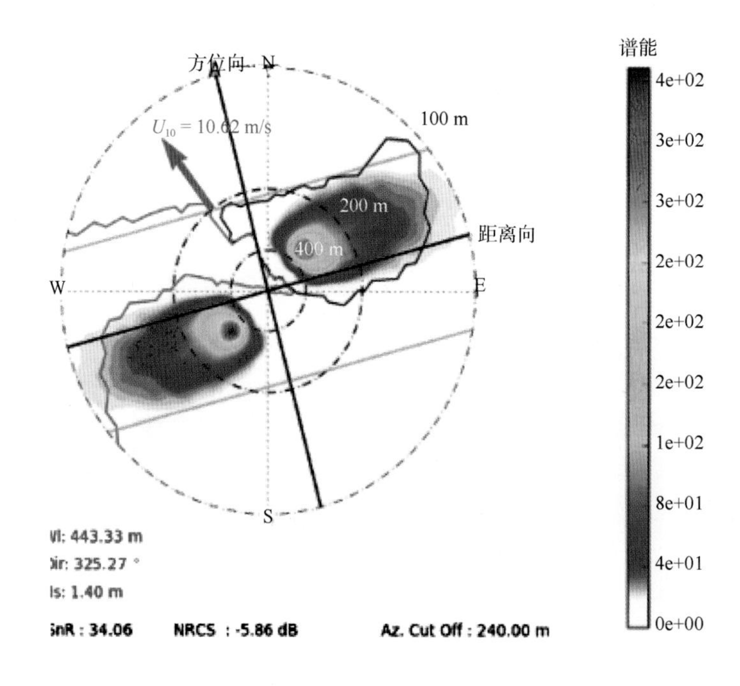

图 4.15　子图像对应的 Sentinel 1b SAR 图像谱

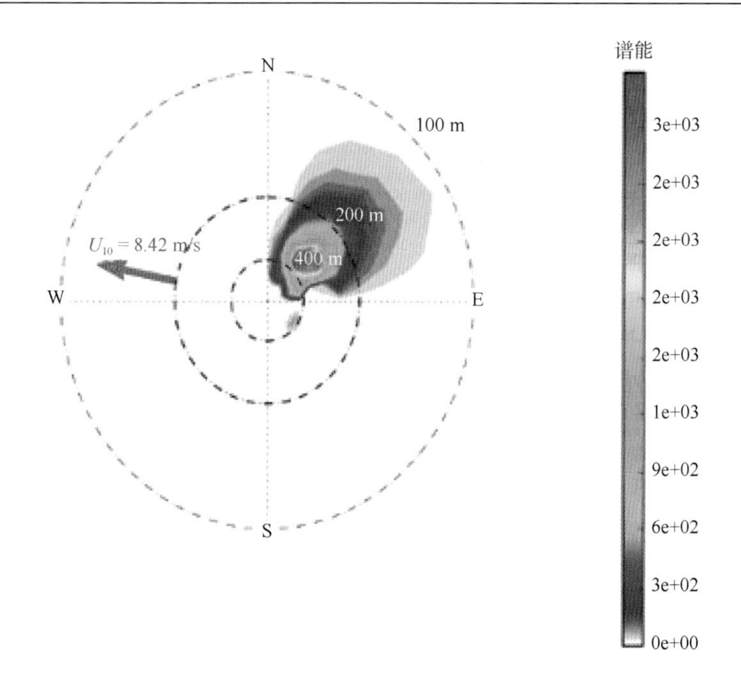

图 4.16　子图像对应的 WW3 海浪谱

图 4.17 为 InRA 1 反演的海浪谱以及模式浪谱，两种海浪谱中的波向相差 14.5°，可满足项目技术指标要求。

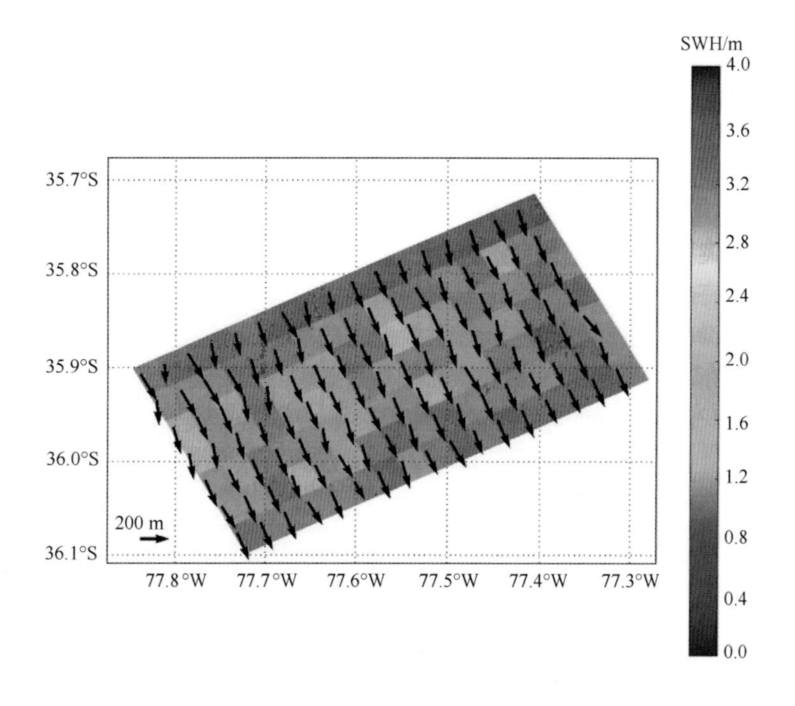

图 4.17　InRA1 反演的海浪谱

4.4　三维成像雷达高度计海面风速反演

为了实现小入射角情况下的海面风速反演，需要建立海面均方斜率与风速之间的对应关系。在小入射角情况下，海面后向散射为准镜面散射。在海面斜率满足高斯分布和各向同性的假设下，小入射角的 GMF 模型采用高斯的后向散射系数函数：

$$\sigma_0(u,\theta)=\frac{|R(0)|^2}{s(u)}\sec^4\theta\exp\left[-\frac{\tan^2\theta}{s(u)}\right] \tag{4.4.1}$$

式中，u 为风速；θ 为本地入射角；$|R(0)|^2$ 为菲涅尔反射系数；$s(u)$ 为海面均方斜率。

三维成像高度计的海面风速反演采用最大似然估计(MLE)，海面风速反演就是要寻找一个风速，使得 MLE 中的目标函数取得最小值。最大似然估计的目标函数可以表示为

$$J\left(U_{\text{retrieve}}\right)=\frac{1}{N}\sum_{i=1}^{N}\left[\sigma_{\text{measure}}(i)-\sigma_{\text{GMF}}(i)\right]^2 \tag{4.4.2}$$

式中，N 为一个风矢量单元内后向散射系数测量的独立样本数；U_{retrieve} 为反演的风速；$\sigma_{\text{measure}}(i)$ 为三维成像高度计测量得到的后向散射系数；$\sigma_{\text{GMF}}(i)$ 为模型后向散射系数。为了提高三维成像高度计海面风速的反演精度，需要建立小入射角情况下后向散射系数与风速的经验 GMF 模型。三维成像高度计海面风速的反演流程如图 4.18 所示。

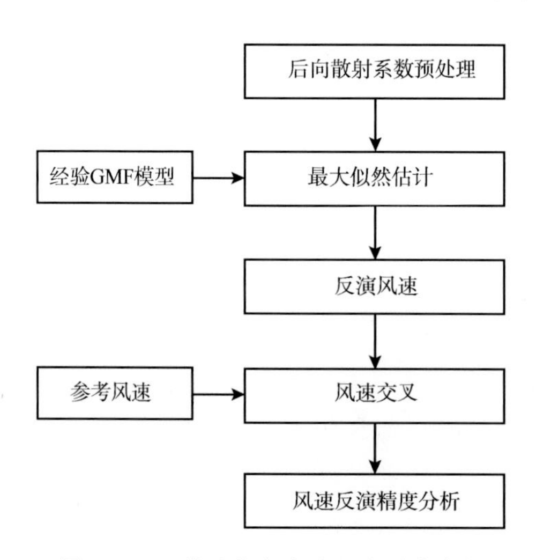

图 4.18　三维成像高度计风速反演流程

三维成像微波高度计风速反演中利用小入射角 GMF 模型对后向散射系数质量进行控制。小入射角 GMF 模型采用 TRMM 数据建立的经验 GMF 模型。经验 GMF 模型的建立是通过将 TRMM PR 后向散射系数与 QuikScat 风速进行匹配来实现的。时间窗口和空间窗口分别选择为±10 min 和 25 km×25 km。通过对匹配数据进行统计分析，

建立后向散射系数与入射角和风速之间的对应关系。本章给出了入射角小于 12°、风速小于 20 m/s 的经验 GMF 模型查找表，单位为 dB。其中，入射角间隔为 0.8°，风速间隔为 0.2 m/s。

参 考 文 献

贾永君. 2010. 东海黑潮锋面不稳定过程遥感与数值模拟研究. 青岛: 中国科学院海洋研究所博士学位论文.

李大炜, 李建成, 金涛勇, 等. 2012. 利用多代卫星测高资料监测 1993～2011年全球海平面变化. 武汉大学学报(信息科学版), 37(12): 1421-1424.

李艳芳. 2012. 北太平洋副热带环流变异对东中国海海平面变化的影响研究. 青岛: 中国海洋大学.

刘巍, 张韧, 辉赞, 等. 2012. 基于卫星遥感资料的海洋表层流场反演与估算. 地球物理学进展, 27(5): 1989-1994.

王志森. 2002. 成像雷达高度计回波跟踪算法及若干关键技术研究. 北京: 中国科学院空间科学与应用研究中心.

阎敬业. 2005. 星载三维成像雷达高度计系统设计与误差分析. 北京: 中国科学院空间科学与应用研究中心.

张云华, 姜景山, 张祥坤, 等. 2004. 三维成像雷达高度计机载原理样机及机载试验. 电子学报, 6: 899-902.

Alsdorf D E, Rodriguez E, Lettenmaier D. 2007. Measuring surface water from space. Reviews of Geophysics, 45(2): RG2002.

Chavanne C P, Klein P. 2010. Can oceanic submesoscale processes be observed with satellite altimetry? Geophysical Research Letters, 37(22): 707-716.

Ducet N, Traon P Y L, Reverdin G. 2000. Global high resolution mapping of ocean circulation from TOPEX/Poseidon and ERS-1/2. Journal of Geophysical Research, 105: 19477-19498.

Fu L L, Alsdorf D E, Morrow R, et al. 2012. SWOT: The Surface Water and Ocean Topography Mission: Wide-Swath Altimetric Measurement of Water Elevation on Earth. California: JPL Publication.

Fu L L, Cazenave A. 2001. Satellite Altimetry and Earth Sciences: A Handbook of Techniques and Applications. San Diego: Academic Press.

Fu L L, Chelton D B, Traon P Y L, et al. 2010. Eddy dynamics from satellite altimetry. Oceanography, 23(4): 14-25.

Fu L L, Rodriguez R. 2004. High-resolution measurement of ocean surface topography by radar interferometry for oceanographic and geophysical applications. AGU Geophysical Monograph 150, IUGG 19: State of the Planet: Frontiers and Challenges: 209-224.

Jia Y J, Zhang J. 2010. Detection of the Kuroshio frontal instable processes (KFIP) in the East China Sea using the MODIS images. Acta Oceanologica Sinica, 29(6): 35-43.

Lapeyre G, Klein P. 2006. Imapct of the small-scale elongated filaments on the oceanic vertical pump. Journal of Marine Research, 64: 835-851.

National Research Council. 2007. Earth Science and Applications from Space: National Imperatives for the Next Decade and Beyond. National Academies Press.

Nerem R S, Chambers D P, Choe C, et al. 2010. Estimating mean sea level change from the TOPEX and Jason altimeter missions. Marine Geodesy, 33(S1): 435-446.

第5章　波谱仪海洋信息提取技术

海浪具有随机性，可看作是振幅、频率、波向和相位不同的许多正弦波的叠加。海浪可以用一个海浪能量相对于频率和方向分布的物理量——海浪方向谱来描述。某时某地海洋波浪场的统计特征(波高、波长、波周期、波向、波陡等)都可通过海浪方向谱计算得到，所以海浪方向谱的获取极为重要。研究表明，将实时海浪方向谱信息同化到海浪模式中，能够改进全球海洋环境预报模型并提高海况预报精度，其对发展海洋经济、预警并规避海洋灾害具有重要意义。

SAR 是可进行海浪谱观测的星载雷达，但海面运动使得 SAR 的图像谱和波浪谱之间的关系是非线性的；当海浪传播方向与卫星轨道相同时，SAR 图像会扭曲、变形，使得 SAR 仅能够提供波长(150 m 以上)比较大的波浪谱信息。

波谱仪是一种真实孔径雷达，通过小入射角天线的 360°方位向扫描实现海浪方向谱和有效波高的测量，其调制谱与海浪谱之间呈线性关系(Jackson，1981)。与 SAR 相比，波谱仪具有原理简单、处理算法易于实现、可探测较小波长(如 70 m)波浪等技术优势。自 Jackson(1981)提出波谱仪海浪谱探测原理以来，美国于 20 世纪 80 年代中期开展了机载波谱仪飞行试验(ROWS)，机载试验验证了波谱仪反演海浪谱是可行的(Jackson et al.，1985a，1985b)。法国的 Hauser 等(1992)于 1990 年进行了 RESSAC 试验，2002 年进行了 STORM 试验(Hauser et al.，2008)，2013 年进行了 KuROS 试验(Gaudal et al.，2014)。这些机载试验对星载波谱仪海浪谱探测的理论进行了进一步的验证，为中法海洋卫星的波谱仪海浪探测奠定了理论和技术基础。2018 年 10 月 29 日，中法海洋卫星发射成功，搭载了世界上第一台星载波谱仪 SWIM，可以用来测量全球范围内的海浪方向谱和风速。

国内波谱仪的研究起步较晚，一些理论体系仍然处于探索之中。中国于 2010 年在天津渤海湾进行了机载波谱仪挂飞试验，Han 等(2012)利用这次飞行试验的数据，对数据回波功率随入射角的变化特性进行分析，提出回波功率与斜距的二阶拟合模型，改进了传统波谱仪反演算法中倾斜调制函数的估计方法，提高了海浪谱的反演精度。

除了探测海浪谱，波谱仪还可以探测海浪的斜率参数。Hauser 等(2008)利用 STORM 波谱仪飞行试验数据反演了顺风向和侧风向下的斜率方差以及峰度系数。Li 等(2016a)通过坐标变换和插值来构造机载波谱仪雷达天线增益的三维矩阵，校正归一化雷达散射截面，提高均方斜率探测精度。

此外，波谱仪作为小入射角雷达，还具有风速探测的能力。Li 等(2016b)基于准镜面散射理论和海面斜率的非高斯概率密度分布，提出了全方向的几何光学模型，并利用星载降雨雷达(PR)的数据，反演出了模型中的 4 个参数。利用这一模型并结合最大似然估计法可以得到相当准确的海表面风速估计。Ren 等(2015)利用 PR 数据，建立了 Ku 波段的小入射角下的散射系数 σ^0 与风速的二阶多项式模型。他先对 PR 数据使用最小二乘法反演出模型中的参数，进而得到风速，然后再将得到的风速与 NDBC 浮标测量的风速进行对比验证，发现对于不同的入射角，反演风速的精度不同。

本章将讨论波谱仪海洋信息提取技术，首先分析了波谱仪海浪方向谱探测原理，进而研究了海浪谱探测中的关键技术——斑点噪声去除方法、海浪谱分区方法；其次，研究了波谱仪海面风速探测技术和海浪斜率概率密度函数探测技术；最后，介绍了国内机载波谱仪试验，并基于试验数据进行海浪方向谱反演，以验证波谱仪海浪方向谱反演算法的有效性。

5.1　波谱仪海浪方向谱探测模型

海浪波谱仪工作在小入射角下，其获取的后向散射可用准镜面散射模型描述，该模型的特点是后向散射系数 σ^0 与粗糙海面斜率的概率密度函数呈简单的线性关系，如式(5.1.1)所示：

$$\sigma^0=\frac{\rho\pi}{\cos^4\theta}p(\tan\theta,0) \tag{5.1.1}$$

式中，$p(\tan\theta,0)$ 为海浪的斜率概率密度函数；ρ 为衍射修正的垂直入射下的菲涅尔系数；θ 为雷达波束入射角，发生镜面反射时，海浪斜率在距离方向上的分量为 $\tan\theta$，而在方位向上的分量为 0（Hauser et al.，1992）。

在小入射角下，水动力调制可以忽略，倾斜调制占据主导地位，长波对短波的倾斜调制会改变海浪波谱仪接收的后向散射截面的大小。由于通常情况下长波倾斜角较小，因此海浪波谱仪的后向散射截面 σ 的变化可近似表示为（Hauser et al.，1992）

$$\frac{\delta\sigma}{\sigma}\approx\frac{\delta\sigma^0}{\sigma^0}+\frac{\delta S}{S} \tag{5.1.2}$$

将式(5.1.1)代入式(5.1.2)，得

$$\frac{\delta\sigma^0}{\sigma^0}=\frac{\delta p(\tan\theta,0)}{p(\tan\theta,0)}-\frac{\delta(\cos^4\theta)}{\cos^4\theta} \tag{5.1.3}$$

面元的有效面积 S 为距离向长度 $c\Delta\tau/2$ 和方位向长度 Δy 的乘积在海面上的投影(其中 c 为光速，$\Delta\tau$ 为波谱仪发射脉冲的时间宽度)。

$$\frac{\delta S}{S}\approx\cot\theta\frac{\partial\zeta}{\partial x} \tag{5.1.4}$$

将式(5.1.3)和式(5.1.4)代入式(5.1.2)，得

$$\frac{\delta\sigma}{\sigma}=\alpha\cdot\frac{\partial\zeta}{\partial x} \tag{5.1.5}$$

式中，α 的表达式为

$$\alpha(\theta)=\cot\theta-4\tan\theta-\frac{1}{\cos^2\theta}\frac{\partial\ln p(\tan\theta,0)}{\partial\tan\theta} \tag{5.1.6}$$

定义调制函数(Hauser et al.，1992；Gaudal et al.，2014)：

$$m(X)=\frac{\int G^2(\varphi)\frac{\delta\sigma}{\sigma}\mathrm{d}\varphi}{\int G^2(\varphi)\mathrm{d}\varphi}=\frac{\int G^2(\varphi)\alpha(\theta)\xi_x\mathrm{d}\varphi}{\int G^2(\varphi)\mathrm{d}\varphi} \tag{5.1.7}$$

式中，$G(\varphi)$为天线方位向上的增益。定义观测方向角为φ的$m(X,\phi)$自相关函数的傅里叶变换为长波倾斜效应引起的信号调制谱$P_m(K,\varphi)$，即

$$P_m(K,\varphi)=\frac{1}{2\pi}\int\langle m(X,\varphi),m(X+\zeta,\varphi)\rangle\exp(-j\boldsymbol{K}\zeta)\mathrm{d}\zeta \tag{5.1.8}$$

假设方位向天线的增益符合高斯分布，雷达足迹的方位向宽度远大于方位向的相关长度，即$KL_y\gg1$时，调制谱$P_m(K,\phi)$和海面波陡谱$K^2F(K,\varphi)$之间近似为线性关系：

$$P_m(K,\varphi)\approx\frac{\sqrt{2\pi}}{L_y}\alpha^2(\theta)K^2F(k,\varphi) \tag{5.1.9}$$

通过式(5.1.9)即可反演海浪二维波高谱$F(K,\ \varphi)$。

5.2　斑点噪声去除方法

大量的散射面元组成一个分辨单元，当雷达波束照射在一个分辨单元上时，每个散射面元都会形成回波，这些回波相互叠加，形成雷达的接收信号。由于分辨单元的粗糙性，每个散射面元到雷达的距离都不相同。若散射面元回波的相位相近，则叠加的信号比较强，反之，较弱。因此，接收到的信号强度不同，显示为斑点的形式，即斑点噪声。

为了减少有斑点噪声引起的误差，Hauser 等(2001)对一定数量的回波信号进行平均处理。除了进行时间积分以外，Hauser 等(2001)提出利用“多视”技术，将几个相邻距离门的信号进行平均，来降低斑点噪声的影响。例如，若雷达固有的水平分辨率约为 3 m，而星载波谱仪原型 SWIMSAT 反演需要的分辨率为 20 m，因此可对相邻的 6 个距离门的回波信号进行平均。为了模拟受斑点噪声影响的雷达信号，可从均值为$1+m(R)$的 6 视伽马函数中随机选择一个作为加了斑点噪声的信号。雷达的接收功率用式(5.2.1)表示：

$$I(R)=C(R)\int G_a^2(\theta)\mathrm{d}\varphi\{[1+f[\mathrm{m}(R)]]\}+g(B_T) \tag{5.2.1}$$

式中，$G_a^2(\theta)$为方位向天线双程增益；R为目标与雷达距离；函数f表示斑点噪声影响的波动信号；g表示热噪声的影响。

根据式(5.2.1)，正演仿真含斑点噪声的调制谱，其中海浪谱选择一维 JONSWAP 谱。图 5.1 表示正演得到的调制谱加斑点噪声谱和不加斑点噪声谱的结果。

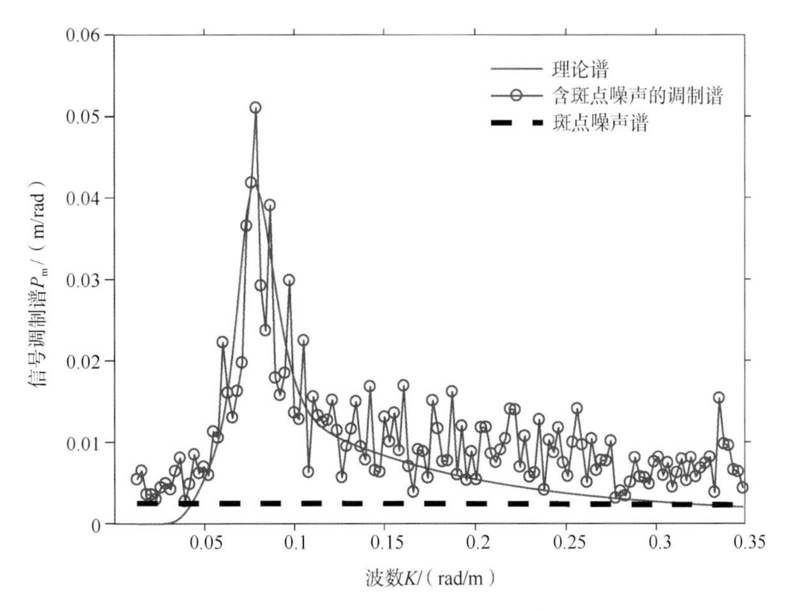

图 5.1　含斑点噪声的调制谱

Jackson 等(1985b)指出，斑点噪声会影响后向散射系数，从而影响调制谱的结果，降低海浪谱的反演精度，所以必须去除斑点噪声谱。目前，去除斑点噪声的方法有 3 种，包括：①公式法，利用斑点噪声公式，直接计算出斑点噪声谱；②噪声等级法，将调制谱的部分均值或者最小值视为斑点噪声；③交叉谱法，将相邻时刻的两个调制谱做互相关，得到的结果即去除了斑点噪声谱的调制谱。

1. 方法 1A——公式法

根据 Hauser 等(2001)提出的式(5.2.2)来计算斑点噪声谱：

$$P_s(K)=\frac{1}{\sqrt{2\pi}K_p N_{sp}}\exp(-\frac{K^2}{2K_p^2}) \tag{5.2.2}$$

式中，K 为波数；$K_p=2\sqrt{2\ln 2}/\Delta x$，$\Delta x$ 为雷达固有的水平分辨率；N_{sp} 为积分时间内的独立样本个数。确定了 N_{sp} 和 Δx，就可以确定斑点噪声谱，从而得到正确的调制谱。

2. 方法 1B——公式法

方法 1B 采用和方法 1A 相同的公式进行计算，但是方法 1B 的 N_{sp} 是由一个查找表确定的。该查找表中不同风速下，每个方位角都对应有一个 N_{sp} 值。

3. 方法 2A——噪声等级法

方法 2A 假设当海浪波数 K 大于一个阈值（K_{min}）时，海浪信号趋近于 0，因为海浪

波数 K 很大时，波长很小，海面趋近于平面，此时散射的回波信号很小。因此，对于每个方位向观测，可以求出在波数[$K_{\min}$ ，$K_{\max}$]之间的波动谱的平均值，将其视为斑点噪声谱值。

4. 方法 2B——噪声等级法

方法 2B 假设在一个方位角变化范围为 180°的有限区域内，调制谱值最小时所对应的方位海浪信号趋近于 0。(如：SWIM 通过沿轨和交轨坐标，将每 70 km×90 km 的海面划分为一个区域)，计算该区域所包含的不同方位观测到的调制谱的最小值，将该值视为该区域内的斑点噪声谱值。

5. 方法 3——交叉谱法

方法 3 假设相邻时刻雷达接收到的信号处于同一片海域，且同一片海域的海浪信号是相干的，但是斑点噪声具有随机性，是不相干的。因此，将相邻时刻的调制信号做互相关，可以去除斑点噪声谱。交叉谱法对应的公式为

$$P'_{\mathrm{m}}(K,\varphi)=\mathrm{Re}\left\{\mathrm{FT}[m(X,\varphi,t_n)]\times\mathrm{FT}^*[m(X,\varphi,t_{n+1})]\right\} \tag{5.2.3}$$

式中，$m(X,\varphi,t_n)$ 为 t 时刻时，雷达接收信号的调制信号；$m(X,\varphi,t_{n+1})$ 为 $t+\Delta t$ 时刻雷达接收信号的调制信号；FT 为对调制信号进行傅里叶变换；Re 为取交叉谱的实部。

根据上述方法，将含有斑点噪声谱的正演调制谱采用不同去噪方法去噪，得到的调制谱如图 5.2 所示(仅采用方法 1A、方法 2A 和方法 3)。

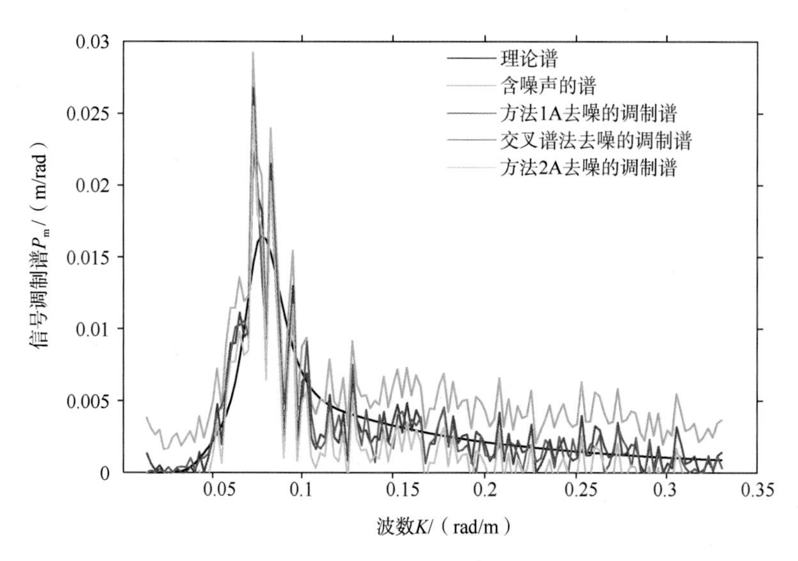

图 5.2　不同去噪方法得到的调制谱

5.3　海浪谱分区和海浪成分提取方法

5.3.1　海浪谱分区概述

海洋中常见的海浪有风浪和涌浪两种，风浪是指在本地风场的作用下形成的海面波动状态，风浪离开风直接作用的水域于风区以外形成涌浪，于风区以内，由于风速骤减或风向突然改变，原来的风浪于当地也变成涌浪。在实际的海洋中，一般情况下，海浪不是单一的风浪或者涌浪成分，而是风浪和涌浪共同存在的混合浪形式，因此混合海浪谱才能更真实地描述海面场景。

对一片海域的海浪信息进行存储和传递，使用海浪参数比使用海浪方向谱更简单、更易于被人们理解。SWIM 接收到的海面后向散射功率会被处理成易于传输和存储的海浪参数信息。海浪参数只适合描述含单一海浪成分(纯风浪或者纯涌浪)的海浪谱，而实际海浪谱是由风浪和涌浪共同组成的混合海浪谱，风浪和涌浪有不同的谱特性，因此对混合海浪谱进行分区以得到不同的海浪成分，并分别计算出每个海浪成分的海浪参数是很有必要的。

想要准确地计算出混合海浪谱中不同海浪成分的海浪参数，分区方法是关键。根据海浪谱的维数，分区方法可以分为一维谱方法和二维谱方法。一维谱方法的基本思想是给出一个分离频率，低于分离频率的部分为涌浪成分，高于分离频率的部分为风浪成分。这个分离频率一般是根据海浪谱的峰值频率来确定的，Wang 和 Hwang(2001)提出了通过波陡来计算分离频率，Portilla 等(2009)则根据 JONSWAP 海浪谱提出了使用一个比例因子来区分风浪和涌浪。一维谱方法需要考虑的信息较少，只依赖海浪谱表达式，使用较为方便，但是会高估分离成分，导致分区结果不准确。二维海浪谱法最早由 Gerling(1992)提出，基于海浪能量传输的特点，综合考虑海浪方向谱和风速矢量信息来对混合海浪方向谱进行区分。基于图像形态学上的分水岭算法，Meyer(1994)提出了一种称为“爬山法”的分水岭算法，Hanson 和 Phillips(2001)提出使用最短路径的分水岭算法来进行分区。二维海浪谱方法考虑的信息比一维海浪谱方法多，其操作也更加复杂，但是其分离结果更可靠。

星载波谱仪探测海浪谱会受到噪声的影响，由于噪声的存在，使用分水岭算法对星载波谱仪数据反演出的混合海浪谱进行分区存在一些问题。因为分区结果对噪声很敏感，当噪声很大时，海浪谱分区会变得很困难。基于分水岭算法的原理，原始海浪谱中一点小的噪声和扰动，就会产生虚假的极小值，从而导致“过分区”，因此需要对原始海浪谱进行平滑，然后对初步分区结果进行分区融合。考虑了噪声的影响后，本书研究了一种基于分水岭原理的改进算法，这种算法通过平滑滤波和分区融合的方法来减小噪声对分区结果产生的影响。

通过 3 个海浪参数：有效波高、主波波长、主波波向来衡量分区结果。利用正反演平台得到的斜率谱进行分区，并求得分区后对应的三个海浪谱参数，最后与正演输入的海浪参数进行比较，以此来验证算法的有效性和准确性。

5.3.2　海浪谱分区算法

分区算法主要是为了在波数和方位向上对海浪方向谱中的不同海浪成分进行区分，再求得每个分区的海浪谱参数，从而对每个独立海浪成分进行描述。实测海浪谱数据中含有噪声，给分区造成了一定的阻碍，为了得到精确的海浪谱分区结果，在此基于分水岭算法，针对 SWIM 探测数据，提出一种改进的分区算法。

1. 分水岭算法

考虑到分水岭算法的特性，将海浪斜率谱进行翻转，与地形学表面或积水盆地相对应，谱值大的地方对应山峰，谱值小的地方对应山谷。由于实测的海浪谱中含有噪声，分区的第一步就是对斜率谱进行重采样和平滑，从而减小噪声的影响。

重采样就是在波数和方位向对斜率谱进行平均。首先，进行方位向重采样，以每 15°为间隔，将 0°～180°分为 12 个方位仓，对落在每个方位仓的斜率谱进行求和取平均。然后，进行波数重采样，反演得到的斜率谱对应的波数点是均匀分布的（n_k =512 个点，绝对的波长分辨率为常数 $dK = 2\pi / L_x$， L_x 为海面长度），为保证相对的波数分辨率为一个常量 $dK / K = 0.1$，则需要将均匀分布的 512 个波数点转换为非均匀分布的 65 个波数点，使得波数越低的地方采样点越密。通过以下算法将波数映射为非等间距的 65 个点。

$$K(i) = \frac{K_{\min} - K_{\max}}{1 - e^{(nk-1)/10}} (e^{\frac{i}{10}} - 1) + K_{\min} \tag{5.3.1}$$

对重采样后的斜率谱进行滤波，主要是在波数和方位向上对斜率谱进行高斯滤波。然后进行能量分级，根据选取的能量阈值，对重采样和滤波之后的斜率谱进行能量分级。设置 0.2 为能量阈值，即当斜率谱的最大值大于 0.2 时就将能量等级分为 5 级，反之分为 10 级。

为了使分区结果更加明显，可能还要进行求梯度处理。对于求梯度后的斜率谱，梯度最小的地方可能为斜率谱最大值或者噪声。对求梯度后的斜率谱进行分水岭变换得到初步的分区结果。

2. 分区融合

在进行分水岭算法处理之后，分区数量可能会有很多，但是存在少量的目标分区，因此首先要确定目标分区，再将目标分区周围的分区融到目标分区中，这样才能得到我们需要的完整的分区。

已有许多学者提出了不同的分区融合方法。Hanson 和 Phillips（2001）提出以波龄为标准来区分风浪和涌浪，然后使用式（5.3.2）在混合海浪谱的频谱矩阵中划出一个抛物线的边界，对于每个小分区，其谱峰值在边界内的就属于风浪分区，在边界外的则属于涌浪分区。将所有的风浪分区合并为一个分区，其他剩余的分区就是涌浪分区。

$$f_p \geqslant \frac{g}{2\pi}[1.5U_{10} \cos\delta]^{-1} \tag{5.3.2}$$

式中，f_p 为峰值频率；g 为重力加速度；U_{10} 为距海面 10 m 高度处的风速；δ 为风浪传播方向与风向的夹角，$0 \leqslant \delta \leqslant \frac{\pi}{2}$。对于涌浪分区的合并，则需要判断两个条件：①相邻两个分区的谱峰距不大于这两个涌浪的频域展宽的 κ 倍，κ 是展宽系数；②相邻两个分区的最小谱值大于这两个分区较小谱峰值的 ζ 倍，ζ 是最小峰值因子。只要满足这两个条件其中之一，就可以对相邻的两个涌浪分区进行合并。

Portilla 等(2009)提出通过设定噪声阈值对低能量分区进行合并。Delaye 等(2016)指出，可迭代地使用分水岭算法，每次迭代只保留能量最大的分区。

本书采用 Portilla 提出的分区融合方法。

3. 分区参数计算

为了验证仿真结果的正确性，分别计算理论海浪谱与仿真海浪谱的海浪参数，并进行对比。所用的海浪参数分别是有效波高(significant wave height，SWH)、主波波长 λ_{p} 和主波波向 ϕ_{p} (海浪传播方向)。有效波高可以用于描述海浪谱的总能量：

$$\mathrm{SWH} = 4\sqrt{E_{\mathrm{total}}} \tag{5.3.3}$$

式中，E_{total} 为海浪谱的总能量，有

$$E_{\mathrm{total}} = \iint \frac{E\left(K,\phi\right)\mathrm{d}K\mathrm{d}\phi}{K} \tag{5.3.4}$$

式中，$E\left(K,\phi\right)$ 为海浪斜率谱，即 $E\left(K,\phi\right) = K^2 F(K,\varphi)$。主波波长为 $\lambda_{\mathrm{p}} = \frac{2\pi}{K_{\mathrm{p}}}$，$K_{\mathrm{p}}$ 为主波波数，由式(5.3.4)得出：

$$K_{\mathrm{p}} = \frac{\int_{K_{\max}-\Delta K}^{K_{\max}+\Delta K} K E\left(K,\phi_{\max}\right)\mathrm{d}K}{\int_{K_{\max}-\Delta K}^{K_{\max}+\Delta K} E\left(K,\phi_{\max}\right)\mathrm{d}K} \tag{5.3.5}$$

式中，ΔK 为 5 倍的离散化后的波数间隔；($K_{\max}$，$\varphi_{\max}$)为海浪谱能量最大值对应的波数 K 和方位向 φ。主波波向 φ_{p} 由式(5.3.6)得出：

$$\varphi_{\mathrm{p}} = \frac{\int_{\varphi_{\max}-\Delta\varphi}^{\varphi_{\max}+\Delta\varphi} \phi E\left(K_{\max},\phi\right)\mathrm{d}\varphi}{\int_{\varphi_{\max}-\Delta\varphi}^{\varphi_{\max}+\Delta\varphi} E\left(K_{\max},\phi\right)\mathrm{d}\varphi} \tag{5.3.6}$$

式中，$\Delta\varphi$ 为 3 倍的离散化后的方位向间隔。

5.3.3　海浪谱分区的仿真研究

使用星载波谱仪 SWIM 海浪谱探测正反演仿真平台，可以得到星载波谱仪探测到的二维混合海浪谱，进而可以仿真研究混合海浪谱的分区。本节仿真选择的海浪谱模型及海

浪谱参数和风速 U_{10}、风向 φ_0、风区 x 等海况条件见表 5.1。仿真的混合海浪谱由表示风浪成分的 JONSWAP 谱与表示涌浪成分的 DV 谱两者混合而成，所选参数为表 5.1 中最后一行 JONSWAP 谱+DV 谱的两种海况。

表 5.1　仿真的海浪谱参数及海况条件

海浪谱	海浪谱参数	海况条件
JONSWAP 谱	$a=0.076(g\chi/U_{10}^2)^{-0.22}$	χ=90 km，U_{10}=10m/s，ϕ_{son}=0°
DV 谱	σ_s=0.006，$K_{peak}=\dfrac{2\pi}{200}$ rad/m	H_s=2 m，ϕ_{DV}=0°
		H_s=3 m，ϕ_{DV}=0°
JONSWAP 谱+DV 谱	海况一：U_{10}=10 m/s，x=90 km，φ_{JON}=0°；H_s=2 m，$K_{peak}=\dfrac{2\pi}{200}$ rad/m ϕ_{DV}=0°	
	海况二：U_{10}=10 m/s，x=90 km，ϕ_{JON}=0°；H_s=3 m，$K_{peak}=\dfrac{2\pi}{200}$ rad/m ϕ_{DV}=0°	

根据线性叠加原理，选取不同海况的两种海浪谱，利用正演仿真平台中的随机海面仿真方法可以仿真得到风浪和涌浪共存的实际海面。理论的混合海浪谱 $F(K,\varphi)$ 可以表示为风浪谱和涌浪谱的线性相加：

$$F(K,\varphi)=F_{\mathrm{JON}}(K,\varphi)+F_{\mathrm{DV}}(K,\varphi) \tag{5.3.7}$$

式中，$F_{\mathrm{JON}}(K,\varphi)$ 和 $F_{\mathrm{DV}}(K,\varphi)$ 分别为风浪 JONSWAP 谱和涌浪 DV 谱的理论谱模型。

通过正反演仿真平台，仿真得到的理论混合海浪斜率谱与反演混合海浪斜率谱如图 5.3 所示。(注：本节下文中，海浪斜率谱简称为海浪谱。)理论混合海浪谱的参数是按照表 5.1 中海况一的参数设置的。图 5.3 横坐标表示波数 K，单位为 rad/m，纵坐标表示方位角 φ，单位为(°)，每个点的颜色表示斜率谱 $K^2F(K,\varphi)$ 的大小，色标单位为 m /rad。图 5.3 中小波数部分对应混合海浪中的涌浪成分，大波数部分对应混合海浪中的风浪成分。分区就是将混合海浪谱中风浪成分和涌浪成分分离出来的一个过程。

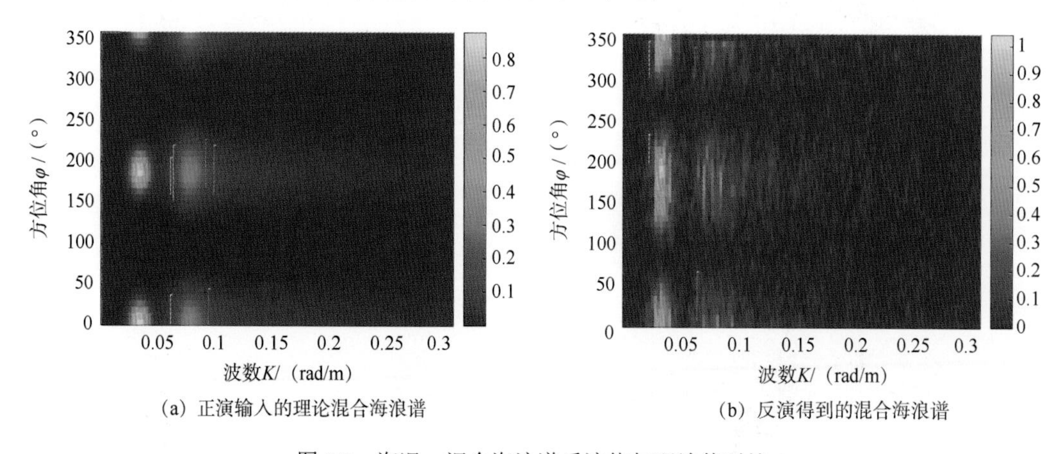

(a) 正演输入的理论混合海浪谱　　(b) 反演得到的混合海浪谱

图 5.3　海况一混合海浪谱反演值与理论值对比

分别将 5.3.2 节中介绍的分区方法应用在理论混合海浪谱与反演混合海浪谱上，这里首先展示理论混合海浪谱的分区过程及结果。海况一的理论混合海浪谱的分区过程及结果如图 5.4 所示。图 5.4(a)是将要进行分区的理论混合海浪谱，图中色标表示海浪谱的大小，选取的是图 5.3(a)中 0°～180°方位向的部分海浪谱，并且在方位向每 15°进行了一次平均，这样做是为了模拟 SWIM 的方位向分辨率。图 5.4(b)是进行第一次迭代分区时，将分水岭算法应用于经过预处理的混合海浪谱之上得到的结果，不同的颜色表示不同的分区标号(1～12)。可以看到运用分水岭算法进行处理之后，得到的分区数为 12，大于我们需要的分区数，所以需要进行分区融合。图 5.4(c)是第一次迭代分区时分区融合之后的结果，图中的颜色表示分区标号，可以看到分区融合之后，只剩下两个主要分区，即标号分别为 3(左)和 7(右)的两个分区。通过对比 3 号和 7 号两个分区的总能量，发现 3 号分区的总能量更大，因此第一次迭代的分区结果是 3 号分区部分。图 5.4(d)即为第一次迭代的分区结果。将第一次迭代的分区结果从原始的混合海浪谱中剔除，保留下的部分如图 5.4(e)所示，图中颜色表示海浪谱的大小，第二次迭代分区将会在保留下的这部分进行。图 5.4(f)是第二次迭代时采用分水岭算法处理之后的结果，不同的颜色表示不同的分区标号，采用分水岭算法处理之后得到 15 个不同的分区，需要对它们进行分区融合。图 5.4(g)是第二次迭代时分区融合之后的结果，色标表示分区标号，可以看到分区融合之后只剩下分区标号为 6 的这个分区，所以第二次迭代的分区结果就是这一个分区。图 5.4(h)是最终的分区结果，色标表示海浪谱的大小，图中红色虚线包围的区域就是第一分区的结果，它表示混合海浪谱中的涌浪成分，白色虚线包围的区域是第二分区的结果，它表示混合海浪谱中的风浪成分。

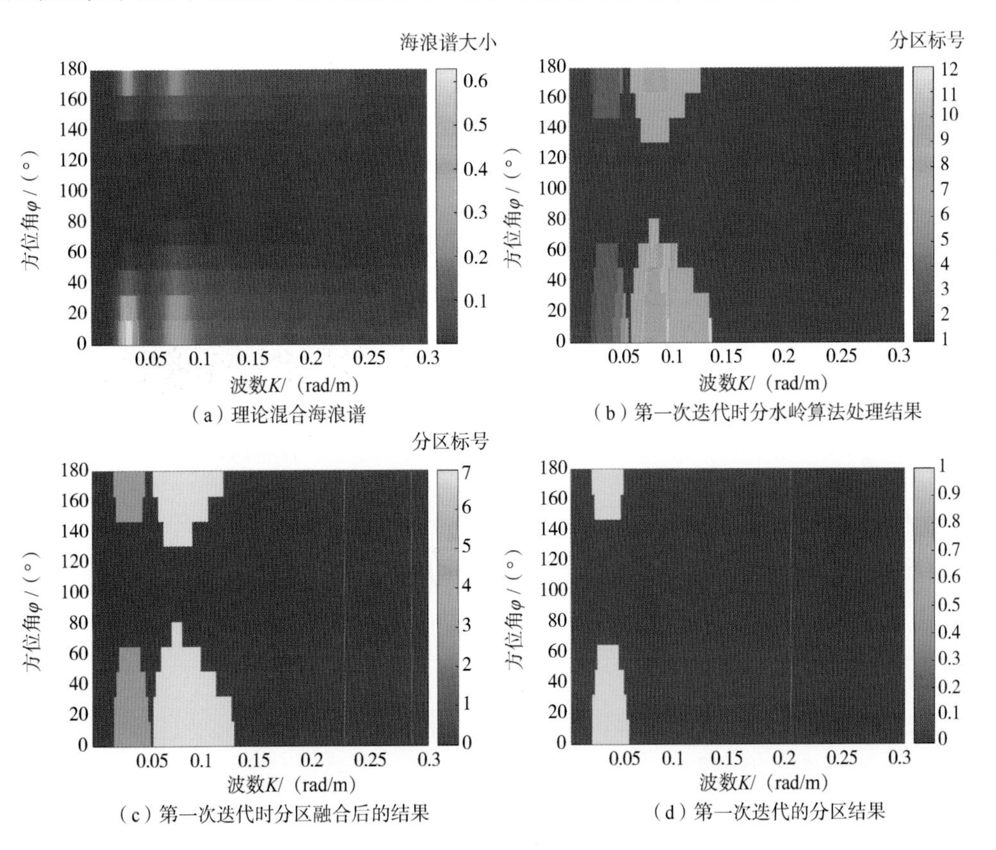

(a) 理论混合海浪谱　(b) 第一次迭代时分水岭算法处理结果

(c) 第一次迭代时分区融合后的结果　(d) 第一次迭代的分区结果

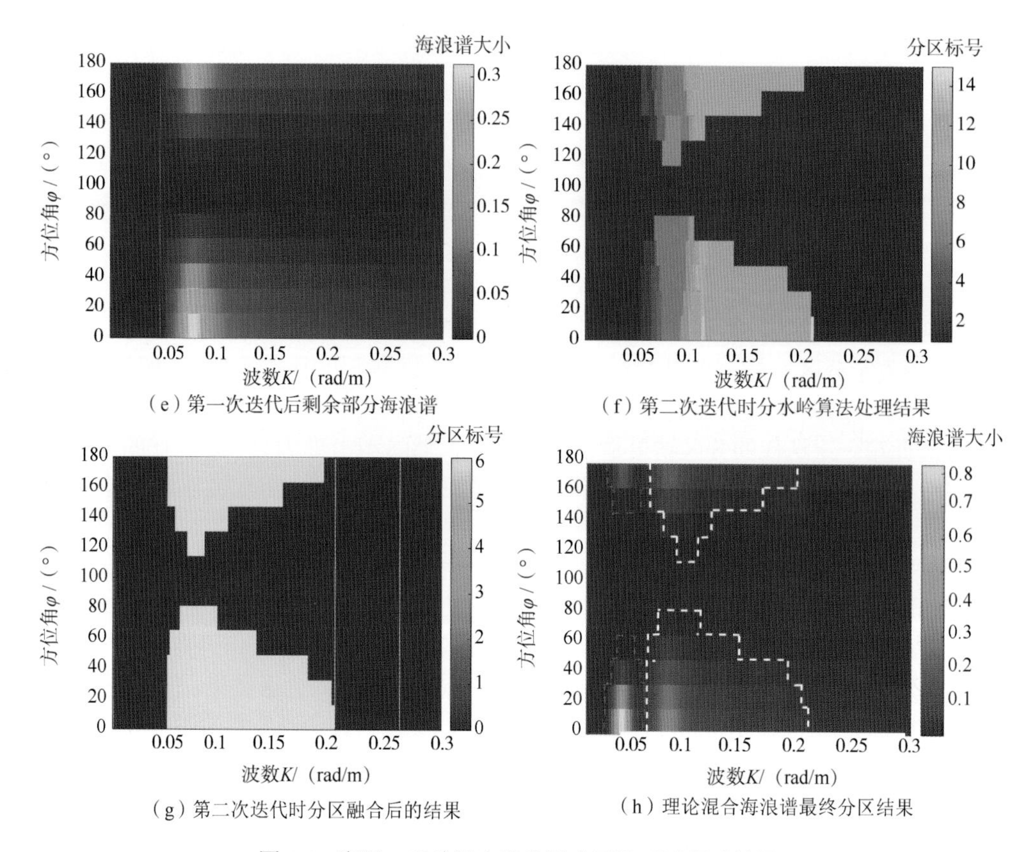

(e)第一次迭代后剩余部分海浪谱　(f)第二次迭代时分水岭算法处理结果

(g)第二次迭代时分区融合后的结果　(h)理论混合海浪谱最终分区结果

图 5.4　海况一理论混合海浪谱分区处理过程及结果

为了判断分区结果是否满足精度要求，下面使用 5.3.2 节的方法计算每个分区部分的海浪参数(有效波高 SWH、主波波长 λ_p、主波波向 ϕ_p)，并与理论计算值进行比较。其计算结果及误差见表 5.2。

表 5.2　海况一理论谱海浪参数及分区仿真得到的海浪参数对比

海浪成分	海浪参数	理论值	分区仿真值	误差
涌浪成分 DV 谱	有效波高	2.02 m	2.05 m	1.49%
	主波波长	188.68 m	185.10 m	–1.90%
	主波波向	0°(180°)	176.81°	–3.19°
风浪成分 JONSWAP 谱	有效波高	2.00 m	1.88 m	–6.00%
	主波波长	81.07 m	80.98 m	–0.11%
	主波波向	0°(180°)	177.51°	–2.49°

表 5.2 中理论值是计算单一理论海浪谱的海浪参数得到的结果，分区仿真值是计算分区部分海浪谱的海浪参数得到的结果，有效波高、主波波长和主波波向的误差计算方式为

$$
\begin{aligned}
\Delta \mathrm{SWH} &= \frac{\mathrm{SWH}_{\mathrm{sim}} - \mathrm{SWH}_{\mathrm{ref}}}{\mathrm{SWH}_{\mathrm{ref}}} \\
\Delta \lambda &= \frac{\lambda_{\mathrm{sim}} - \lambda_{\mathrm{ref}}}{\lambda_{\mathrm{ref}}} \\
\Delta \phi &= \phi_{\mathrm{sim}} - \phi_{\mathrm{ref}}
\end{aligned} \tag{5.3.8}
$$

式中，下标 sim 表示仿真值；下标 ref 表示理论值；SWH 对应有效波高；λ 对应主波波长；ϕ 对应主波波向。

表 5.2 中，除了风浪成分的有效波高误差(–6.00%)较大外，其他参数的误差都较小。风浪的有效波高误差较大的原因可以从图 5.4(h)中看出，风浪部分的分区没有包含波数大于 0.2 rad/m 的部分，由于这一部分的谱值太小而面积又太大，即能量密度很小，进行分区融合时会被忽略掉。从表 5.2 中的数据误差可知，有效波高的误差小于 10%，主波波长的误差小于 10%，主波波向的误差在 15° 以内。

接下来显示反演混合海浪谱的分区过程及结果。海况一的反演混合海浪谱的分区过程及结果如图 5.5 所示。

图 5.5 中每个图表示的内容以及横、纵坐标、色标的含义都与图 5.4 的相对应，这里就不再赘述。在进行分区融合时，还引入了分区能量密度的概念，每个分区的能量密度等于该分区总能量除以该分区元素的个数。当某个分区的能量密度小于待分区海浪谱的总能量密度时，分区融合步骤中将忽略该分区。从图 5.4(h)中反演混合海浪谱最终的分

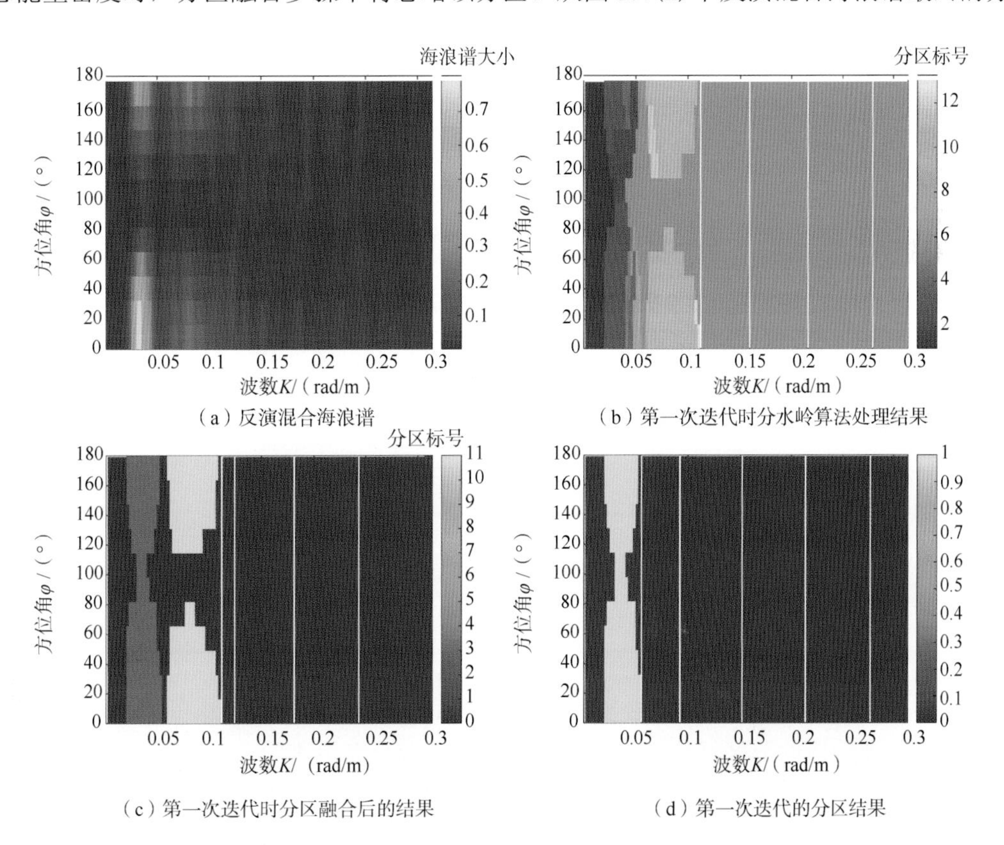

(a) 反演混合海浪谱　(b) 第一次迭代时分水岭算法处理结果

(c) 第一次迭代时分区融合后的结果　(d) 第一次迭代的分区结果

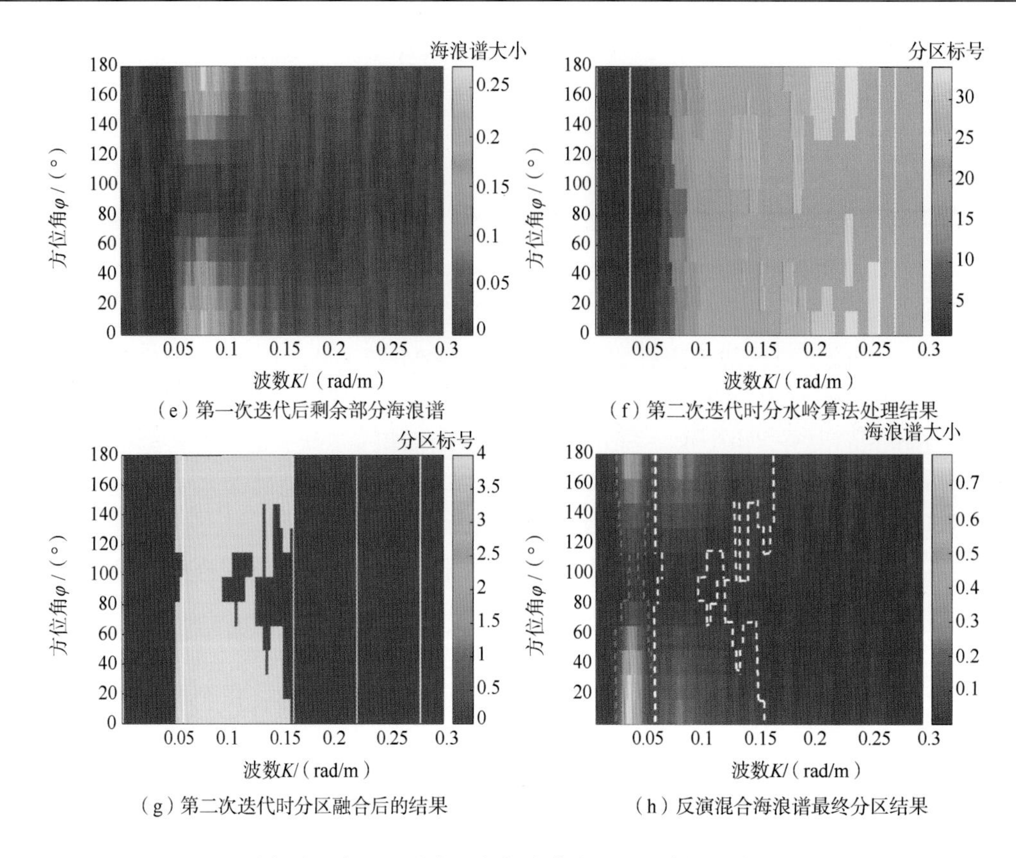

(e) 第一次迭代后剩余部分海浪谱　(f) 第二次迭代时分水岭算法处理结果

(g) 第二次迭代时分区融合后的结果　(h) 反演混合海浪谱最终分区结果

图 5.5　海况一反演混合海浪谱分区处理过程及结果

区结果来看，分区方法能大致将反演混合海浪谱中的风浪和涌浪成分区分开来，为了判断分区结果是否满足精度要求，下面使用 5.3.2 节公式计算每个分区部分的海浪参数，并与理论计算值进行比较。其计算结果及误差见表 5.3，误差使用式(5.3.8)计算得到。

表 5.3　海况一海浪参数的理论值和反演仿真谱分区得到的海浪参数值对比

海浪成分	海浪参数	理论值	分区仿真值	误差
涌浪成分 DV 谱	有效波高	2.02 m	2.30 m	13.86%
	主波波长	188.68 m	195.25 m	3.48%
	主波波向	0°(180°)	165.28°	–14.72°
风浪成分 JONSWAP 谱	有效波高	2.00 m	2.17 m	8.50%
	主波波长	81.07 m	86.67 m	6.91%
	主波波向	0°(180°)	175.14°	–4.86°

表 5.3 中的计算方法与表 5.2 相同，对比表 5.2 与表 5.3 中误差这一项，发现表 5.3 中反演混合海浪谱的分区结果误差比表 5.2 中理论混合海浪谱的分区结果误差都要大，这是因为与反演混合海浪谱相比，理论混合海浪谱更加平滑，而且不含噪声的影响，因

此在理论混合海浪谱上进行分区处理结果更加精确。反演混合海浪谱统计波动较大，而且受噪声的影响，所以分区结果误差更大。

本书除了按照表 5.1 中的两种海况设置海浪谱参数进行仿真外，也对其他不同海况下的混合海浪谱分区进行了仿真实验。为了模拟不同海况的混合海浪谱，分别改变 JONSWAP 谱的风速和风向以及 DV 谱的有效波高。具体如下：JONSWAP 谱风速分别设置为 6 m/s，7 m/s，8 m/s，…，20 m/s，风向分别设置为 0°、30°、60°、90°；DV 谱有效波高分别设置为 1.5 m，2 m，2.5 m，…，6.5 m。然后将不同海况的 JONSWAP 谱与 DV 谱按照式(5.3.7)进行线性叠加，这样就生成了多种不同海况的理论混合海浪谱，仿真中一共生成了 200 种不同海况的理论混合海浪谱。利用仿真平台，可以模拟得到波谱仪 SWIM 探测到的混合海浪谱，对其进行分区，然后计算各分区的海浪参数及其误差，计算结果如图 5.6 和图 5.7 所示。

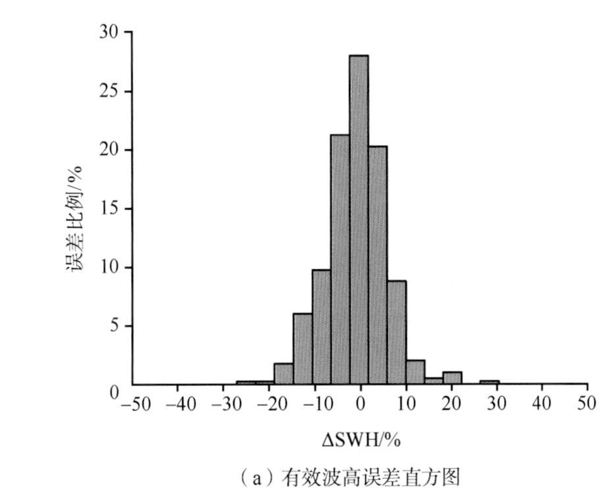

（a）有效波高误差直方图

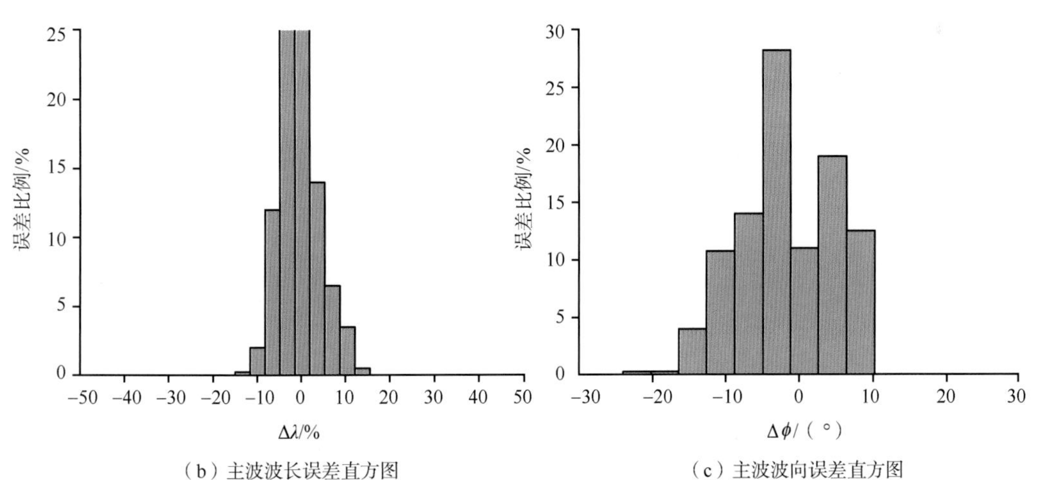

（b）主波波长误差直方图　　（c）主波波向误差直方图

图 5.6　分区仿真的海浪参数误差直方图

图 5.6 显示了不同海况下进行多次分区的海浪参数误差。图 5.6(a)是有效波高误差的直方图，横坐标表示有效波高的相对误差，纵坐标表示不同误差的比例，可以看到有效波高相对误差在–10%～10%范围内的比例超过了 80%。图 5.6(b)是主波波长误差的直方图，横坐标表示主波波长的相对误差，纵坐标表示不同误差的比例，可以看到主波波长相对误差在–10%～10%范围内的比例超过 85%。图 5.6(c)是主波波向误差的直方图，横坐标表示主波波向的绝对误差，纵坐标表示不同误差的比例，可以看到主波波向绝对误差在–15°～15°范围内的比例超过 90%。图 5.6 说明不同海况下的多次分区仿真误差大部分都在允许的范围内，少数情况下，海面的随机性以及噪声的影响会使分区误差较大。

第一次迭代分区与第二次迭代分区的海浪参数误差随有效波高的变化如图 5.7 所示。图 5.7(a)从上到下三幅图分别对应第一次迭代分区的有效波高、主波波长和主波波向的误差随有效波高的变化，图 5.7(b)从上到下三幅图分别对应第二次迭代分区的有效波高、主波波长和主波波向的误差随有效波高的变化。图 5.7(a)和图 5.7(b)的横坐标都是理论海浪谱的有效波高，纵坐标则是海浪参数的误差。图中黑色虚线表示允许的误差范围，对于有效波高和主波波长是 ± 10%，对于主波波向是 ± 15°，落在两条黑色虚线之间的点表示误差在允许范围内。可以发现，第一次迭代分区的误差绝大部分都在两条黑色虚线之间，相比之下，第二次迭代分区的误差落在两条黑色虚线之外的点则略多。这说明第一次迭代分区的结果精度比第二次迭代分区的高，这是因为第一次迭代分区选择的是能量最大的那个分区，第二次迭代分区是在剔除第一次分区部分后保留下来的海浪谱上进行的，保留下来的部分能量相对较小，受噪声影响会较大，所以第二次分区的结果误差较大。另外，不论是第一次迭代分区还是第二次迭代分区，主波波长和主波波向的误差落在两条黑色虚线之间的个数都比有效波高的多，这说明主波波长和主波波向这两个参数的反演精度高，这一点从图 5.6 中也可以看出来(有效波高达到误差要求的比例超过 80%，主波波长达到误差要求的比例超过 85%，主波波向达到误差要求的比例超过 90%)。

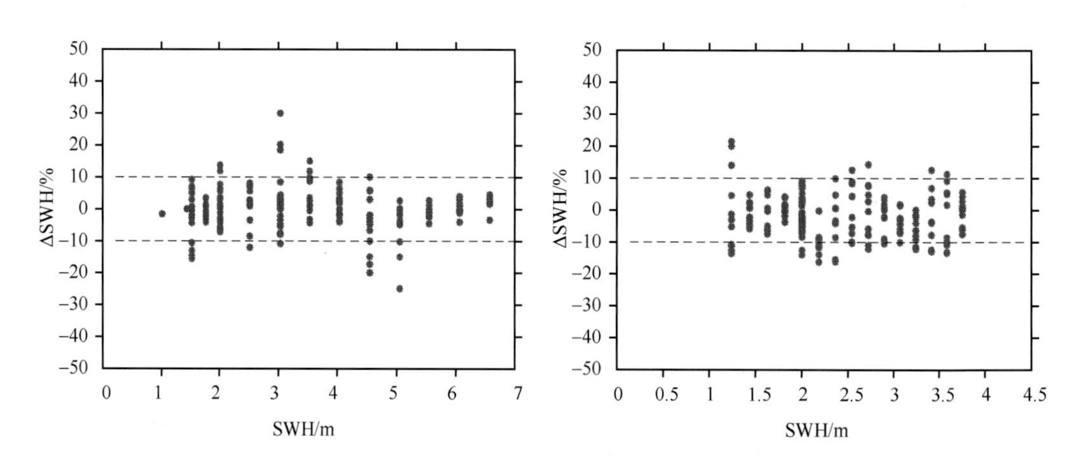

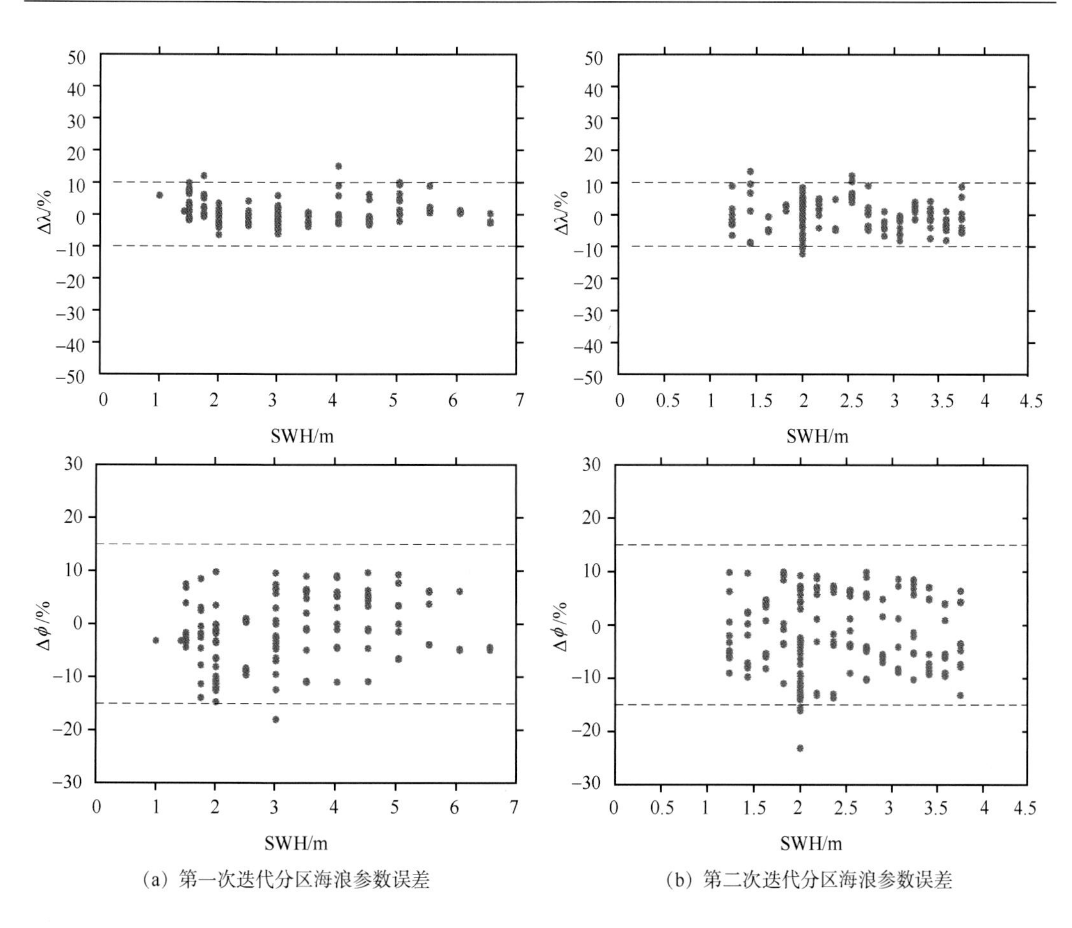

(a) 第一次迭代分区海浪参数误差　(b) 第二次迭代分区海浪参数误差

图 5.7　第一次迭代分区和第二次迭代分区的海浪参数误差与有效波高的关系

计算图 5.6 中海浪参数的误差以及离散指标或标准差，并与国外最新的研究结果(Hauser et al.，2017)进行了对比，结果见表 5.4。表 5.4 中，海浪参数的误差是大量统计数据的平均误差，离散指标或标准差表示误差分布的离散程度。本书仿真的平均误差与文献中的结果相比，除了主波波长这一项的误差更小外，有效波高和主波波向这两项的误差都稍大。这有两方面的原因：其一，因为本书提出的分区算法仍然有些许不足之处，仍需要继续进行改进和优化；其二，由于时间复杂度等原因，本章进行分区方法研究的海况种数相对较少，即样本集较小，因此得到的海浪参数误差与文献(Hauser et al.，2017)的相差较大，而离散指标或标准差结果与文献的相差较小。

表 5.4　本书分区的海浪参数误差及国外相关的研究结果

海浪参数		本书仿真的结果	文献的结果
有效波高	相对误差/%	−3.92	1.1
	离散指标/%	11.74	12
主波波长	相对误差/%	2.02	−1.8
	离散指标/%	7.31	8

续表

海浪参数		本书仿真的结果	文献的结果
主波波向	绝对误差/(°)	–7.90	0.97
	标准差/(°)	11.36	8.3

5.4　波谱仪海面风速与海浪斜率反演

5.4.1　小入射角风雨组合散射模型

1. 简介

降雨是一种经常出现的大气现象，大气降雨能明显改变雷达海面散射量的大小。降雨促使散射量发生变化的主要原因有两个：一是大气中雨滴引起的衰减和体散射效应；另一个是由海表粗糙度变化所引起的，这些变化主要来自于下落雨滴引起的环形波和湍流，以及降雨带来的下行气流(Moore et al.，1983；Bliven et al.，1997，1993)。当我们利用无雨情况下建立的散射量模型来反演海面风速时，降雨效应引起的散射量变化无疑给反演过程带来误差。

对于中等入射角雷达来说，许多研究已经调查了降雨效应对 Ku 和 C 波段风场散射计的影响(Stiles and Yueh，2002；Contreras et al.，2004，2003)。散射计观测风场主要通过布拉格散射量和风场散射模型[也称为地球物理模型函数(GMF)]来实现，CMOD5 就是一种常用的风场散射模型(Hersbach et al.，2007)。可是，这些 GMF 在建立的过程中，未曾考虑降雨的影响，因此散射计的风场反演精度会受到降雨的严重影响。这也促使一些风雨散射量模型被开发出来用于解决降雨问题。物理模型首先尝试利用辐射传输模型和波模型来描述降雨对海面散射特性的影响(Xu et al.，2015；Tournadre and Quilfen，2003；Contreras and Plant，2006)。另外一些则通过遥感观测数据建立经验模型来描述降雨效应(Draper and Long，2004a，2004b；Nie and Long，2007，2008；Nielsen and Long，2009；Owen and Long，2011)。总体而言，相比物理模型，经验模型在描述降雨效应对散射量的总体影响时更为有效。

可是，对于小入射角雷达来说，目前降雨效应对散射量的影响研究仍旧较少。小入射角雷达散射量的产生机制有别于中等入射角情况，它是由准镜面散射机制来决定的。目前，TRMM PR(tropical rainfall mapping mission precipitation radar)降雨雷达是第一个小入射角星载雷达系统，主要设计用于测量大气剖面的降雨，其观测的海面散射量仅用于估计路径积分衰减(path integrated attenuation，PIA)，进而用于校正大气降雨环境下的有效雷达反射率。最后，通过 Z-R 关系估计三维降雨率，这里 Z 指反射率，R 指降雨率(Iguchi et al.，2000；Li et al.，2002)。由此可知，小入射角情况下降雨率是不能直接由海表散射量反演得到的。此外，一些小入射角 Ku 波段风速散射模型已经基于 TRMM PR 雷达数据建立起来，并用于风速的反演(Li et al.，2004；Tran et al.，2007；Chu et al.，2012；Ren et al，2016)，然而这些模型都是基于无雨条件下的数据建立的，因此对于受到降雨干扰的小入射角散射量，这些模型难以应用于风速反演。

现在，2018 年发射成功的中法海洋卫星 CFOSAT 搭载了一种 Ku 波段小入射角波谱仪 SWIM，入射角为 0°～10°，主要用于观测海面的动力环境参数，如海浪谱和风场等(Jackson et al.，1985a；Hauser et al.，2001)。此时，建立起一个适用于小入射角的风雨散射模型，利用 SWIM 数据来同时反演风和雨的信息是一项有意义的工作。值得庆幸的是，TRMM PR 已经积累了大量的风、雨同步观测数据，这些数据将为我们提供一个很好的机会，来研究和建模小入射角散射量的降雨效应。

本书中，我们采用了一种整体性的思路来考虑降雨效应，研究中利用 TRMM PR 观测数据和同步的 ECMWF 模式数据，通过拟合的方式，建立起了一种简单的小入射角风雨组合散射模型。

2. 研究数据

为了建立小入射角风雨组合散射模型，本书收集了 TRMM PR 降雨雷达数据产品，并从该产品中提取了海面散射量和平均降雨率，同时，利用 ECMWF 模式数据提取了同步的风场数据。同步风场数据将代入风场散射模型，来估计风场引起的散射量变化。数据简介如下：

1997 年 11 月，TRMM 卫星在日本种子岛(Tanegashima)发射成功。卫星配备了一个 Ku 波段 PR 降雨雷达，工作频率为 13.8GHz，HH 极化。TRMM PR 天线有 49 根波束，入射角范围为–18.1°～+18.1°，对应的地面刈幅为 250 km。天顶角波束的空间分辨率为 5.0(cross-track)km ×4.0 (along-track)km。本文用到的数据产品版本为 2A25(version7)，可以从其中提取研究需要的海面后向散射量和平均降雨率，TRMM PR 散射量在使用之前做 5×5 像素的平均滤波，降雨率的原始单位是 mm/h，本研究中，为方便应用将降雨率作如下对数转换：$R_{\mathrm{dB}} = 10\lg R$。从产品中提取的降雨标志可以确定研究区域是否存在降雨情况，当标志为 0 时，代表无雨，当标志为 1 时，代表有雨。分析选用的数据时间为 2010 年 1 月和 6 月，数据的空间覆盖范围为：38°N～38°S，180°E～180°W。

ECMWF 大气预报模型数据可以提供全球网格风场数据，由于该模型预测过程中是不考虑降雨的，所以提取的风速可以认为是无雨情况下的风速。本研究用的数据版本为 ERA-Interim 再分析数据，数据始于 1979 年，该数据可提取海面 10 m 高度的风速数据，数据网格是 0.75°×0.75°，在 ECMWF 和 TRMM PR 进行同步匹配时，将根据 TRMM PR 的信息，对 ECMWF 数据做时间和空间插值处理。

本研究中利用 Ku 波段小入射角散射模型 KuLMOD 作为风场散射模型。该模型主要用于反演 TRMM PR 数据的风速信息，适用的入射角为 0.5°～6.5°，风速为 1.5～16.5 m/s。建立该模型用到的数据包括 TRMM PR 数据，以及同步的 National Data Buoy Center (NDBC)和 Tropical Ocean Global Atmosphere program(TOGA)浮标数据。本研究中，ECMWF 提取的风速将作为 KuLMOD 的输入参数来估计风引起的散射量。

在本研究中，2010 年 1 月的数据用于建立模型，而 2010 年 6 月的数据将用于检验模型。图 5.8 显示了研究数据的分布情况，数据种类包括降雨率和 ECMWF 风速。从图 5.8 可以看出，两个月的数据分布趋势相近，降雨率主要分布在–10～2 dB，风速主要分布在 3～11 m/s。为了更有效地分析数据，这些研究数据在一定的窗口下平均，其中，降雨率窗口为 1 dB，入射角窗口为 1°，风速窗口为 2 m/s。

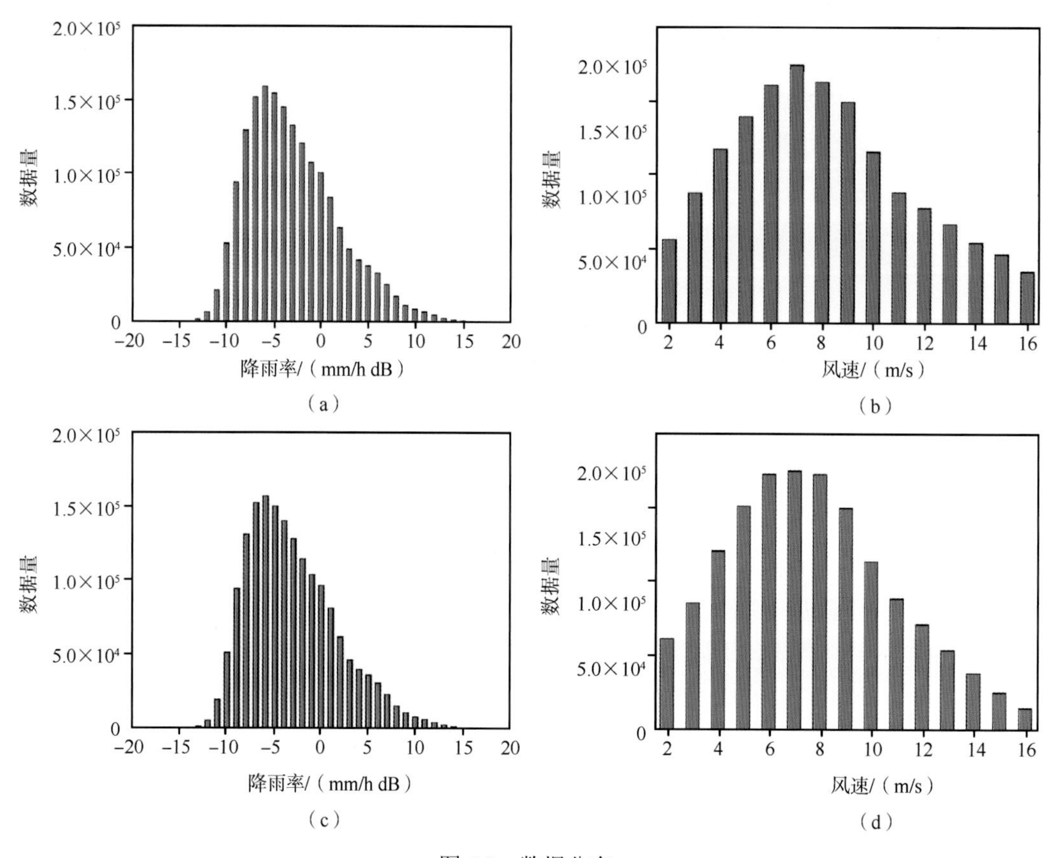

图 5.8　数据分布

(a) 2010 年 1 月 TRMM PR 降雨率；(b) 同步 2010 年 1 月 ECMWF 风速；
(c) 2010 年 6 月 TRMM PR 降雨率；(d) 同步 2010 年 6 月 ECMWF 风速

3. 模型

1) 风场散射量估计

KuLMOD 是利用无雨情况下 TRMM PR 数据建立的风场散射量模型，将 TRMM PR 入射角和 ECMWF 风速带入该模型，可估计出风场散射量。需要注意的是，在建立 KuLMOD 模型时，用的是实测数据，而本文用的是 ECMWF 模式数据，因此在散射量估计过程中，很可能会存在额外的偏差。因此，在分析降雨效应之前需要对 KuLMOD 做前期的校正。偏差校正通过式(5.4.1)实现：

$$\varepsilon = \sigma_{\text{PR(rain-free)}} - \sigma_{\text{KuLMOD(ECMWF)}} \tag{5.4.1}$$

式中，$\sigma_{\mathrm{PR(rain\text{-}free)}}$ 为 PR 无雨情况下测量的散射量；$\sigma_{\mathrm{KuLMOD(ECMWF)}}$ 为基于 KuLMOD 模型和 ECMWF 风场估计的散射量。这里用到的 TRMM PR 数据共有 30 轨，所有的数据分为不同的风速窗口和入射角窗口。利用式(5.4.1)，可以获取不同入射角和风速子集下的偏差。由于数据量有限，16 m/s 的对应偏差值假设与 14 m/s 时的偏差一致。

图 5.9 为不同风速和入射角下估计的$\sigma_{\mathrm{PR(rain\text{-}free)}}$与$\sigma_{\mathrm{KuLMOD(ECMWF)}}$偏差，如图所示，在低风速时，偏差多为负值，在高风速时，偏差多为正值，偏差的范围主要集中在–0.9～0.7。

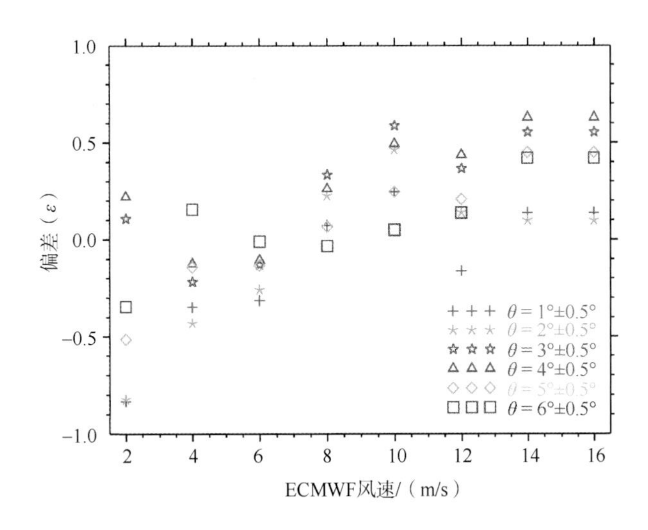

图 5.9　不同风速和入射角条件下，无雨情况 TRMM PR 观测散射量与 ECMWF 模式风场估计散射量的偏差

利用估计的偏差，由风引起的散射量或无雨海面的散射量σ_{wind}可利用式(5.4.2)校正：

$$\sigma_{\mathrm{wind}}=\sigma_{\mathrm{KuLMOD(ECMWF)}}+\varepsilon \tag{5.4.2}$$

为了评估σ_{wind}，利用无雨情况下 TRMM PR 观测的散射量$\sigma_{\mathrm{PR(rain\text{-}free)}}$，分别与同步的$\sigma_{\mathrm{wind}}$和$\sigma_{\mathrm{KuLMOD(ECMWF)}}$作比较，比较结果如图 5.10 所示。图 5.10(a)为$\sigma_{\mathrm{PR(rain\text{-}free)}}$和$\sigma_{\mathrm{KuLMOD(ECMWF)}}$的散点图，两者的均方根误差(RMSE)为 0.71 dB，相关系数(r)为 0.80。图 5.10(b)为$\sigma_{\mathrm{PR(rain\text{-}free)}}$和$\sigma_{\mathrm{wind}}$的散点图，两者的均方根误差为 0.69 dB，相关系数(r)为 0.81。由比较可知，经过偏差校正之后，均方根误差和相关系数都有所改善，此外，可以看到更多的散射点聚集到参考线附近，这些现象都表明了偏差校正的必要性。

2) 降雨效应分析

在估计出风场散射量σ_{wind}之后，本研究利用 TRMM PR 观测的降雨情况下散射量$\sigma_{\mathrm{PR(rain\text{-}affected)}}$和同步的$\sigma_{\mathrm{wind}}$来评估降雨效应。$\sigma_{\mathrm{PR(rain\text{-}affected)}}$反映了风场和降雨引起的散射量总和，$\sigma_{\mathrm{wind}}$仅反映了风场引起的散射量，因此可以通过将这二者相比较的方法来探

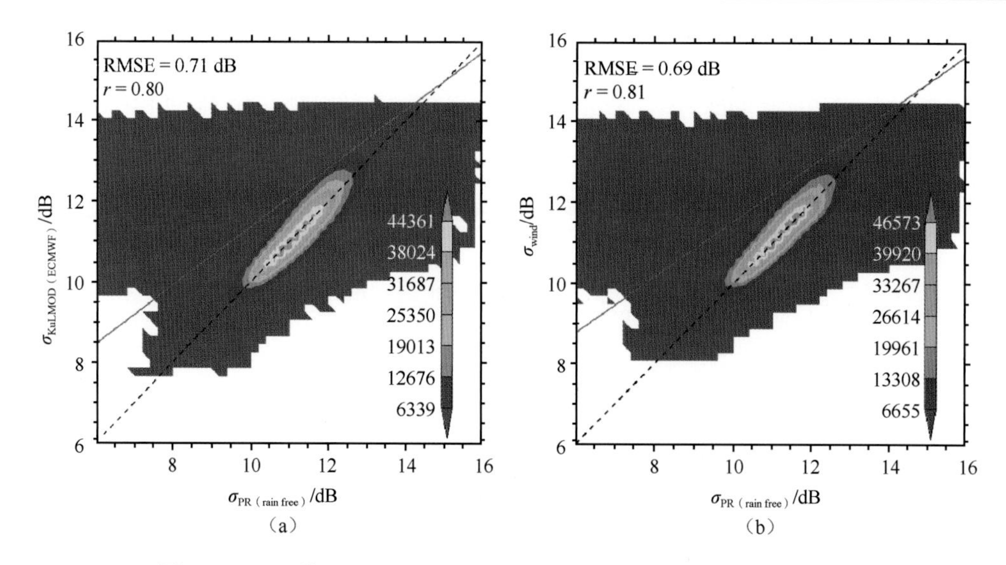

图 5.10　无雨情况 TRMM PR 观测散射量与同步估计散射量的散点图

(a) ECMWF 模式风场估计的散射量 $\sigma_{\text{KuLMOD(ECMWF)}}$；

(b) 校正之后的散射量 σ_{wind}。颜色表示数据的密度大小

索降雨效应，相关比较结果如图 5.11 所示。$\sigma_{\text{PR(rain-affected)}}$ 的均值是在 4°入射角、8 m/s 风速情况下获取的，σ_{wind} 是利用式(5.4.2)估计的 4°入射角和 8 m/s 风速下的结果。

如图 5.11 所示，$\sigma_{\text{PR(rain-affected)}}$ 明显小于 σ_{wind}，这意味着总体的降雨效应让散射量变小了。此外，随着平均降雨率的增加，减小量也随之增加。对于 0 dB 和 10 dB 降雨率来说，降雨引起的减小量分别达到 1.0 dB 和 3.5 dB。由此看来，小入射角下 TRMM PR 观测散射量的降雨效应是不可忽略的。在下面的工作中，将分别考虑降雨效应对入射角和风速的依赖性。

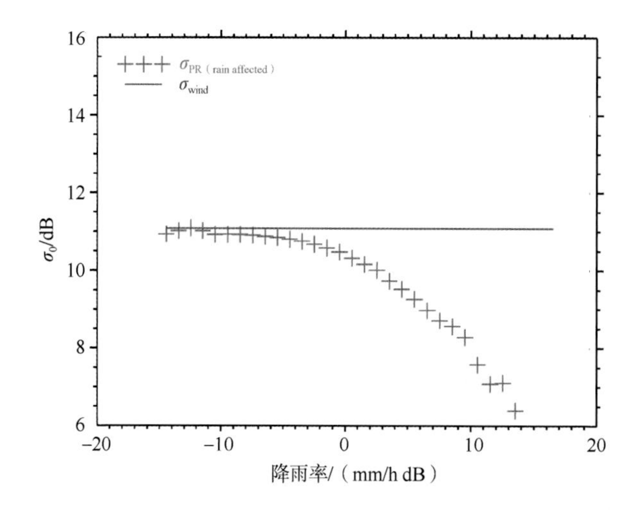

图 5.11　TRMM PR 观测的降雨情况下散射量 $\sigma_{\text{PR(rain-affected)}}$ 和同步的风生散射量 σ_{wind} 的比较

为了进一步分析降雨效应，本研究定义σ_{rain}为$\sigma_{\text{PR(rain-affected)}}$和同步$\sigma_{\text{wind}}$的差值，其计算公式如下：

$$\sigma_{\text{rain}} = \sigma_{\text{PR(rain-affected)}} - \sigma_{\text{wind}} \tag{5.4.3}$$

然后，利用式(5.4.3)估计的σ_{rain}作为平均降雨率的函数，并针对不同入射角进行分析，分析结果如图 5.12 所示。图中考虑的入射角范围为 1°～6°，相应的风速为 8 m/s。需要说明的是，在–15 dB 位置附近，明显的振荡主要是由于缺少数据而造成的。当平均降雨率小于 0 dB 时，6 种入射角下的σ_{rain}基本不随平均降雨率而变化。可是，当平均降雨率大于 0 dB 时，σ_{rain}的绝对值缓慢随着入射角的增大而减小。这也意味着，只有当平均降雨率大于 0 dB 时，入射角才会对降雨效应产生一定的影响，但并不剧烈。

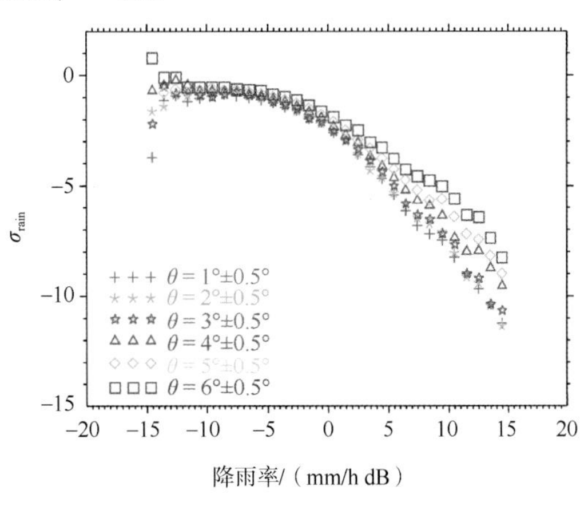

图 5.12　在 6 种入射角下，利用式(5.4.3)估计的雨生散射量随平均降雨率的变化

此时风速为 8 m/s

此外，我们对估计的雨生散射量也做了随风速变化的趋势分析，分析过程中，将入射角划分为两个集合：一个是 1°～3°，另一个是 4°～6°，两类入射角的分析结果分别如图 5.13(a)和图 5.13(b)所示。在该分析中，风速范围为 2～16 m/s。图 5.13(a)中，对于同样的平均降雨率，σ_{rain}会随着风速的增大而减小。图 5.13(b)中，显示了与图 5.13(a)类似的趋势，但对于相同的风速和平均降雨率，两者的σ_{rain}大小仍存在明显的差异。从以上的分析结果来看，降雨效应大小明显与风速相关。

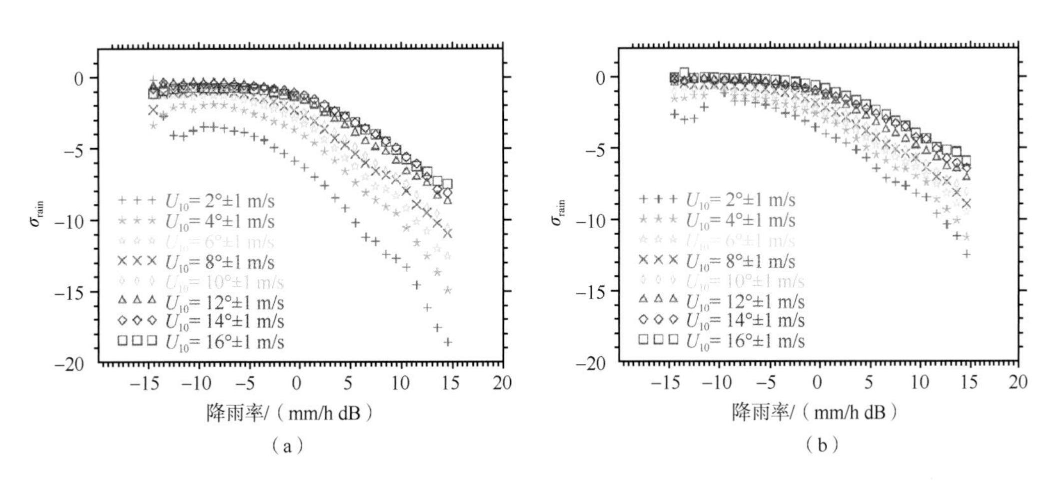

图 5.13　利用式(5.4.3)估计的雨生散射量在不同风速下随平均降雨率的变化趋势

相应的入射角分别为 1°～3°(a)和 4°～6°(b)

3）风雨组合模型及系数估计

从降雨效应的分析来看，我们发现在有雨情况下，TRMM PR 观测的散射量 $\sigma_{\text{PR(rain-affected)}}$ 会随着平均降雨率的增加而明显减小。这些发现证明了利用风雨组合模型代替单一风场模型来估计降雨情况小入射角散射量的必要性。但是，从物理过程来讲，降雨对散射量的干扰是非常复杂的，大气中衰减和体散射，以及海表的波动，都会对降雨效应产生直接影响。在本研究中，为减小建模的复杂性，我们将降雨效应作为一个整体来考虑，而不过多涉及各类影响因子的个体变化。在 Seawinds 散射计降雨情况散射模型的研究中，就曾提出一个简单的风雨散射量模型来考虑降雨的效应，该模型中将所有的海表降雨效应整合成一个降雨散射量参数，同时引入了一个双向的雨生大气衰减因子。本研究中参考了 Seawinds 的建模方法，大气和海面降雨效应整合成一个变量。建立的风雨组合模型如式(5.4.4)所示(Ren et al.，2017)：

$$\sigma_{\text{total}} = \sigma_{\text{wind}} + \sigma_{\text{rain}} \tag{5.4.4}$$

式中，σ_{total} 为风生和雨生的总散射量；σ_{wind} 为风生散射量；σ_{rain} 为雨生散射量。其中，σ_{wind} 由 KuLMOD 模型估计，并校正了因不同风速数据引起的偏差。

对于雨生散射量 σ_{rain}，前文已分析得到它与入射角和风速相关。因此，本研究中将不同入射角 θ 和 10 m 风速 U_{10} 下的 σ_{rain}，假设为关于平均降雨率 R_{dB} 的线性二阶多项式函数，其公式如下：

$$\sigma_{\text{rain}}\left(R_{\text{dB}},\theta,U_{10}\right) = a\left(\theta,U_{10}\right) + b\left(\theta,U_{10}\right)R_{\text{dB}} + c\left(\theta,U_{10}\right)R_{\text{dB}}^2 \tag{5.4.5}$$

式中，a、b 和 c 为模型系数。

研究中通过拟合不同入射角与风速下的 σ_{rain} 和 R_{dB} 来估计模型系数，用到的同步数据集时间为 2010 年 1 月。考虑到 σ_{rain} 与风速呈强相关性，以及与入射角呈弱相关性，所以将同步数据集分为 8 个风速窗口和 2 个入射角窗口。然后，分别对各窗口进行拟合，得到的模型系数列于表 5.5。

表 5.5　雨生散射量 σ_{rain} 的模型系数

U_{10}/(m/s)	模型系数					
	$1^\circ \leqslant \theta \leqslant 3^\circ$			$4^\circ \leqslant \theta \leqslant 6^\circ$		
	a	b	c	a	b	c
2	−6.321 11	−0.532 20	−0.019 73	−3.548 33	−0.341 73	−0.017 87
4	−3.956 27	−0.415 53	−0.022 84	−2.863 17	−0.325 95	−0.015 66
6	−3.215 73	−0.396 01	−0.017 83	−2.470 03	−0.307 47	−0.012 14
8	−2.582 82	−0.336 99	−0.017 97	−2.081 62	−0.287 07	−0.012 10
10	−2.367 65	−0.332 68	−0.016 10	−1.881 61	−0.269 98	−0.012 23
12	−1.640 77	−0.289 81	−0.015 13	−1.371 53	−0.240 40	−0.011 60
14	−1.281 15	−0.250 89	−0.015 45	−1.122 52	−0.209 68	−0.011 08
16	−1.508 51	−0.229 18	−0.014 23	−0.889 27	−0.203 52	−0.010 61

图 5.14 为不同入射角和风速下风雨组合模型估计的σ_{rain}和σ_{total}，关于平均降雨率的函数，在图 5.14(a)中，对于 1°～3°入射角范围，将模型估计的σ_{rain}与实测数据叠加，发现两者基本一致，图 5.14(b)描述的 4°～6°的情况也表明模型与实测数据基本一致。图 5.14(c)和图 5.14(d)分别描述了 1°～3°，以及 4°～6°模型估计的总散射量σ_{total}，从这两个图中可以看出，σ_{total}随平均降雨率的增加而减小，同时发现在不同的风速下，曲线没有发生交叉现象，这将有利于避免风速反演过程中产生模糊问题。

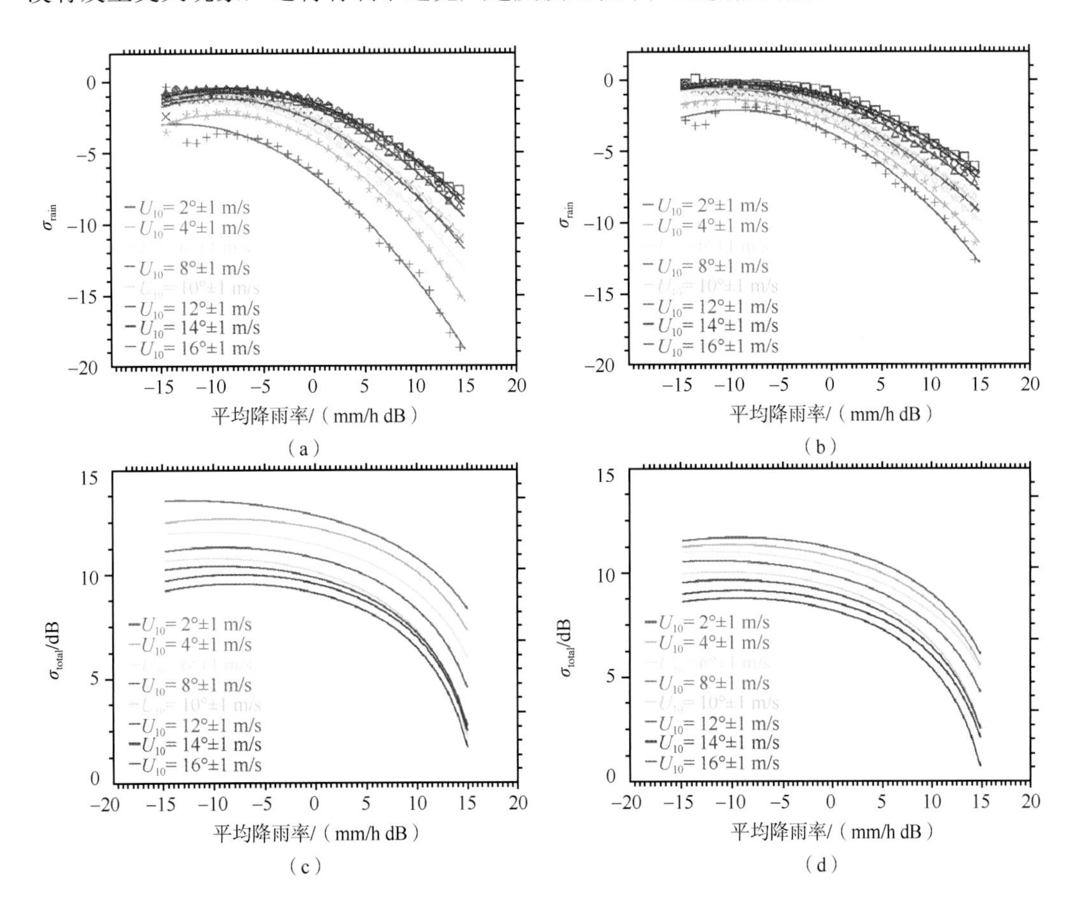

图 5.14　不同入射角和风速下σ_{rain}和σ_{total}关于平均降雨率的函数

(a) 1°～3°范围内模型σ_{rain}和观测σ_{rain}的叠加；(b) 4°～6°范围内模型σ_{rain}和观测σ_{rain}的叠加；(c) 1°～3°范围内的风雨总散射量；(d) 4°～6°范围内的风雨总散射量

4）模型验证

这部分将通过分别比较有雨情况下 TRMM PR 观测的散射量$\sigma_{PR(rain\text{-}affected)}$与风场散射模型估计量$\sigma_{wind}$和风雨组合散射模型估计量$\sigma_{total}$的差异，来验证新建立风雨组合散射模型的精度。验证数据时间为 2010 年 6 月，不同于建模用的数据集。

图 5.15(a)为观测量$\sigma_{PR(rain\text{-}affected)}$和模型估计量$\sigma_{wind}$的散点图，由于降雨的影响，大量的散点迁移到参考线上方，两者的均方根误差(RMSE)和相关系数(r)分别为 1.47 dB 和 0.56。图 5.15(b)为$\sigma_{PR(rain\text{-}affected)}$和模型估计量$\sigma_{total}$的散点图，由于$\sigma_{total}$考虑了降雨效应，大部分的散点聚集到参考线的附近，此时两者的均方根误差(RMSE)和相关系数(r)分别为 1.02 dB 和 0.73。相比图 5.15(a)，图 5.15(b)具有更低的均方根误差(RMSE)(相差 0.45 dB)和更高的相关系数(r)(相差 0.17)。这些结果表明，建立的新模型能够改善降雨海面的散射量预测精度。

为了进一步验证模型在不同平均降雨率和风速情况下的效果，此部分利用与上述类似的方法，对模型和实测散射量进行了比较。图 5.16 与图 5.15(a)类似，但针对不同平均降雨率范围。从图 5.16 可以看出，随着平均降雨率的增加，均方根误差(RMSE)从 0.84 dB 增加到 3.50 dB，相关系数(r)从 0.75 降到 0.42，这些比较结果清楚地表明了平均降雨率的增加会明显改变原有海面的小入射角散射量。

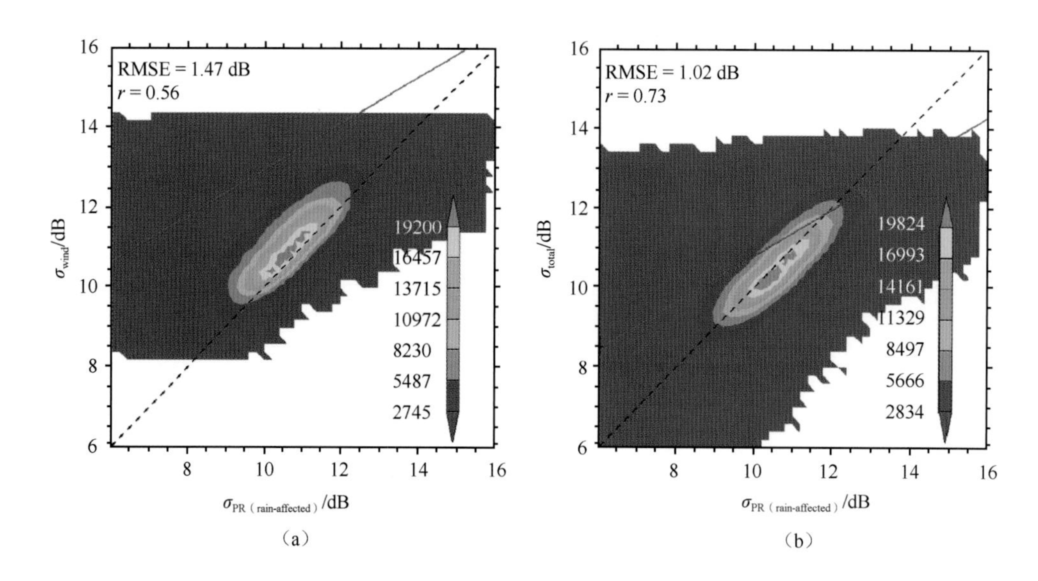

图 5.15　有雨情况下 TRMM PR 观测的散射量$\sigma_{PR(rain\text{-}affected)}$分别与(a)风速散射模型$\sigma_{wind}$和(b)风雨组合散射模型$\sigma_{total}$的比较

红线表示一阶多项式拟合，黑色点线表示参考线，图中颜色表示数据密度

图 5.17 与图 5.15(b)类似，但针对不同平均降雨率范围。图 5.17 中给出了与图 5.16 相同的趋势性结果，即随着平均降雨率的增加，均方根误差(RMSE)增加，相关系数(r)减小，但从定量化的角度来看，均方根误差(RMSE)和相关系数(r)要明显优于图 5.16。特别在 7.5～10.0 dB 的平均降雨率范围内，均方根误差(RMSE)减小了 1.56 dB。

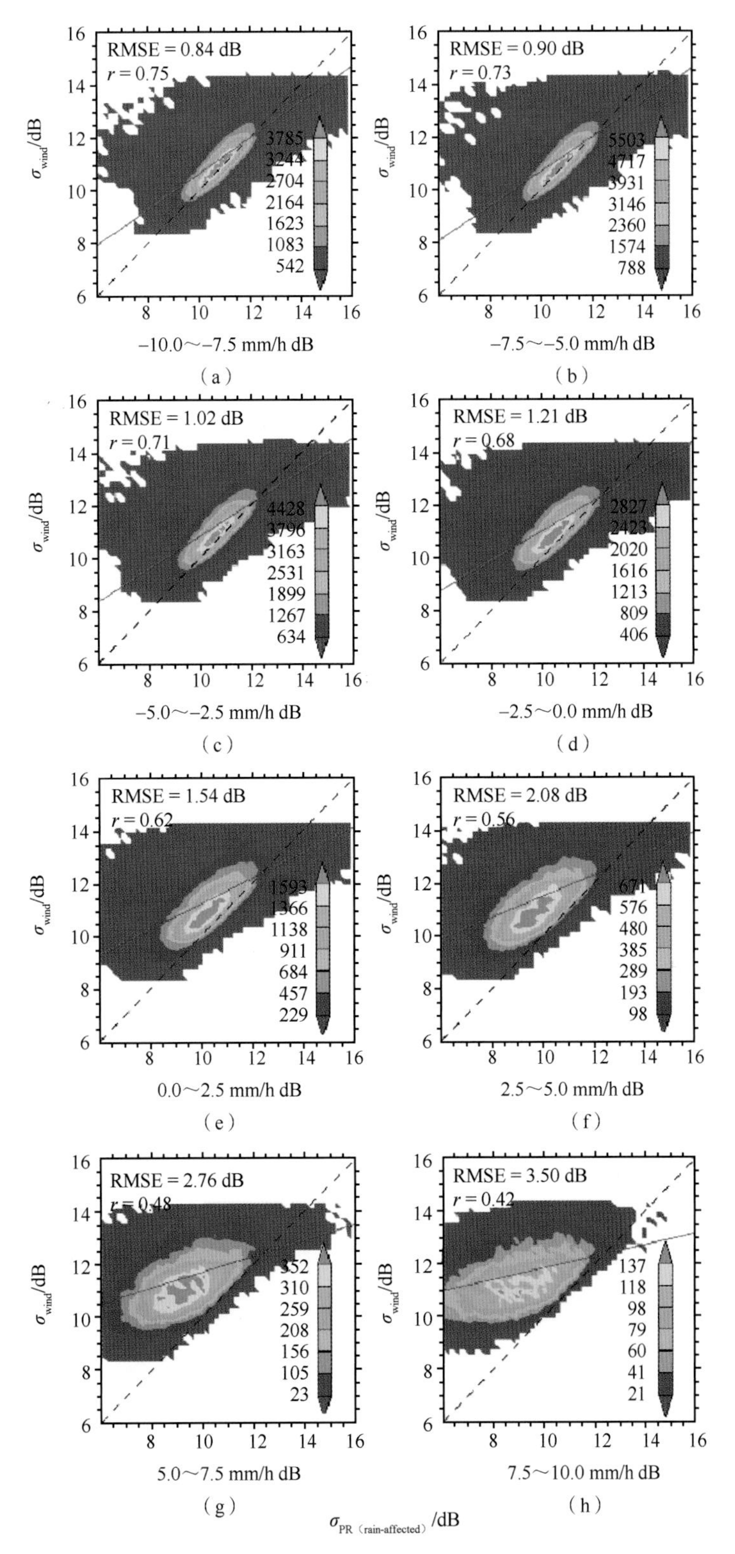

图 5.16　同图 5.15(a)一致，但针对 8 个不同的平均降雨率范围

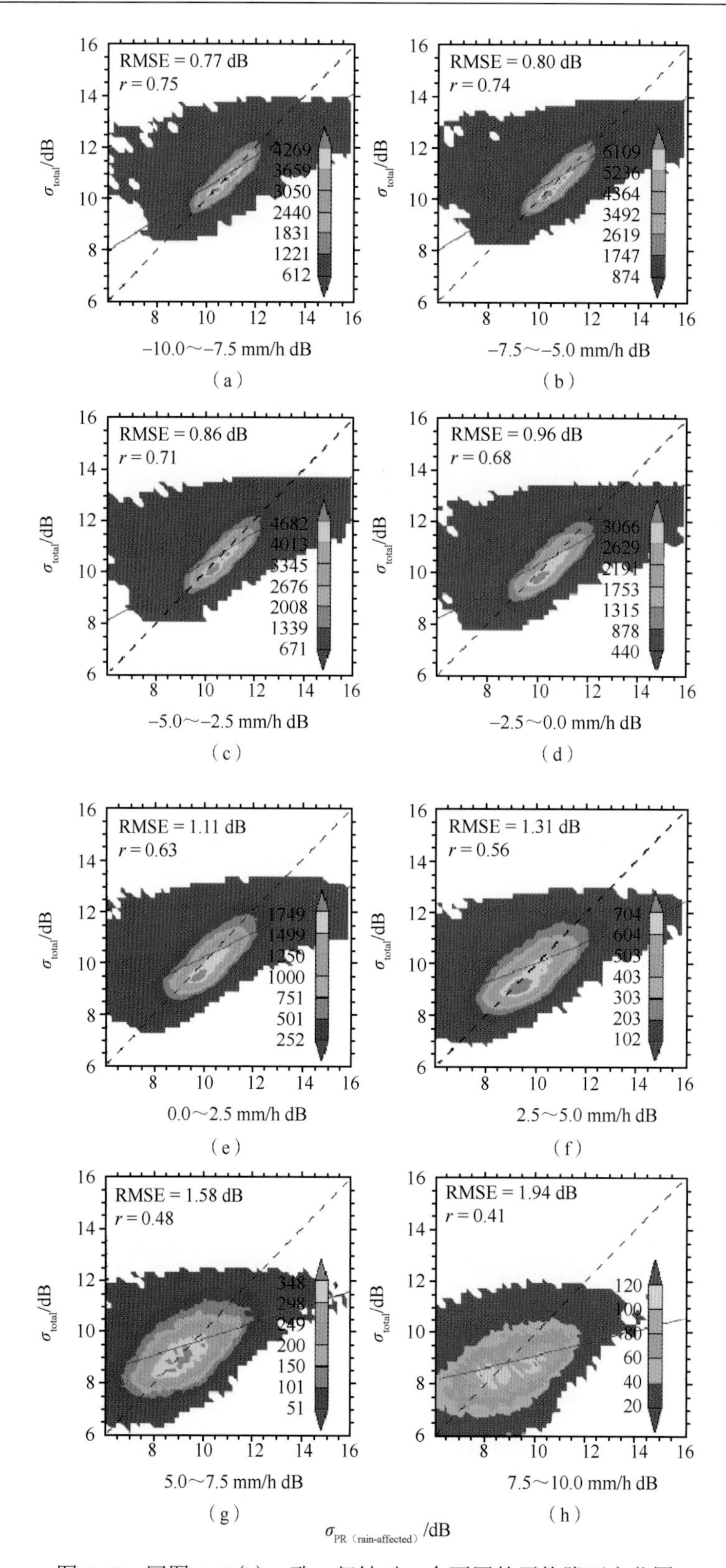

图 5.17　同图 5.15(b) 一致，但针对 8 个不同的平均降雨率范围

接下来，我们做了针对不同风速的分析。图 5.18 与图 5.15(a)描述的内容类似，从图 5.18 中可以看出，随着风速的增加均方根误差(RMSE)会减小，但是相关系数(r)只是在 0.35～0.45 的范围内振荡。最大的均方根误差(RMSE)(2.34 dB)发生在 1～3 m/s 的低风速范围内，同时最小的均方根误差(RMSE)(0.96 dB)发生在 13～15 m/s 的较高风速范围内。

图 5.19 与图 5.15(b)描述的内容类似，从图 5.19 可以看出，在任一风速范围内均方根误差(RMSE)都小于图 5.18 中的情况，这也说明新建的风雨组合模型能够改善不同风速下的预测精度。对于 1～9 m/s 的范围，均方根误差(RMSE)为 0.84 dB 到 1.71 dB，而对于 9～17 m/s 的范围，均方根误差(RMSE)为 0.67 dB 到 0.78 dB，此时的散射量预测精度已经比较接近无雨情况下的预测精度。

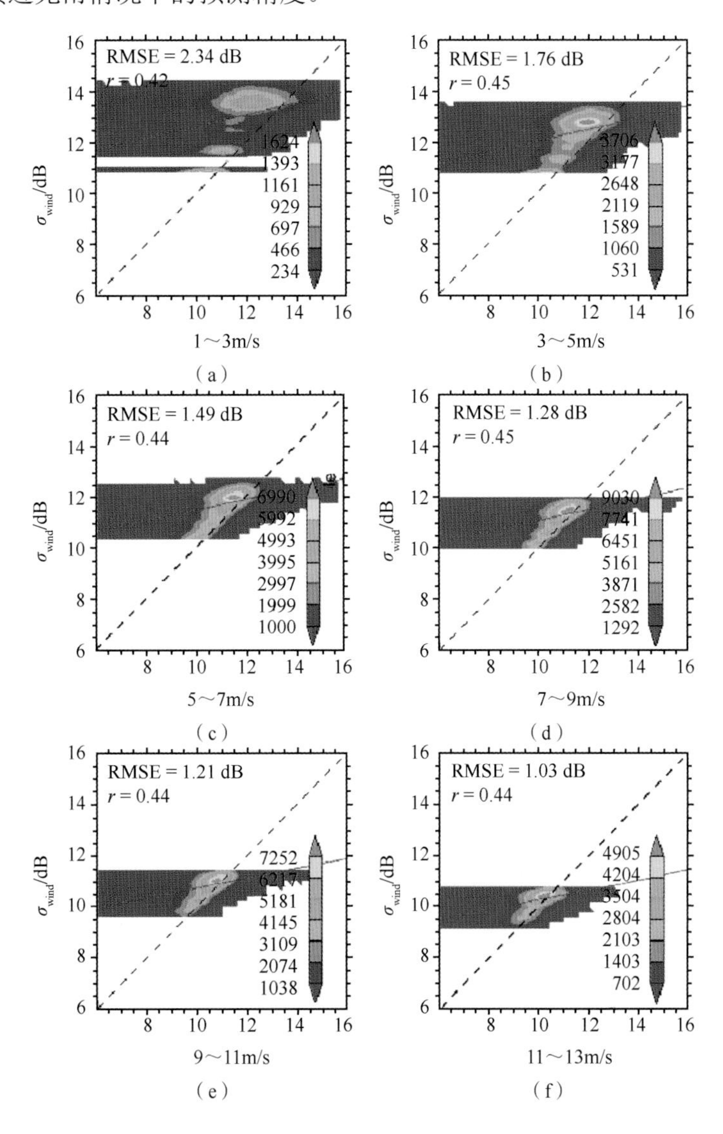

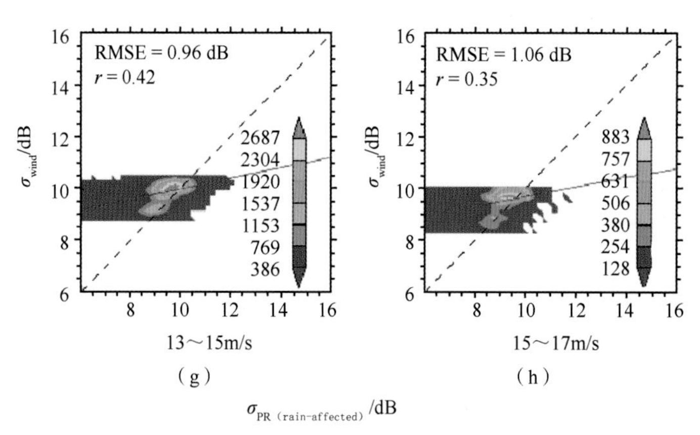

图 5.18　同图 5.15(a)一致，但针对 8 个不同的风速范围

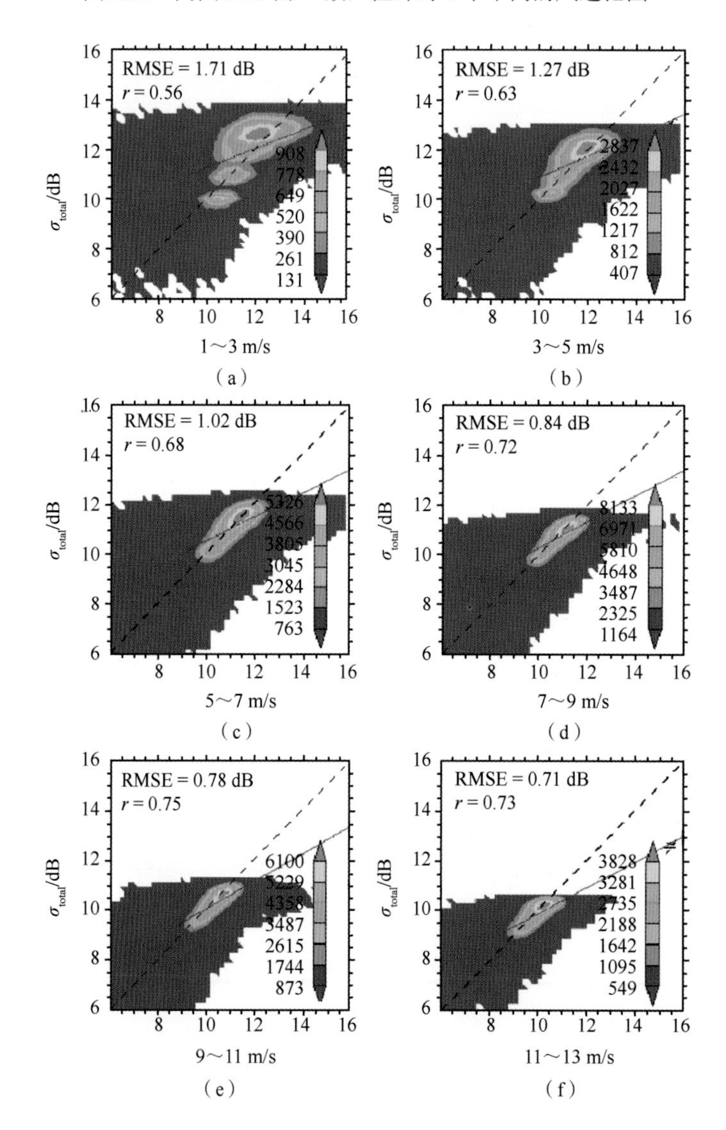

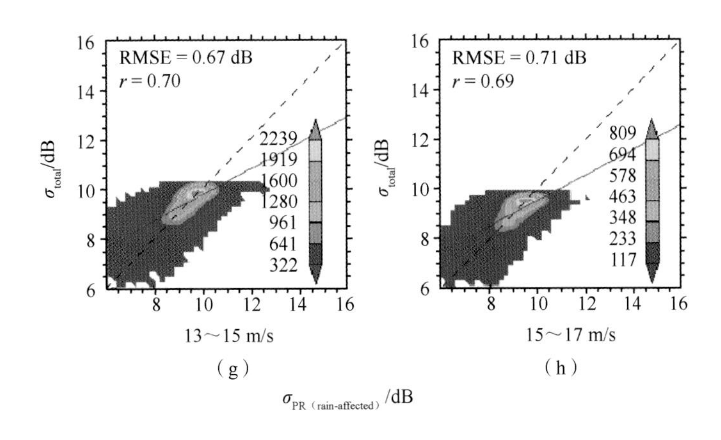

图 5.19　同图 5.15(b)一致，但针对 8 个不同的风速范围

5) 总结

本书中，我们提出了一种简单的小入射角 Ku 波段风雨组合散射量模型，主要研究数据为降雨条件下的 TRMM PR 数据和同步 ECMWF 模式风场数据。

研究中通过比较 TRMM PR 有雨观测散射量和同步估计的风生散射量发现，TRMM PR 观测值随着平均降雨率的增加而减小，文中将这两者的差定义为雨生散射量，并作为入射角和风速的函数来分析散射量的降雨效应。分析结果表明，雨生散射量与风速呈强相关性，而与入射角呈弱相关性。

在提出的风雨组合散射模型中，降雨海面的总散射量是风生散射量和雨生散射量的总和。对于该模型，利用校正的 KuLMOD 模型估计风生散射量，同时利用建立的降雨散射模型来估计雨生散射量，该降雨模型是特定入射角和风速条件下，关于平均降雨率的二阶多项式函数，其中的模型系数是通过拟合观测雨生散射量和同步平均降雨率得到的。

为了验证风雨组合散射模型，本书从均方根误差(RMSE)和相关系数(r)的角度，分别比较了 TRMM PR 观测的有雨海面散射量与 KuLMOD 估计的风生散射量以及风雨组合散射模型估计的总散射量的差异。比较结果表明，在降雨海面，新模型预测的总散射量和同步观测量的均方根误差(RMSE)和相关系数(r)分别为 1.02 dB 和 0.73，相比 KuLMOD 新模型的精度更高。同时，我们针对不同的平均降雨率和风速作了类似的比较，研究发现，随着平均降雨率的增加，均方根误差(RMSE)从 0.77 dB 增加到 1.94 dB，随着风速的增加，RMSE 从 1.71 dB 减小到 0.71 dB。相比单一的风速散射模型，提出的风雨组合散射模型能够有效改善降雨海面散射量的预测精度。同时，利用该风雨组合散射模型，将有助于小入射角雷达(如 TRMM PR 和 SWIM)数据的风速和平均降雨率信息反演。

5.4.2 海浪斜率概率密度函数反演

1. 海浪斜率研究现状

海浪斜率在海气界面的许多物理过程中发挥着重要作用。例如，海浪场的内动能，包括波浪破碎和非线性能量传输，是含能波浪和高频波浪波陡的强相关函数。海面斜率产生的拖曳影响海面气动粗糙度和表面层的湍流交换特性。

对于光波遥感，海面散射可以看成镜面散射，散射系数与海面的斜率概率密度函数PDF 呈线性关系。Longuet-Higgins(1978)，Phillips(1985)，Resio 和 Perrie(1991)提出了基于几何光学法来估计海浪斜率 PDF。在分析海面上太阳耀斑的基础上，Cox 和 Munk(1954)采用几何光学近似，假设海面斜率 PDF 为准高斯分布，即 PDF 可以用至四阶的 Gram-Charlier 级数展开，式中包含有斜率方差、偏度系数和峰值系数，得到了斜率 PDF 中的七个参数(迎风向和侧风向斜率方差、两个偏度系数和三个峰度系数)关于风速的经验公式。

然而，这些由光学测量得到的结果不能直接应用于海洋微波遥感领域，因为衍射效应对微波段的影响比光学波段的影响大。例如，雷达只能观测到波长大于雷达波长 3～5 倍的海浪。到目前为止，还没有适用于海洋微波遥感的海面准高斯斜率 PDF。

在微波遥感领域，在小入射角条件下，海面散射仍被认为是准镜面散射。为了消除衍射效应的影响，几何光学近似模型中采用经过衍射修正的菲涅尔反射系数，从而保证后向散射系数与波长大于衍射极限的海浪斜率 PDF 仍然近似为线性关系。几位学者对这种滤波斜率进行研究，他们通过微波散射观测来估算滤波斜率 PDF。然而，这种估算结果可能会随着入射角范围和粗糙度条件的变化而变化。Freilich 和 Vanhoff(2003)假设海浪斜率满足高斯分布，Hauser 等(2008)和 Bringer 等(2012)假设海浪斜率满足准高斯分布，然而由于散射模型和反演方法限制，并不能得到斜率 PDF 的所有参数。这促使笔者研究高精度的小入射角下近似海面散射模型和斜率 PDF 反演方法，从而反演出准高斯分布“过滤的”斜率 PDF 中的 7 个参数，并且建立适合于微波遥感的准高斯斜率 PDF 参数模型。

在假设海面各向同性(逆风向斜率方差和侧风向斜率方差相等)且符合高斯分布的条件下，Jackson 等(1992)利用 Ku 波段机载波谱仪 ROWS(入射角 0°～20°)，不同方位向的海面散射系数数据，将其进行方位向平均用一维反演方法推导出斜率方差。他们还建立了适用于 Ku 波段的斜率方差随风速变化的经验公式。后来 Freilich 和 Vanhoff 等(2003)使用 TRMM(tropical rainfall mapping mission)的降雨雷达(PR) 0°～18°入射角范围内数据，利用相同的模型进行反演。

Hauser 等(2008)分析了来自 C 波段机载波谱仪 STORM 的二维后向散射系数(作为入射角和方位角的函数)，从而推导出逆风向和侧风向的斜率方差以及峰度系数。然而，由于每个方位向上的反演是独立的，因此没有研究与斜率 PDF 的各向异性特性相关的偏度系数。

储小青等(2012)利用与浮标风信息时空匹配的 TRMM 降雨雷达 PR 的后向散射系数，反演逆风向和侧风向的斜率方差，以及不同风速下的两个偏度系数。他们的反演方法也与 Cox 和 Munk 反演方法相同。他们的研究结果表明，小入射角下逆风向和侧风向之间的后向散射系数不对称是由海浪斜率 PDF 的偏度造成的。然而，在他们的研究中仍然没有估计三个峰度系数。因此，到目前为止，还没有建立完整的适用于微波遥感准高斯分布海浪斜率 PDF 的七个参数与风速的经验公式。

上述提到的所有研究在不同微波波段，通过不同数据集反演得到海浪斜率 PDF 都是基于准镜像散射模型(QS 模型)，即 GO 模型采用滤波斜率统计参数和经过衍射修正的菲涅尔反射系数。然而，与物理光学(PO)模型相比，在小入射角下，QS 模型的精度数量级为 0.01。对于高斯斜率 PDF，由于是线性反演，QS 模型的精度对反演的斜率方差的结果影响不大。相反，对于准高斯斜率 PDF 的情况，其目的是反演斜率 PDF 中更高阶的统计参数(峰度系数和偏度系数)，这样就必须考虑曲率效应对散射的影响。而 QS 模型由于没有考虑曲率效应，精度不够高，因此无法反演出斜率 PDF 中的高阶统计参数。

Bringer 等(2012)将 PO 模型的 Kirchhoff 积分中出现的结构函数进行四阶展开(而不是 GO 模型的二阶展开)，从而推导出 GO4 模型(考虑了曲率的影响)。在他们的模型中，斜率方差和曲率方差被认为是所有尺度海浪的参数。然而，忽略微波波段的斜率方差和曲率方差的滤波效应会导致模型的精度随着入射角的增加而急剧降低。Boisot 等(2015)提出了一种改进的 GO4 模型，其中只有斜率方差被认为是所有尺度海浪的参数，曲率参数被认为是滤波的参数。但是，改进后的 GO4 模型的精度仍然是不够高。

以 GO4 模型为基础，本书提出一种滤波 GO4 模型，该模型提供了具有相同截止波数的斜率方差和曲率方差，且该模型具有足够高的精度，可以用于从归一化雷达散射系数估计准高斯斜率 PDF 的 7 个参数。本书使用与浮标测量时空匹配的降雨雷达散射系数数据集，通过将 FGO4 模型非线性拟合，到散射系数观测值上，反演出不同风速下的准高斯斜率 PDF 中包含的所有 7 个参数值，并且首次提出了 Ku 波段的 7 个参数与风速的经验公式。

2. 高精度的小入射角近似散射模型——FGO4 模型

在小入射角下，物理光学近似模型(PO)在极化方式可忽略不计时，被认为是精度足够高的。Boisot 等(2015)基于对 PO 模型进行了一定近似，提出了 GO4 模型，该模型考虑了衍射影响和曲率效应。

Boisot 等(2015)将 PO 模型 Kirchhoff 积分中的结构函数进行四阶展开，积分公式和结构函数在海面各向同性的条件下的四阶展开公式如下：

$$\sigma_{\text{pq}}^{0}=q_{z}^{2}\left|R\right|^{2}\frac{1}{\pi}\int \mathrm{e}^{-\frac{1}{2}q_{z}^{2}S(\vec{r})}\mathrm{e}^{-\vec{q}_{\mathrm{H}}\cdot\vec{r}}\mathrm{d}\vec{r} \tag{5.4.6}$$

$$S(\vec{r})=\frac{1}{2}\text{mss}\ \times r^{2}-\frac{1}{32}\text{msc}_{\mathrm{e}}\times r^{4} \tag{5.4.7}$$

式中，$|R|^2$ 为菲涅尔反射系数；下标 p 与 q 分别代表入射极化方向与散射极化方向；向量 $\vec{q}=\vec{q}_{\mathrm{H}}+q_{z}\hat{e}_{z}$，代表入射电磁波与后向散射电磁波波矢量的差异$\left(\vec{q}=\vec{k}_{\mathrm{s}}-\vec{k}_{\mathrm{i}}=-2\vec{k}_{\mathrm{i}}\right)$，下标 H 表示水平面方向，$\vec{q}_{\mathrm{H}}$ 为向量 $\vec{q}$ 在水平面分量，下标 Z 表示垂直轴 $\hat{e}_{z}$ 方向，q_{Z} 为

向量 $\vec{q}$ 在垂直方向的分量，$\vec{k}_{\mathrm{s}}$ 为散射电磁波的波矢量，$\vec{k}_{\mathrm{i}}$ 为入射电磁波的波矢量；$\vec{r}$ 为海浪在水平面上任意两点 $\vec{x}_1$ 和 $\vec{x}_2$ 的向量差，$\vec{r}=x\hat{e}x+y\hat{e}y$；$S(\vec{r})=2\left[\rho(0)-\rho(\vec{r})\right]$ 为海面随机高度的结构函数，$\rho(\vec{r})$ 为海面高度的二维自相关函数，$\rho(0)$ 为海面高度的均方差；mss 为海面上所有尺度海浪的斜率方差；msc_e 为滤波的海浪曲率方差。

将式(5.4.6)代入式(5.4.7)，得到海面各向同性条件下的 GO4 公式如下：

$$\begin{aligned}\sigma_{\mathrm{GO4}}^{0}(\theta,\varphi)=&\frac{|R|^2}{\mathrm{mss}}\sec^2\theta\exp\left[-\frac{\tan^2\theta}{\mathrm{mss}}\right]\\&\times\left\{1+\frac{\mathrm{msc_e}}{16k^2\mathrm{mss}^2\cos^2\theta}\left[\frac{\tan^4\theta}{\mathrm{mss}^2}-4\frac{\tan^2\theta}{\mathrm{mss}}+2\right]\right\}\end{aligned}\tag{5.4.8}$$

本节通过在微波频段下使用 GO4 模型在一定入射角范围内直接拟合 PO 模型计算的散射系数，来获得斜率方差 mss、曲率方差 msc 和菲涅尔反射系数 $|R|^2$，从结果中发现，发现拟合得到的斜率方差 mss 和曲率方差 msc 都不是全部尺度的，而是经过滤波的参数，同时菲涅尔反射系数也是经过衍射矫正后的菲涅尔反射系数。因此，为与已有的 GO4 模型相区分，本文的模型称为滤波 GO4 模型，其公式为

$$\begin{aligned}\sigma_{\mathrm{GO4}}^{0}(\theta,\varphi)=&\frac{|R_e|^2}{\mathrm{mss}_e}\sec^2\theta\exp\left[-\frac{\tan^2\theta}{\mathrm{mss}_e}\right]\\&\times\left\{1+\frac{\mathrm{msc}_e}{16k^2\mathrm{mss}_e^2\cos^2\theta}\left[\frac{\tan^4\theta}{\mathrm{mss}_e^2}-4\frac{\tan^2\theta}{\mathrm{mss}_e}+2\right]\right\}\end{aligned}\tag{5.4.9}$$

在 FGO4 模型中，斜率方差和曲率方差由截止波数定义为

$$\begin{aligned}\mathrm{mss}_e&=\int_0^{K_\mathrm{d}}K^2\psi(K)\mathrm{d}K\\\mathrm{msc}_e&=\int_0^{K_\mathrm{d}}K^4\psi(K)\mathrm{d}K\end{aligned}\tag{5.4.10}$$

式中，K_d 为截止波数。FGO4 相较于 GO4 有更高的精度。$\psi(K)$ 是海面的全向波数谱。而且斜率方差和曲率方差具有相同的截止波数，这进一步证明了 FGO4 模型具有实际的物理意义。

在海面各向异性的条件下，Boisot 等提出 GO4 模型为

$$\begin{aligned}\sigma_{\mathrm{GO4}}^{0}(\theta,\varphi)=&\frac{|R|^2}{2\sqrt{\mathrm{mss}x}\sqrt{\mathrm{mss}y}}\sec^2\theta\exp\left[-\frac{1}{2}(X^2+Y^2)\right]\\&\times\left\{1+\frac{1}{96k^2\cos^2\theta}\left[\begin{array}{l}\dfrac{6\mathrm{mss}xy_e}{\mathrm{mss}x\cdot\mathrm{mss}y}H_2(X)H_2(Y)\\+\dfrac{\mathrm{msc}x_e}{\mathrm{mss}x^2}H_4(X)+\dfrac{\mathrm{msc}y_e}{\mathrm{mss}y^2}H_4(Y)\end{array}\right]\right\}\end{aligned}\tag{5.4.11}$$

式中，mss$x$ 和 mss$y$ 分别为斜率方差在逆风向和侧风向上的分量；mscx_e、mscy_e 以及 mscxy_e 分别为经过滤波的海浪曲率方差 msc$_e$ 在逆风向、侧风向上的分量，以及滤波的联合曲率方差，而且：

$$H_n(u)=(-1)^n \mathrm{e}^{u^2/2}\frac{d^n}{\mathrm{d}u^n}\mathrm{e}^{-u^2/2}, X=\frac{\tan\theta\cos\varphi}{\sqrt{\mathrm{mss}x_e}}, Y=\frac{\tan\theta\sin\varphi}{\sqrt{\mathrm{mss}y_e}} \tag{5.4.12}$$

与各向同性情况类似，FGO4 模型的各向异性的表达式与式(5.4.11)相同，但是斜率方差和曲率方差都是滤波的，菲涅尔反射系数是经过衍射修正的。

对于非高斯海面，同样将准高斯海浪斜率 PDF 用 Gram-Charlier 级数的四阶展开：

$$\begin{aligned}p(X,Y)=&\frac{1}{2\pi\sqrt{\mathrm{mss}x}\sqrt{\mathrm{mss}y}}\exp\left(-\frac{1}{2}(X^2+Y^2)\right)\times[1+\frac{\lambda_{12}}{2}H_1(X)H_2(Y)+\frac{\lambda_{30}}{6}H_3(X)\\&+\frac{\lambda_{22}}{4}H_2(Y)H_2(X)+\frac{\lambda_{40}}{24}H_4(X)+\frac{\lambda_{04}}{24}H_4(Y)]\end{aligned} \tag{5.4.13}$$

式中，λ_{12} 和 λ_{30} 为海浪斜率的偏度系数；λ_{22}、λ_{04} 和 λ_{40} 为海浪斜率的峰度系数；H_1、H_2、H_3、H_4 为 Hermite 多项式。其中，峰度系数和偏度系数满足

$$\begin{aligned}S_3(x,y)&\approx\lambda_{30}\mathrm{mss}x^{3/2}x^3+3\lambda_{12}\mathrm{mss}x\sqrt{\mathrm{mss}y}x^2y\\S_4(x,y)&\approx\lambda_{40}\mathrm{mss}x^2x^4+\lambda_{04}\mathrm{mss}y^2y^4+6\lambda_{22}\mathrm{mss}x\cdot\mathrm{mss}y\cdot x^2y^2\end{aligned} \tag{5.4.14}$$

因此，FGO4 模型展开为

$$\begin{aligned}\sigma^0_{\mathrm{FGO4}}(\theta,\varphi)=&\frac{|R_e|^2}{2\sqrt{\mathrm{mss}x_e}\sqrt{\mathrm{mss}y_e}}\sec^2(\theta)\exp\left[-\frac{1}{2}(X^2+Y^2)\right]\\&\times\left\{\begin{aligned}&1+\frac{1}{24Q_z^2}\left[\begin{aligned}&6\left(\frac{\mathrm{msc}xy_e}{\mathrm{mss}x_e\cdot\mathrm{mss}y_e}+\lambda_{22e}q_z^2\right)H_2(X)H_2(Y)\\&+(\frac{\mathrm{msc}x_e}{\mathrm{mss}x_e^2}+\lambda_{40e}q_z^2)H_4(X)\\&+(\frac{\mathrm{msc}y_e}{\mathrm{mss}y_e^2}+\lambda_{04e}q_z^2)H_4(Y)\end{aligned}\right]\\&+\frac{1}{6}\left[3\lambda_{12e}H_1(X)H_2(Y)+\lambda_{30e}H_3(X)\right]\end{aligned}\right\}\end{aligned} \tag{5.4.15}$$

3. 海浪斜率反演方法

在各向异性、准高斯海面情况下，对于一个给定的风速，FGO4 模型的后向散射系数包含了 11 个参数，斜率 PDF 用其中 7 个参数表示（mssx_e、mssy_e、λ_{12}、λ_{30}、λ_{22}、λ_{04}、λ_{40}），另外 3 个参数是曲率方差和经过衍射修正的菲涅尔反射系数。为了估计各向异性情况下的海浪斜率 PDF 参数，提出一个基于二维后向散射系数的反演方法。

为了降低反演过程中的未知参数，将式(5.4.15)转化为

$$\sigma_{\mathrm{FGO4}}^{0}(\theta,\varphi)=\frac{|R_e|^2}{2\sqrt{\mathrm{mss}x_e}\sqrt{\mathrm{mss}y_e}}\sec^2\theta\exp\left[-\frac{1}{2}(X^2+Y^2)\right]\times\left\{\begin{array}{l}1+\dfrac{1}{24Q_z^2}\begin{bmatrix}6\lambda'_{22}H_2(X)H_2(Y)\\+\lambda'_{40}H_4(X)\\+\lambda'_{04}H_4(Y)\end{bmatrix}\\+\dfrac{1}{6}\left[3\lambda_{12}H_1(X)H_2(Y)+\lambda_{30}H_3(X)\right]\end{array}\right\} \tag{5.4.16}$$

其中，

$$\lambda'_{22}=\frac{\mathrm{msc}xy_e}{q_z^2\mathrm{mss}x_e\cdot\mathrm{mss}y_e}+\lambda_{22}，\quad \lambda'_{40}=\frac{\mathrm{msc}x_e}{q_z^2\mathrm{mss}x_e^2}+\lambda_{40}，\quad \lambda'_{04}=\frac{\mathrm{msc}y_e}{q_z^2\mathrm{mss}y_e^2}+\lambda_{04} \tag{5.4.17}$$

对于式(5.4.16)，共有8个参数待反演，这个表达和QS模型的准高斯海面表达式相同。其中，λ'_{22}、λ'_{04}和λ'_{40}包含了曲率效应，因此反演时需要直接将曲率效应项代入公式中，直接求出不包含曲率效应的峰度参数λ_{22}、λ_{04}和λ_{40}。而QS模型没有去除曲率效应，不能直接反演出实际的峰度系数。

具体反演步骤如下。

(1)通过式(5.4.16)，利用二维后向散射系数在入射角 0°～13°和方位角 0°～360°反演得到8个参数(R_e、$\mathrm{mss}x_e$、$\mathrm{mss}y_e$、λ_{12}、λ_{30}、λ'_{22}、λ'_{04}和λ'_{40})，反演的代价函数中采用的是以分贝为单位的后向散射系数。本书选取非线性最小二乘法反演方法，初始值R_e、$\mathrm{mss}x_e$、$\mathrm{mss}y_e$设置为高斯海面上用 QS 模型拟合得到的结果。λ_{12}、λ_{30}、λ_{22}、λ_{04}、λ_{40}的初值设置为Cox和Munk提出的初值。

(2)直接计算了公式中的曲率效应部分，而反演出λ_{22}、λ_{04}和λ_{40}。式(5.4.17)中每个表达式的第一项是一个小的修正项，但是占比较大($\mathrm{msc}xy_e$、$\mathrm{msc}y_e$、$\mathrm{msc}x_e$、q_z^2)。$\mathrm{msc}xy_e$、$\mathrm{msc}y_e$、$\mathrm{msc}x_e$和公式中的其他参数一起反演会导致较大的误差。因此，本书的研究没有把曲率参数和海浪斜率PDF参数一起反演，而是将用截止波数仿真的结果作为已知参数代入公式中。

在该反演方法中，由于菲涅尔反射系数是待反演参数，因此雷达测量中的整体校准误差反应在R_e中，使得斜率 PDF 反演参数只与后向散射系数形状有关，而与后向散射系数的绝对值无关，这意味着雷达校准的潜在误差对斜率PDF反演结果没有重要影响。

4. 基于PR雷达数据的准高斯海面斜率参数反演

为了反演海浪斜率PDF，本书采用来自TRMM降雨雷达(PR)HH极化的散射系数σ^0数据。TRMM 卫星上的 PR 雷达是一种微波雷达，提供入射角为 0°～18°时后向散射系数。PR雷达天线是含有128个单元的有源相控阵系统，每条扫描线由49个像素角组成，覆盖了−18°～18°跨轨方向的入射角范围，PR雷达的每条扫描线持续0.6 s。PR雷达后向散射系数经过了严格的内部和外部校准。本书使用的是 Distributed Active Archive

Center 提供的 PR 标准产品 2A21(版本-6)。

已知二维斜率 PDF 反演需要二维后向散射系数，但是 PR 雷达仪提供一维后向散射系数，其中方位角保持不变，仅有入射角变化。假设斜率 PDF 的统计特性只与风速有关，使得对应相同风速的不同时间和空间的后向散射系数可以组合起来构造二维的后向散射系数(随入射角和观测角变化)数据集。

风场数据由 NOAA 的 NDBC 浮标提供，由于不同的 NDBC 浮标测量不同高度的风速，因此反演过程中，所有的浮标风速都归一化到 10 m 高度的风速。

选取风速范围是 4～16 m/s 的数据集，用 FGO4 模型进行海浪斜率 PDF 中 7 个参数反演。

斜率 PDF 中二阶统计参数，即斜率方差的反演结果如图 5.20 所示。FGO4 在入射角 0°～15.1°的混合浪反演结果为红色曲线，红色竖线则表示入射角为 0°～14.3°和 0°～15.6°的混合浪斜率方差反演结果，曲线上的误差棒仅大风速可见。绿色圆点和品红色圆点分别表示纯风浪和以涌浪为主的斜率方差反演结果。浅蓝色虚线为 CM 模型值，蓝色曲线

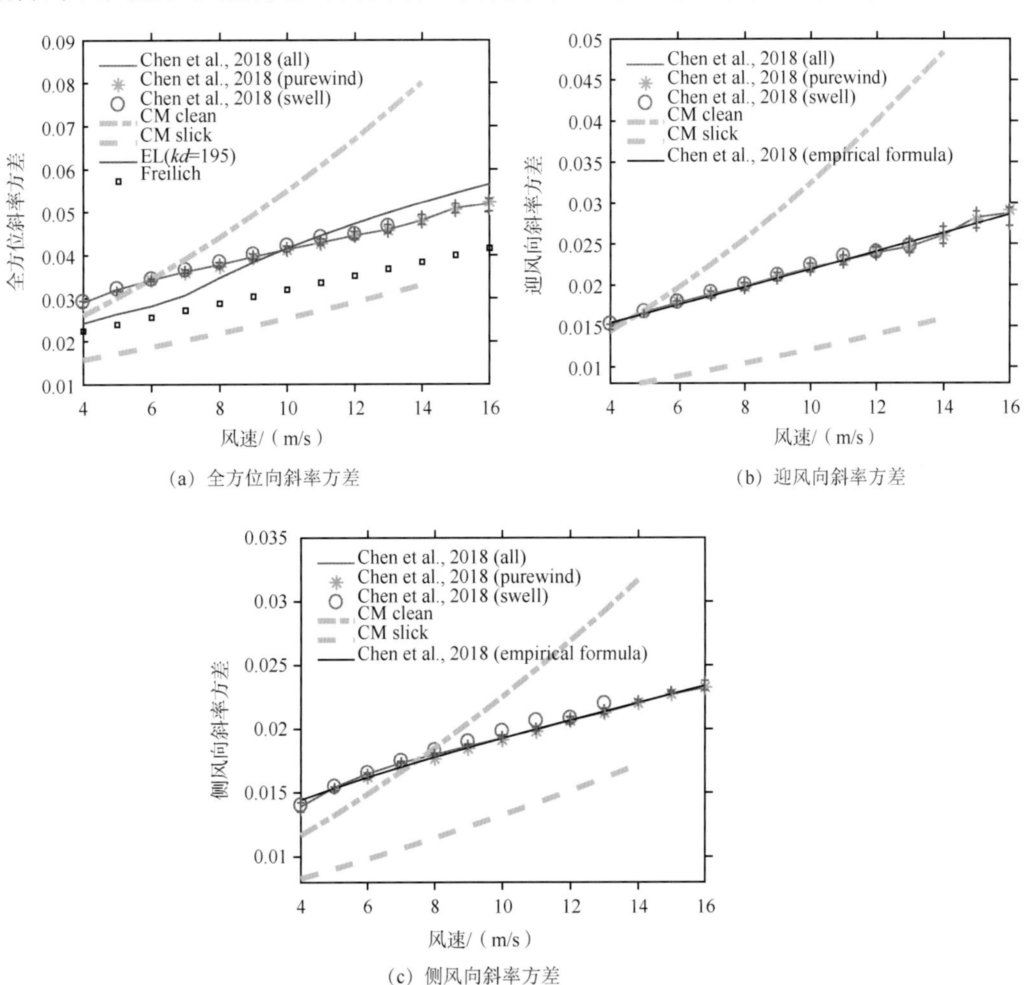

(a) 全方位向斜率方差　　(b) 迎风向斜率方差

(c) 侧风向斜率方差

图 5.20　滤波的斜率方差反演结果

表示 EL 谱在截止波数为 192 rad/m 时斜率方差的仿真值，黑色方块为 Freilich(2003)等得到的结果。图 5.20(a)表示全方位向斜率方差反演结果，图 5.20(b)和图 5.20(c)则分别表示迎风向和侧风向的斜率方差的反演结果。

图 5.21 显示斜率 PDF 中三阶统计参数的两个偏度系数的反演结果，具体标识的含义和图 5.20 一样。图 5.21(a)和图 5.21(b)表明，在风速大于 10～11 m/s 时，以涌浪为主的偏度系数 λ_{12} 和 λ_{30} 的值均大于等于以风浪为主的值。

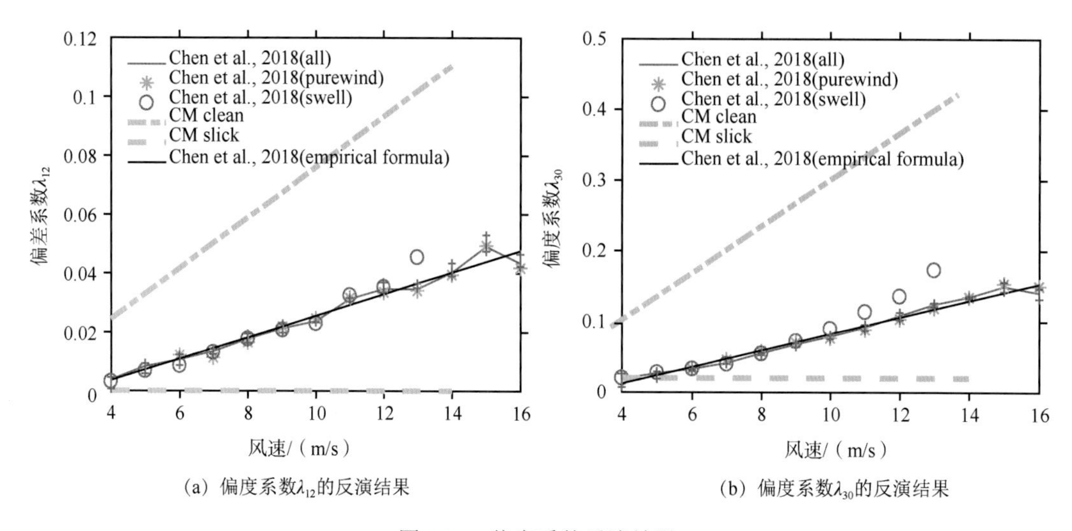

(a) 偏度系数λ_{12}的反演结果　(b) 偏度系数λ_{30}的反演结果

图 5.21　偏度系数反演结果

图 5.22 显示了三个峰度系数在相同条件下的反演结果。从图 5.22 中可以看出，三个峰度系数对风速没有明显的依赖关系，并且涌浪会使峰度系数 λ_{22}、λ_{04} 值降低，而使 λ_{40} 的值在低风速 4～5 m/s 时升高，在风速大于 11 m/s 时降低。

此结果与 Brèon 和 Henriot(2006)基于光学数据集的反演结果一致，验证了 FG04 模型可从 Ku 波段雷达数据中正确反演出海浪斜率峰度系数。

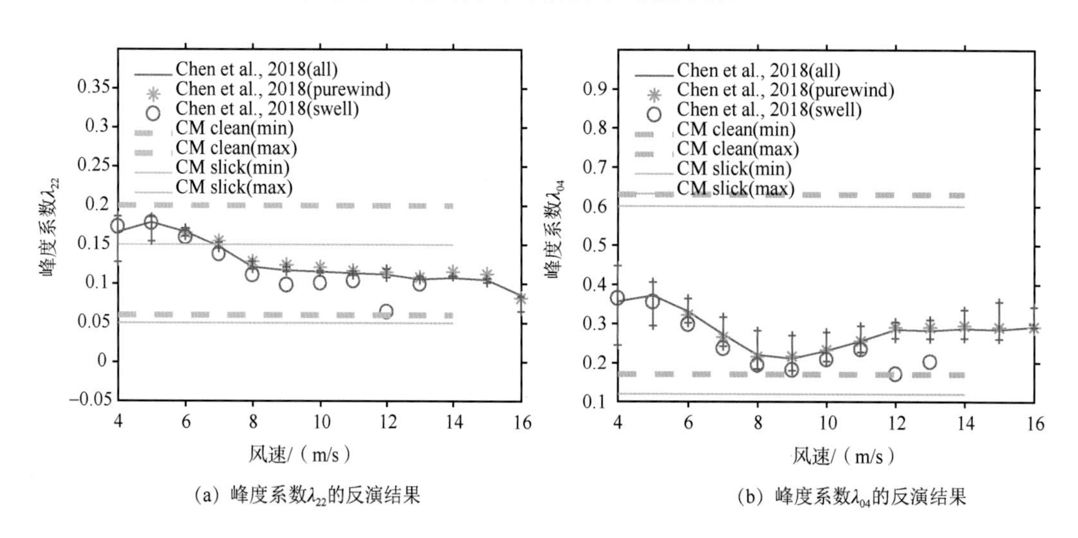

(a) 峰度系数λ_{22}的反演结果　(b) 峰度系数λ_{04}的反演结果

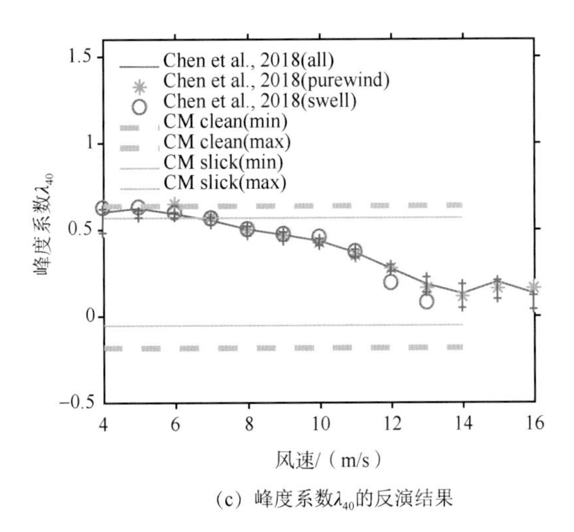

（c）峰度系数λ_{40}的反演结果

图 5.22　峰度系数反演结果

5. 经验公式

通过上述将 FGO4 模型应用于 PR 雷达 0°～15°入射角的散射系数数据集，本书反演得到海浪准高斯斜率 PDF 中 7 个参数，并建立了这些参数在 Ku 波段关于风速的经验公式：

$$\mathrm{mss}x_\mathrm{e}=0.009416\times \mathrm{e}^{0.2188U.\wedge 0.5865}\pm 0.0041 \tag{5.4.18a}$$

$$\mathrm{mss}y_\mathrm{e}=0.007392\times \mathrm{e}^{0.3895U.\wedge 0.3911}\pm 0.0027 \tag{5.4.18b}$$

$$\lambda_{12}=0.003663\times U-0.01101\pm 0.0139 \tag{5.4.18c}$$

$$\lambda_{30}=0.01174\times U-0.03462\pm 0.0443 \tag{5.4.18d}$$

$$\lambda_{40}=-0.04646\times U+0.8565\pm 0.1786 \tag{5.4.18e}$$

$$\lambda_{22}=-0.006796\times U+0.1944\pm 0.0276 \tag{5.4.18f}$$

$$\lambda_{04}=-0.004321\times U+0.3273\pm 0.0466 \tag{5.4.18g}$$

三个峰度系数值范围如下：

$$\lambda_{04}=0.2841\pm 0.0466 \tag{5.4.19a}$$

$$\lambda_{22}=0.1265\pm 0.0276 \tag{5.4.19b}$$

$$\lambda_{40}=0.3919\pm 0.1786 \tag{5.4.19c}$$

需要指出的是，对于一个给定的时间空间点，PR 雷达只能提供关于入射角变化的一维后向散射系数。但是，二维斜率反演需要二维后向散射系数。因此，笔者将不同空间或时间对应相同风速的后向散射系数组合起来，构建该风速下二维斜率反演的二维后向散射系数。但是，这种组合需要假设斜率 PDF 参数仅与风速有关。

雷达波谱仪(Hauser et al.，2008；Jackson et al.，1992)如中法海洋卫星 CFOSAT 上搭载的波谱仪 SWIM，也是一种小入射角雷达，专门用于测量海浪方向谱，它能提供随入射角和方位角变化的二维散射系数数据。因此，其为进一步研究斜率 PDF 参数与风浪之间的关系提供了新的机会。今后可使用 SWIM 散射系数数据集，并结合现场测量数据，研究大气稳定性对斜率峰度系数的影响(Shaw and Chunside，1997；Longuet-Higgins，1982；Daniel，2003)。

5.5　机载波谱仪海浪谱反演研究

机载波谱仪的校飞试验位置选在黄海北部，图 5.23 中三角形和六角形分别为 2014 年 6 月 12 日 10:21 和 2014 年 6 月 21 日 11:07 浮标所在位置(分别在 122.84°E、36.62°N 和 122.61°E、36.62°N)，浮标每半小时给出一个海浪谱结果。校飞时无风速计实测风速，但根据浮标所测海浪波高较小可知，两个架次的风速在 2～5 m/s 变化。三角形附近的粗曲线为飞机 2014 年 6 月 12 日 11: 6: 20～11: 11: 20 共 301 s 的飞行轨迹，也是本书处理的 30 圈回波数据的轨迹，始末位置相差 15.62 km，起始位置与浮标相差 7.17 km；细直线为飞机 2014 年 6 月 21 日 10: 48: 58～10: 55: 37 共 400 s 的飞行轨迹，是本书处理的 40 圈的回波数据轨迹，始末位置相差 28.54 km，与六角形所代表的浮标最近距离约为 11.58 km。

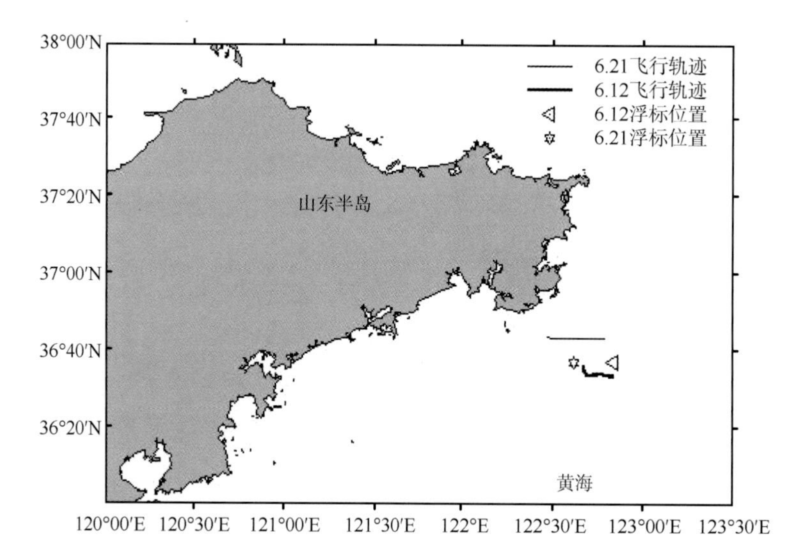

图 5.23　处理的波谱仪校飞试验数据所在轨迹

对于机载波谱仪，由于飞行高度不可能达到卫星的高度，因此采用一个大波束，以增加足印面积。该机载波谱仪的主要参数在表 5.6 中给出。

表 5.6　机载波谱仪主要参数

参数	数值
极化方式	HH（水平极化发射，水平极化接收）
中心入射角	13°
天线旋转速度	6rpm，36（°）/s
载频	Ku 波段（13.575GHz）
带宽（MHz）	320 MHz
脉冲重复频率	250 Hz
3 dB 波束宽度	距离向正负 10°，方位向正负 2°

图 5.24 显示了此次机载波谱仪校飞的几何示意图，根据 3dB 波束宽度，每个脉冲在海面上形成的等天线增益值线可以简化成一个椭圆形状。根据倾斜调制的原理，雷达接收图中椭圆内圆环里的海面反射能量，当波浪局地倾斜导致的海面法线对着雷达时海面回波强，反之当波浪局地倾斜导致的海面法线偏离雷达时，雷达接收的回波弱。因此，雷达信号变化的幅值与海浪局地倾角有关。根据 Jackson 等（1985a）、Hauser 等（1992），海面斜率与后向散射系数的关系如式（5.15）和式（5.16）所示。

因此，获取海面斜率的雷达调制信号，求取调制信号功率谱，可得某一方向的海浪斜率谱 $K^2F\left(K,\varphi\right)$。通过雷达天线 360°水平面旋转，即可得到二维方向谱，即式（5.1.9）中的 $F\left(K,\varphi\right)$。

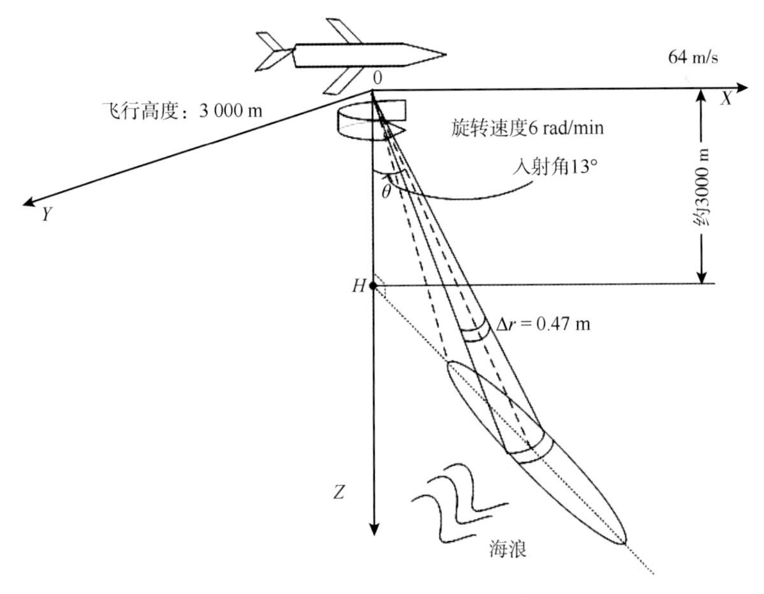

图 5.24　机载波谱仪观测几何

图 5.25 模拟了机载波谱仪校飞 1 min 形成的足迹。波谱仪在海面形成的足迹与以下几个参数有关：飞机飞行高度、飞机飞行速度、天线旋转速度以及脉冲重复频率。为了显示清晰，该图只显示了 5 Hz 的脉冲重复频率结果，飞行高度为 3 000 m、飞机飞行速度为 60 m/s、天线转速为 6 rad/min。考虑到准镜面散射理论适用范围以及其水平分辨率因素，图中展示了入射角为 5°～12°时的波束足印，水平径向距离为 375 m，短半轴长则为 214 m。

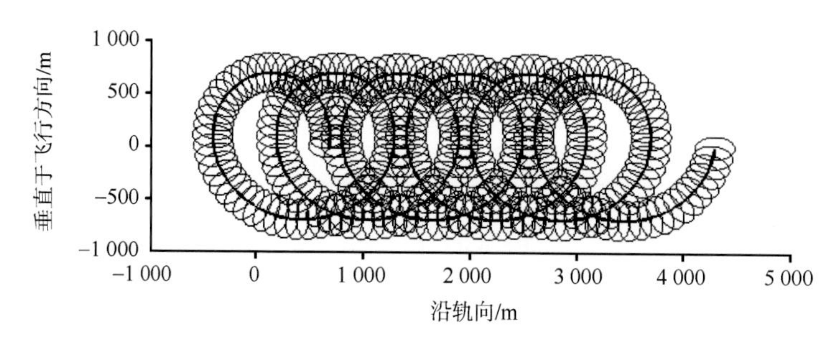

图 5.25　机载波谱仪探测足迹

5.5.1　机载海浪谱反演方法

本书根据波谱仪的工作原理，在国内外波谱仪研究的基础上，采用以下流程进行了二维海浪谱的反演(图 5.26)。

图 5.26 中，回波数据是雷达接收的不同时刻电磁波能量，天线增益是由实验室实测后的二维天线增益经过飞机姿态角校正后得到的增益(Li et al.，2016a)，r 代表斜距，

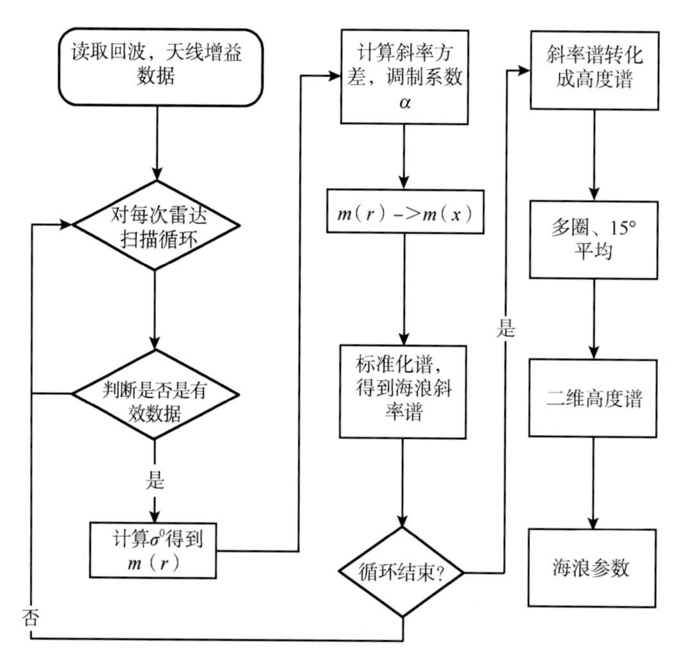

图 5.26　机载波谱仪海浪谱反演方法

$m(r)$ 为沿斜距的调制信号，x 为水平距离，$m(x)$ 为沿水平方向的调制信号。此处海浪斜率谱为 $K^2F(K,\varphi)$，由调制谱 $P_m(K,\varphi)$ 根据式(5.1.9)转换得到斜率谱为标准化过程，φ 为方位角。

1. 计算 σ^0

波谱仪获取回波能量之后，为了获取海浪无量纲的标准化后向散射系数 σ^0，采用的雷达方程为

$$P_r = \frac{P_t G_t G_r \lambda^2 \sigma}{(4\pi)^3 R^4} = \frac{P_t G_t G_r \lambda^2 \sigma^0 S}{(4\pi)^3 R^4} \tag{5.5.1}$$

式中，P_r 和 P_t 为接收和发射的能量；R 为斜距；G_t 和 G_r 为天线发射和接收的增益；λ 为单位为米的载频电磁波长。雷达接收的截面(radar cross-section，RCS) σ 用式(5.5.2)表达：

$$\sigma = \int_S \sigma^0 \mathrm{d}S \approx \sigma^0 S \tag{5.5.2}$$

式中，S 为电磁波波束照射的面积，这个面积能够用一个矩形的宽度 dx 和长度 dy 来表示，并且 $\mathrm{d}x = \mathrm{d}R / \sin\theta$，$\mathrm{d}y = R\beta_\varphi$。$\beta_\varphi$ 为方位向的波束宽度，所以 $S = \mathrm{d}x\mathrm{d}y = R\beta_\varphi \mathrm{d}R / \sin\theta$。将此式代入式(5.5.4)，并令 $G_t G_r = G_{Mt} G_{Mr} \int G_{t1} G_{r1} \mathrm{d}\Omega$，可得到式(5.5.3)：

$$P_r = \frac{P_t G_t G_r \lambda^2 \sigma^0 \beta_\varphi \mathrm{d}R}{(4\pi R)^3 \sin\theta} = \frac{P_t G_{Mt} G_{Mr} \lambda^2 \sigma^0 \beta_\varphi \mathrm{d}R}{(4\pi R)^3 \sin\theta} \int G_{t1} G_{r1} \mathrm{d}\Omega \tag{5.5.3}$$

式中，dΩ 为水平面上方位角的积分(R 保持一个常数时)；G_{Mt} 和 G_{Mr} 分别为波束中心发射和接收的天线增益；$G_{t1}G_{r1}$ 为天线增益与波束中心的发射和接收天线增益之比；dR 为斜距分辨率。为了计算上的简化，将式(5.5.3)取对数，并令 $G = \int G_{t1} G_{r1} \mathrm{d}\Omega$，可以得到：

$$\begin{aligned}\sigma_{\mathrm{d}B}^0 = {} & 10\lg P_r - 10\lg(P_t G_{Mt} G_{Mr}) - 10\lg\left(\frac{\lambda^2}{(4\pi)^3}\right) - 10\lg(\beta_\phi) \\ & - 10\lg(\mathrm{d}R) + 30\lg R + 10\lg(\sin\theta) - 10\lg G\end{aligned} \tag{5.5.4}$$

2. 计算斜率方差和调制系数

对于小入射角下散射系数 σ^0，有一个简便的方法能用来计算斜率方差(mean square slope，MSS)。Barrick(1968)和 Valenzuela(1978)导出了有限粗糙面的电磁散射公式，总结出小入射角范围为 0°～15°时准镜面散射是海面散射的主要部分。准镜面散射的公式为

$$\sigma^0(\theta,\varphi) = \frac{|R(0)|^2 \pi}{\cos^4\theta} p(z_x, z_y) \tag{5.5.5}$$

式中，$R(0)$为天底点的菲涅尔反射系数；$p\left(z_x, z_y\right)$为二维海面斜率概率密度分布函数；z_x表示距离向；z_y表示方位向。$p\left(z_x, z_y\right)$正比于满足条件$\partial\zeta / \partial x = \tan\theta$，$\partial\zeta / \partial y = 0$的微小面元的数量，所以也可以写成$p(\tan\theta, 0)$，即与式(5.1.1)相同。如果$p\left(z_x, z_y\right)$是高斯分布，那么等式(5.5.5)变成：

$$\begin{aligned}\sigma^0(\theta,\varphi) &= \frac{|R(0)|^2}{2\sigma_{\mathrm{u}}\sigma_{\mathrm{c}}\cos^4\theta}\exp\left\{\frac{\tan^2\theta}{2}\left[\left(\frac{\cos\varphi}{\sigma_{\mathrm{u}}}\right)^2+\left(\frac{\sin\varphi}{\sigma_{\mathrm{c}}}\right)^2\right]\right\} \\ &= \frac{|R(0)|^2}{2\sigma_{\mathrm{u}}\sigma_{\mathrm{c}}\cos^4\theta}\cdot\exp\left[-\frac{\tan^2\theta}{\mathrm{MSS}}\right]\end{aligned} \tag{5.5.6}$$

式中，σ_{u}和σ_{c}分别为海面斜率在逆风向和侧风向的标准偏差；MSS 为方位角φ处的斜率方差。如果海面斜率概率分布函数(probability density function，PDF)是高斯的，那么可以得到：

$$\ln\left[\sigma^0(\theta,\varphi)\cos^4\theta\right] = -\frac{1}{\mathrm{MSS}}\tan^2\theta + \ln\frac{|R(0)|^2}{2\sigma_{\mathrm{u}}\sigma_{\mathrm{c}}} \tag{5.5.7}$$

所以，当σ^0通过式(5.5.6)获取后，利用方位角φ处的回波对式(5.5.7)拟合，可以获取 MSS。此处选择 5°入射角作为拟合上限是考虑了地面分辨率随着入射角减小而变差这个因素。Freilich 和 Vanhoff(2003)假设入射角 0°～18°时降雨雷达散射能量在海面风速 0～20 m/s 主要是由准镜面机制产生的，其中较大入射角时布拉格散射变得相对重要了。此处选择 12°入射角作为上限并假设此时准镜面散射占主要部分是合适的。需要注意的是，本书获取的是$\tan^2\theta$系数的负倒数，所以σ^0是否进行了定标并没有关系。

根据海面斜率分布近似高斯函数形式的结论，则式(5.1.6)调制系数计算公式变为

$$\alpha = \cot\theta - 4\tan\theta + \frac{2\tan\theta}{\mathrm{MSS}\cos^2\theta} \tag{5.5.8}$$

3. 计算海浪谱 $F(K,\varphi)$

由于海浪谱是由信号调制谱得来的，因此计算海浪谱之前，需要通过调制信号计算调制谱。本书采用两种方法估计调制谱，第一种是自相关函数功率谱估计方法：

$$P_m(K,\varphi) = \frac{1}{2\pi}\int\left\langle m(x,\varphi), m(x+\zeta,\varphi)\right\rangle\exp(-\mathrm{i}K\zeta)\,\mathrm{d}\zeta \tag{5.5.9}$$

该方法是采用同一信号进行自相关得到的功率谱，在进行谱估计之前，需要对调制信号进行加窗处理，以消除由于信号截断造成的频谱泄露问题。第二种是交叉谱估计方法：

$$\begin{aligned}P_{\mathrm{cross}}(K,\varphi) &= \mathrm{FFT}\left[m(x,\varphi)\right]\cdot\mathrm{FFT}^*\left[m(x,\varphi)\right] \\ &= \frac{1}{2\pi}\int\left\langle m(x,\varphi), m(x+\zeta,\varphi')\right\rangle\exp(-\mathrm{i}K\zeta)\,\mathrm{d}\zeta\end{aligned} \tag{5.5.10}$$

式中，φ' 为同圈内与 φ 有一定时间间隔的方位角，交叉谱计算时，主要针对相邻的两个回波，以达到去除噪声的目的。

最后，调制谱 $P_m(K,\varphi)$ 则通过式(5.1.9)转化为海浪高度谱。

这两种方法求取的海浪谱都存在 180°模糊的问题，本书借鉴 SAR 消除 180°模糊的方法(Engen and Johnsen，1995)，根据式(5.5.10)中求取的互相关函数，则观测到的海浪传播的径向轨道速度 $V_{\mathrm{p}}(K,\varphi)$ 为

$$V_{\mathrm{p}}(K,\varphi)=\frac{\delta_{\mathrm{p}}}{K\Delta T}-V_{\mathrm{AH}}(\varphi) \tag{5.5.11}$$

式中，δ_{p} 为互相关信号的相位差；ΔT 为方位角 φ' 与 φ 的两个回波的时间间隔；$V_{\mathrm{AH}}(\varphi)$ 为飞机在方位角 φ 时飞行速度的水平向分量。当 $V_{\mathrm{p}}<0$ 时，海浪向着雷达传播；当 $V_{\mathrm{p}}>0$ 时，海浪远离雷达传播。

5.5.2　海浪参数的确定

有效波高 SWH(significant wave height)代表了海浪能量的大小，其计算公式为

$$\mathrm{SWH}_{\mathrm{sw}}=4\sqrt{\int_0^{\infty}\int_0^{2\pi}F(K,\varphi)K\mathrm{d}\varphi\mathrm{d}K} \tag{5.5.12}$$

主波波数 K_{p} 为 $F(K,\varphi)$ 最大值所对应的波数，主波波长则为 $\lambda_{\mathrm{p}}=2\pi/K_{\mathrm{p}}$。主波波向为方向谱 $F(K,\varphi)$ 取最大值时对应的方向 φ。在求取浮标所测海浪谱主波波长和主波波向时，对于浮标提供的频率谱，需要转换成波数谱。根据

$$F(K,\varphi)K\mathrm{d}K=F_f(f,\varphi)\mathrm{d}f \tag{5.5.13}$$

$$\omega^2=(2\pi f)^2=Kg\tanh Kh \tag{5.5.14}$$

式中，ω 为角频率；f 为波浪频率；h 和 g 分别为水深和重力加速度，水深 h 在 30 m 左右，根据式(5.5.14)可以得到每个频率对应的波数。

5.5.3　二维海浪谱及其参数的验证

浮标测量的二维海浪谱如图 5.27、图 5.28 所示，其中 SWH 分别为 0.47 m、0.6 m，主波波长是 83 m、39 m，波浪传播方向是南偏东 20°、12°；若正北为 0°，逆时针为正，则浪向为 200°、192°。

由于本次校飞时海况较低，因此海浪信息并不够规则，此处将这两块数据所得结果各自进行了平均。利用两种功率谱计算方法得到两种海浪谱反演结果，如图 5.29 和图 5.30 所示，对于第一块数据，自相关函数法得到的结果显示，主波波长为 93 m，波浪传播方向为 30°，与浮标结果相反，有效波高为 0.46 m。而交叉谱法得到的这三个参数分别为

93 m、210°、0.41 m，海浪传播方向基本与浮标所测的结果一致。

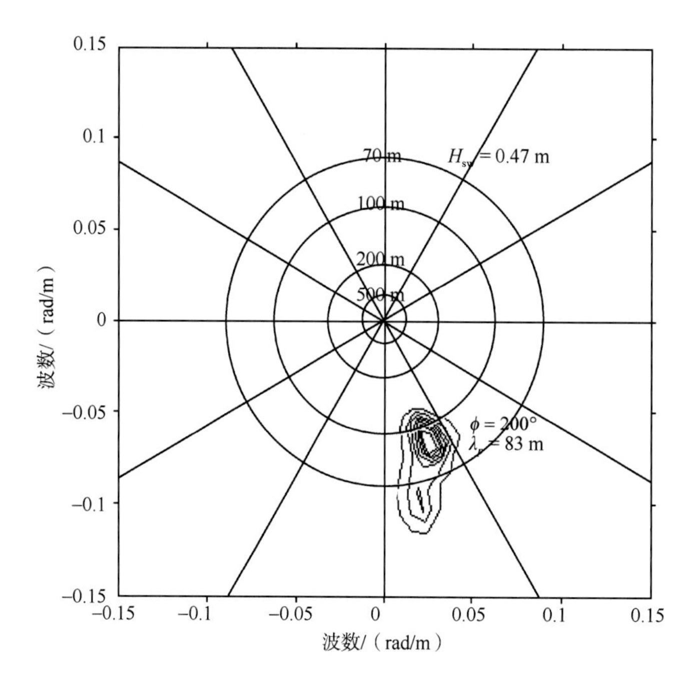

图 5.27　2014 年 6 月 12 日 10:21 波浪骑士所测二维海浪谱

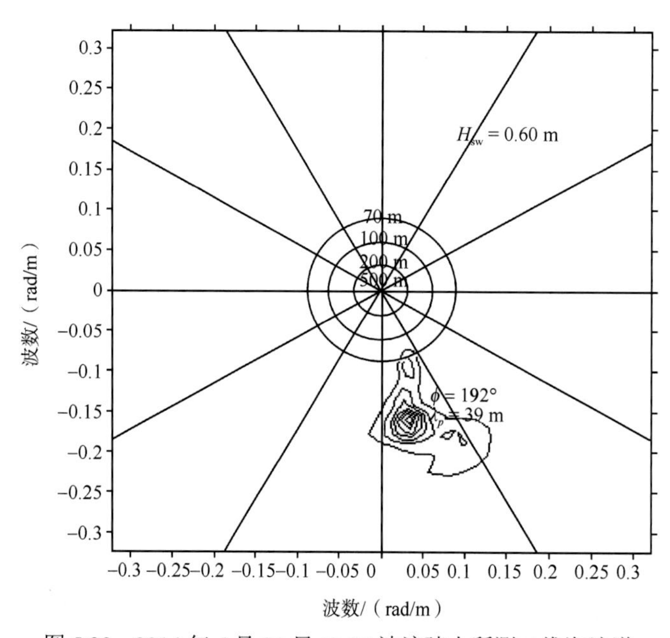

图 5.28　2014 年 6 月 21 日 11:07 波浪骑士所测二维海浪谱

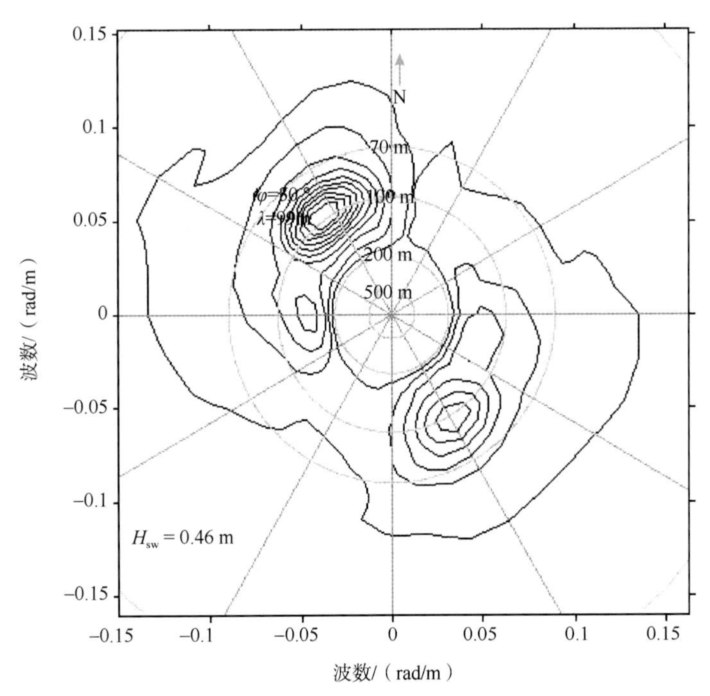

图 5.29　2014 年 6 月 12 日自相关函数法所得海浪谱

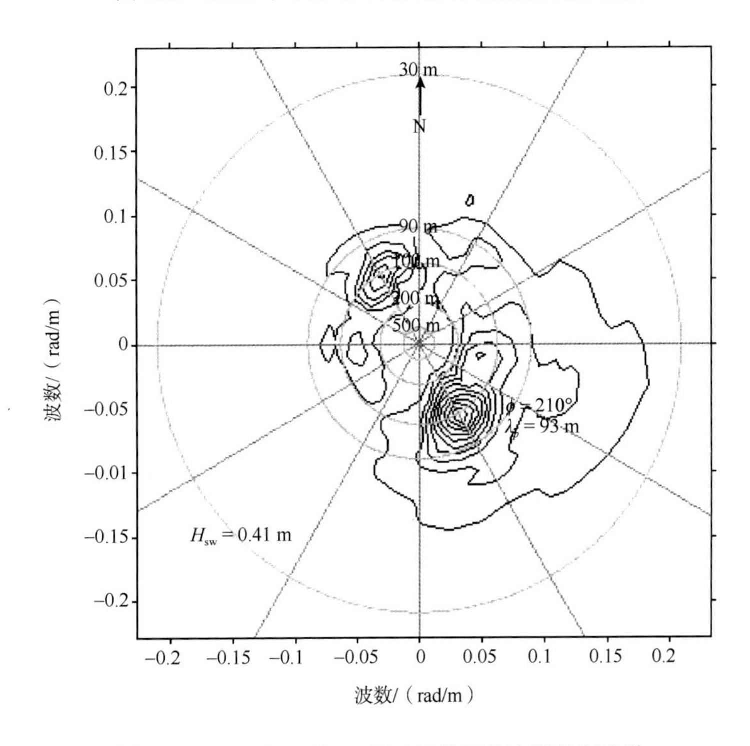

图 5.30　2014 年 6 月 12 日互相关函数法所得海浪谱

第二块数据中，自相关函数方法得到的主波波长、波浪传播方向、有效波高分别为 128 m，270°和 0.57 m，交叉谱方法得到的这三个参数分别为 37 m、170°、0.55 m。很显然，该结果中自相关函数法由于噪声的影响无法测得正确的结果。

这两种功率谱估计方法所测主波波长和有效波高与浮标一致性都较好，误差在可接受范围之内。根据交叉谱方法中相位差的方法，基本可以去除 180°模糊。图 5.29 显示方位向 30°时能量大于 210°，这应该是由于在 210°方位向时异常回波较多，因此会有较多的回波被删除掉，导致结果显示波浪传播在 30°方位向。图 5.30 中显示有几圈 180°模糊并没有去除掉，因此会在 30°方位向时产生一个较小的峰值。交叉谱方法得到的有效波高较小，这应该与互相关函数功率谱估计的过程中用到的相邻两束回波进行互相关，其相关性强度必定会比自相关函数弱，但这样做的优点是可以去除两束回波中不相关的信息，对去噪有一定帮助。

若都采用互相关函数法，2014 年 6 月 12 日结果得到的海浪传播方向 10°的误差比 21 日 22°的误差小，但主波波长 10 m 的误差大于 21 日 2 m 的误差(图 5.31 和图 5.32)。12 日和 21 日校飞时海面有效波高分别为 0.47 m 和 0.6 m，所以海况均很小，若单独处理出某几圈的结果，误差会较大，因此本书两块数据分别进行了 30 圈数据的平均和 40 圈数据的平均。通过本次结果处理可知，交叉谱方法得到的海浪谱在去除 180°模糊方面有较大优势，并且在去噪方面有一定优势，因此交叉谱比自相关函数谱更有优势。此次校飞试验所在的海况环境较低，对于更高海况和更大的飞行高度尚没有试验，以及无法对风浪和涌浪混合时海浪反演的准确性进行验证。

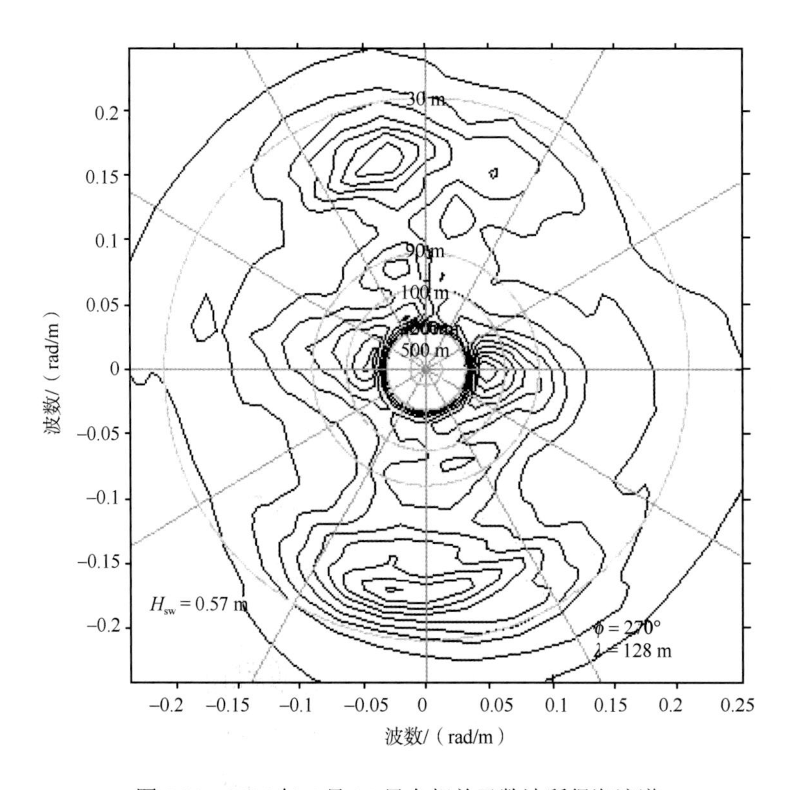

图 5.31　2014 年 6 月 21 日自相关函数法所得海浪谱

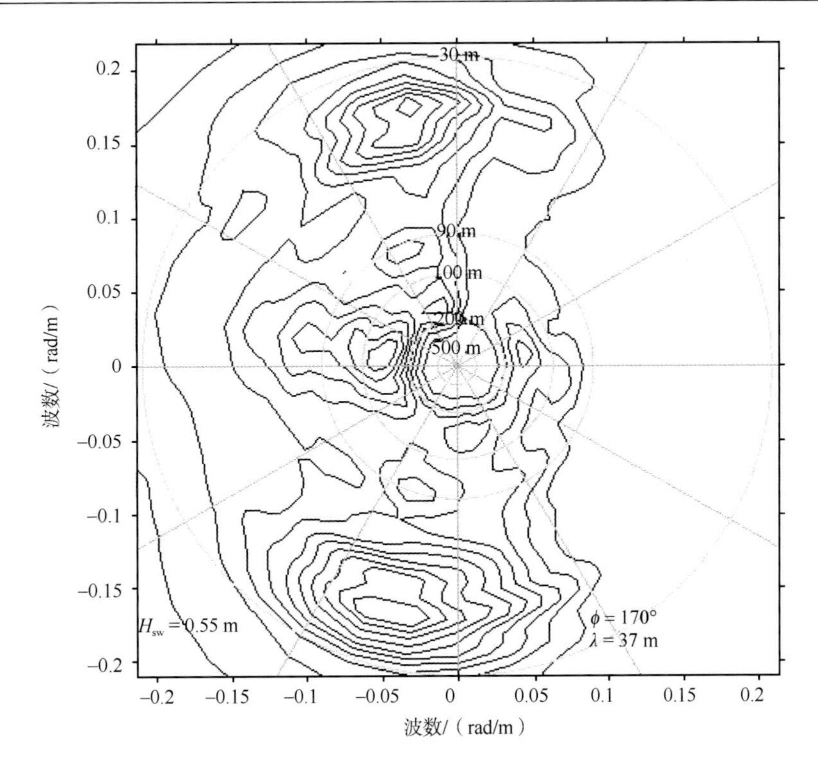

图 5.32　2014 年 6 月 21 日互相关函数法所得海浪谱

5.5.4　结　　论

本节分析了二维海浪谱的近实时探测在业务化和科研方面的需求，介绍了未来中法海洋卫星星载波谱仪探测海浪谱的几何特性，根据机载波谱仪校飞试验和机载波谱仪的信号形成机制，总结了波谱仪反演海浪的流程，并利用该流程处理了机载校飞的回波数据，通过自相关函数和互相关函数两种功率谱估计方法，反演了二维海浪谱。最后根据浮标得到的二维海浪谱对机载波谱仪探测二维海浪谱的有效性进行了验证，并对比了两种海浪谱计算方法，得出的主要结论如下。

(1) 工作在 Ku 波段的机载海浪波谱仪是一种真实孔径雷达系统，波谱仪波束基于长波对海面微尺度波的倾斜调制，通过方位向 360°扫描测量海浪谱，通过本书的验证，这种方法探测二维海浪谱以及波向、波长和有效波高是有效的。

(2) 根据波谱仪信号形成机制，采用互相关函数进行功率谱估计，在获取主波波长、波向和有效波高时，能与浮标所测结果较为一致且精度较高。交叉谱方法相对于自相关函数法能去除海浪传播的 180°模糊，因此交叉谱方法更有优势。

(3) 互相关函数法得到的交叉谱，在计算有效波高时会偏小，这与互相关函数功率谱估计的方法有关。由于采用互相关函数法时，两个回波信号必须有差别，因此相关强度会变弱，导致结果总能量偏小。海浪信息越规则，这两种方法结论就会越一致。

(4) 在计算斜率方差时采用了 5°～12°入射角范围进行公式拟合，根据本书结论可知，低海况时定标与否对最后反演的二维海浪谱结果不会产生决定性影响，但该方法对于更高海况适用性尚未知。

参考文献

Barrick D E. 1968. Rough surface scattering based on the specular point theory. IEEE Transactions on Antennas and Propagation, 16(4): 449-454.

Bliven L F, Giovanangeli J P. 1993. Experimental study of microwave scattering from rain-and wind-roughened seas. International Journal of Remote Sensing, 14(5): 855-869.

Bliven L F, Sobieski P W, Craeye C.1997. Rain generated ring-waves: measurements and modeling for remote sensing. International Journal of Remote Sensing, 18(1): 221-228.

Boisot O, Nouguier F, Chapron B, et al. 2015. The GO4 model in near-nadir microwave scattering from the sea surface. IEEE Transactions on Geoscience and Remote Sensing, 53: 5889-5900.

Bréon F M Henriot N. 2006. Spaceborne observations of ocean glint reflectance and modeling of wave slope distributions. Journal of Geophysical Research Oceans, 111(C6): C06005.

Bringer A, Guérin C A, Chapron B, et al. 2012. Peakedness effects in near-nadir radar observations of the sea surface. IEEE Transactions on Geoscience and Remote Sensing, 50(9): 3293-3301.

Caudal G, Hauser D, Valentin R, et al. 2014. KuROS: a new airborne Ku-band doppler radar for observation of surfaces. Journal of Atmospheric and Oceanic Technology, 31(10): 2223-2245.

Chen P, Gang Z, Danièle H, et al. Quasi-Gaussian probability density function of sea wave slopes from near nadir Ku-band radar observations[J]. Remote Sensing of Environment, 2018, 217:86-100.

Chu X Q, He Y J, Chen G X. 2010. A New Algorithm for Wind Speed at Low Incidence Angles Using Trmm Precipitation Radar Data. Haiwii: IEEE Conference on Geoscience and Remote Sensing Symposium (IGARSS).

Chu X Q, He Y J, Chen G X. 2012. Asymmetry and anisotropy of microwave backscatter at low incidence angles. IEEE Transactions on Geoscience and Remote Sensing, 50(10): 4014-4024.

Contreras R F, Plant W J. 2004. Ku band backscatter from the Cowlitz river: Bragg scattering with and without rain. IEEE Transactions on Geoscience and Remote Sensing, 42(7): 1444-1449.

Contreras R F, Plant W J. 2006. Surface effect of rain on microwave backscatter from the ocean: measurements and modeling. Journal of Geophysical Research, 111(C8): C08019.

Contreras R F, Plant W J, Keller W C, et al. 2003. Effects of rain on Ku-band backscatter from the ocean. Journal of Geophysical Research, 108(C5): 3165.

Cox C, Munk W. 1954. Measurement of the roughness of the sea surface from photographs of the suns glitter. Journal of the Optical Society of America, 44: 838-850.

Daniel S T. 2003. Microwave backscatter from non-Gaussian seas. IEEE Transactions on Geoscience and Remote Sensing, 41: 52-58.

Delaye L, Vergely J L, Hauser D, et al. 2016. Partitioning Ocean Wave Spectra Obtained from Radar Observations. Living Planet Symposium.

Draper D W, Long D G. 2004a. Evaluating the effect of rain on SeaWinds scatterometer measurements. Journal of Geophysical Research, 109(C12): C02005.

Draper D W, Long D G. 2004 b. Simultaneous wind and rain retrieval using SeaWinds data. IEEE Transactions on Geoscience and Remote Sensing, 42(7): 1411-1423.

Engen G, Johnsen H. 1995. SAR-ocean wave inversion using image cross spectra. IEEE Transactions on

Geoscience and Remote Sensing, 33 (4) : 1047-1056.

Freilich M H, Vanhoff B A. 2003. The relationship between winds, surface roughness, and radar backscatter at low incidence angles from TRMM precipitation radar measurements. Journal of Atmospheric and Oceanic Technology, 20: 549-562.

Gerling T W. 1992. Partitioning sequences and arrays of directional ocean wave spectra into component wave systems. Journal of Atmospheric and Oceanic Technology, 9 (4) : 444-458.

Han Q, Li L, Shi L, et al. 2012. An experimental study to retrieve directional spectra from airborne ocean wave spectrometer. Journal of Telemetry, Tracking and Command, 33 (3) : 31-36.

Hanson J L, Phillips O M. 2001. Automated analysis of ocean surface directional wave spectra. Journal of Atmospheric and Oceanic Technology, 18 (2) : 277-293..

Hauser D, Caudal G, Guimbard S, et al. 2008. A study of the slope probability density function of the ocean waves from radar observations. Journal of Geophysical Research: Oceans, 113 (C2) : 710-713.

Hauser D, Caudal G, Rijckenberg G J, et al. 1992. RESSAC: a new airborne FM/CW radar ocean wave spectrometer. IEEE Transactions on Geoscience and Remote Sensing, 30 (5) : 981-995.

Hauser D, Celine T, Thierry A, et al. 2017. SWIM: The First Spaceborne Wave Scatterometer: IEEE Transactions on Geoscience and Remote Sensing, 55 (5) : 3000-3014

Hauser D, Soussi E, Thouvenot E, et al. 2001. SWIMSAT: a real-aperture radar to measure directional spectra of ocean waves from space-main characteristics and performance simulation. Journal of Atmospheric and Oceanic Technology, 18 (3) : 421-437.

Hersbach H, Stoffelen A, Haan S. 2007. An improved C-band scatterometer ocean geophysical model function: CMOD5. Journal of Geophysical Research, 112 (C3) : 1-18.

Hesany V, Plant W J, Keller W C. 2000. The normalized radar cross section of the sea at 10 incidence. IEEE Transactions on Geoscience and Remote Sensing, 38 (1) : 64-72.

Iguchi T, Kozu T, Meneghini R, et al. 2000. Rain profiling algorithm for the TRMM precipitation radar. Journal of Applied Meteorology, 39 (12) : 2038-2052.

Jackson F C. 1981. An analysis of short pulse and dual frequency radar techniques for measuring ocean wave spectra from satellites. Radio Science, 16 (6) : 1385-1400.

Jackson F C, Travis W W, Peng C Y. 1985a. A comparison of in situ and airborne radar observations of ocean wave directionality. Journal of Geophysical Research: Oceans, 90 (NC1) : 1005-1018.

Jackson F C, Walton W T, Baker P L. 1985b. Aircraft and satellite measurement of ocean wave directional spectra using scanning-beam microwave radars. Journal of Geophysical Research Atmospheres, 90 (NC1) : 987-1004.

Jackson F C, Walton W T, Hines D E, et al. 1992. Sea surface mean square slope from Ku -band backscatter data. Journal of Geophysical Research Oceans, 97: 11411-11427.

Jackson F C, Walton W T, Peng C Y. 1985b. A comparison of in situ and airborne radar observations of ocean wave directionality. Journal of Geophysical Research: Oceans, 90 (C1) : 1005-1018.

Li L, Im E, Connor L N, et al. 2004. Retrieving ocean surface wind speed from the TRMM precipitation radar. IEEE Transactions on Geoscience and Remote Sensing, 42 (6) : 1271-1282.

Li L, Im E, Durden S L, et al. 2002. A surface wind model based method to estimate rain-induced radar path attenuation over ocean. Journal of Atmospheric and Oceanic Technology, 19 (5) : 658-672.

Li X, He Y, Zhang B, et al. 2016a. A geometrical optics model based on the non-Gaussian probability density distribution of sea surface slopes for wind speed retrieval at low incidence angles. International Journal of

Remote Sensing, 37(3): 537-550.

Li X, He Y, Zhang B, et al. 2016b. The construction of a three-dimensional antenna gain matrix and its impact on retrieving sea surface mean square slope based on aircraft wave spectrometer data. Journal of Atmospheric and Oceanic Technology, 33(4): 847-856.

Longuet-Higgins M S. 1978. On the Dynamics of Steep Gravity Waves in Deep Water. New York: Springer.

Longuet-Higgins M S. 1982. On the skewness of sea-surface slopes. Journal of Physical Oceanography, 12: 1283-1291.

Meyer F. 1994. Topographic distance and watershed lines. Signal Processing, 38(1): 113-125.

Moore R K, Chaudhry A H, Birrer I J. 1983. Errors in scatterometer radiometer wind measurement due to rain. IEEE Journal of Oceanic Engineering, 8(1): 37-49.

Nie C L, Long D G. 2007. A C-band wind/rain backscatter model. IEEE Transactions on Geoscience and Remote Sensing, 45(3): 621-631.

Nie C L, Long D G. 2008. A C-band scatterometer simultaneous wind/rain retrieval method. IEEE Transactions on Geoscience and Remote Sensing, 46(11): 3618-3632.

Nielsen S N, Long D G. 2009. A wind and rain backscatter model derived from AMSR and SeaWinds data. IEEE Transactions on Geoscience and Remote Sensing, 47(6): 1595-1606.

Owen M P, Long D G. 2011. Simultaneous wind and rain estimation for QuikSCAT at ultra-high resolution. IEEE Transactions on Geoscience and Remote Sensing, 49(6): 1865-1878.

Phillips O M. 1985. Spectral and statistical properties of the equilibrium range in wind-generated gravity waves. Journal of Fluid Mechanics, 156: 505-531.

Ping Chen, Gang Zheng, Danièle Hauser, Fei Xu. 2018. Quasi-Gaussian probability density function of sea wave slopes from near nadir Ku-band radar observations. Remote Sensing of Environment, Elsevier, 217: 86-100.

Portabella M, Stoffelen A, Lin W, et al. 2012. Rain effects on ASCAT-retrieved winds: toward an improved quality control. IEEE Transactions on Geoscience and Remote Sensing, 50(7): 2495-2506.

Portilla J, Ocampo-Torres F J, Monbaliu J. 2009. Spectral partitioning and identification of wind sea and swell. Journal of Atmospheric and Oceanic Technology, 26(1): 107-122.

Ren L, Yang J S, Zheng G, et al. 2016. Wind speed retrieval from Ku-band Tropical Rainfall Mapping Mission precipitation radar data at low incidence angles. Journal of Applied Remote Sensing, 10(1): 016012.

Ren L, Yang J, Zheng G, et al. 2015. A Ku-Band Low Incidence Model for Wind Speed retrieval from TRMM precipitation radar data. International Society for Optics and Photonics. International Symposium on Multispectral Image Processing and Pattern Recognition.

Ren L, Yang J, Zheng G, Wang J. 2017. A ku-band wind and rain backscatter model at low-incidence angles using Tropical Rairfall Mapping Mission precipitation radar data. International Jourral of Remote Sensing, 38(5): 1388-1403.

Resio D, Perrie W. 1991. A numerical study of nonlinear energy fluxes due to wave-wave interactions Part 1. Methodology and basic results. Journal of Fluid Mechanics, 223: 603-629.

Seto S, Iguchi T. 2007. rainfall-induced changes in actual surface backscattering cross sections and effects on rain-rate estimates by spaceborne precipitation radar. Journal of Atmospheric and Oceanic Technology, 24(10): 1693-1709.

Shaw J A, Churnside J H. 1997. Scanning-laser glint measurements of sea-surface slope statistics. Applied

Optics, 36: 4202-4213.

Stiles B W, Yueh S H. 2002. Impact of rain on spaceborne Ku-band wind scatterometer data. IEEE Transactions on Geoscience and Remote Sensing, 40(9): 1973-1983.

Tison C, Manent C, Amiot T, et al. 2011. Estimation of Wave Spectra with Swim on cfosat-Illustration on A Real Case. IEEE Conference on Geoscience and Remote Sensing Symposium(IGARSS).

Tournadre J, Quilfen Y. 2005. Impact of rain cell on scatterometer data: 2. correction of Seawinds measured backscatter and wind and rain flagging. Journal of Geophysical Research, 110: C07023.

Tournadre J, Quilfen Y. 2003. Impact of rain cell on scatterometer data: 1. theory and modeling. Journal of Geophysical Research, 108(C7): 3225.

Tran N, Chapron B, Vandemark D. 2007. Effect of long waves on Ku-band ocean radar backscatter at low incidence angles using TRMM and altimeter data. IEEE Transactions on Geoscience and Remote Sensing, 4(4): 542-546.

Valenzuela G R. 1978. Theories for the interaction of electromagnetic and oceanic waves-a review. Boundary-Layer Meteorology, 13(1/4): 61-85.

Wang D W, Hwang P A. 2001. An operational method for separating wind sea and swell from ocean wave spectra. Journal of Atmospheric and Oceanic Technology, 18(12): 2052-2062.

Weissman D E, Bourassa M A. 2011. The influence of rainfall on scatterometer backscatter within tropical cyclone environments-implications on parameterization of sea-surface stress. IEEE Transactions on Geoscience and Remote Sensing, 49(12): 4805-4814.

Xu F, Li X, Wang P, et al. 2015. A backscattering model of rainfall over rough sea surface for synthetic aperture radar. IEEE Transactions on Geoscience and Remote Sensing, 53(6): 3042-3054.

第 6 章　盐度计海洋信息提取技术

6.1　海洋盐度遥感的探测机理与辐射散射模型

6.1.1　海洋微波辐射机理

本节简单介绍海洋表面微波辐射基础理论和概念，以便了解海洋微波辐射应用于海洋微波遥感的过程。

1. 微波辐射基本概念

在自然环境下，任何物质都会受到源于太阳和其他星系的电磁辐射，并接收和储存能量。例如，太阳辐射经过大气层时，辐射能量中一部分被大气中的物质散射和吸收，另一部分穿透大气层被地球表面物质散射和吸收，其余部分被大气层反射到太空。地球上所有物质都是由分子和原子构成的，当没有外界的能量作用时，物质内部各种微粒的运动保持在一种稳定的状态，且具有稳定的能量 $E = h\nu$，其中 h 为普朗克常数，ν 为频率。这些运动通常包括原子内部电子围绕原子核的运动、原子核在平衡位置上的振动以及分子绕其质量中心的转动。但是，当物质与其他物质碰撞或者是从外界接收到能量时，原子内部电子的运动状态将会发生改变，会从原来低能级的基态跃迁到更高能级的激发状态，原子核振动和分子转动能级也会发生变化。通常情况下，处于高能级激发态的粒子十分不稳定，容易跃迁到较低能级，并且向外界释放出多余的能量，这时就产生了电磁辐射。例如，地球上的某物质通过吸收太阳辐射和其他物体辐射能量会使其自身温度升高，而依据热辐射原理，该物质温度升高对外的辐射将会增强。因此，地球接收的太阳辐射能够和地球表面及其大气层向外的辐射建立起一系列的平衡，这一过程被称作辐射传输理论。

按照量子理论，当物体的绝对温度超过 0 K，物体将通过发射或辐射电磁波的形式向外辐射能量，其自身微元面积 $\mathrm{d}A$ 辐射进入空气的功率密度为 $\mathrm{d}p_{\mathrm{d}} = \left|\vec{E}\right|^2/\eta_0$，其中，$\vec{E}$ 为距离辐射物体为 R 的辐射电磁场的均方根；假如微元面积处于随机表面，其功率密度中的电磁场应当为样本或采样的统计平均值。η_0 为空气的电磁阻抗系数。该微元面积为 $\mathrm{d}A$ 的物体在距离为 R 和观测方向为 (θ,φ) 的物体亮度 L 为 $L = \mathrm{d}p_{\mathrm{d}}/\mathrm{d}\Omega$，其微元在距离为 R 的每单位立体角的辐射功率密度 $\mathrm{d}p_{\mathrm{d}}$（单位：$\mathrm{W/m^2}$），立体角微元 $\mathrm{d}\Omega = \cos\theta \mathrm{d}A / R^2$，$\theta$ 为入射角，φ 为方位角。物体的亮度与物体的物理温度和辐射频率等有关，在热平衡条件下，物体温度是常数，这就意味着吸收和发射(或辐射)速率相等，以便维持物体温

度不变。

接下来讨论物体亮度与物理温度和微波频率的关系。地球上所有的物体都能不同程度地吸收电磁辐射能量，吸收的能力越强，其对应的辐射能力也越强。在所有物质中，“黑体”被认为是一个理想的辐射体，它既能够吸收所有频率的外来电磁辐射且无任何反射和透射，同时也能将这些辐射转化为热辐射。一旦达到热力学平衡，即辐射率和吸收率基本相等，黑体会重新发射出所有的电磁辐射。普朗克定律描述了黑体辐射度与黑体温度和所辐射电磁波波长(频率)之间的关系。根据普朗克定律，黑体能量辐射亮度 L 随物理温度的升高而增大，而最大强度的波长却随温度的升高而减小。

$$L(\lambda)=\frac{2hc}{\lambda^3}\frac{1}{\mathrm{e}^{hc/(\lambda k_b T)}-1} \tag{6.1.1}$$

$$L(\lambda)=\frac{2hf^3}{c^3}\frac{1}{\mathrm{e}^{hf/(k_b T)}-1} \tag{6.1.2}$$

式中，普朗克常数 $h=6.63\times10^{-34}(\mathrm{J\cdot s})$；玻尔兹曼常数 $k_b=1.38\times10^{-23}(\mathrm{J/K})$；$T$ 为黑体物理温度，单位是开尔文(K)；c 为光速，单位为 m/s；λ 为波长，单位为 m；f 为辐射电磁波频率，单位为 Hz。当波长较长或温度较高时，式中 $hc/(\lambda k_b T)\prec 1$，因此，可将式(6.1.1)分母中 $\mathrm{e}^{hc/\lambda k_b T}$ 按级数展开：

$$\mathrm{e}^{hc/\lambda k_b T}=1+\frac{hc}{\lambda k_b T}+\frac{h^2c^2}{2\lambda^2 k_b^2 T^2}+\cdots \tag{6.1.3}$$

则式(6.1.1)和式(6.1.2)可近似为

$$L(\lambda,f)=\frac{2k_b T}{\lambda^2}=\frac{2k_b T}{c^2}f^2 \tag{6.1.4}$$

这就是著名的瑞利-金斯辐射公式，其描述了亮度与物理温度的关系，适用于电磁波长较长的情况，因而可在微波遥感中使用。表 6.1 为微波雷达波段名称及对应的频率、波长范围。由表 6.1 可知，在海表盐度反演频率(1.4 GHz)，电磁波长可达约 20 cm，因此可利用瑞利-金斯近似。

表 6.1　微波雷达波段名称及频率、波长范围

名称	频率范围/GHz	波长范围/cm
P	0.3～1	30～100
L	1～2	15～30
S	2～4	7.5～15
C	4～8	3.75～7.5
X	8～12	2.50～3.75
Ku	12～18	1.67～2.50
K	18～26.5	1.13～1.67
Ka	26.5～40	0.75～1.13
极高频(EHF)	30～300	0.10～0.75

下面讨论物体辐射亮温和辐射率的定义。由式(6.1.4)可知，绝对温度为 T，频率带宽为 Δf 的黑体辐射亮度 L_{b} 可表示为

$$L_{\mathrm{b}} = L(\lambda)\Delta f = \frac{2k_{\mathrm{b}}T}{\lambda^2}\Delta f \tag{6.1.5}$$

实际上，自然界中的物体并不是黑体，而是灰体，灰体并不能够像黑体一样完全辐射所有能量。假设物体和黑体具有相同的真实物理温度 T，为了利用与黑体亮度[式(6.1.5)]相同形式的辐射亮度，需要定义另外一个温度，即辐射亮温 T_{B}，则该物体的辐射亮度 L_{g} 可用式(6.1.6)计算：

$$L_{\mathrm{g}} = \frac{2k_{\mathrm{b}}T_{\mathrm{B}}}{\lambda^2}\Delta f \tag{6.1.6}$$

相同物理温度下的物体辐射强度(亮度)与黑体辐强度(亮度)之比被定义为物体的辐射率 e 或者比辐射率，即

$$e = \frac{L_{\mathrm{g}}}{L_{\mathrm{b}}} = \frac{T_{\mathrm{B}}}{T} \tag{6.1.7}$$

$$T_{\mathrm{B}} = eT \tag{6.1.8}$$

式中，通常物体的辐射率 e 是物体物理性质(介电、电导率等)、辐射微波频率以及辐射方向角等参量的函数；辐射率是无量纲参量，它的变化在 0～1，对于理想的无发射物体，辐射率为 0，对于理想的发射体黑体，辐射率为 1，T_{B} 单位为 K。因此，一般物体的亮温小于其物理温度。

另外，依据式(6.1.5)和式(6.1.7)，可以利用物体亮温参数计算其亮度：

$$L_{\mathrm{g}} = eL_{\mathrm{b}} = \frac{2k_{\mathrm{b}}T_{\mathrm{B}}}{\lambda^2}\Delta f \tag{6.1.9}$$

依据电磁波性质，任何电磁场可以分解成水平极化和垂直极化方向两个正交分量，对于黑体而言，微波辐射的极化是随机的，而且各向同性统计特性，因此可以认为两个极化方向的辐射亮度相等，为总辐射能量的一半。$L_{\mathrm{b},h} = L_{\mathrm{b},v} = \frac{1}{2}L_{\mathrm{b}}$，因此，由式(6.1.4)可得物体的真实温度为

$$T = \frac{\lambda^2}{2k_{\mathrm{b}}}L(\lambda)\Delta f = C_k L_{\mathrm{b,p}}(\lambda) \tag{6.1.10}$$

式中，p 为极化方向(h,v)。$C_k = \lambda^2 / k_b\Delta f$，为已知系数。式(6.1.10)表明，利用极化亮度可以表达黑体物理温度，即黑体亮温。类似地，依据式(6.1.10)定义出一般物体极化亮温 $T_{\mathrm{B,p}}$ 与极化微波辐射亮度 $L_{\mathrm{g,p}}$ 的关系式：

$$T_{\mathrm{B,p}} = C_k L_{\mathrm{g,p}}(\lambda) \tag{6.1.11}$$

依据式(6.1.7)，相应地，定义极化方向为 p 分量的微波辐射率 e_{p} 为

$$e_{\mathrm{p}}=\frac{T_{\mathrm{B,p}}}{T}=\frac{L_{\mathrm{g,p}}}{L_{\mathrm{b,p}}} \tag{6.1.12}$$

进一步，依据式(6.1.7)、式(6.1.10)、式(6.1.11)和 式(6.1.12)的关系，可以得到如下公式：

$$e=\frac{L_{\mathrm{g}}}{L_{\mathrm{b}}}=\frac{L_{\mathrm{g,h}}+L_{\mathrm{g,v}}}{L_{\mathrm{b,h}}+L_{\mathrm{b,v}}}=\frac{1}{2}(e_{\mathrm{h}}+e_{\mathrm{v}}) \tag{6.1.13}$$

式中，利用了 $L_{\mathrm{b,h}}=L_{\mathrm{b,v}}$。式(6.1.13)表明，物体的辐射率等于两个极化方向的辐射率和的一半。通常情况下，由于微波辐射计探测物体辐射方向、区域、接收天线极化方式等限制，一般会探测各极化分量的微波辐射亮温，以及交叉极化方向的物理量。

依据 Kirchhoff 定律，如果介质处于局部热平衡状态，那么介质吸收能量的速率 α 和其辐射的速率基本相等，即吸收率 α 等于辐射率 e。吸收率通常用介质散射率 r 表达，即 $\alpha=1-r$。介质散射率可通过其双站(或双置)散射系数 σ_{pq} 立体角积分获得。因此，介质辐射率一般公式为

$$e_{\mathrm{p}}(\theta,\phi)=1-\frac{1}{4\pi}\int_{0}^{2\pi}\int_{0}^{\pi/2}[\sigma_{\mathrm{pp}}^{0}(\theta_{\mathrm{s}},\phi_{\mathrm{s}};\theta,\phi)+\sigma_{\mathrm{qp}}^{0}(\theta_{\mathrm{s}},\phi_{\mathrm{s}};\theta,\phi)]\frac{\sin\theta_{\mathrm{s}}}{\cos\theta}\mathrm{d}\theta_{\mathrm{s}}\mathrm{d}\phi_{\mathrm{s}} \tag{6.1.14}$$

式中，双站或双置散射系数 σ_{pq} 详见 Fung(1994)。$(\theta_{\mathrm{s}},\phi_{\mathrm{s}})$ 为散射电场矢量与 z 轴夹角(或照射界面法向夹角)和水平面与 x 轴的正向夹角(方位角)，即散射方向。入射电场 E_0 的功率为入射波功率密度 $|E_0|^2/\eta_1$ 与入射方向截取的照亮界面(面积为 A)的横截面 $A\cos\theta$，θ 为入射角，阻抗系数 $\eta_1=\sqrt{\mu_1/\varepsilon_1}$，$\mu_1$、$\varepsilon_1$ 分别为传播介质的磁导率和介电常数。式(6.1.14)表明，散射系数理论上可以求得微波辐射率，通过理论分析能获得很好的主被动遥感参量的关系。然而，在实际应用中需要知道物体所有散射场分布才能计算微波辐射率，在海洋遥感中限制其应用范围，因为随机海面的各方向的散射场是非均匀的，并带有很强的随机性，很难通过卫星探测整个海面区域的散射场。

另外，计算物体辐射率通常考虑电磁波波段内物体内外部电磁分布特征，一般为物质的介电常数、电导率、频段、温度、复合物杂质浓度和几何形态等的函数。通常研究物体辐射理论，不但要知道纯物质的物理特性，而且还要知道复合物成分中杂质的几何形态和体积占比等物理参数。由于自然界物质绝大多数为复合物，因此计算复合物的电磁特性是物理学研究的主要内容之一，也是遥感科学的物理学基础。

2. 微波辐射传输方程

本节主要介绍基本微波传输辐射方程的建立和常用的亮温传输方程。在经典的微波辐射传输方程中，基本的物理参量是比辐射强度 I_{ν} [单位：$\mathrm{W/(m^2\cdot sr\cdot Hz)}$]。它的定义为在微元立体角 $\mathrm{d}\Omega$ 内，沿 $\bar{r}$ 方向通过微元面积 $\mathrm{d}s$ 及频率区间 ν 和 $\nu+\mathrm{d}\nu$ 的功率 $\mathrm{d}P$(单

位：W)(Fung，1994)：

$$I_\nu = \mathrm{d}P/(\cos\alpha\mathrm{d}s\mathrm{d}\Omega\mathrm{d}\nu) \tag{6.1.15}$$

式中，α 为单位矢量 $\bar{r}$ 与微元面积表面外法线方向的夹角。如果计算某段率的微波辐射强度 I，可以通过在 $\nu-\frac{1}{2}\mathrm{d}\nu$ 和 $\nu+\frac{1}{2}\mathrm{d}\nu$ 频段范围内对比辐射强度 I_ν 求积分。因此，微波辐射强度 I 可表达为

$$I = \mathrm{d}p/(\cos\alpha\mathrm{d}s\mathrm{d}\Omega) \tag{6.1.16}$$

这里的辐射强度 I 与物体亮度 L 具有相同的物理意义。辐射方程控制介质中微波辐射强度的变化，包括吸收、散射、辐射以及源的影响。考虑传输介质内的一个单位截面和长度为 dl 的柱形体积空间，从能量平衡观点考虑，区域内电磁辐射强度的变化是由传播方向上的介质吸收损失、散射损失、热辐射以及源项等决定的。

$$\mathrm{d}I = \mathrm{d}l = -k_\mathrm{a}I - k_\mathrm{s}I + k_\mathrm{a}J_\mathrm{a} + k_\mathrm{s}J_\mathrm{s} \tag{6.1.17}$$

式中，k_a、k_s 分别为体积吸收和散射系数，表示了介质内部吸收和散射能量的损失率，为负贡献，通常把 $k_\mathrm{a}+k_\mathrm{s}$ 定义为消光系数 k_e；J_a 和 J_s 分别为吸收(或辐射)和散射源函数，表示了辐射和散射源增强的介质辐射强度。辐射源函数主要表示了温度非均匀介质或具有点源温度的贡献，该项可用于被动遥感。散射源函数的定义为

$$J_\mathrm{s} = \frac{1}{4\pi}\int_0^{2\pi}\int_0^{\pi} P(\theta_\mathrm{s},\varphi_\mathrm{s};\theta,\varphi)I(\theta,\varphi)\sin\theta\mathrm{d}\theta\mathrm{d}\varphi \tag{6.1.18}$$

式中，$P(\theta_\mathrm{s},\varphi_\mathrm{s};\theta,\varphi)$ 为散射相函数，表达了散射源的辐射强度正反馈。依据实际情况，需要在主被动遥感问题中考虑传输方程边界条件，才能获得定解。上述方程中所有系数根据不同介质颗粒形态和特性采用电磁波方程求解，并通过修正 Stokes 矢量传输方程获得亮温，详见 Fung(1994)。

本书就被动遥感问题给出介质辐射亮温的一个传输方程。由于式(6.1.17)中微波辐射强度与物体亮度具有同等物理意义，因此辐射亮温正比于辐射强度，所以一般介质亮温传输方程可以用式(6.1.17)表达，其中 $\mathrm{d}z=\cos\theta_\mathrm{s}\mathrm{d}l$。对于温度分布不均匀的介质(温度分布独立于方位角)，亮温传输可以由上行亮温 T^+ 和下行亮温 T^- 方程组表达：

$$\frac{\mathrm{d}T^+}{\mathrm{d}z} = -k_\mathrm{es}T^+ + F^+(z) + k_\mathrm{as}T \tag{6.1.19a}$$

$$\frac{\mathrm{d}T^-}{\mathrm{d}z} = k_\mathrm{es}T^- - F^-(z) - k_\mathrm{as}T \tag{6.1.19b}$$

式中，$k_\mathrm{es}=k_\mathrm{e}/\cos\theta_\mathrm{s}$；$k_\mathrm{as}=k_\mathrm{a}/\cos\theta_\mathrm{s}$；$T$ 为介质温度(温度梯度介质)；z 为垂直方向。相散射影响函数为

$$F^+(z) = \frac{k_\mathrm{ss}}{4\pi}\int_0^{2\pi}\int_0^{1}[P(\pm\mu_\mathrm{s},\mu,\varphi_\mathrm{s},\varphi)T^+ + P(\pm\mu_\mathrm{s},-\mu,\varphi_\mathrm{s},-\varphi)T^-]\mathrm{d}\mu\mathrm{d}\varphi \tag{6.1.20}$$

式中，$\mu = \cos\theta$；$k_{ss} = k_s / \cos\theta$。上述方程结合相应的边界条件采用数值方法可以解决海洋和大气通路的亮温传输方程以及复杂边界条件的亮温传输问题，详见金亚秋(1993)和 Fung(1994)。

3. 微波辐射计与海表面亮温

海洋微波遥感一般分为主动和被动两种形式，主动微波遥感是通过发射某频段微波照射海洋表面，通过接收海洋粗糙面的后向散射功率获得后向散射系数来反演海面粗糙参数，如微波雷达探测。被动微波遥感是通过微波辐射计接收海面某微波频段的发射功率或者接收天线亮温反演海面物理参数，如 C、L 波段微波辐射计。被动微波遥感通常用于探测目标的亮温来反演目标物的物理参数和间接反演介质表面几何参数等。

微波辐射计的电磁波工作频率一般是在 1～200 GHz，其主要用来观测海面发射的辐射、大气上行辐射、经海面反射的大气下行辐射、宇宙和银河系的背景辐射。辐射计一般是由天线、检波前放大组合件、检波器、积分器(低通滤波器)和显示组合件构成，图 6.1 是一种全功率辐射计的结构和定标示意图。对于辐射计天线接收的辐射功率 P_A，利用瑞利-金斯定律近似，可以定义天线的辐射测量温度，即天线亮温 T_A

$$T_A = P_A / (k_b B) \tag{6.1.21}$$

式中，T_A 为天线接收的所有辐射(包括大气和天线自身辐射)按天线方向图加权的积分；B 为辐射计带宽。假设检波服从平方律，那么输出电压 V_{out} 和输入功率成正比关系。输入功率共包括两部分：一部分是天线接收到的辐射功率 P_A；另一部分是天线本身接收机产生的噪声功率 P_{no}，一般将其等效为在无噪接收机的输入端“注入”的输入噪声功率 $P_{in} = P_{no} / G$，其中 G 为检波前组合的功率增益；P_{in} 也可以用等效接收机输入噪声温度 T_{in} 来表示：$P_{in} = k_b T_{in} B$，图 6.1(b)表示输出电压 V_{out} 和这两部分输入功率的关系。输出电压 V_{out} 也包括两部分：一部分是与输入功率平均值相对应的直流分量 V_{dc}；另一部分是检波后噪声的交流分量 V_{ac}。

由于输出电压和天线的辐射测量温度 T_A 是线性关系，可以用噪声温度已知的可变噪声源 $P_{cal} = k_b T_{cal} B$ 代替天线的接收功率，这样就得到两个以上不同噪声温度和与其对应的输出功率值，利用线性关系：

$$V_{dc} = a(T_{cal} + b) \tag{6.1.22}$$

可以确定输出功率与噪声温度之间的关系，从而完成辐射计定标，一般情况下，$a = G_s$，$b = T_m$，G_s 为系统的增益系数。图 6.1(c)为辐射计定标示意图。

通常情况下，天线亮温 T_A 包含了观测场景和上下电磁波通路介质所用物质的辐射亮温，因此在辐射率观测目标时要消除无用的物体亮温干扰，以便得到高精度的观测目标物体亮温。影响星载辐射计天线亮温的因素有大气层、宇宙背景、电离层、海面粗糙度和太阳耀斑等。

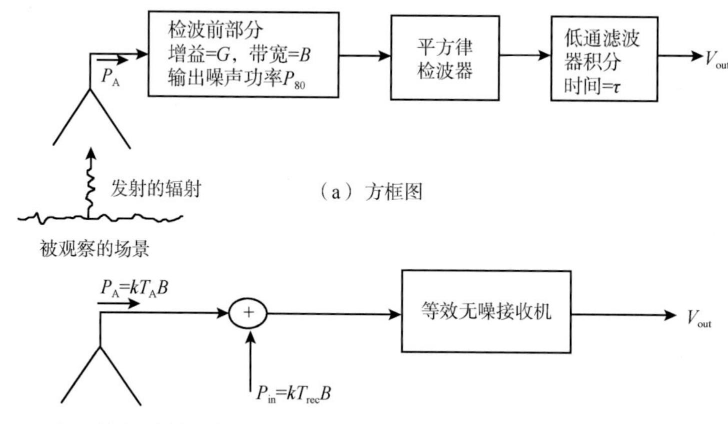

（b）利用具有输入接收机噪声$P_{ai}=P_{nc}/G$的无噪接收机对（a）的等效表示

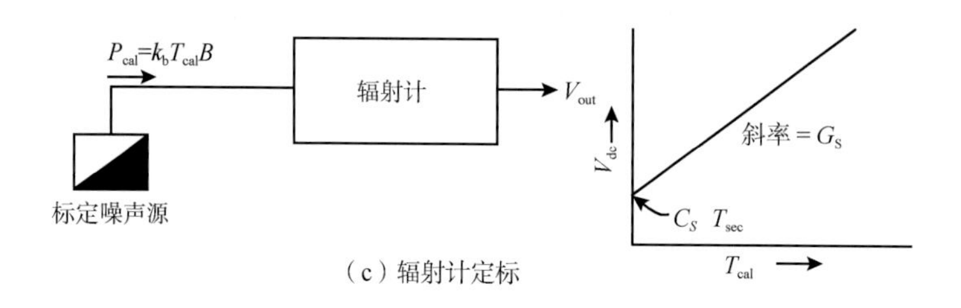

（c）辐射计定标

图 6.1　全功率辐射计

辐射亮温本身是辐射功率或辐射强度的一种等效表达方式。按照能量守恒定律，如果探测海面的辐射亮温T_s，并考虑大气上下行辐射亮温以及大气和宇宙背景与太阳辐射亮温T_c，则星载辐射计天线亮温T_A为

$$T_A = T_s + \beta T_s + T_a^u + (1-e_s)\beta T_a^d + \beta(1-e_s)T_c + T_{other} \tag{6.1.23}$$

式中，β为大气透射率，即海洋通过大气层到卫星辐射计接收天线的路径透射率；e_s为海面辐射率；T_s为海面辐射亮温；T_a^u为大气层总体上行到星载辐射计天线的亮温贡献；T_a^d为大气下行到海面的大气总体辐射亮温；T_c为宇宙背景、月亮、太阳和星系下行到海面辐射亮温，一般情况下，星载辐射计天线设计会避开太阳辐射到海面的直接影响，因此宇宙背景辐射亮温T_c不包含太阳直接辐射的影响；T_{other}为可能只有或者极小概率自然现象引起的亮温影响，如人工射频发射和电磁通信干扰等。假如仅仅海面辐射亮温未知，其他亮温和参数已知，通过式(6.1.23)可以得到海面辐射亮温，然而，其他因素亮温需要理论、实验观测以及大量测量分析得到，相关内容读者可以参考专门的书籍和文献。

海洋表面辐射亮温一般表达为

$$T_s = e_s T \tag{6.1.24}$$

式中，T 为海表面物理温度，即 SST，单位：K。海面起伏的粗糙度(涌浪和风生海浪)和海浪破碎产生的白冠(即海洋泡沫以及水滴)的影响，使得海面微波辐射率理论求解困难，因此通常把式(6.1.24)右边写成平静海面和海面粗糙引起的亮温增益两部分：

$$T_{\mathrm{s}} = eT + \Delta T_{\mathrm{r}} \tag{6.1.25}$$

式中，e 为平静海面微波辐射率；ΔT_{r} 为海面粗糙度等因素引起的海面辐射亮温增益。利用式(6.1.25)，在已知海面亮温的情况下，可以反演海面一些物理参数。例如，在 C 波段，根据海水介电特性和辐射率与海面温度的较高敏感性，如果消除海面粗糙度的亮温增益，我们可以反演海面温度。同样，在 L 波段根据海水介特性或辐射率与盐度的较高敏感性，可以探测海面盐度。另外，一些微波频段利用亮温增益探测海面粗糙度参数(风生海浪)来间接反演海面风速和风向。

6.1.2　海洋盐度遥感机理和模式

本节简单介绍海洋盐度遥感机理和近几年发展的海洋盐度遥感模式以及盐度卫星遥感技术发展概况。目前，在轨测量全球海表盐度分布的卫星是 ESA 于 2009 年 11 月发射的 SMOS 卫星，采用 L 波段(1.4 GHz)微波辐射计。美国国家航空航天局(NASA)与阿根廷空间委员会联合研发的L波段主被动海水盐度遥感卫星(Aquarius)于2011年6月发射，并于 2015 年 6 月停止运行。两颗卫星计划的目的是争取早日实现全球范围的海洋盐度分布遥感图，盐度探测精度目标分别为月平均 0.1 psu 和 0.2 psu(空间尺度 150～200 km)。

1. 海洋表面盐度遥感机理和技术发展概况

海表微波辐射理论和海水介电特性以及大量实验证明，L(1.4 GHz)波段适合海面盐度探测，受其他因素影响相对较小。最早的国际盐度遥感实验源于 Thoman(1976)利用 L 波段(波长约为 21 cm)微波辐射计对海表盐度变化进行观测。1978 年 Blume 等采用 L/S 双波段微波辐射技术进行了海水盐度和温度的反演研究，并建立了反演精度为 0.4 psu 的非线性反演方程。自 1980 年以来，ESA 为 SMOS 卫星探测计划的实施，在海洋盐度反演理论和实验方面进行了大量的研究，并探讨了海面粗糙度、大气参量以及宇宙背景对海面微波辐射的影响。2000 年和 2001 年 SMOS 计划实施了两次在石油平台上(40.72°N，1.36°E)的盐度风场实验，以便确定海气参量对盐度遥感的影响，这些实验的目的是验证 SMOS 计划的盐度遥感反演能力(Camps et al.，2003)。在该计划中，Camps 等(2004)进行了大量的实验和分析研究。例如，利用 SMOS 盐度风场实验资料和代表性的半理论半经验盐度反演模式(平面近似+粗糙度引起的增益亮温)，Camps 等分别建立了依赖风速和波高的亮温修正盐度反演模式，其反演误差与风速和波高呈线性增长关系，误差范围为 0.3 psu(距海面 10 m 风速为 1 m/s)至 0.8 psu(距海面 10 m 风速为 14 m/s)和 0.5 psu(有效波高为 1 m)至 0.6 psu(有效波高为 5 m)。上述两个模式考虑了风速或波高的影响，实际上当海面存在大浪时，海面辐射亮温增益与风速和波高都有很强的相关性，从而进一步分析得到了一个新的模型(Gabarró et al.，2004)，即风场、波高和入射角的复合亮温修正模型，其盐度平均反演误差约为 0.3 psu，要优于单独的风速或波高依赖模式。

此外，为了研究海面白冠层(气泡粒径大小分布、温度、白冠厚度、覆盖率)对海面微波辐射的影响，2003 年 SMOS 还开展了白冠覆盖海面的微波辐射实验(Camps et al.，2005)，实验结果表明，白冠层可增加海面微波辐射率 20%～30%，而且在非饱和状态下白冠厚度每增加 1 mm，将平均增加海面微波辐射率约 0.4%，但该实验并没有进行盐度反演研究。Wei 等(2014)开展了 C 波段和 L 波段白冠微波辐射亮温增益研究，并指出白冠下粗糙界面对白冠微波辐射率的影响以及海面气温、白冠厚度和泡沫空气体积分数等的相互影响。2012 年殷晓斌利用 SMOS 卫星观测资料建立了白冠影响的盐度遥感模式。另外，研究表明，法拉第旋转不变函数的盐度反演在海面较高温度(25℃)时，盐度反演误差略高于 0.2 psu，海面温度为 5 ℃时反演误差约为 0.4 psu。以上研究和分析表明，盐度遥感受到温度等因素的影响，因此深入研究 L 波段海气因素对微波辐射亮温的影响机制是提高盐度反演精度的理论基础。

2009 年美国为建立 L 波段主被动盐度反演机理进行了风速变化范围(5～27 m/s)比较大的外海主被动方式的高速风场实验，得到了实验资料拟合的 L 波段后向散射系数及亮温与风场的经验关系(Yueh et al.，2010)，其垂直和水平极化后向散射系数对风速的敏感性分别约为 0.2 dB/(m/s)和 0.25 dB/(m/s)，并与风速呈现非线性关系；垂直和水平极化亮温对风速的敏感性分别约为 0.3 K/(m/s)和 0.35 K/(m/s)。2011～2014 年 Yueh 等利用白噪声方法和 Aquarius 观测资料检验得到了新的散射系数和亮温与风场的经验公式，并建立了盐度和风速耦合反演技术。

国内盐度遥感研究起步较晚，1988 年，雷震东等(1992)采用脉冲注入零平衡型，成功研制了 L 波段机载微波辐射计系统，随后通过航空遥感海水盐度实验验证，反演盐度的精度可达到千分之二。2002 年陆兆拭和史久新等利用实验室和外海实验，采用 Blume 模式对低风速海面盐度进行了研究，得到了误差为 0.38 psu 的回归模式。近年来，魏恩泊等研究了海浪破碎对海表微波传输的影响，建立了相应的微波辐射率和散射模式(Wei et al.，2005，2007)。并在 2011 年利用二阶瑞利近似建立了泡沫海面微波辐射矢量传输方程，指出泡沫层中气泡内外半径比对增加海面辐射亮温的重要性(Wei，2011)。同时，利用 SMOS 的波高和风速复合模式，建立了 L 和 C 双波段盐度与温度联合反演的模式，同时阐明了在同等噪声干扰下 L 波段的低温盐海域盐度反演误差较大，指出了 0.5～0.8 GHz 频段适合用于低温盐海域盐度反演。

以上研究表明，影响盐度反演的因素诸多，除了微波辐射仪器精度和灵敏度的影响外，同时还有大气和海洋界面参量以及星系等的影响。在风的作用下，海面粗糙度随机变化、月亮辐射、海面降雨、海洋白冠、海气温差等影响下导致盐度反演出现误差。通常是在高纬度海洋表面，海表温度较低导致盐度探测精度降低。因此，若要建立高精度复杂海面全球盐度反演模式还有许多问题需要探讨。

2. 海洋表面盐度微波探测机理

海表盐度遥感反演理论方法主要是从微波辐射计观测的亮温资料出发得到海面辐射率，再依据菲涅尔反射系数和海面辐射率之间的关系求得菲涅尔反射系数，而菲涅尔反射系数与海水介电常数有关，它是一个关于盐度和温度的非线性函数。因此，平静海面海水微波辐射亮温对盐度的敏感性大小决定了哪个微波频率适合盐度反演。通过平静海面亮温模式研究发现，L 波段的亮温对盐度的敏感性较大，比较适合盐度微波探测。平静海面微波辐射亮温 T_b 模式如下：

$$T_{b,\mathrm{p}} = e_{0,\mathrm{p}} T \tag{6.1.26}$$

式中，$e_{0,\mathrm{p}}$ 为平静海面微波 p 方向极化辐射率，通常可采用菲涅尔反射系数计算：

$$e_{0,\mathrm{p}}(\theta, \varepsilon_{\mathrm{sw}}) = 1 - R_{0\mathrm{p}}(\theta, \varepsilon_{\mathrm{sw}}) \tag{6.1.27}$$

菲涅尔反射率是反射和入射电磁波的辐亮度之比，而辐亮度正比于电场振幅绝对值的平方，所以菲涅尔反射率等于菲涅尔反射系数绝对值的平方，其两个极化状态下的表达式分别为

$$R_{\mathrm{OH}}(\theta, \varepsilon_{\mathrm{sw}}) = |R_{\mathrm{hh}}(\theta, \varepsilon_{\mathrm{sw}})|^2 = \left| \frac{\cos\theta - \sqrt{\varepsilon_{\mathrm{sw}} - \left(\frac{n}{n'}\right)^2 \sin^2\theta}}{\cos\theta + \sqrt{\varepsilon_{\mathrm{sw}} - \left(\frac{n}{n'}\right)^2 \sin^2\theta}} \right|^2 \tag{6.1.28}$$

$$R_{0\mathrm{V}}(\theta, \varepsilon_{\mathrm{sw}}) = \left| R_{\mathrm{vv}}(\theta, \varepsilon_{\mathrm{sw}}) \right|^2 = \left| \frac{\varepsilon_{\mathrm{sw}} \cos\theta - \sqrt{\varepsilon_{\mathrm{sw}} - \left(\frac{n}{n'}\right)^2 \sin^2\theta}}{\varepsilon_{\mathrm{sw}} \cos\theta + \sqrt{\varepsilon_{\mathrm{sw}} - \left(\frac{n}{n'}\right)^2 \sin^2\theta}} \right|^2 \tag{6.1.29}$$

式中，$R_{\mathrm{hh}}(\theta, \varepsilon_{\mathrm{sw}})$、$R_{\mathrm{vv}}(\theta, \varepsilon_{\mathrm{sw}})$ 分别为水平极化和垂直极化的菲涅尔反射系数；θ 为电磁波入射角；$n = \sqrt{\varepsilon_{\mathrm{w}}} = n' - \mathrm{i}n''$，为海水的复折射率，其中 n' 为电磁波的折射率，n'' 表示电磁波的衰减；$\varepsilon_{\mathrm{sw}}$ 为海水相对介电常数，一般是海水温度、盐度和电磁波频率的函数，它的准确计算对海面微波辐射率的估算非常重要。通常情况下，根据 Debye(1929)方程，海水相对介电常数可表示如下：

$$\varepsilon_{\mathrm{sw}}(\omega, \mathrm{SST}, \mathrm{SSS}) = \varepsilon_\infty + \frac{\varepsilon_{\mathrm{S}} - e_\infty}{1 + (\mathrm{i}\omega\tau)^{1-\alpha}} - \mathrm{i}\frac{\sigma}{\omega\varepsilon_0} \tag{6.1.30}$$

式中，$\omega = 2\pi f$ 为电磁波的角频率，f 为电磁波频率(Hz)；τ 为张弛时间(s)；α 为经验常数；$\varepsilon_0 = 8.854 \times 10^{-12}(\mathrm{F/m})$，为真空介电常数；$\varepsilon_\infty$ 为无限高频相对介电常数；ε_{S} 为静态相对介电常数；σ 为离子电导率[s/m]；SST 和 SSS 分别为海水温度(℃)和盐度(psu)。上述微波辐射亮温与海表盐度的关系构成了被动海表盐度测量的理论基础。基于 Debye 方程发展的海水介电常数模型有很多，通常情况下，被广泛应用的模型主要有如下三种：Klein & Swift 模型、Ellison 模型、Blanch & Aguasca 模型。这三种经验模型，因研究方法不同，在相同的电磁波频率、温度和盐度条件下，所得的海水相对介电常数还是有差异的。下面介绍常用的 Klein & Swift 模型，它适合 L 波段海水介电常数计算。

通过对盐度 4～35 psu，温度 0～40℃的实验数据进行分析，Klein 和 Swift 于 1977 年给出了频率小于 10 GHz 时，Debye 方程中各个参数的解析表达公式。

无限高频相对电容率：$\varepsilon_{\infty}=4.9\pm20\%$；

经验常数：$\alpha=0$；

静态相对介电常数：

$$\varepsilon_{\mathrm{S}}(T,S)=\varepsilon_{\mathrm{S}}(T)A(T,S) \tag{6.1.31}$$

$$\varepsilon_{\mathrm{S}}(T)=87.134-1.949\times10^{-1}T-1.276\times10^{-2}T^{2}+2.491\times10^{-4}T^{3} \tag{6.1.32}$$

$$a(T,S)=1.000+1.613\times10^{-5}S\cdot T-3.656\times10^{-3}S+3.210\times10^{-5}S^{2}-4.232\times10^{-7}S^{3} \tag{6.1.33}$$

张弛时间 τ 定义为

$$\tau(T,S)=\tau(T,0)b(S,T) \tag{6.1.34}$$

$$\tau(T,0)=1.768\times10^{-11}-6.086\times10^{-13}T+1.104\times10^{-14}T^{2}-8.111\times10^{-17}T^{3} \tag{6.1.35}$$

$$b(S,T)=1.000+2.282\times10^{-5}S\cdot T-7.638\times10^{-4}S-7.760\times10^{-6}S^{2}+1.105\times10^{-8}S^{3} \tag{6.1.36}$$

离子电导率公式：

$$\sigma(T,S)=\sigma(25,S)\mathrm{e}^{-\delta\beta}\text{，}\quad\delta=25-T \tag{6.1.37}$$

$$\sigma(25,S)=(0.182521-1.46192\times10^{-3}S+2.09324\times10^{-5}S^{2}-1.28205\times10^{-7}S^{3})S \tag{6.1.38}$$

$$\begin{aligned}\beta&=2.033\times10^{-2}+1.266\times10^{-4}\delta+2.464\times10^{-6}\delta^{2}\\&-(1.849\times10^{-5}-2.551\times10^{-7}\delta+2.551\times10^{-8}\delta^{2})S\end{aligned} \tag{6.1.39}$$

通过计算不同微波频率下的平静海面亮温，分析亮温随海表盐度的变化强度，得到 L 波段亮温相对盐度的变化强度较大，因此适合盐度微波探测。图 6.2 给出了不同海表温度下不同频率的海表辐射亮温随盐度的变化。可以看出，L 波段的亮温随盐度变化梯度大于其他频段，因此 L 波段是可选用的频段。

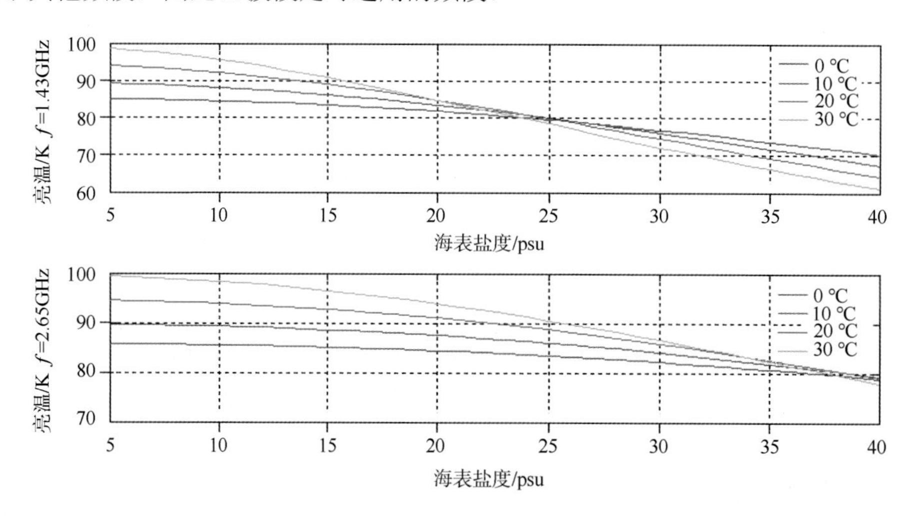

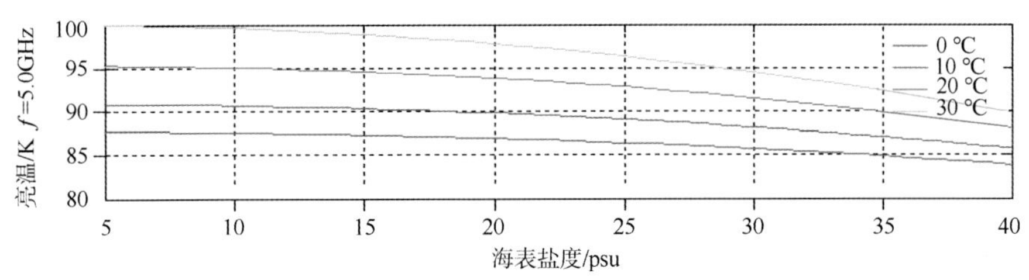

图 6.2　不同频率的海表辐射亮温对盐度的变化

不同温度环境条件下，温度变化引起的亮温改变有很大差异，这将导致不同环境盐度反演精度的不同。图 6.3 显示了 L 波段(1.4 GHz)平静海面辐射亮温对盐度的敏感性(ΔT_{BP} / ΔS_{SS})随盐度和温度的变化趋势，图 6.3(a)是水平极化，图 6.3(b)是垂直极化，入射角取值为 30°。由图 6.3 可知，亮温对盐度的敏感性随着温度的增大而增强，在 25℃以下，随着盐度的增加敏感性也在增强。另一方面，相对于水平极化，垂直极化亮温敏感性曲线函数值较大。因此，利用垂直极化测量亮温，在高温、高盐区域平静海面海表盐度的反演精度相对较高。由上述分析可知，平静海面微波遥感反演盐度在理论上可行，也表明了海表低温将导致亮温对盐度的敏感性降低，引起盐度反演误差增大。

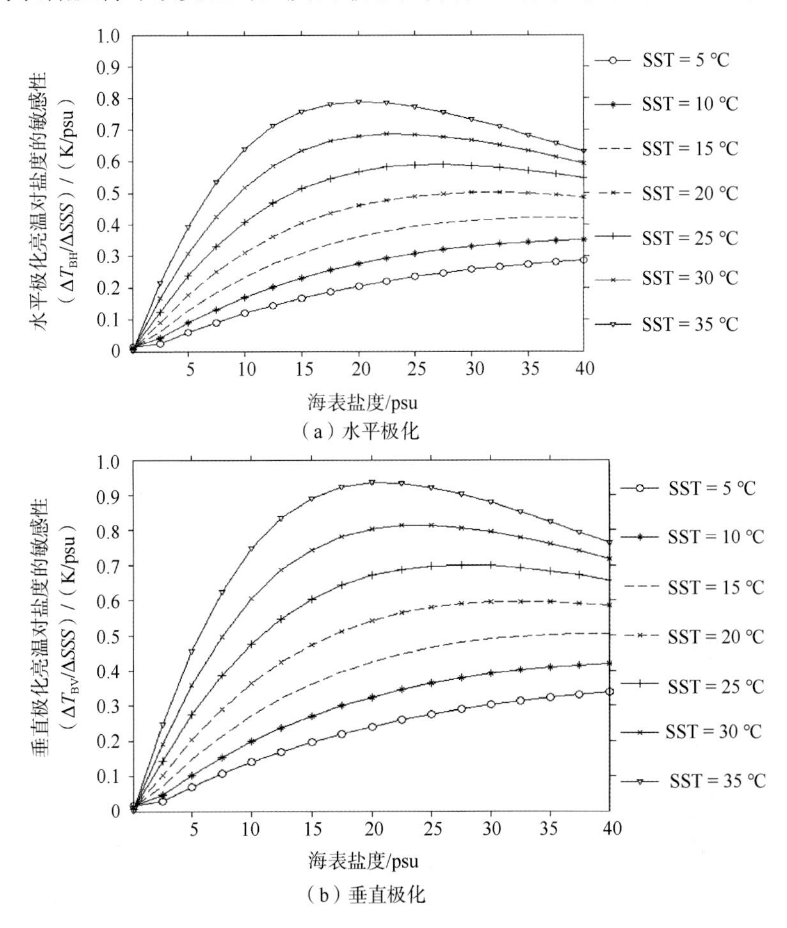

图 6.3　不同温度下亮温对盐度的敏感性曲线

3. 粗糙海表盐度遥感模式

本节简单介绍目前盐度遥感采用的理论模式和半经验模式，其中介绍了粗糙海面微波辐射亮温的经验修正模式以及神经网络统计模式。盐度遥感分为被动遥感方式和主被动遥感方式，微波辐射计采用 1.4 GHz，微波散射计采用 1.26 GHz。主要由美国的 Aquarius 盐度遥感卫星资料发展的主被动盐度遥感模式，其 L 波段的入射角为 29°、38°和 46°，盐度反演精度在低纬度大约为 0.23 psu，在高纬度大约为 0.4 psu。SMOS 盐度卫星采用被动方式，卫星在轨时间长，资料丰富，并发展多种盐度遥感模式，包括半理论和经验模式等，其盐度反演精度与 Aquarius 发展的模式基本相当。本节简单介绍在消除大气、宇宙背景等影响后，以修正后海面亮温为基础的盐度遥感模式，重点讨论粗糙海面亮温模式。

通过近些年的实验和理论研究，可采用以下几种方法研究粗糙海面辐射亮温。

1) 双尺度模型

该模型认为，粗糙海面是由小的毛细波（小尺度）叠加在大波（大尺度）上，海面总的热辐射是每个扰动斜面热辐射的总和。双尺度海面亮温可用如下形式表示（Wentz，1975；Yin et al.，2012）：

$$T_{\mathrm{BP}}^{\mathrm{rough}} = \int_{-\infty}^{+\infty} \mathrm{d}S_y' \int_{-\infty}^{\cot\theta} \mathrm{d}S_x' T_{\mathrm{be}} (1 - S_x' \tan\theta) P(S_x, S_y) \tag{6.1.40}$$

式中，$P(S_x, S_y)$ 为大尺度海表面的斜率分布；$S_x S_y$ 为沿 x 和 y 方向的斜率；S_x', S_y' 表示经过坐标转换（局部坐标转换为地球坐标）；θ 为电磁波入射角；$(1 - S_x' \tan\theta)$ 为对大尺度表面倾角的辐射修正；T_{be} 为地球坐标系下海表面辐射亮温。对于大尺度波使用 Kirchhoff 近似方法、对于小尺度波使用小扰动近似方法求其辐射。两种尺度波（粗糙面）利用一个临界波数 k_c 进行区分，k_c 一般为 $k_0 / 40 - 2k_0 / 3$（k_0 是真空电磁波波数）。例如，Yin 等(2012)将 k_c 设为 $k_0 / 4$ (7.4 rad/m) 修正泡沫影响和海面波谱系数，并建立了双尺度盐度反演模型，其可适用的风速范围为 17 m/s。虽然双尺度方法拓展了理论近似方法在粗糙海面上的应用，但是临界波数的确定目前还没有统一的方法。

2) 小斜率近似模型

只要海面斜率很小，这种模型就能适用于任意高度起伏的粗糙海面，能产生非常准确的估计结果。该模型是基于海表面斜率级数展开的一种近似方法（Voronovich，1985；Johnson and Zhang，1999），可以通过保留展开的级数项，得到不同程度的精确结果。在一定条件下，可回归到 Kirchhoff 和小扰动近似方法的结果。

斜率二阶展开的海面亮温模型如下（Johnson and Zhang，1999）：

$$\begin{bmatrix} T_{\mathrm{BH}}^{\mathrm{rough}} \\ T_{\mathrm{BV}}^{\mathrm{rough}} \end{bmatrix} = T_{\mathrm{s}} \left\{ \begin{bmatrix} 1 - |R_{\mathrm{hh}}|^2 \\ 1 - |R_{\mathrm{vv}}|^2 \end{bmatrix} - \int_0^{\infty} \mathrm{d}k_\rho' k_\rho' \int_0^{2\pi} \mathrm{d}\phi' W(k_\rho', \phi') \begin{bmatrix} g_{\mathrm{h}} \\ g_{\mathrm{v}} \end{bmatrix} \right\} \tag{6.1.41}$$

式中，R_{hh}、R_{vv} 分别为水平和垂直极化平静海面菲涅尔反射系数；$W(k'_\rho,\phi')$ 为海面波浪方向谱，是波数和方向的函数；g_{h} 和 g_{v} 代表水平和垂直极化下海面粗糙度引起的反射修正，为电磁波频率、入射角以及海面参量的函数，可表示如下：

$$g_{\mathrm{h}} = 2\operatorname{Re}\left\{R_{\mathrm{hh}}^{*} f_{\mathrm{hh}}^{(2)}\right\} + \frac{k_{zi}}{k_z}\left[\left|f_{\mathrm{hh}}^{(1)}\right|^2 + \left|f_{\mathrm{hv}}^{(1)}\right|^2\right]F \tag{6.1.42}$$

$$g_{\mathrm{v}} = 2\operatorname{Re}\left\{R_{\mathrm{vv}}^{*} f_{\mathrm{vv}}^{(2)}\right\} + \frac{k_{zi}}{k_z}\left[\left|f_{\mathrm{vv}}^{(1)}\right|^2 + \left|f_{\mathrm{vh}}^{(1)}\right|^2\right]F \tag{6.1.43}$$

式中，等式右侧第一项表示二阶相干反射系数的贡献，第二项表示非相干布拉格(Bragg)散射的贡献。式中各项具体含义及求解可参考相关文献(Johnson and Zhang，1999)，本书不作具体说明。

3) 半经验模型

半经验半理论模型大多来源于实验数据，在该模型中通常可将粗糙海面辐射亮温 $T_{\mathrm{B,P}}^{\mathrm{rough}}$ 分为两部分：

$$T_{\mathrm{B,P}}^{\mathrm{rough}} = T_{\mathrm{B,P}} + \Delta T_{\mathrm{B,P}}^{R} \tag{6.1.44}$$

式中，$T_{\mathrm{B,P}}$ 为平静海面亮温；$\Delta T_{\mathrm{B,P}}^{R}$ 为海面粗糙度引起的亮温增益，可利用实验数据进行拟合。例如，利用海面高度 10 m 风速数据，Hollinger(1971)给出了 L 波段 $\Delta T_{\mathrm{B,P}}^{R}$ 的表达式：

$$\Delta T_{\mathrm{B,H}}^{R} \approx 0.2\left(1+\frac{\theta}{55^\circ}\right)U_{10},\quad \Delta T_{\mathrm{B,V}}^{R} \approx 0.2\left(1-\frac{\theta}{55^\circ}\right)U_{10} \tag{6.1.45}$$

利用 SMOS 计划中风速和盐度实验 WISE 2000 和 2001 的试验测量结果，Camps 等(2004)也得到了 $\Delta T_{\mathrm{B,V}}^{R}$ 和风速的关系：

$$\Delta T_{\mathrm{B,H}}^{R} \approx 0.23\left(1+\frac{\theta}{70^\circ}\right)U_{10},\quad \Delta T_{\mathrm{B,V}}^{R} \approx 0.23\left(1-\frac{\theta}{55^\circ}\right)U_{10} \tag{6.1.46}$$

上述两个表达式因为建立时受到数据条件限制，只适用于低风速情况(0～5 m/s)，且在表达式中，仅考虑风速对亮温增益的影响。实际上，亮温变化也可用海面有效波高来表示，如下述模型(Camps et al.，2004)：

$$\Delta T_{\mathrm{B,H}}^{R} \approx 01.09\left(1+\frac{\theta}{142^\circ}\right)\mathrm{SWH},\quad \Delta T_{\mathrm{B,V}}^{R} \approx 0.92\left(1-\frac{\theta}{51^\circ}\right)\mathrm{SWH} \tag{6.1.47}$$

考虑到海面风速和波高的相关性，Gabarró 等(2004)提出了一个新的模型：

$$\Delta T_{\mathrm{B,H}}^{R} = (a+b\theta)U_{10} + (c+d\theta)\mathrm{SWH},\quad \Delta T_{\mathrm{B,V}}^{R} = (a+\mathrm{e}\theta)U_{10} + (c+f\theta)\mathrm{SWH} \tag{6.1.48}$$

并根据 WISE2001 的实验结果，得到了式(6.1.48)中各系数：

$$\Delta T_{\mathrm{B,H}}^{R} = 0.12\left(1+\frac{\theta}{24°}\right)U_{10} + 0.59\left(1-\frac{\theta}{50°}\right)\mathrm{SWH}$$
$$\Delta T_{\mathrm{B,V}}^{R} = 0.12\left(1-\frac{\theta}{40°}\right)U_{10} + 0.59\left(1-\frac{\theta}{50°}\right)\mathrm{SWH} \tag{6.1.49}$$

4) 主被动遥感半理论模型

Yueh 等(2013)利用匹配的 Aquarius 卫星测量数据以及 SSM/I F17、NCEP 风场资料，将粗糙度引起的亮温增益表达为风速 w 和相对风向 ϕ(风向与方位角之间的夹角)的函数。

主动模式(标准雷达后向散射系数)：

$$\sigma_{\mathrm{pp}}(w,\phi) = A_{0\mathrm{pp}}(w)[1 + \mathrm{A}_{1\mathrm{pp}}(w)\cos\phi + A_{2\mathrm{pp}}(w)\cos 2\phi] \tag{6.1.50}$$

被动模式(亮温)：

$$T_{\mathrm{Bp}}(\mathrm{SSS},\mathrm{SST},w,\phi) = T_{\mathrm{Bp,\,flat}}(\mathrm{SSS},\ \mathrm{SST}) + \mathrm{SST}\cdot\Delta e_{\mathrm{p}}(w,\phi) \tag{6.1.51}$$

式中，p 表示极化方式。由风场引起的额外辐射率增量如下：

$$\Delta e_{\mathrm{p}}(w,\phi) = e_{\mathrm{p}0}(w) + e_{\mathrm{p}1}(w)\cos\phi + e_{\mathrm{p}2}(w)\cos 2\phi \tag{6.1.52}$$

第三个 Stokes 参数 U：

$$U = \mathrm{SST}\cdot u(w,\phi) \tag{6.1.53}$$

式中，$u(w,\phi) = u_1(w)\sin\phi + u_2(w)\sin 2\phi$。$T_{\mathrm{Bp,\,flat}} = e_{\mathrm{p,\,flat}}\cdot\mathrm{SST}$ 为平静海面亮温；$e_{\mathrm{p,\,flat}}$ 为平静海面辐射率；SSS 及 SST 分别为海表盐度和温度；p代表h, v, 表示水平与垂直极化方式；w 为风速大小；ϕ 为风向相对雷达观测方向(方位角)的夹角，即相对方位角。模式中 Aquarius 卫星三个入射角(28.7°、37.8°、45.6°)分别对应的模式系数 $u_1, u_2, A_{n\mathrm{pp}}, e_{\mathrm{p}n}(n=1,2,3)$ 表达式可参考 Yueh 等(2013)的研究。

为了更精确地给出反演盐度和风场资料，2014 年 Yueh 等结合波高因素的影响，建立新的主被动联合反演模式来进行海表盐度和风速反演。其中主动模式中标准雷达后向散射系数也是风速和相对风向的函数：

$$T_{\mathrm{B,p}}(\mathrm{SSS},w,\varphi,\mathrm{SWH},\theta,\mathrm{SST}) = T_{\mathrm{B,flat,p}}(\mathrm{SSS},\mathrm{SST},\theta) + \mathrm{SST}\Delta e_{\mathrm{p}}(w,\mathrm{SWH},\varphi) \tag{6.1.54a}$$

$$\Delta e_{\mathrm{p}}(w,\mathrm{SWH},\varphi) = e_{\mathrm{p}0}(w,\mathrm{SWH}) + e_{\mathrm{p}1}(w)\cos\varphi + e_{\mathrm{p}2}(w)\cos 2\varphi \tag{6.1.54b}$$

$$\sigma_{op}(w,\mathrm{SWH},\varphi) = A_{0\mathrm{p}}(w,\mathrm{SWH})[1 + \mathrm{A}_{1\mathrm{p}}(w)\cos\varphi + A_{2\mathrm{p}}(w)\cos 2\varphi] \tag{6.1.55}$$

式中，p 表示极化方式；SSS，SST，SWH，w 分别为海面盐度、温度、有效波高和风速；θ 为入射角；φ 为风向与方位角之间的夹角；$T_{\mathrm{B,flat,p}}$ 为 p 极化平静海面微波辐射亮温。通过上述公式利用最小误差控制原理可以获得其中的未知函数系数，具体见文献 Yueh 等(2013，2014)。进一步根据上述模式，可建立如下主被动联合反演算法，采用最小二乘法对盐度和风速进行反演。

$$F_{\mathrm{cap}}(\mathrm{SSS},w)=\frac{(I-I_{\mathrm{m}})^2}{2\Delta T^2}+\frac{\left(\sqrt{Q^2+U^2}-\sqrt{Q_{\mathrm{m}}^2+U_{\mathrm{m}}^2}\right)^2}{2\Delta T^2}+\frac{(\sigma_{\mathrm{VV}}-\sigma_{\mathrm{VVm}})^2}{k_{\mathrm{pc}}^2\sigma_{\mathrm{VV}}^2}+\frac{(\sigma_{\mathrm{HH}}-\sigma_{\mathrm{HHm}})^2}{k_{\mathrm{pc}}^2\sigma_{\mathrm{HH}}^2} \tag{6.1.56}$$

式中，$I=T_{\mathrm{BV}}+T_{\mathrm{BH}}$；$Q=T_{\mathrm{BV}}-T_{\mathrm{BH}}$；$I, Q, U$，$\sigma_{\mathrm{VV}}$，$\sigma_{\mathrm{HH}}$ 为测量值，带下角标 m 的参量是与之相对应的模式计算值。

5) 神经网络模式

Guimbard 等(2011)利用 SMOS 卫星资料，建立了以海面 10 m 处风速 U_{10} 和入射角 θ 为参数的神经网络模式：

$$\begin{aligned}
&T_{\mathrm{sea,B}}^{\mathrm{p}}=T_{\mathrm{flat}}^{\mathrm{p}}+\Delta T_{\mathrm{rough}}^{\mathrm{p}}\\
&\Delta T_{\mathrm{rough}}^{\mathrm{p}}=(\tilde{T}^{\mathrm{p}}-b_{\mathrm{p}})/a_{\mathrm{p}}\\
&\tilde{T}^{\mathrm{p}}(x_i)=\sum_{j=1}^{4}W_j\tanh\left(b_j+\sum_{i=1}^{2}w_{ij}x_i\right)+B\\
&x_1=a_1\theta+b_1,\quad x_2=a_2U_{10}+b_2
\end{aligned} \tag{6.1.57}$$

式中，p 表示极化方式；模式系数见文献 Guimbard 等(2012)。

4. 白冠覆盖海面盐度遥感机理和模式

本节简单介绍白冠完全覆盖海面微波辐射率的计算方法，同时给出一般白冠覆盖海面的盐度遥感模式。

在强风作用下，海浪破碎产生海洋泡沫和飞溅水滴，海浪破碎区的海浪头部看上去发白的区域称为白冠。白冠主要是海浪卷入大量空气再进入海水内部，在海水表面湍流的作用下海浪卷入空气在海水内部发生破裂后空气上翻，在海面形成大量气泡聚集体，从而形成泡沫层，同时伴有飞溅水滴。由于白冠是空气和海水的混合物，其微波介电特性和电导特性不同于海水和空气，因此其微波辐射特征与海水存在很大差异，导致海洋白冠或泡沫本身对海洋表面的辐射亮温产生重要影响。在海洋微波遥感中泡沫的微波介电研究成为消除白冠微波辐射亮温影响的重要部分，特别是盐度遥感需要消除白冠部分的亮温影响后才能提高盐度反演精度。

在大气条件下，如果海面风速大于 5 m/s，则海面将出现海浪破碎现象。随着风速的增大，海面白冠覆盖增大，在海洋观测和相关海浪理论方面曾有大量研究涉及白冠海面覆盖率与风速、海气温度等的统计关系。假定海面白冠覆盖率 $F(u)$ 与风速 u 的关系已知，那么海面 p 极化辐射亮温 $T_{\mathrm{B,p}}$ 可写成具有白冠覆盖海面的亮温模式：

$$T_{\mathrm{B,p}}=[(1-F(u)]T_{\mathrm{r,p}}+F(u)T_{\mathrm{w,p}} \tag{6.1.58}$$

式中，T_{r} 为粗糙海面微波辐射亮温，它是平静海面辐射亮温 T_{flat} 和粗糙海面亮温增益 ΔT

之和；T_w 为白冠完全覆盖海面微波辐射亮温，它严格上是白冠覆盖粗糙海面的微波辐射亮温。具体应用如 Yin 等(2012)通过修正泡沫影响和海面波谱系数将双尺度模型可适用的风速提高到 17 m/s。式(6.1.58)可用于建立白冠覆盖海面的盐度、温度和风速等遥感理论和经验模式。通常情况下，可以近似认为白冠层是平坦平面，这样有利于利用费舍尔定律计算白冠层的微波辐射率。在计算白冠层微波辐射率之前，我们需要知道白冠层的微波介电常数，理论上白冠层可以看作海水气泡稠密地嵌入空气或海水的一种新的复合介质，利用有效介质近似理论可以计算这种结构复合介质的微波介电常数，即白冠层有效介电常数。

通常研究白冠的微波介电特性的方法为有效介质近似理论，它的主要思想是把几种不同物质的混合物看成具有一个复介电常数(或函数)的均匀和垂向非均匀介质，即看成一种有效介质，其复介电常数是混合物成分的物性函数。通过有效介质近似方法可以获得混合物有效介电常数，得到复合介质的微波辐射率。复合介质物理特性的研究是物理学基本问题，可广泛应用于物质的各种电磁压电、流体黏性、热传导物理、弹性和扩散等物理特性。就海洋泡沫来讲，我们需要计算泡沫结构介质的有效介电常数，以便在平静或粗糙泡沫表面下利用电磁波传播理论和 Stokes 矢量的微波辐射方程研究微波辐射亮温特征，讨论海洋白冠参数如何影响海表亮温。这里给出计算球形颗粒的复合介质的有效介电常数 ε_e 的一般理论公式，Maxwell Garnett 公式和折射率公式(Anguelova，2008)：

$$\varepsilon_e = \varepsilon_{sw}\left[1 - \frac{3f_v(\varepsilon_{sw}-1)}{1+2\varepsilon_{sw}+f_v(\varepsilon_{sw}-1)}\right] \tag{6.1.59}$$

$$\sqrt{\varepsilon_e} = f_v + (1-f_v)\sqrt{\varepsilon_{sw}} \tag{6.1.60}$$

式中，f_v 为泡沫层中空气体积分数；ε_{sw} 为海水的介电常数。球壳结构的复合介质(球形涂层杂质嵌入基质中复合介质)有效介电常数公式为(Wei，2013)

$$\varepsilon_e = \varepsilon_h \frac{(3H+2F)}{(3H-F)} \tag{6.1.61}$$

其中，

$$F = 9f_{core}\varepsilon_c(\varepsilon_i-\varepsilon_h) + 3f_{shell}(\varepsilon_c-\varepsilon_h)(2\varepsilon_c+\varepsilon_i) \tag{6.1.62}$$

$$H = (\varepsilon_i+2\varepsilon_c)(\varepsilon_c+2\varepsilon_h) + 2(\varepsilon_i-\varepsilon_h)(\varepsilon_c-\varepsilon_h)(a/b)^3 \tag{6.1.63}$$

式中，a, b 为气泡内外半径；ε_i、ε_c 和 ε_h 分别为球形杂质(球核)、球形壳和基质物质的介电常数；f_{core} 和 f_{shell} 为球核介质体积分数和球壳物质体积分数。上述几个公式适合计算球形杂质体积分数比较小(小于 10%左右)的复合介质有效介电常数，并具有很高的准确性，然而对于非常高的球形杂质体积分数，上述公式出现较大的误差，当然在目前复合物性理论研究现状下，上述公式可以近似应用。下面我们介绍密集气泡结构有效介电常数的瑞利计算方法，该方法适合球壳结构的高杂质浓度复合介质的有效介电常数。

假设大小不同且带着壳层结构计算的杂质小球随机分布在介电常数为 ε_h 的均匀基

质 Ω_h 中，其中小球壳层区域 Ω_s 的介电常数为 ε_s，核心区域 Ω_i 的介电常数为 ε_i，而小球的内半径为 a_N，外半径为 b_N，$N=1,2,\cdots$ 表示小球的个数，图 6.4 为杂质小球的结构示意图。令这些小球组成一个元胞，将此元胞在三维方向上无限重复延展，从而构成一个无限复合介质。为方便计算，引进球坐标系，令坐标原点位于第 0 个原胞的第 α 个小球的球心上(Liu and Wei，2013)。

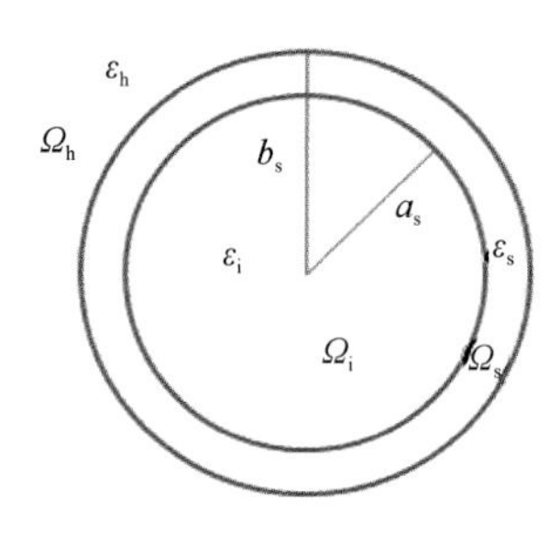

图 6.4　复合介质中杂质小球的结构示意图

根据电磁场及电磁波理论，若研究区域无自由电荷分布，则静电近似条件下，

$$\frac{1}{\rho_\alpha^2}\frac{\partial}{\partial\rho_\alpha}\left(\rho_\alpha^2\frac{\partial\Phi_\gamma}{\partial\rho_\alpha}\right)+\frac{1}{\rho_\alpha\sin\theta_\alpha}\frac{\partial}{\partial\theta}\left(\frac{\sin\theta}{\rho_\alpha}\frac{\partial\Phi_\gamma}{\partial\theta_\alpha}\right)+\frac{1}{\rho_\alpha^2\sin^2\theta_\alpha}\frac{\partial^2\Phi_\gamma}{\partial\varphi_\alpha^2}=0 \tag{6.1.64}$$

式中，$\gamma=i,s,h,$ 分别代表球形杂质内部区域、壳层区域以及外面基质区域，则各区域电势通解如下：

$$\Phi_i(\rho_\alpha,\theta_\alpha,\varphi_\alpha)=\sum_{l=0}^{\infty}\sum_{m=0}^{l}\rho_\alpha^l P_l^m(\cos\theta_\alpha)[A_{l,m}^{1,\alpha}\cos(m\varphi_\alpha)+A_{l,m}^{2,\alpha}\sin(m\varphi_\alpha)],\ \Omega_i\ \text{内} \tag{6.1.65}$$

$$\Phi_s(\rho_\alpha,\theta_\alpha,\varphi_\alpha)=\sum_{l=0}^{\infty}\sum_{m=0}^{l}\begin{matrix}\{\rho_\alpha^l P_l^m(\cos\theta_\alpha)[B_{l,m}^{1,\alpha}\cos(m\varphi_\alpha)+B_{l,m}^{2,\alpha}\sin(m\varphi_\alpha)]+\\ \rho_\alpha^{-l-1}P_l^m(\cos\theta_\alpha)[C_{l,m}^{1,\alpha}\cos(m\varphi_\alpha)+C_{l,m}^{2,\alpha}\sin(m\varphi_\alpha)]\}\end{matrix},\quad \Omega_s\ \text{内} \tag{6.1.66}$$

$$\Phi_h(\rho_\alpha,\theta_\alpha,\varphi_\alpha)=\sum_{l=0}^{\infty}\sum_{m=0}^{l}\begin{matrix}\{\rho_\alpha^l P_l^m(\cos\theta_\alpha)[T_{l,m}^{1,\alpha}\cos(m\varphi_\alpha)+T_{l,m}^{2,\alpha}\sin(m\varphi_\alpha)]+\\ \rho_\alpha^{-l-1}P_l^m(\cos\theta_\alpha)[F_{l,m}^{1,\alpha}\cos(m\varphi_\alpha)+F_{l,m}^{2,\alpha}\sin(m\varphi_\alpha)]\}\end{matrix},\quad \Omega_h\ \text{内} \tag{6.1.67}$$

式中，$\alpha=1,2,\cdots,N$，N 为原胞中粒子个数；$P_l^m(\cos\theta)$ 表示连带勒让德函数；$(\rho_\alpha,\theta_\alpha,\varphi_\alpha)$ 为球坐标系矢量 $\bar{r}_\alpha$ 的坐标。在不同区域间界面上应满足电势 Φ 连续，电流的 $D=\varepsilon E$ 法向分量连续，从而可得通解中各系数之间关系为

$$A_{0,0}^{q,\alpha}=B_{0,0}^{q,\alpha}=T_{0,0}^{q,\alpha} \tag{6.1.68}$$

$$A_{l,m}^{q,\alpha}=\frac{\varepsilon_s\left(\dfrac{2l+1}{l}\right)C_{l,m}^{q,\alpha}}{(\varepsilon_s-\varepsilon_i)\alpha_\alpha^{2l+1}} \tag{6.1.69}$$

$$B_{l,m}^{q,\alpha}=\frac{[\varepsilon_{\mathrm{s}}(\frac{l+1}{l})+\varepsilon_i]C_{l,m}^{q,\alpha}}{(\varepsilon_{\mathrm{s}}-\varepsilon_{\mathrm{i}})\alpha_\alpha^{2l+1}} \tag{6.1.70}$$

$$F_{l,m}^{q,\alpha}=\frac{C_{l,m}^{q,\alpha}}{(2l+1)\varepsilon_h}H_1 \tag{6.1.71}$$

$$T_{l,m}^{q,\alpha}=C_{l,m}^{q,\alpha}\left[\frac{\varepsilon_{\mathrm{s}}\dfrac{l+1}{l}+\varepsilon_i}{(\varepsilon_{\mathrm{s}}-\varepsilon_{\mathrm{i}})\alpha_\alpha^{2l+1}}+\frac{(2l+1)\varepsilon_h-H_1}{b_\alpha^{2l+1}\varepsilon_h(2l+1)}\right] \tag{6.1.72}$$

式中，$H_1=\left(\dfrac{b_\alpha}{\alpha_\alpha}\right)^{2l+1}(\varepsilon_s(l+1)+\varepsilon_i l)\dfrac{\varepsilon_h-\varepsilon_s}{\varepsilon_s-\varepsilon_i}+l\varepsilon_h+\varepsilon_s(l+1)$，$q=1,2$。从上述关系可知，电势通解等式中只剩一组未知系数，即 $C_{l,m}^{q,\alpha}$ 未知。

为了求解上述未知系数，我们采用瑞利方法，利用场方程的格林函数进行了如下讨论：根据电动力学可知，当均匀电场 E_0 沿 z 方向作用于原胞时，界面上不同区域间电场法向分量的不连续相当于一个面电荷，由高斯定理 $\int E\cdot\mathrm{d}s=q_f/\varepsilon_0$ 可知，界面外部电场 $E_{2n}=q_f/(\varepsilon_0 4\pi r^2)$，而界面内部电场因无电荷分布 $E_{1n}=0$，则电荷密度正比于场强的方向分量之差，因此 Ω_i 和 Ω_s 区域以及 Ω_s 和 Ω_h 区域的面电荷 Q_i 和 Q_s 可表示为，$Q_i=\varepsilon_0\left(\dfrac{\partial\phi_i}{\partial r}-\dfrac{\partial\phi_s}{\partial r}\right)\Big|_{r=a_s}$ 和 $Q_s=\varepsilon_0\left(\dfrac{\partial\phi_s}{\partial r}-\dfrac{\partial\phi_h}{\partial r}\right)\Big|_{r=b_s}$，代入上面势能公式，考虑到外电场 E_0 及面电荷 Q_i 和 Q_s 的共同作用，在复合介质中某一点 P 的电势为

$$\begin{aligned}\Phi(\rho_\alpha,\theta_\alpha,\varphi_\alpha)&=-E_0z_\alpha\\&+\frac{1}{4\pi\varepsilon_0}\sum_{j=0}^{\infty}\sum_{\beta=1}^{N}\left[\iint_{\sum S_{\alpha\beta j}}G(\vec{r}_{\alpha\beta j}-\vec{r}_{\alpha\beta j})Q_{\alpha\beta j}\mathrm{d}S_{\alpha\beta j}+\iint_{\sum S_{b\beta j}}G(\vec{r}_{\alpha\beta j}-\vec{r}_{b\beta j})Q_{b\beta j}\mathrm{d}S_{b\beta j}\right]\end{aligned} \tag{6.1.73}$$

式中，$\alpha=1,2,\cdots,N$；$G(\vec{r}_{\alpha\beta j}-\vec{r}_{\alpha\beta j})=\left(\left|\vec{r}_{\alpha\beta j}-\vec{r}_{\alpha\beta j}\right|\right)^{-1}$ 为第 β 粒子的内表面微小面元到点 P 的距离，也称为三维拉普拉斯方程的一般格林函数；$\vec{r}_{\alpha\beta j}=\vec{r}_\alpha-\vec{A}_{\alpha\beta j}$ 为第 β 粒子球心到点 P 的距离，其大小用符号 $\rho_{\alpha\beta i}$ 表示；$\rho_{\alpha\beta j}=[(x_\alpha-A_{\alpha\beta jx})^2+(y_\alpha-A_{\alpha\beta jy})^2+(z_\alpha-A_{\alpha\beta jz})^2]^{\frac{1}{2}}$；$\vec{A}_{\alpha\beta j}$（$A_{\alpha\beta jx},A_{\alpha\beta jy},A_{\alpha\beta jz}$）为第 j 个原胞第 β 粒子球心位置矢量；$\vec{r}_\alpha$ $(x_\alpha,y_\alpha,z_\alpha)$ 为原点到点 P 的矢量，其大小用符号 ρ_α 表示；$\vec{r}_{\alpha\beta j}$ 和 $\vec{r}_{b\beta j}$ 为从第 j 个原胞第 β 粒子球心到其内表面和外表面的矢量，大小分别用 $a_{\beta j}$ 及 $b_{\beta j}$ 表示；$S_{\alpha\beta j}$ 和 $S_{b\beta j}$ 为第 j 个原胞第 β 粒子的内表面积及外表面积。这里格林函数表达如下。

当 P 点在杂质核心区域：

$$G(\vec{r}_{\alpha\beta j}-\vec{r}_{a\beta j})=(|\vec{r}_{\alpha\beta j}-\vec{r}_{a\beta j}|)^{-1}=\sum_{l=0}^{\infty}\frac{\rho_{\alpha\beta i}^{n}}{a_{\beta i}^{n+1}}P_{n}(\cos\Theta) \tag{6.1.74}$$

当 P 点在基质区域，如图 6.5 所示：

$$G(\vec{r}_{\alpha\beta j}-\vec{r}_{a\beta j})=(|\vec{r}_{\alpha\beta j}-\vec{r}_{a\beta j}|)^{-1}=\sum_{l=0}^{\infty}\frac{a_{\beta i}^{n}}{\rho_{\alpha\beta i}^{n+1}}P_{n}(\cos\Theta) \tag{6.1.75}$$

式中，

$$(\cos\Theta)=\cos\theta_{\alpha\beta j}\cos\theta_{a\beta j}+\sin\theta_{\alpha\beta j}\sin\theta_{a\beta j}\ \cos(\varphi_{\alpha\beta j}-\varphi_{\alpha\beta j}) \tag{6.1.76}$$

$$\cos\theta_{\alpha\beta j}=(z_{\alpha}-A_{\alpha\beta jz})/\rho_{\alpha\beta j} \tag{6.1.77}$$

$$\cos\varphi_{\alpha\beta j}=(x_{\alpha}-A_{\alpha\beta jx})/r \tag{6.1.78}$$

$$\sin\varphi_{\alpha\beta j}=(y_{\alpha}-A_{\alpha\beta jy})/r \tag{6.1.79}$$

$$r=[(x_{\alpha}-A_{\alpha\beta jx})^{2}+(y_{\alpha}-A_{\alpha\beta jy})^{2}]^{\frac{1}{2}} \tag{6.1.80}$$

而 $\varphi_{\alpha\beta j}$ 在球坐标系中与 $\theta_{\alpha\beta j}$ 相互对应。

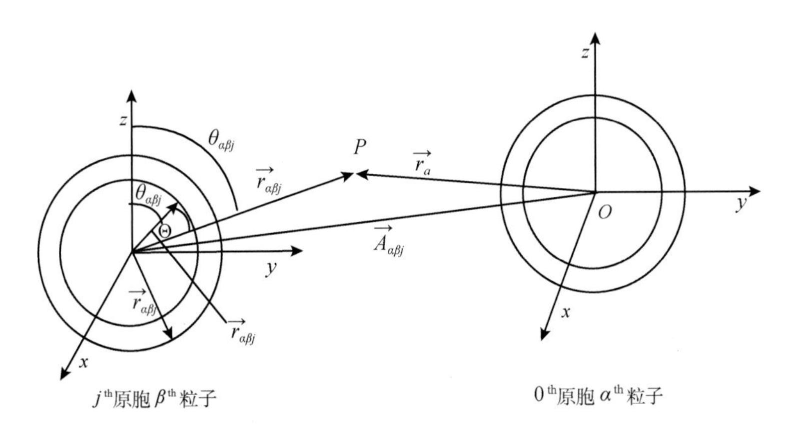

图 6.5　原胞中粒子和基质中点 P 的位置示意图

因此，当任意一点 $P(\rho_{\alpha},\theta_{\alpha},\varphi_{\alpha})$ 在基质区域时，可以利用式(6.1.73)获得基质中 P 点的电势能：

$$\Phi_{h}(\rho_{\alpha},\theta_{\alpha},\varphi_{\alpha})=-E_{0}z_{\alpha}+\sum_{j=0}^{\infty}\sum_{\beta=1}^{N}\sum_{l=1}^{\infty}\sum_{m=0}^{l}\frac{H_{1}\rho_{\alpha\beta j}^{-(l+1)}}{(2l+1)\sigma_{h}}P_{l}^{m}(\cos\theta_{\alpha\beta j})(C_{l,m}^{1,\beta}\cos m\varphi_{\alpha\beta j}+C_{l,m}^{2,\beta}\sin m\varphi_{\alpha\beta j}) \tag{6.1.81}$$

该式与(6.1.67)应当是等同的，这样获得了瑞利恒等式。

$$-E_0 z_\alpha + \sum_{j'=0}^{\infty}\sum_{\beta=1}^{N}\sum_{l=1}^{\infty}\sum_{m=0}^{l}\rho_{\alpha\beta j'}^{-(l+1)}P_l^m(\cos\theta_{\alpha\beta j'})(F_{l,m}^{1,\beta}\cos m\varphi_{\alpha\beta j'} + F_{l,m}^{2,\beta}\sin m\varphi_{\alpha\beta j'}$$

$$= A_{0,0}^{1,\alpha}\sum_{l=1}^{\infty}\sum_{m=0}^{l}\rho_\alpha^l P_l^m(\cos\theta_\alpha)(T_{l,m}^{1,\alpha}\cos m\varphi_\alpha + T_{l,m}^{2,\alpha}\sin m\varphi_\alpha) \tag{6.1.82}$$

$$\alpha = 1,2,\cdots,N$$

式(6.1.82)两边沿 z_α 方向求导，获得 z_α 方向电场恒等式：

$$-E_0 - \sum_{\beta=1}^{N}\sum_{l=1}^{\infty}\sum_{m=0}^{l}(l-m+1)(W_{\alpha,\beta}^{1,l,m}F_{l,m}^{1,\beta} + W_{\alpha,\beta}^{2,l,m}F_{l,m}^{2,\beta})$$

$$= \sum_{l=1}^{\infty}\sum_{m=0}^{l}(l+m)\rho_\alpha^{l-1}P_{l-1}^m(\cos\theta_\alpha)(T_{l,m}^{1,\alpha}\cos m\varphi_\alpha + T_{l,m}^{2,\alpha}\sin m\varphi_\alpha)$$

$$\alpha = 1,2,\cdots,N \tag{6.1.83}$$

这里，

$$W_{\alpha,\beta}^{1,l,m}(P) = \sum_{j'=0}^{\infty}\rho_{\alpha\beta j'}^{-(l+2)}P_{l+1}^m(\cos\theta_{\alpha\beta j'})\cos(m\varphi_{\alpha\beta j'}) \tag{6.1.84}$$

$$W_{\alpha,\beta}^{2,l,m}(P) = \sum_{j'=0}^{\infty}\rho_{\alpha\beta j'}^{-(l+2)}P_{l+1}^m(\cos\theta_{\alpha\beta j'})\sin(m\varphi_{\alpha\beta j'}) \tag{6.1.85}$$

分别为杂质颗粒随机晶格结构贡献。对于随机分布球形涂层杂质，式(6.1.83)中未知系数需要数值计算获得，l 可以根据要求计算精度设置其上限大小(Poon et al.，2003)。为了利用数值计算获得未知系数，我们需要多次选取基质中的点 P 并取值，使得每次取值能够获得如式(6.1.83)一样的等式，这样以未知系数的倍数建立多个方程，获得稳定的未知系数解，从而进一步获得了密集气泡结构的电势和电场分布。

利用电位移和电场关系，定义各项同性有效介电常数 ε_e：

$$< D >= \varepsilon_\mathrm{e} < E > \tag{6.1.86}$$

式中，<>表示空间平均。假设外加电场沿 z 轴方向，利用体积平均有

$$\frac{1}{V}\int_\Omega (D - \varepsilon_\mathrm{h}E)\mathrm{d}V =< D > -\varepsilon_\mathrm{h} < E > \tag{6.1.87}$$

式中，Ω 为复合介质总区域；V 为体积。对于沿 z 方向附加电场，可以求出单位元胞的有效介电常数

$$\sum_{\alpha=1}^{N}\left[\frac{1}{V}\int_{\Omega_\alpha}(\varepsilon_\mathrm{i} - \varepsilon_\mathrm{h})E_z^i\mathrm{d}V + \frac{1}{V}\int_{\Lambda_\alpha}(\varepsilon_\mathrm{s} - \varepsilon_\mathrm{h})E_z^s\mathrm{d}V\right] = (\varepsilon_\mathrm{e} - \varepsilon_\mathrm{h}) < E_\mathrm{z} > \tag{6.1.88}$$

式中，Ω_α、Λ_α 分别为单位元胞内第 α 球核物质和球壳物质区域。为计算 $< E_\mathrm{z} >$ 可以采用外加电场 E_0 来近似，然而这种近似导致杂质浓度范围减小。为了获得较好的近似，将球壳形复合介质(介电常数为 ε_e)视作球形杂质嵌入介电常数为 ε_h 的基本介质。这样对于

新的球形复合颗粒介质在外加 z 方向电场，可以得到球形杂质的平均电场为 $<E_z>=3E_0/(\varepsilon_\mathrm{e}/\varepsilon_\mathrm{h}+2)$。把该公式和各区域电势函数代入式(6.1.88)并积分等式左边，得到密集气泡随机分布的有效介电常数理论公式：

$$\varepsilon_\mathrm{e}/\varepsilon_\mathrm{h}=(1-2H_b/3E_0)/(1+H_b/3E_0) \tag{6.1.89}$$

式中，$H_\mathrm{b}=\sum_{a=1}^{N}[f_{i\alpha}(\varepsilon_\mathrm{i}/\varepsilon_\mathrm{h}-1)A_{1,0}^{1,\alpha}+f_{s\alpha}(\varepsilon_\mathrm{s}/\varepsilon_\mathrm{h}-1)B_{1,0}^{1,\alpha}]$；$f_{i\alpha}$、$f_{s\alpha}$ 分别为单气泡空气体积分数和气泡水膜体积分数。可以看出，只有系数 $A_{1,0}^{1,\alpha},B_{1,0}^{1,\alpha}$ 以及涂层(或壳层)介质和球核杂质的体积分数影响有效介质系统介电特性。对于立方晶格结构复合介质，如简心、面心、体心晶体复合介质或多层球形晶体介质，顾国庆提出严格的适合高浓度有效介电常数和热传导理论的公式(顾国庆和余建华，1991；Gu and Yu，1997)。事实上，对于杂质粒子紧密排列的复合介质，Mckenzie 和 Mcphedran(1977)证明了高阶瑞利方法能给出精确的有效介电常数数值解，上述瑞利方法推导的气泡结构的有效介电常数计算公式可用于海洋泡沫的计算。

在泡沫层有效微波辐射率计算上，由于泡沫层厚度一般为厘米量级，通常单个气泡粒径大约为 1 mm，最大可到厘米量级，适合微波频段有效介质理论应用范围。此外，实验观测的泡沫厚度大约为 2 cm，海洋实际泡沫厚度随时间变化衰减很快，大约十几秒就完全消失，因此泡沫下界面海水的影响需要考虑在内。这样可以利用两层模式的电磁场方法计算微波辐射率，上层为空气(第 0 层)，中间层为泡沫(第 1 层)，下层为平静海水(第 2 层)，白冠覆盖海面微波辐射率 e_w 按照费舍尔反射系数计算，有

$$e_{\mathrm{w,\,p}}=1-\left|R_\mathrm{p}(\theta_\mathrm{i})\right|^2 \tag{6.1.90}$$

式中，θ_i 为入射角。费舍尔反射系数为

$$R_\mathrm{p}=\frac{R_\mathrm{p}^{01}+R_\mathrm{p}^{12}\exp(\mathrm{i}2dk_{1z})}{1+R_\mathrm{p}^{01}R_\mathrm{p}^{12}\exp(\mathrm{i}2dk_{1z})} \tag{6.1.91}$$

式中，d 为泡沫层厚度；$R_\mathrm{p}^{n,m}$ 为从第 n 层到第 m 层的费舍尔反射系数；$k_{1z}=k_0\sqrt{\varepsilon_\mathrm{F}-\sin^2\theta_\mathrm{i}}$；$\varepsilon_\mathrm{F}$ 为泡沫的有效介电常数；k_0 是真空的电磁波波数。

$$R_\mathrm{h}^{01}=\frac{\cos\theta_\mathrm{i}-\sqrt{\varepsilon_\mathrm{F}-\sin^2\theta_\mathrm{i}}}{\cos\theta_\mathrm{i}+\sqrt{\varepsilon_\mathrm{F}-\sin^2\theta_\mathrm{i}}} \tag{6.1.92}$$

$$R_\mathrm{v}^{01}=\frac{\varepsilon_\mathrm{F}\cos\theta_\mathrm{i}-\sqrt{\varepsilon_\mathrm{F}-\sin^2\theta_\mathrm{i}}}{\varepsilon_\mathrm{F}\cos\theta_\mathrm{i}+\sqrt{\varepsilon_\mathrm{F}-\sin^2\theta_\mathrm{i}}} \tag{6.1.93}$$

$$R_\mathrm{h}^{02}=\frac{\sqrt{\varepsilon_\mathrm{F}-\sin^2\theta_\mathrm{i}}-\sqrt{\varepsilon_\mathrm{w}-\sin^2\theta_\mathrm{i}}}{\sqrt{\varepsilon_\mathrm{F}-\sin^2\theta_\mathrm{i}}+\sqrt{\varepsilon_\mathrm{w}-\sin^2\theta_\mathrm{i}}} \tag{6.1.94}$$

$$R_{\mathrm{v}}^{12}=\frac{\varepsilon_{\mathrm{W}}\sqrt{\varepsilon_{\mathrm{F}}-\sin^2\theta_{\mathrm{i}}}-\varepsilon_{\mathrm{F}}\sqrt{\varepsilon_{\mathrm{W}}-\sin^2\theta_{\mathrm{i}}}}{\varepsilon_{\mathrm{W}}\sqrt{\varepsilon_{\mathrm{F}}-\sin^2\theta_{\mathrm{i}}}+\varepsilon_{\mathrm{F}}\sqrt{\varepsilon_{\mathrm{W}}-\sin^2\theta_{\mathrm{i}}}} \tag{6.1.95}$$

式中，ε_{W} 为海水的介电常数。上述理论方法和公式可以用于解决泡沫介电常数和微波辐射率问题。

海浪破碎产生泡沫聚集形成一定空气分数垂向分布不均，通常情况下，泡沫层上方空气体积分数较大，而下方空气体积分数较小，另外泡沫层下界面空气体积分数极限为0，或者下界面最后一层排列的气泡粒径尺度内，一般为球形简心晶体结构，其空气体积分数大约为π/6。这两种情况要依据具体问题进行应用，在理论上两者都有一定的道理，对于后者理论依据比较充分。该部分考虑的主要问题是泡沫层空气体积是如何垂向分布的，以及如何获得该泡沫层的微波辐射率。对于泡沫层空气体积垂向分布函数涉及泡沫物理和数学问题，它主要用来研究泡沫排泄净化水体，泡沫动力学研究泡沫与水体的流体力学问题，对于不同动力学阶段有不同的空气体积控制方程。接下来将介绍一种通常空气体积浓度在水体对流扩散的方程研究泡沫空气体积垂向分布函数的方法，同时结合空气和水体问题讨论水汽温差对亮温的影响(Wei，2013)。

假设 C 为水体中空气体积分数，根据气体在水体中垂向定常对流扩散方程：

$$w\frac{\partial C}{\partial z}=\frac{\partial}{\partial z}\left(D\frac{\partial C}{\partial z}\right) \tag{6.1.96}$$

式中，w 为气泡垂向常速度；D 为空气扩散率，它与气泡温度 T_{a} 和气体常数有关，$D=4.1\times10^{-2}\exp(-2171.4282/T_{\mathrm{a}})(\mathrm{m}^2/\mathrm{s})$。解上述方程得

$$C(z,w,T_{\mathrm{a}})=\frac{a_h-a_0\exp(wh/D)+(a_0-a_h)\exp(wz/D)}{1-\exp(wh/D)} \tag{6.1.97}$$

式中，h 为泡沫层厚度，并利用边界条件：对于 $z=0$，$C(0,w,T_{\mathrm{a}})=a_0=0$；对于 $z=h$，$C(h,w,T_{\mathrm{a}})=a_h=1$。如果海水的温度为 $T_{\mathrm{sea}}=t$，设定空气或泡沫的温度为 $T_{\mathrm{a}}=T_{\mathrm{sea}}+\Delta T$，因此海气温差 ΔT 对空气体积分数的影响可以通过 $C(T_{\mathrm{a}})-C(T_{\mathrm{sea}})$ 来表述。如图 6.6 给出了海气界面温差和不同垂向速度的泡沫层空气体积分数随泡沫层厚度的变化。可以明显地看出，在气泡垂向速度向上时，海气温差为 2 ℃，空气体积分数将随泡沫层由底部向上增加，直到泡沫向上高度的 80%时增加到最大，随后增益减小到 0。在气泡速度向下的同等条件下，泡沫空气体积分数为负增益，绝对负增益最大为泡沫向上厚度的 20%。随后绝对负增益减小到 0。

另外，给出了空气体积分数在泡沫速度影响下随泡沫厚度的变化情况，如图 6.7 所示。可见，泡沫速度向下明显泡沫层空气体积分数随厚度迅速增长到 1，主要是因为海洋泡沫聚集迅速需要几秒时间，而衰减到完全消失需要的时间相对较长，大约几十秒，因此在泡沫厚度衰减情况下，海水迅速下流使得泡沫上层处于干气泡状态，产生的上层气泡空气体积分数增大。如果泡沫速度向下，相反地底部空气体积分数增加相对缓慢。

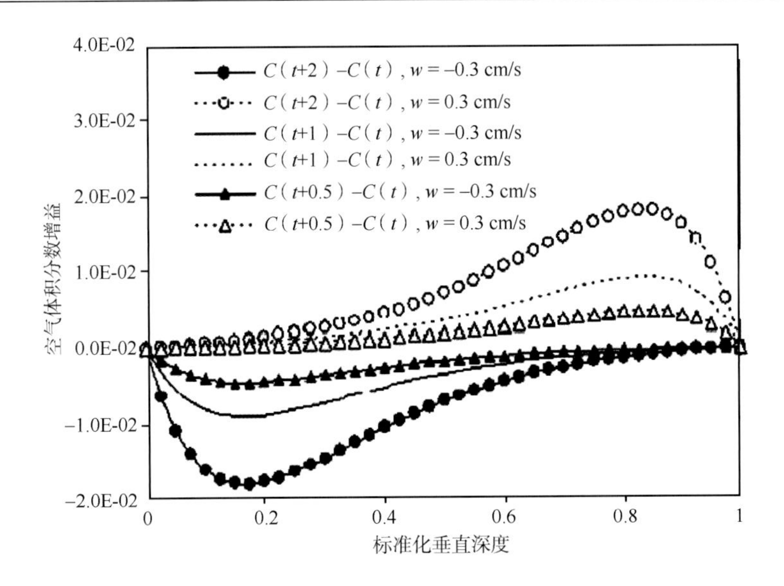

图 6.6　海气温差和泡沫垂向速度影响泡沫层空气体积分数增益随厚度的变化

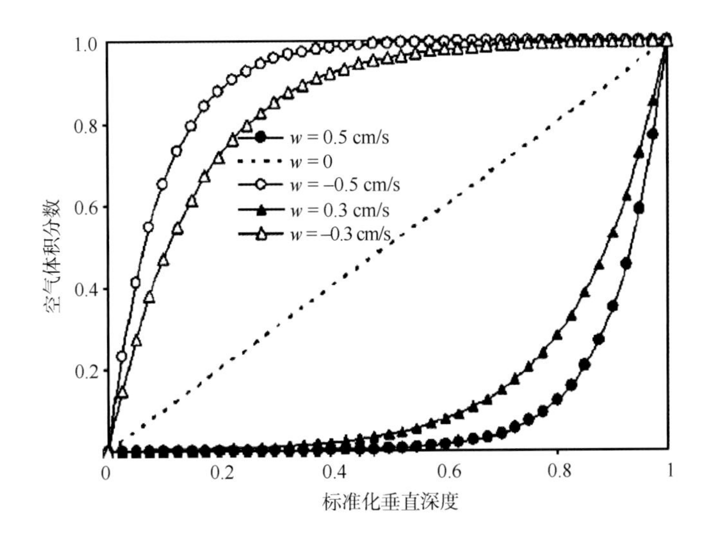

图 6.7　不同泡沫速度下空气体积分数随厚度的变化

利用气泡有效介电常数公式(6.1.61)，假定 $\varepsilon_{\mathrm{i}}=\varepsilon_{\mathrm{h}}=\varepsilon_{\mathrm{air}}$ 为空气介电常数，ε_{c} 为海水介电常数，$f_{\mathrm{core}}=f_{\mathrm{air}}=C(z,w,T_{\mathrm{a}})$ 为空气体积分数，$(a/b)^3$ 近似为空气体积分数，这样可以计算垂向分布泡沫层的有效介电常数，它是垂向参数和气泡速率以及气温的函数。图 6.8 给出了不同深度的有效介电常数的实部和虚部随频率变化的 Cole-Cole 图，其中，微波频率为 0.5～39.5 GHz，深度 $z=\alpha h$，因子 α 取 0.3，0.4 和 0.5，泡沫厚度 h 为 5 cm，$w=-0.3\ \mathrm{cm/s}$，$T_{\mathrm{a}}=18\ ^{\circ}\mathrm{C}$，盐度为 33 psu。图 6.8 表明，泡沫的介电常数虚部在低频段的衰减速度明显快于实部，相反在高频段实部衰减快于虚部，而且随着向泡沫顶部靠近，空气体积增大泡沫有效介电常数的实部和虚部都减小。

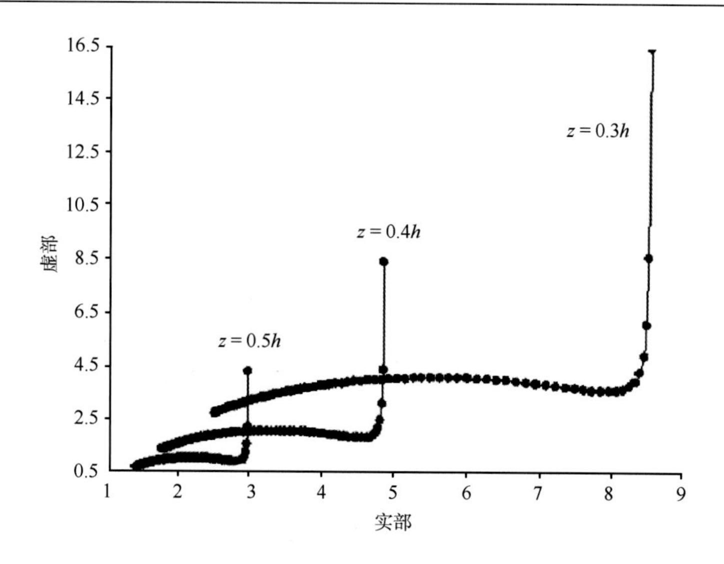

图 6.8　垂向分布介电常数的 Cole-Cole 图

为了应用均匀介质泡沫介电常数，假定电场平行于泡沫层，其有效介电常数可以通过泡沫厚度平均来近似计算，即 $\overline{\varepsilon}_{\mathrm{e}}=\dfrac{1}{h}\int_{0}^{h}\varepsilon_{\mathrm{e}}(z)\mathrm{d}z$ ，进一步利用白冠覆盖海面的辐射率公式(6.1.90)来计算。利用该公式模拟了泡沫 10.8 GHz 和 36.5 GHz 的观测实验结果，该实验泡沫厚度为 2.8 cm，盐度为 10 psu，温度为 19℃(海水温度和气温设定为同一温度)。设定泡沫层低边界空气体积为 0，顶部空气体积为 1，且 10.8 GHz 和 36.5 GHz 微波频率气泡速率分别假定为–1.9 cm/s 和–1.3 cm/s，获得的较好的模拟结果如图 6.9 所示。

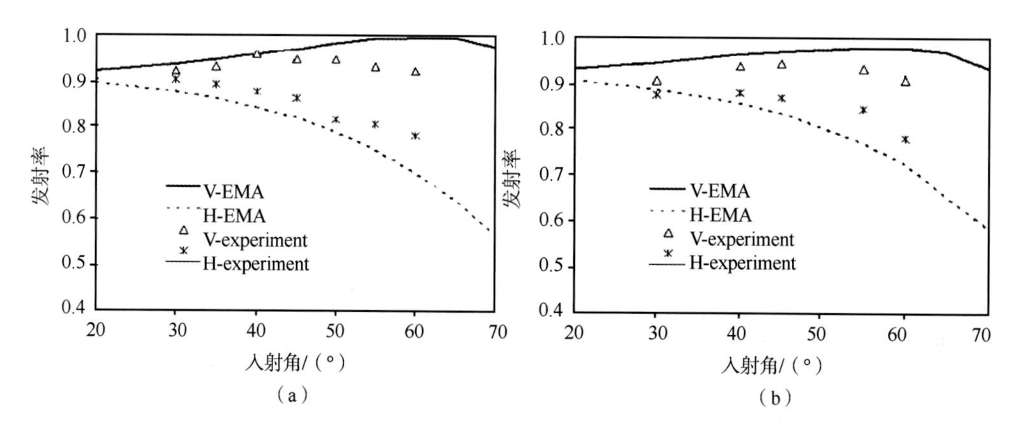

图 6.9　(a)和(b)分别为 10.8 GHz 和 36.5 GHz 泡沫微波辐射率实验和模拟结果

三角和星符号为实验结果，虚线和实线为模拟结果

最后，为了分析海气界面温差对白冠微波辐射率的影响，我们利用上述模式计算了不同海气温差(大气不稳定性)的白冠覆盖海面的亮温增益，如图 6.10 所示。在模式中泡沫层温度假定为空气温度 T_{a} ，下垫面海水介质温度为海表温度 T_{w} ， $\Delta t=T_{\mathrm{a}}-T_{\mathrm{w}}$ 。因此，

海气温差引起的白冠覆盖海面的亮温增益公式为(Wei，2013)

$$\Delta T_{\mathrm{B,p}} = [e_{\mathrm{p}}(T_{\mathrm{a}}, T_{\mathrm{w}}) - e_{\mathrm{p}}(T_{\mathrm{w}}, T_{\mathrm{w}})]T_{\mathrm{w}} \tag{6.1.98}$$

式中，e_{p} 为白冠覆盖海面微波辐射率。在图 6.10 中，海表温度为 20℃，盐度为 33 psu，泡沫厚度为 5 cm，入射角为 30°，气泡速度为–0.6 cm/s。当 Δt 小于 0 时海面辐射亮温明显增强，当 Δt 大于 0 时，随着温差增大海面亮温明显降低。随着频率增大亮温绝对增益增加，水平极化亮温绝对增益高于垂直极化。例如，在温差为 3 ℃时，1.4 GHz 频段白冠将影响亮温绝对变化大约 1.5 K，因此，在盐度遥感中除了白冠和粗糙度外，海气温差也可能是影响海面辐射亮温的因素。

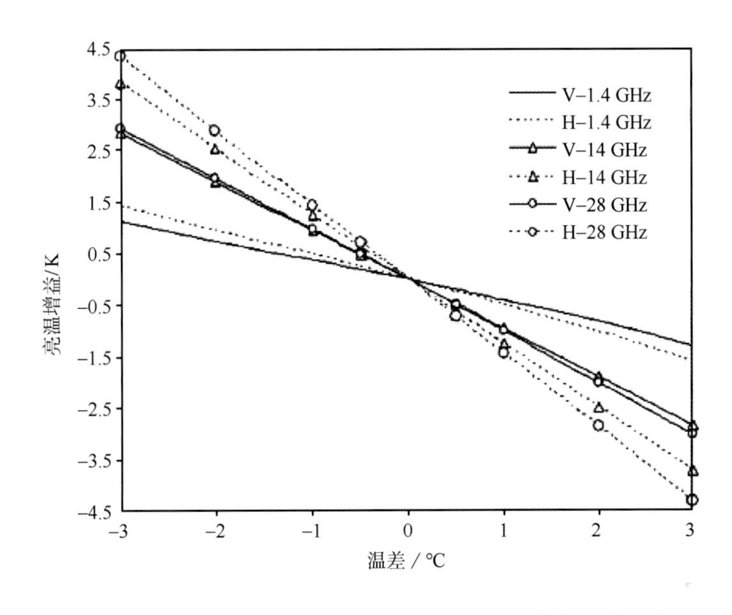

图 6.10　白冠覆盖海面海气温差对海洋表面辐射亮温的影响

6.1.3　L 波段微波散射模型

粗糙海面微波后向散射主要是由来自小尺度毛细重力波的布拉格散射引起的。目前用于计算海面后向散射的模型主要有两类：理论模型和经验模型。理论模型是基于海面的散射机制建立的，而经验模型则是基于大量实测数据和相关风场数据拟合得到的。虽然理论模型的使用频段和入射角范围都比较广，但其计算相对复杂，因此在实际中，许多学者基于不同散射计的测量后向散射系数和浮标或模式风场数据开展了后向散射系数和风场之间的经验关系式的研究。

虽然经验模型只适用于特定频段和入射角的情况，但其计算简单，且能基于实测数据不断对模型进行修正，对特定频段和入射角的准确性得到了广泛认可。一般情况下，后向散射可以表示为风向偶次谐波函数的傅里叶展开式，其具体表达式为

$$\sigma_0 = A_0(w,\varphi) + A_1(w,\varphi)\cos\varphi + A_2(w,\varphi)\cos 2\varphi \tag{6.1.99}$$

式中，w 和 φ 分别为风速和相对风向，A_0、A_1 和 A_2 为与风速和风向相关的系数。

后向散射系数的经验模型通常也被称为地球物理模式函数(geophysical model function，GMF)，目前常用的 GMF 主要是针对 C 和 Ku 波段发展起来的。现存的能用于获取 L 波段后向散射系数观测值的传感器主要有 ALOS 上的合成孔径雷达 PALSAR 和 Aquarius 上的散射计。因此，目前现存的适用于 L 波段的 GMF 只有 Isoguchi 和 Shimada(2009)基于PALSAR观测数据发展的L波段GMF以及Meissner等(2014)和Yueh 等分别基于 Aquarius 观测数据发展起来的 L 波段 GMF。

基于 Meissner 等推导的 Aquarius 散射计的 L 波段 GMF，图 6.11 分别给出了 29.4°和 38.4°入射角下，使用 PALSAR(虚线)和 Aquarius(实线)的 L 波段 GMF 计算的 HH 极化和 VV 极化后向散射系数随风速的变化曲线。从图 6.11 可知，两种模型 HH 极化后向散射系数随风速变化趋势的一致性比较好。在 5～15 m/s 范围内，两种模型计算的 38.4°入射角的 HH 极化后向散射系数基本完全重合。两种模型计算的 VV 极化的后向散射系数在低风速下的一致性要好于高风速。当风速大于 10 m/s 时，两种模型的 VV 极化后向散射系数差异随风速的增大而增大。总的来说，两种模型计算的后向散射系数随风速的差异基本在 1 dB 以内。

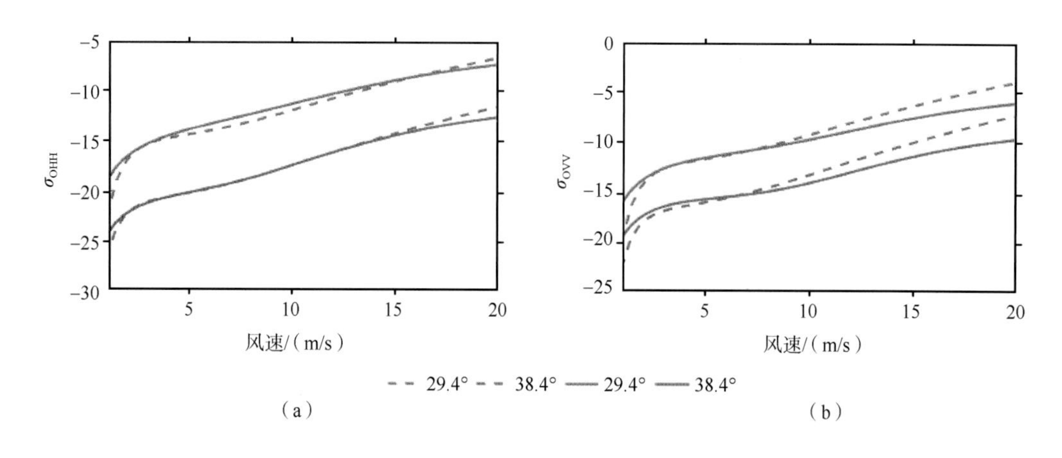

图 6.11　HH 极化(a)和 VV 极化(b)后向散射系数随风速的变化曲线

实线和虚线分别为 Aquarius 和 PALSAR 的 L 波段 GMF 的计算结果

图 6.12 给出了使用 PALSAR(虚线)和 Aquarius(实线)的 L 波段 GMF 计算的 29.4°和 38.4°入射角下的后向散射系数随风向的变化曲线。在整个风向范围内，两种模型计算的 HH 极化后向散射系数随风向的变化有较好的一致性，VV 极化顺风向的后向散射系数一致性好于逆风向和侧风向。两种模型计算的 38.4°入射角的 HH 极化后向散射系数在整个风向范围内几乎完全重合。在 29.4°入射角条件下，PALSAR 模型计算的 HH 极化后向散射系数整体上大于 Aquarius 模型的计算结果。

总体来说，L 波段的两个 GMF 计算的两个入射角下的后向散射系数比较接近，在量级上的差异基本小于 1 dB。Aquarius 的 L 波段 GMF 是基于 29.4°、38.4°和 46.3°固定入射角推导得到的，PALSAR 的 L 波段 GMF 则能适用于 17°～43°入射角范围，但对于 43°

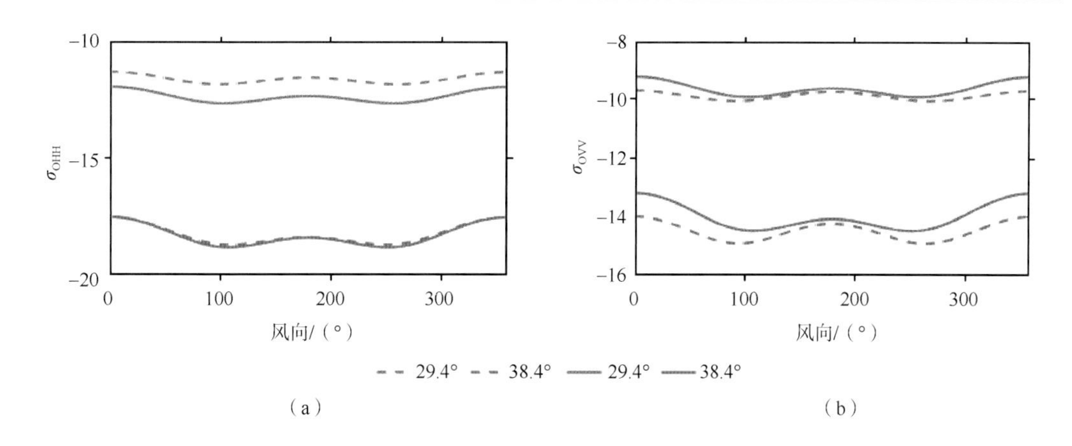

图 6.12 HH 极化(a)和 VV 极化(b)后向散射系数随风向的变化
实线和虚线分别为 Aquarius 和 PALSAR 的 L 波段 GMF 的计算结果

以上入射角的准确性也并未进行验证。考虑到 MICAP 的入射角范围是 30°～55°，而以上模型的适用范围都有限，本节基于 PALSAR 的 GMF，使用外推法推导了 43°～55°入射角范围的后向散射系数。

图 6.13 给出了入射角为 46.3°时，在不同风速下，使用外推的 GMF(实线)和 Aquarius 的 GMF(虚线)计算的海面后向散射系数随风向的变化曲线。从图 6.13 可知，在所选的风速范围内，外推 GMF 计算的后向散射系数与 Aquarius 的 GMF 的计算结果随风向的变化趋势基本一致，且 HH 极化的一致性要好于 VV 极化。在量级上，外推模型计算的 46.3°入射角的 HH 极化后向散射系数与 Meissner 等 GMF 的计算结果的差异基本小于 1 dB，但高风速下的 VV 极化侧风向的差异相对明显。上述差异和未经过外推的 PALSAR 模型与 Aquarius 模型的差异是一致的[图 6.12(b)]。

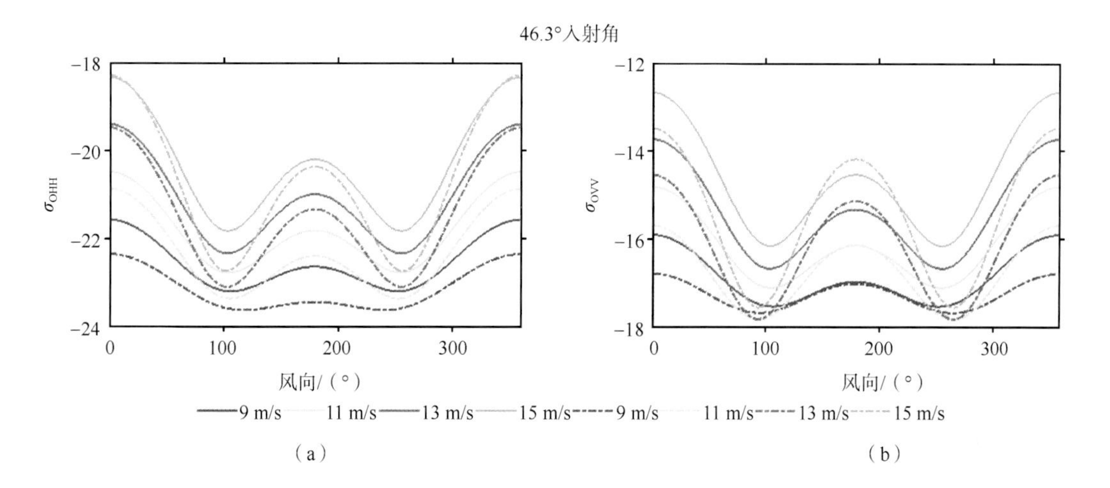

图 6.13 外推的 GMF 和 Aquarius 的 GMF 计算的 HH(a)和 VV 极化(b)后向散射系数随风向的变化曲线
实线和虚线分别为使用外推 GMF 和 Aquarius 的 GMF 计算的结果

6.2 海洋盐度遥感载荷数据预处理技术

6.2.1 RFI 检测技术

1. RFI 影响机理

星载盐度计搭载着有效载荷为 L 波段的微波辐射计，该辐射计工作在 1413 MHz 的 L 波段，是海表盐度微波遥感反演的首选波段。目前国际上能够观测海表盐度的 SMOS、Aquarius 和 SMAP 卫星都工作在这个频段，我国自主盐度星设计的工作频段也为 1.413 GHz。1 413 MHz 处于国际电信联盟无线电通信组(International Telecommunications Union-Radiocommunications sector，ITU-R)的保护频段内，根据《无线电规则》第 5.340 条的规定，1 400～1 427 MHz 主要分配给地球探测卫星服务(无源)、空间研究服务(无源)及射电天文服务，该频段内禁止所有主动发射。同时，微波辐射计本身具有特殊的数据选择性，能够有效地保护观测值免受其他邻近波段辐射的影响，但是在全球范围内，SMOS、Aquarius 和 SMAP 卫星都观测到了大量的无线射频干扰(radio frequency interference，RFI)，RFI 会直接导致大量卫星观测数据缺失。

《无线电规则》第 1.166 条对干扰的定义为："由于某种发射、辐射、感应或它们的组合所产生的不需要的能量对无线电通信系统的接收产生的效应，使接收效果性能下降，或收不到信号，此种效应称为干扰"。根据干扰的定义，可以将 RFI 理解为频率相近或相同的目标电磁波和干扰电磁波同时被卫星传感器接收时，干扰电磁波对传感器造成的干扰。RFI 是海表盐度数据反演过程中的重要问题，RFI 源分布在世界各地，主要分布在欧洲、亚洲和中东大部分地区，特别是中国近岸区域分布着大量的 RFI 源，陆地 RFI 源严重影响了中国海域海表盐度卫星遥感数据的质量，限制了 L 波段星载微波辐射计在中国海域发挥的作用。

影响 L 波段星载微波辐射计观测数据的 RFI 源类型根据频段划分为两类：一种是保护频段内的非法人为发射源；另一种是相邻频段中的主动式基站高水平的无用发射(带外发射和杂散发射)溢出到受保护的频带内。RFI 主要的发射源可能是无线电链路、监视摄像机、本地地面广播系统(保护频段内未经授权运行或带外超频发射)和雷达系统(带外超频发射)等。RFI 主要是由位于陆地主动系统的天线引起的，这些天线通常为地面接收机提供服务，一般具有很高的方向性，具有指向地平线或低仰角的天线方向图，虽然在船上观察到了一些，但比陆上要少很多。RFI 源根据干扰的持续时间划分为瞬时发射源和永久发射源，瞬时发射源的影响比较不稳定，有可能是移动的发射源，如船舶等；永久发射源的影响在时空上一般都比较稳定，对卫星的影响具有一定的规律性。

2. RFI 检测算法概述

SMOS、Aquarius 及 SMAP 卫星数据都已经明确地表明 RFI 的存在。尽管不同卫星微波辐射计工作的频段相同，但是每个微波辐射计对陆地 RFI 源的响应特征却取决于传感器自身的特性(带宽、灵敏度及时空分辨率等)，然而仅仅通过卫星传感器硬件自身独特的设计并不能完全检测和抑制 RFI，仍然需要采用不同的检测和抑制算法来减缓陆地 RFI 源对海面辐射信号的影响。不同卫星根据自身传感器的特性设计了相应的检测与抑制算法，这些方法主要通过 RFI 特征设定固定或动态的门限实现检测过滤，是最低效处理 RFI 的研究方向，只能实现强信号的检测与数据剔除，这不仅导致了大量的数据缺失，而且弱信号仍然可能淹没在自然水平的辐射信号里。

星载微波辐射计中的 RFI 问题已经有 30 多年的研究历史，最早于 1978 年的 C 波段扫描多通道微波辐射计观测数据中发现了 RFI，随后在国外 AMSR-E、AMSR-2、WindSat 和我国自主风云系列等卫星中都发现了 RFI 大量存在，涉及微波波段包括 C、X、K 等，随着 L 波段微波辐射计运行，L 波段中 RFI 问题也日趋显著。对于 C、X、K 等波段的微波辐射计，国外学者针对不同卫星分别提出了相对成熟的 RFI 检测算法，我国学者也对国外成熟的微波辐射计提出了有价值的改进方案，同时给我国自主研发的风云系列卫星的 RFI 检测与抑制提供了理论与技术支持。相对成熟的 C、X、K 等波段的 RFI 检测算法和模型为 L 波段的 RFI 检测与抑制研究提供大量参考。

通用的 RFI 源检测的算法有很多，主要包括能量检测、脉冲检测(时域检测)、交叉频率检测、峰度检测和极化检测等算法，但是通过单一的检测算法难以实现对复杂的 RFI 的全检测，目前国际上的 L 波段星载微波辐射计都根据自身仪器的特点建立了相对成熟的 RFI 检测算法。SMOS 卫星于 2009 年发射，首次实现了通过卫星遥感手段观测海表盐度，但由于其搭载的有效载荷设计复杂，且是第一台星载 L 波段微波辐射计，在设计上对 RFI 的问题考虑得不够全面，时间和频率采样数据单一，导致后续的观测数据中，RFI 问题凸显，且不易完全检测及抑制；Aquarius 卫星是第二颗用于观测海表盐度的卫星，其搭载的微波辐射计在设计上吸取了 SMOS 卫星的教训，增加了 RFI 检测和纠错设备，用于抑制 RFI 的影响；随后，SMAP 卫星更是搭载了时间和频率采样更丰富的数字微波辐射计，能够利用多种检测算法综合检测 RFI。

由于 RFI 源的发射功率、发射频率、天线方向图、天线增益、传输损耗等参数各异，因此针对卫星数据的 RFI 检测与抑制一直都是一个科学难题。传统的 RFI 检测方法有很多，包括脉冲信号检测、频率域和时间域等检测方法，由于 SMOS 卫星微波辐射计仪器自身的局限性，RFI 检测具有一定的挑战性，SMOS 卫星通过单一频率(1.413 GHz)通路进行数据采集，其采样频率并不高，仅为 1.2 s^{-1}，因此应用频率域和时间域对 RFI 进行检测效果不理想。针对 SMOS 卫星数据，可以采用检测亮温高值(一般大于 340 K)、Stokes 参数异常变化、异常亮温值等检测方法，但是这些检测方法只是直观地检测到疑似异常值，并标记为疑似目标，通过设定阈值的方法进行简单的过滤剔除，会导致大量数据丢失，破坏了数据的连续性，后期迭代反演盐度产品精度也会随之偏低。此外角域算法和峰态算法也能用于 SMOS 卫星检测 RFI，但是角域算法在应用三阶多项式模拟亮温的过程中，难免会受到污染样本的影响，导致模拟的亮温误差较大，从而影响整个算法的检测精度。峰态算法也具有一定的局限性，该算法对海水中其他的异构体很敏感，如海水中的初生冰。Kristnsen 等在 2012 年提出利用第 3 或第 4 Stokes 参数低值的特性开展 RFI 检测技术，人为的 RFI 源通常不可能与传感器偏振轴保持一致，因此很可能污染第 3 和第 4 Stokes 参数，由于自然条件下电磁辐射的第 3 或第 4 Stokes 参数很低，对 RFI 源很敏感，很容易受到 RFI 污染并表现出异常高值，因此，其可以用来指示 RFI 源的存在。

3. 基于主成分分析的近海海域 RFI 影响检测

L 波段(1400～1427MHz)是受保护的电磁波段，但通过对大量的 SMOS 卫星观测数据处理分析后发现，部分陆地及近海海域仍受到严重射频干扰，射频干扰主要集中在亚洲和地中海区域，其中在亚洲主要集中在中东、南亚和中国等地区。

SMOS 卫星观测包含四个通道的辐射：水平极化 T_v、垂直极化 T_h 和第 3、第 4 Stokes 参数。图 6.14 给出了四个通道的观测亮温实例(2016 年 1 月 19 日)，陆地亮温明显高于海洋区域，受 RFI 影响的区域亮温也高于正常区域；海洋区域亮温变化较小，一般小于 10 K。受 RFI 影响明显的区域，如中国海域附近区域，四通道亮温都表现出一致的升高。水平极化、垂直极化以及交叉极化之间相对独立，即四通道亮温之间相关性较小，因此考虑采用主成分分析的方法来检测 RFI。

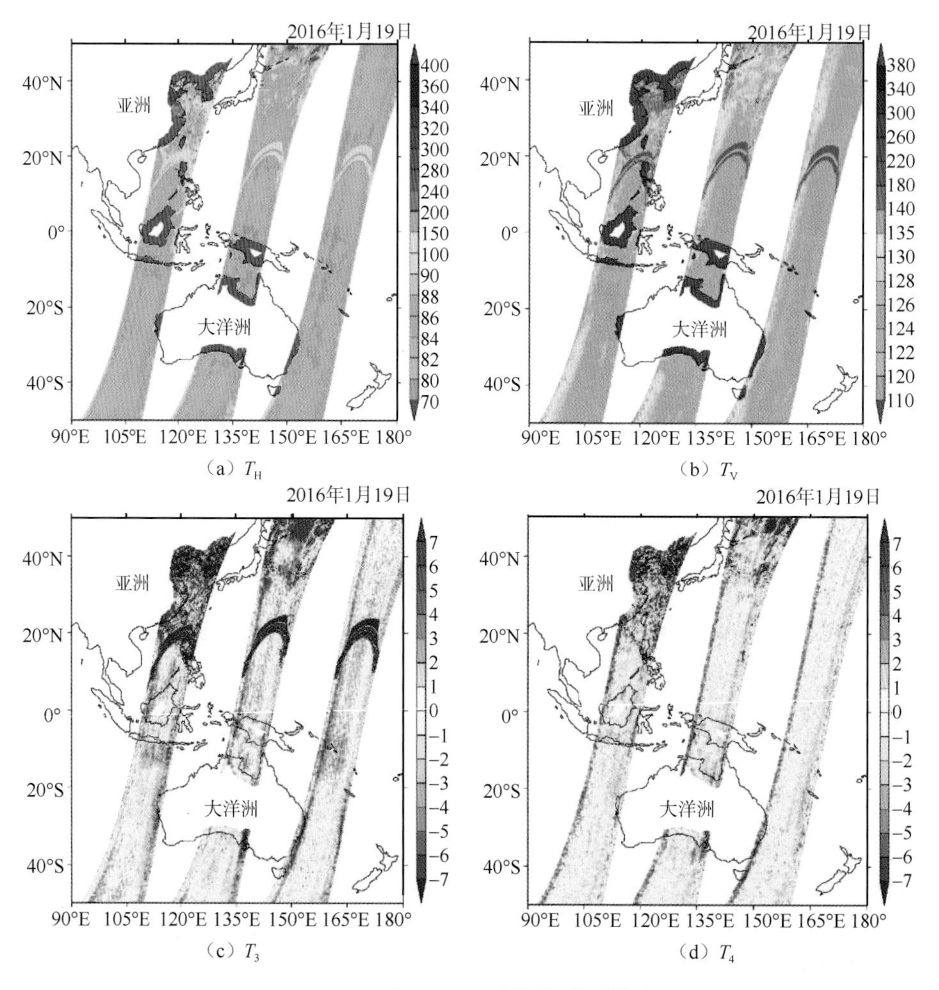

（a）T_H　（b）T_V

（c）T_3　（d）T_4

图 6.14　2016 年 1 月 19 日四通道观测亮温

主成分分析方法是通过正交变换将一组可能存在相关性的变量转换为线性不相关变量，是提取多变量之间相似性的有力方法。对中国海域附近区域和北半球区域分别进行主成分分析实验，得到第一模态、第二模态，如图 6.15 所示。

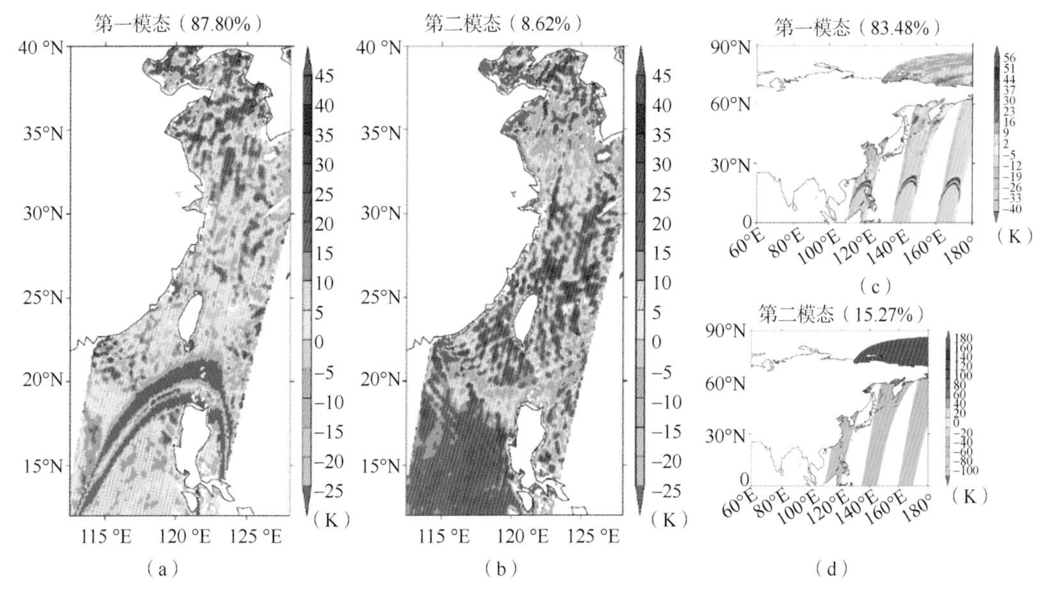

图 6.15　主成分分析结果：中国海域附近第一模态(a)和第二模态(b)；北半球第一模态(c)和第二模态(d)

图 6.15 中第一、二模态的信息比超过 90%，分解出的第一、二模态基本反映了观测亮温的信息。如前所述，第一模态基本提取出了全区一致性变化的特征，即变化相对较小的海水信号，而第二模态提取出了相对于全区不一致的、各通道同向变化的特征。第二模态中的大值区域具有由 RFI 所导致的四通道亮温一致升高的特征，对大值区域进行分析就可以有效识别亮温中的 RFI 信号。

四通道观测亮温具有不同的量级，若使在不同通道上的相同 RFI 影响具有相同的量级，则需要先进行通道亮温标准化，采用 *z*-scores 规范化，如式(6.2.1)所示：

$$T_{\mathrm{i}}' = \frac{T_{\mathrm{i}} - \mu\left(T_{\mathrm{b}}\right)}{\sigma\left(T_{\mathrm{b}}\right)} \tag{6.2.1}$$

式中，T_{i}' 为规范化后亮温；$\mu\left(T_{\mathrm{b}}\right)$ 和 $\sigma\left(T_{\mathrm{b}}\right)$ 分别为该通道亮温的均值和标准差。选取 2016 年 1 月 17～25 日共 9 天的 SMOS 的 L1C 数据，数据范围为 90°～180°E，50°～50°N，在 *z*-scores 规范化的基础上进行主成分分析，对分解得到的第二模态中各值分布进行统计，如图 6.16(a)所示。

对 9 天的第二模态各值分布进行统计，结果显示，9 日的数据在零值附近均存在一个明显的尖峰，为海水信号。而在 1.2～2.4 也存在一个小峰，且每日峰值不尽相同，为 RFI 信号和陆地信号的混叠。因此，选取阈值掩去海水信号，即得到陆地信号和 RFI 信号的混合，如图 6.16(b)所示。

由图 6.16 可知，海水信号和陆地信号均在一定程度上服从正态分布，对于陆地信号，有

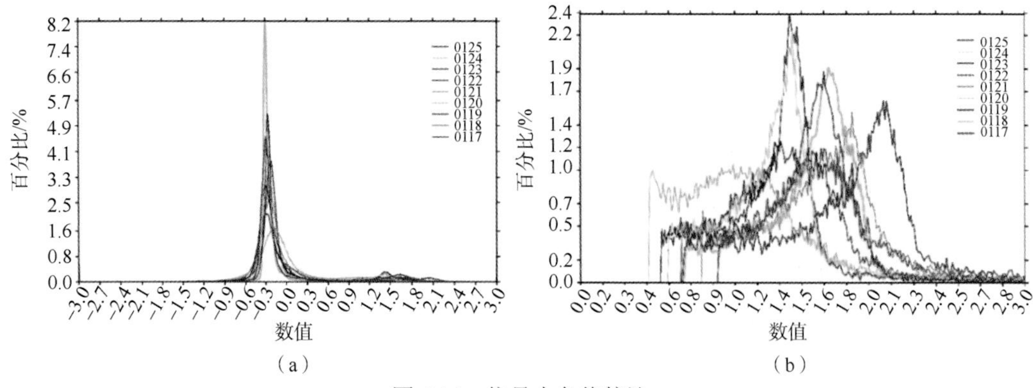

（a）　（b）

图 6.16　信号中各值统计

(a)第二模态各值；(b)除去海水信号后结果

$$T'_{\text{land}} \sim N\left(\mu_{\text{land}}, \sigma_{\text{land}}^2\right) \tag{6.2.2}$$

又

$$P\left\{\left|T'_{\text{land}} - \mu_{\text{land}}\right| < 2\sigma_{\text{land}}\right\} = 0.9544 \tag{6.2.3}$$

式(6.2.3)表明，若选取阈值 $T = \mu_{\text{land}} + 2\sigma_{\text{land}}$，一般可认为陆地信号小于 T，大于 T 判断为离群值，即 RFI 信号，结果如图 6.17(c)所示。

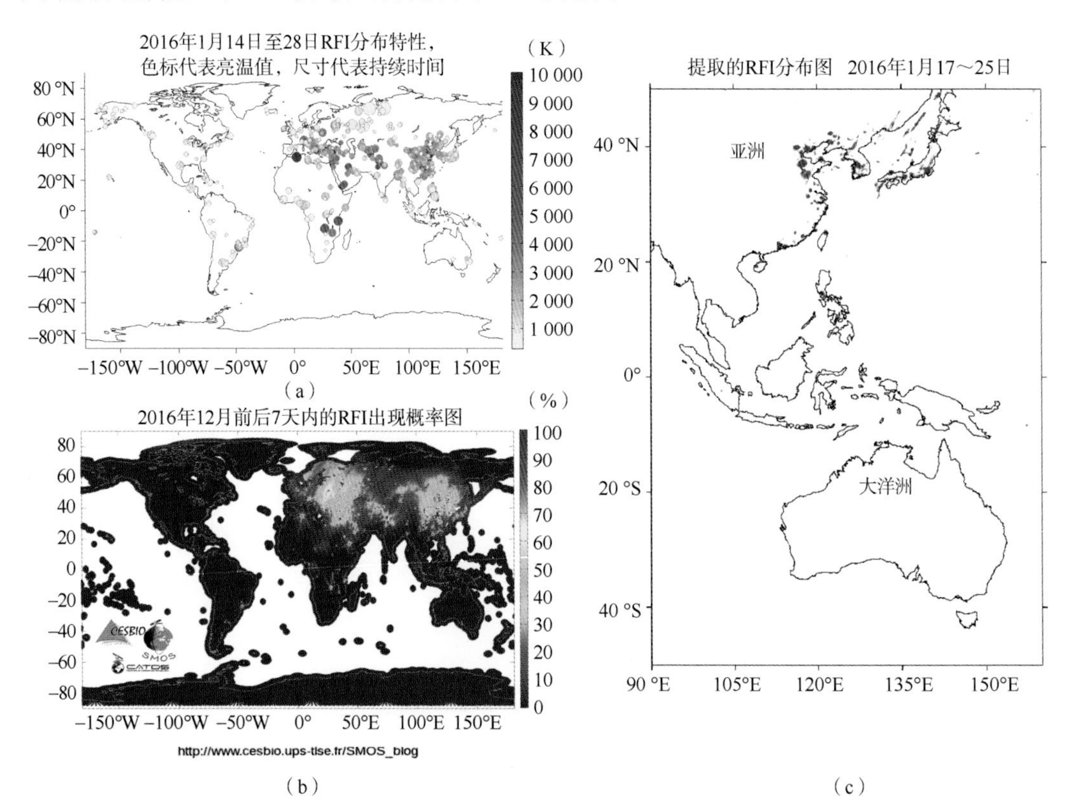

（a）　（b）　（c）

图 6.17　RFI 提取结果对比

(a)RFI 分布特征；(b)RFI 出现概率；(c)主成分分析检测到的近海 RFI 源分布

$$T_i' \begin{cases} > T & \text{RFI信号} \\ \leqslant T & \text{陆地信号} \end{cases} \tag{6.2.4}$$

由图 6.17(c)知，RFI 源在亚洲主要分布在中国渤海湾-山东半岛一带、珠三角地区、台湾岛北部、朝鲜半岛南部以及日本岛等区域，对比 Soldo 等(2014)的结果，如图 6.17(a)和图 6.17(b)所示，该方法具有一定的参考价值。

4. RFI 极化检测算法

全极化微波辐射计 MIRAS 可以获取目标微波辐射极化特性的 4 个 Stokes 参量，即 I，Q，U，V，从而得到目标的全极化信息，其中第 3、第 4 Stokes 参数 U、V 分别用来描述线性极化部分和圆极化部分。人为辐射源的极化方式通常为线性极化或圆极化，并且自然电磁辐射源与人为辐射源相比，其辐射值相对较低，在没有被 RFI 污染的区域，MIRAS 全极化通道要比正交通道的亮温小两个量级，即第 3、第 4 Stokes 参数很小。在微波低频波段下，自然条件级别的第 3、第 4 Stokes 参数对人为 RFI 源很敏感，人为辐射源很可能对这两个参数造成严重的污染，导致其绝对值异常增大。合成双参数算法能同时检测到线极化和圆极化的人为辐射源，其涵盖了目前辐射源的极化方式，基本能够达到全面检测 RFI 的目的，它能有效克服卫星传感器自身单一频率的局限性和模拟数据受污染样本影响的问题，合成参量表达式为

$$W = \sqrt{U^2 + V^2} \tag{6.2.5}$$

式中，U 和 V 分别为第 3 和第 4 Stokes 参数。

任何平面波都可以分解为正交的水平极化和垂直极化两个分量 $E_{\mathrm{h}}(t)$ 和 $E_{\mathrm{v}}(t)$，合成场矢量表达式为

$$\boldsymbol{E}(t) = E_{\mathrm{h}}(t)\bar{h} + E_{\mathrm{v}}(t)\bar{v} \tag{6.2.6}$$

两个分量的矢量表达式为

$$E_{\mathrm{h}} = E_{0\mathrm{h}} \mathrm{e}^{j(\omega t - kz + \delta_{\mathrm{h}})} \tag{6.2.7}$$

$$E_{\mathrm{v}} = E_{0\mathrm{v}} \mathrm{e}^{j(\omega t - kz + \delta_{\mathrm{v}})} \tag{6.2.8}$$

式中，$E_{0\mathrm{h}}$ 和 $E_{0\mathrm{v}}$ 为平面波的振幅(H/V 极化)；ωt 为时间相位；kz 为空间相位；δ_{h} 和 δ_{v} 为初始相位。

经过改进后的 4 个 Stokes 参量方程可以表示为

$$\begin{bmatrix} I \\ Q \\ U \\ V \end{bmatrix} = \frac{\lambda^2}{KB\eta} \begin{bmatrix} <|E_{\mathrm{h}}|^2> \\ <|E_{\mathrm{v}}|^2> \\ 2\mathrm{Re} < E_{\mathrm{v}} E_{\mathrm{h}}^* > \\ 2\mathrm{Im} < E_{\mathrm{v}} E_{\mathrm{h}}^* > \end{bmatrix} \tag{6.2.9}$$

式中，λ 为波长；K 为玻尔兹曼常数；B 为带宽；η 为中阻抗(空气)；*代表复共轭；Re 代表函数实部；Im 代表复相关函数的虚部；E_{v}、E_{h} 为平面波的两个正交分量；<>代表

时间平均。人为辐射源的极化方式通常为线极化或圆极化，将式(6.2.7)和式(6.2.8)代入式(6.2.9)中，得到 U 和 V 参量方程的表达式为

$$\begin{bmatrix} U \\ V \end{bmatrix} = \frac{2\lambda^2}{KB\eta} \begin{bmatrix} < E_{0\mathrm{h}} E_{0\mathrm{v}} \cos\left(\delta_{\mathrm{v}} - \delta_{\mathrm{h}}\right) > \\ < E_{0\mathrm{h}} E_{0\mathrm{v}} \sin\left(\delta_{\mathrm{v}} - \delta_{\mathrm{h}}\right) > \end{bmatrix} \tag{6.2.10}$$

将 U 和 V 代入式(6.2.5)中，得到：

$$W = \frac{2\lambda^2}{KB\eta} < E_{0\mathrm{h}}\left(t\right) E_{0\mathrm{v}}\left(t\right) > \tag{6.2.11}$$

由此可以看出，参数 W 不仅可以表示 U、V 的合成量，还与平面波水平极化和垂直极化振幅乘积的时间平均值存在一定的线性关系，而振幅在一定程度上可以表征发射功率的大小，所以可以推断参数 W 与发射功率 P_τ 存在一定的线性关系。

对于坐落在辐射计视场中的 RFI 源来说，其发射的有效全向辐射功率(effective isotropic radiated power，EIRP)指向卫星，EIRP 表示一个定向天线在其最大辐射方向上的辐射功率，通常用来表征地表发射系统的发射能力。

$$\mathrm{EIRP} = P_\tau \times G_\tau \tag{6.2.12}$$

式中，P_τ 为发射功率；G_τ 为发射天线增益。

由此可以推断参数 W 与 EIRP 也存在着一定的线性关系，可以用来表征陆地 RFI 源的辐射强度。

5. RFI 源检测结果及分布特征

融合 SMOS 卫星第 3、第 4 Stokes 参数数据图像计算参数 W，生成 RFI 源检测图像，如图 6.18 所示。对于中国海域来说，RFI 发射源主要集中分布于中国沿海陆地区域，同时，在韩国、朝鲜及菲律宾等国也检测出 RFI 辐射信号，RFI 源总数共计 57 个，由于图像中强源和极强源较多，其强度比弱源大几个量级，大部分弱源无法通过算法检测，其影响可以暂时忽略不计。

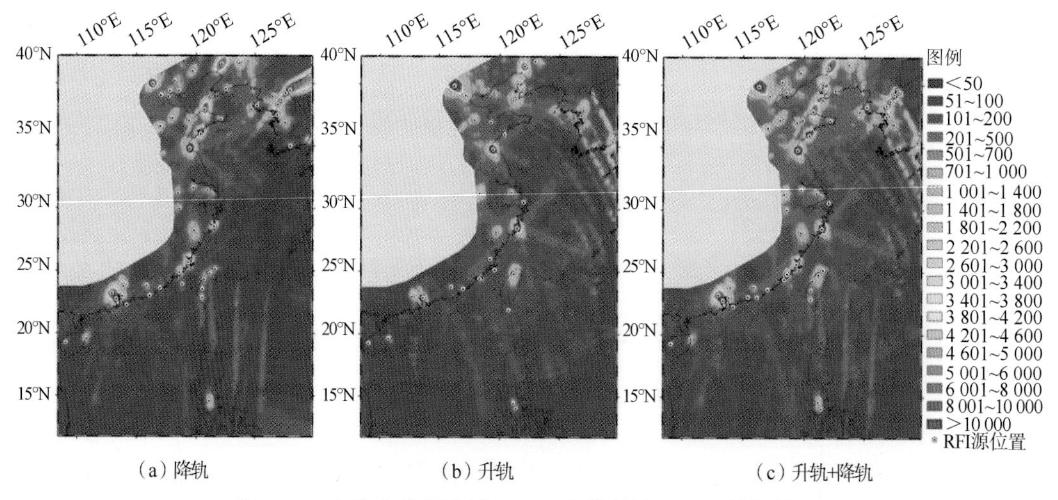

图 6.18　南海东北部海域 Stokes 参数算法 RFI 源检测结果

从图6.18可以看出，渤海、黄海海域周边陆地区域分布了大量RFI源，由于其半封闭的特点，渤海的四周和黄海的两侧都分布有RFI源。在渤海海域，有些辐射源位于岛屿上，导致其附近海域处于辐射源的近场区，受RFI影响极其严重；东海海域主要受分布在中国江苏、浙江、台湾和韩国南部的RFI源的影响，从图像中可以清晰地看出有明显的辐射条带，靠近陆地的海域受RFI污染较为严重；南海北部海域主要受分布在珠江三角洲等区域辐射源的影响，南海中南部海域受RFI影响较小。邻近RFI源辐射旁瓣在海面上形成叠加区域，导致其影响更加复杂。

6. RFI影响特性

通过Stokes参数算法检测到的RFI发射源大部分为点状射线源，在发射源附近一定范围内，由于辐射强度与距离的平方成反比，RFI源辐射强度随距离的增大呈衰减变化。中强发射源通过天线辐射旁瓣的影响造成发射源周围大范围区域内的卫星数据受到污染，在海面上形成以RFI源为中心的辐射条带，并且具有一定的方向性，这可能与发射天线的辐射方向图有关。多个RFI源旁瓣在海面上形成的条带叠加在一起，其影响由各自的条带影响扩展到面影响，影响范围可以覆盖渤海、黄海整片海域和东海西部及南海北部大面积海域。

7. 检测算法性能评估

相关研究结果已经证实，单一采用第3或第4 Stokes参数同样可以开展RFI检测。本书将合成参数检测结果与采用单一参数的检测结果进行对比，分析评估合成参数算法的性能及意义。为避免升降轨差异、瞬时发射源等因素对评估结果产生干扰，本书选取单轨数据分别计算第3和第4 Stokes参数的绝对值$|U|$、$|V|$，再分别提取每个栅格点处所有入射角下参数$|U|$、$|V|$、W数据的最大值，并生成3个参数的RFI检测图像，如图6.19所示。通过对比可以看出，采用单一参数同样可以检测到中强RFI源的位置信息，并且3幅检测图像中RFI源的位置一致，并没有出现小范围的漂移。

由于RFI源发射天线与卫星接收天线的极化状态可能不一致，这有可能导致发射电磁波的功率不能完全被卫星天线正交通道接收，存在部分发射功率被相关极化通道接收的可能，这会导致参数U和V的绝对值异常增大。从图6.19和表6.2可以看出，RFI源处参数$|U|$值通常大于$|V|$(3号RFI源除外)，在检测图像上也可以清晰地看出，U和V受RFI影响的强度和范围存在差异。3个明显的RFI源可以说明这种差异性：3号处$|V|$受RFI影响的强度和范围比$|U|$大，5号RFI源则相反，而6号RFI源出现了只用参数$|U|$图像就能检测出RFI源的现象。这些差异说明代表线极化强度的U和代表圆极化分量的V受RFI的影响存在差异性，不同入射角下，参数U、V受RFI的影响不同，图6.20为3号和5号RFI源处参数$|U|$、$|V|$、W随入射角的变化趋势，对比结果表明，采用单一Stokes参数开展RFI源检测很可能会丢失RFI源位置、强度及影响范围等信息，而采用合成参数的算法可以有效地叠加两个参数所包含的信息，并且由理论算法推导的结果可以推断参数W与EIRP也存在着一定的线性关系；采用合成参数检测RFI的方法相比单一参数检测的方法具有一定的优越性，这也为后续开展RFI定量剔除工作提供了一定的研究基础。

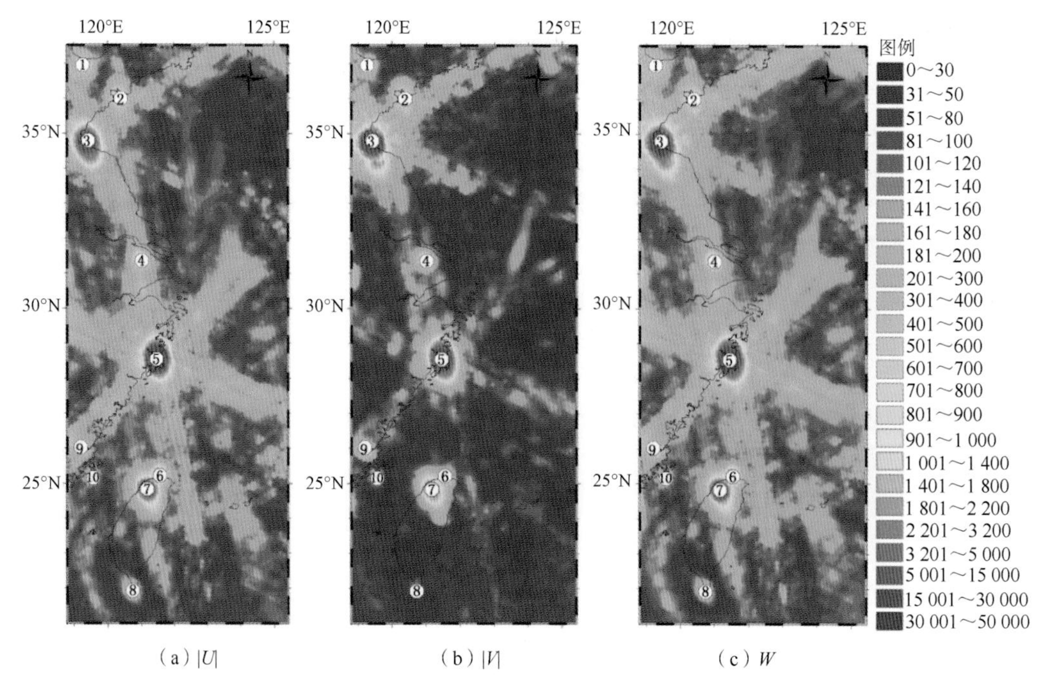

图 6.19　参数$|U|$、$|V|$、W 的单轨 RFI 源强度检测图像

表 6.2　RFI 源位置及强度信息

序号	经度/°E	纬度/°N	$\|U\|$/K	$\|V\|$/K	W/K
1	119.267	36.957	1349	586	1397
2	120.398	35.993	1067	815	1074
3	119.433	34.799	24 091	40 830	47 408
4	121.013	31.36	2384	1777	2637
5	121.453	28.545	32 494	11 664	32 494
6	121.545	25.225	3277	—	3305
7	121.174	24.834	10 424	5066	10 870
8	120.739	21.938	684	271	687
9	119.199	26.03	956	789	1088
10	119.574	25.155	497	393	617

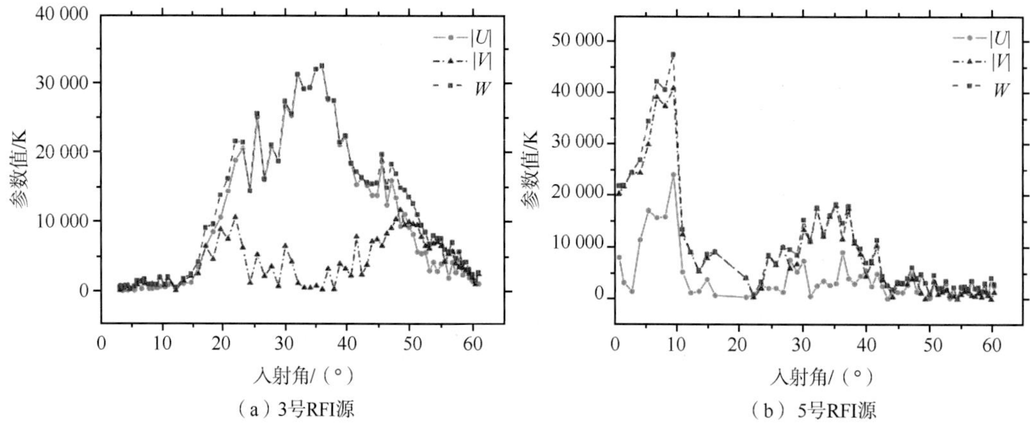

图 6.20　参数$|U|$、$|V|$、W 随入射角的变化趋势图

图 6.21 给出了远离陆地未受 RFI 影响的海域和中国近海区域两点的 U、V 参数信息随入射角的变化规律。从图 6.21 中可以看出，自然条件级别的极化信号很小，变化区间为[−10 K，10 K]，而中国近海区域处于受 RFI 影响严重的区域，受多个中强源的叠加影响，U、V 随着入射角变化剧烈波动。从图 6.22 概率分布直方图可以看出，$|U|$、$|V|$、W 信号主要集中分布在[0，400K]区间内，在区间[0，10K]几乎没有数据分布，这表明几乎所有的数据都不同程度地受到了 RFI 的污染，都可以认为是背景噪声。而合成参数 W 的概率分布较$|U|$、$|V|$向右微移，这表明参数合成不仅可以增大 RFI 源发射强度，还在一定程度上增大了背景噪声。但是从图 6.22 可以看出，W 的背景噪声并没有超出[0, 400]的值区间，中、强等级的 RFI 源中心强度比背景噪声大几倍甚至十几倍，所以合成参数算法依然可以准确检测到中强等级的 RFI 源。

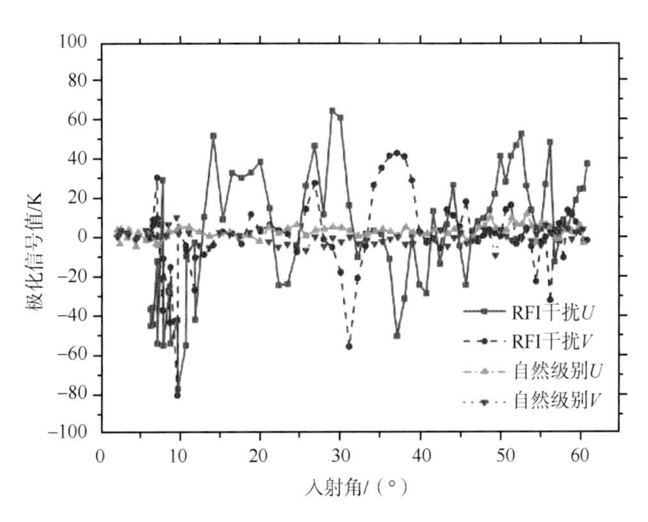

图 6.21　未受 RFI 影响的海域和中国近海区域 U、V 参数信息随入射角的变化规律

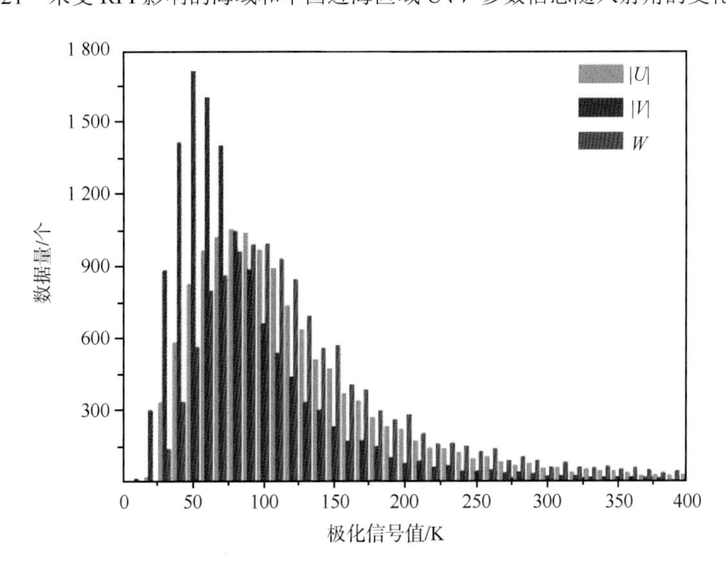

图 6.22　参数$|U|$、$|V|$、W 概率分布直方图

8. RFI 对盐度计数据产品准确度的影响

通过统计分析发现，在受 RFI 污染的高风险海域和低风险海域，SMOS 卫星 L2 数据中参数 Dg_RFI_probability 大于 1 的匹配点的个数分别为 1670 个和 770 个(图 6.23)，分别占各自区域内匹配点总数的 97.5%和 32.2%，这表明根据 RFI 检测结果划分研究海域方案具有一定的合理性，并且在低风险海域，虽然远离 RFI 源，但是依然有一部分匹配点数据受到了 RFI 的污染，可见 RFI 源的影响范围是难以想象的。

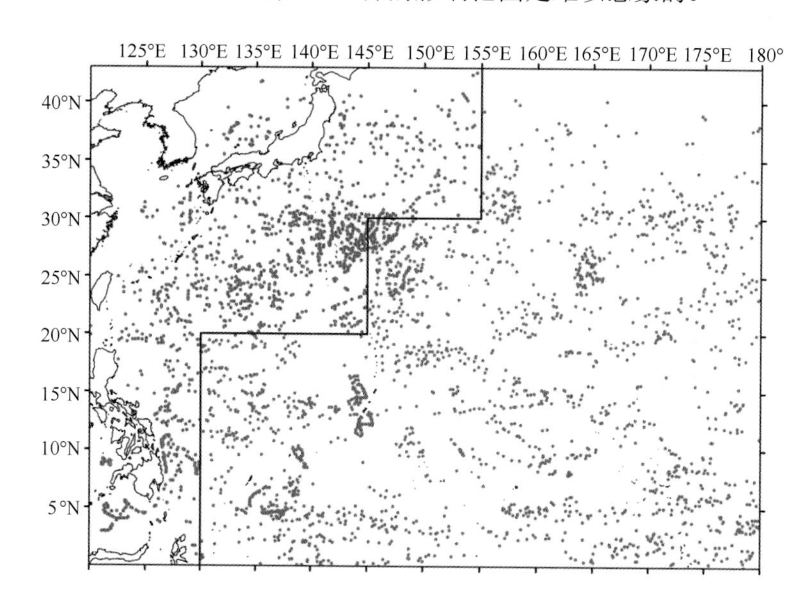

图 6.23　西太平洋区域卫星数据与实测数据匹配点分布图

SMOS 卫星单轨 SSS 盐度产品 OSUDP2(V622)与实测数据匹配线性拟合结果如图 6.24、表 6.3 所示。评估结果分为受 RFI 污染高风险和低风险两类情况进行讨论。从图 6.24 中可以看出，A 组和 B 组的三类数据产品(SSS1、SSS2、SSS3)的 Bias 和 RMSE 都相差不大，这主要由于在数据筛选过程中，剔除了受风速影响的匹配数据点，导致受风速影响的 3 个粗糙度模型之间的差异较小。A 组和 B 组三类数据产品与实测数据的相关系数都偏低，但是 B 组卫星数据与实测数据的相关性比 A 组数据高。

A 组数据的 Bias 和 RMSE 比 B 组数据高，制约 A 和 B 组数据质量的共同因素是卫星数据的空间分辨率，SMOS 卫星 L2 数据产品采用重采样的栅格(ISEA grid)存储形式，数据产品的空间分辨率为 15.74 km，而真实的空间分辨率是变化的(30～300 km)，平均空间分辨率为 40 km，这导致发布的重采样后的 SMOS 卫星数据产品准确度会相对降低。由于匹配数据过程中进行了数据筛选，排除了其他误差源对检验结果的影响，对比结果表明，RFI 作为主要误差源，严重影响了 SMOS 卫星 SSS 数据的准确度。

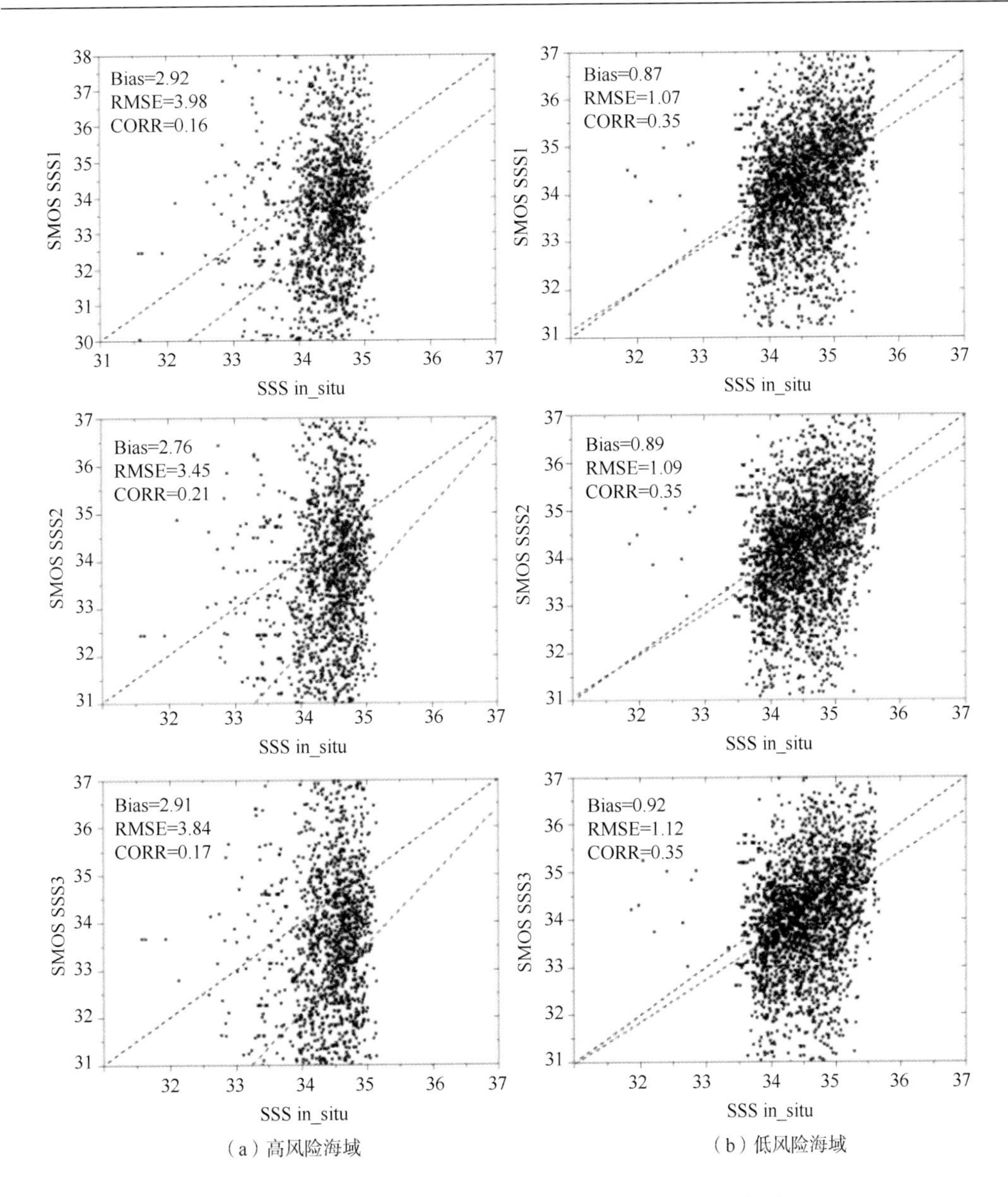

图 6.24　SMOS 卫星单轨数据与实测数据匹配散点图

表 6.3　SMOS 卫星单轨数据与实测数据统计结果

产品	A：RFI			B：NO RFI		
	Bias	RMSE	CORR	Bias	RMSE	CORR
SSS1	2.92	3.98	0.16	0.87	1.07	0.35
SSS2	2.76	3.45	0.21	0.89	1.09	0.35
SSS3	2.91	3.84	0.17	0.92	1.12	0.35

9. RFI 影响分析

图 6.25 为偏差(Bias)与参数 W 之间的函数关系图，从图 6.25 中可以看出，随着参数 W 的增大，三类数据产品的 Bias 也都随之增大，尤其 W 在 0～600 范围内，Bias 增大的幅度较大。根据相关研究结果，参数 W 可以表征 RFI 源辐射强度，并且随距离的增大呈衰减变化，可以推断随着与 RFI 源距离的增大，Bias 会随之减小。从图 6.18 可以看出，RFI 源广泛分布在中国、韩国和日本等地，多个点状 RFI 源对卫星造成叠加影响效应，导致其影响范围变大，影响更加复杂。

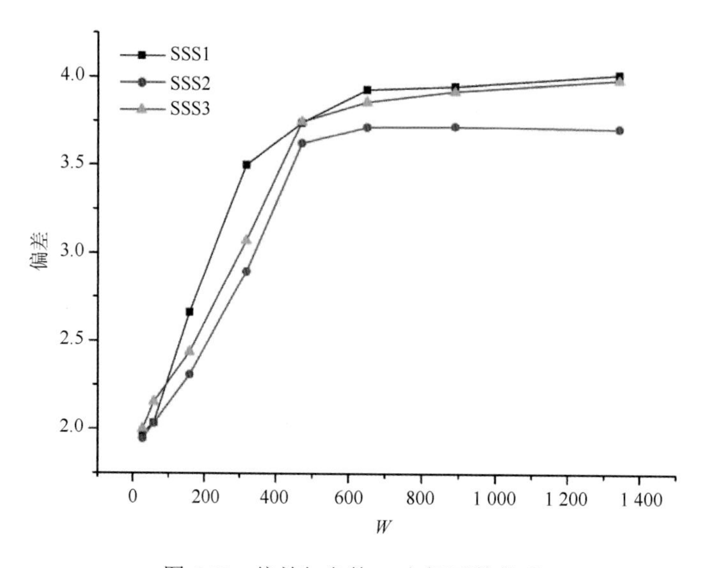

图 6.25　偏差与参数 W 之间函数关系

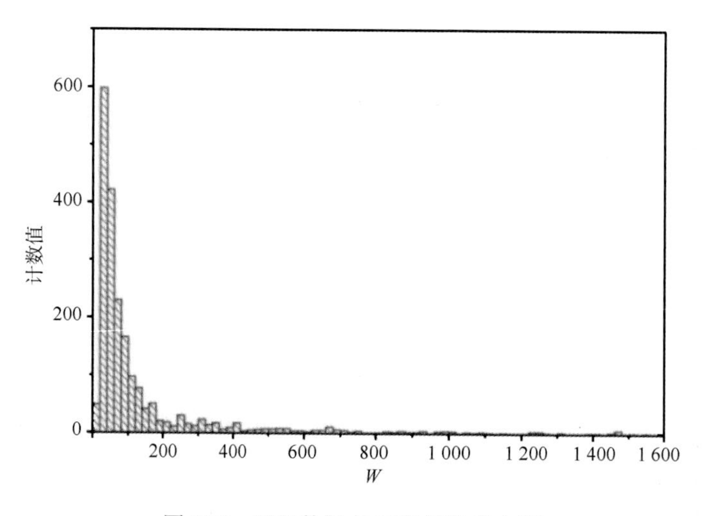

图 6.26　匹配数据点 W 值统计直方图

图 6.26 为参数 W 的统计直方图，从图 6.26 中可以看出，匹配点在 RFI 作用范围内的分布主要集中在 RFI 影响相对较弱的区域，即远离陆地的海域，该真实性检验结果并

不能完全反映 RFI 对 SMOS 卫星的影响，但是从得到的结论可以看出，即使在 RFI 影响相对较弱的情况下，SMOS 卫星数据质量依然受到了严重的影响，导致大量数据丢失。图 6.27 为 SMOS 卫星巴塞罗那研究中心(Barcelona Expert Center，BEC)发布的月均 SSS 数据产品(1°×1°)，该数据产品剔除了受 RFI 影响的数据，从图 6.27 中可以看出，太平洋西部海域几乎没有数据，数据缺失范围与本书所划的 RFI 污染区域基本一致，可见 RFI 对西太平洋海域影响巨大，尤其对中国附近海域的 SSS 数据造成了严重的损失。

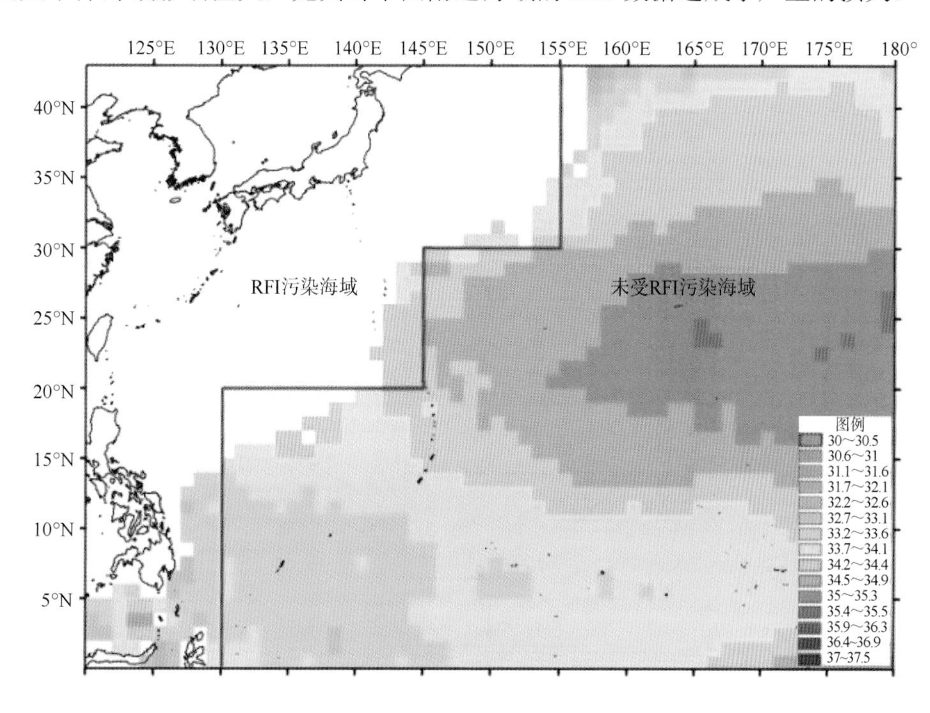

图 6.27　BEC 发布 SSS 数据产品(月均，1°×1°)

通过对西太平洋受 RFI 污染低风险海域的 SSS 卫星数据与实测数据匹配拟合分析，得到 SMOS 卫星 L2 单轨卫星 SSS 数据产品(15.74 km×15.74 km)的准确度相对较低，而在考虑到 RFI 作为主要因素影响的情况下，其准确度更低。RFI 对卫星数据的影响随着距离的增大而减小，但是即使在距离相对较远的海域，其影响依然是不可忽视的，会导致西太平洋西部大面积海域数据缺失，尤其是中国附近海域。

6.2.2　综合孔径辐射计预处理技术

综合孔径微波辐射计由一维或二维稀疏天线阵、接收机、数字相关器、控制配电器等硬件组成，在实际系统中，存在各种各样不可避免的误差，为获取高质量的亮温图像，对遥感数据的预处理工作尤为重要。遥感数据的预处理工作主要包括系统误差校正及定标、外源误差校正、亮温反演和地理定位等。

综合孔径微波辐射计输出的数据经过解析后，首先通过注入相关、非相关噪声等实现可见度函数的内定标，完成天线和通道的幅度误差、相位误差校正。定标后的可见度函数通过外定标、外源误差校正，进一步完成天线方向图的校正，同时剔除银河、太阳、月亮等的影响，修正后的可见度函数通过亮温重构算法将输出数据从可见度函数转换为亮温数据，并通过地理定位算法，输出像素点的地理经纬度、观测角、分辨率等信息。

以 L 波段二维综合孔径辐射计为例，预处理过程如图 6.28 所示。

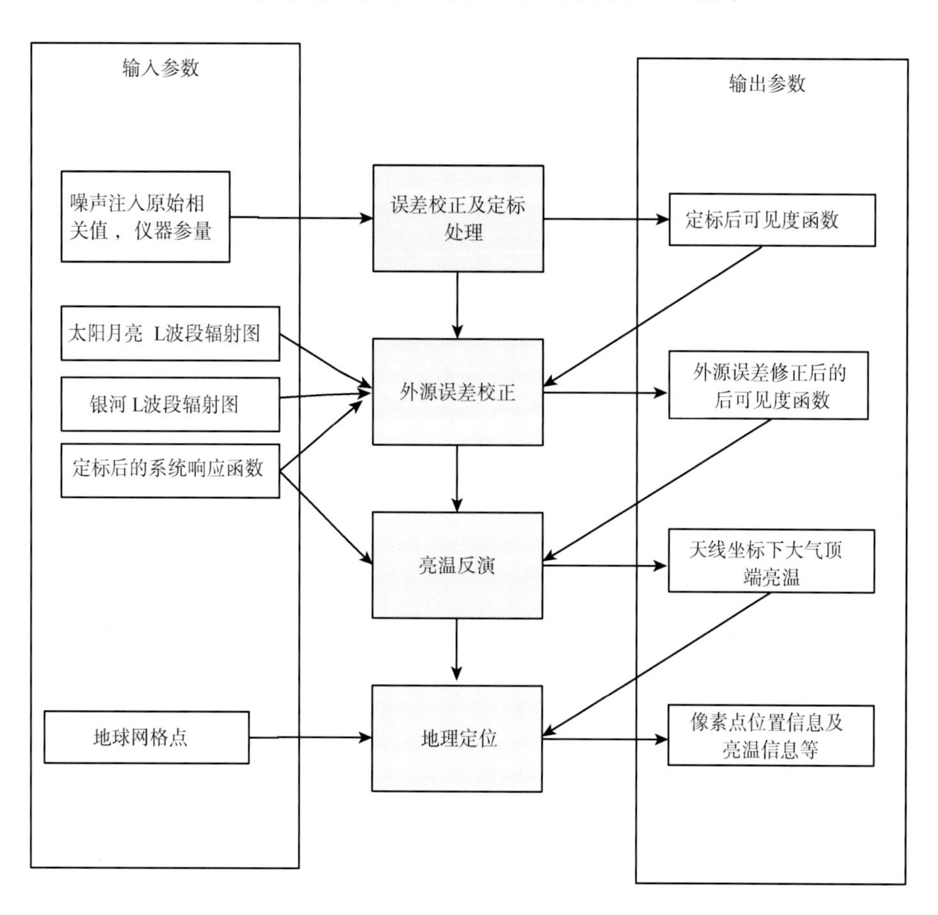

图 6.28　L 波段二维综合孔径辐射计预处理流程图

二维综合孔径微波辐射计数据预处理技术包括综合孔径辐射计系统误差校正及定标技术、外源误差校正技术、亮温反演技术、亮温地理定位技术。

1. 综合孔径辐射计系统误差校正及定标技术

综合孔径微波成像辐射计的测量误差主要包括天线阵列误差和接收通道误差，其中天线阵列误差包括天线单元方向图误差、天线单元位置误差、天线互耦误差等，接收通道误差包括通道幅度误差、通道相位误差、通道串扰误差等。

为了实现系统的定量测量并获得高的测量精度，必须对综合孔径微波成像辐射计进行定标。由于系统采用二维稀疏天线阵进行干涉测量，无法进行整体定标，因此采用分步定标法，分别完成天线阵定标和接收机定标。系统定标流程如图 6.29 所示。

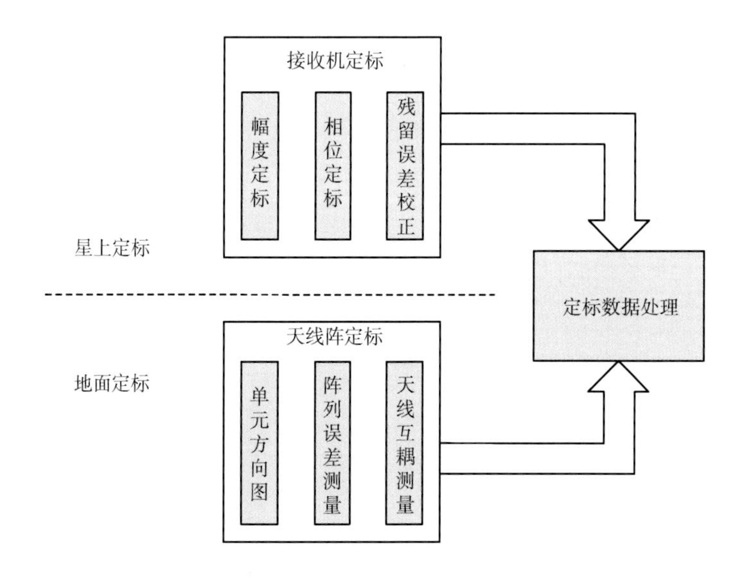

图 6.29　定标过程示意图

天线阵定标在地面进行，目的是准确获得天线阵的辐射特性，需要对每一个天线单元的方向图进行准确的测试，分析天线阵平面度偏差和天线单元位置偏差对天线阵性能的影响，并计算得到整个天线阵的辐射特性，还需要对天线单元之间的耦合进行测试。

接收机定标采用噪声注入的内部定标方式实现在轨周期定标，利用定标开关决定辐射计接收机是连接待测信号还是连接定标信号，这样可以减小增益变化对辐射计灵敏度的影响，同时有效消除接收机通道的相位和幅度不一致特性所引入的误差。内定标流程如图 6.30 所示。

卫星在轨运行过程中，可以通过对卫星平台调姿使辐射计观测平坦冷空目标对其进行校准，观测平坦的冷空目标获得平坦目标响应，也可以部分地修正天线方向图误差去除天线耦合的影响。

2. 综合孔径辐射计外源误差校正技术

对于地球遥感卫星的轨道来说，污染辐射计接收亮温的外源主要有直射太阳、直射月亮、反射太阳、反射月亮、冷空等。因此，在亮温反演之前，必须除去这些外源的影响获得校正后的可见度函数。

太阳直射的贡献可看作一个点源贡献，其噪声温度在 100 000～500 000 K，这主要取决于太阳的活动。从地球上看，太阳的视在角度半径约为 0.5°，而仪器的等效波束宽度为 2.5°，因此在图像的一个像素中，直射太阳的贡献为 4 000～20 000 K。由于成像的位置和轨道是已知的，因此可计算太阳在亮温图像中的位置，亮温贡献的强度也可以由自身测的数据反演得到。

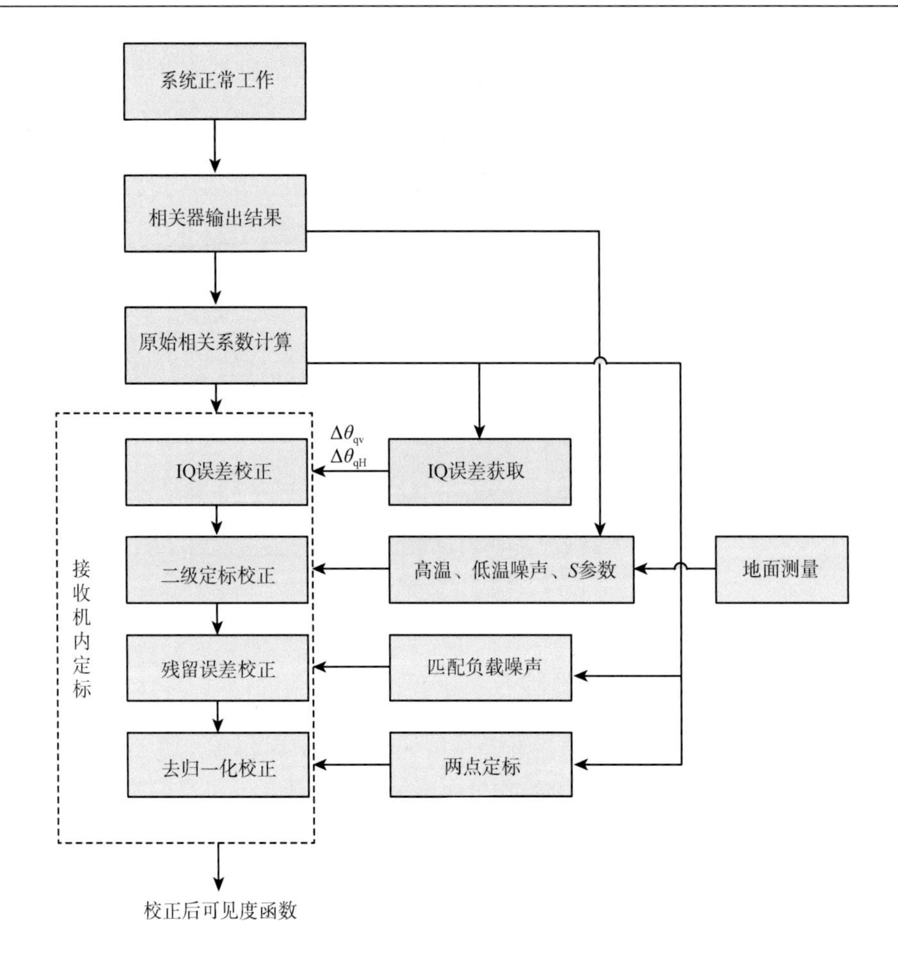

图 6.30　综合孔径辐射计接收机内定标过程

太阳反射的影响通过模型计算获得，该模型利用太阳的亮温、海洋表面的风速和风向(描述海洋表面粗糙度)、海洋表面盐度和温度(影响介电常数)等信息计算出经海面反射后太阳的亮温贡献。

月亮直射和反射的贡献也可视为一个点源目标，从地球上看，它的等效角度类似于太阳，只是其等效亮温约为 250 K，当直接成像时，月亮的亮温幅度约为 8 K。

天空的亮温由辅助的冷空或银河亮温图推导得到。天空的贡献可通过调节一个高质量的冷空亮温图来确定一个最佳的指标。在外定标中选择一个合适的目标场景，要求该场景足够稳定，利用靠近银河极点的区域，从而避免银河系的干扰。背景深空的亮温约为 3.5 K，而银河的亮温能达到 20 K。

由此可知，最终的外源贡献主要来自太阳，其次是冷空(或地球背景)，最后是直射月亮。

在亮温图像反演之前，必须获得每种类型外源的可见度函数值，并从定标后的可见度函数值中减去这些外源的函数值，其外源校正流程图如图 6.31 所示。

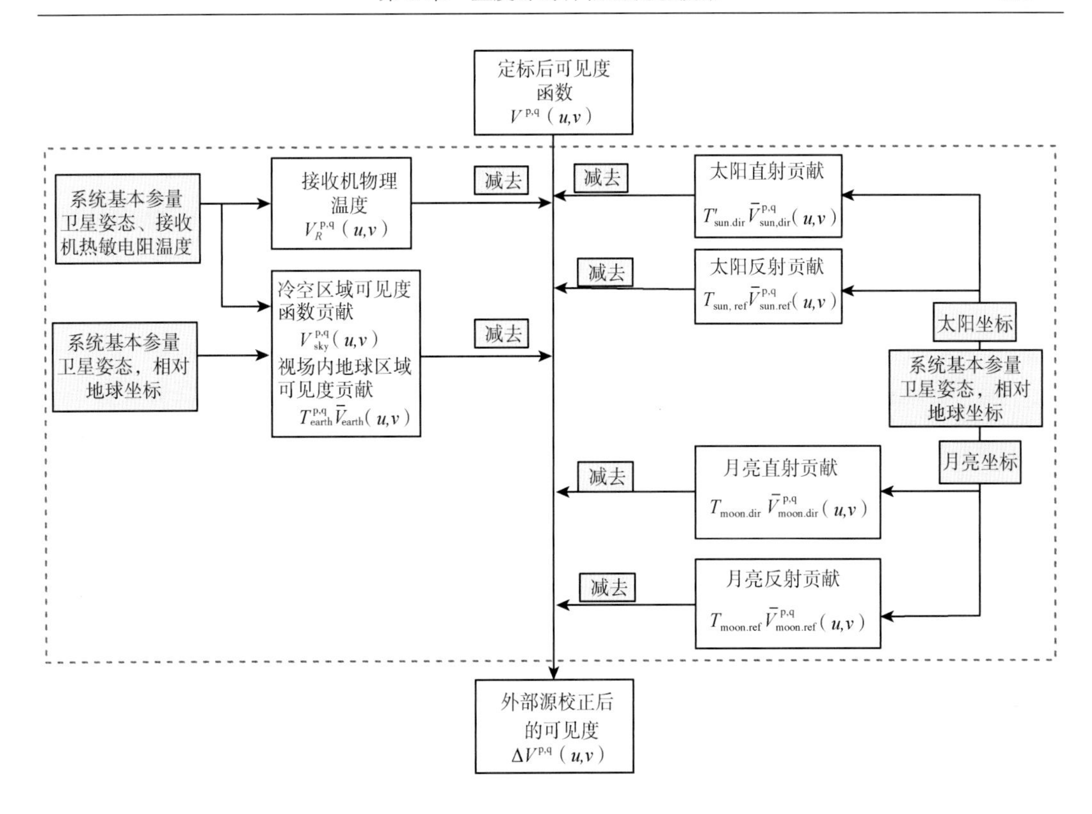

图 6.31　综合孔径辐射计可见度的外部误差源校正流程图

3. 综合孔径辐射计亮温反演技术

在综合孔径微波辐射计中，辐射计直接获得的数据不是目标场景的亮温值，而是目标场景的空间傅里叶分量，需要对目标场景的空间傅里叶分量数据进行反演才能获得目标场景的亮温数据。目前，综合孔径的亮温重建方法主要分为两大类：直接重建法(即傅里叶反演法)和矩阵间接重建法(***G*** 矩阵反演法)。

傅里叶反演法的依据是理想情况下场景的亮温分布与干涉测量的可见度函数之间呈傅里叶变换的关系，得到天线阵列的可见度函数之后，直接求傅里叶反变换即可得到原始场景的亮温分布。

G 矩阵反演法所使用的模型并不直接表示出亮温与可见度之间的关系，只是笼统地写成 $V=\boldsymbol{G}T$，其中矩阵 ***G*** 可以看成是整个综合孔径阵列的系统冲激响应，只要测得矩阵 ***G***，便可通过各种反解方程组的方法得到原始亮温 T 的值。

1)傅里叶反演法

傅里叶反演法基于理想情况下可见度函数 $V(u)$ 与亮温图像 $T_{\mathrm{B}}(x)$ 之间满足傅里叶变换关系，通过对测量可见度函数 $V(u)$ 进行逆傅里叶变换重建亮温图像 $\hat{T}_{\mathrm{B}}(x)$。

由于真实天线阵列测量的可见度函数采样值必然是离散和带限的，因此实际系统中采用对离散可见度样本序列进行逆离散傅里叶变换运算来实现图像重建：

$$\hat{T}_{\mathrm{B}}(x)=\frac{1}{(2P+1)}\sum_{p=-P}^{P}V_p \mathrm{e}^{j2\pi px\Delta u} \tag{6.2.13}$$

式中，Δu 为波长归一化的最小采样间隔；p 为可见度样本对应的基线序号；P 为基线数量。为了调整综合孔径阵列的功率方向图形状(如抑制旁瓣等)，还可以进行加窗处理，即对测量可见度值乘上窗函数 W：

$$\hat{T}_{\mathrm{B}}(x)=\frac{1}{(2P+1)}\sum_{p=-P}^{P}W_p V_p \mathrm{e}^{j2\pi px\Delta u} \tag{6.2.14}$$

窗函数通过抑制方向图旁瓣，从而使图像更加平滑，背景噪声更小，但是它也使图像轮廓边缘更加模糊，清晰度降低，这是窗函数造成了方向图主瓣展宽、图像分辨率下降的后果。

2) ***G*** 矩阵反演法

实际综合孔径阵列系统测量的可见度数据是在空间频率 u 上的离散和有限的采样，这样得到的解也只能是目标空间亮温分布函数 $T^0(x)$ 在空间坐标 x 上的离散采样近似 $\hat{T}$ 。因此，在实际应用中实现数值求解时，必然要将前面的连续函数问题转化为有限维的离散问题来处理。

为了便于数值处理，将可见度函数的复数方程改写为实数方程，即将可见度函数值的实部和虚部分开表示，m 为奇数时，代表同相相关器的输出，即可见度的实部分量，m 为偶数时，代表正交相关器的输出，即可见度的虚部分量，m=1 代表零基线相关器的输出，则可见度函数与亮温方程可写为如下形式：

$$v_m=\int_{-1}^{1}g_m(x)T^0(x)\mathrm{d}x, \qquad (m=1,2,\cdots,M) \tag{6.2.15}$$

式中，$M=2N+1$，N 为基线数量；$g_m(x)$ 为第 m 个相关器的系统冲激响应。根据采样理论，式(6.2.15)的积分可以用离散的矢量乘积形式来代替：

$$v_m=G_m T \tag{6.2.16}$$

$$G_m=[g_{m1}\quad g_{m1}\quad \cdots \quad g_{mp}] \tag{6.2.17}$$

$$g_{mp}\equiv g_m(x_p) \tag{6.2.18}$$

$$T=\begin{bmatrix} t_1 \\ t_2 \\ \vdots \\ t_p \end{bmatrix} \tag{6.2.19}$$

$$t_p=\int_{-1}^{1}s(x-x_p)T(x)\mathrm{d}x \tag{6.2.20}$$

式中，$s(x-x_p)$ 为亮温分布函数 $T(x)$ 的内插脉冲；$\{x_p: p=1,2,\cdots,P\}$ 为在空间坐标范围 $-1\leqslant x\leqslant 1$ 内均匀分布的采样点集合，也可称为图像中的像素(pixels)。对于一个完整的综合孔径阵列系统，通过将所有的可见度采样组成一个 $M\times 1$ 的矢量，即可将式

(6.2.15)转化成矩阵形式：

$$\underset{(M\times1)}{\boldsymbol{V}} = \underset{(M\times P)}{\boldsymbol{G}} \quad \underset{(P\times1)}{\boldsymbol{T}} \tag{6.2.21}$$

$$\boldsymbol{V} = \begin{bmatrix} v_1 \\ v_2 \\ \vdots \\ v_M \end{bmatrix} \tag{6.2.22}$$

$$\boldsymbol{G} = \begin{bmatrix} g_1(x_1) & g_1(x_2) & \cdots & g_1(x_P) \\ g_2(x_1) & g_2(x_2) & \cdots & g_2(x_P) \\ \vdots & \vdots & \ddots & \vdots \\ g_M(x_1) & g_M(x_2) & \cdots & g_M(x_P) \end{bmatrix} \tag{6.2.23}$$

$$\boldsymbol{T} = \begin{bmatrix} t_1 \\ t_2 \\ \vdots \\ t_P \end{bmatrix} \tag{6.2.24}$$

式中，$\boldsymbol{V}$ 为可见度数据向量；$\boldsymbol{G}$ 为系统冲激响应矩阵，也称为 $\boldsymbol{G}$ 矩阵；$\boldsymbol{T}$ 为图像亮温向量；P 为亮温图像的像素点数，采样理论一般要求 $P>3M$。式(6.2.22)～式(6.2.24)就是式(6.2.15)表达的连续积分数学问题对应的离散形式，描述系统冲激响应变成了离散的系统响应 $\boldsymbol{G}$ 矩阵。式(6.2.22)～式(6.2.24)将综合孔径图像重建问题表示成一个线性方程问题：给定 $\boldsymbol{V}$ 和 $\boldsymbol{G}$，找到一个满足式(6.2.24)的 T。在综合孔径微波辐射成像领域，利用式(6.2.21)的离散系统矩阵模型来重建图像的数值反演算法，都称为 $\boldsymbol{G}$ 矩阵反演法。利用 $\boldsymbol{G}$ 矩阵方法进行亮温重建的流程图如图 6.32 所示。

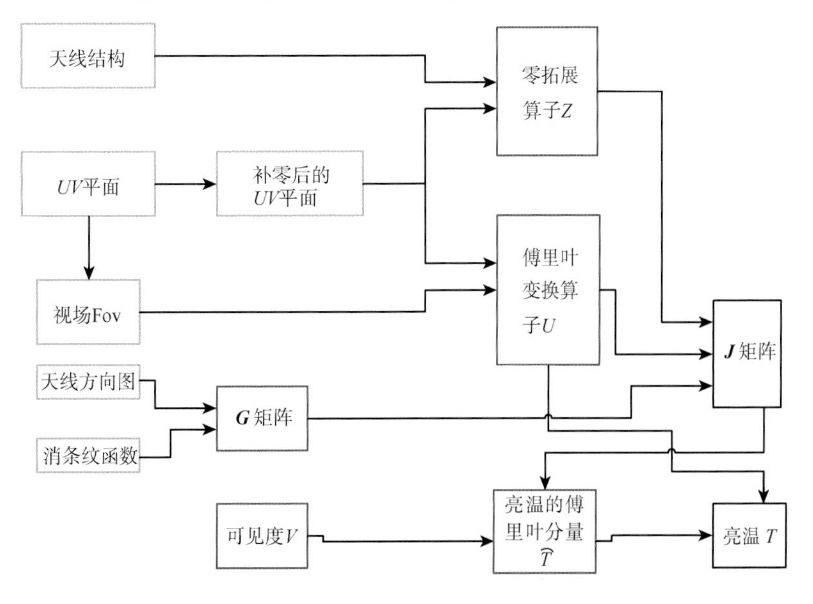

图 6.32　综合孔径辐射计 $\boldsymbol{G}$ 矩阵亮温反演方法流程图

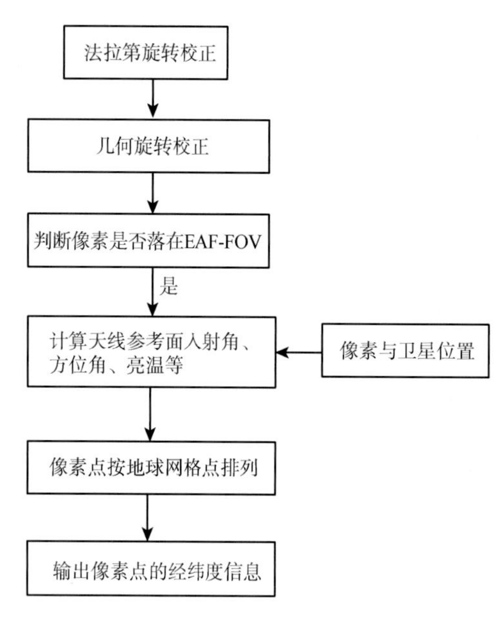

图 6.33　反演亮温图像地理定位流程图

4. 综合孔径微波辐射计地理定位技术

综合孔径微波辐射计获得的是大气顶端的亮温，由于电离层的影响及天线参考面坐标和地球像素点坐标不一致的影响，大气顶端亮温转换到地球表面亮温需要首先剔除这两个因素的影响。该模块主要完成电离层法拉第旋转校正、几何旋转校正及地理定位的功能(图 6.33)。

6.2.3　数字形成波束散射计预处理

数字形成波束散射计预处理将散射计观测的原始数据进行处理，得到地球网格下的后向散射系数数据。其具体过程包括：L0 级原始数据经过处理得到 L1A 级功率数据；L1A 级数据经过处理得到 L1B 级数据，即观测时间顺序组织的地面后向散射系数数据；L1B 级数据经过处理得到 L1C 级数据，即地球网格的后向散射系数数据。散射计各个级别数据的具体定义和说明见表 6.4。

表 6.4　散射计数据预处理相关等级定义

名称	定义和说明
L0 数据	星上下传的原始数据，是星上数据处理的结果，包含回波信号功率数据、内定标数据和星历等辅助数据。其中，回波信号功率数据是回波脉冲信号经过 FFT(快速傅里叶变换)后进行多普勒改正和设定频率范围内抽头组合(距离门重组)得到的切片(slice)功率数值
L1A 数据	以脉冲为单位存储的切片功率数据。每个数据包包含了脉冲距离门重组的功率数据、属性描述数据(如时间码)和确定的对应的内定标和观测几何辅助数据
L1B 数据	以观测时间顺序组织的地面后向散射系数数据。每个数据包包含了脉冲的切片后向散射系数数值、相应的属性数据(脉冲的描述数据和几何信息)，对应的误差项 Kp 数值和信噪比(SNR)数值。L1A 数据经过 L1B 处理得到 L1B 数据
L1C 数据	以地面网格单元空间顺序组织的地面后向散射系数数据。网格单元是对观测数据刈幅的划分，形式和大小由盐度反演需求确定。划分结果由对 L0 数据中的星历参数及地面刈幅理论覆盖范围确定。每个数据包由一个网格单元和其内部的观测对应的后向散射系数及观测的几何等属性特性组成。每个观测是对网格单元中后向散射系数一次独立的测量，通过落入网格内观测内的切片 sigma0 得到。观测的确定方法的一种是，由网格单元中某个时间段内的切片数据组成观测

图 6.34 展示了 L 波段散射计数据预处理过程以及各级别数据产品。星上信号处理主要包括数字波束合成和距离门重组及信号积累等内容；星上数据传回地面，经过各个级别的数据处理，得到应用于参数反演的地球网格下的后向散射系数数据。L1A 级数据处

理主要包括从原始数据包文件中抽取卫星星历数据和姿态数据，进行星历插值、电压/功率转换和定标脉冲数据抽取等内容；L1B 级数据处理主要包括单元和条带几何定位、X 因子计算、内定标处理、后向散射系数和 Kp 计算等内容；L1C 级数据处理主要包括地面网格单元后向散射系数条带重组、陆地和海冰数据标记等。

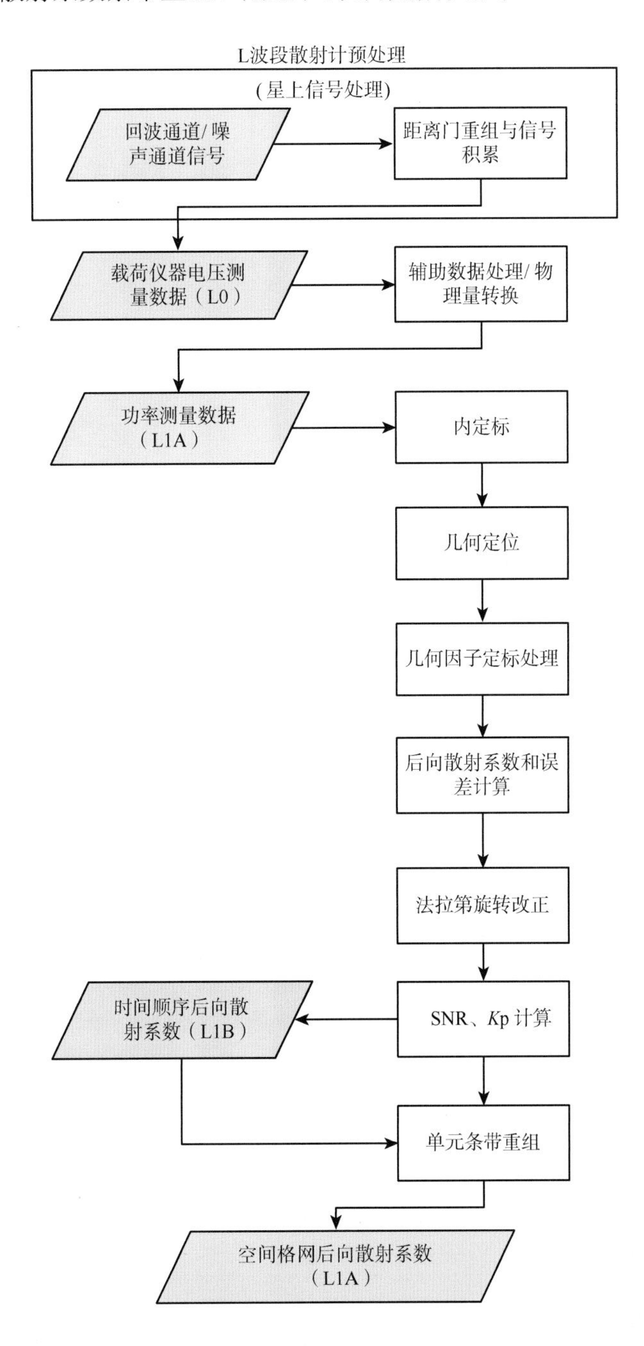

图 6.34　L 波段散射计数据预处理和产品分级示意图

1. 距离门重组与信号积累

散射计的接收波束和发射波束都采用数字波束(DBF)形成的技术。根据轨道参数和辐射计的观测范围，通过数字波束合成，实现与辐射计观测的最佳匹配。接收波束和发射波束的形成原理基本相同。数字波束合成过程如图 6.35 所示。

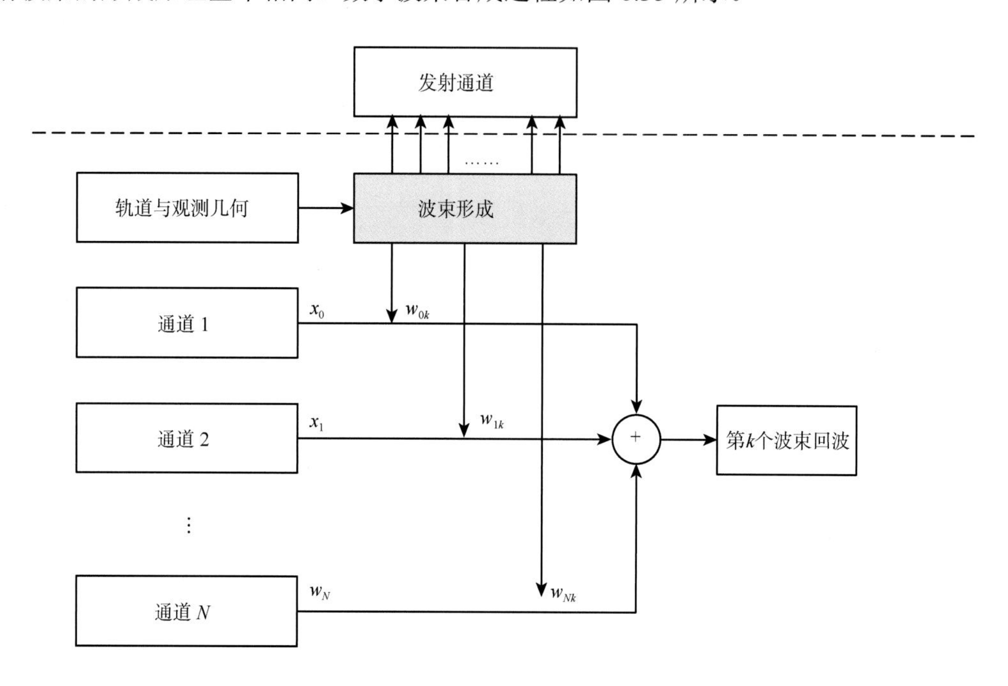

图 6.35　数字波束形成示意图

数字波束形成处理中，在需要合成的波束数目和指向角的基础上，根据天线方向图波束宽度等要求，预先进行波束导向和加权系数优化。数字波束导向和散射计系统收发时序协同配合，接收通道后续星上处理与真实孔径扫描散射计基本一致。但真实孔径扫描散射计天线方向图在不同观测方位相对一致，波束形成散射计在不同波束指向角的天线方向图形状略有不同，在数据接收和后续处理中需要分别处理。

散射计普通测量模式包括目标观测、噪声量测和内定标三个阶段。根据散射计时序得到测量脉冲和定标脉冲的能量测量信号、噪声信号，首先需要进行数字全去斜和 FFT 处理，将观测足迹的地面距离和回波的频率对应起来。星上回波信号处理主要是对全去斜和 FFT 之后的信号，进行多普勒频率计算和距离门重组，组合成距离向一定宽度的条带。回波信号距离门重组和条带功率积累过程如图 6.36 所示。

2. 辅助数据处理

辅助数据主要包括星历数据和姿态数据等。星历数据包括时间、位置和速度信息，为了获得数据获取时间段中任意一点的位置和速度信息，需要对星历数据进行插值，主要使用样条函数插值方法，按照图 6.37 中的步骤进行插值。

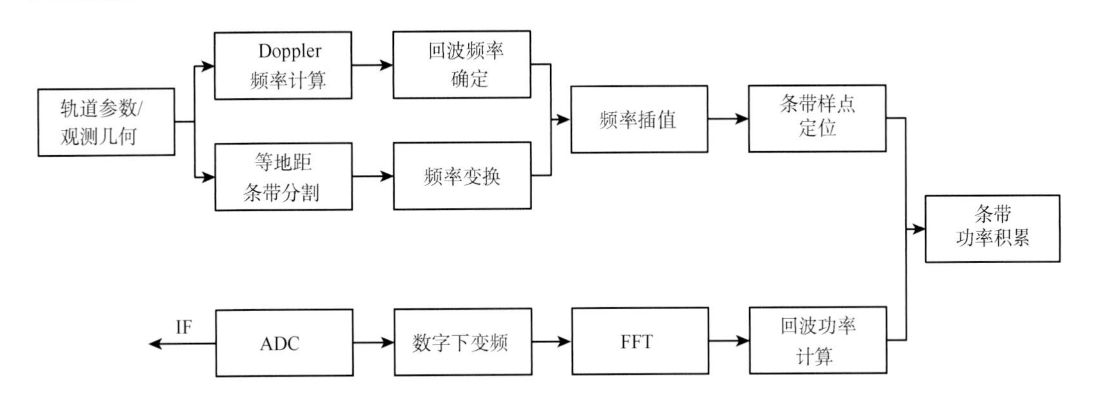

图 6.36　回波信号距离门重组和条带分割

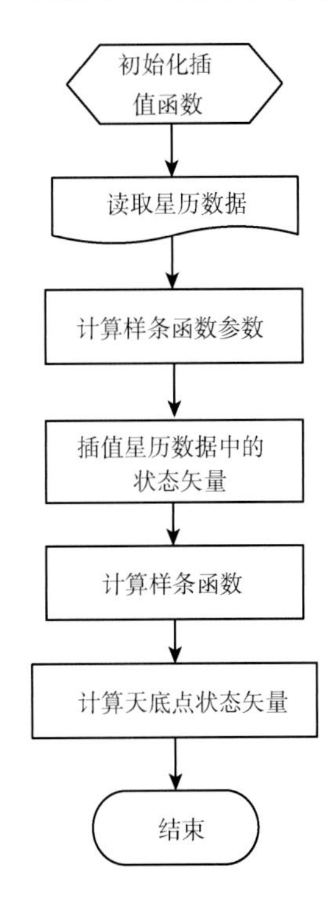

图 6.37　星历插值处理

3. 几何定位处理

散射计测量结果中包含测量数据和定标数据，每种数据都由信号能量和噪声能量组成。对于测量数据而言，为了得到较好的测量结果，需要根据获取数据时的传感器姿态计算圆斑和条带对应的地面位置。

在几何定位中，波束形成散射计在观测几何计算时，需要对不同波位根据波束导向分别进行考虑。各波位基本处理过程与真实孔径扫描散射计基本一致。

4. 内定标处理

内定标是散射计正常工作模式的一个重要组成部分，其可用来校正雷达系统内部因素对原始功率数据的影响，包括发射功率变化、接收机增益漂移、热噪声的变化等。根据雷达方程：

$$\sigma_{\mathrm{m}}^{0} \propto \frac{P_{\mathrm{s}}}{P_{\mathrm{t}}} \tag{6.2.25}$$

将发射信号的取样值用来进行内定标，直接测定功率的比值即可得到测量后向散射系数，图 6.38 给出了内定标原理及方法。发射信号的取样是通过内定标环路中的两个定向耦合器实现的。系统在测量定标信号和回波信号之间进行切换，从而实现比率定标。

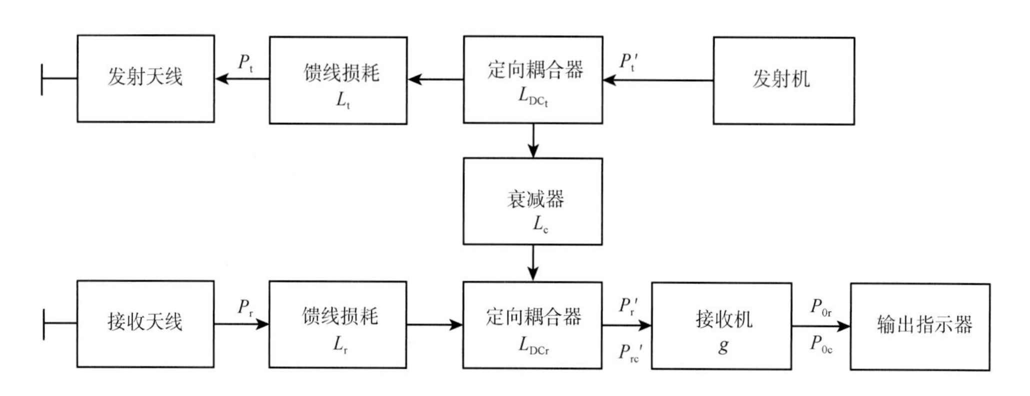

图 6.38　散射计内定标原理与方法

5. 后向散射系数和误差计算

散射计的后向散射系数 sigma0（σ_0）是通过雷达方程计算得到的。sigma0 和接收功率以及散射计系统的雷达方程表达为

$$P_{\mathrm{s}} = \frac{(P_{\mathrm{t}}G_{\mathrm{r}})\lambda^2 G_{\mathrm{p}}^2}{(4\pi)^3 L_{\mathrm{sys}}'}\left(\frac{1}{L_{\mathrm{a}}^2 L_{\mathrm{w}}^2}\right)\iint \mathrm{d}^2 r \sigma_0(x,y)\frac{F[f_{\mathrm{b}}(r)]}{R^4(r)} \tag{6.2.26}$$

式中，G_{p} 为天线峰值增益；$F[f_{\mathrm{b}}(r)]$ 为足印的数字滤波响应，包含了天线方向图的影响；$P_{\mathrm{t}}G_{\mathrm{r}}$ 为发射功率和接收机增益的乘积；$\sigma_0(x,y)$ 为位于地球表面(x, y)位置的后向散射系数；$R(r)$ 为(x, y)处的斜距；L_{sys}' 为系统损耗；L_{w} 为连接天线和设备的单程波导损耗；L_{a} 为大气损耗；P_{s} 为回波功率中的信号成分。

sigma0 的误差表示为归一化标准差 K_{p}。K_{p} 来自回波能量误差和定标因子计算的误差，由三部分组成：第一部分是由雷达固有的衰落效应和接收机热噪声引起的传递误差；第二部分是由雷达天线和增益及其他系统参数的不确定性引起的定标误差；第三部分是外定标中引入的模型误差。第二部分误差主要针对天线考虑，由具体的天线参数决定；

第三部分主要结合应用模型考虑。第一部分的传递误差 Kpc 在完成测量功率到后向散射系数转换和内定标时可以求取。

后向散射系数 sigma0 和传递误差 *K*pc 的具体计算流程如图 6.39 所示。

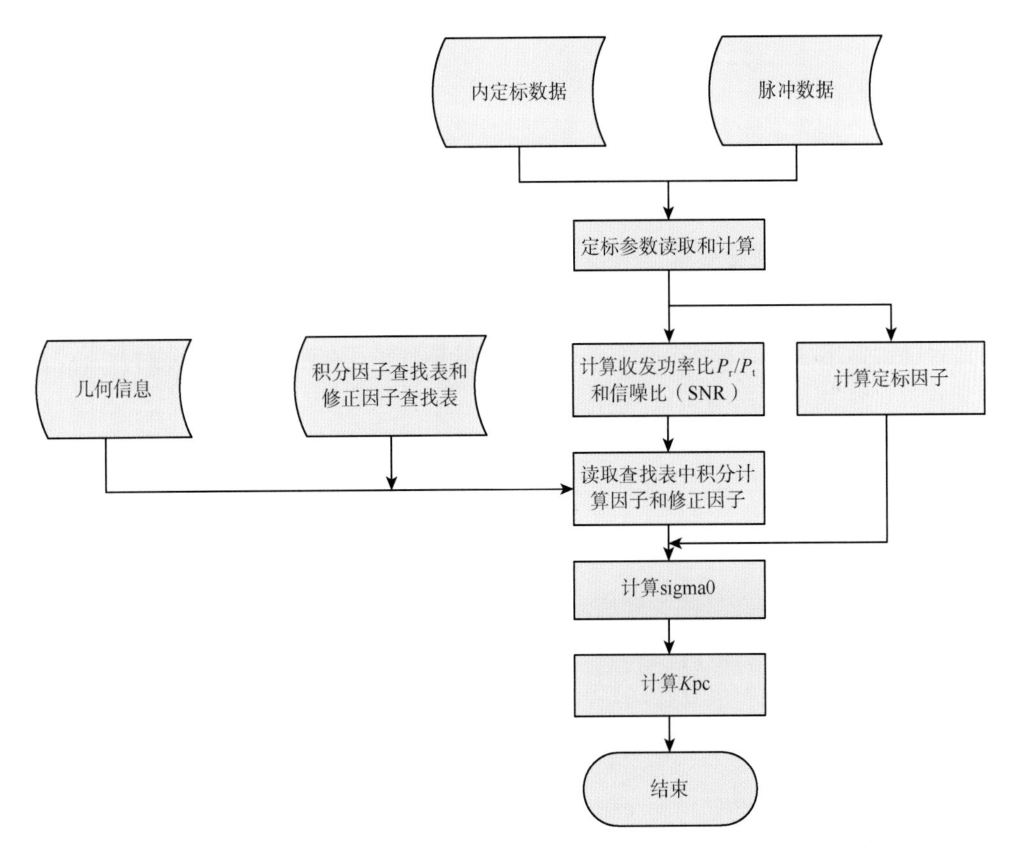

图 6.39　散射计后向散射系数 sigma0 和传递误差 *K*pc 计算流程

6.3　地球物理要素的反演算法

6.3.1　多参数主被动联合反演算法

建立粗糙海面辐射亮温模型、后向散射系数模型、大气衰减模型以及宇宙辐射和法拉第旋转修正方法的过程通常被称为正演过程，而使用建立好的正演模型去反演海洋和大气参数的过程则被称为反演过程。图 6.40 给出了正演和反演过程的具体示意图。从图 6.40 中可知，反演的本质是把海洋和大气状态初始值输入辐射传输模型和地物模式函数中计算模拟量，之后将模拟量和观测量输入反演算法的代价函数中，并使用优化方法求解代价函数的最优解，输出待反演的参数。

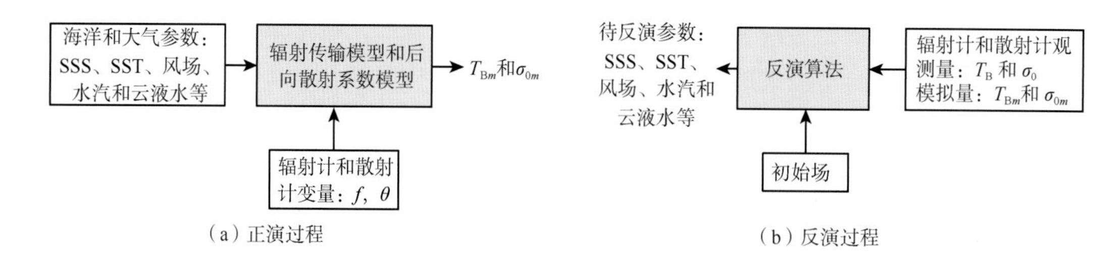

图 6.40　正演过程和反演过程示意图

1. 物理反演算法理论基础

海面盐度物理反演算法是基于贝叶斯理论发展起来的，具有较强的物理意义和通用性，是目前最常用的海面盐度反演方法。基于贝叶斯理论，在给定观测向量时，$P(S|\overline{F})$海气状态向量的概率密度函数可以表示为

$$P(S\mid \overline{F})=\frac{P(\overline{F}\mid S)P(S)}{P(\overline{F})} \tag{6.3.1}$$

式中，$\overline{F}$ 和 S 分别为观测向量和与其相关的海气状态向量的先验信息；$P(S)$和 $P(\overline{F})$ 分别为海气状态向量和观测向量的先验概率密度函数；$P(\overline{F}\mid S)$ 为海气状态向量已知时的观测向量的条件概率密度函数。

假设观测向量和先验信息都满足高斯分布，式(6.3.1)中的分子项正比于式(6.3.2)和式(6.3.3)：

$$P(\overline{F}\mid S)\sim \exp\left\{-\frac{1}{2}(\overline{F}-F)^{\mathrm{T}}\overset{=-1}{C_{\Psi\Psi}}(\overline{F}-F)\right\} \tag{6.3.2}$$

$$P(S)\sim \exp\left\{-\frac{1}{2}(S-S_a)^{\mathrm{T}}\overset{=-1}{C_{\mathrm{SS}}}(S-S_a)\right\} \tag{6.3.3}$$

实际中，式(6.3.1)的分母项 $P(\overline{F})$ 是一个归一化因子，可以不考虑。$P(\overline{F}\mid S)$ 的最大化可等效为式(6.3.2)和式(6.3.3)乘积的最大化，即如下代价函数：

$$\chi^2=(\overline{F}-F)^{\mathrm{T}}\overset{=-1}{C_{\Psi\Psi}}(\overline{F}-F)+(S-S_{\mathrm{a}})^{\mathrm{T}}\overset{=-1}{C_{\mathrm{SS}}}(S-S_{\mathrm{a}}) \tag{6.3.4}$$

式中，$\overline{F}$ 和 F 分别为仪器观测向量和模型模拟向量；S 和 S_{a} 分别为待反演的海气参数向量和海气参数初始场向量；$\overset{=-1}{C_{\Psi\Psi}}$ 和 $\overset{=-1}{C_{\mathrm{SS}}}$ 分别为观测向量和先验信息的误差协方差矩阵。一般使用最小二乘求解代价函数的最优解，常用的求解法有梯度下降法、牛顿迭代法、高斯牛顿法、莱文贝格-马夸特方法(Levenberg-Marquardt algorithm，LM)等。LM 算法是对高斯牛顿法的改进，在高斯牛顿法中引入了因子 u，当 u 较大时相当于梯度下降法，当 u 较小时相当于高斯牛顿法，其结合了梯度下降法和高斯牛顿法的优势，是目前最常用的最小二乘优化方法。

2. 多参数主被动联合反演算法的处理流程

目前，常用的海表盐度物理反演算法分别是基于 SMOS 和 Aquarius 发展起来的多元非线性海面盐度反演算法和 CAP 反演算法。图 6.41 给出了 SMOS 多元非线性海表盐度反演算法的处理流程图。从图 6.41 中可知，该反演算法的基本过程是使用前向模型、大气衰减模型、宇宙辐射修正方法和法拉第旋转修正方法获得大气顶层亮温模拟值，然后将模拟亮温与测量亮温代入代价函数中进行迭代求解，在迭代的同时不断更新反演参数，直至找到最优解，完成海面盐度的反演。在该过程中，需要外部辅助风场数据来完成对海面粗糙度的修正。

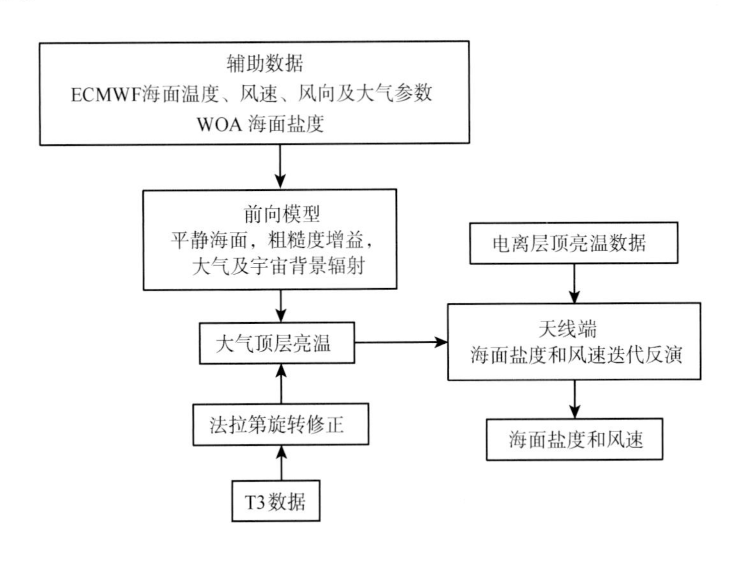

图 6.41　SMOS 卫星海表盐度 SSS 反演算法的处理流程图

不同于 SMOS 卫星的官方算法，Aquarius 卫星的 CAP 算法不需要辅助风场数据来修正海面粗糙度。图 6.42 给出了 CAP 反演算法的处理流程图。由图 6.42 可知，CAP 反演算法首先对测量亮温和后向散射数据进行法拉第旋转修正，然后使用修正的后向散射数据完成海面风场的反演，并将获得的风场用于海面粗糙度的修正，最后将修正的测量数据和模型模拟值代入代价函数中进行迭代寻优，完成海表盐度、海面风速和风向的同步反演。

不同于 SMOS 和 Aquarius 算法，多参数主被动联合反演算法不需要辅助的风场数据来完成对海面粗糙度的修正和海表盐度、海面温度和海面风速的同步反演。另外，多参数主被动联合反演算法还具有反演海面风向、水汽和云液水的潜力。图 6.43 给出了多参数主被动联合反演算法的具体流程图。从图 6.43 可知，多参数主被动联合反演算法的具体处理步骤如下。

(1) 基于匹配好的基础数据集，使用建立的多波段粗糙海面辐射亮温模型计算 1.4 GHz、6.9 GHz、18.7 GHz 和 23.8 GHz 的模拟亮温，使用建立的外推地物模式函数计算 1.26 GHz 的后向散射系数模拟值。

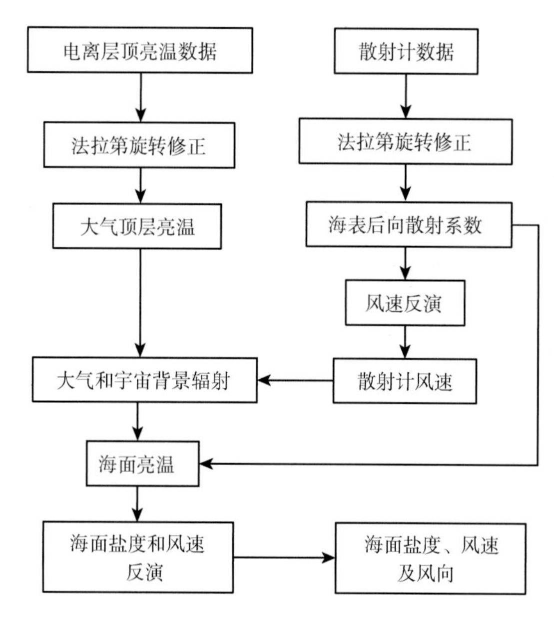

图 6.42　Aquarius 卫星主被动联合 CAP 反演算法的处理流程图

(2) 使用建立的 L/C/K 波段无降雨大气衰减模型计算 1.4GHz、6.9GHz、18.7GHz 和 23.8 GHz 波段的大气衰减，并完成对宇宙辐射和法拉第旋转的修正，进而获得大气顶层亮温和后向散射系数模拟值。

(3) 利用海洋盐度卫星多频段、多入射角和主被动的特点，构建反演算法的代价函数，并使用合适的优化方法对代价函数进行求解。

(4) 将步骤 (1) 和 (2) 的正演模型计算的大气顶层亮温、后向散射系数与测量数据代入步骤 (3) 构建的反演算法代价函数中，进行迭代寻优。迭代过程中不断更新待反演参数，直至找到最优解，从而实现海面盐度、海面温度和海面风速的同步反演。

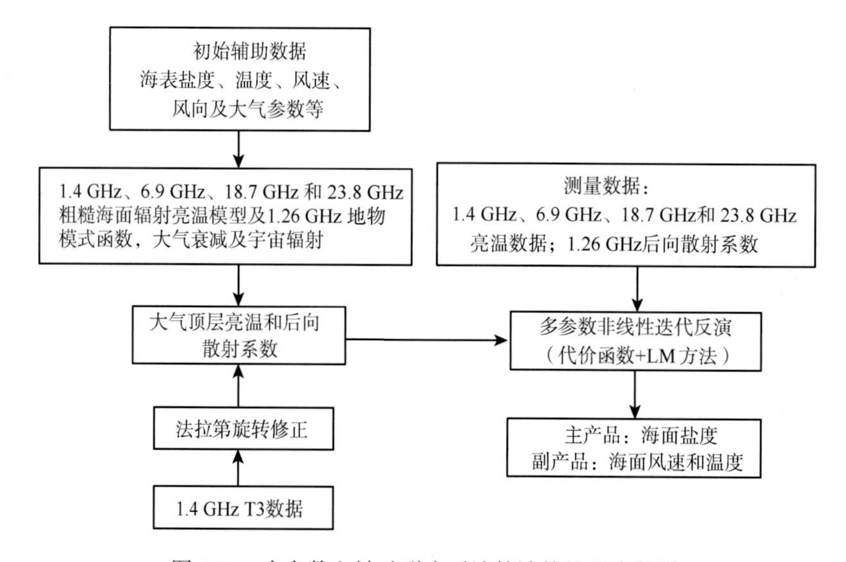

图 6.43　多参数主被动联合反演算法的处理流程图

3. 反演算法代价函数的构建

SMOS 卫星的官方海面盐度反演算法是基于多入射角亮温的多元非线性反演算法。该算法通过最小化代价函数式(6.3.4)中 SMOS 卫星的测量亮温和模拟亮温的差值来完成对海面盐度的反演。该算法不仅有效包含了物理参数的先验信息，且可以利用 SMOS 的多角度特点来改善海面盐度的反演精度。

$$\chi^2 = \sum_{i=1}^{N} \frac{[T_{\mathrm{B}i} - T_{\mathrm{B}im}]^2}{\sigma_{\mathrm{T_{B\mathit{i}}}}^2} + \frac{[\mathrm{SSS} - \mathrm{SSS_{WOA}}]^2}{100} + \frac{[\mathrm{WS} - \mathrm{WS_{ECMWF}}]^2}{2} \tag{6.3.5}$$

式中，$\sigma T_{\mathrm{B}i}$ 为 SMOS 测量亮温的不确定度，可以表示为仪器灵敏度与估计的模型噪声之和；$T_{\mathrm{B}i}$ 为辐射计测量的多入射角亮温；$T_{\mathrm{B}im}$ 为使用粗糙海面辐射亮温模型模拟的亮温；$\mathrm{SSS_{WOA}}$ 为源自于 WOA(World Ocean Atlas)的海表盐度初始场；$\mathrm{WS_{ECMWF}}$ 为来源于 ECMWF 的海面风速初始场。

Aquarius 是一个主被动结合的仪器，除了辐射亮温之外还能同步获取海面后向散射信息。基于 Aquarius 卫星的观测数据，Yueh 等提出了 CAP 反演算法。在该算法的代价函数中，除了辐射亮温项之外，还同步包含了海面后向散射系数项以及风向约束因子。该算法通过最小化代价函数式(6.3.6) [CAP 算法 V4.0 版本表达式]中 Aquarius 卫星测量数据(亮温和后向散射)和模型模拟值的差值完成海面盐度的反演。

$$\begin{aligned} C_{a\mathrm{p}}(w,\phi,\mathrm{SSS}) = & \sum_{\mathrm{p=V,H}} \frac{(T_{\mathrm{Bp}} - T_{B\mathrm{p}m})^2}{\Delta T^2} + \sum_{\mathrm{p=VV,HH}} \frac{(\sigma_{0\mathrm{p}} - \sigma_{0\mathrm{p}m})^2}{(\gamma_{\mathrm{p}}, \sigma_{0\mathrm{p}})} \\ & + \frac{(w - w_{\mathrm{NCEP}})^2}{\Delta w^2} + \frac{\sin^2[(\phi - \phi_{\mathrm{NCEP}})/2]}{\delta^2} \end{aligned} \tag{6.3.6}$$

式中，ΔT 为辐射计等效噪声温度(noise-equivalent Delta-T)；γ_{p} 为散射计灵敏度 k_{pc} 的 1.4 倍；Δw 被设置为 1.5 m/s。风向约束因子 δ 被设置为 0.2。CAP 算法反演的风向一般有 4 个解，分为两组 $\pm\varphi$ 及 $\pm\varphi$+180°，每组解对应相同的反演盐度和风速，在 CAP 算法中，选择最接近 NCEP 模式风向的解作为最终反演的风向。

基于以上分析，参考 SMOS 和 Aquarius 成功的海表盐度反演算法，多参数主被动联合反演算法依旧是基于贝叶斯理论发展起来的。由于仪器配置不同，多参数主被动联合反演算法的代价函数在形式上与上述两种算法略有不同。相比于 SMOS 的反演算法，多参数主被动联合反演算法的代价函数中包含了后向散射信息，其不需要辅助风场数据来修正海面粗糙度的影响。相比于 Aquarius 和 SMOS 的反演算法，多参数主被动联合反演算法的代价函数中包含了 C/K 波段的亮温信息。因此，其具有同步反演多个海面和大气参数的潜力。具体地，多参数主被动联合反演算法的代价函数表达式为

$$\chi^2 = \sum_{\mathrm{p=V,H}} \frac{(T_{\mathrm{Bp}i} - T_{\mathrm{Bpm}i})^2}{\Delta T_{\mathrm{p}i}^2} + \sum_{\mathrm{p=VV,HH}} \frac{(\sigma_{0\mathrm{p}i} - \sigma_{0\mathrm{pm}i})^2}{(\gamma_{\mathrm{p}i}\sigma_{0\mathrm{p}i})^2} + \frac{(\mathrm{SSS}-\mathrm{SSS_a})^2}{\Delta \mathrm{SSS}^2}$$
$$+ \frac{(\mathrm{SST}-\mathrm{SST_a})^2}{\Delta \mathrm{SSS}^2} + \frac{(\mathrm{WS}-\mathrm{WS_a})^2}{\Delta \mathrm{WS}^2} + \frac{(\mathrm{WD}-\mathrm{WD_a})^2}{\Delta \mathrm{WD}^2} \tag{6.3.7}$$
$$+ \frac{(\mathrm{WV}-\mathrm{WV_a})^2}{\Delta \mathrm{WV}^2} + \frac{(\mathrm{LWC}-\mathrm{LWC_a})^2}{\Delta \mathrm{LWC}^2}$$

式中，p 代表了 V 极化或 H 极化；$T_{\mathrm{Bp}i}$ 为 L/C/K 波段辐射计的测量亮温；$T_{\mathrm{Bpm}i}$ 为使用模型计算的 L/C/K 波段的大气顶层模拟亮温；$\Delta T_{\mathrm{p}i}$ 为不同波段辐射计测量亮温的不确定度；$\sigma_{0\mathrm{p}i}$ 和 $\sigma_{0\mathrm{pm}i}$ 分别为 L 波段散射计测量的后向散射系数和模型模拟的后向散射系数，下角 a 代表变量初始场。图 6.44 给出了使用建立的正演模型计算大气顶层亮温和后向散射系数模拟值的具体流程。

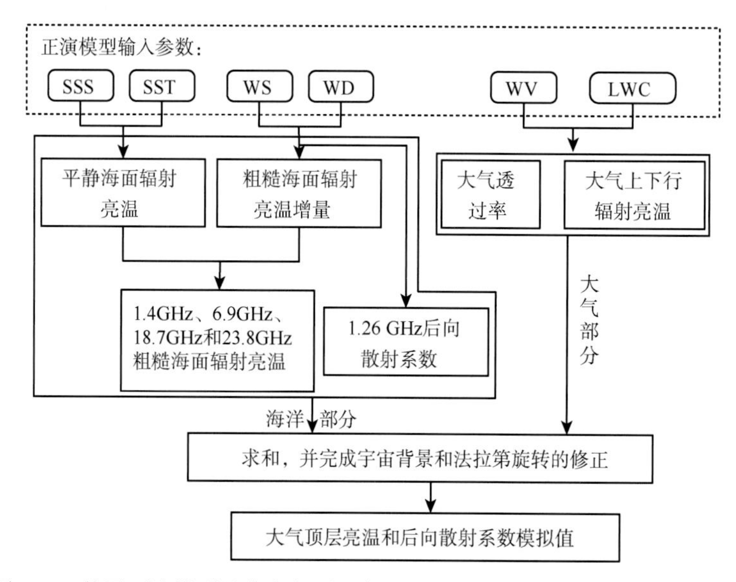

图 6.44　使用正演模型计算大气顶层亮温和后向散射系数模拟值的具体流程

4. 反演算法的结果分析

考虑到我国海洋盐度探测卫星拟搭载的有效载荷主被动联合探测盐度计还未在轨，所以使用蒙特卡罗方法对多参数主被动联合反演算法进行验证。在使用蒙特卡罗方法进行仿真验证时，星下点至刈幅边缘 500 km 所对应的入射角范围是 30°～55°，且每个格点对应的海气参数是完全相同的，同时假设仪器测量结果和模型模拟结果之间的偏差满足高斯分布。每个格点重复生成高斯噪声 2 000 次，并对 2 000 次的反演结果进行统计分析，以便更好地体现随机变量的统计特性。

在测量学中，一般使用均方根误差来衡量测量精度，本节也采用了均方根误差对主被动联合海面盐度物理反演算法的输出结果进行衡量。假设待反演参数为 S_i，待反演参数的真实值为 S_i^{true}，测量数据个数为 n，则待反演参数的均方根误差可以表示为

$$\text{RMSE}=\sqrt{\frac{1}{n}\sum_{k=1}^{n}(S_{i,k}-S_{i,k}^{\text{true}})^2-\overline{B}_{S_i}^2} \tag{6.3.8}$$

式中，平均偏差 $\overline{B}_{S_i}$ 可表示为

$$\overline{B}_{S_i}=\frac{1}{n}\sum_{k=1}^{n}(S_{i,k}-S_{i,k}^{\text{true}}) \tag{6.3.9}$$

1) 单次过境反演结果

基于主被动联合探测盐度计多频段、多入射角、主被动联合海面盐度物理反演算法和蒙特卡罗仿真方法，图 6.45 给出了使用本书算法反演的主被动联合探测盐度计单个像素点的海面盐度均方根误差(SSS_{RMS})、海面温度均方根误差(SST_{RMS})和海面风速均方根

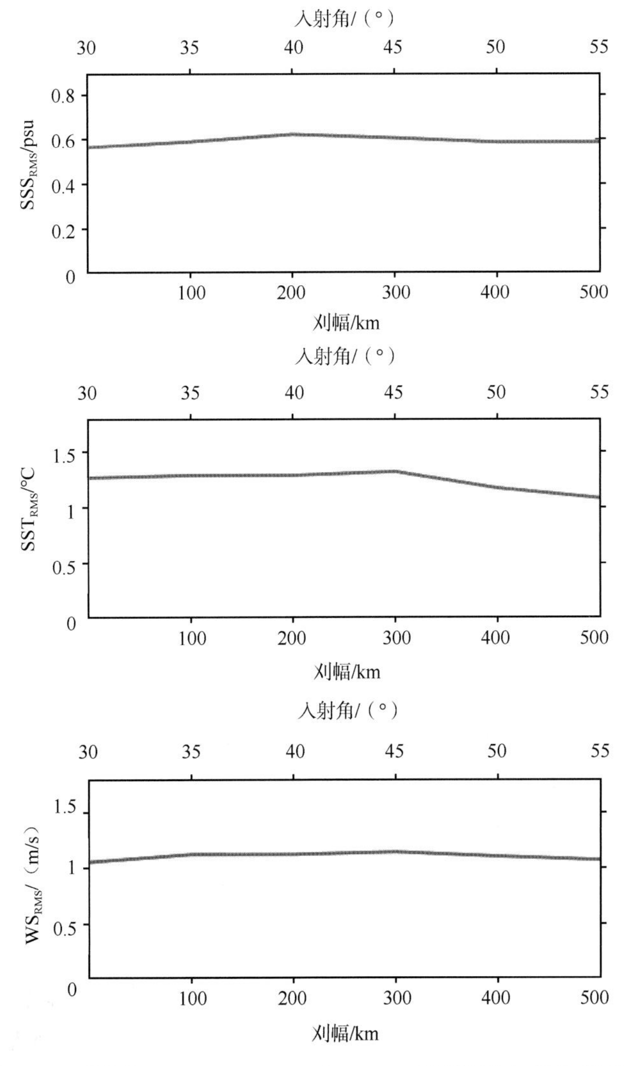

图 6.45　反演的 SSS_{RMS}、SST_{RMS} 和 WS_{RMS} 随刈幅和入射角的变化

误差(WS_{RMS})随入射角和刈幅的变化曲线。图 6.45 中的仿真曲线代表了仪器的灵敏度设置为默认灵敏度时的反演结果，即 1.4 GHz、6.9 GHz、18.7 GHz 和 23.8 GHz 波段辐射计的仪器灵敏度分别设置为 0.1 K、0.3 K、0.3 K 和 0.3 K，1.26 GHz 散射计的仪器灵敏度设置为 0.1 dB。从图 6.45 可知，在整个入射角/刈幅范围内(30°～55°/0～500 km)，多参数主被动联合反演算法反演的主被动联合探测盐度计的 SSS_{RMS} 基本在 0.6 psu 上下变化，SST_{RMS} 基本在 1.24 ℃上下变化，WS_{RMS} 基本在 0.96 m/s 上下变化。

为了评估不同水平的仪器灵敏度对海面盐度、海面温度和海面风速反演精度的影响，图 6.46 给出了不同水平的仪器灵敏度下，反演的 SSS_{RMS}、SST_{RMS} 和 WS_{RMS} 随入射角/刈幅的变化曲线。

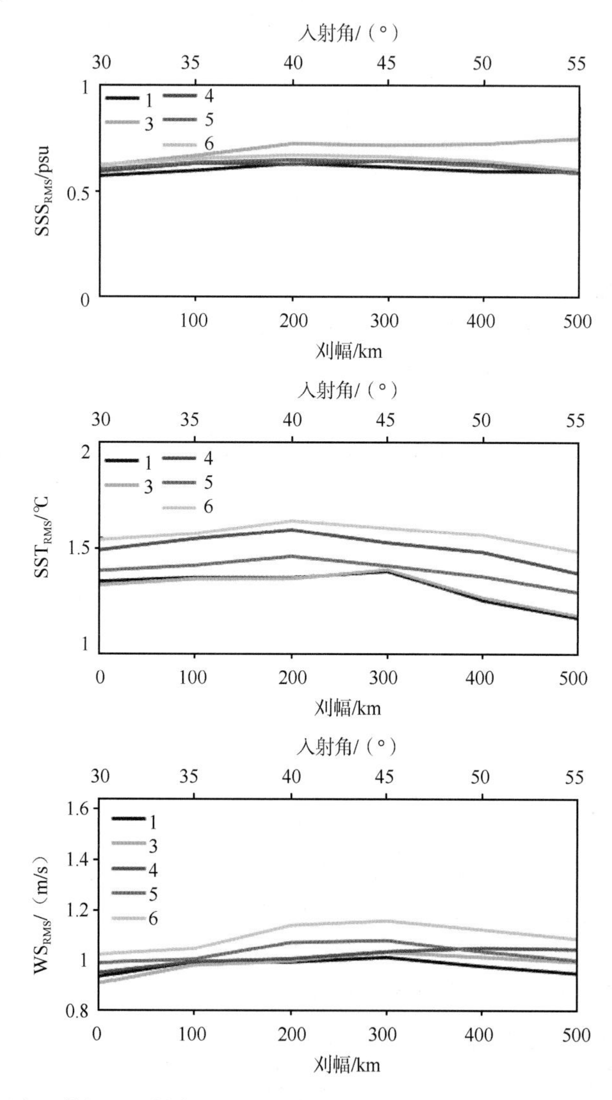

图 6.46　不同水平的仪器灵敏度下，反演的 SSS_{RMS}、SST_{RMS} 和 WS_{RMS} 随入射角的变化

数字 1(黑色实线)是默认灵敏度下的结果；数字 3(绿色实线)是 1.4 GHz 辐射计的灵敏度设置为 0.13 K 的结果；数字 4(蓝色实线)是 6.9 GHz 辐射计的灵敏度设置为 0.4 K 的结果；数字 5(紫红色实线)是 18.7 和 23.8 GHz 辐射计的灵敏度都设置为 0.4 K 的结果；数字 6(浅蓝色实线)是 6.9 GHz、18.7 GHz 和 23.8 GHz 辐射计的灵敏度都设置为 0.4 K 的结果

从图 6.46 可以看出，相比于默认灵敏度下的结果，1.4 GHz 辐射计仪器灵敏度的增加会引起 SSS_{RMS} 的增大(数字 3)。当入射角大于 45°时，SSS_{RMS} 的增大趋势更为明显。C 和 K 波段辐射计仪器灵敏度的增加并未引起 SSS_{RMS} 的太大变化(数字 3、4 和 5)。但 C 波段辐射计仪器灵敏度的增加(数字 3)，会引起 SST_{RMS} 和 WS_{RMS} 相对大的变化，最大 SST_{RMS} 和 WS_{RMS} 分别为 1.51 ℃和 1 m/s。当增大 K 波段辐射计的仪器灵敏度时(数字 4)，SST_{RMS} 和 WS_{RMS} 也会出现较大变化，最大 SST_{RMS} 和 WS_{RMS} 分别为 1.4 ℃和 1.08 m/s。若同时增大 C 和 K 波段辐射计的仪器灵敏度(数字 6)，SST_{RMS} 和 WS_{RMS} 增加得最为明显，最大 SST_{RMS} 和 WS_{RMS} 分别为 1.60 ℃和 1.16 m/s。可见，仪器灵敏度与海面盐度、海面温度和海面风速的反演精度密切相关，不同波段辐射计的仪器灵敏度对不同海面参数反演精度的影响不同。

表 6.5 统计了不同水平仪器灵敏度下反演的 SSS_{RMS}、SST_{RMS} 和 WS_{RMS} 经过多角度平均以后的结果。表 6.5 中第二列数字代表了不同水平仪器灵敏度的具体取值，第二列从左到右的 5 个数字分别对应于 1.4 GHz、6.9 GHz、18.7 GHz 和 23.8 GHz 辐射计及 1.26 GHz 散射计的仪器灵敏度，H 极化和 V 极化通道取值一致。第三列从左到右的 3 个数字分别对应于 SSS_{RMS}、SST_{RMS} 和 WS_{RMS}，单位依次为 psu、℃ 和 m/s。从表 6.5 中得到的结论与图 6.46 显示的是一致的，即 L 波段辐射计仪器灵敏度的增加对海面盐度反演精度的影响较大；C 波段辐射计仪器灵敏度的增加对海面温度和海面风速反演精度的影响较大，对海面温度反演精度的影响最大；增大 K 波段辐射计的仪器灵敏度，同样会对海面温度和海面风速的反演精度产生较大的影响，但对海面风速的反演精度影响最大。

表 6.5　不同仪器灵敏度下，反演的 SSS_{RMS}、SST_{RMS} 和 WS_{RMS} 的多角度平均

序号	仪器噪声/(K/dB)	SSS_{RMS}/psu、SST_{RMS}/℃和 WS_{RMS}/(m/s)
1	0.10，0.3，0.3，0.3，0.1	0.60，1.24，0.96
2	0.12，0.3，0.3，0.3，0.1	0.69，1.25，0.96
3	0.13，0.3，0.3，0.3，0.1	0.71，1.25，0.98
4	0.10，0.4，0.3，0.3，0.1	0.60，1.43，1.01
5	0.10，0.3，0.4，0.4，0.1	0.61，1.33，1.04
6	0.10，0.4，0.4，0.4，0.1	0.60，1.51，1.10
7	0.12，0.4，0.4，0.4，0.1	0.68，1.51，1.11
8	0.13，0.4，0.4，0.4，0.1	0.69，1.51，1.13

为了评估主被动联合探测盐度计在全球范围内反演海面盐度、海面温度和海面风速的性能，图 6.47 给出了默认灵敏度下，卫星单次过境时，使用多参数主被动联合反演算法计算的海面盐度、海面温度和海面风速及 SSS_{RMS}、SST_{RMS} 和 WS_{RMS} 在全球的分布情况。从图 6.47(a)可以看出，反演的海面盐度最大值出现在大西洋海域。在中低纬度范围(南北纬 45°以内)，反演的 SSS_{RMS} 大约为 0.6 psu。高纬度范围内的 SSS_{RMS} 基本大于 1 psu，主要是因为接近两极区域，海面温度比较低，此时亮温对海面盐度不敏感。赤道附近反演的 SSS_{RMS} 相对较低，随着南北半球纬度的增加，反演的 SSS_{RMS} 逐渐增大。从图 6.47(b)可知，在中低纬度，反演的 SST_{RMS} 约为 1.2℃，且误差变化不明显。在高纬度范围，海面温度比较低，此时亮温对海面温度的敏感性较弱，反演的 SST_{RMS} 基本大于 1.5 ℃。由

于赤道附近的温度较高，亮温对温度的敏感性比较高，因此，赤道附近的海面温度反演误差较小。从图 6.47(c)可知，赤道附近海面风速比较低(小于 3 m/s)，南半球高纬度的海面风速比较高(20 m/s 左右)。另外，在阿拉伯海和孟加拉湾附近的风速也比较小，基本低于 3 m/s。在全球大部分区域，反演的 WS_{RMS} 约在 0.8 m/s 上下变化。在低风速区域，海面风速的反演精度相对较高。

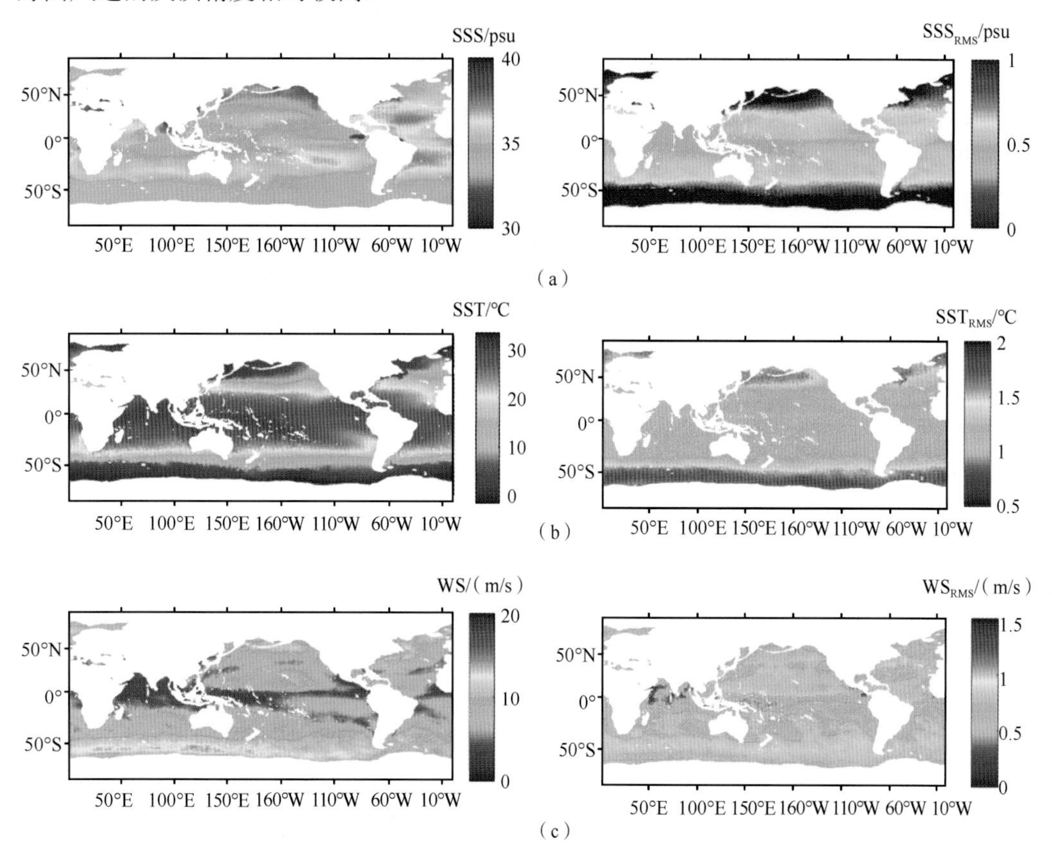

图 6.47 使用多参数主被动联合反演算法反演的海面盐度、海面温度和海面风速以及 SSS_{RMS}、SST_{RMS} 和 WS_{RMS} 的全球分布

2)月平均反演结果

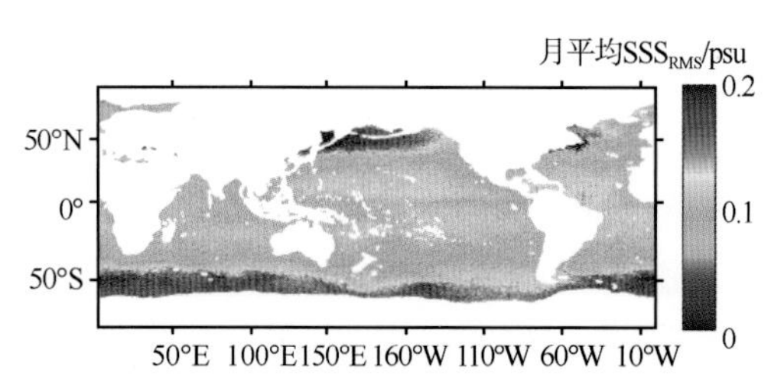

图 6.48 使用多参数主被动联合反演算法反演的主被动联合探测盐度计月平均 SSS_{RMS} 在全球的分布情况

早期版本的 Aquarius 和 SMOS 卫星的测量亮温都受到了辐射计漂移问题的影响。同样，在对主被动联合探测盐度计样机进行地基测试实验时也发现了这一问题。漂移问题主要是接收机在较长的一段时间内不稳定引起的，为了估计漂移问题对海面盐度反演精度的影响，假定接收机稳定度近似等于仪器灵敏度，图 6.48 仿真了海洋盐度卫星的月平均海面盐度反演精度(30 天，200 km×200 km)。从图

6.48 中可知，在中低纬度范围内，反演的海面盐度月平均均方根误差基本小于 0.13 psu。在大西洋海域的部分区域，反演的海面盐度月平均均方根误差则高达 0.15 psu。在南北半球的高纬度，受到海冰的影响，海面温度较低，亮温对海面盐度的敏感性相对较低，最终反演的海面盐度月平均误差大于等于 0.2 psu。

6.3.2　降雨条件下盐度的反演算法

在星载盐度计发射以前，人类对海洋盐度数据的获取主要依赖现场观测手段，其观测数据的时空覆盖范围有限且不均匀，一致性也难以保证。以 SMOS 和 Aquarius、SMAP 为代表的星载盐度计可在一周内覆盖全球海域，提供了长时间序列、高时空分辨率和覆盖率的盐度遥感数据产品。但是在降雨条件下盐度信息的提取仍存在困难，也是近年来的研究热点。降雨可以导致海表面盐度降低和粗糙度上升，两者均引起亮温的升高，从而给盐度反演带来困难。本书基于辐射传输理论，从盐度计 Aquarius 实测亮温数据中提取了粗糙海面亮温信号，讨论了降雨条件下的粗糙海面辐射特性，研究了粗糙海面辐射亮温与海面风速、风向、波高和雨率的关系，建立了降雨条件下的粗糙海面辐射模型 GMF，发展了一种修正降雨对亮温影响的方法。基于以上发展的模型和方法，本书开展了降雨条件下的盐度反演，并将反演结果与降雨修正后 Argo 浮标实测盐度数据进行了比较，结果表明，盐度反演 RMS 误差为 0.7 psu。

1. 数据与方法

1) Aquarius 卫星数据

研究中使用的 Aquarius 数据由 NASA 提供，数据的时间范围覆盖 2012～2014 年。从中提取了 Aquarius 辐射计观测的海面辐射亮温数据，其包含了粗糙海面和平静海面辐射的贡献；同时提取了散射计测量的后向散射系数。为防止陆地及海冰对亮温数据造成污染，从中剔除了陆地或海冰占视场面积大于 0.1%的数据，并按照 0.25°×0.25° 网格生成了 Aquarius 每日网格数据。

2) CMORPH 降雨数据

为了获得粗糙海面在降雨条件下的微波辐射特性，本书从 NOAA 网站下载了 2012～2014 年的 CMORPH 降雨数据。该数据融合了多个微波辐射计（SSM/I、WindSat、AMSR-E、AMSU-B、TMI 等）的降雨产品，并利用红外影像对微波辐射计观测条带之间的区域进行了填补。CMORPH 产品的分辨率为 8 km/30 min，空间覆盖范围为纬度±60°，数据格式为二进制，如图 6.49 所示。本书将 CMORPH 降雨数据与 Aquarius 数据进行了匹配，共获得 2012～2014 年降雨条件下的有效匹配数据 306 万组，无雨条件下的匹配数据 709 万组。

3) Argo 盐度实测数据

盐度实测数据为法国海洋开发研究院（French Research Institute for Exploitation of

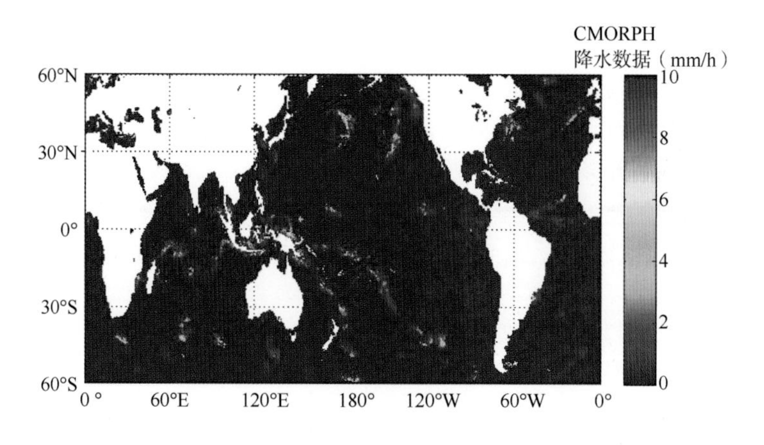

图 6.49　CMORPH 降水数据

the Sea，IFREMER）提供的 2012～2014 年全球海域 Argo 数据，选择 10 m 以内最接近海面的数据作为海面盐度，对 Argo 数据进行数据质量控制，仅保留盐度、温度和压力标记为正常（标记为 1）的数据，并利用 CMORPH 降水数据对 Argo 数据进行降雨修正。

4）海面粗糙发射率信息提取

由辐射传输理论可知，海面辐射亮温数据可以表示为

$$T_{\mathrm{B\_surf}} = T_{\mathrm{s}} e = T_{\mathrm{s}}\left(e_{\mathrm{flat}} + \Delta e_{\mathrm{rough}}\right) \tag{6.3.10}$$

式中，T_{s} 为海表面温度；e 为海表发射率，可表示为平静海面发射率 e_{flat} 和粗糙海面发射率 $\Delta e_{\mathrm{rough}}$ 之和，其中平静海面发射率可由海水介电常数模型进行计算。本书采用 NCEP 再分析 SST 数据和 HYCOM 盐度数据，结合 Klein 和 Swift（1977）海水介电常数模型计算平静海面发射率。因此，可通过式（6.3.10）中求出 H/V 极化粗糙海面发射率，即有

$$\Delta e_{\mathrm{rough}} = \frac{T_{\mathrm{B\_surf}}}{T_{\mathrm{s}}} - e_{\mathrm{flat}} \tag{6.3.11}$$

利用降雨条件下 Aquarius 和 CMORPH 匹配数据集，建立了粗糙海面发射率和后向散射系数与 SST、海面风场、有效波高和降雨率的统计关系。SST 取值范围为 1～35℃，以 1℃为间隔；风速范围为 2～25 m/s，以 1 m/s 为间隔；风向范围为 0°～360°，以 10°为间隔；有效波高的取值范围为 0～10 m，以 1 m 为间隔；降雨率范围为 1～20 mm/h，以 2 mm/h 为间隔。将全部匹配数据按照其 SST、风速、风向、有效波高以及降雨数据存放到相应数据网格中并进行平均，最终获得了 L 波段粗糙海面发射率和后向散射系数与几个主要海气参量之间的关系。

2. 降雨条件下的海面辐射特性

图 6.50 为各种风速条件下提取的粗糙海面发射率与相对风向的关系。图中绿色圆点为无雨条件下的发射率数值，蓝色圆点代表降雨率在 2 mm/h 以内的数值，红色圆点代

表降雨率大于 2 mm/h 小于 4 mm/h 的数值。可见，在降雨导致海面粗糙度上升和盐度下降两个效应的叠加下，降雨条件下的粗糙海面发射率明显高于无降雨条件下的相应数据，但是噪声更大；低风速下海面发射率与相对风向关系不明显，但随着风速上升，海面发射率中的风向信号有上升的趋势；同时在较低风速条件下，海面发射率对降雨比较敏感，海面发射率随降雨率的增加而明显上升；当海面风速增强时，降雨条件下的海面发射率与无雨时的海面发射率趋于一致，表明在较高风速条件下，风致粗糙效应掩盖了降雨对海面发射率的贡献。

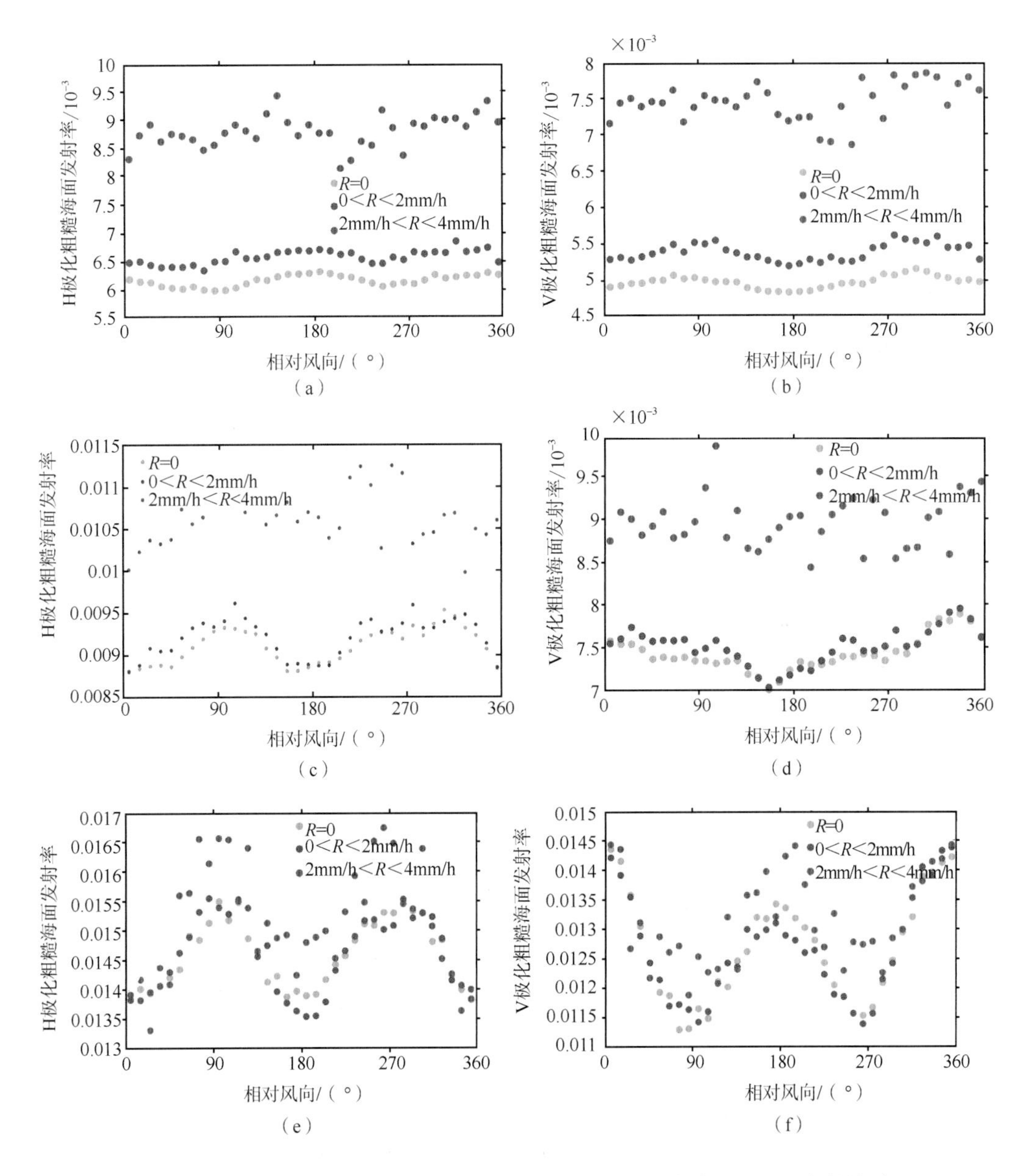

图 6.50　风速为 5 m/s、10 m/s、15 m/s 时的粗糙海面发射率与相对风向的关系

(a) 和 (b) 为 5 m/s；(c) 和 (d) 为 10 m/s；(e) 和 (f) 为 15 m/s

3. 降雨致海面粗糙效应修正

降雨条件下 P 极化粗糙海面发射率可以表示为

$$\begin{aligned}\Delta e_{\mathrm{P,\,rain}} &= \Delta e_{\mathrm{P}}(\mathrm{roughness}) + \Delta e_{\mathrm{P}}(\mathrm{freshing}) \\ &= \Delta e_{\mathrm{P,rough}}(\mathrm{SST,\,ws,\,wd,\,swh,}\,R) + \Delta e_{\mathrm{P,flat}}\left(\mathrm{SST},\,\Delta\mathrm{SSS}\right)\end{aligned} \tag{6.3.12}$$

式中，$\Delta e_{\mathrm{P,\,rain}}$ 为提取的降雨条件下的粗糙海面发射率；$\Delta e_{\mathrm{P,rough}}$ 为海面粗糙效应对发射率的贡献，是 SST、风速、风向、波高和降雨率的函数；$\Delta e_{\mathrm{P,flat}}$ 为降雨致海面盐度下降对发射率的贡献，其盐度变化与发射率之间的关系可用海水介电常数模型描述。降雨条件下，降雨使粗糙效应和盐度真实变化混合在一起，给盐度反演带来了困难。Aquarius 散射计观测数据只对海面粗糙度信息敏感，而对海面盐度变化并不敏感。因此，降雨条件下的散射计观测数据的变化，只反映了海面粗糙度的变化，其可表示为

$$\sigma_{\mathrm{P,rain}}(\mathrm{ws,\,wd,\,swh,}\,R) = \sigma_{\mathrm{P}}(\mathrm{roughness}) \tag{6.3.13}$$

式中，P 代表后向散射系数 HH 或 VV 极化方式。

无论是否存在降雨，辐射计和散射计对同一海表粗糙度的响应应当是固定的。因此，当我们利用无雨条件下的数据建立了后向散射系数和粗糙海面发射率的对应关系后，在降雨条件下即可利用该对应关系，获得粗糙度对海面发射率的贡献，实现粗糙海面发射率中海面粗糙效应和海面盐度下降效应的分离。

利用无雨条件下的匹配数据集，在后向散射系数–35～–5 dB 范围内，按照 0.1 dB 间隔统计粗糙海面发射率，建立后向散射系数与粗糙海面发射率的对应关系。利用降雨条件下的数据集，在相同后向散射系数区间内对粗糙海面发射率的平均值进行了统计，并将两种情况下的发射率-后向散射系数曲线作图，如图 6.51 所示。可见，相同后向散射系数(相同海面粗糙度)条件下，降雨条件下的发射率普遍大于无雨条件下的发射率。

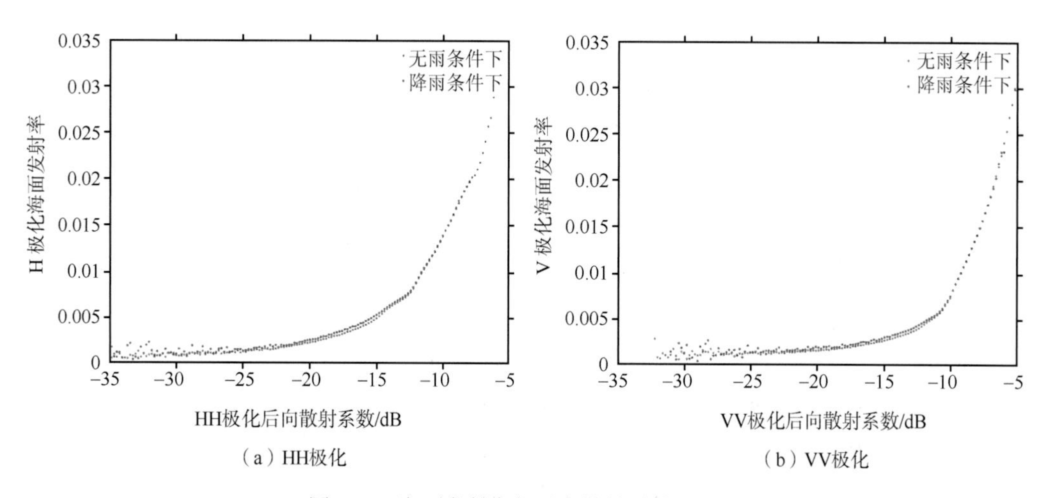

（a）HH极化　　（b）VV极化

图 6.51　海面发射率与后向散射系数的关系

因此，在某一粗糙度下，降雨条件下的海表发射率与无雨条件下的海表发射率的比值可表示为

$$\frac{\Delta e_{\mathrm{p,rain}}}{\Delta e_{\mathrm{p,norain}}}=\frac{\Delta e_{\mathrm{p,rough}}+\Delta e_{\mathrm{p,freshing}}}{\Delta e_{\mathrm{p,rough}}}=1+\frac{\Delta e_{\mathrm{p,freshing}}}{\Delta e_{\mathrm{p,rough}}} \tag{6.3.14}$$

式中，$\Delta e_{\mathrm{p,\,rough}}$ 为粗糙效应对发射率的影响，可由无雨条件建立的后向散射系数与发射率的关系获得。利用式(6.3.14)，即可获得降雨条件下粗糙海面亮温中粗糙效应和盐度下降效应的相对贡献，实现对亮温的降雨修正。

4. 降雨条件下盐度反演算法与检验

将粗糙海面发射率 $\Delta e_{\mathrm{P,\,rough}}$ 代入式(6.3.10)，可从海面亮温数据 $\mathrm{TB}_{\mathrm{P,\,surf}}$ 中提取平静海面亮温，将提取的平静海面亮温代入以下的代价函数：

$$\chi^2=\frac{[\mathrm{TB_H^{obs}}-\mathrm{TB_H^{sim}}(f,\theta_i,\mathrm{SST},\mathrm{SSS})]^2}{\sigma_{T_{\mathrm{BH}}}^2}+\frac{(\mathrm{TB_V^{obs}}-\mathrm{TB_V^{sim}}(f,\theta_i,\mathrm{SST},\mathrm{SSS})]^2}{\sigma_{T_{\mathrm{BV}}}^2} \tag{6.3.15}$$

式中，f 为电磁波频率，取 1.4 GHz；θ_i 为 Aquarius 观测角，取 29.36°；SST 为海面温度，采用 NCEP 再分析数据；SSS 为 HYCOM 提供的海面盐度初猜值；$\sigma_{T_{\mathrm{BH}}}$ 和 $\sigma_{T_{\mathrm{BV}}}$ 为权重因子，取亮温噪声等效温度(NEDT)0.1K。利用 Levenberg-Marquardt 非线性迭代方法，不断调整海面盐度值，使代价函数达到最小值，进而输出海面盐度反演结果。

本书利用 Argo 实测盐度数据对降雨条件下盐度反演结果进行了检验。首先对遥感和现场数据进行时空匹配，考虑到降雨的时空变化较快，空间窗口取 0.25°，时间窗口取 1h，且要求 Argo 数据和盐度反演数据中的降雨率均大于 0，从而构成匹配数据集。采用 2012～2014 年的反演结果，共获得匹配数据 263 组，结果见表 6.6。可见，与 Aquarius 最终版本数据(V5.0)相比，本书反演结果的平均偏差与 Aquarius 一致，Aquarius 产品的 RMS 误差略优于本书反演结果。

表 6.6　盐度反演误差

反演算法	数据量	平均偏差/psu	RMS 误差/psu
Aquarius 产品(V5.0)	263	0.10	0.57
我们的算法	263	0.10	0.70

5. 小结

本书利用 Aquarius 盐度遥感卫星的主被动观测数据，研究了降雨条件下的粗糙海面辐射特性，建立了粗糙海面辐射 GMF 函数；利用散射计数据仅对海面粗糙度敏感而对盐度变化不敏感的特点，建立了粗糙海面亮温修正模型；并基于以上模型进行了降雨条件下的海面盐度反演，最后利用 Argo 实测盐度数据对反演结果进行了检验。结果表明，本书发展的反演算法的平均偏差 0.1 psu，与 Aquarius 最终版本数据相当，RMS 误差为 0.7 psu，略大于 Aquarius 数据产品(0.6 psu)。

6.3.3　基于深度学习的反演算法

不同于物理反演算法，经验算法不需要正演模型的建立，就能避免物理模型误差对反演结果的影响，因此该算法在不同领域都得到了广泛应用。神经网络以其在处理非线性问题上的优势成为常用的经验算法之一，被广泛用于多种海面和大气参数的反演中。在神经网络发展的同时，支持向量机以其高效、全局最优解和不需要丰富的调参经验等优势得到了快速发展。除了上述两种常用方法之外，众多机器学习算法也已被成功应用到各个领域，如高斯过程回归、岭回归、多项式回归等。基于 Aquarius 卫星观测数据和辅助的再分析数据，本部分将机器学习中的深度神经网络(deep neural network，DNN)和支持向量机回归(support vector machine regression，SVR)引入 SSS 和 WS 的反演中，对我国南海海域的 SSS 和 WS 进行反演。

1. DNN 方法及反演结果

2006 年，在加拿大教授 Hinton 和其学生的研究中引入了深度学习这一新名词，掀起了多层神经网络相关学习方法的研究热潮。随着深度学习这一名词的出现，许多学者开始了关于 DNN 的研究。简单来说，DNN 可以被理解为包含多个隐藏层的神经网络。图 6.52 给出了以四层网络为例的 DNN 基本结构框图。

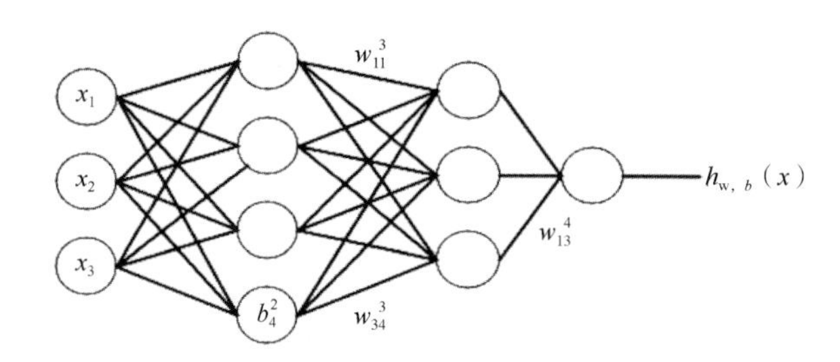

图 6.52　以四层网络为例的 DNN 基本结构框图

从图 6.52 可知，单从结构上来看，DNN 和神经网络具有相似的分层结构：一般内部网络层的第一层和最后一层分别为输入和输出层，而在输入和输出层中间的层都是隐藏层。而且 DNN 是一个全连接的网络，其每层的任意一个神经元均与下一层的任意神经元全部相连。搭建一个完整的 DNN 网络通常会涉及几个基本概念：前向传播算法、损失函数、反向传播算法和梯度下降以及 Dropout 方法。基于 Nielsen 的研究，下面使用数学推导从以上概念介绍搭建一个完整 DNN 的基本过程。

1) DNN 前向传播算法

从 DNN 的单个神经元来看，每个神经元的输出都可表示为：线性部分计算的 $z=\sum_{i=1}^{m} w_i x_i + b$ 和激活函数部分(非线性部分) $h=\sigma(z)$ 之和。假设图 6.52 的输入参数为 x，

隐藏层输出为 h；w_{kj}^{l} 代表了 l-1 层的第 j 个神经元到 l 层的第 k 个神经元的权重，w_{34}^{3} 即为第 2 层的第 4 个神经元到第 3 层的第 3 个神经元的权重；b_{i}^{l} 代表了第 l 层的第 i 个神经元对应的偏置，b_{4}^{2} 即为第 2 层的第 4 个神经元对应的偏置，则第 2 层的输出可表示为

$$h_1^2=\sigma\left(z_1^2\right)=\sigma\left(w_{11}^2x_1+w_{12}^2x_2+w_{13}^2x_3+b_1^2\right) \tag{6.3.16}$$

$$h_2^2=\sigma\left(z_2^2\right)=\sigma\left(w_{21}^2x_1+w_{22}^2x_2+w_{23}^2x_3+b_2^2\right) \tag{6.3.17}$$

$$h_3^2=\sigma\left(z_3^2\right)=\sigma\left(w_{31}^2x_1+w_{32}^2x_2+w_{33}^2x_3+b_3^2\right) \tag{6.3.18}$$

$$h_4^2=\sigma\left(z_4^2\right)=\sigma\left(w_{41}^2x_1+w_{42}^2x_2+w_{43}^2x_3+b_4^2\right) \tag{6.3.19}$$

第三层的输出可写为

$$h_1^3=\sigma\left(z_1^3\right)=\sigma\left(w_{11}^3h_1^2+w_{12}^3h_2^2+w_{13}^3h_3^2+w_{14}^3h_4^2+b_1^3\right) \tag{6.3.20}$$

$$h_2^3=\sigma\left(z_2^3\right)=\sigma\left(w_{21}^3h_1^2+w_{22}^3h_2^2+w_{23}^3h_3^2+w_{14}^3h_4^2+b_2^3\right) \tag{6.3.21}$$

$$h_3^3=\sigma\left(z_3^3\right)=\sigma\left(w_{31}^3h_1^2+w_{32}^3h_2^2+w_{33}^3h_3^2+w_{34}^3h_4^2+b_3^3\right) \tag{6.3.22}$$

以此类推，若将图 6.52 推广至 l 层，假设 l–1 层神经元的个数是 m，则第 l 层的第 j 个神经元的输出可表示为

$$h_j^l=\sigma\left(z_j^l\right)=\sigma\left(\sum_{k=1}^{m}w_{jk}^lh_j^l+b_j^l\right) \tag{6.3.23}$$

若写成矩阵形式，则可表示为

$$\boldsymbol{h}^l=\sigma(\boldsymbol{z}^l)=\sigma(\boldsymbol{w}^l\boldsymbol{h}^{l-1}+\boldsymbol{b}^l) \tag{6.3.24}$$

从上述推导可知，DNN 的前向传播算法可简单理解为对权重、偏置和输入做线性运算和激活运算，从输入层至输出层逐层计算，最终获得输出值。前向传播算法中的激活运算需要用到激活函数，常用的激活函数有 4 种，分别为 sigmod、tanh、ReLU 和 Leaky ReLU，其数学表达式依次为

$$\sigma(x)=\frac{1}{1+\mathrm{e}^{-x}} \tag{6.3.25}$$

$$\sigma(x)=\tanh(x)=\frac{\mathrm{e}^x-\mathrm{e}^{-x}}{\mathrm{e}^x+\mathrm{e}^{-x}}=\frac{2}{1+\mathrm{e}^{-2x}}-1 \tag{6.3.26}$$

$$\sigma(x)=\max(0,x) \tag{6.3.27}$$

$$\sigma(x)=\begin{cases}ax, x<0\\ x,\ x\geqslant 0\end{cases} \tag{6.3.28}$$

式中，a 为一个非常小的值。

基于上述函数表达式，图 6.53 给出了 4 种激活函数的函数图及其对应的导数图。从图 6.53 中可以看出 sigmoid 激活函数的取值范围为 0～1，对应的导函数的取值从中心向两侧逐渐趋于 0，这是典型的软饱和函数。虽然 tanh 的导函数的取值从中心向两侧逐渐趋于 1，同样存在软饱和性，会造成梯度消失，但该激活函数是一个 0 均值函数，因此应用比 sigmoid 更广泛。相比于 sigmoid 和 tanh，ReLU 是近年来最为常用的激活函数。研究表明，使用 ReLU，可以很大程度地加快随机梯度下降的收敛速度。另外，ReLU 只在 $x<0$ 时才会出现硬饱和现象，$x>0$ 时能有效缓解梯度消失问题。Leaky ReLU 是为解决 ReLU 的硬饱和性导致的神经元死亡现象而产生的。

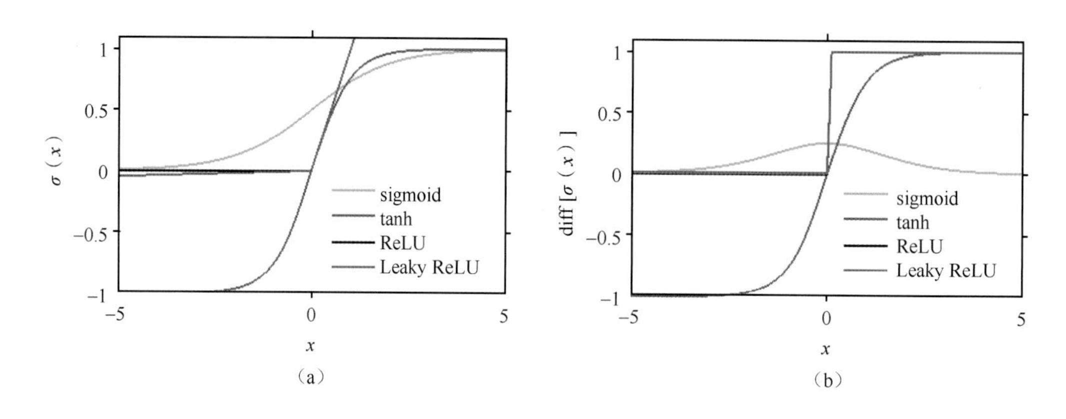

图 6.53　4 种常见激活函数(a)及其导数(b)

2)损失函数

基于前向传播获得网络的输出之后，通常还会关心实际输出和期望输出的误差值。损失函数的作用即是完成对上述误差值的计算，进而衡量计算输出和真实输出之间的损失。损失函数是机器学习中的一个常用概念，在回归问题中，通常将损失函数作为模型的目标函数。一般而言，损失越小，模型的鲁棒性也越好。DNN 损失函数的选择有很多种，如平方损失、交叉熵损失和铰链损失。不同损失函数的数学表达式各不相同，对于单个训练样本而言，平方损失函数可以表示为

$$C(w,b,x,y)=\frac{1}{2}\left\|(y-h^l)\right\|_2^2=\frac{1}{2}\sum_j(y_j-h_j^l)^2 \tag{6.3.29}$$

式中，$\|S\|_2$ 为 S 的二范数。交叉熵损失函数的表达式为

$$C(w,b,x,y)=\left[y\ln(h^l)+[(1-y)\ln(1-h^l)\right] \tag{6.3.30}$$

式中，h^l 和 y 分别为 l 层和输出层的输出。以平方损失函数为例，基于公式(6.3.24)和(6.3.29)，DNN 的损失函数可表示为

$$C(w,b,x,y)=\frac{1}{2}\left\|\left[y-\sigma\left(w^l h^{l-1}+b^l\right)\right]\right\|_2^2 \tag{6.3.31}$$

3) DNN 反向传播算法

在选定 DNN 的损失函数后，反向传播算法依据所定义的损失函数，使用优化算法寻找最小损失值，进而输出最小损失值所对应的一系列权重和偏置。DNN 常用的优化算法有梯度下降法、动量优化法和自适应学习率优化算法，详细对比了各种优化算法的优缺点。为了便于理解，这里仅以梯度下降法为例，来描述反向传播算法的基本过程。首先对于单个训练样本，输出层 L 的损失函数可表示为

$$C(w, b, x, y) = \frac{1}{2}\left\| \left[y - \sigma\left(w^l h^{L-1} + b^L\right) \right] \right\|_2^2 \tag{6.3.32}$$

对式(6.3.32)求权重和偏置的偏导数可得

$$\frac{\partial C(w,b,x,y)}{\partial w^L} = \frac{\partial C(w,b,x,y)}{\partial h^L}\frac{\partial h^L}{\partial z^L}\frac{\partial z^L}{\partial w^L} = (h^L - y) \odot \sigma'(z^L)(h^{L-1} - y)^{\mathrm{T}} \tag{6.3.33}$$

$$\frac{\partial C(w,b,x,y)}{\partial b^L} = \frac{\partial C(w,b,x,y)}{\partial h^L}\frac{\partial h^L}{\partial z^L}\frac{\partial z^L}{\partial b^L} = (h^L - y) \odot \sigma(z^L) \tag{6.3.34}$$

式中，$\odot$ 代表 Hadamard 积，定义为：$A \odot B = A_j B_j$。以两个向量为例：

$$\begin{bmatrix} 2 \\ 4 \end{bmatrix} \odot \begin{bmatrix} 3 \\ 5 \end{bmatrix} = \begin{bmatrix} 2 \times 3 \\ 4 \times 5 \end{bmatrix} = \begin{bmatrix} 6 \\ 20 \end{bmatrix} \tag{6.3.35}$$

令输出层的梯度为 δ^L，则

$$\delta^L = \frac{\partial C(w,b,x,y)}{\partial z^L} = (h^L - y) \odot \sigma'(z^L) \tag{6.3.36}$$

进而，第 l 层与第 $l+1$ 层存在如下关系：

$$\delta^l = \left[\left(w^{l+1}\right)^{\mathrm{T}} \delta^{l+1} \right] \odot \sigma'(z^l) \tag{6.3.37}$$

式中，$(w^{l+1})^{\mathrm{T}}$ 代表第 $l+1$ 层权重矩阵 (w^{l+1}) 的转置。结合式(6.3.36)和式(6.3.37)即可获得网络任意一层的梯度。以小批量梯度下降优化算法为例，DNN 反向传播算法的过程可以描述为以下三步。

(1) 输入：n 个训练样本集合 $\{(x_1, y_1), (x_2, y_2), (x_3, y_3), \cdots (x_n, y_n)\}$，网络总层数为 L，迭代步长为 η / n，最大迭代次数为 $m_{\max}$，迭代停止阈值为 ε。

(2) for number= 1 to $m_{\max}$；

for j =1 to n。

设置每个训练样本 x 对应的激活为 $h^{j,1}$。

前向传播：for $l = 2$，3，…，L，计算每层的线型输出 $z^{j,l} = w^l h^{j,l-1} + b^l$，加上非线性激活函数以后的输出为 $h^{j,l} = \sigma(z^{j,l})$；

损失函数计算：输出层 $\delta^{j,L} = (h^{j,L} - y) \odot \sigma'(z^{j,L})$；

反向传播：for $l = L-1, L-2, \cdots, 2$，依据式(6.3.38)计算每层损失值：

$$\delta^{j,l} = \left[(w^{l+1})^{\mathrm{T}} \delta^{j,l+1}\right] \odot \sigma'(z^{j,l}) \tag{6.3.38}$$

梯度下降：for $l = L, L-1, \cdots, 2$，依据式(6.3.39)更新第 l 层的权重和偏置：

$$w^l \to w^l - \frac{\eta}{n}\sum_{j=1}^{n} \delta^{j,l}(h^{j,l-1})^{\mathrm{T}} \quad b^l \to b^l - \frac{\eta}{n}\sum_{j=1}^{n}\delta^{j,l} \tag{6.3.39}$$

如果计算的所有权重和偏置的变化值都小于阈值 ε，则转到步骤(3)。

(3)输出最佳的权重矩阵和偏置向量。

基于以上步骤即可完成 DNN 网络的搭建。但当训练集中的样本较少而待训练参数较多时，DNN 网络会和神经网络一样容易出现过拟合，此时需要在 DNN 网络中加入 Dropout 层。2012 年，Hinton 等提出了 Dropout 方法，并基于实验验证了 Dropout 可以有效缓解过拟合的发生，提升了模型的泛化能力，之后 Dropout 方法被广泛用于机器学习来防止过拟合现象发生。具体来说，Dropout 方法是指训练数据集中的一批数据时，首先将隐藏层的部分神经元从全连接网络中随机去掉，之后再对训练集中的这一批数据进行拟合，并反复迭代更新。上述去掉的神经元只是被隐藏了，在下一批数据训练之前会被重新恢复到网络中。

4)海面盐度和风速反演结果

搭建一个完整的 DNN 网络来反演海面参数的关键在于各种参数的选择及设置。本节筛选了中国南海海域 2013 年全年的 Aquarius 卫星测量数据，以 SSS 反演方法为例，分析了 DNN 模型中多个参数的选择对模型最终性能的影响。2013 年全年，在南海海域一共收集到 161 119 个数据对，其中，29.36°、38.44°和 46.29°入射角匹配到的有效数据对依次增加(48 010、54 250 和 58 859)。考虑到 SST 和 WS 都会对 SSS 的反演精度产生影响，因此 DNN 模型包含了 6 个输入参数(H 极化和 V 极化测量亮温、HH 极化和 VV 极化测量后向散射系数、SST 和 WS)，输出则为 SSS。

批处理参数(batch_size)是机器学习算法的一个重要参数，当样本量比较大时，常使用 batch_size 对样本量进行划分。因此，batch_size 的尺寸会直接影响模型最终的精度和训练时间。为了确定 batch_size 是否对所选样本数据有影响，采用均方误差作为模型的损失函数，图 6.54 对比了不同 batch_size 对模型损失函数值(a)及模型训练时间(b)的影响，纵坐标分别是测试数据集的损失函数值和模型的训练时间。

从图 6.54(a)可以看出，随着 batch_size 的增大，达到相同大小的损失(loss)函数值，模型所需要的 epoch(完成一次前向传播和反向传播的过程称为一个 epoch)数量会逐渐增加。随着 batch_size 的减小，损失函数值会出现不同程度的轻微震荡，当 batch_size 小于 64 时，损失函数值的震荡现象较为明显。从图 6.54(b)可知，随着 batch_size 的增大，模型的训练时间先减小后增大。因此，为了折中 DNN 算法的精度和训练时间，batch_size 最终选择为 128，在保证训练精度的同时最大限度地降低了模型训练时间。

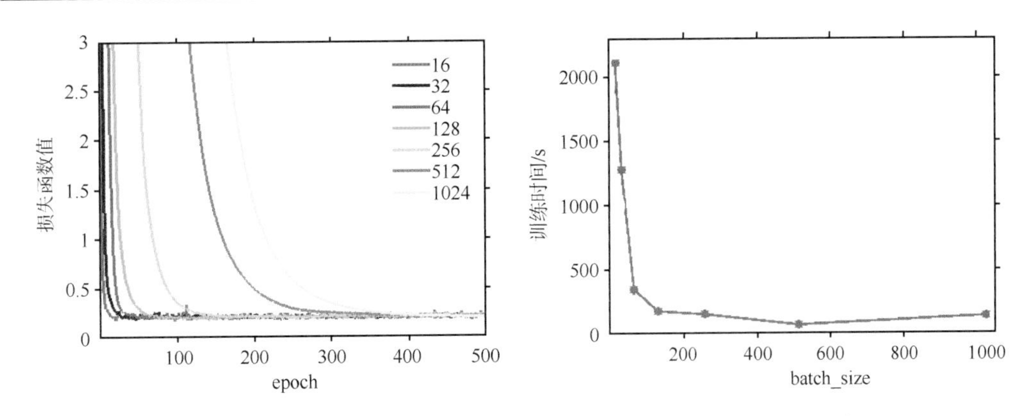

图 6.54　不同 batch_size 对模型损失函数值及模型训练时间的影响

图 6.55(a)对比了有无 Dropout 层对模型精度的影响，纵坐标代表测试数据集的损失函数值。当加入 Dropout 时，损失函数值的震荡反而更为明显，且模型训练所需要的 epoch 显著增加，说明 Dropout 的使用跟样本特点有很大关系，并不是所有样本集都需要使用 Dropout。图 6.55(b)对比了不同优化器对模型精度的影响，纵坐标代表测试数据集的损失函数值。不难发现，使用 Sgd 优化器时，虽然模型能以最少的 epoch 达到较低的损失函数值，但损失函数值不稳定，一直有轻微的震荡。为达到相同的损失函数值，使用 Adagrad 优化器时，模型所需要的 epoch 数量远大于 Adam 和 Sgd。使用 Adam、Sgd 和 Adagrad 三种优化器时，模型的训练时间依次增大，分别为 156 s、633 s 和 890 s；对于随机选择的样本，模型的预测精度(偏差和标准差)依次为 0.08 psu 和 0.38 psu、0.18 psu 和 0.38 psu 以及 0.15 psu 和 0.38 psu。相比之下，使用 Adam 优化器时，模型的训练时间和预测精度要优于其他两种优化器。

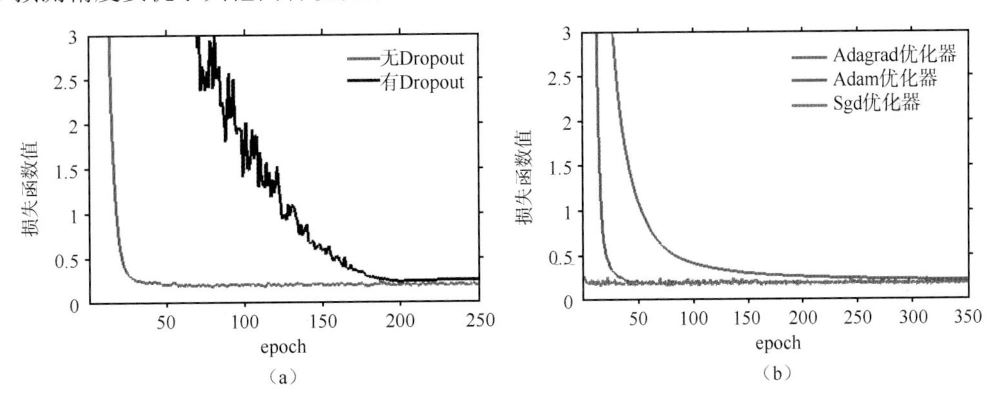

图 6.55　有无 Dropout(a)及不同优化器对模型精度的影响(b)

通过多次重复测试，折中考虑了 DNN SSS 反演方法的模型训练时间、精度和稳定度等因素，最终所选择的 DNN SSS 反演方法的模型参数见表 6.7。考虑到 2013 年和 2014 年全年，全球海域的数据量较大，寻找模型最优参数以及训练模型都需要较长的时间，因此本章并未对机器学习方法在全球海域及更长时间范围内的有效性进行验证。仅以中国南海海域为例，将匹配到的中国南海海域 2013 年全年 75%的数据作为训练数据，剩余

25%的数据作为测试数据，使用获得的最佳模型参数完成了 DNN 模型的训练。以 2014 年 1 月为例，初步分析了机器学习方法用于反演海面参数的可行性。在以后的工作中，将会进一步验证机器学习方法在全球海域及更长时间范围内反演海面参数的可行性。

表 6.7　DNN SSS 反演方法参数选取

模型参数	取值
activation function (激活函数)	relu
loss function (损失函数)	mean_squared_error
weights initialization (权重初值)	he_normal
dropout	0
batch_size	128
optimizer (优化器)	Adam

基于训练好的模型，图 6.56 给出了 DNN SSS 反演方法获得的 2014 年 1 月中国南海海域的 SSS 和 HYCOM SSS 的散点对比，其中黑色实线是对角线 $y=x$。图 6.57 给出了相应的 SSS 偏差统计结果，其中横坐标代表了反演 SSS 和 HYCOM SSS 的偏差，纵坐标代表了相应的偏差百分比。2014 年 1 月，中国南海海域的 SSS 基本在 32.5～35 psu 变化。DNN SSS 反演方法获得的中国南海海域 Aquarius 三个固定入射角(46.29°、38.44°和 29.36°)的 SSS RMSE 分别为 0.37 psu、0.38 psu 和 0.33 psu，SSS Bias 分别为–0.04、–0.05 和–0.09 psu，R 依次为 0.70、0.62 和 0.75。

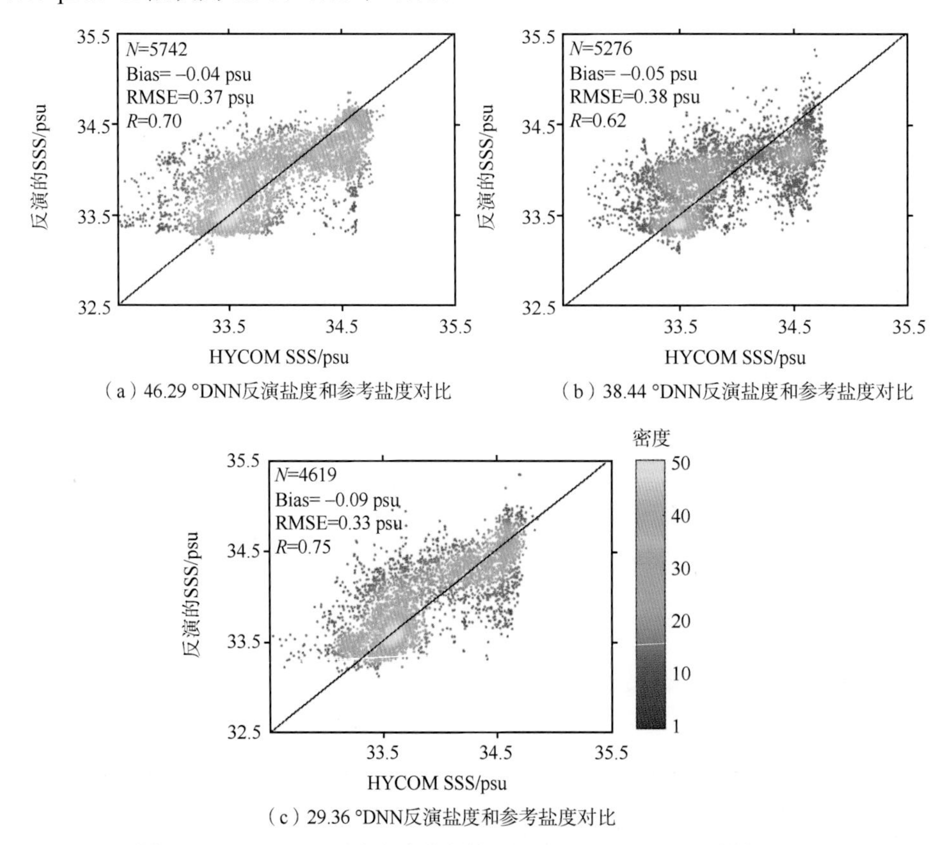

（a）46.29 °DNN反演盐度和参考盐度对比

（b）38.44 °DNN反演盐度和参考盐度对比

（c）29.36 °DNN反演盐度和参考盐度对比

图 6.56　DNN SSS 反演方法获得的 SSS 和 HYCOM SSS 的散点对比

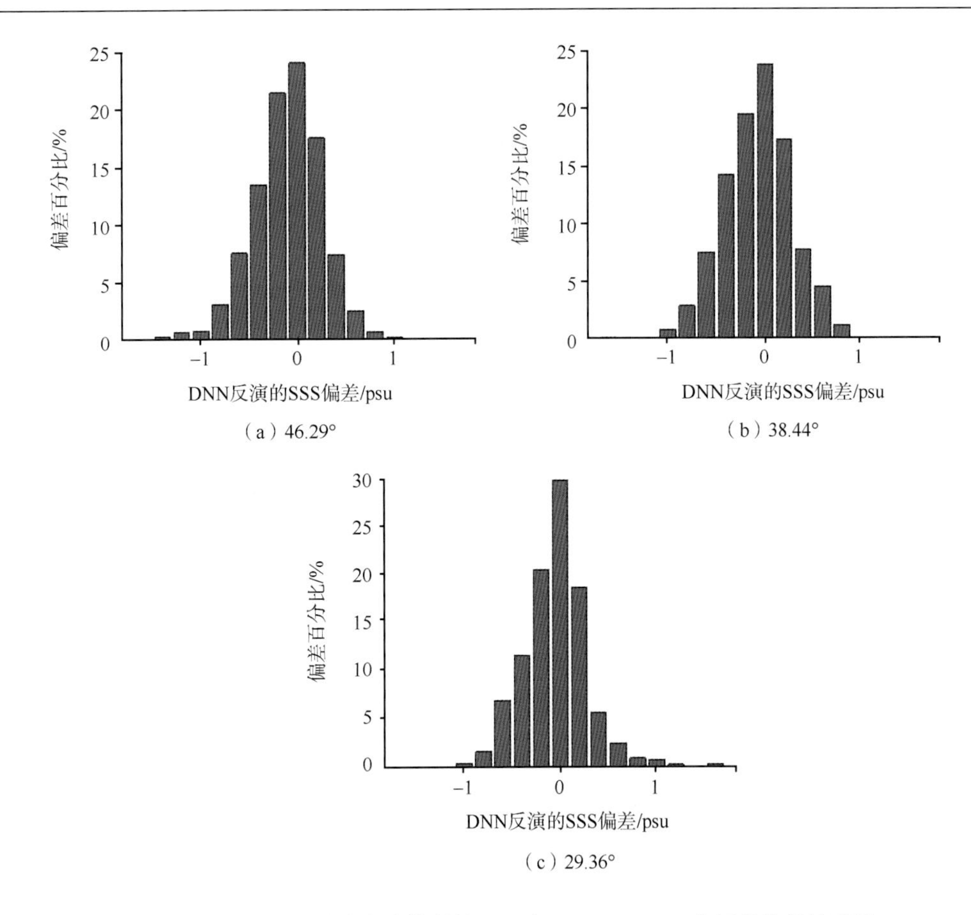

图 6.57　DNN SSS 反演方法获得的 SSS 和 HYCOM SSS 之间的偏差柱形图

与 SSS 反演方法类似，同样经过多次重复测试，折中考虑 DNN WS 反演方法的模型训练时间、精度和稳定度等因素来选择 DNN 海面风速反演模型的最优参数。最终，基于训练好的模型反演了 2014 年 1 月中国南海海域的 WS。图 6.58 给出了 DNN WS 反演方法获得的 WS 和 NCEP WS 的散点对比，其中黑色实线是对角线 y=x。图 6.59 给出了 DNN WS 反演方法获得的 WS 和 NCEP WS 的偏差柱形图，其中横坐标代表了反演的 WS 和 NCEP WS 之间的偏差，纵坐标代表了偏差百分比。从图 6.58 和图 6.59 可以看出，

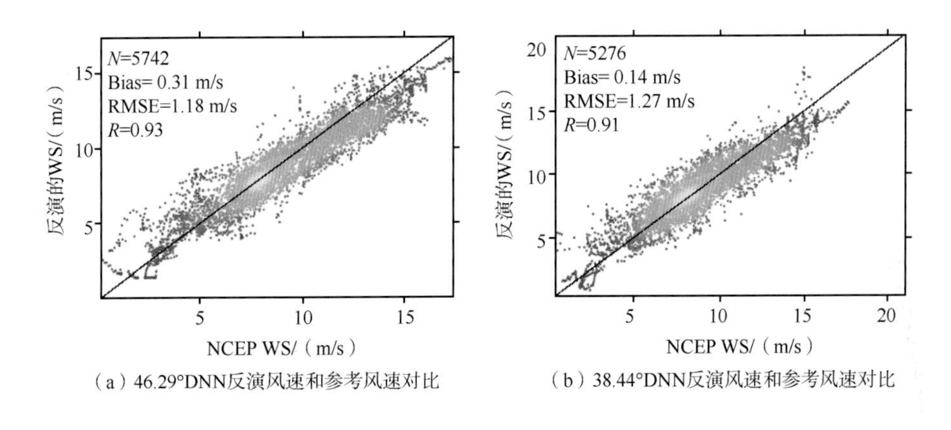

（a）46.29°DNN反演风速和参考风速对比　　（b）38.44°DNN反演风速和参考风速对比

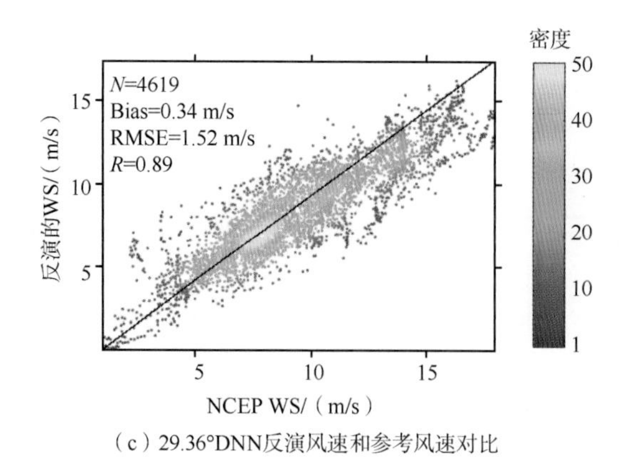

（c）29.36°DNN反演风速和参考风速对比

图 6.58　DNN WS 反演方法获得的 WS 和 NCEP WS 的散点对比结果

2014 年 1 月中国南海海域的风速基本在 3～18.5 m/s 变化。DNN WS 反演方法获得的 Aquarius 三个固定入射角的 WS Bias 分别为 0.31 m/s、0.14 m/s 和 0.34 m/s，WS RMSE 分别为 1.18 m/s、1.27 m/s 和 1.52 m/s，R 分别为 0.93、0.91 和 0.89。

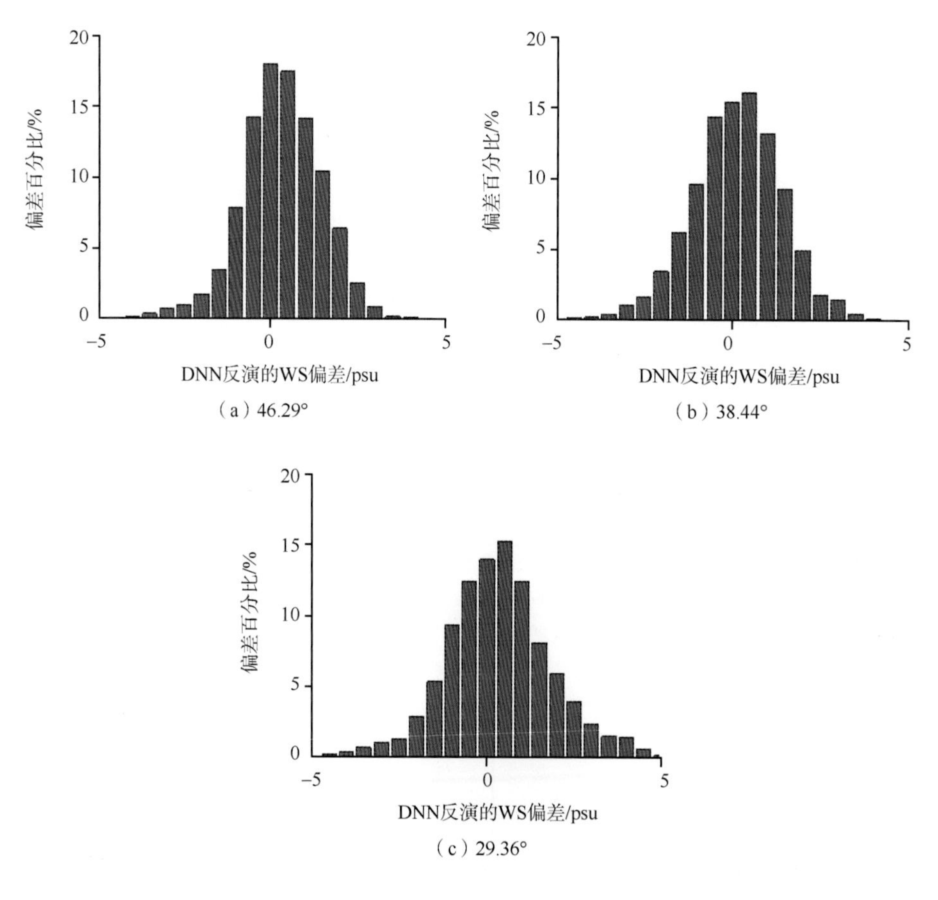

图 6.59　DNN WS 反演方法获得的 WS 和 NCEP WS 之间的偏差柱形图

2. SVR 方法及反演结果

1995 年，Vapnik 等根据统计学习理论中的结构风险最小化原则提出了支持向量机方法(SVM)。该方法在理论上比较完善，计算简单，鲁棒性和通用性较强，且不像神经网络容易陷入局部最优解及出现过学习。另外，SVM 是一个凸优化问题，能获取全局最优解，在很大程度上克服了“维数灾害”，具有很好的学习泛化性能。当 SVM 被扩展到回归领域来解决回归问题时，通常被称为 SVR。本质上，SVR 就是指寻找一个能够使全部数据都与其距离最近的回归平面。图 6.60 给出了 SVM 的基本体系结构示意图，其中 $x(i)$ 代表支持向量，$K(x, y_i)$ 代表核函数。

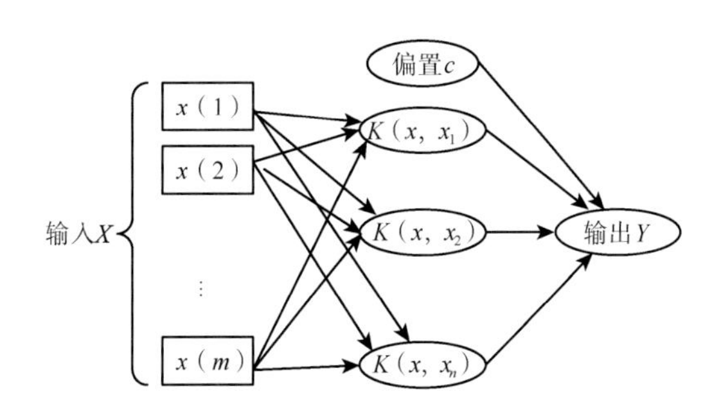

图 6.60　SVM 基本体系结构示意图

1) 非线性 SVR

SVR 的目标即寻找合适的 w 和 b，使得回归函数 $f(x)=\langle w,x\rangle+b$ 的计算结果和实际目标结果存在尽可能小的偏差。下面仅以非线性 SVR 为例，基于数学公式简单理解 SVR 的实现过程。为处理非线性 SVR，需要基于非线性映射思想，将原始训练数据集映射至高维空间，在高维空间构造回归函数来处理该非线性回归问题。假设映射函数为$\Phi(x)$，此时的回归函数可表示为

$$f(x_i)=w\Phi(x_i)+b \tag{6.3.40}$$

给定训练样本 $x_i \in R^p$，i=1, 2, 3, ⋯, n，$y \in R^n$，为了实现全部训练集的无误差拟合，且确保回归函数有最佳平坦度，这就需要最小化范数 $\|w\|^2=\langle w,w\rangle$。此时该问题即可理解为解决如下初始问题：

$$\begin{aligned}&\min \frac{1}{2}w^{\mathrm{T}}w\\&\text{s.t.}\left|y_i-w\cdot\phi(x_i)-b\right|\leqslant\varepsilon, i=1,2,3,\cdots,n\end{aligned} \tag{6.3.41}$$

考虑拟合误差是被允许的，引入非负松弛变量 $\zeta_i \geqslant 0$，则式(6.3.41)可表示为

$$\min \frac{1}{2} w^{\mathrm{T}} w + C \sum_{i=1}^{n} (\zeta_i + \zeta_i^*)$$
$$\text{s.t.} \begin{cases} y_i - w \cdot \phi(x_i) - b \leqslant \varepsilon \\ w \cdot \phi(x_i) + b - y_i \leqslant \varepsilon \quad i = 1, 2, 3, \cdots, n \\ \zeta_i \geqslant 0, \zeta_i^* \geqslant 0 \end{cases} \tag{6.3.42}$$

式中，C 为惩罚因子参数，实际应用中 C 是一个大于 0 的常数，其大小直接决定了目标函数的损失程度，如果 C 是一个无穷大的值，相应的目标函数的损失程度也会达到无穷大。ζ_i^* 代表不敏感损失函数，其数学函数表达式为

$$\zeta_i^* = \begin{cases} |y - f(x)| - \varepsilon, & |y - f(x)| > \varepsilon \\ 0, & |y - f(x)| \leqslant \varepsilon \end{cases} \tag{6.3.43}$$

为了简化计算，将 Lagrange 乘子引入式(6.3.42)的约束条件中，则式(6.3.42)中的目标函数和约束因子即可简化为

$$\min_{\alpha, \alpha^*} \frac{1}{2} (\alpha - \alpha^*)^{\mathrm{T}} \ \boldsymbol{Q}(\alpha - \alpha^*) \left\langle x_i, x_j \right\rangle + \varepsilon(\alpha + \alpha^*) - y^{\mathrm{T}} (\alpha - \alpha^*)$$
$$\text{s.t.} \quad \boldsymbol{e}^{\mathrm{T}} (\alpha_i - \alpha_i^*) = 0 \tag{6.3.44}$$
$$0 \leqslant a_i \leqslant C, \ 0 \leqslant a_i^* \leqslant C \quad i = 1, 2, 3, \cdots, n$$

式中，$\boldsymbol{e}$ 为全 1 向量；$\boldsymbol{Q}$ 为 $n \times n$ 的半正定矩阵，$\boldsymbol{Q}_{ij} \equiv K(x_i, x_j) = \boldsymbol{\Phi}(x_i)^{\mathrm{T}} = \boldsymbol{\Phi}(x_i)$，是核函数。卡罗需-库恩-塔克条件(Karush-Kuhn-Tucker conditions，KKT)是判断约束条件下的非线性规划最优化的一种依据，可被用于解决 Lagrange 对偶问题。基于 KKT，非线性回归函数中的偏置可表示为

$$b = y_i - \sum_{i=1}^{n} (\alpha_i - \alpha_i^*) K(x_i, x_j) - \varepsilon$$
$$b = y_i - \sum_{i=1}^{n} (\alpha_i - \alpha_i^*) K(x_i, x_j) + \varepsilon \tag{6.3.45}$$
$$0 \leqslant \alpha_i \leqslant C, \ \ 0 \leqslant \alpha_i^* \leqslant C \quad i = 1, 2, 3, \cdots, n$$

进而，可求得

$$w = \sum_{i=1}^{n} \left(\alpha_i - \alpha_i^* \right) \Phi\left(x_i \right) \tag{6.3.46}$$

$$f\left(x_i \right) = \sum_{i=1}^{n} \left(\alpha_i - \alpha_i^* \right) K\left(x_i, x_j \right) + \rho \tag{6.3.47}$$

2) SVR 核函数

基于图 6.60 和上文公式推导可知，在非线性 SVR 中，核函数的选择也尤为重要，也将直接影响 SVR 模型的最终性能。其中，线性核函数(linear kernel)、多项式核函数

(polynomial kernel)、Sigmoid 核函数(Sigmoid kernel)和高斯径向基核函数(Gaussian radial basis function kernel，RBF)是目前常用的核函数，其数学表达式依次为

$$K(x_i, x_j) = x_i^{\mathrm{T}} x_j \tag{6.3.48}$$

$$K(x_i, x_j) = (\gamma x_i^{\mathrm{T}} x_j + r)^p,\ \gamma > 0 \tag{6.3.49}$$

$$K(x_i, x_j) = \tanh(\gamma x_i^{\mathrm{T}} x_j + r) \tag{6.3.50}$$

$$K(x_i, x_j) = \exp\left(-\gamma \left\| x_i - x_j \right\|^2\right),\ \gamma > 0 \tag{6.3.51}$$

在实际应用中，线型核函数主要用于解决线性可分问题。多项式核函数是一个全局核函数，多用于数据具有正交归一化特性的问题，但其待定参数较多，会导致较高的学习复杂度，容易引起过拟合现象的发生。两层感知器核函数(Sigmoid 核函数)最初源自于神经网络，当在 SVR 中使用该核函数时，就可以被看成一个多层神经网络。RBF 核函数具有较强的局部特性，能实现样本向更高维空间的非线性映射。因此，RBF 可以处理线性不可分问题，且比较容易执行，是 SVR 中比较常用的核函数。

3) *海面盐度和风速反演结果*

核函数的选择和 SVR 模型的估计结果有着十分紧密的联系。目前，对于核函数的选择还没有一个统一的标准。图 6.61 对比了三种常用核函数对 SVR 模型估计结果的影响。

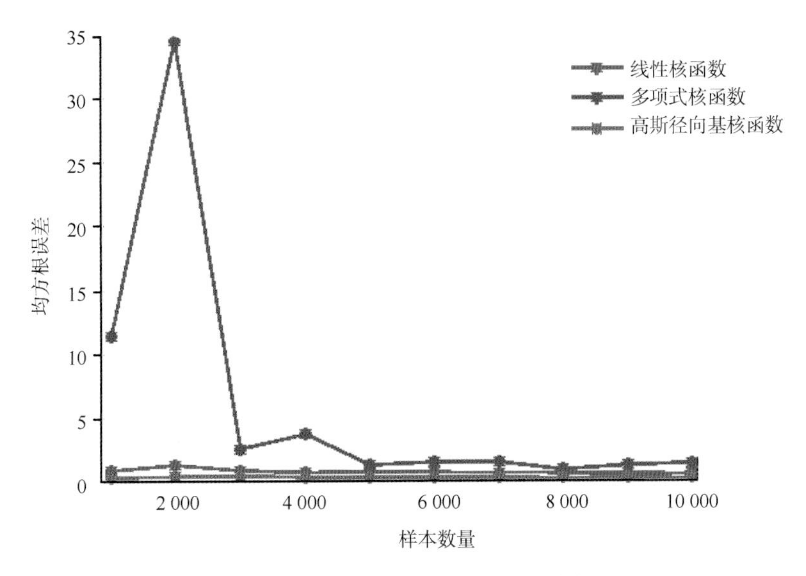

图 6.61　不同核函数下的 SVR 模型精度对比

从图 6.61 可知，使用线性核函数和高斯径向基核函数时，模型的性能都优于多项式核函数；使用高斯径向基核函数时模型的稳定度和精度稍微优于线性核函数。除了核函

数之外，SVR 模型的核函数参数(gamma)和惩罚因子(C)的选择也会影响模型的最终性能。为了比较 gamma 和 C 对模型最终精度的影响，基于网格搜索(grid search)算法对以上两种参数的不同组合方式进行了对比分析。网格搜索算法实际是一种超参数自动搜索方法，它能遍历所有可能的 gamma 和 C 组合方式，并对所有组合做交叉验证，最终选出精度最高的组合方式。

图 6.62 给出了选择不同 gamma 和 C 时模型的性能比较。训练时，scoring 参数选择的是负均方根误差，因此，图中的最佳测试目标值是负值。相应地，最佳测试目标的值越大，对应的参数所训练的模型精度就越高。从图 6.62 中可知，当 C 取 0.63，γ 取 2.51 时，测试数据集的均方根误差达到最大(–0.08)，此时的模型精度达到最优。

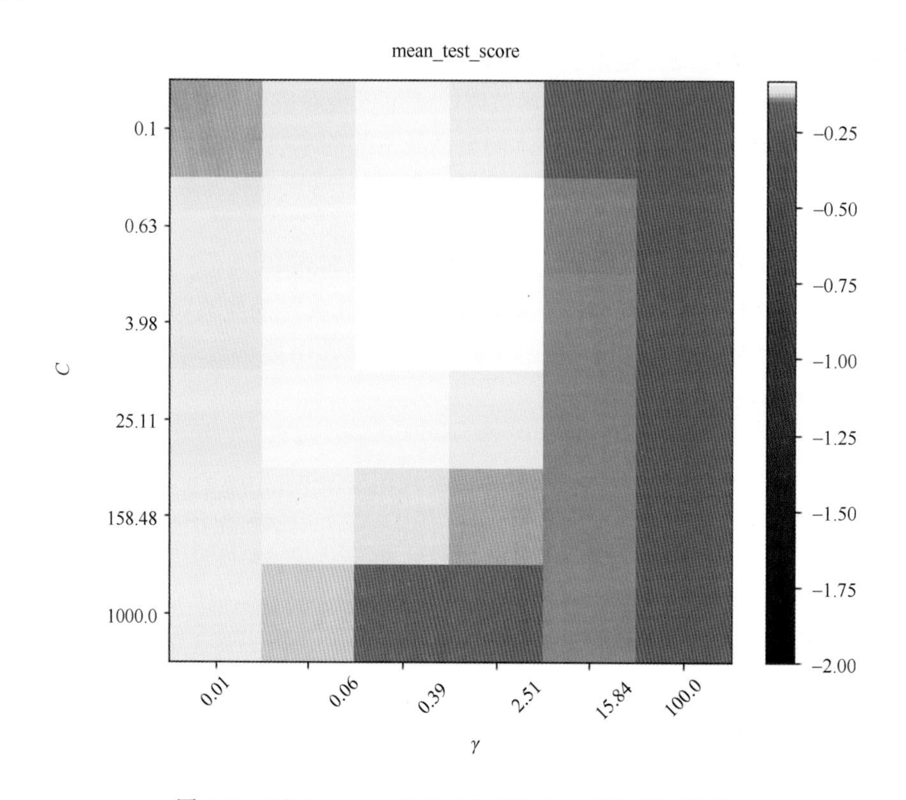

图 6.62　不同 gamma 和 C 组合下的 SVR 模型测试精度

模型的训练时间也是评价模型性能的主要因素之一，图 6.63 给出了 SVR 模型的训练时间和测试时间以及模型训练的均方根误差随样本数量的变化。从图 6.63(a)可以看出，无论是训练时间还是测试时间，它们都随样本量的增加而增加；当样本量小于 1 000 时，模型的训练时间要小于同等样本量的测试时间；随着样本量的增加，模型的训练时间快速超过测试时间，且几乎呈线性增长。从图 6.63(b)可知，随着样本量的增加，模型的训练精度逐渐提升，当样本量增大到一定程度时，模型的训练精度逐渐趋于稳定。

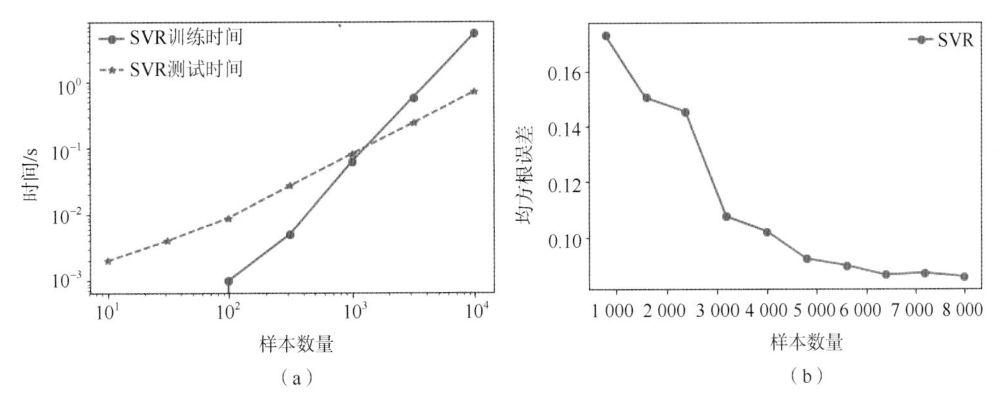

图 6.63　SVR 模型训练和测试时间(a)及均方根误差(b)随样本数量的变化

基于所选优化参数，将中国南海海域 2013 年全年 75%的数据做训练，剩余 25%的数据做测试，并使用训练好的模型反演了 2014 年 1 月中国南海海域的 SSS。图 6.64 统计了 SVR SSS 反演方法获得的 2014 年 1 月中国南海海域的 SSS 和 HYCOM SSS 的散点对比，黑色实线是对角线 $y=x$。图 6.65 给出了相应的偏差统计结果，其中横坐标和纵坐标分别代表了反演 SSS 和 HYCOM SSS 的偏差和相应的偏差百分比。从图 6.65 中可知，SVR SSS 反演方法获得的 Aquarius 卫星在 29.36°、38.44°和 46.29°入射角的 SSS RMSE 分别为 0.39 psu、0.41 psu 和 0.37 psu，SSS Bias 分别为–0.06 psu、–0.03 psu 和–0.005 psu，R 依次为 0.67、0.54 和 0.65。

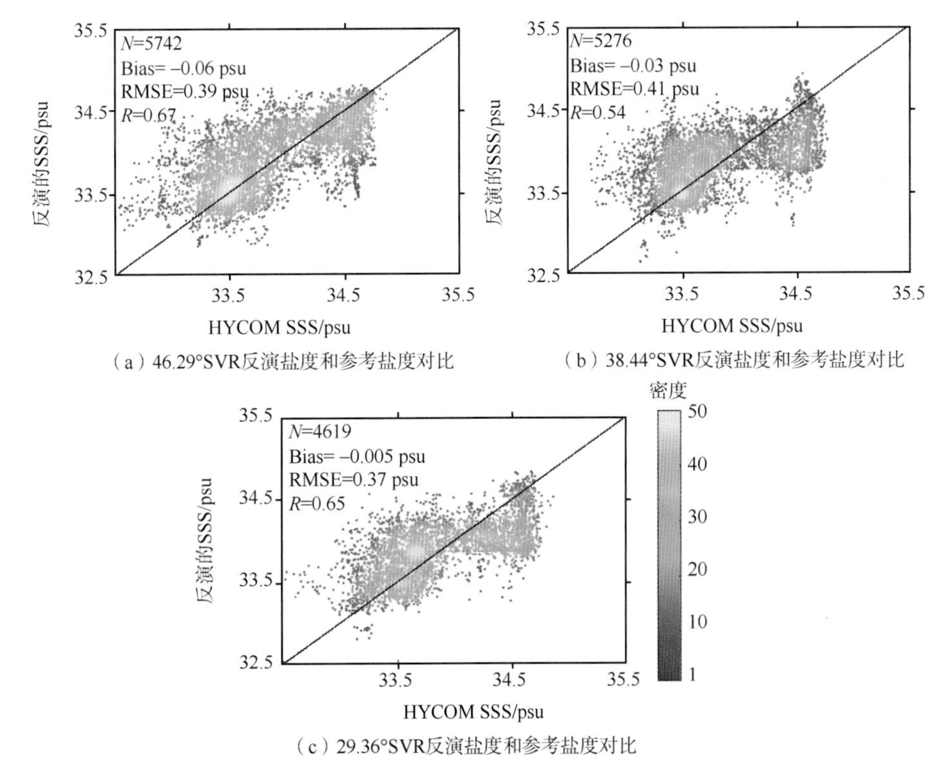

图 6.64　SVR SSS 反演方法获得的 SSS 和 HYCOM SSS 的散点对比

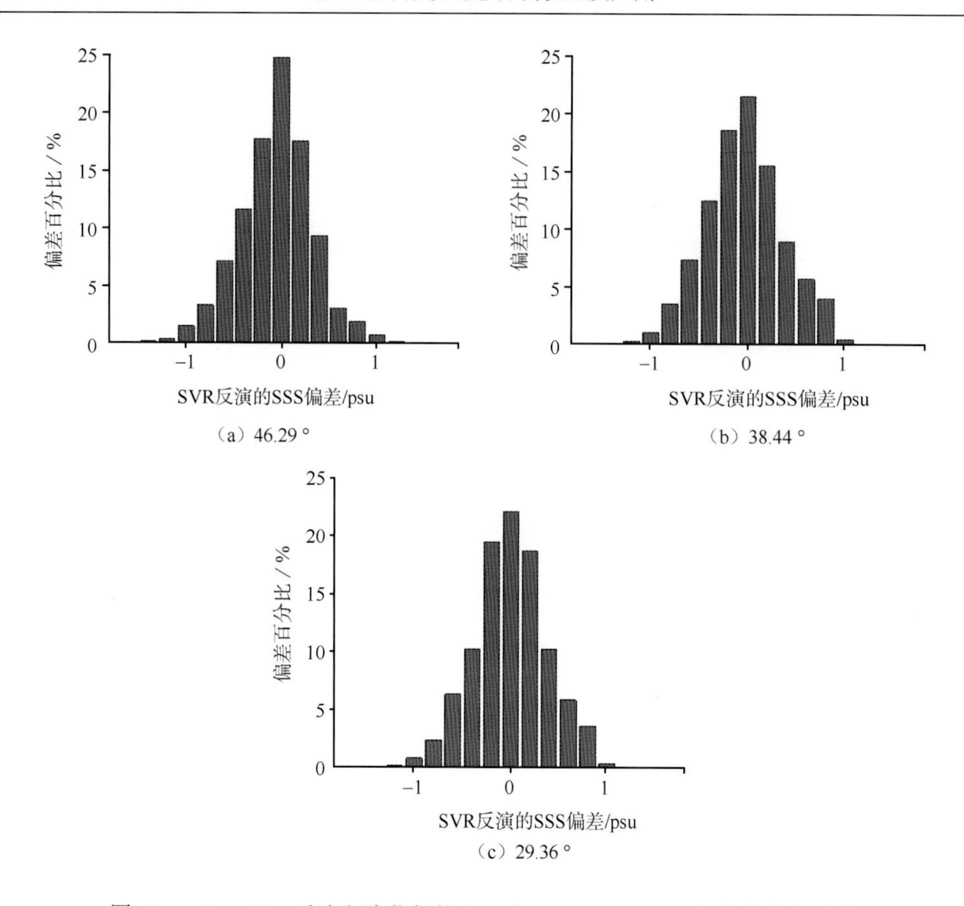

图 6.65　SVR SSS 反演方法获得的 SSS 和 HYCOM SSS 之间的偏差柱形图

另外，通过对参数进行优化选择，完成了中国南海海域 WS 模型的训练，并使用训练好的 SVR 风速反演模型获得了 2014 年 1 月中国南海海域的 WS。图 6.66 统计了 SVR WS 反演方法获得的 WS 与 NCEP WS 的散点对比结果。图 6.67 给出了相应的偏差统计结果。从图 6.67 中可知，SVR 方法获得的 Aquarius 卫星三个固定入射角的 WS RMSE 分别为 1.41 m/s、1.43 m/s 和 1.75 m/s，WS Bias 分别为 0.18 m/s、0.16 m/s 和 0.32 m/s，R 依次为 0.90、0.89 和 0.85。

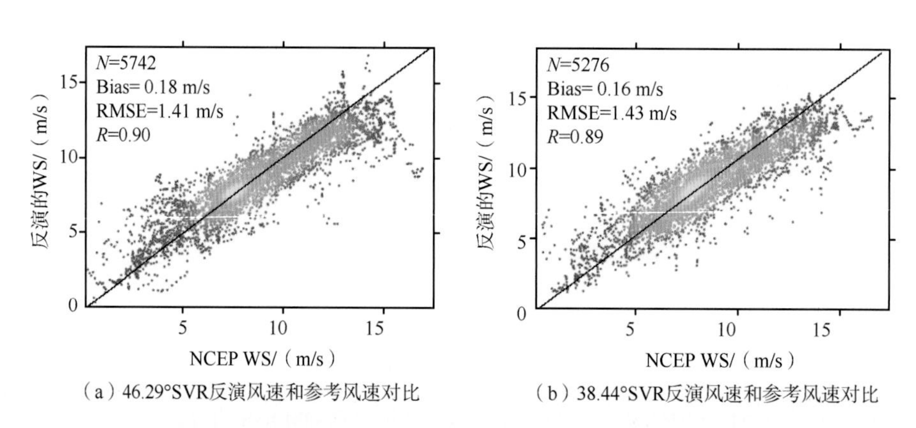

（a）46.29°SVR反演风速和参考风速对比　（b）38.44°SVR反演风速和参考风速对比

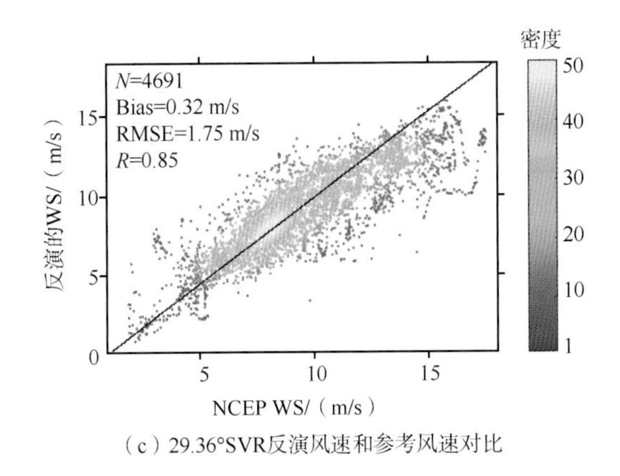

（c）29.36°SVR反演风速和参考风速对比

图 6.66　SVR WS 反演方法获得的 WS 和 NCEP WS 的散点对比

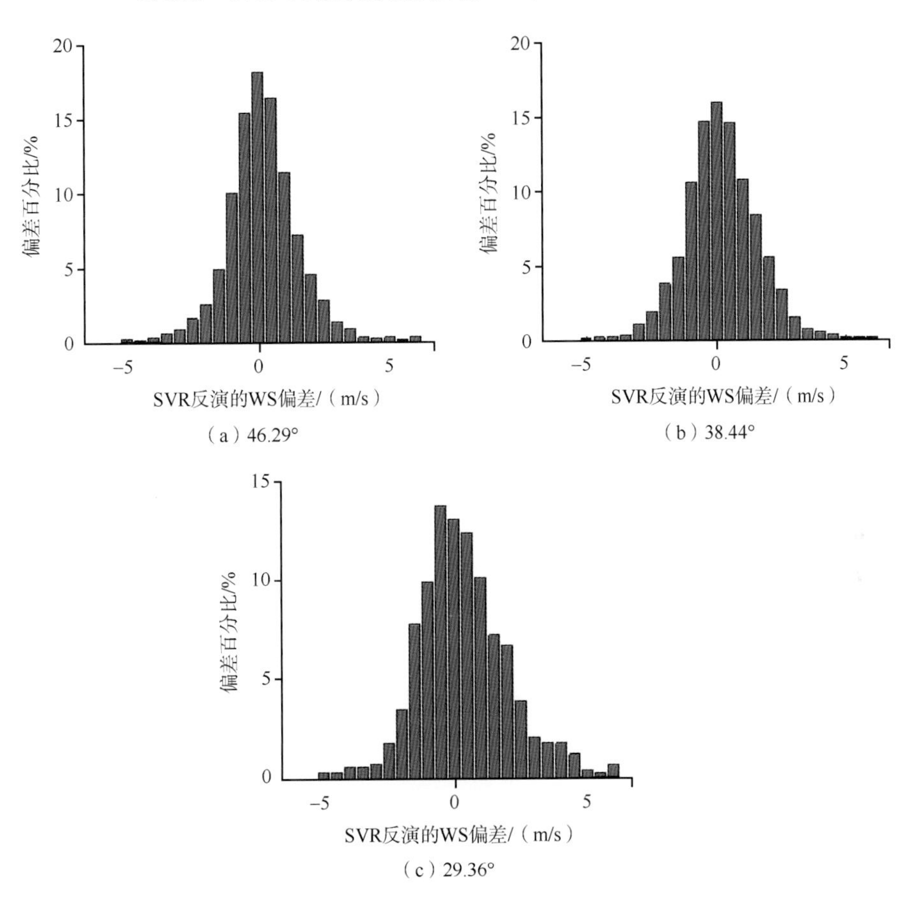

图 6.67　SVR WS 反演方法获得的 WS 和 NCEP WS 之间的偏差柱形图

6.3.4　土壤湿度的反演算法

盐度计土壤湿度反演算法的研究，因目前已有的 L 波段辐射计数据受 RFI 干扰较大，所以目前采用以 C 波段辅载荷为主要数据通道，并以 AMSR-E 为替代数据的方法开展研究。

1. 植被光学厚度与地表粗糙度敏感性分析

目前，土壤湿度反演算法很难在缺乏辅助数据的前提下同时解决植被和地表粗糙度的影响。其中的难点主要在于这两个参数是动态变量，不仅会随时间变化同时也会随空间变化。虽然植被光学厚度与地表粗糙度的影响可以分别通过光学植被指数及与描述地表起伏有关的参量进行消除，但是正如前面所述，这种对辅助数据的过分依赖会严重限制算法的实用性。本书根据两者对亮温具有相似作用的特点如图 6.68 和图 6.69 所示，将这两个参数进行合并，形成一个综合影响因子，这样辐射传输方程中原本需要解决的两个未知量便缩减为一个未知量，从而达到消元的目的。

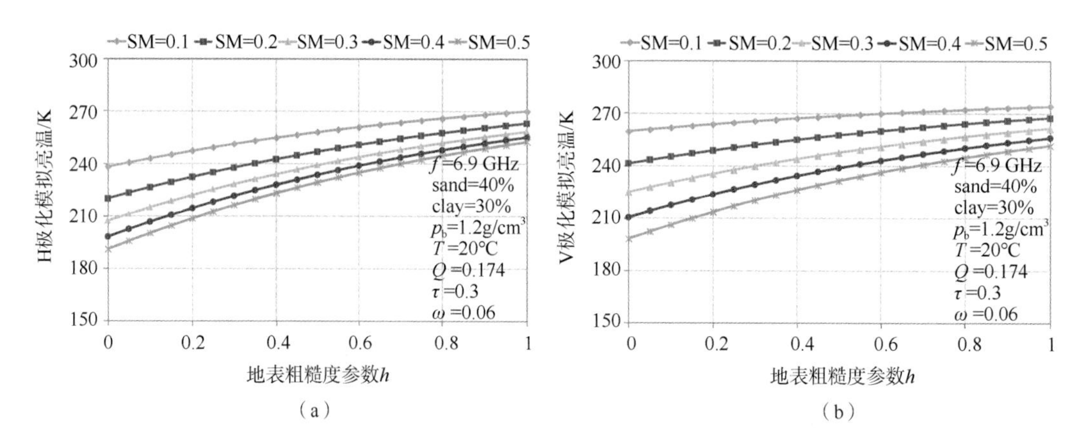

图 6.68　不同土壤湿度(0.1～0.5 m^3/m^3)条件下地表粗糙度参数 h 对 H 极化与 V 极化亮温的敏感性分析

(a) H 极化亮温结果；(b) V 极化亮温结果

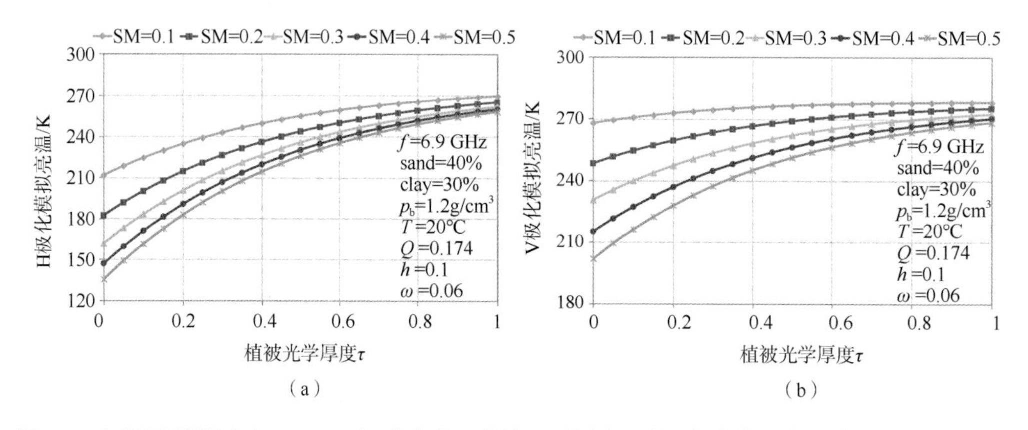

图 6.69　不同土壤湿度(0.1～0.5 m^3/m^3)条件下植被光学厚度 τ 对 H 极化与 V 极化亮温的敏感性分析

(a) H 极化亮温结果；(b) V 极化亮温结果

2. 实验区无线电波干扰(RFI)判断

根据目前已经收集到的三个实验区数据，调查分析了 AMSR-E 升降轨时刻 C 波段

(6.9 GHz)受到 RFI 影响的可能性。利用的方法为 Li 等(2004)提出的无线电频干扰指数(RFI index，RI)方法，其计算公式如下：

$$RI6.9p=TB6.9p-TB10.7p \tag{6.3.52}$$

式中，RI6.9p 为 AMSR-E 传感器 6.9 GHz 时的无线电频干扰指数，用来判断该波段是否受到 RFI 的影响；TB6.9p 和 TB10.7p 分别为 AMSR-E 6.9 GHz 和 10.7 GHz 双极化亮温；p 表示极化方式。

Li 等(2004)认为，植被和土壤内水的吸收效果会随着频率的增加而增大，因此除了干雪、冰及沙漠这些体散射很强的区域外，理论上传感器接收到的地表亮温也会随着频率的增加而增加，即呈现正频谱梯度。因此，他们给出了判断是否受到 RFI 影响的阈值，即当 RI＞5 K 时，表示此时的低频波段存在 RFI 的影响。

由图 6.70 可知，在我们的实验区内，无论是升轨数据还是降轨数据，根据 Li 的判断准则，都可视为不受 RFI 干扰。

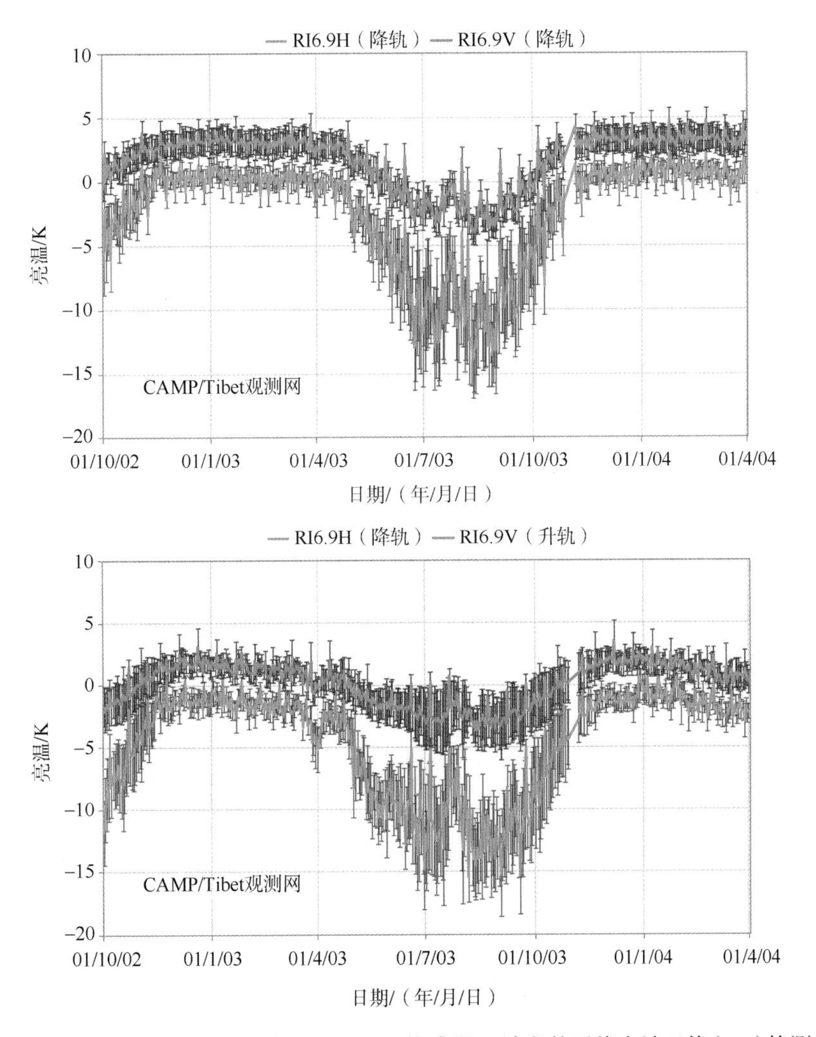

图 6.70　CAMP/Tibet 观测网 AMSR-E 传感器 C 波段的无线电波干扰(RFI)检测

3. 土壤湿度反演算法及流程

为了解决植被、地表粗糙度及地表温度的影响导致的目前国际主流土壤湿度反演算法存在的主要问题，即对辅助数据的过分依赖导致算法适用性不强或因缺乏辅助数据而不得已做出与实际情况不符的参数假设导致的反演误差，本书提出了新的土壤湿度反演算法。该算法基于被动微波土壤湿度反演中通用的零阶辐射传输模型，即 τ-ω 模型。由于用于土壤湿度反演的微波波段波长较长，因此该模型忽略了大气及植被层内多次散射的影响。该模型模拟的来自于土壤及植被的亮温主要包括三个方面：①经过植被冠层衰减的土壤的发射；②来自植被层的直接发射；③经过土壤反射以及被植被冠层削弱的植被发射。具体形式如下：

$$\begin{aligned}T_{\mathrm{BP}} &= T_{\mathrm{s}}(1-R_{\mathrm{sp}})\exp(-\tau_{\mathrm{p}}) + T_{\mathrm{c}}(1-\omega_{\mathrm{p}})[1-\exp(-\tau_{\mathrm{p}})] \\ &\quad + T_{\mathrm{c}}(1-\omega_{\mathrm{p}})[1-\exp(-\tau_{\mathrm{p}})]R_{\mathrm{sp}}\exp(1-\tau_{\mathrm{p}})\end{aligned} \tag{6.3.53}$$

式中，下标 p 表示极化方式(H 或者 V)；T_s 与 T_c 分别为地表土壤及植被冠层的物理温度，单位为 K；R_{sp} 为表层土壤的有效反射率；τ_p 为沿着传感器观测方向的植被光学厚度，其可用来参数化植被的衰减特性；ω_p 为植被的单次散射反照率，其可用来参数化冠层内植被的散射影响。

为了简化反演过程算法采取了以下合理的假设：首先，通常认为在低频且植被较为稀疏时 ω_p 的影响可以忽略不计，即 $\omega_p=0$；其次，由于被动微波传感器的分辨率非常粗糙，因此通常认为 τ_p 在卫星尺度下不受到极化方式的影响，即 $\tau_h=\tau_v$；最后，植被冠层温度与表层土壤温度通常近似相等并用统一符号 T 表示，即 $T_s=T_c=T$，这也是目前所有主流算法采取的假设。这种假设在夜晚时刻更加合理，因为此时植被冠层与地表土壤均处于热平衡状态，这也是许多研究者在对算法验证时只选取夜晚时间的主要原因。基于以上假设，式(6.3.53)可以简化为

$$T_{\mathrm{Bp}} = [1-R_{\mathrm{sp}}\exp(-2\tau)]T \tag{6.3.54}$$

地表方面选择主流算法中最常用的 Q/H 模型，其表达形式如下：

$$R_{\mathrm{sp}} = [(1-Q)R_{\mathrm{op}} + QR_{\mathrm{oq}}]\exp(-h) \tag{6.3.55}$$

式中，下标 p 和 q 表示正交极化方式，即若 p 为 H 或 V 极化，则 q 为 V 或 H 极化；Q 和 h 表示粗糙度参数，用来描述地表粗糙度对地表发射率的影响。以上通过模拟实验分析地表粗糙度参数 h 及植被光学厚度 τ 对微波亮温的敏感性，得出它们对微波亮温具有相似作用的特点。由式(6.3.54)和式(6.3.55)可以看出，τ 参数及 h 参数均出现在指数函数上，这为组合这两个参数提供了可能。基于此设想进一步合并系数，得到如下形式：

$$T_{\mathrm{Bp}} = [1-R'_{\mathrm{sp}}\exp(-2\tau-h)]T \tag{6.3.56}$$

式中，$R'_{sp}=(1-Q)R_{op}+QR_{oq}$。Njoku 和 Chan(2006)在研究中将 Q 参数作为一个全球定值，将地表粗糙度的空间变异性遗留给 h 参数去刻画。为此，他们标定了 AMSR-E 传感器 C/X/Ku 波段下 Q 参数的值。本研究中，Q 值采用的正是他们在 C 波段(6.9 GHz)标定好

的定值，即 Q=0.174。因此，根据菲涅尔方程，在给定角度的条件下，R'_{sp}只与土壤的介电特性有关。然后选择利用经典的 Dobson 土壤介电模型去实现土壤湿度到土壤介电常数的转换。因此，如果土壤参数(如土壤质地、容重)及土壤温度已知的话，那么在给定频率和入射角的条件下，R'_{sp}可以表达为土壤湿度的表达式，即 $R'_{sp}=f(\mathrm{sm})$。

4. 土壤湿度反演算法的验证

为了验证发展的土壤湿度反演算法的有效性，选择利用青藏高原那曲观测网 38 个站点的地表实测数据对该算法进行了验证，结果如图 6.71 所示。选择那曲观测网作为地表验证是因为那曲观测网是目前建设在青藏高原地区实测站点最多、最为密集的观测网络。密集的地表观测可以最大限度地减少站点观测与卫星观测在空间尺度上的差异，因此那曲观测网的地表实测平均值最能够代表用于卫星反演验证的地表"真值"。需要注意的是，由于本书研究发展的土壤湿度反演算法忽略了植被的单次散射反照率，即假设 ω 为 0，在低频且植被较为稀疏时这个假设是非常合理的，但是如果植被覆盖度很高时该假设不再适用，可能会带来较大的反演误差。

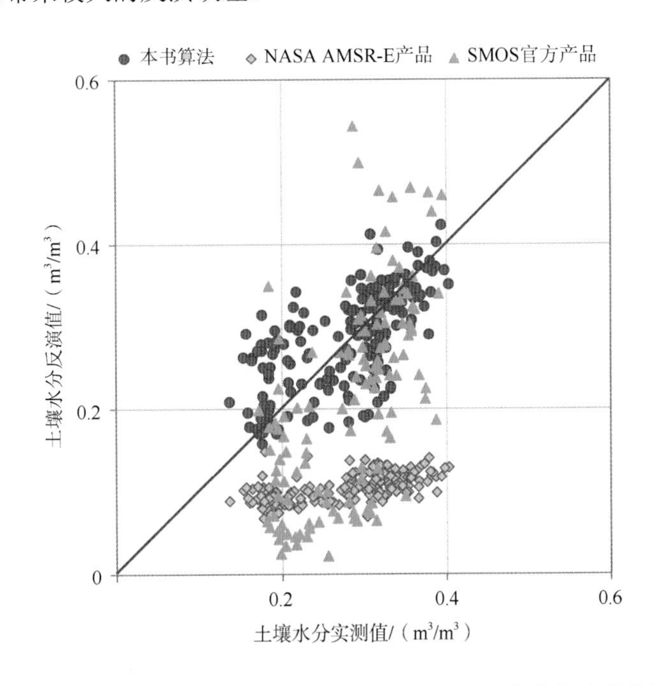

图 6.71　那曲观测网络非冻结时期的地表实测土壤湿度平均值与本书算法反演的土壤湿度及 NASA AMSR-E 及 SMOS 官方产品在夜晚时刻的散点图对比

6.4　研究盐度反演环境影响要素、规律及反演误差分析

6.4.1　星载盐度计反演误差分析国内外研究进展

美国 NASA 于 2011 年发射的 Aquarius 卫星同样具有全球海域盐度测量使命。Aquarius

卫星预期提供分辨率为 100 km 的全球盐度分布图，精度为 0.2 psu（Le et al.，2010）。Dinnat 等（2012）使用 L 波段辐射转换模型对 Aquarius 卫星海表辐射测量进行了验证，结果显示，海面粗糙度影响的辐射精度量级在中等风速条件下为 0.25K，当风速较低或者较大尤其大于 15 m/s 时，观测精度明显下降。Ratheesh 等（2014）利用印度洋 2011～2012 年的 Argo 数据对 Aquarius 卫星盐度数据进行验证，其均方根误差为 0.45 psu。

6.4.2 海洋环境参数对微波辐射计海表亮温的影响

为分析海面风速、有效波高、海表温度对海表亮温的影响，本书中采用的数据包括 Aquarius L2 亮温数据（2013 年 1～12 月）、NCEP GFS GDAS 全球预报模式风速与有效波高数据（2013 年 1～12 月）、Argo 海表温度数据（2013 年 1～12 月）。

1. 海面风速对海表亮温的影响

图 6.72 是全球海域 Aquarius 海表亮温未进行粗糙度校正前随海面风速变化的误差分析图。为了排除海表温度变化带来的影响，这里选取海表温度在 28～29 ℃对应的海表亮温，对应的风速变化范围为 0～15 m/s。从图 6.72 中可以看出，随着风速的增加，无论 H 极化还是 V 极化的海表亮温均增加，而且亮温随风速变化的趋势基本上是线性的。对于三个入射角来说，海面风速每增加 1 m/s，海表亮温约增加 0.5 K。

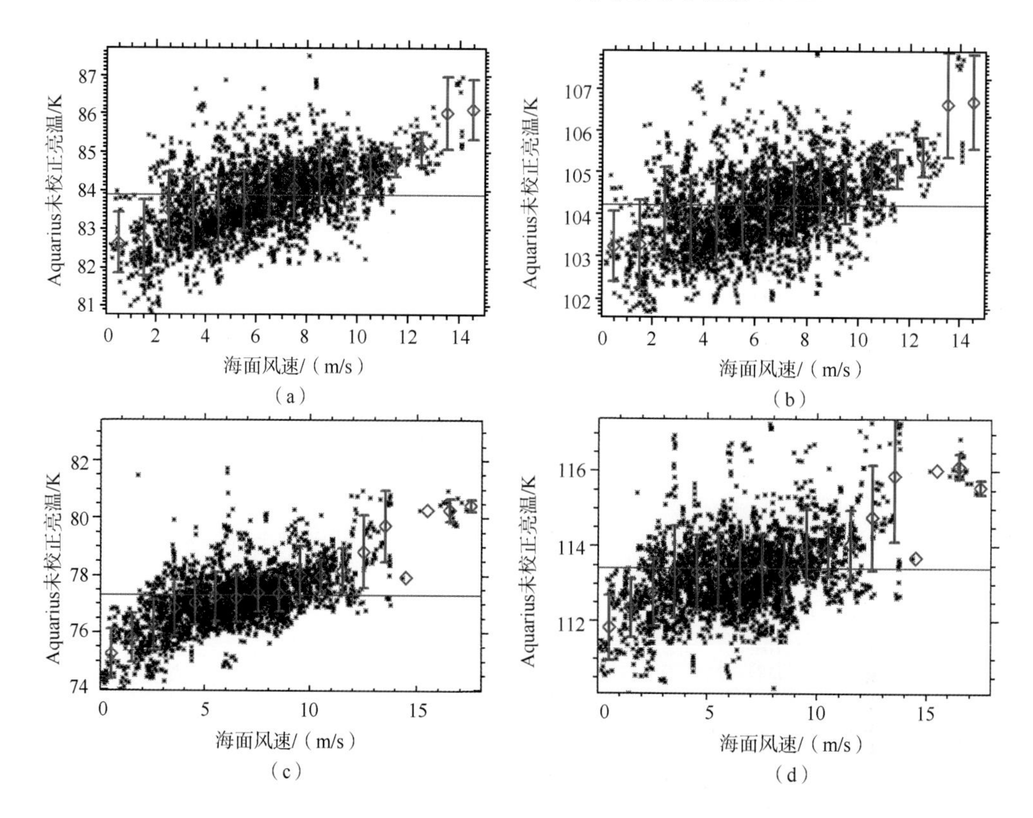

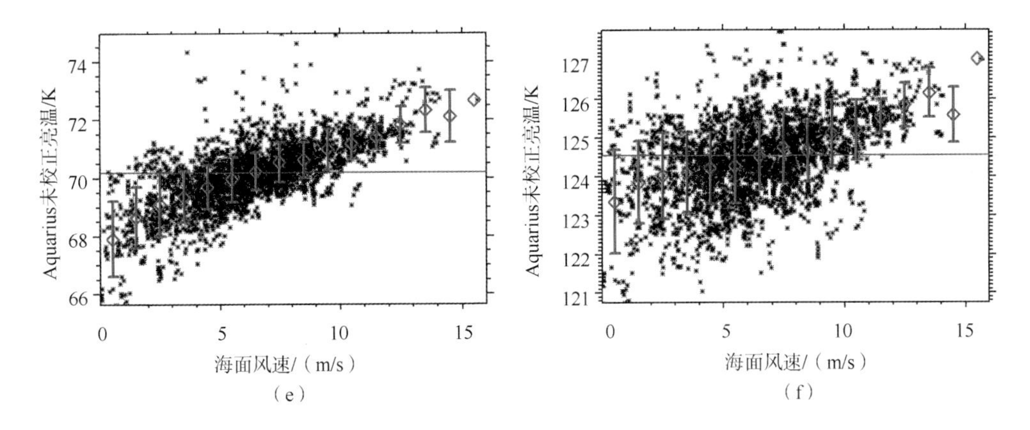

图 6.72　海面风速对 Aquarius 卫星微波辐射计未校正前海表亮温的影响

(a) H 极化，入射角 29.36°；(b) V 极化，入射角 29.36°；(c) H 极化，入射角 38.49°；(d) V 极化，入射角 38.49°；(e) H 极化，入射角 46.29°；(f) V 极化，入射角 46.29°

2. 有效波高对海表亮温的影响

图 6.73 是全球海域 Aquarius 海表亮温未进行粗糙度校正前随有效波高变化的误差分析图。为了排除海表温度变化带来的影响，这里选取海表温度在 28～29 ℃对应的海表亮温，对应的有效波高变化范围为 0～6 m。从图 6.73 中可以看出，随着有效波高的增加，无论 H 极化还是 V 极化的海表亮温均增加，而且亮温随有效波高变化的趋势基本上是线性的。对于三个入射角来说，有效波高每增加 1 m，海表亮温约增加 1 K。

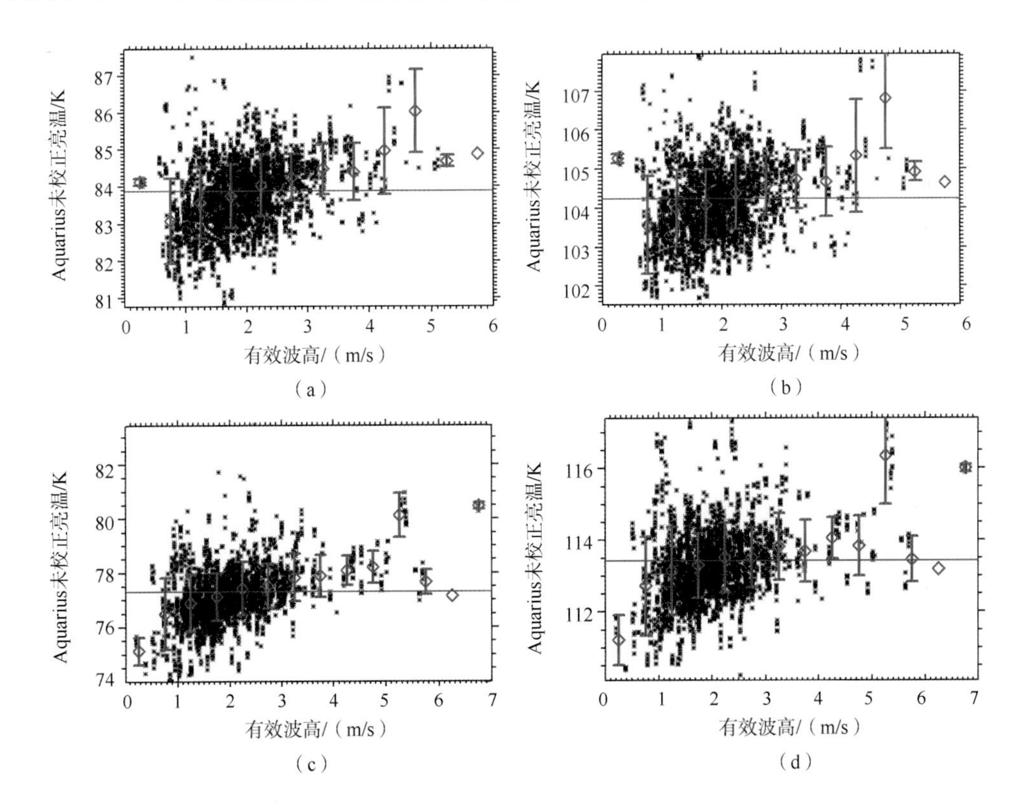

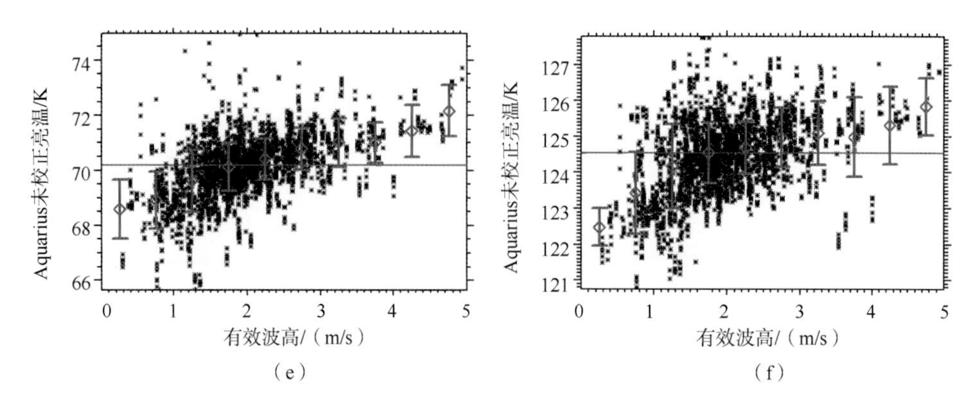

图 6.73　有效波高对 Aquarius 卫星微波辐射计未校正海表亮温的影响

(a) H 极化，入射角 29.36°；(b) V 极化，入射角 29.36°；(c) H 极化，入射角 38.49°；(d) V 极化，入射角 38.49°；(e) H 极化，入射角 46.29°；(f) V 极化，入射角 46.29°

3. 海表温度对海表亮温的影响

图 6.74 是全球海域 Aquarius 海表亮温随海表温度变化的误差分析图。为了排除海面风速变化带来的影响，这里选取海面风速在 6～7 m/s 对应的海表亮温，对应的海表温度变化范围为 0～31 ℃。从图 6.74 中可以看出，随着海表温度的增加，无论 H 极化还是 V 极化的海表亮温均呈正弦变化趋势，当海表温度为 0～15 ℃时海表亮温随海表温度的增加而增加，当海表温度为 15～25 ℃时，海表亮温随海表温度的增加而降低，当海表温度大于 25 ℃时，海表亮温随海表温度增加无明显变化。

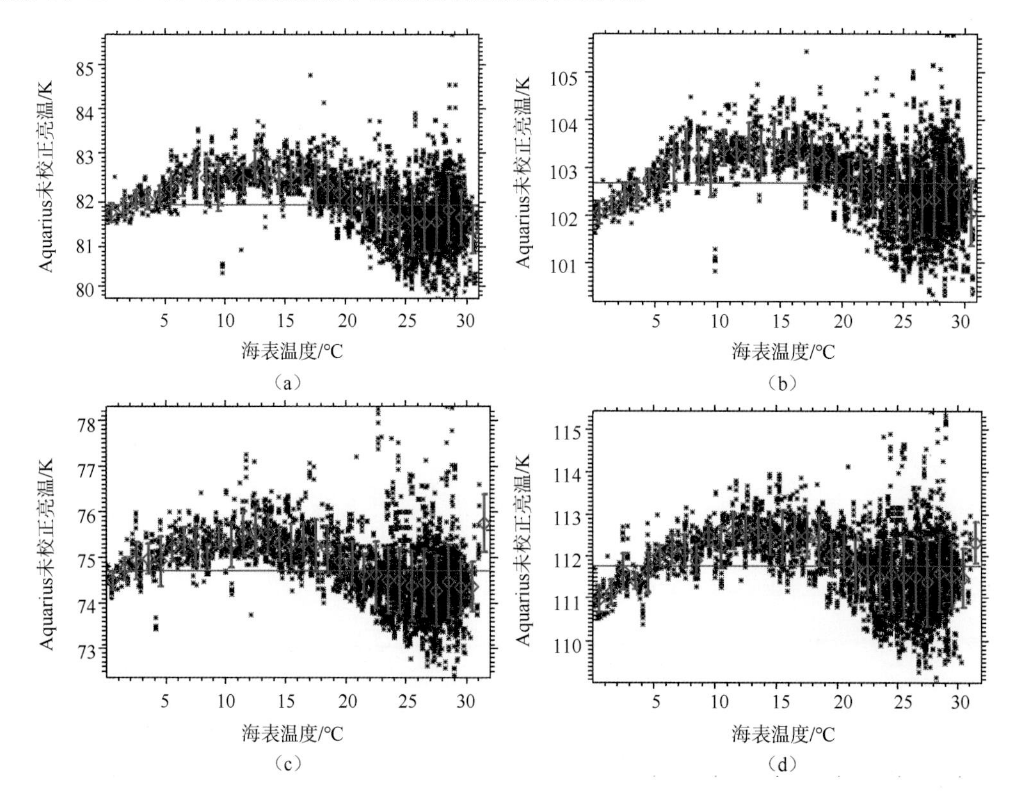

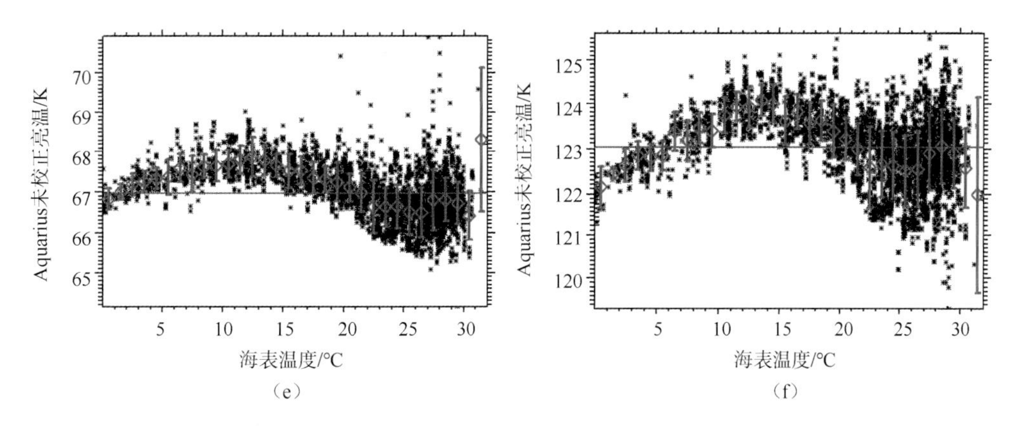

图 6.74　海表温度对 Aquarius 卫星微波辐射计海表亮温的影响

(a) H 极化，入射角 29.36°；(b) V 极化，入射角 29.36°；(c) H 极化，入射角 38.49；(d) V 极化，入射角 38.49°；(e) H 极化，入射角 46.29°；(f) V 极化，入射角 46.29°

6.4.3　海洋环境参数对 Aquarius 卫星盐度反演精度的影响

1. 海表温度对 Aquarius 微波辐射计海表盐度反演精度影响分析

从图 6.75 是全球海域 Aquarius L2 海表盐度与 Argo 海表盐度误差随海表温度变化分析图，入射角为 38.49°。为了排除海面风速变化带来的影响，这里选取海面风速在 6～7 m/s 对应的海表亮温，对应的海表温度变化范围为 0～31℃。图 6.75 中红色误差条是每隔 1℃Aquarius L2 盐度与 Argo 盐度误差均值±标准偏差。从图 6.75 中可以看出，当海表温度为 0～15℃时，Aquarius L2 海表盐度高于 Argo 实测值，当海表温度高于 15℃时，Aquarius L2 海表盐度低于 Argo 实测值。

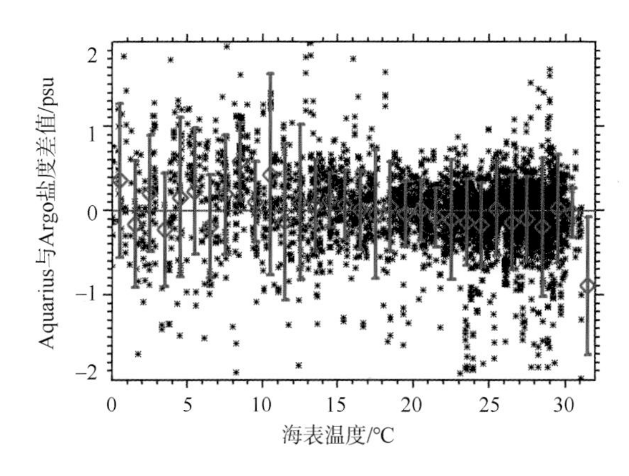

图 6.75　海表温度对 Aquarius 海表盐度反演精度的影响(入射角 38.49°)

2. 海面风速对 Aquarius 微波辐射计海表盐度反演精度影响分析

图 6.76 是全球海域 Aquarius L2 海表盐度与 Argo 海表盐度误差随海面风速变化分析图。为了排除海表温度变化带来的影响，这里选取海表温度在 28～29 ℃对应的海表亮温，

对应的风速变化范围为 0～15 m/s，大部分风速低于 11 m/s。图 6.76 中红色误差条是每隔 1 m/s 风速 Aquarius L2 盐度与 Argo 盐度误差均值和标准偏差。从图 6.76 中可以看出，Aquarius L2 海表盐度反演精度随着海面风速的增加无明显变化，在低风速区域（<3 m/s）和较高风速区域（>12 m/s），Aquarius L2 数据反演的海表盐度误差较大，而在中等风速范围（3～12 m/s），Aquarius L2 数据反演的海表盐度误差较小。

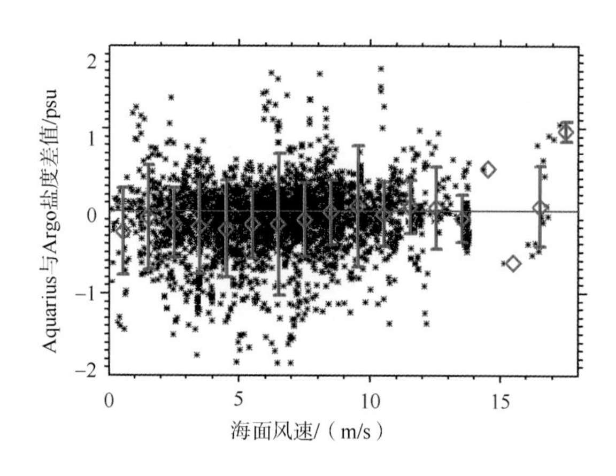

图 6.76　海面风速对 Aquarius L2 海表盐度反演精度的影响（入射角 38.49°）

3. 有效波高对 Aquarius 微波辐射计海表盐度反演精度影响分析

图 6.77 是全球海域 Aquarius L2 海表盐度与 Argo 海表盐度误差随有效波高变化分析图。为了排除海表温度变化带来的影响，这里选取海表温度在 28～29 ℃对应的海表亮温，对应的有效波高变化范围为 0～7 m，大部分有效波高低于 4 m。图 6.77 中红色误差条是每隔 0.5 m 有效波高 Aquarius L2 盐度与 Argo 盐度误差均值±标准偏差。从图 6.77 中可以看出，Aquarius L2 海表盐度反演精度随着有效波高的增加而增加，当有效波高低于 3 m 时 Aquarius L2 海表盐度反演精较高，而当有效波高高于 3 m 时 Aquarius L2 海表盐度反演精降低。

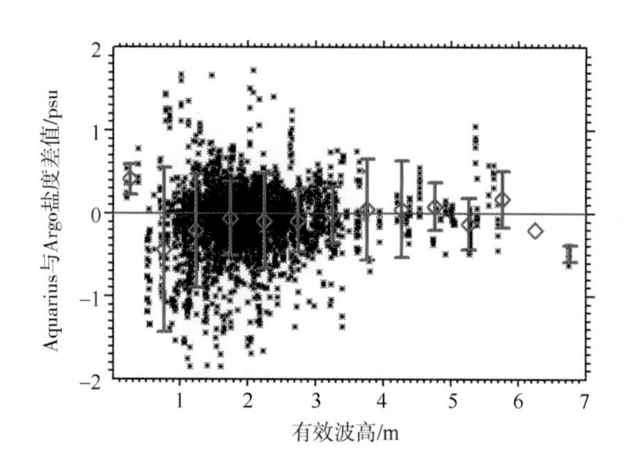

图 6.77　有效波高对 Aquarius L2 海表盐度反演精度的影响（入射角 38.49°）

6.5　海洋盐度探测卫星关键技术指标体系

针对海洋盐度探测卫星的特点，对海洋盐度卫星的各项探测指标及相关内容进行了论证研究，得到适用于海表盐度探测卫星载荷指标体系论证结果。指标分析内容包括：分析不同辐射计测量频率的配置以及散射计测量对参数测量精度的影响；分析海面风速、有效波高、海表温度等海洋动力要素对盐度计亮温及盐度反演误差的影响。

6.5.1　不同频率配置对参数测量精度的影响

首先针对盐度计默认配置(散射计：1.26 GHz；辐射计：1.4 GHz、6.9 GHz、18.7 GHz 和 23.8 GHz)及预期灵敏度进行了卫星单次过境时单个像素点和全球尺度范围的反演精度的评估，之后对月平均精度进行了评估，最后为了用最少的频段实现盐度的最佳反演精度，提升通道利用率，还对不同的通道配置进行了仿真。

从图 6.78 中可以看出，采用默认配置下的盐度反演精度(RMS 误差)基本在 0.6 psu 左右，同步反演的温度精度和风速精度围绕 1.2 ℃和 0.9 m/s 波动。相比于默认配置，不配置 23.8 GHz 通道时得到的盐度、温度和风速精度相对较差，盐度反演误差在整个入射角范围内平均提升了 17%左右。

另外，为了测试盐度计的性能，基于当前辐射计、散射计能达到的预期灵敏度，利用主被动联合反演算法仿真了全球尺度范围内的盐度反演精度。首先设置三个频率配置，见表 6.8。各个配置方法下全球的海表盐度、海表温度和海面风速的反演误差图如图 6.79 和图 6.80 所示。

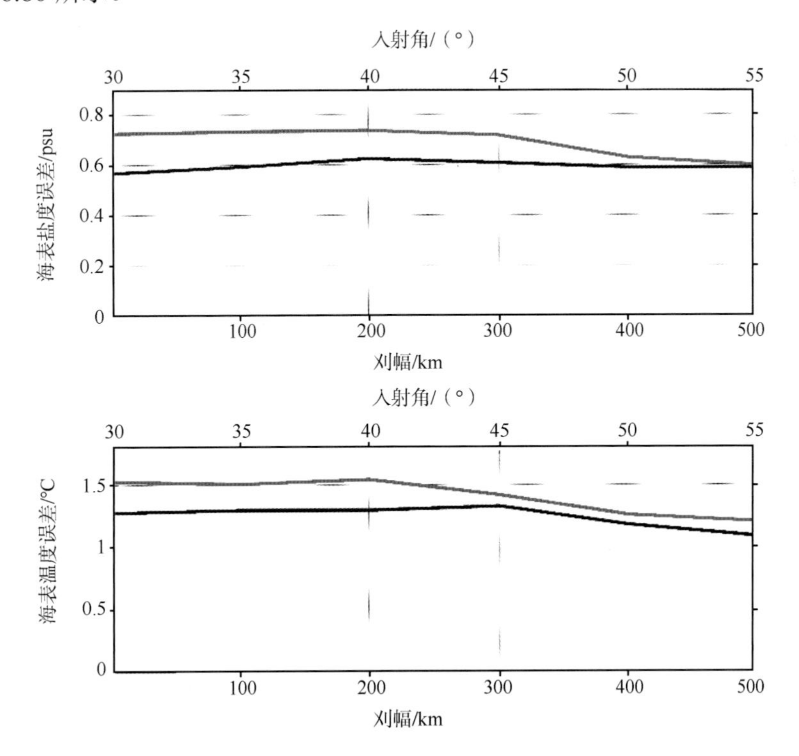

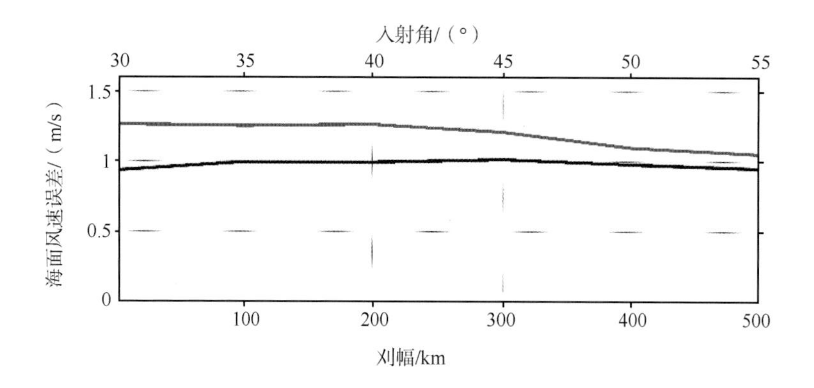

图 6.78　默认配置与不配置 23.8 GHz 通道盐度反演精度对比

黑色实线是默认配置下的反演结果，红色实线是不配置 23.8 GHz 通道下的反演结果

表 6.8　盐度探测不同频率设备配置

编号	配置
1	1.26 GHz 散射计，1.4 GHz、6.9 GHz、18.7 GHz 和 23.8 GHz(默认)
2	不配置 1.26 GHz 散射计
3	不配置 23.8 GHz

50°N
0°
50°S
1.0
0.5
0
50°E 100°E 150°E 200°E 250°E 300°E 350°E

（a）编号1 SSS_{RMS}/psu

50°N
0°
50°S
1.0
0.5
0
50°E 100°E 150°E 200°E 250°E 300°E 350°E

（b）编号3 SSS_{RMS}/psu

50°N
0°
50°S
2.0
1.5
1.0
0.5
50°E 100°E 150°E 200°E 250°E 300°E 350°E

（c）编号1 SST_{RMS}/psu

50°N
0°
50°S
2.0
1.5
1.0
0.5
50°E 100°E 150°E 200°E 250°E 300°E 350°E

（d）编号3 SSS_{RMS}/psu

50°N
0°
50°S
1.5
1.0
0.5
0
50°E 100°E 150°E 200°E 250°E 300°E 350°E

（e）编号1 WS_{RMS}/psu

50°N
0°
50°S
1.5
1.0
0.5
0
50°E 100°E 150°E 200°E 250°E 300°E 350°E

（f）编号3 WS_{RMS}/psu

图 6.79　默认配置(编号 1)和不配置 23.8 GHz(编号 3)下，全球海表盐度 SSS、海表温度 SST 和海面风速 WS 反演误差图

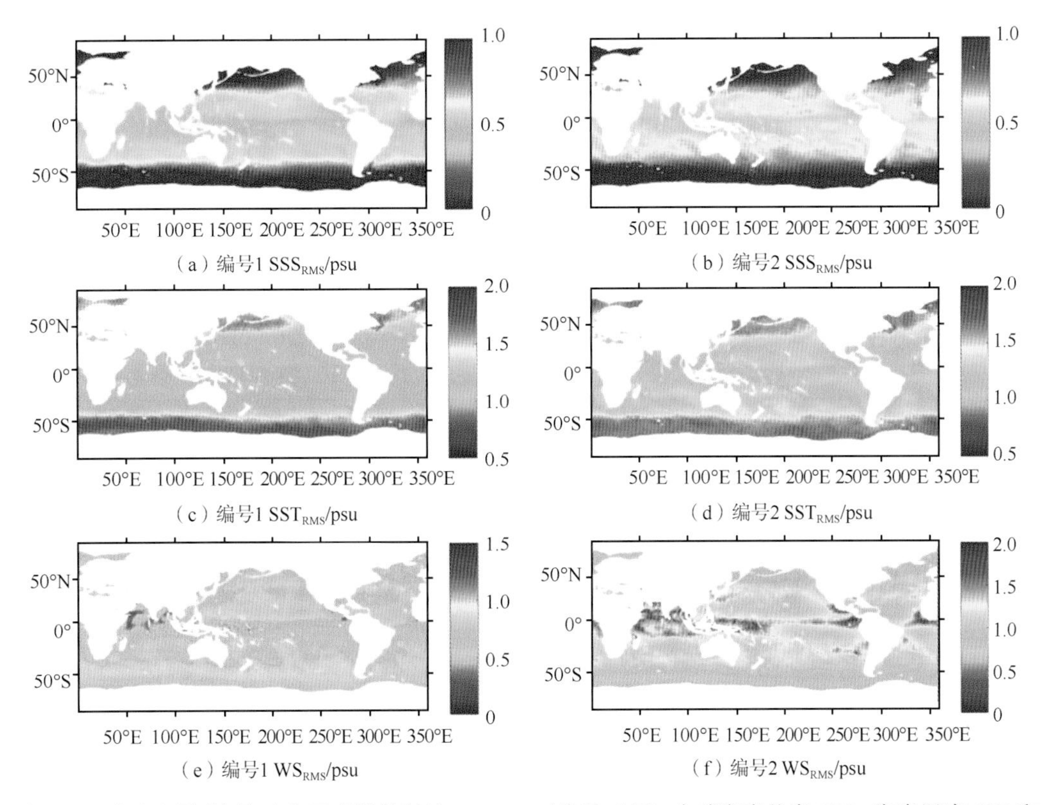

（a）编号1 SSS_{RMS}/psu　（b）编号2 SSS_{RMS}/psu

（c）编号1 SST_{RMS}/psu　（d）编号2 SST_{RMS}/psu

（e）编号1 WS_{RMS}/psu　（f）编号2 WS_{RMS}/psu

图 6.80　默认配置（编号 1）和不配置散射计 1.26 GHz（编号 2）下，全球海表盐度 SSS、海表温度 SST 和海面风速 WS 反演误差图

为了进一步确定最佳的海面盐度反演频率配置，图 6.81 给出了不同配置下的海面盐度 RMS 误差。为了进一步评估不同通道、不同极化方式对盐度反演精度的影响。从图 6.81 中可以看出，没有 13.8 GHz 的 V 极化与没有 23.8 GHz 的 H 极化，海面盐度、温度和风速的反演结果与全部通道都包含的结果几乎没有差异。表 6.9 给出了不同配置下盐度反演误差在整个入射角范围内的平均结果。

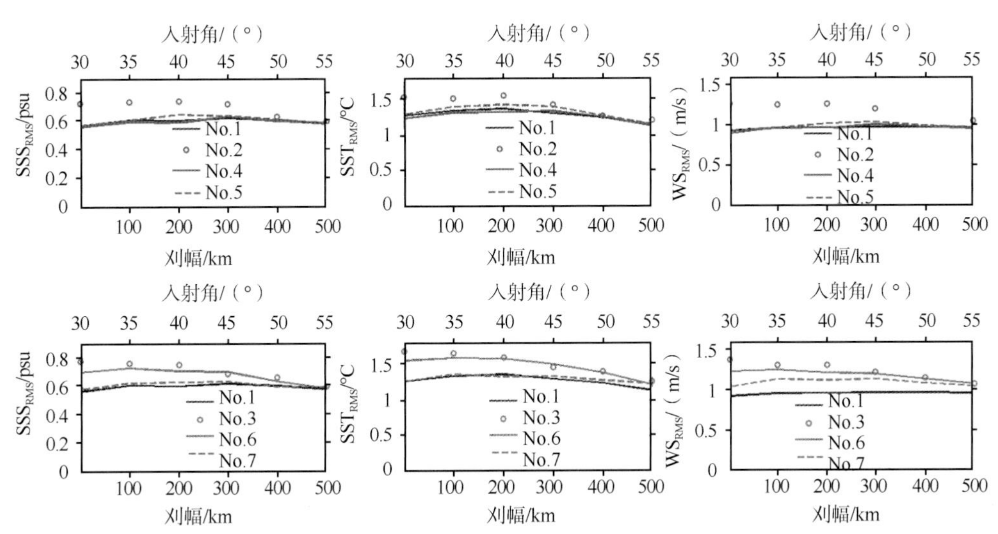

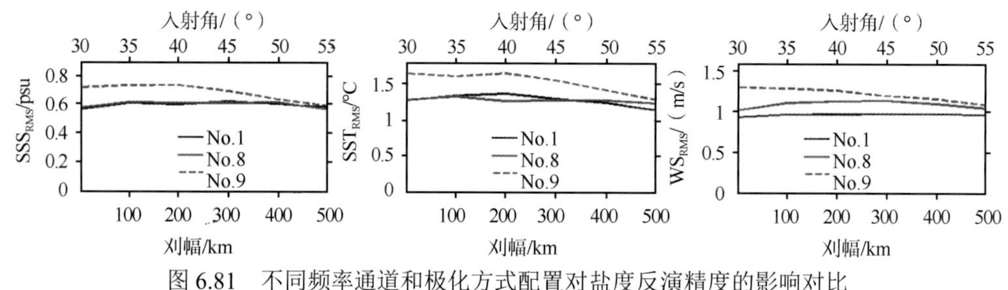

图 6.81　不同频率通道和极化方式配置对盐度反演精度的影响对比

表 6.9　不同频率通道和极化方式配置下，整个入射角范围内盐度的 RMS 平均误差

辐射计不同通道和极化配置	盐度 RMS 误差/psu	温度 RMS 误差/℃	风速 RMS 误差/(m/s)
默认	0.60	1.24	0.96
不配置 23.8 GHz	0.69	1.41	1.19
不配置 18.7 GHz	0.71	1.51	1.25
不配置 23.8 GHz，H 极化	0.60	1.25	0.98
不配置 23.8 GHz，V 极化	0.61	1.31	0.98
不配置 18.7 GHz，H 极化	0.68	1.47	1.19
不配置 18.7 GHz，V 极化	0.61	1.30	1.10
不配置 18.7 V + 23.8 H GHz	0.60	1.26	1.00
不配置 18.7 H + 23.8 V GHz	0.69	1.52	1.22

6.5.2　海洋动力要素对参数测量精度的影响

为了分析海洋动力要素[这里主要指海表盐度(SSS)、海表温度(SST)和海面风速(WS)]对盐度计测量参数的影响，设置了几个典型的观测场景，见表 6.10。根据各个场景的设置，仿真了测量参数的 RMS 误差，测量角度为 33°～55°，结果见表 6.11。从表 6.11 中可以看出，在高温低风速场景中，参数测量误差最小，这是因为在这个场景中，参数对亮温的灵敏度最高。海表盐度测量的最大误差(1.22 psu)和海表风速的最大误差(0.79 m/s)来自于低温低盐场景，海表温度的最大误差(1.54℃)来自于低温场景。

表 6.10　海表盐度(SSS)、海表温度(SST)和海面风速(WS)的几个典型场景设置

场景	SSS/psu	SST/℃	WS/(m/s)
标准	35	15	7
高温	35	25	7
高温，高盐	38	25	7
高温，低风速	35	25	3
低温	35	5	7
低温，低盐	33	5	7
低温，低风速	35	5	3

表 6.11　不同场景下(表 6.10)，海表盐度(SSS)、海表温度(SST)和海面风速(WS)的平均测量误差，测量角度为 33°～55°

场景	SSS/psu	SST/°C	WS/(m/s)
标准	0.64	1.19	0.68
高温	0.52	1.12	0.68
高温，高盐	0.57	1.13	0.76
高温，低风速	0.49	1.00	0.46
低温	1.17	1.54	0.78
低温，低盐	1.22	1.50	0.79
低温，低风速	1.10	1.44	0.50

在表 6.11 结果的基础上，测试了海表盐度、海表温度和海面风速在不同先验测量误差水平(对初始反演参数的估值，即 first guess 的误差水平)下的反演误差，参考场景为表 6.10 中的标准场景。其仿真结果见表 6.12。从表 6.12 中可以看出，改变温度和风速估值误差水平，对海表盐度的反演误差几乎无影响。只有在海表盐度估值不定性大(盐度先验信息少)的情况下，反演误差才会显著增大约 0.2 psu。所以盐度反演误差对温度和风速的估值误差不敏感，只对盐度自身的估值误差敏感。同时，海表温度和海面风速的最大反演误差(2.24℃和 2.03 m/s)分别在海表温度和海面风速最大估值误差时产生。

表 6.12　标准场景下，配置不同的先验参数估值误差水平，海表盐度(SSS)、海表温度(SST)和海面风速(WS)的平均测量误差，测量角度为 33°～55°

设置	SSS/psu	SST/°C	WS/(m/s)
标准	0.64	1.19	0.68
$\sigma_{SSS}=0.5$	0.82	1.19	0.68
$\sigma_{SST}=1$	0.64	1.50	0.68
$\sigma_{SST}=2$	0.64	2.24	0.68
$\sigma_{WS}=1$	0.64	1.19	1.10
$\sigma_{WS}=2$	0.64	1.19	2.03

参 考 文 献

冯呈呈, 赵虹. 2015. FY-3B 微波成像仪海洋数据无线电干扰识别. 遥感学报, 19(3): 465-475.
顾国庆, 余建华. 1991. 含成层杂质的复合媒质的电导性质. 物理学报, 40(5): 709-717.
官莉, 夏仕昌, 张思勃. 2015. 大面积水体上空星载微波辐射计的干扰识别. 应用气象学报, (1): 22-31.
胡志鹏. 2016. L 波段辐射计射频干扰的检测方法研究. 武汉: 华中科技大学硕士学位论文.
金亚秋. 1993. 电磁散射和热辐射传的遥感理论. 北京: 科学出版社.
雷震东, 曾原, 林士杰, 等. 1992. 航空微波遥感海水盐度的研究. 宇航学报, 13(2): 62-67.
陆兆拭, 史久新, 矫玉田, 等. 2006. 微波辐射计遥感海水盐度的水池实验研究. 海洋技术, 3: 70-75.
罗必辉. 2016. 基于改进支持向量回归机的股价预测研究. 重庆: 重庆大学博士学位论文.

史峰, 王小川, 郁磊, 等. 2010. MALTAB 神经网络 30 个案例分析. 北京: 北京航空航天大学.

王小强, 秦顺友, 王俊义. 2008. 地球站最大 EIRP 的测量及误差分析. 无线电工程, 38(9): 47-54.

王新彪, 李靖, 姜景山. 2008. 相关型全极化辐射计研究. 遥感技术与应用, 23(5): 582-586.

王新新, 王祥, 韩震, 等. 2015. 基于 L 波段 Stokes 参数遥感数据射频干扰检测及特性分析. 电子与信息学报, 10: 2342-2348.

王新新, 王祥, 赵建华, 等. 2017. 无线射频干扰对 SMOS 卫星盐度数据产品准确度的影响研究. 海洋学报, 39(11): 141-147.

吴彬锋, 王丛丛, 林明森, 等. 2017. 卫星盐度计海表盐度反演技术. 海洋预报, 34(2): 80-87.

周泽华, 邹晓蕾, 秦正坤. 2017. FY-3C 微波成像仪电视信号干扰识别和分析. 遥感学报, 21(5): 689-701.

Adams I S, Bettenhausen M H, Johnston W. 2014. The impact of radio-frequency interference on WindSat ocean surface observations. IEEE Transactions on Geoscience and Remote Sensing, 52(10): 6665-6673.

Aksoy M, Johnson J T. 2013. A study of SMOS RFI over North America. IEEE Transaction on Geoscience and Remote Sensing, 10(3): 515-519.

Aksoy M, Park J, Johnson J T. 2011. Joint Analysis of Radio Frequency Interference from SMOS Measurements and from Airborne Observations. Istanbul, Turkey: 30th URSI General Assembly and Scientific Symposium.

Anguelova M D. 2008. Complex dielectric constant of sea foam at microwave frequencies. Journal of Geophysical Research Oceans, 113: C08001.

Blume H J C, Kendall B M, Fedors J C. 1978. Measurement of ocean temperature and salinity via microwave radiometry. Boundary-Layer Meteorology, 13(1): 295-308.

Bradley D, Morris J M, Adali T, et al. 2014. On the Detection of RFI Using the Complex Signal Kurtosis in Microwave Radiometry. Pasadena: Preceedings of 13th Specialist Meeting on Microwave Radiometry and Remote Sensing of the Environment(MicroRad).

Camps A. 1996. Application of Interferometric Radiometry to Earth Observation. Barcelona, Spain: Polytechnic University of Catalonia.

Camps A. 1997. The processing of hexagonally sampled signals with standard rectangular techniques: application to 2-D large aperture synthesis interforometric radiometers. IEEE Transactions on Geoscience and Remote Sensing, 35(1): 183-190.

Camps A, Font J, Etcheto J, et al. 2003. WISE 2000 and 2001: Campaign description and executive summary, in Proc. EuroSTARSS, WISE, LOSAC Workshop, ESA SP-525: 17-26.

Camps A, Font J, Vall-llossera M, et al. 2004. WISE 2000 and 2001 field experiments in support of SMOS mission: sea surface L-Band brightness temperature observations and their application to seasurface salinity retrieval. IEEE Transactions on Geoscience and Remote Sensing, 42(4): 804-809.

Camps A, Vall-llossera M, Villarino R, et al. 2005. The emissivity of foam-covered water surface at L-band: theoretical modeling and experimental results from the FROG 2003 field experiment. IEEE Transactions on Geoscience and Remote Sensing, 43(5): 925-931.

Chaurasia S, Thapliyal P K, Gohil B S. 2012. Assessment of the occurrence of radio frequency interference with AMSR-E observations over India. Advances in Space Research, 50(4): 450-456.

Chen D D, Ruf C. 2014. A novel method to estimate the RFI environment. 2014 IEEE International Geoscience and Remote Sensing Symposium(IGARSS), Quebec City: 215-218.

Dinnat, E P, LeVine D M, Abraham S, et al. 2012. Comparison of Aquarius Measurements over Oceans with

Radiative Transfer Models at L-band. 2012 IEEE International Geoscience and Remote Sensing Symposium (IGARSS).

Ellison W J, Balana A, Delbos G, et al. 1998. New permittivity measurements of Sea Water. Radio Science, 33 (3): 639-648.

Font J, Camps A, Borges A, et al. 2010. SMOS: The challenging sea surface salinity measurement from space. Proceedings of the IEEE, 98 (5): 649-665.

Fung A K. 1994. Microwave Scattering and Emission Models and Their Applications, Boston and London:Artech House.

Gabarró C, Font J,Camps A,et al. 2004. A new empirical model of sea surface microwave emissivity for salinity remote sensing. Geophysical Research Letters,31 (1): L01309.

Gabarró P C. 2004. Study of Salinity Retrieval Errors for the SMOS Mission. Barcelona:University Politècnica de Catalunya.

Goodberlet M A. 2000. Improved image reconstruction techniques for synthetic aperture radiometers. IEEE Transactions on Geoscience and Remote Sensing,38 (3): 1362-1366.

Gu G Q, Yu K W. 1997. Thermal conductivity of polydisperse composites with periodic microstructure. Journal Physics D: Applied Physics, 30:1523.

Guimbard S, Gourrion J, Portabella M, et al. 2012. SMOS semi-empirical ocean forward model adjustment. IEEE Transactions on Geoscience and Remote Sensing, 50:1676.

Hinton G E, Salakhutdinov R R. 2006. Reducing the dimensionality of data with neural networks. Science, 313 (5786): 504-507.

Hinton G E, Srivastava N, Krizhevsky A, et al. 2012. Improving neural networks by preventing co-adaptation of feature detectors. Computer Science, 3(4): 212-223.

Isoguchi O, Shimada M. 2009. An L-band ocean geophysical model function derived from PALSAR. IEEE Transactions on Geoscience and Remote Sensing, 47 (7): 1925-1936.

Johnson J, Zhang M. 1999. Theoretical study of the small slope approximation for ocean polarimetric thermal emission. IEEE Transaction on Geoscience and Remote Sensing, 37 (5): 2305-2316.

Khazaal A, Cabot F, Anterrieu E. 2014. A Kurtosis-based approach to detect RFI in SMOS image reconstruction data processor. IEEE Transactions on Geoscience and Remote Sensing, 52 (11): 7038-7047.

Klein L A, Swift C T. 1977. An improved model for the dielectric constant of sea Water at microwave frequencies. IEEE Transactions on Antennas & Propagation, 25 (1): 104-111.

Kristensen S S, Balling J E, Skou N, et al. 2012. RFI detection in SMOS data using 3rd and 4th Stokes parameters. Roman, Italy: 12th Specialist Meeting on Microwave Radiometry and Remote Sensing of the Environment (MicroRad). 1-4.

Krizhevsky A, Sutskever I, Hinton G E. 2012. Imagenet classification with deep convolutional neural networks. Advances in Neural Information Processing Systems, 25(2): 1097-1105.

Lacava T, Coviello I, Faruolo M. 2013. A multitemporal investigation of AMSR-E C-band radio-frequency interference. IEEE Transactions on Geoscience and Remote Sensing, 51 (4-part1): 2007-2015.

Le V, Lagerloef G S E, Torrusio S E. 2010. Aquarius and remote sensing of sea surface salinity from space. Proceedings of the IEEE, 98:688-703.

Le V, Lagerloef G, Colomb F R, et al. 2007. Aquarius: an instrument to monitor sea surface salinity from space. IEEE Transactions on Geoscience and Remote Sensing, 45(7): 2040-2050.

Le V, Matthaeis P, Ruf C S, et al. 2014. Aquarius RFI detection and mitigation algorithm: assessment and examples. IEEE Transactions on Geoscience and Remote Sensing, 52(8): 4574-4584.

LeCun Y, Bengio Y, Hinton G. 2015. Deep learning. Nature, 521(7553): 436.

Liu S B, Wei E B. 2013. Estimating microwave emissivity of sea foam by Rayleigh method. Journal of Applied Remote Sensing, 7:073598.

Mckenzie D R, Mcphedran R C. 1977. Exact modelling of cubic lattice permittivity and conductivity. Nature, 265: 128-129.

Meissner T, Wentz F J, Ricciardulli L. 2014. The emission and scattering of L-band microwave radiation from rough ocean surfaces and wind speed measurements from the Aquarius sensor. Journal of Geophysical Research: Oceans, 119(9): 6499-6522.

Misra S. 2011. Development of Radio Frequency Interference Detection Algorithms for Passive Missive Microwave Remote Sensing. Ann Arbor: University of Michigan.

Misra S, Johnson J, Aksoy M, et al. 2013. SMAP RFI Mitigation Algorithm Performance Characterization Using Airborne Highrate Direct-Sampled SMAPVEX 2012 Data. Melbourne, VIC, Australia: 2013 IEEE International Geoscience and Remote Sensing Symposium.

Misra S, Ruf C S. 2012. Analysis of radio frequency interference detection algorithms in the angular domain for SMOS. IEEE Transaction on Geoscience and Remote Sensing, 50(5): 1448-1457.

Nielsen M A. 2015. Neural Networks and Deep Learning. Determination Press USA.

Oliva R, Daganzo E, Kerr Y H, et al. 2012. SMOS radio frequency interference scenario: status and actions taken to improve the RFI environment in the 1400-1427-MHz passive band. IEEE Transactions on Geoscience and Remote Sensing, 50(5-part1): 1427-1439.

Oliva R, Daganzo E, Richaume P, et al. 2016. Status of radio frequency interference(RFI) in the 1400-1427 MHz passive band based on six years of SMOS missio. Remote Sensing of Environment, 180(000): 64-75.

Poon Y M, Shin F G, Wei E B. 2003. Effective conductivity of a composite of poly-dispered spherical particles in a linear continuum. Journal of Material Science, 38: 675.

Ratheesh S, Sharma R, Sikhakolli R, et al. 2014. Assessing sea surface salinity derived by aquarius in the Indian ocean. IEEE Geoscience and Remote Sensing Letters, 11: 719-722.

Ruf C S, Swift C T, Tanner A B, et al. 1988. Interferometric synthetic aperture microwave radiometry for the remote sensing of the Earth. IEEE Transaction on Geoscience and Remote Sensing, 26(5): 597-611.

Soldo Y, Cabot F, Khazaal A. 2014. Localization of RFI sources for the SMOS mission: a means for assessing SMOS pointing performances. IEEE Journal of Selected Topics in Applied Earth Observations and Remote Sensing, 8(2): 1339-1404.

Soldo Y, Le Vine D M, Matthaeis P, et al. 2017. L-Band RFI detected by SMOS and aquarius. IEEE Transactions on Geoscience and Remote Sensing, 55(7): 4220-4235.

Thomann G C. 1976. Experiment results of the remote sensing of sea-surface salinity at 21 cm wavelength. IEEE Transactions on Geoenle Electronics, 14: 198-214.

Torres F, Camps A, Bara J, et al. 1996. On-board phase and modulus calibration of large aperture synthesis radiometers: study applied to MIRAS. IEEE Transactions on Geoscience and Remote Sensing, 34(4): 1000-1009.

Vapnik V. 2013. The Nature of Statistical Learning Theory. New York: Springer Science & Business Media.

Voronovich A. 1985. Small-slope approximation in wave scattering by rough surfaces. Soviet Physics, 62(1): 65-70.

Wei E B. 2011. Microwave vector radiative transfer equation of a sea foam layer by the second-order Rayleigh approximation. Radio Science, 46(5): RS5012.

Wei E B. 2013. Effective medium approximation model of sea foam layer microwave emissivity of a vertical profile. International Journal of Remote Sensing, 34(4): 1180-1193.

Wei E B, Liu S B, Wang Z Z, et al. 2014. Emissivity measurements of foam-covered water surface at L-band for low water temperature. Remote Sensing, 6: 10913.

Wentz F J. 1975. A two-scale scattering mode for foam-free sea microwave brightness temperature. Journal of Geophysical Research, 80(24): 3441-3446.

Wilson A C, Roelofs R, Stern M, et al. 2017. The marginal value of adaptive gradient methods in machine learning. Advances in Neural Information Processing Systems, 4148-4158.

Yin X B, Boutin J, Martin N, et al. 2012. Optimization of L-band sea surface emissivity model deduced from SMOS data. IEEE Transactions Geoscience and Remote Sensing, 50(5): 1414.

Yueh S H, Chaubell J. 2011. Sea surface salinity and wind retrieval using combined passive and active L-band microwave observations. IEEE Transactions Geoscience and Remote Sensing, 50(4): 1022-1032.

Yueh S H, Dinardo S J, Fore A J, et al. 2010. Passive and active L-band microwave observations and modeling of ocean surface winds. IEEE Transactions Geoscience and Remote Sensing, 48(8): 3087-3100.

Yueh S H, Tang W Q, Fore A G, et al. 2013. L-Band passive and active microwave geophysical model functions of ocean surface winds and applications to Aquarius retrieval. IEEE Transactions Geoscience and Remote Sensing, 51(9): 4619-4632.

Yueh S H, Tang W Q, Fore A, et al. 2014. Aquarius geophysical model function and combined active passive algorithm for ocean surface salinity and wind retrieval. Journal of Geophysical Research: Oceans, 119(8): 5360-5379.

Yueh S H, West R, Wilson W J, et al. 2001. Error sources and feasibility for microwave remote sensing of ocean surface salinity. IEEE Transactions on Geoscience and Remote Sensing, 39(5): 1049-1060.

Yueh S, Tang W, Fore A, et al. 2015. Aquarius CAP Algorithm and Data User Guide. Version: 4. 0. Jet Propulsion Laboratory California: California Institute of Technology.

Zhang L, Wang Z, Yin X. 2018a. Comparison of the retrieval of sea surface salinity using different instrument configurations of MICAP. Remote Sensing, 10(4): 550.

Zhang L J, Yin X B, Wang Z Z, et al. 2018b. Preliminary analysis of the potential and limitations of MICAP for the retrieval of sea surface salinity. IEEE Journal of Selected Topics in Applied Earth Observations and Remote Sensing, 11(9): 2979-2990.

第 7 章 静止轨道 SAR 卫星海洋遥感仿真技术

传统低轨道合成孔径雷达卫星(简称低轨 SAR 或 LEO SAR)的重返周期动辄十几天，甚至几十天，其对地观测的时间分辨率很低，不能满足很多对时间分辨率有较高要求(几小时，甚至几分钟)的应用领域，如海洋遥感。SAR 卫星星座和静止轨道 SAR 卫星(简称高轨 SAR 或 GEO SAR)是提高时间分辨率的有效措施。本章论述针对高轨 SAR 的海洋遥感仿真技术，包括：①以海洋遥感应用为主的高轨 SAR 的轨道设计；②针对超长积分时间和曲线轨迹高轨 SAR 的成像算法流程；③高轨 SAR 对海面、海冰和海上船舶等海洋环境和目标的成像仿真；④高轨 SAR 半实物仿真演示系统和计算机仿真系统。

7.1 海洋高轨 SAR 的轨道设计

7.1.1 空间几何关系

为了便于描述 GEO SAR 与地球的空间几何关系，需要引入 7 个直角坐标系：地心地固坐标系 $\boldsymbol{E}_{\mathrm{g}}$、地心惯性坐标系 $\boldsymbol{E}_{\mathrm{o}}$、轨道平面坐标系 $\boldsymbol{E}_{\mathrm{v}}$、卫星平台坐标系 $\boldsymbol{E}_{\mathrm{r}}$、卫星星体坐标系 $\boldsymbol{E}_{\mathrm{e}}$、天线坐标系 $\boldsymbol{E}_{\mathrm{a}}$ 和场景坐标系，它们之间的关系如图 7.1 所示。

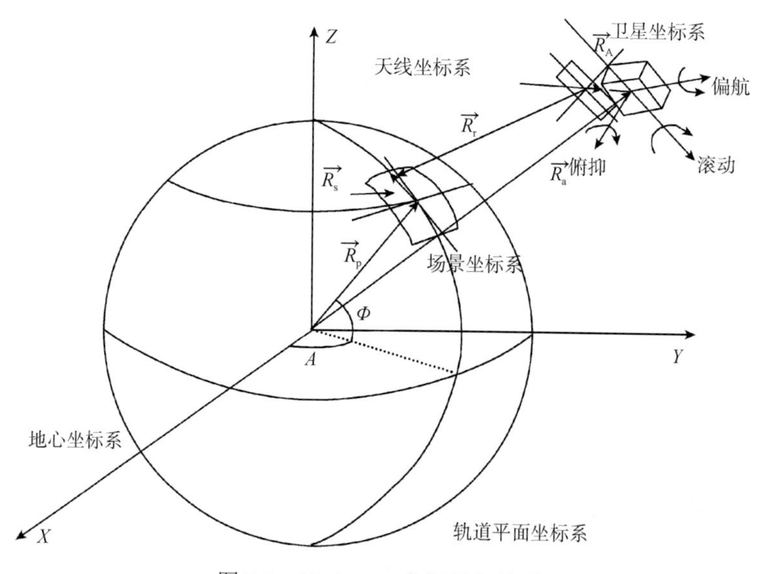

图 7.1 GEO SAR 空间几何关系

各坐标系之间的转换通过坐标系旋转和平移实现，具体关系如下。

1. 地心地固坐标系 $\boldsymbol{E}_{\mathrm{g}}$ /地心惯性坐标系 $\boldsymbol{E}_{\mathrm{o}}$

$$\boldsymbol{E}_{\mathrm{g}} = \boldsymbol{A}_{\mathrm{go}} \cdot \boldsymbol{E}_{\mathrm{o}} \tag{7.1.1}$$

$$\boldsymbol{A}_{\mathrm{go}} = \begin{pmatrix} \cos H_{\mathrm{G}} & \sin H_{\mathrm{G}} & 0 \\ -\sin H_{\mathrm{G}} & \cos H_{\mathrm{G}} & 0 \\ 0 & 0 & 1 \end{pmatrix} \tag{7.1.2}$$

式中，$H_{\mathrm{G}} = \omega_{\mathrm{e}}(t - t_0)$ 为格林尼治时角，ω_{e} 为地球自转角速度，t_0 为卫星过近地点时间。

2. 地心惯性坐标系 $\boldsymbol{E}_{\mathrm{o}}$ /轨道平面坐标系 $\boldsymbol{E}_{\mathrm{v}}$

$$\boldsymbol{E}_{\mathrm{o}} = \boldsymbol{A}_{\mathrm{ov}} \cdot \boldsymbol{E}_{\mathrm{v}} \tag{7.1.3}$$

$$\boldsymbol{A}_{\mathrm{ov}} = \begin{pmatrix} \cos\Omega & -\sin\Omega & 0 \\ \sin\Omega & \cos\Omega & 0 \\ 0 & 0 & 1 \end{pmatrix} \begin{pmatrix} 1 & 0 & 0 \\ 0 & \cos i & -\sin i \\ 0 & \sin i & \cos i \end{pmatrix} \begin{pmatrix} \cos\omega & -\sin\omega & 0 \\ \sin\omega & \cos\omega & 0 \\ 0 & 0 & 1 \end{pmatrix} \tag{7.1.4}$$

式中，Ω、i、ω 分别为升交点经度、轨道倾角和近地点幅角。

3. 轨道平面坐标系 $\boldsymbol{E}_{\mathrm{v}}$ /卫星平台坐标系 $\boldsymbol{E}_{\mathrm{r}}$

$$\boldsymbol{E}_{\mathrm{v}} = \boldsymbol{A}_{\mathrm{vr}} \cdot \boldsymbol{E}_{\mathrm{r}} \tag{7.1.5}$$

$$\boldsymbol{A}_{\mathrm{vr}} = \begin{pmatrix} -\sin(f-\gamma) & -\cos(f-\gamma) & 0 \\ \cos(f-\gamma) & -\sin(f-\gamma) & 0 \\ 0 & 0 & 1 \end{pmatrix} \tag{7.1.6}$$

$$\tan\gamma = \frac{\mathrm{e}\sin f}{1 + \mathrm{e}\cos f}, \ |\gamma| \leqslant \frac{\pi}{2} \tag{7.1.7}$$

式中，f 为卫星轨道的真近点角；γ 为卫星的航迹角。

4. 卫星平台坐标系 $\boldsymbol{E}_{\mathrm{r}}$ /卫星星体坐标系 $\boldsymbol{E}_{\mathrm{e}}$

$$\boldsymbol{E}_{\mathrm{r}} = \boldsymbol{A}_{\mathrm{re}} \cdot \boldsymbol{E}_{\mathrm{e}} \tag{7.1.8}$$

$$\boldsymbol{A}_{\mathrm{re}} = \begin{pmatrix} \cos\theta_{\mathrm{r}} & 0 & -\sin\theta_{\mathrm{r}} \\ 0 & 1 & 0 \\ \sin\theta_{\mathrm{r}} & 0 & \cos\theta_{\mathrm{r}} \end{pmatrix} \begin{pmatrix} \cos\theta_{\mathrm{p}} & -\sin\theta_{\mathrm{p}} & 0 \\ \sin\theta_{\mathrm{p}} & \cos\theta_{\mathrm{p}} & 0 \\ 0 & 0 & 1 \end{pmatrix} \begin{pmatrix} 1 & 0 & 0 \\ 0 & \cos\theta_{\mathrm{y}} & -\sin\theta_{\mathrm{y}} \\ 0 & \sin\theta_{\mathrm{y}} & \cos\theta_{\mathrm{y}} \end{pmatrix} \tag{7.1.9}$$

式中，θ_{y}、θ_{p}、θ_{r} 分别为翻滚角、俯仰角和偏航角。

5. 卫星星体坐标系 $\boldsymbol{E}_{\mathrm{e}}$ /天线坐标系 $\boldsymbol{E}_{\mathrm{a}}$

$$\boldsymbol{E}_{\mathrm{e}} = \boldsymbol{A}_{\mathrm{ea}} \cdot \boldsymbol{E}_{\mathrm{a}} \tag{7.1.10}$$

$$\boldsymbol{A}_{\mathrm{ea}} = \begin{pmatrix} 1 & 0 & 0 \\ 0 & \cos\varphi & \sin\varphi \\ 0 & -\sin\varphi & \cos\varphi \end{pmatrix} \tag{7.1.11}$$

式中，φ为天线下视角。

6. 场景坐标系

由于场景中的散射元应在地球表面上，用户提供的场景坐标系为平面坐标系，散射元的位置相对于场景中心给出，场景中心的经度为$\varLambda_0$，纬度为$\varPhi_0$，散射元相对场景中心的位置为(x_{t}, y_{t})，所以在模拟时可假定场景平面坐标系与过场景中心($\varLambda_0,\varPhi_0$)的当地水平面重合，且X轴沿南北方向，指北为正，Y轴沿东西方向，指东为正。用在地球表面上离场景中心南北距离为x_{t}、东西距离为y_{t}的点S_{t}代替场景坐标系中的散射元。

地球表面上的点S_{t}的经纬度($\varLambda_0,\varPhi_0$)和地心地固坐标系中的坐标($x_{\mathrm{gt}},y_{\mathrm{gt}},z_{\mathrm{gt}}$)分别为

$$\varLambda_{\mathrm{t}} = \varLambda_0 + \sin^{-1}\left(y_{\mathrm{t}} \frac{\sqrt{R_{\mathrm{p}}^2 \cos\varPhi_0 + R_{\mathrm{e}}^2 \sin\varPhi_0}}{R_{\mathrm{e}} R_{\mathrm{p}}} \right) \tag{7.1.12}$$

$$\varPhi_{\mathrm{t}} = \varPhi_0 + \tan^{-1}\left(x_{\mathrm{t}} \frac{\sqrt{R_{\mathrm{p}}^2 \cos^2\varPhi_0 + R_{\mathrm{e}}^2 \sin^2\varPhi_0}}{R_{\mathrm{e}} R_{\mathrm{p}}} \right) \tag{7.1.13}$$

$$x_{\mathrm{gt}} = \frac{R_{\mathrm{e}} R_{\mathrm{p}} \cos\varPhi_{\mathrm{t}} \cos\varLambda_{\mathrm{t}}}{\sqrt{R_{\mathrm{p}}^2 \cos^2\varPhi_{\mathrm{t}} + R_{\mathrm{e}}^2 \sin^2\varPhi_{\mathrm{t}}}} \tag{7.1.14}$$

$$y_{\mathrm{gt}} = \frac{R_{\mathrm{e}} R_{\mathrm{p}} \cos\varPhi_{\mathrm{t}} \sin\varLambda_{\mathrm{t}}}{\sqrt{R_{\mathrm{p}}^2 \cos^2\varPhi_{\mathrm{t}} + R_{\mathrm{e}}^2 \sin^2\varPhi_{\mathrm{t}}}} \tag{7.1.15}$$

$$z_{\mathrm{gt}} = \frac{R_{\mathrm{e}} R_{\mathrm{p}} \sin\varPhi_{\mathrm{t}}}{\sqrt{R_{\mathrm{p}}^2 \cos^2\varPhi_{\mathrm{t}} + R_{\mathrm{e}}^2 \sin^2\varPhi_{\mathrm{t}}}} \tag{7.1.16}$$

式中，R_{e}、R_{p}分别为椭球地球的赤道半轴和极半轴。

7.1.2　星下点轨迹

卫星在地面的投影点(或卫星和地心连线与地面的交点)称为星下点，随着卫星运动和地球自转，星下点在地球表面移动，形成星下点轨迹。根据图 7.1 所示的空间几何关系，GEO SAR 在地心地固坐标系中的位置可以表示为

$$\begin{pmatrix} x_{\mathrm{gs}} \\ y_{\mathrm{gs}} \\ z_{\mathrm{gs}} \end{pmatrix} = \boldsymbol{A}_{\mathrm{go}} \boldsymbol{A}_{\mathrm{ov}} \begin{pmatrix} r\cos f \\ r\sin f \\ 0 \end{pmatrix} \tag{7.1.17}$$

式中，r 为卫星到地心的距离。

根据卫星位置坐标可以计算星下点的经度和纬度，有

$$\Lambda_{\mathrm{s}} = \tan^{-1}\left(\frac{y_{\mathrm{gs}}}{x_{\mathrm{gs}}}\right) \tag{7.1.18}$$

$$\Phi_{\mathrm{s}} = \tan^{-1}\left(\frac{z_{\mathrm{gs}}}{\sqrt{x_{\mathrm{gs}}^2 + y_{\mathrm{gs}}^2}}\right) \tag{7.1.19}$$

由式(7.1.18)和式(7.1.19)可知，星下点轨迹的经纬度和轨道偏心率、轨道倾角、升交点赤经以及近地点幅角有关。

基于表 7.1 中的 GEO SAR 轨道参数，通过数值仿真，可以得到这些轨道参数对星下点轨迹的影响，如图 7.2 和图 7.3 所示。可以看出：①GEO SAR 的星下点轨迹通常呈“8”形；②轨道偏心率越大，“8”的倾斜程度越大；③升交点赤经和近地点幅角变化使得星下点轨迹沿经度方向平移；④轨道倾角决定了星下点轨迹的纬度范围。

表 7.1　GEO SAR 轨道参数

轨道参数	取值
半长轴 a/km	42 164.2
偏心率 e	0.005
升交点赤经 Ω/(°)	105
近地点幅角 ω/(°)	0
轨道倾角 i/(°)	60
过近地点时刻 t_0/s	0

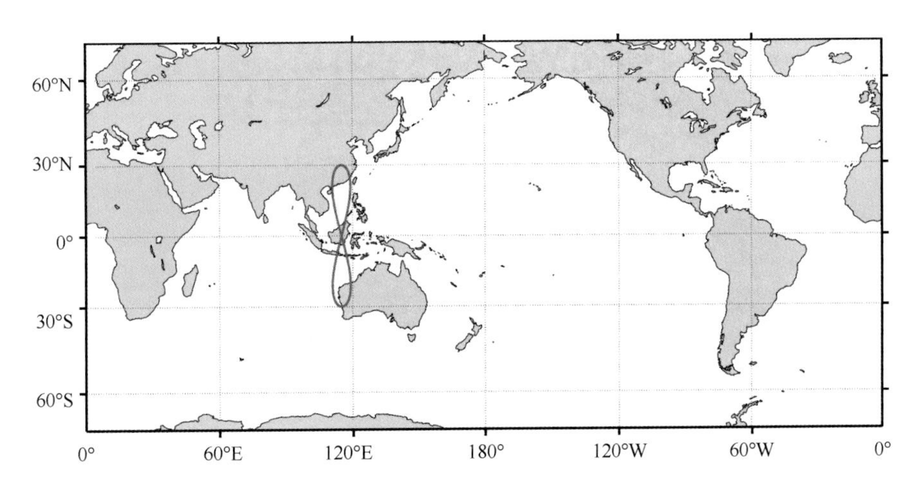

图 7.2　GEO SAR 星下点轨迹示意图

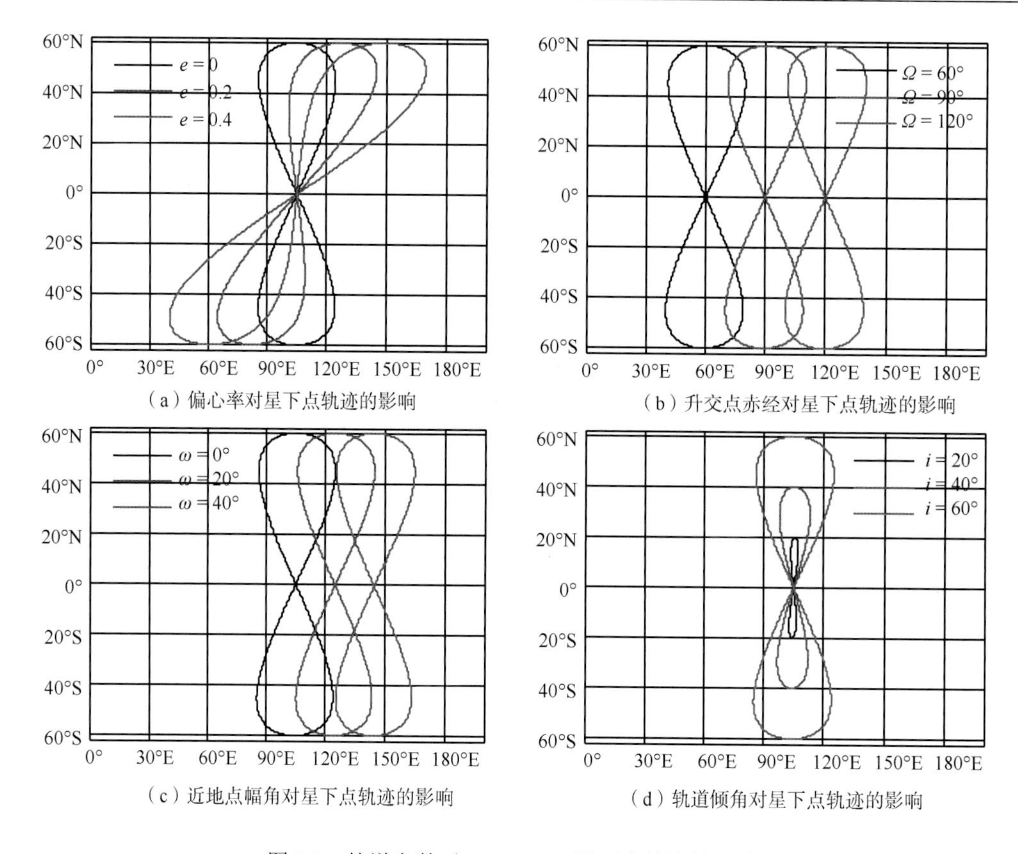

（a）偏心率对星下点轨迹的影响　（b）升交点赤经对星下点轨迹的影响

（c）近地点幅角对星下点轨迹的影响　（d）轨道倾角对星下点轨迹的影响

图 7.3　轨道参数对 GEO SAR 星下点轨迹的影响

7.1.3　轨 道 方 案

运行周期等于地球自转周期(23h 56min 4s)的卫星轨道称为地球同步轨道(图 7.4)，轨道高度约 36 000 km。在不考虑轨道摄动的情况下，地球同步轨道上运行的卫星每天会

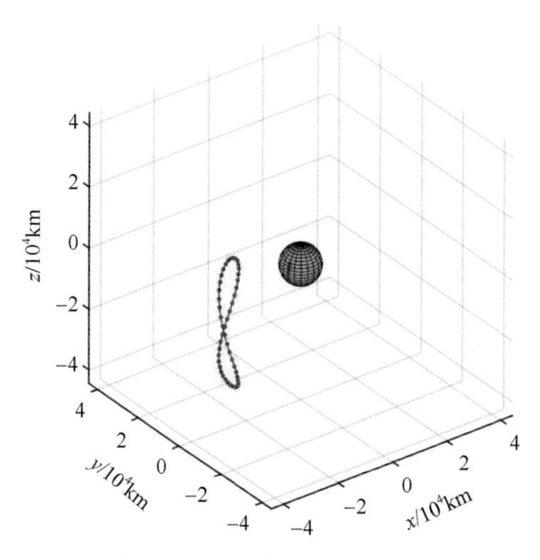

图 7.4　GEO SAR 轨道示意图

在相同时间经过相同地方的天空；对于地面上的观察者来说，每天相同时刻卫星会出现在相同的地点。然而，在一段连续的时间内，地球同步轨道的卫星相对于观察者是可以发生相对运动的。地球静止轨道是一类特殊的地球同步轨道，其轨道倾角为 0°。

轨道方案的选择需要综合考虑对区域的重访、覆盖以及对海面运动目标成像所需要的合成孔径时间等因素。一般来说，高倾角轨道在相同分辨率下所需要的合成孔径时间较短，有利于动目标的成像与检测。低倾角轨道对区域(尤其是海上区域)的重访特性较好，但是所需的合成孔径时间较长，如图 7.5 和表 7.2 所示。

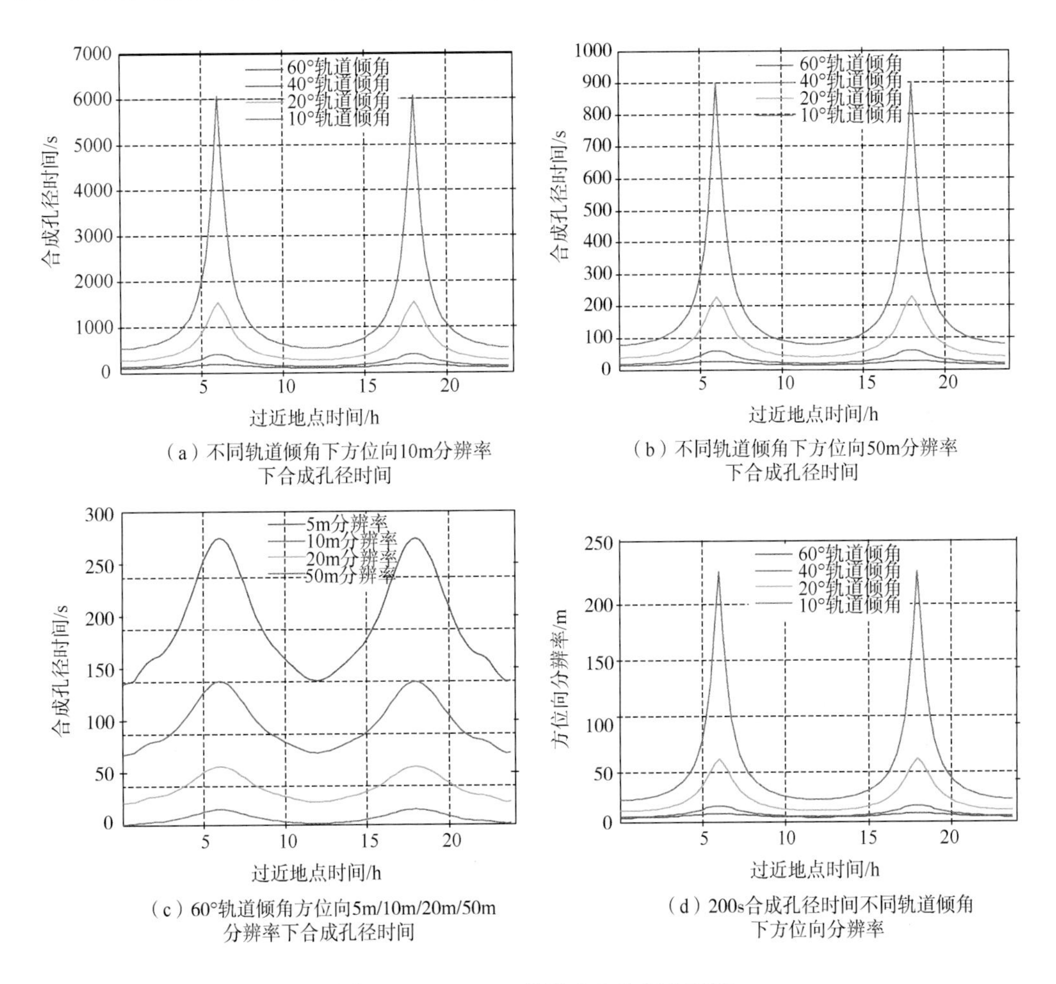

图 7.5　GEO SAR 轨道方案选择仿真图

表 7.2　不同轨道倾角下的重访时间和可持续观测时间

轨道倾角		60°	40°	20°	10°
重访时间/h	南海区域	6～7	4～8	2～6	0～4
	东海区域	8～9	6～7	2～4	0～2
可持续观测时间/h	南海区域	8～9	10～11	10～20	18～20
	东海区域	6～7	8～10	18～20	18～20

可见，轨道倾角越大，对海面的重访特性越差，对海面的可持续观测时间越短。然而，从高轨 SAR 运动目标成像的角度来说，其不仅关注海面区域重访及可持续观测时间，而且需要观测目标分辨率及能量累积的时间。轨道倾角越高，得到相同分辨率所需的合成孔径时间越短。结合海面区域重访及对海上运动目标可持续观测时间要求，综合考虑暂定的设计轨道参数为 50°。

单颗高轨 SAR 卫星可以大幅度提高海洋观测的时间分辨率，若想进一步提高时间分辨率，实现对我国及周边海域“两洋四海”(印度洋、西太平洋、渤海、黄海、东海、南海)及第二岛链附近海域(包括钓鱼岛)两个“3 h”(重访时间和持续观测时间均优于 3 h)，可采用双星编队体制(以轨道倾角 50°为例)，具体仿真结果统计如表 7.3 所示。

表 7.3 双星重访时间和可持续观测时间仿真结果

两洋四海	平均重访时间/h	平均持续观测时间/h
渤海	3～3.5	大部分 2～3、少部分 1～2
黄海	2.5～3.5	一部分 2～3、一部分 3～4
东海	少部分 1～1.5、一部分 1.5～2、一部分 2～2.5	一部分 3～4、少部分 2～3、一部分 4～5、少部分 5～6
南海	一部分 0～0.5(约 1/4)、一部分 0.5～1、一部分 1～1.5、一部分 1.5～2	一部分 2～3、一部分 3～5、一部分 5～7
印度洋	少部分 0～1、一部分 1～4、大部分 4～9	大部分 3～4、一部分 4～7、少部分 8～11
西太平洋	一部分 1～4、一部分 5～9	大部分 2～4、一部分 4～6、少部分 6～8

注：满足重访时间优于 3 h，持续观测时间优于 3 h 的要求。

7.2 高轨 SAR 成像算法

由于高轨 SAR 工作在约 36 000 km 的轨道高度以及其具有数百至上千秒的超长合成孔径时间，因此不可采用低轨 SAR 的直线轨迹模型，雷达至观测目标间的斜距和多普勒历程必须采用高阶多项式(至少四阶及以上)进行精确表述。对于载体运动轨迹特殊的情况，后向投影(back projection，BP)算法是一种合适的成像处理方法。图 7.6 描述了 BP 算法流程。

BP 算法起源于计算机断层扫描技术，采用精确的斜距模型，在时域完成方位信号压缩，其是一种精确的时域成像处理算法。其基本思想是通过计算成像区域内每一网格与孔径每一个方位时刻 SAR 天线相位中心之间的双程时延，确定对应的距离徙动曲线，对曲线上每个采样点进行方位相位补偿并相干累加，实现位于该网格的点目标的方位聚焦。

由于通过计算雷达天线位置到成像区域像素点的距离时延，对所有像素单元进行投影累加，因此成像处理时不存在任何近似，BP 算法是一种精确的成像算法，可适用于任何轨迹条件下的 SAR 成像处理。但是，由于其计算量过大，处理效率低下，限制了其在 SAR 实时成像中的应用。为了提高 BP 算法的处理效率，许多专家学者对该算法进行了改进，提出了基于图像域划分、子孔径划分以及递归思想的快速 BP 算法，如快速后向投影(FBP)算法，局部后向投影(LBP)算法和快速因式分解后向投影(FFBP)算法等，大大减少了计算量，极大地提高了 BP 算法的处理能力。

由于 GEO SAR 具有超长的合成孔径，可采用基于子孔径划分的 FBP 算法，依据计算机的处理能力，将合成孔径划分为合适数量的子孔径进行分块处理，提高实时成像能力。

假设合成孔径长度为L，目标位置矢量为$\boldsymbol{p}$，雷达位置矢量为$\boldsymbol{q}(s)$，s 为方位时间，后向投影方程可以写为

$$I(\boldsymbol{p})=\int_0^L F\left(s,\frac{2}{c}\left|\boldsymbol{p}-\boldsymbol{q}(s)\right|\right)\mathrm{d}s \tag{7.2.1}$$

式中，F 为经过距离压缩后的数据。

把整个合成孔径划分为N_{sub}个子孔径，则每个子孔径的长度$l=L/N_{\text{sub}}$，图像$I(\boldsymbol{p})$变为一系列子孔径图像的叠加：

$$I(\boldsymbol{p})=\sum_{n=1}^{N_{\text{sub}}} I_n(\boldsymbol{p}) \tag{7.2.2}$$

子孔径图像$I_n(\boldsymbol{p})$为

$$I_n(\boldsymbol{p})=\int_{-l/2}^{l/2} F\left(s_n+\xi,\frac{2}{c}\left|\boldsymbol{p}-\boldsymbol{q}(s_n+\xi)\right|\right)\mathrm{d}\xi \tag{7.2.3}$$

第 n 个子孔径的中心为$s_n=\left(n-\dfrac{1}{2}\right)l$。

需要注意的是，基于子孔径处理得到的 SAR 图像的方位角分辨率较低，为获得更高的分辨率，可以在极坐标系中处理。此外，根据奈奎斯特采样理论，重新划分的网格大小在距离向和方位向应满足以下条件：

$$\Delta r \leqslant \frac{c}{2(\upsilon_{\max}-\upsilon_{\min})} \tag{7.2.4}$$

$$\Delta\alpha \leqslant \frac{c}{2\upsilon_{\max} l} \tag{7.2.5}$$

式中，c 为光速；$\upsilon_{\max}$、$\upsilon_{\min}$分别为距离频率最大值和最小值。

图 7.6 给出了基于子孔径 BP 算法流程，下面给出详细处理步骤。

(1)子孔径划分：由于全孔径回波数据量极大，为了提高处理速度，可以划分多个子孔径分块处理。

(2)距离压缩：对每个子孔径数据进行距离向匹配滤波。

(3)距离向插值：由于处理的是数字信号，故$2R(t_r)/c$很难与采样时刻重合，需要插值实现方位向和距离向的精确聚焦。采用频域补零的方法，实现距离向插值。

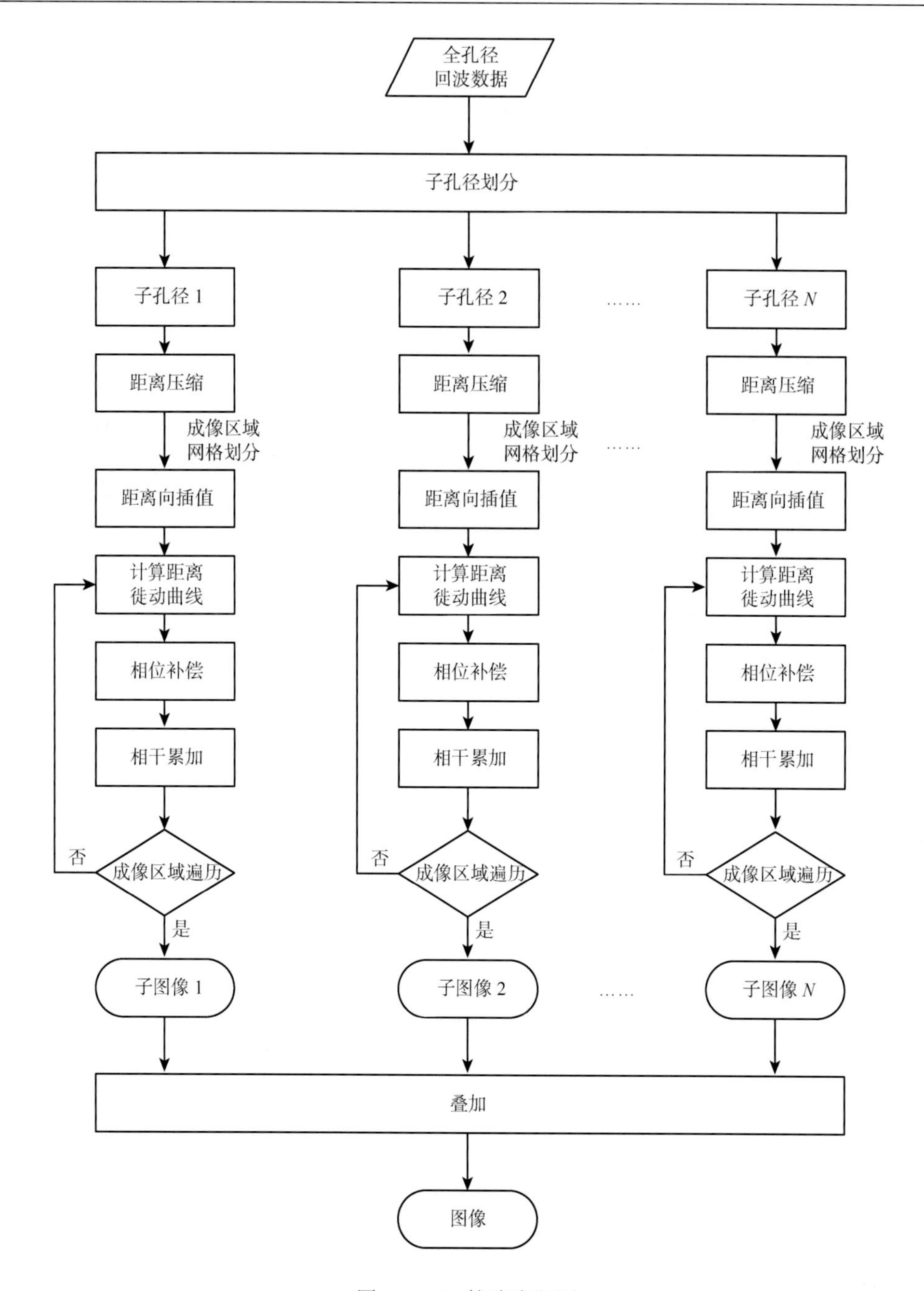

图 7.6　BP 算法流程图

(4) 成像区域网格划分：选定成像区域，在该区域的每个方位时刻，计算距离向每个像素点对应雷达方位波束中心在地球上的位置，即按照图像像素点对地面场景进行划分。

(5) 确定距离徙动曲线：取定成像区域像素点，根据卫星在每个方位时刻的位置，计算雷达与目标地位置，确定徙动曲线。

(6) 方位压缩处理：对徙动曲线上方位信号进行相位补偿并相干叠加，将叠加后的值作为该像素点的值。

(7) 遍历成像区域：重复步骤(5)和(6)。

(8) 子孔径数据叠加：对每个子孔径压缩后的数据做复数叠加，得到全孔径图像。

7.3 高轨 SAR 海洋仿真

7.3.1 高轨 SAR 海面仿真

海面通常同时包含起伏较大的大尺度波(重力波)和起伏较小的小尺度波(毛细波)。高分三号(GF-3)卫星是我国首颗分辨率达到 1 m 的 C 频段多极化 SAR 卫星，可以提供聚束模式的海面 SAR 图像，能在一定程度上反映长积分时间对海面成像带来的影响。

图 7.7 显示有海浪条纹的 GF-3 SAR 图像

为了研究高轨情况下的海面散射，本节利用 GF-3 的聚束 SAR 图像(图 7.7)反演得到海浪谱(图 7.8)，并结合蒙特卡罗法，重构海面(图 7.9)，然后划分成若干海面单元，并用微扰法计算每个海面单元的后向散射系数，最终得到整个海面的后向散射系数。

从图 7.9 中可以看到有明显的海面起伏。图 7.10 和图 7.11 显示了海面场景大小为 5 km，分辨率为 5 m，风速为 7.2 m/s，入射角分别为 10°和 20°时的后向散射系数，可以看出，随着入射角的增大，海面的后向散射系数减小，这与实际情况相符。

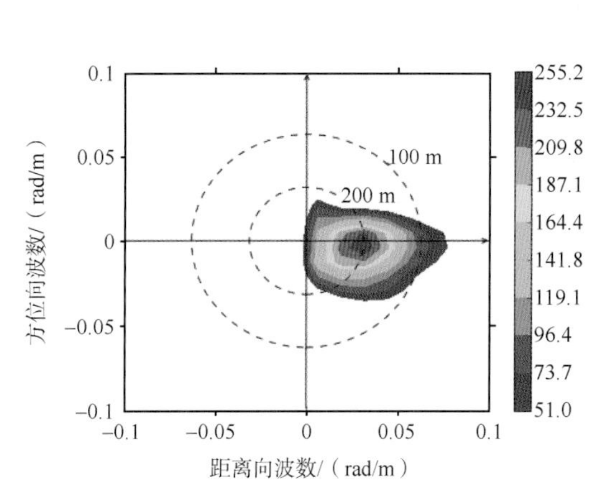

图 7.8 利用 GF-3 图像反演得到的海浪谱

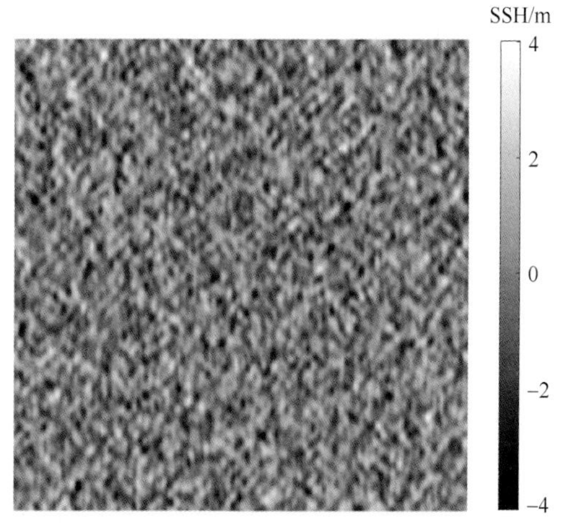

图 7.9 由 GF-3 海浪谱重构的海面

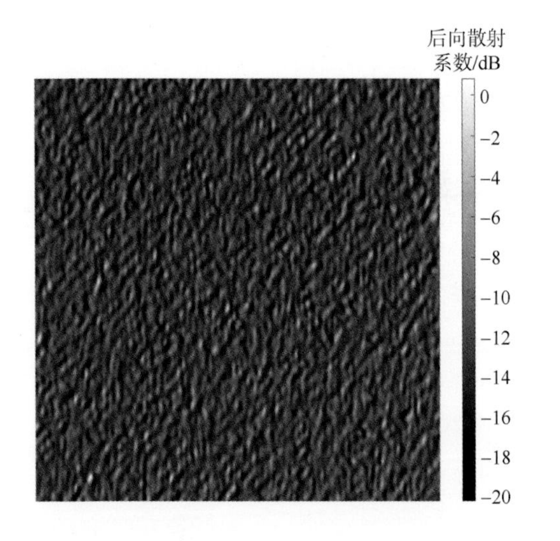

图 7.10　入射角为 10°时海面的后向散射系数

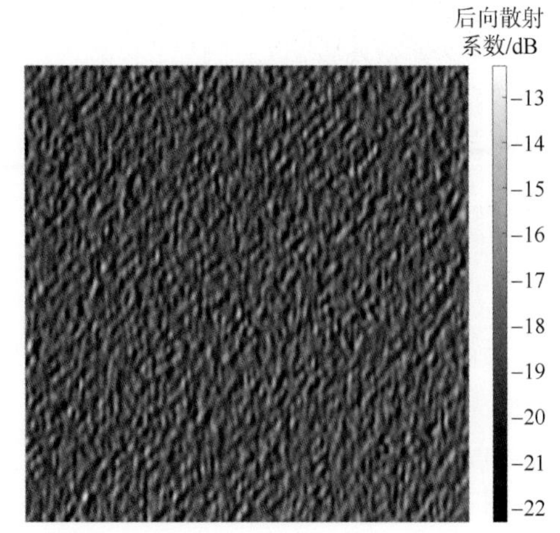

图 7.11　入射角为 20°时海面的后向散射系数

此外，基于海面仿真的线性滤波法和海面散射理论并结合回波的时间相干特性，建立了高轨 SAR 海面图像仿真算法，并将仿真图像的强度统计结果与理论概率密度分布函数模型进行比较，讨论了仿真图像的可靠性。为了便于对比展现海面高轨 SAR 图像与低轨 SAR 图像特征的不同，对低轨 SAR 图像也进行了仿真，仿真参数如表 7.4 所示，仿真结果如图 7.12～图 7.16 所示。

表 7.4　低轨和高轨 SAR 海面成像仿真参数

仿真参数名称	数值	
	低轨	高轨
极化方式	HH/VV	HH/VV
轨道高度/km	1000	35786
运行速度/(m/s)	7400	2800
雷达工作频率/GHz	5	5
波束入射角/(°)	30	30
合成孔径时间/s	1	72
分辨率	5 m×5 m	50 m×50 m
海面范围	2.55 km×2.55 km	22.55 km×22.55 km
海面 10 米处风速/(m/s)	10/15	10/15
风向角/(°)	0	0

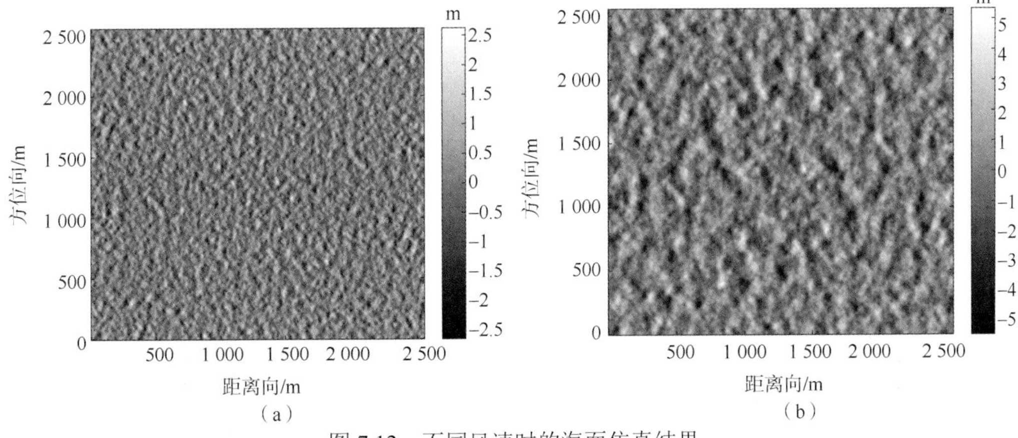

图 7.12　不同风速时的海面仿真结果

(a) u=10 m/s；(b) u=15 m/s

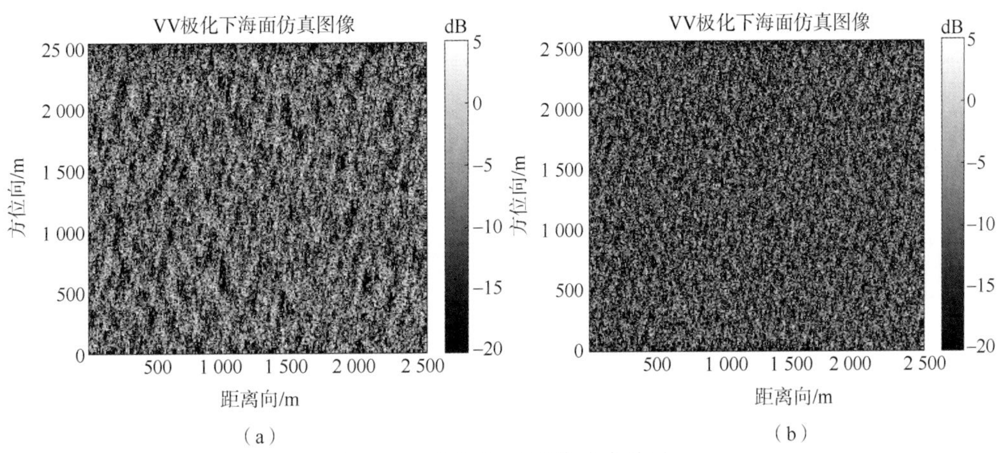

图 7.13　低轨 SAR 图像仿真结果

(a) u=10 m/s；(b) u=15 m/s

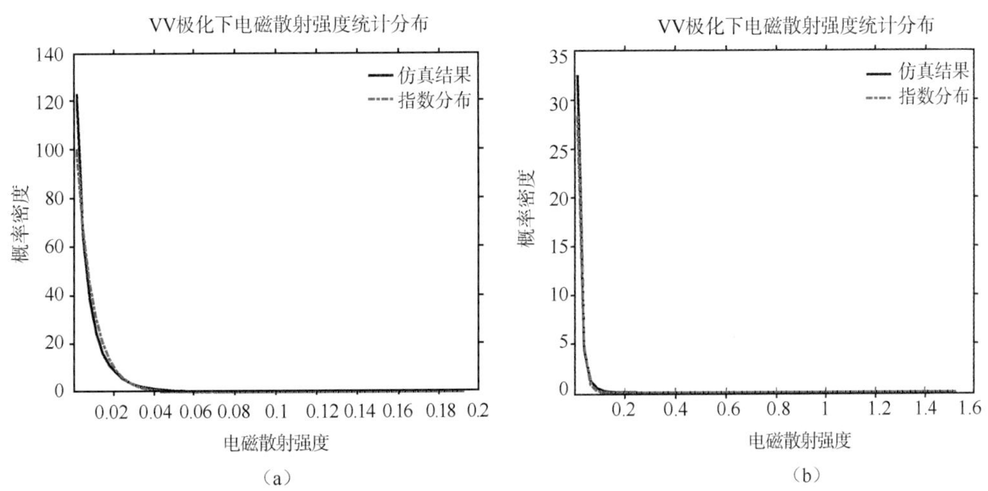

图 7.14　低轨 SAR 图像散射强度统计分布

(a) u=10 m/s；(b) u=15 m/s

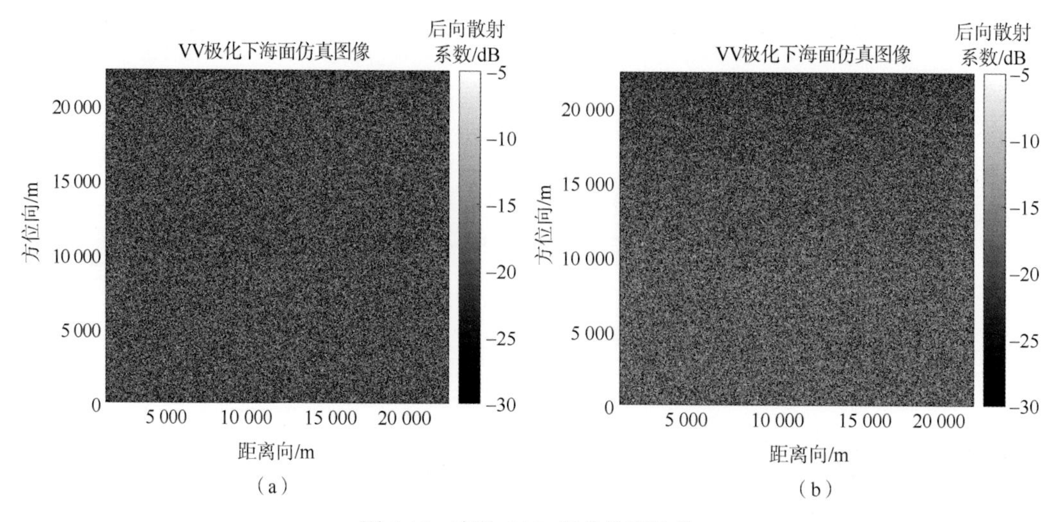

图 7.15　高轨 SAR 图像仿真结果

(a) u=10 m/s；(b) u=15 m/s

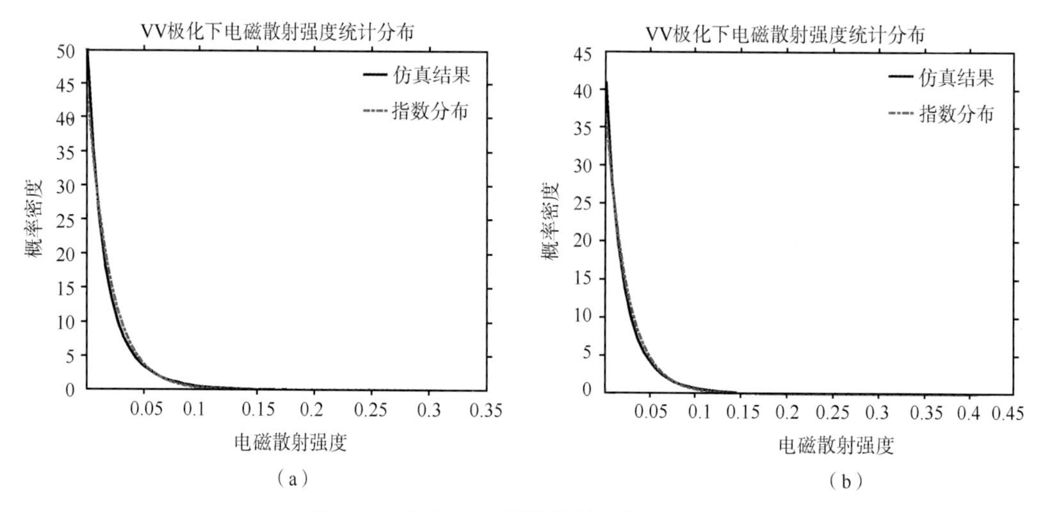

图 7.16　高轨 SAR 图像散射强度统计分布

(a) u=10 m/s；(b) u=15 m/s

从仿真结果中可知，海面的低轨和高轨 SAR 仿真图像的强度分布特征均与理论指数分布特征吻合较好，表明高轨 SAR 有很好的测量近实时海面风场的能力。对于低轨 SAR，海面仿真图像可以随着风速的改变呈现出相应的纹理变化特征。但是，对于高轨 SAR 而言，难以体现海浪引起的纹理特征，当海面风速改变时，仿真图像也不能呈现出相应的纹理变化。主要是高轨 SAR 强烈的速度聚束效应和长合成孔径时间带来的回波信号非相干叠加共同导致了高轨 SAR 海面风浪仿真图像中海浪纹理信息的丢失。

7.3.2　高轨 SAR 海冰仿真

采用蒙特卡罗方法来生成海冰的二维随机粗糙表面，其思想是在频域用滤波器对高斯白噪声进行滤波，滤波后进行 IFFT 得到随机粗糙表面。二维随机粗糙表面可以用高度分布函数和对应的自协方差函数来表征。前者反映了表面高度与平均表面高度的偏差，后者描述了波峰和波谷是如何沿表面横向分布的。

二维随机粗糙表面可以通过生成二维高斯随机数，然后将二维高斯随机数与高斯滤波器进行卷积操作得到。在实际应用中，可通过 FFT 操作代替卷积运算。

通过模拟均方根高度 $\sigma = 0.003$ m、相关长度 l=1 m、海冰范围 1 km×1 km、采样间隔 1 m 的海冰高度分布情况，可得如图 7.17(a)所示的结果，图 7.17(b)是对应的海冰高度统计分布。结果表明，高度统计分布呈高斯分布，与理论结果一致，可以将该方法用于模拟海冰表面。

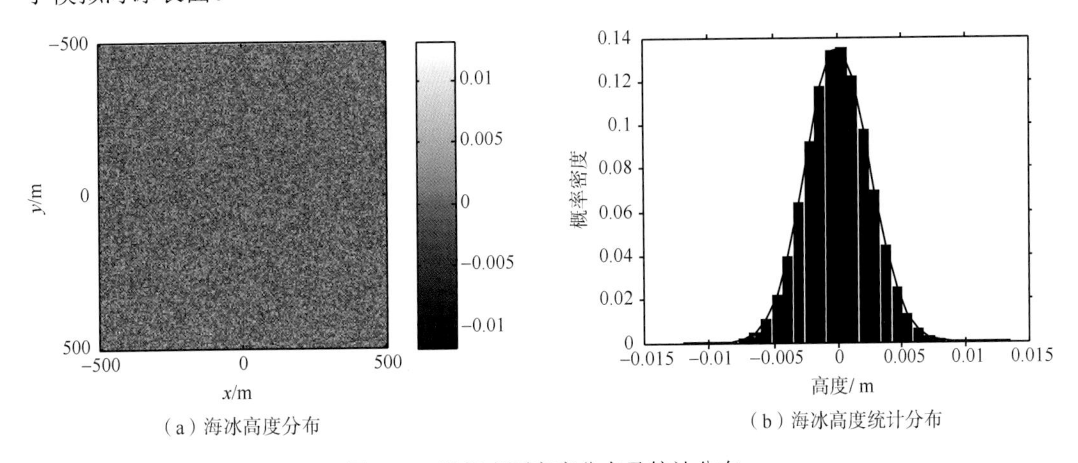

（a）海冰高度分布　（b）海冰高度统计分布

图 7.17　随机表面高度分布及统计分布

海冰的电磁散射几何模型如图 7.18 所示。电磁波入射到海冰表面，一部分发生面散射，一部分发生透射进入海冰内部。进入冰内的电磁波遇到散射体后(主要是气泡和卤水)发生体散射，还有部分电磁波直接到达海冰-海水界面，发生面散射，部分面散射会与散射体相互作用。因此，总的海冰后向散射可以由四部分组成：①上表面散射；②体散射；③下表面散射；④面散射-体散射相互作用项。

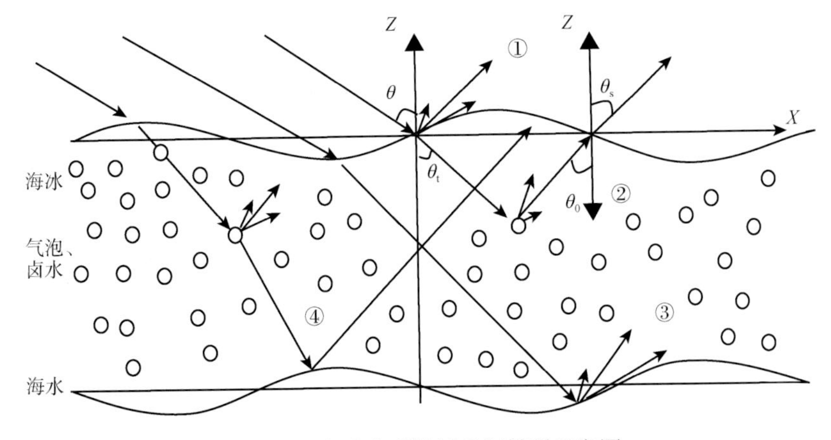

图 7.18　海冰电磁散射几何模型示意图

总的海冰后向散射系数为

$$\sigma^0 = \sigma_{pp}^{up} + \sigma_{pp}^{vol} + \sigma_{pp}^{dn} + \sigma_{pp}^{in} \tag{7.3.1}$$

式中，σ_{pp}^{up} 和 σ_{pp}^{dn} 分别为上、下表面散射项；σ_{pp}^{vol} 为体散射项；σ_{pp}^{in} 为相互作用项。下标“pp”表示水平(HH)极化或垂直(VV)极化。

海冰成像模拟主要包括以下 3 个部分：海冰后向散射系数模拟、原始回波数据仿真、成像处理。

1. 海冰后向散射系数模拟方法

小面元模型是 SAR 图像后向散射系数模拟方法中常用的一种物理模型。该模型假设自然场景可以用许多与场景表面相切的小平面单元来近似描述，面元的尺度大于入射波长，但小于 SAR 图像的分辨单元。于是，自然场景的后向散射场可以用所有小面元的后向散射场相干叠加来表示。

每个小面元可以用它的中心坐标、法向量以及电磁参数(介电系数和电导率)来表征。图 7.19 给出了小面元模型的几何示意图。$\boldsymbol{n}$ 为小面元中心的单位法向矢量；θ_i 为小面元的局部入射角。假设电磁波入射方向为 $\boldsymbol{k}_i$，则小面元的局部入射角可以表示为

$$\cos\theta_i = -\boldsymbol{n} \cdot \boldsymbol{k}_i \tag{7.3.2}$$

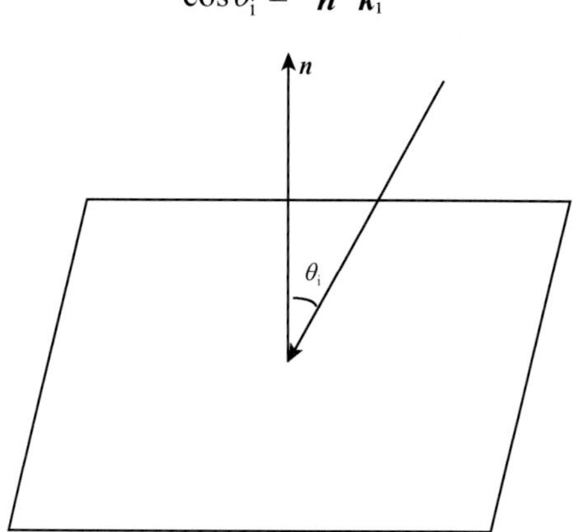

图 7.19　小面元模型

由于每个小面元与分辨单元相比足够小，因而在 SAR 回波信号模拟中，每个小面元的后向散射系数可以用面元中心处点目标的后向散射系数来表示。假设分辨单元内有 $M \times N$ 个小面元，则雷达回波为 $M \times N$ 个小面元回波的相干叠加。

根据海冰几何模型和海冰电磁散射模型，再结合小面元模型，可以通过以下步骤模拟得到海冰的后向散射系数：

(1)利用蒙特卡罗法生成符合高斯分布的海冰高度剖面。

(2)基于小面元模型，将模拟得到的海冰表面剖分成小的矩形面元，并计算各面元的中心坐标以及单位法向矢量。

(3) 根据雷达与面元的几何关系以及电磁波的入射方向，计算各面元的局地入射角。

(4) 利用海冰电磁散射模型计算各面元的后向散射系数，将分辨单元内的所有面元后向散射系数相干叠加得到分辨单元的后向散射系数。

海冰后向散射系数的模拟流程如图 7.20 所示。

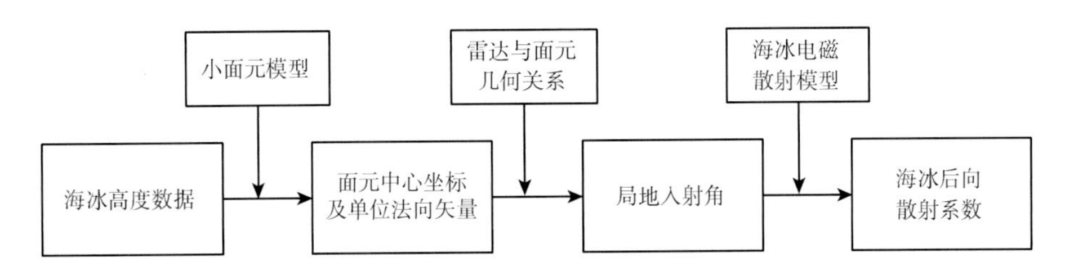

图 7.20　海冰后向散射系数模拟流程

2. 原始回波数据仿真方法

SAR 原始回波数据仿真主要有两种方法：时域和二维频域仿真方法。时域仿真方法最精确，但是计算量最大，计算速度也最慢。而二维频域仿真方法采用的模型比较简单，计算量小，计算速度也较快。考虑到精度原因，本书研究采用时域仿真方法，该方法的具体流程如下：

(1) 根据合成孔径时间和脉冲重复频率，确定方位时刻 t_a；

(2) 在时刻 t_a，计算卫星坐标和处在波束覆盖范围内的小平面单元的坐标，并计算它们的距离；

(3) 根据距离计算出各成像点的多普勒相位，并乘上方位向天线加权值；

(4) 根据距离远近，划分各距离门里的像元点数，同一距离门内各像元点的回波乘上各自的后向散射系数进行叠加，在距离向上，对各距离门的回波叠加，便得到了距离向数据。

按照方位向时间先后顺序，重复以上步骤，便能得到完整的回波数据。

3. GEO SAR 海冰图像模拟试验

基于海冰的物理几何模型、海冰电磁散射模型以及小面元模型，并结合 GEO SAR 的回波模型，建立了 GEO SAR 海冰成像模拟算法，如图 7.21 所示。

基于上述算法，进行了 GEO SAR 海冰成像模拟实验。首先，模拟了均方根高度为 0.06 cm、海冰范围为 25 km×25 km 的海冰表面高度数据，如图 7.22 所示。

图 7.23 是对应的 GEO SAR 海冰图像模拟结果。VV 极化海冰图像后向散射系数的最小值为–26.52 dB，最大值为–26.46 dB，平均值为–26.51 dB。HH 极化海冰图像后向散射系数的最小值为–27.28 dB，最大值为–27.21 dB，平均值为–27.27 dB。由于海冰的粗糙度参数（$k\sigma = 0.07$）很小，海冰表面近似光滑，海冰的后向散射系数变化很小。

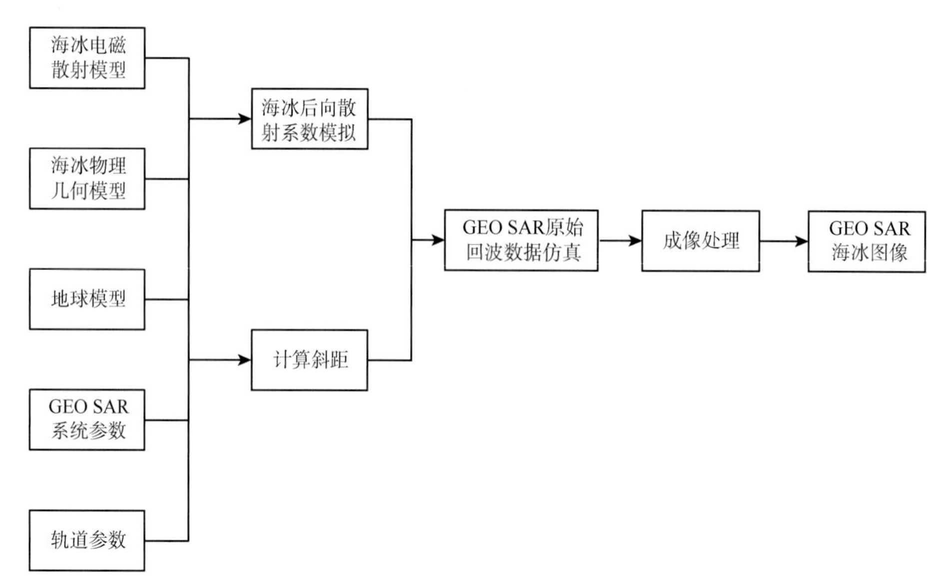

图 7.21　GEO SAR 海冰成像模拟算法

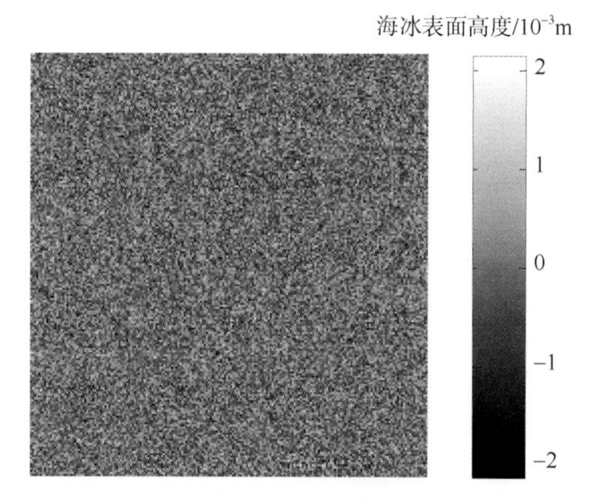

图 7.22　海冰表面模拟结果

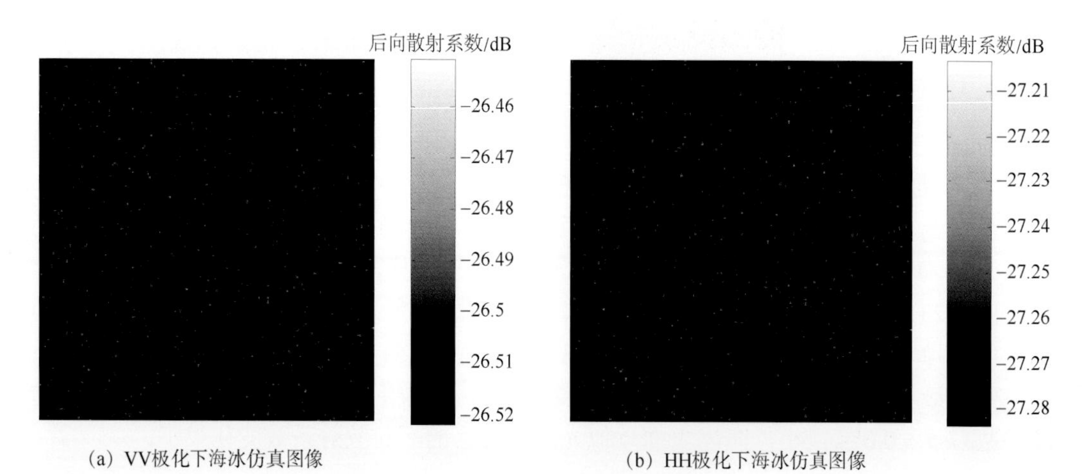

图 7.23　GEO SAR 海冰图像模拟结果

图 7.24 给出了 VV 极化和 HH 极化海冰图像的后向散射系数统计分布结果。后向散射系数呈 K 分布，与理论分布结果相符，从而验证了仿真图像的可靠性。

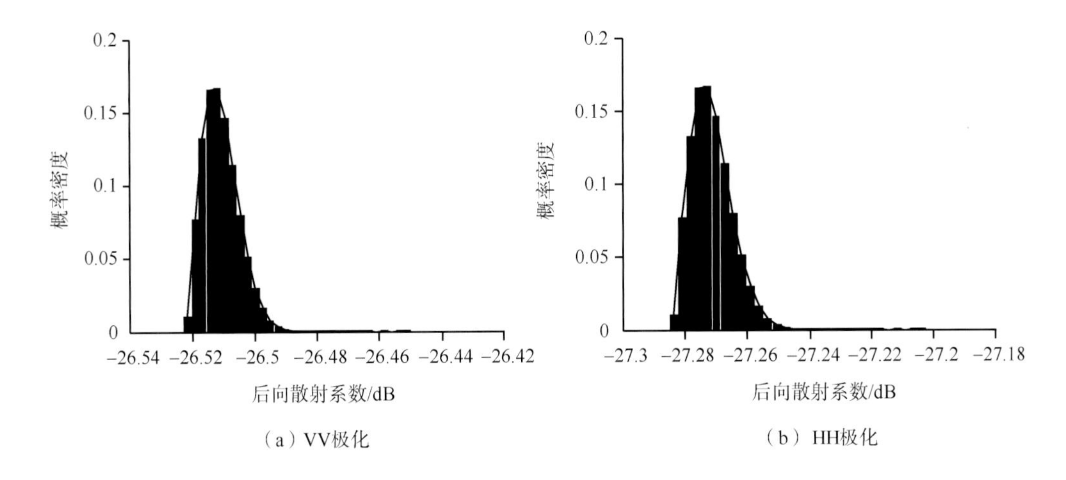

图 7.24　GEO SAR 海冰图像后向散射系数统计分布

当海冰均方根高度 σ 增加到 0.27 cm，对应的海冰粗糙度参数 $k\sigma$ 增加到 0.3 时，海冰表面高度分布情况如图 7.25 所示。

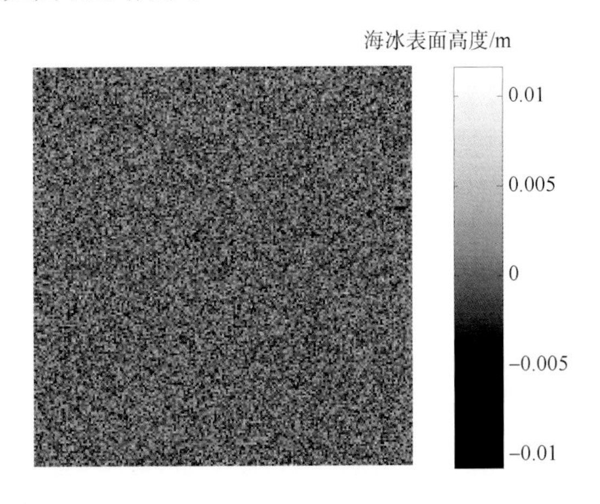

图 7.25　海冰表面模拟结果

对该情况下的海冰进行成像模拟，得到的结果如图 7.26 所示。VV 极化海冰图像后向散射系数的最小值为−14.77 dB，最大值为−14.41 dB，平均值为−14.71 dB。HH 极化海冰图像后向散射系数的最小值为−15.62 dB，最大值为−15.20 dB，平均值为−15.55 dB。随着海冰表面粗糙度的显著增加，海冰后向散射系数也增加，与实际情况一致。

图 7.27 给出了图 7.23 所示的海冰图像的后向散射系数统计分布结果。后向散射系数统计分布同样近似呈 K 分布，进一步验证了 GEO SAR 海冰成像模拟算法的可靠性。

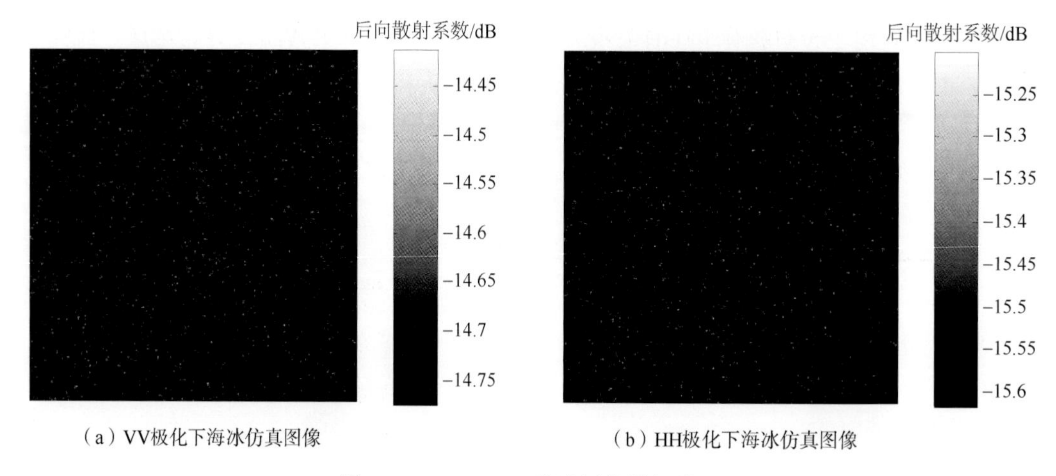

图 7.26　GEO SAR 海冰图像模拟结果

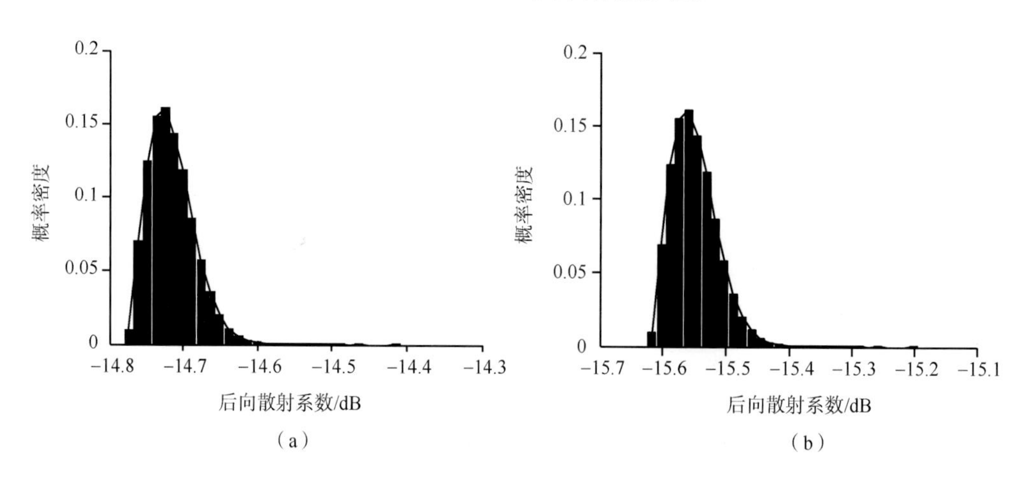

图 7.27　GEO SAR 海冰图像后向散射系数统计分布

7.3.3　高轨 SAR 船舶成像仿真

船舶运动包括自身动力引起的平动运动和海面风浪导致的三维转动运动，船舶平动是船舶的整体运动，每个散射点的运动特性相同，运动导致的回波信号特性变化也是相同的。和地面运动目标一样，船舶平动主要造成回波信号距离包络徙动、多普勒和成像位置的偏移以及方位散焦。船舶受海面风浪影响，还会进行俯仰、偏航和横滚三维的转动运动，由于转动方向和转速的差异，船舶目标上每一个散射点的回波信号特性变化是不相同的，同样船舶的转动也会造成目标的能量的积累损失及散焦。

下面分别给出高轨 SAR 海上船舶平动分量和转动分量对成像质量的影响仿真分析结果。假设船舶在海面航行的平动速度为 15 m/s(约 30 节)，添加平动速度后，与静止船舶相比，其斜距历程变化如图 7.28(a)所示，可以看到，斜距历程变化中线性项的系数为 2.4，等效 2.4 m/s 的径向速度，二次项系数为4.8×10^{-4}，二次斜距项在子孔径时间内导致的相位变化小于$\pi/4$［图 7.28(b)］，所以会导致图 7.28(c)中的子孔径成像结果没有散焦。但是，2.4 m/s

的径向速度导致了船舶成像位置的偏移，偏移位置大小与径向速度和作用距离成正比：

$$\Delta X = \frac{v_r}{V_s} R_s \tag{7.3.3}$$

式中，V_s 为卫星等效速度，位置偏移的仿真结果与计算结果相符。

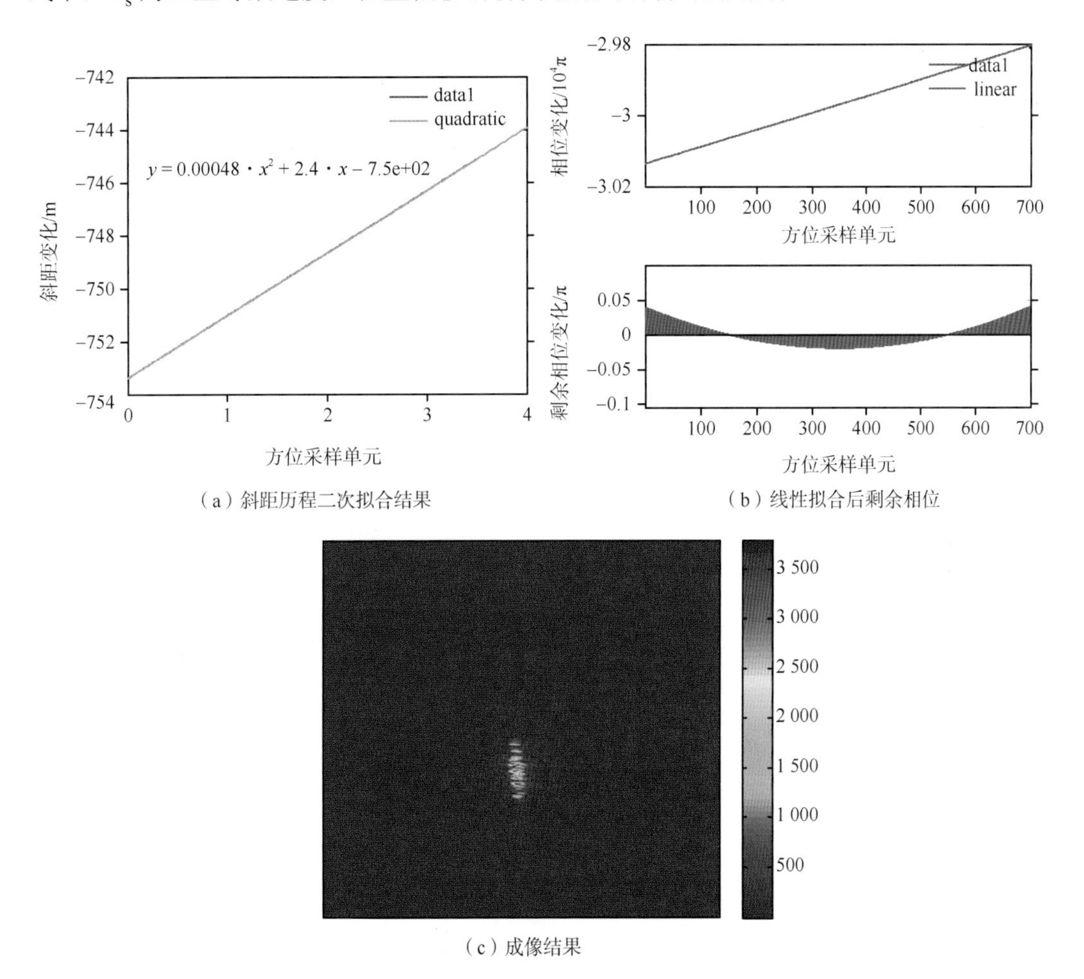

（a）斜距历程二次拟合结果

（b）线性拟合后剩余相位

（c）成像结果

图 7.28　平动船舶目标成像结果

在低海况条件下，对船舶目标添加转动，添加转动后船舶目标散射点在全孔径时间内与静止散射点的瞬时斜距差如图 7.29(a)所示，SAR 成像中一般认为相位变化不超过 π / 4 时对成像没有影响，而相位变化为 π / 4 对应的斜距变化为 0.015 m，在图 7.29(a)中，即使在 7s 的子孔径时间内，船舶目标的斜距变化也会超过 0.015 m，所以如图 7.29(b)所示，在某一个子孔径时间内转动船舶目标的成像处理结果出现了散焦。

如图 7.29(a)所示，转动引起的瞬时斜距变化可以分为两类：线性斜距变化和非线性斜距变化。非线性斜距变化如图 7.30(c)所示，对该段斜距变化进行二次拟合，拟合后的剩余斜距同样小于 π / 4。非线性斜距变化引起回波信号中方位二次相位的变化，二次相位变化主要造成成像结果的散焦，所以在该时间段内对船舶目标进行成像处理，从而可以得到如图 7.30(d)所示的散焦成像结果。

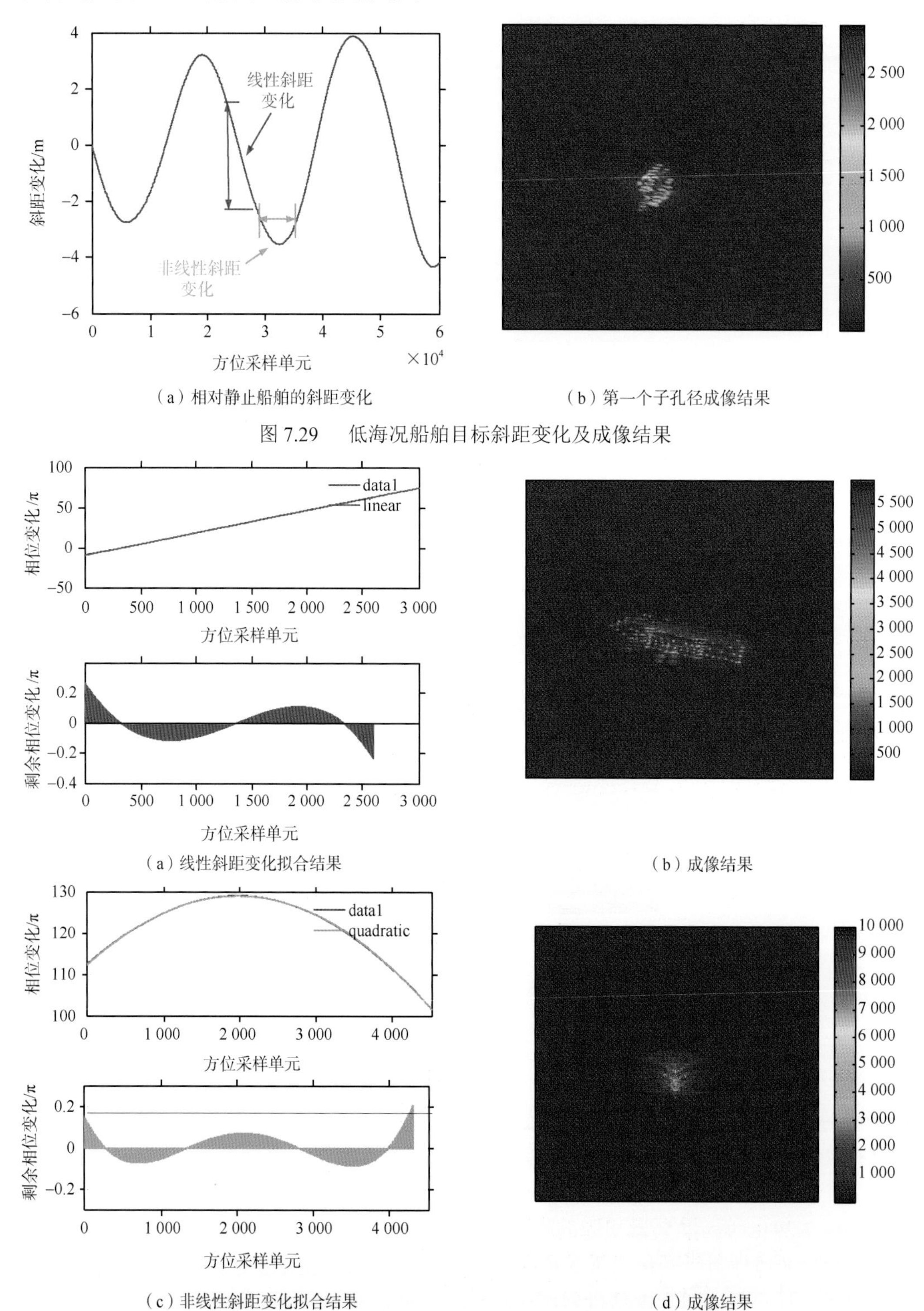

（a）相对静止船舶的斜距变化　　（b）第一个子孔径成像结果

图 7.29　低海况船舶目标斜距变化及成像结果

（a）线性斜距变化拟合结果　　（b）成像结果

（c）非线性斜距变化拟合结果　　（d）成像结果

图 7.30　低海况转动船舶目标不同子孔径时间段常规算法成像结果

在高海况条件下，船舶目标摇摆剧烈，等效的三维转动幅度更大，转动周期更短。给船舶目标添加高海况转动参数后，散射点瞬时斜距变化如图 7.31(a)所示，可以看到，在高海况条件下散射点斜距变化的幅度也更大、周期更短。仍然在子孔径时间内对船舶目标进行成像处理，成像结果将出现更为严重的散焦[图 7.31(b)]。

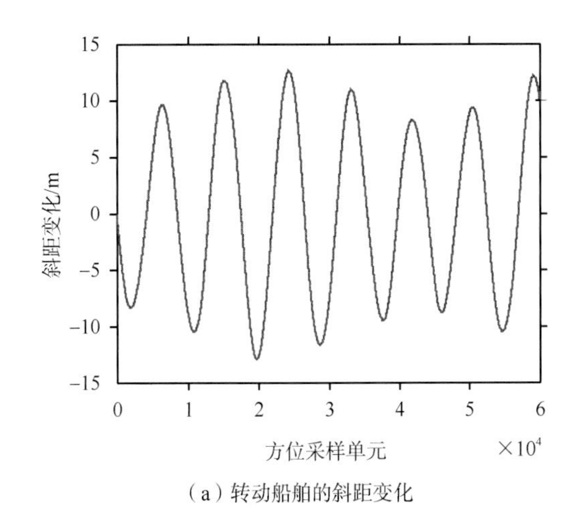

(a) 转动船舶的斜距变化

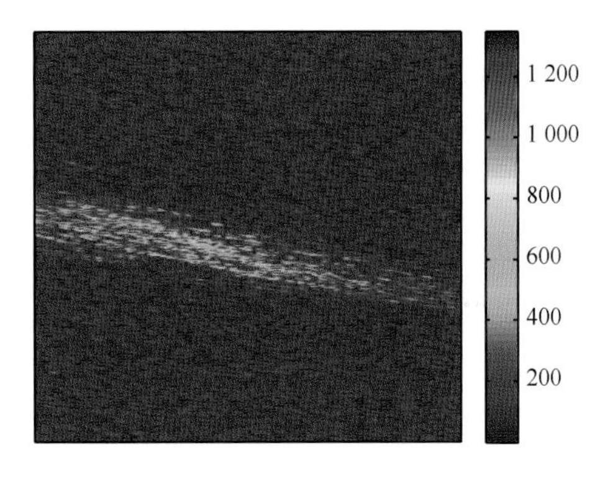

(b) 转动船舶目标第一个子孔径成像结果

图 7.31　高海况船舶目标斜距变化及成像结果

同样地，在图 7.30(a)中选取斜距线性变化时间段和非线性变化的时间段，其斜距变化拟合结果分别如图 7.32(a)和图 7.32 (c)所示。分别在两个子孔径时间段内对船舶目标进行成像处理，可以得到如图 7.32(b)和图 7.32(d)所示的成像结果。从图 7.32(b)可以看到，高海况条件下转动等效的径向速度更大，散射点位置偏移更远；从图 7.32(d)可以看到，高海况条件下非线性斜距变化对应的剩余调频率更大，散射点散焦情况更为严重。

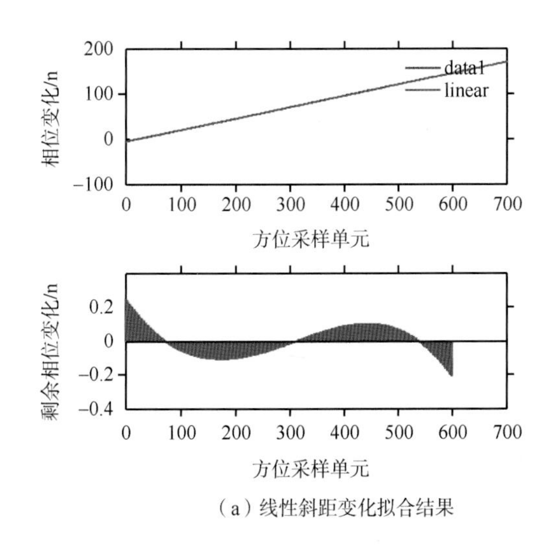

(a) 线性斜距变化拟合结果

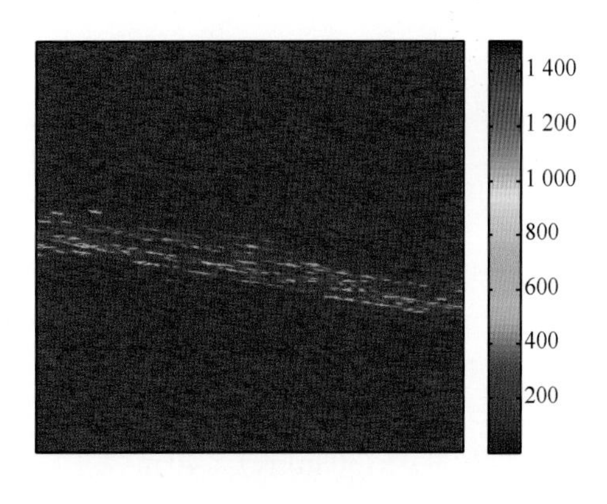

(b) 成像结果

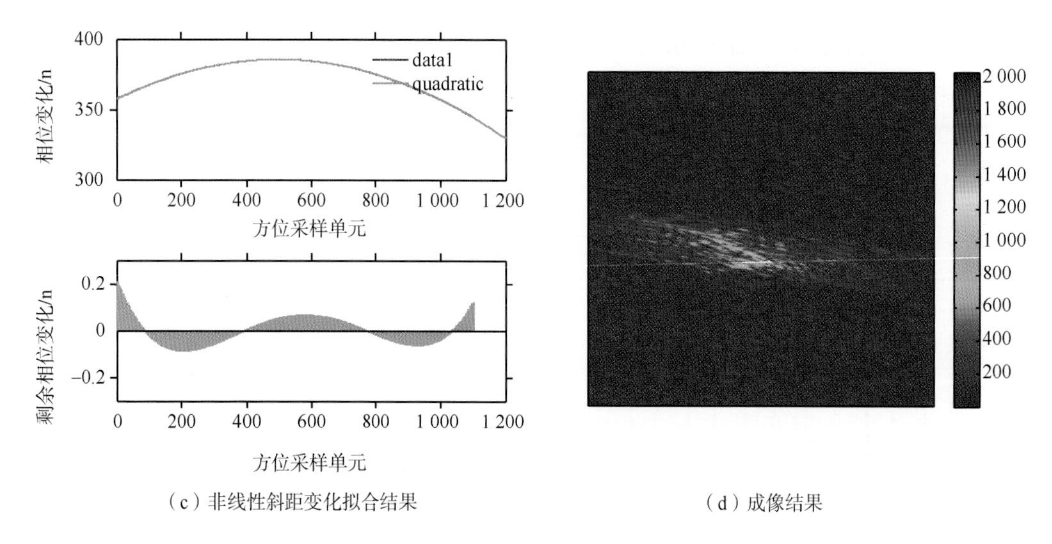

（c）非线性斜距变化拟合结果　（d）成像结果

图 7.32　高海况转动船舶目标不同子孔径时间段常规算法成像结果

将子孔径检测、提取的动目标数据通过粗成像的逆过程变换到数据域，并拼接得到动目标全孔径数据，再利用全孔径相位误差对动目标全孔径数据进行运动误差补偿，补偿后利用 RMA 算法进行全孔径成像处理，从而可以得到如图 7.33(a)所示的成像结果，与图 7.33(b)所示的未经过运动补偿的全孔径成像结果比较，全孔径运动误差补偿后的动目标成像效果有极大提升。

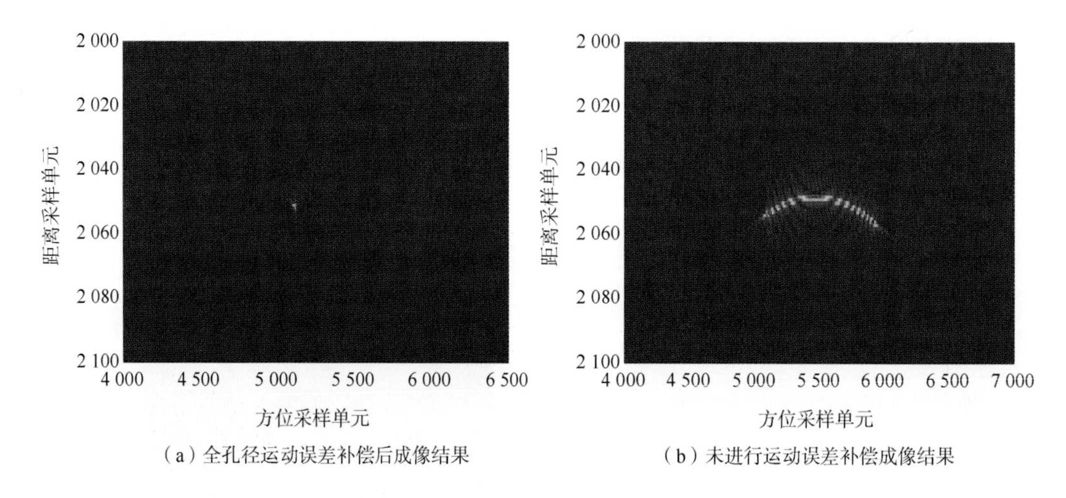

（a）全孔径运动误差补偿后成像结果　（b）未进行运动误差补偿成像结果

图 7.33　全孔径数据成像结果

上面是点目标仿真结果，本书研究利用一组散射点建立了具有船舶形状的船舶仿真模型，目标尺寸为 130 m(长)×40 m(宽)×50 m(高)，主桅杆高度为 50 m，两侧桅杆高度分别为 20 m 和 30 m，散射点间隔为 10 m。为了便于分析，该模型没有考虑遮挡的问题。

将图 7.34 和图 7.35 的船舶仿真模型作为输入，按照系统总体轨道参数、雷达系统参数进行仿真。其中，载频为 5.4 GHz，带宽 120 MHz，距离和方位分辨率均为 3 m。脉冲重复频率 250 Hz，脉压后一维距离像信噪比为−6 dB，成像距离约 37 560 km，船舶目标在 4～5 级海况下摆动。采用时频分析技术在不同时刻的瞬态 ISAR 成像结果如图 7.36 所示。

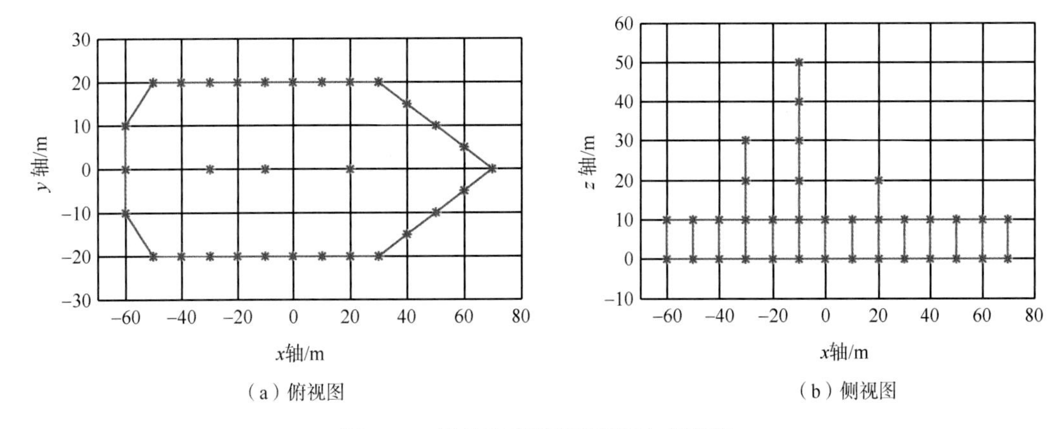

（a）俯视图　　（b）侧视图

图 7.34　船舶仿真模型俯视图与侧视图

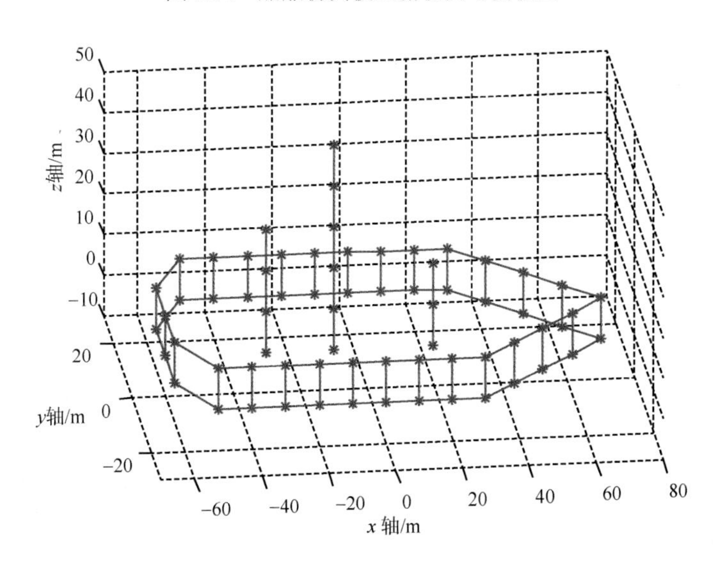

图 7.35　船舶仿真模型立体图

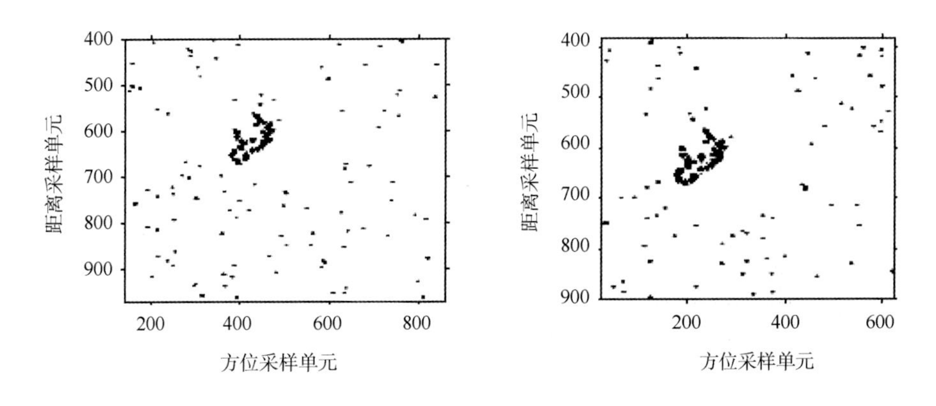

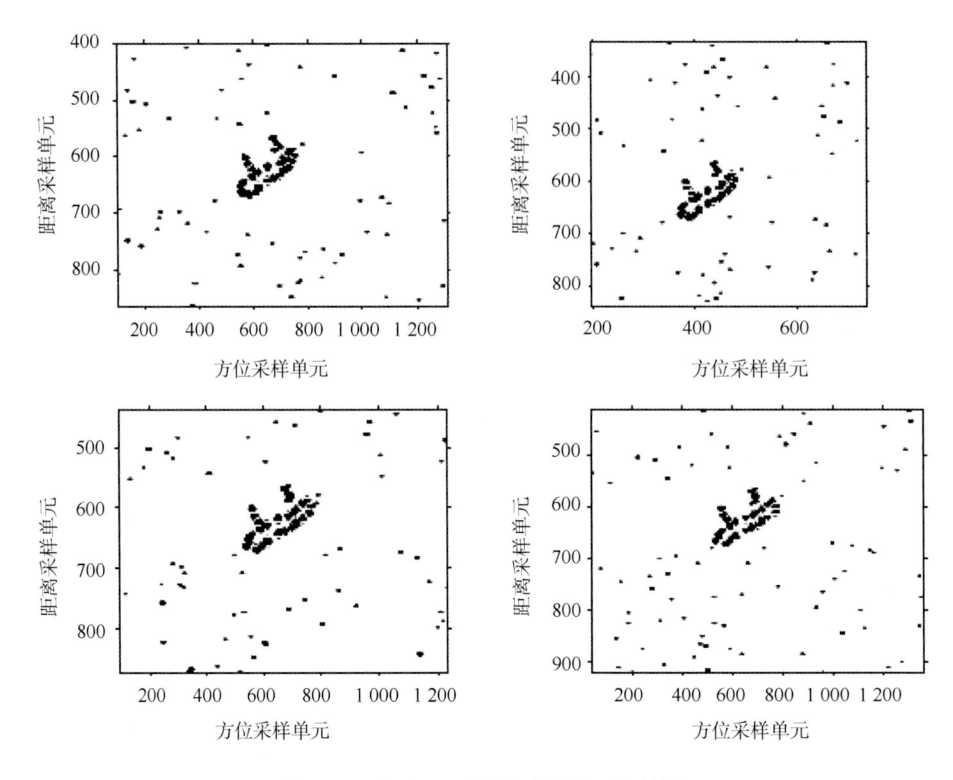

图 7.36　高轨 SAR 船舶动目标成像结果

7.4　半实物仿真系统和计算机仿真系统

高轨 SAR 仿真系统由半实物仿真暗室和计算机仿真系统软件组成(图 7.37)。使用计

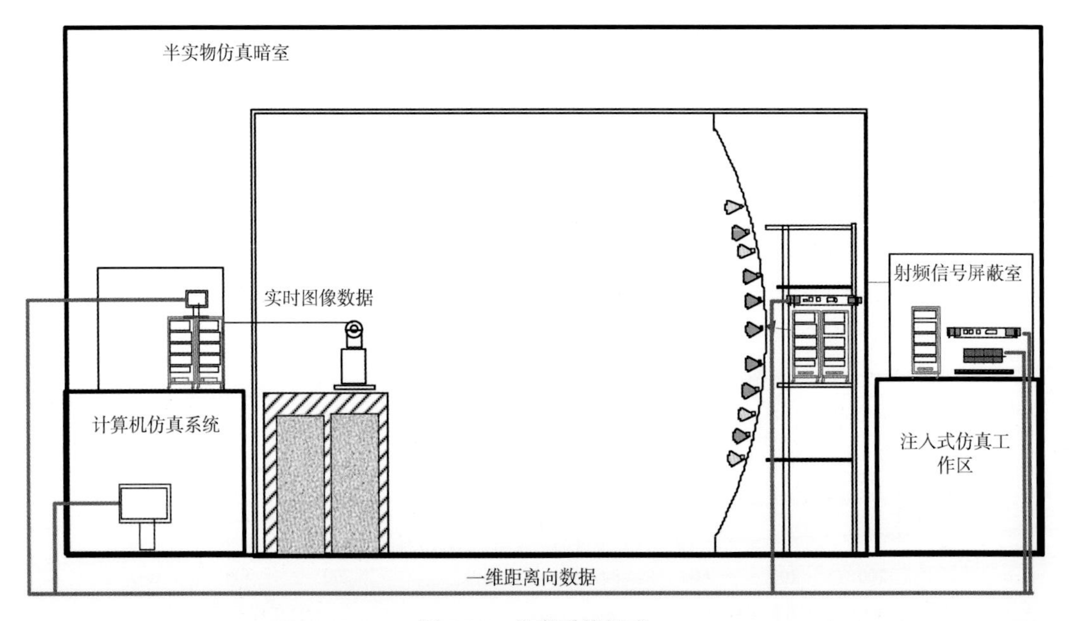

图 7.37　仿真系统组成

算机仿真系统软件产生不同条件下(海况、波段、观测视角等)海面以及船舶目标的一维距离向数据，该数据通过射频仿真高分辨目标模拟系统接入半实物仿真暗室中，收到数据后，半实物仿真暗室中的目标辐射天线辐射到雷达设备的天线接收面，雷达设备实时成像后显示在仿真态势显示分系统上。

7.4.1　半实物仿真系统

高性能半实物仿真暗室包括如下组成部分。

目标特性计算(转换)分系统：包括一台高性能的计算机、千兆以太网接口、一套目标特性转换软件，能够通过以太网接口导入多种不同格式的目标特性数据，并对其进行非实时预处理，将处理后的目标的一维距离像数据发送给射频仿真高分辨目标模拟分系统。

射频仿真高分辨目标模拟分系统：该系统为高性能仿真平台适应性接口设备的宽带目标信号源。接收雷达发射输出的雷达设备信号并进行下变频，同时接收来自目标特性计算(转换)分系统的目标一维距离像数据，并产生 SAR 目标回波信号上变频后输出。

仿真态势展示分系统：能够以二维、三维形式显示和动态显示试验过程中的雷达、目标的位置等信息。

还需要沿用原来系统的功能如下。

控制分系统：包括控制计算机和软件等方面的设备，实现对雷达航迹数据、目标航迹数据的实时下发和控制、对变频的控制、对整个试验流程的控制。

阵列馈电系统：阵列馈电系统主要模拟目标信号到达被试雷达设备的角度。

暗室系统：提供接近于无回波的信号传播环境。

转台：模拟雷达运动姿态。系统组成如图 7.38 所示。

在试验时，雷达设备被安装在三轴转台上，被试雷达设备地沟电缆输出雷达发射信号，在试验之前预先设定发射信号的接收方式。按照事先给定的被试雷达设备的飞行姿态及飞行航迹数据，由实时主控计算机将这一航迹数据发送给三轴转台控制计算机，按照仿真时间的安排实时控制三轴转台，模拟出被试雷达雷达设备的飞行姿态。在控制转台模拟雷达设备姿态的同时，目标特性计算(转换)分系统接收实时主控发送过来的雷达航迹信息并对场景目标的一维距离像数据进行预处理，将场景目标对应雷达当前位置角度的一维距离像数据等数据提取出来作为射频仿真高分辨目标模拟分系统的输入。射频仿真高分辨目标模拟分系统将该一维距离像数据与所接收到的雷达发射信号相卷积得到实际的雷达回波信号，再注入阵列馈电系统中。阵列馈电系统将该 SAR 雷达目标回波信号从目标对应的辐射角位置辐射出来。被试雷达设备接收该辐射信号并进行各种验证。在试验中，需要实现对试验中各设备的实时控制和试验状的态实时显示。

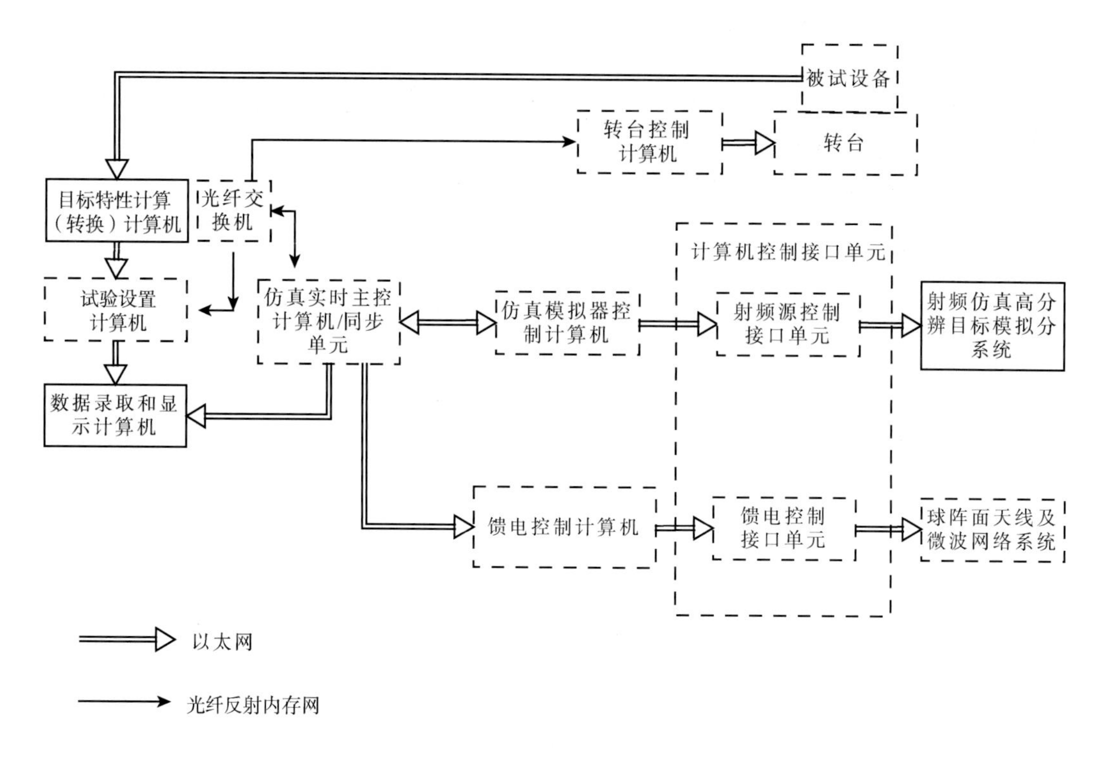

图 7.38　半实物仿真系统组成示意图

7.4.2　计算机仿真系统

计算机仿真系统由海况模型计算软件、复杂环境目标 RCS 计算软件组成，其软件组成及配置如图 7.39 所示。

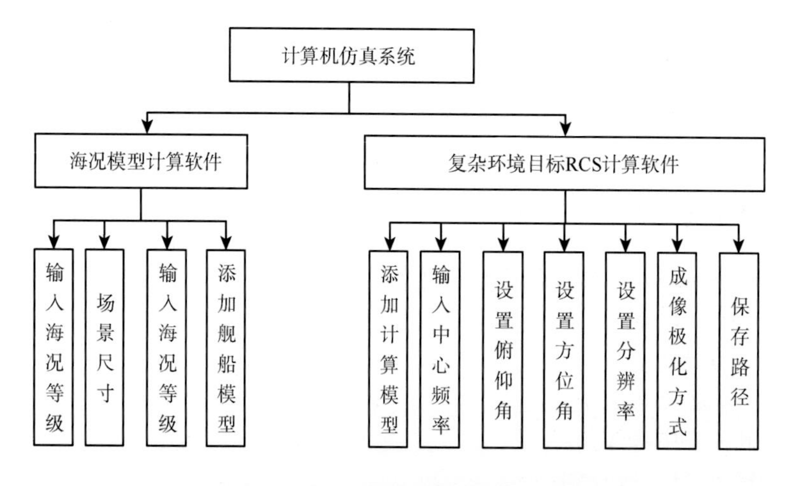

图 7.39　计算机仿真系统软件组成及配置

1. 海况模型计算软件

海况模型计算软件如图 7.40 所示，用户在该界面上输入建模所需参数，即可生成海面模型。软件界面的输入参数包括以下几个部分：

海况等级，输入 1～6 的整数；

场景尺寸(长)、场景尺寸(宽)，单位均为 m；

仿真时间间隔，仿真总时间，单位均为 s；

海浪方向最小值，海浪方向间隔，海浪方向最大值，单位均为(°)；

模型包含是否需要船舶，以及需要添加的船舶模型路径。

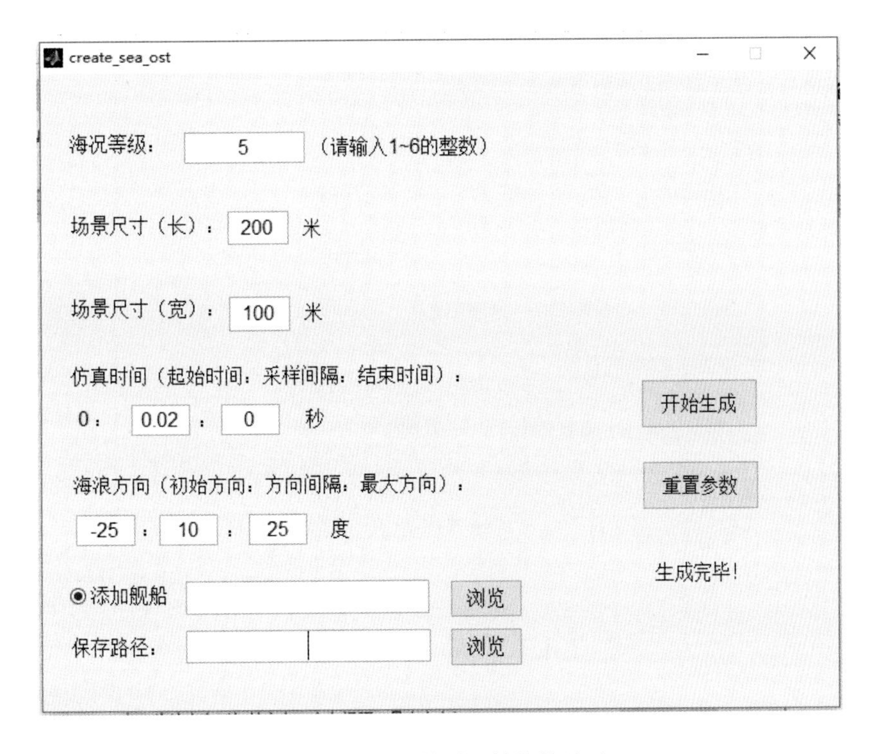

图 7.40　海况模型计算软件界面

2. 复杂环境目标 RCS 计算软件

复杂环境目标 RCS 计算软件如图 7.41 所示，用户在该界面上输入建模所需参数，即可生成模型。输入参数如下。

计算模型：为海况模型计算软件产生的 ost 格式文件；

中心频率：雷达工作频率；

俯仰角：雷达工作俯仰角；

方位角：雷达工作方位角；

分辨率：雷达成像分辨率；

射线管口径：一般设置为 1；

输出文件：雷达极化方式；

计算结果保存路径：生成 RCS.dat 文件的路径。

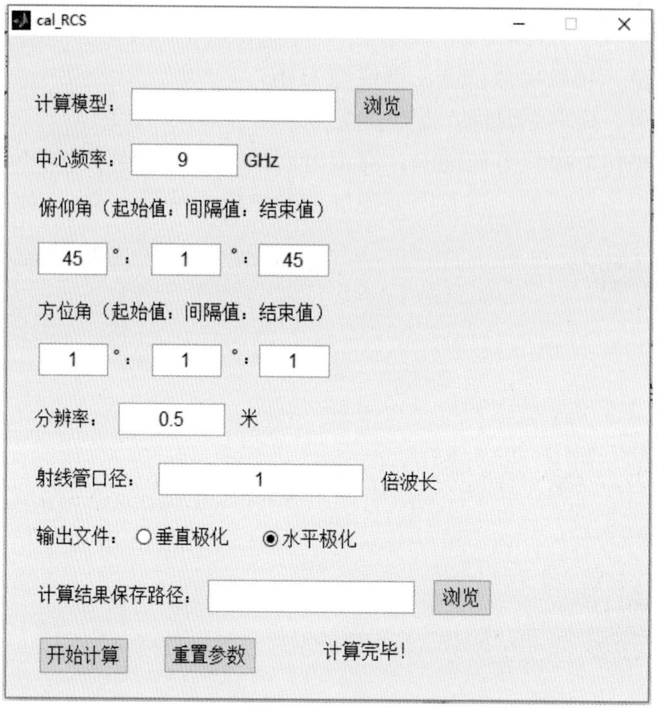

图 7.41　复杂环境目标 RCS 计算软件界面

7.4.3　仿 真 示 例

1. 海况仿真结果

图 7.42～图 7.48 为不同仿真条件下（表 7.5）的仿真结果。

表 7.5　海浪等级表

等级	海浪高度/m
0	0
1	0～0.1
2	0.1～0.5
3	0.5～1.25
4	1.25～2.5
5	2.5～4.0
6	4.0～6.0

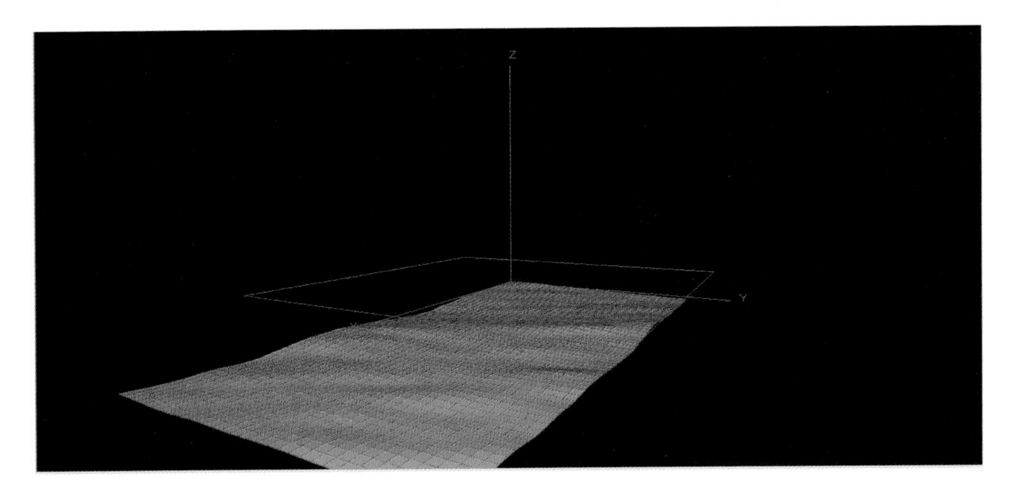

图 7.42　六级海况海面仿真图像

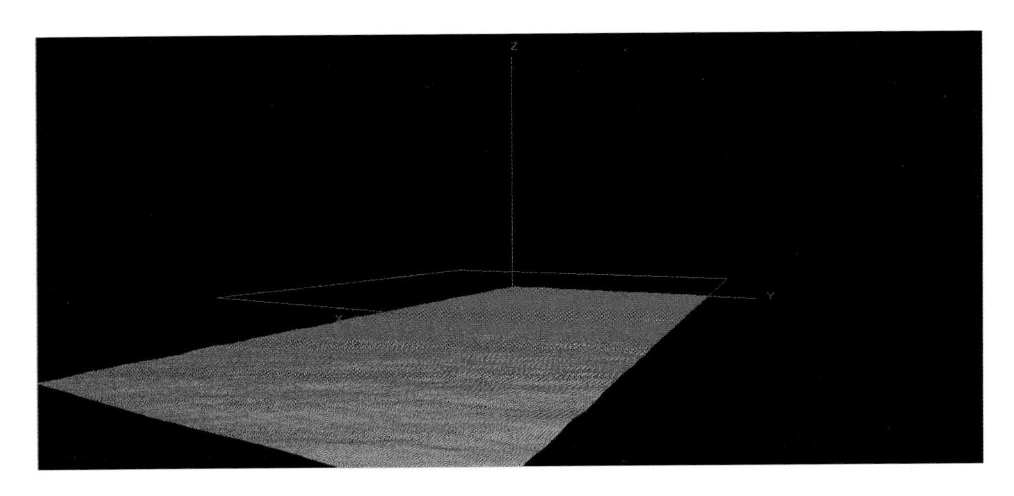

图 7.43　二级海况海面仿真图像

2. 船舶目标以及仿真结果

（a）阿里伯克级驱逐舰光学图像

（b）阿里伯克级驱逐舰CAD图像

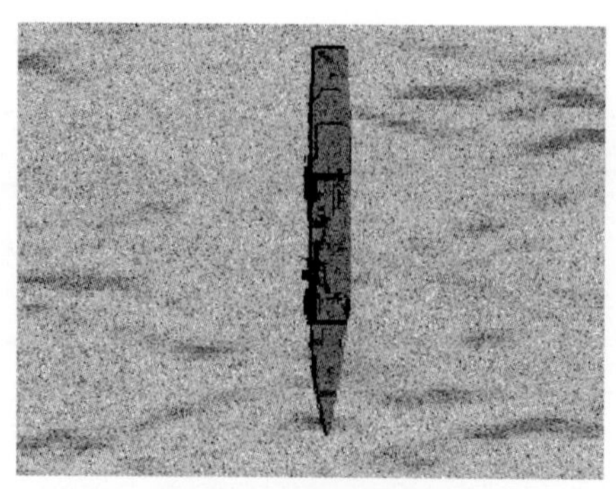

（c）目标特性仿真图

图 7.44　目标特性仿真结果图

3. 不同仿真条件下的目标特性仿真结果

1）二级海况

a. 中心频率 1.5 GHz

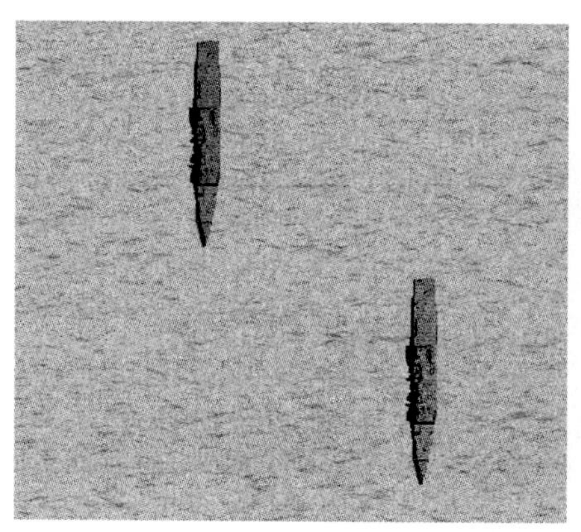

海况：二级 方位角：90° 俯仰角：20° 中心频率：1.5 GHz 目标：巡洋舰

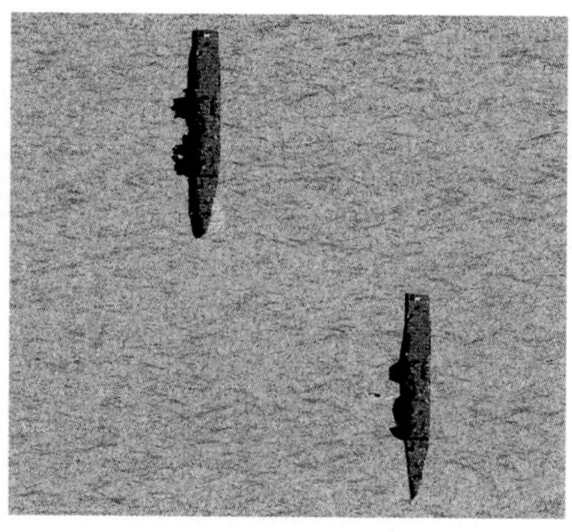

海况：二级 方位角：90° 俯仰角：40° 中心频率：1.5 GHz 目标：巡洋舰

海况：二级 方位 角：90° 俯仰角：60° 中心频率：1.5 GHz 目标：巡洋舰

图 7.45　二级海况中心频率 1.5 GHz 仿真

b. 中心频率 5 GHz

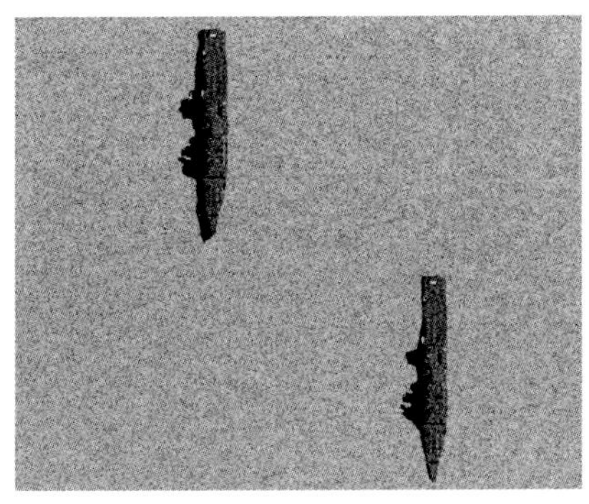

海况：二级 方位角：90° 俯仰角：40°
中心频率：5 GHz 目标：巡洋舰

海况：二级 方位角：90° 俯仰角：60°
中心频率：5 GHz 目标：巡洋舰

图 7.46　二级海况中心频率 5 GHz 仿真

2) 六级海况

a. 中心频率 5 GHz

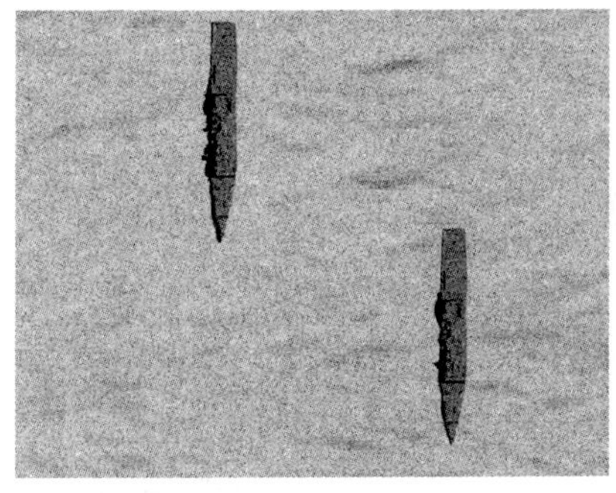

海况：六级 方位角：90° 俯仰角：20°
中心频率：5 GHz 目标：巡洋舰

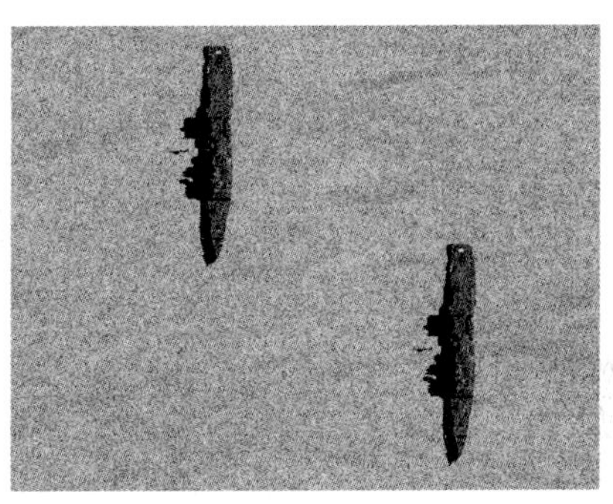

海况：六级 方位角：90° 俯仰角：40°
中心频率：5 GHz 目标：巡洋舰

海况：六级 方位角：60° 俯仰角：60°
中心频率：5 GHz 目标：巡洋舰

图 7.47　六级海况中心频率 5 GHz 仿真

b. 中心频率 1.5 GHz

海况：六级 方位角：90° 俯仰角：20° 中心频率：1.5 GHz 目标：巡洋舰

海况：六级 方位角：90° 俯仰角：40° 中心频率：1.5 GHz 目标：巡洋舰

海况：六级 方位角：90° 俯仰角：60° 中心频率：1.5 GHz 目标：巡洋舰

图 7.48　六级海况中心频率 1.5 GHz 仿真

第 8 章　基于新型微波遥感多元协同观测的海洋信息集成与应用示范

8.1　基于卫星高度计的全球中尺度涡旋识别技术

8.1.1 卫星高度计数据

利用卫星高度计数据进行全球中尺度涡旋的识别，数据采用 AVISO(archiving，validation，and interpretation of satellite oceanographic data)项目融合多颗测高卫星得到的海平面高度异常(SSHA)延时数据产品，其时间分辨率为 1 天，空间分辨率是 1/4°×1/4°，在空间上覆盖全球，时间跨度为 1993～2015 年。该产品融合的高度计数据来源包括：TOPEX/Poseidon(T/P)、Jason-1&2、ERS-1&2、ENVISAT、Geosat Follow On(GFO)、Cryosat-2、Saral/AltiKa 以及 Haiyang-2A。

8.1.2　全球中尺度涡旋识别算法

全球中尺度涡旋并行识别算法研究中，提出改进的 SSH 算法，通过并行计算实现预处理后的 GeoTIFF 格式的 AVISO 的海平面异常数据 MSLA 精确高效的全球涡旋识别。涡旋识别流程如图 8.1 所示。

涡旋识别流程主要包括以下几个步骤。

1)全球数据输入

涡旋识别算法中输入 h 和 uv 变量数据，其中利用 h 变量数据遍历等高线来提取涡旋的有效边界，利用 uv 变量数据计算涡旋最大地转流速度并提取涡旋的最大地转流边界，通过 h 和 uv 相结合来计算相关的涡旋参数，如涡旋半径、振幅、动能等。

2)数据滤波

涡旋是中尺度现象，其空间尺度变化从几十到几百千米，通过数据滤波，纬度和经度方向的滤波核分别是 10°和 20°。对全球 SLA 数据进行高通滤波，从而消除其他尺度的噪声对涡旋识别的影响。

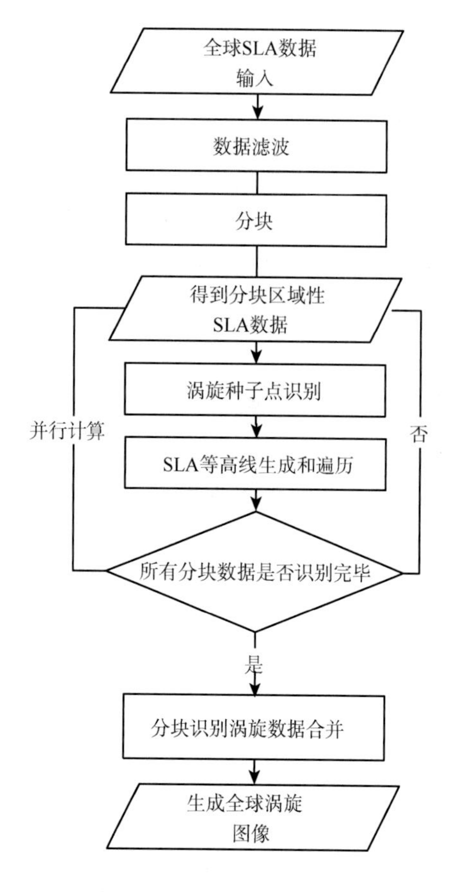

图 8.1　涡旋识别流程图

3) 数据分块

将全球数据分为纬度×经度方向 5×8 块，各块之间存在 10°的重合区域，保证最终涡旋合并得到全球涡旋识别数据的准确性。如图 8.2 所示，其中“A+C”和“B+C”分别是切块后的两块，蓝色块 C 是两块的重叠区域，图中 eddy_2 在“A+C”块中，eddy_1 在“B+C”块中，同理 eddy_3 和 eddy_4 分别在“A+C”和“B+C”块中，各块将识别的涡旋存储。

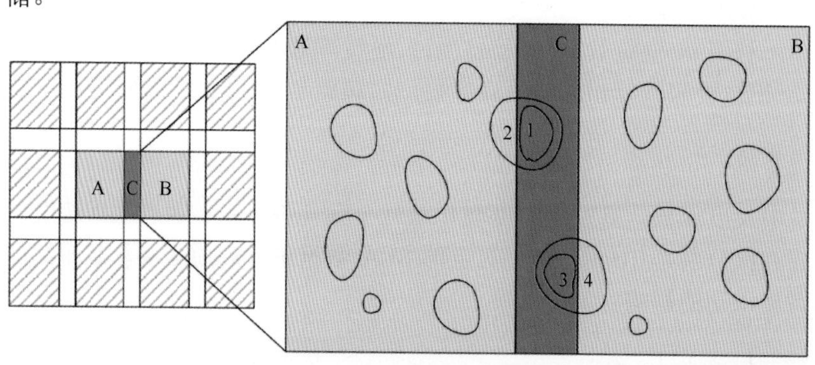

图 8.2　分块识别示意图

4) 分块识别种子点

对上述各块分别进行等高线极值点即涡旋种子点识别，得到气旋涡的最小 SLA 极值点(cyclonic seed)和反气旋涡的最大 SLA 极值点(anticyclonic seed)。图 8.3 为 2004 年 8 月 8 日的中国南海区域(5°～25°N，105°～125°E)海平面高度异常 SLA 值为底图，其中红色点为反气旋涡种子点，蓝色为气旋涡种子点。

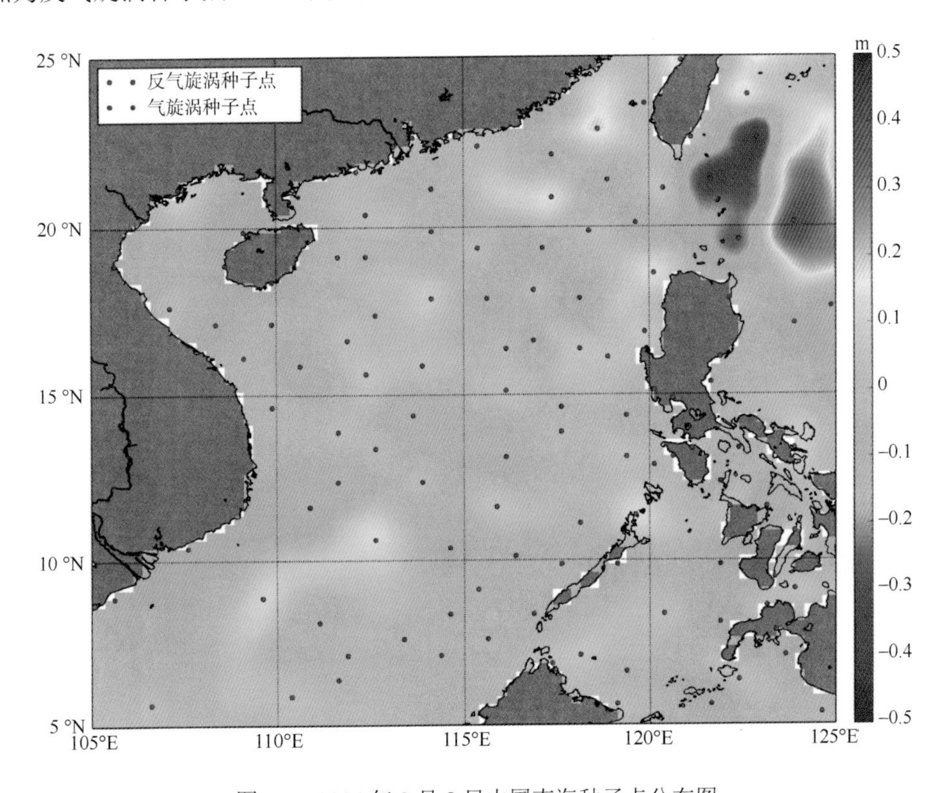

图 8.3　2004 年 8 月 8 日中国南海种子点分布图

5) 遍历等高线，识别涡旋

基于上述识别的涡旋种子点进行等高线遍历，然后进行涡旋识别。识别中有如下限制条件：

(1) 闭合等高线中只包含一个种子点；

(2) 每个涡旋包含为 8～1 000 个像素；

(3) 涡旋的有效边界满足 55%的形状测试：

$$\text{error}_{\text{shape}} = \text{Area}_{\text{eff}} / \text{Area}_{\text{circle}}$$

式中，Area_{eff} 为涡旋遍历等高线所得的有效边界的面积；$\text{Area}_{\text{circle}}$ 为该等高线拟合的圆的面积；$\text{error}_{\text{shape}} \leqslant 55\%$。

(4) 涡旋振幅大于 1 cm。

识别满足上述 4 个条件的涡旋，图 8.4 为 2004 年 8 月 8 日中国南海的涡旋分布图，图中红色是反气旋涡，蓝色是气旋涡，每个涡旋包含两条边界涡旋有效边界（C_{eff}）和涡旋最大地转流边界（$C_{U\max}$）。

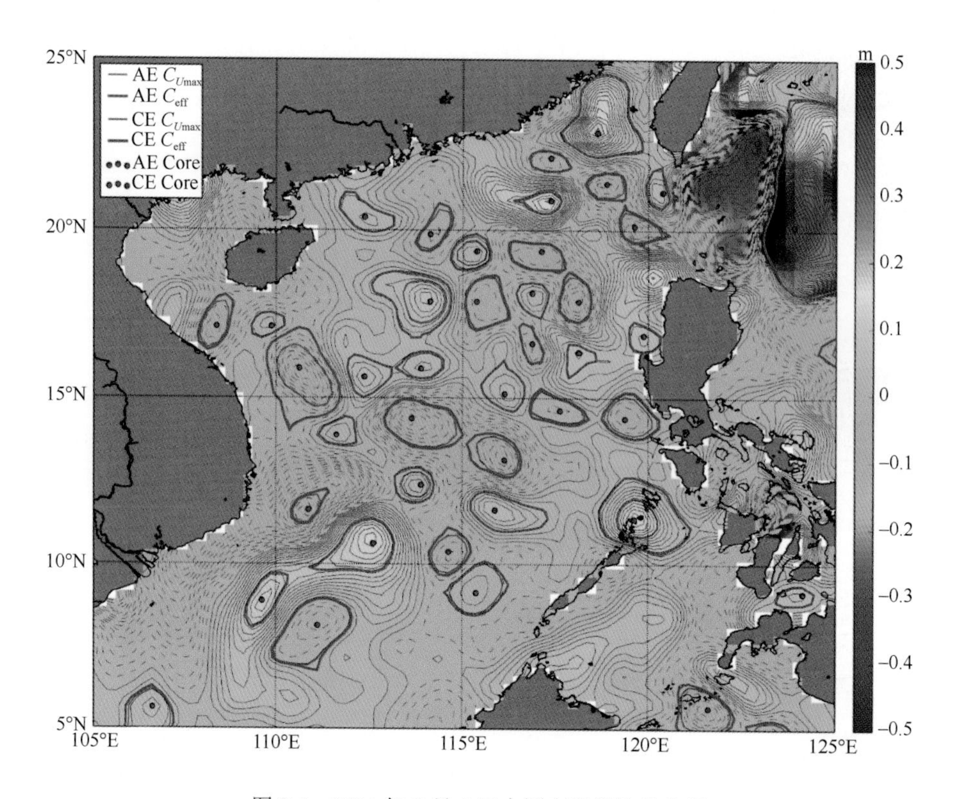

图 8.4 2004 年 8 月 8 日中国南海涡旋分布图

6) 涡旋剔除、合并

对上述分块识别得到各块涡旋数据，然后进行重叠种子点、涡旋剔除，如图 8.2 所示，在涡旋合并时，由于 eddy_1 和 eddy_2 明显为一个涡旋，故将 eddy_1 剔除，同样 eddy_3 和 eddy_4 中的 eddy_3 被剔除，从而得到全球的无冗余的涡旋识别数据。图 8.5 剔除冗余涡旋后合并得到的 2004 年 8 月 8 日全球涡旋分布图，其中红色为反气旋涡，蓝色为气旋涡。

利用无锡太湖之光和青岛国家实验室超算中心，并行识别 1993～2015 年 23 年的全球涡旋，建立 23 年涡旋识别数据集。

识别数据集的格式如下。

(1) key：涡旋的名称。同一天的识别结果中涡旋的名字是独一无二的(XXX 代表有效边界、最大地转流边界和形状测试边界)。

(2) XXX_contain_pixel_num：某个边界包含的像素个数。

(3) eddy_XXX_contour：由经纬度坐标组成的涡旋边界。

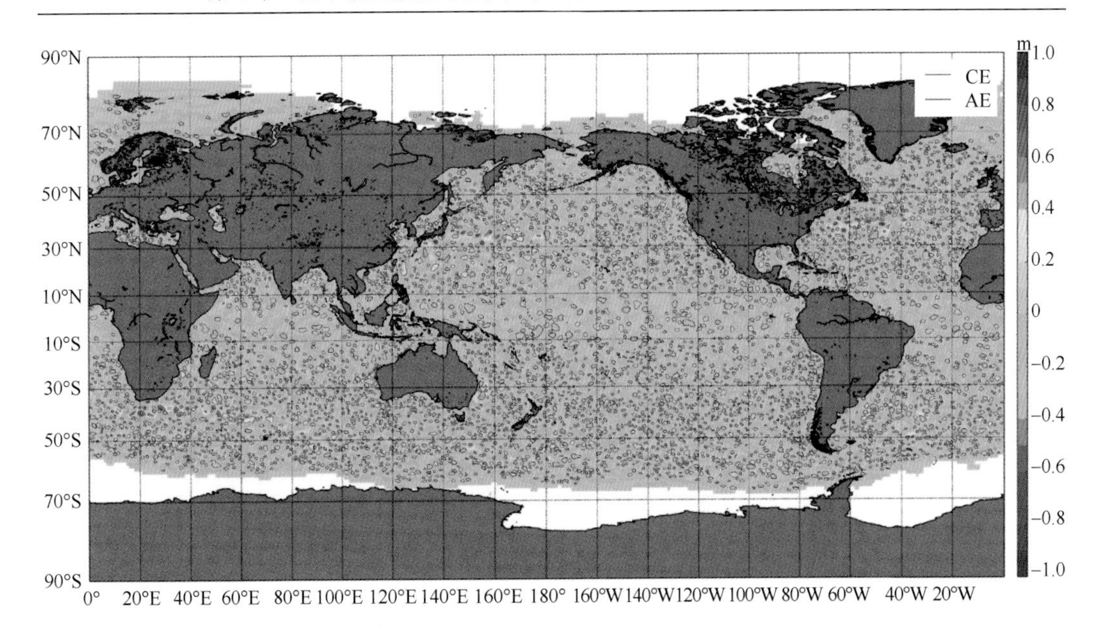

图 8.5　2004 年 8 月 8 日全球涡旋分布图

(4) eddy_XXX_radius：某个边界的半径。

(5) eddy_XXX_amp：某个边界的振幅。

(6) eddy_XXX_eke：某个边界的平均动能。

(7) eddy_XXX_uv_speed：某个边界的平均速度。

(8) eddy_XXX_relative_vorticity：某个边界的平均相对涡度。

(9) eddy_XXX_divergence：某个边界的平均散度。

(10) eddy_XXX_SHD：某个边界的平均剪切变形率。

(11) eddy_XXX_STD：某个边界的平均延伸率。

(12) eddy_inner_contour：经纬度坐标组成的 inner 边界。

(13) eddy_inner_contour_sla：inner 边界的 sla 值。

(14) eddy_circle_core：inner 边界的圆心。

(15) eddy_centroid_core：inner 边界的质心。

(16) eddy_core：涡心。

(17) eddy_Uavg_max：涡旋的最大地转流速度。

(18) sign_type：涡旋的类型(反气旋或气旋)。

(19) eddy_inout：inner 或者 outer，全球数据分为纬度×经度方向 5×8 块，各块之间存在 10°的重合区域，如果在重合区域则为 outer，否则为 inner。

(20) eddy_flag：是否是涡旋。

8.2 卫星微波遥感数据处理集成系统

8.2.1 海洋二号卫星高度计数据处理

海洋二号(HY-2A)卫星是中国海洋动力环境探测系列的首颗卫星，其主要应用目标是监测和探测海洋动力环境参数，实现全天时、全天候对风场、海面高度场、浪场、海洋重力场、大洋环流和海表温度场等重要海洋参数的综合监测，提高灾害性海况预报水平，为国民经济建设、海洋科学研究及全球气候变化提供实测数据。卫星轨道为太阳同步轨道，倾角为99.34°，降交点地方时为6:00am，卫星在寿命前期采用重复周期为14天的回归冻结轨道，高度971 km，周期104.46 min，每天运行13+11/14圈；在寿命后期采用重复周期为168天的回归轨道，高度973 km，周期104.50 min，每天运行13+131/168圈，赤道轨间距为207 km(贾永君等，2014)。

1. 海洋二号卫星高度计数据介绍

国家卫星海洋应用中心对HY-2卫星高度计0级数据进行预处理、数据反演和统计平均分别生成一级、二级和三级数据产品。一级产品分为1A级数据产品和1B级数据产品，前者为经过时间标识和地理定位后的数据；后者为经过分pass、FFT格式转换、高度跟踪值和斜率值格式转换，并带有定位信息及描述信息的数据。二级产品是通过一级产品数据进行反演并经过海陆标识和质量控制后的产品数据。分为临时地球物理数据(interim geophysical data records，IGDR)、遥感地球物理数据(sensor geophysical data records，SGDR)和地球物理数据(geophhysical data records，GDR)。IGDR数据是利用MOE定轨数据和波形重构等方法得到的未经校正的数据产品，主要包括有效波高、海面风速、海面高度和用于计算海面高度所需要的校正参数。SGDR数据与IGDR数据基本一致，区别仅在于其包含了波形数据。GDR数据与IGDR数据的区别在于定轨数据为POE，数据中包含的元素与IGDR一致。三级产品是二级产品经过网格化的月、季、年平均的产品，具体包括有效波高、海面风速和海面高度异常。本书主要采用的是二级数据产品。

HY-2A卫星高度计二级数据的命名格式为H2A_RA1_<X>DR_2P<v><cccc>_<pppp>_<YYYYMMDD_HHMMSS>_<yyyymmdd_hhmmss>。其中H2A表示HY-2A卫星；RA1表示高度计；X表示S、I、G，分别对应SGDR、IGDR和GDR数据；2P表示二级产品，v表示产品版本，在定标检验阶段设为T，分发给用户阶段设为c；cccc代表CYCLE号；pppp表示pass号；YYYYMMDD_HHMMSS表示观测数据时间起始年月日时分秒；yyyymmdd_hhmmss为观测数据时间结束年月日时分秒。图8.6为HY-2A第12周期第1 pass观测数据分布。

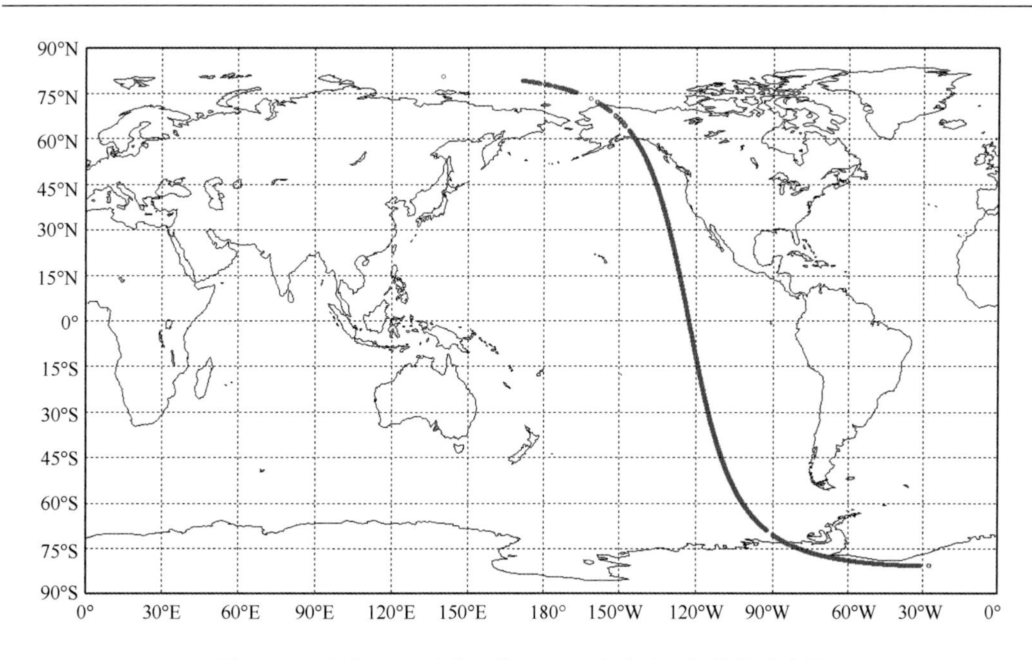

图 8.6　12 周期 pass 号为 1 的 HY-2A 高度计 2 级数据分布图

2. 海洋二号卫星高度计数据质量控制

接收数据后首先判断数据的完整性、对数据进行解码。为了保证高度计观测数据质量，需要对数据进行筛选，剔除异常数据，包括标志位筛选和阈值筛选。对质量控制后的数据提取有效波高(见图 8.7)。

图 8.7　对 HY-2A 高度计 2 级数据提取有效波高的流程图

标志位筛选是根据高度计数据集中测量参量标记值直接进行数据剔除；阈值筛选则是测量参数在阈值范围之外，说明该点数据异常，予以剔除(王永强，2014)。具体标准见表 8.1 和表 8.2。

表 8.1　标志位筛选标准

数据参数	筛选标准
Surface_type=0(地面类型：0=海洋；1=陆地)	大洋或者半封闭海洋
alt_echo_type=0(高度计回波类型：0=海洋；1=非海洋)	海洋
rad_surf_type=0(辐射计观测地面类型：0=海洋；1=陆地)	海洋
qual_1ha_alt_data=0(1Hz 高度计数据标记)	Ku 波段测高正常
qual_1hz_alt_instr_corr=0(1Hz 高度计仪器数据标记)	Ku 波段测高仪器校正正常

续表

数据参数	筛选标准
qual_1hz_rada_data=0（1Hz 辐射计数据标记）	亮温观测正常
orb_state_flag=3（轨道状态标记）	平差之后的轨道
altitude（1Hz 卫星相对参考面高度）	不等于 default value
range_ku（1Hz Ku 波段卫星相对瞬时海面高度）	不等于 default value
model_dry_tropo_corr（模型大气干对流校正）	不等于 default value
model_wet_tropo_corr（模式大气湿对流层校正）	不等于 default value
iono_corr_alt_ku（Ku 波段高度计电离层校正）	不等于 default value
mss（平均海面高度）	不等于 default value
inv_bar_corr（大气逆压校正）	不等于 default value
ocean_tide_sol1（海洋潮汐高度模型 1）	不等于 default value
solid_earth_tide（固体地球潮高度）	不等于 default value
pole_tide（极潮高度）	不等于 default value
ncep_meteo_map_avail=0（NCEP 气象图可靠）	NCEP 气象图可以获取
tb_interp_flag=0 or1（辐射计亮温差值标记）	辐射计插值正常
rain_flag=0（降雨标记：0=无雨；1=rain）	无降雨
interp_flag_sol1=0（插值标记）	海洋潮汐模型 1 插值正常

表 8.2　阈值筛选标准

数据参数	参数意义	最小值	最大值
range_numval_ku	Ku 波段卫星相对瞬时海表面的高度有效点数	10	—
rang_rms_ku	Ku 波段卫星相对瞬时海表面的高度 RMS	0	0.2 m
off_nadir_angle_ku_wvf	Ku 波段波形计算的天线姿态角平方	–0.2 deg2	0.64 deg2
swh_ku	Ku 波段有效波高	0	1.1 m
sea_state_bias_ku	海况偏差校正	–0.05 m	0
model_wet_tropo_corr	模式大气湿对流层校正	–0.5 m	–0.001 m
iono_corr_alt_ku	Ku 波段电离层校正	–0.4 m	0.04 m
sigma0_rms_ku	Ku 波段后向散射系数有效点数	10	—
altimeter_wind_speed	高度计观测风速	0 m/s	30 m/s
ocean_tide_sol1	海洋潮汐方法 1	–0.5 m	0.5 m
model_dry_tropo_corr	模式大气干对流层校正	–0.25 m	–0.19 m
model_wet_tropo_corr	模式大气是对流层校正	–0.05 m	–0.0001 m
solid_earth_tide	固体地球潮汐高度	–0.1 m	0.1 m
pole_tide	极地潮汐	–0.015 m	0.015 m
sig0_ku	后向散射系数	7 dB	30 dB
sig0_rms_ku	后向散射系数均方根值	—	1 dB
sig0_numval_ku	计算后向散射系数有效点个数	10	—
sea_state_bias_ku	海况偏差	–0.5 m	0
swh_ku	Ku 波段有效波高	0	11 m

计算 HY-2A 高度计 0012 周期数据的有效波高(时间：2012 年 3 月 3～17 日)，如图 8.8 所示。

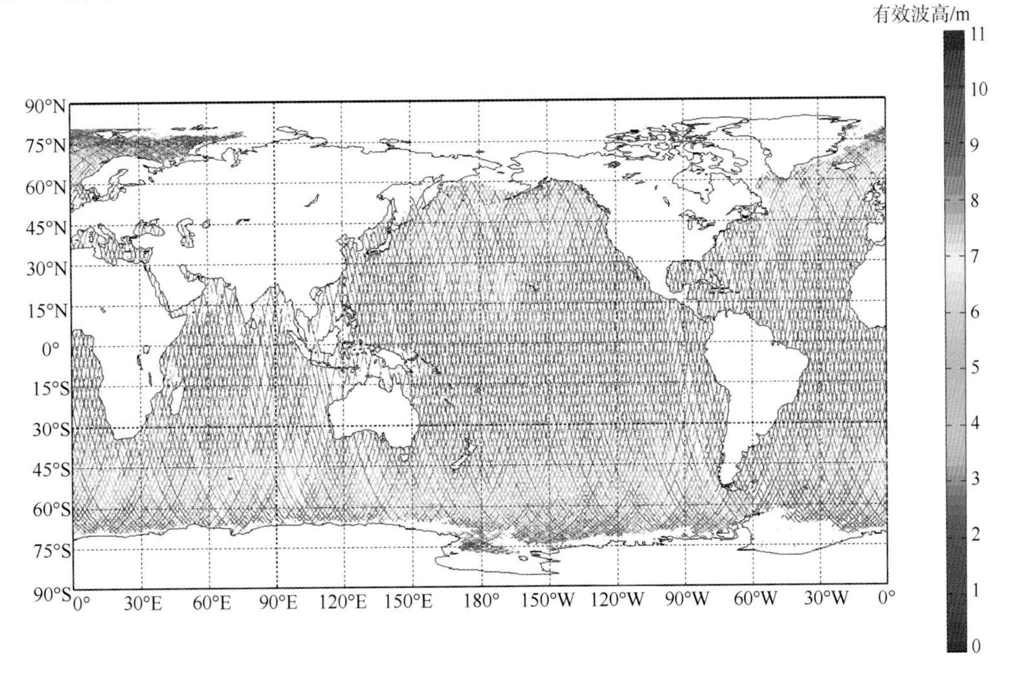

图 8.8　HY-2A 高度计 0012 周期数据的有效波高

3. 海洋二号卫星高度计数据网格化

海面有效波高网格化采用距离加权算法，这种算法能有效地反映格网点区域测量数值的真实大小。

点 Q 是网格点，要求该点的海面有效波高，首先要确定选点范围，选出在该范围内的所有点(P_1，P_2，…，P_n)，通过距离加权算法得出点 Q 的海面有效波高(图 8.9)。

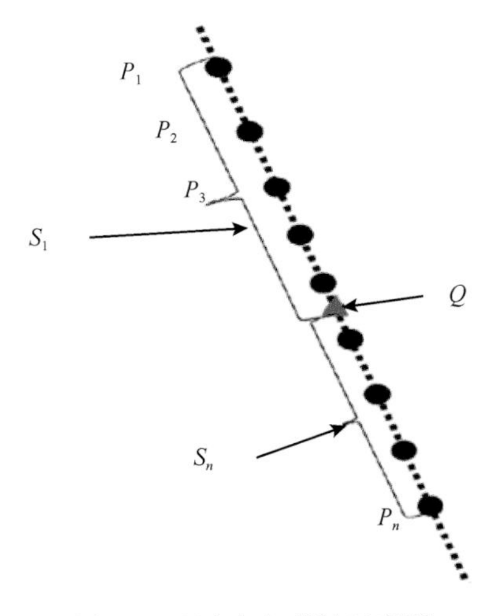

图 8.9　距离加权算法示意图

$$\mathrm{SWH}(Q)=\frac{\sum_{i=1}^{n}\mathrm{swh}_i p_i}{\sum_{i=1}^{n}p_i} \tag{8.2.1}$$

式中，swh_i 为第 i 个点的有效波高值；p_i 为其对应的权重函数。

$$p_i=\frac{1}{s_i^2} \tag{8.2.2}$$

式中，s_i 为球面距离，表达式为

$$s_i = R\times\arccos[\sin\theta_i\times\sin\theta_Q+\cos\theta_i\times\cos\theta_Q\times\cos(\varphi_i-\varphi_Q)] \tag{8.2.3}$$

式中，R 为地球半径；θ_i 和 θ_Q 分别为 i 点和 Q 点的经度；φ_i 和 φ_Q 分别为 i 点和 Q 点的纬度。

8.2.2 高分三号卫星数据处理

高分三号卫星(简称 GF-3)是我国完全自主研制的首颗民用多极化 SAR 卫星。为了兼顾海陆观测，GF-3 卫星具有 12 种成像模式，最高分辨率达到 1 m(聚束模式)，最大成像幅宽达到 650 km(全球观测模式)，具有获取单、双、全极化观测数据能力，并且为海洋观测设计了 2 种专用观测模式：波模式与全球观测模式。GF-3 卫星采用 C 频段多极化 SAR 观测，周期是 100.8403 min，每天飞行 14+12/29 圈，具有 12 种成像模式，有可选单极化、可选双极化和全级化三种极化工作方式。具体成像模式和能力见表 8.3。

表 8.3　GF-3 卫星 SAR 成像模式和能力

序号	工作模式		入射角/(°)	视数 A×E	分辨率/m			成像带宽/km		极化方式
					标称	方位向	距离向	标称	范围	
1	聚束		20～50	1×1	1	1.0～1.5	0.9～2.5	10×10	10×10	可选单极化
2	超精细条带		20～50	1×1	3	3	2.5～5	30	30	可选单极化
3	精细条带 1		19～50	1×1	5	5	4～6	50	50	可选双极化
4	精细条带 2		19～50	1×2	10	10	8～12	100	95～110	可选双极化
5	标准条带		17～50	3×2	25	25	15～30	130	95～150	可选双极化
6	窄幅扫描		17～50	1×6	50	50～60	30～60	300	300	可选双极化
7	宽幅扫描		17～50	1×8	100	100	50～110	500	500	可选双极化
8	全球观测模式		17～53	2×(2～4)	500	500	350～700	650	650	可选双极化
9	全极化条带 1		20～41	1×1	8	8	6～9	30	20～35	全极化
10	全极化条带 2		20～38	3×2	25	25	15～30	40	35～50	全极化
11	波模式		20～41	1×2	10	10	8～12	5×5	5×5	全极化
12	扩展	低入射角	10～20	3×2	25	25	15～30	130	120～150	可选双极化
		高入射角	50～60	3×2	25	25	20～30	80	70～90	可选双极化

1. 高分三号卫星数据介绍

GF-3 标准产品有 3 个级别：L1A、L1B 和 L2 级。L1A 为复数据产品，是根据卫星参数，进行成像处理、相对辐射校正后获得的斜距复数据产品，可提供斜地转换系数，保留幅度、相位、极化信息。L1B 级分为单视图像产品和多视图像产品，单视图像产品是根据卫星参数，进行成像处理、相对辐射校正的图像数据斜距产品；多视图像产品是根据卫星参数，进行成像处理、多视处理、相对辐射校正、拼接后获得的图像数据产品。L2 级为系统几何校正产品，是根据卫星下传的姿轨数据，进行几何定位、地图投影、重采样后获得的系统级几何校正产品。3 种数据都可以由国家卫星海洋应用中心获取，但是 L1B 级和 L2 级数据需要定制生产，周期较长，所以接收存储 L1A 级数据。

L1A 级数据命名格式为：GF3_站名_工作模式_轨道号(6 位)_景中心经度(E 东经、W 西经小数点后一位)_景中心纬度(N 北纬、S 南纬小数点后一位)_数据获取年月日(UTC 时间)_L1A_极化方式_L1 产品序列号(10 位)。站名标识规则是 MYN 代表密云站、KAS 代表喀什站、SAY 代表三亚站、MDJ 代表牡丹江站、KRN 表示北极站。极化方式标识规则为 AHV 表示全极化、DH 表示双孔径 HH 极化、DV 表示双孔径 VV 极化、HHHV 表示 HHHV 双极化、VVVH 表示 VVVH 双极化、HH 表示 HH 单极化、VV 表示 VV 单极化。

接收的 L1A 级数据包(.tar.gz)包括以景为单位生成一个单独目录，目录下有以景为单位的单景产品压缩包文件。每景产品压缩包包括：未做几何投影的 1 级影像数据文件、RPC 参数几何定向文件、影像元信息文件、入射角文件、浏览图和拇指图。

1 级影像数据格式为 tiff，RPC 参数几何定向文件、影像元信息文件和入射角文件为 XML 格式，浏览图和拇指图是 JEPG 格式。元数据主要包括的内容有产品信息参数、雷达系统参数、平台参数、SAR 处理参数。

2. 高分三号卫星数据转换

由 L1A 级数据转换为 L1B 级数据，利用式(8.2.4)进行转化：

$$\text{DN}=\frac{\text{sqrt}(I^2+Q^2)}{32767}\times\frac{\text{QualifyValue}-1\text{A}}{\text{QualifValue}-1\text{B}}\times 65535 \tag{8.2.4}$$

式中，DN 为生产的图像数据斜距产品幅度；I 为 1A 级产品实部；Q 为 1A 级产品虚部；对应 1A 级产品归一化峰值，就是元数据文件中该项值；是 1A 级数据各项元求取幅度后的最大值，通过式(8.2.5)进行计算：

$$\text{QualifyValue\_1B}=\max\left[\frac{\text{sqrt}(I^2+Q^2)}{32767}\times\text{QualifyValue\_1A}\right] \tag{8.2.5}$$

利用 ENVI 软件进行几何定位，GF-3 图像数据斜距产品具有其转化前 L1A 级产品同样的 RPC 文件。对 GF-3 图像数据斜距产品进行 ENVI 软件中 Orthorectify RPC or RSM 模块进行正射校正。

对于单视复数据，即 L1A 级数据，后向散射系数可根据下述关系求出：

$$\sigma_{\mathrm{dB}}^{0}=10\times\lg\left[P^{I}\times\left(\frac{\text{QualifyValye}}{32767}\right)^{2}\right]-K_{\mathrm{dB}} \tag{8.2.6}$$

式中，$P^I=I^2+Q^2$；I 为 1A 级产品实部；Q 为 1A 级产品虚部；QualifyValue 为该景图像量化前的最大值，可通过元数据文件 QualifyValue 字段获取；K_{dB} 对应数据的元数据文件中字段 CalibrationConst。

3. 基于高分三号数据提取海浪谱

海浪是海洋上一种常见的波动现象，作为海洋动力学过程中最基本也是最重要的环境参数，海浪在上层海洋过程和海气界面能量交换中起到了关键作用(李晓明，2010)。海浪分为风浪和涌浪。风浪是由当地风产生且一直处于风作用下的海浪，波长一般为几十米到百米；其他风区的风浪经传播后的海浪称为涌浪(刘晓燕，2014)。有效波高超过 4 m 的海浪被认为可致灾害性，海上的自然破坏力有 90%来自狂风、暴风、飓风所产生的海浪(许富祥，1991)。灾害性海浪可摧毁沿海的堤岸、海塘、码头、海水养殖设施等各类海工建筑物，而且这种对沿岸工程设施的破坏往往是毁灭性的，二次巨浪来袭可能会破坏整个港口的设施。此外，海浪有时还会挟带大量泥沙进入海港、航道，造成淤塞等灾害。所以如何提供准确的全球海浪观测信息成为一个重要的研究课题。微波在大气传输过程中几乎没有衰减，因此基于主动微波的遥感观测不受天气制约，可以全天候工作、不间断、大范围地提供海洋表面的观测信息，这种优势是可见光和红外遥感所不具有的。现阶段对海浪的研究是基于随机海浪理论发展的海浪谱概念。海浪谱分为一维海浪频谱和二维海浪方向谱。海浪频谱描述海浪组成波能量相对于频率的分布，由它可以计算海浪有效波高、平均波周期、波长、平均传播方向等参数。海浪方向谱则同时描述海浪组成波能量相对于频率和方向的分布，由它可以得到所有海浪参数(管长龙，2000)。

基于 SAR 图像反演海浪信息一直是物理海洋学的研究热点，因为海浪信息是反映在 SAR 图像上的最为普遍的海洋现象。SAR 图像可以看作是后向散射截面的分布图，Bragg 散射是 SAR 成像回波的主要因素，而 Bragg 散射主要是由微尺度波引起的。海浪成像需考虑海面长波对微尺度波的调制作用，包括倾斜调制、流体力学调制和速度聚束调制。

基于 SAR 的海浪信息反演存在两个问题：SAR 图像反演结果所固有的 180°模糊向问题和由于方位方向波数截断引起的信息丢失问题。为了解决这两个问题，Hasskmann 提出了 MPI 算法，并利用海浪模式得到初猜想海浪谱，结合 SAR 图像谱，基于价值函数，经过迭代，使价值函数最小化得到反演的海浪谱(Hasselmannk and Hasselmanns, 1991)(见图 8.10)。价值函数为

$$J=\int\left[\frac{P(\boldsymbol{k})-\hat{P}(\boldsymbol{k})}{P(\boldsymbol{k})}\right]^{2}\mathrm{d}\boldsymbol{k}+\mu\int\left[\frac{F(\boldsymbol{k})-\hat{F}(\boldsymbol{k})}{B+\hat{F}(\boldsymbol{k})}\right]\mathrm{d}\boldsymbol{k} \tag{8.2.7}$$

式中，$\hat{F}(\boldsymbol{k})$ 为第一猜想谱；$P(\boldsymbol{k})$ 为观测 SAR 谱；$\hat{P}(\boldsymbol{k})$ 为最优 SAR 谱；μ 为权重系数，

代表 SAR 图像谱之间的差别和海浪谱之间的差别在价值函数中作用的相对大小(林莉，2014)。

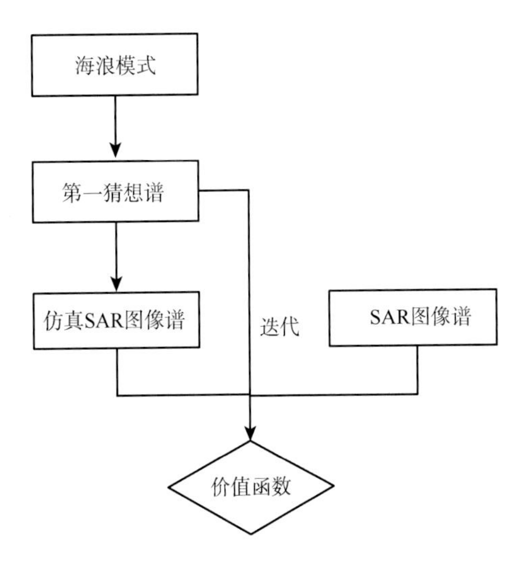

图 8.10　MPI 算法流程图

利用单视复图像的相位信息确定海浪的传播方向，消除 180°方向模糊问题反演海浪谱信息就是 SAR 交叉谱算法(见图 8.11)。对复图像进行多视处理，就是将整个系统带宽分成几个相等的子频带，从而得到各个子视图，这样可以降低图像斑点噪声。计算子视图的交叉谱，并根据交叉谱虚部的反对称性，就可以确定海浪方向。

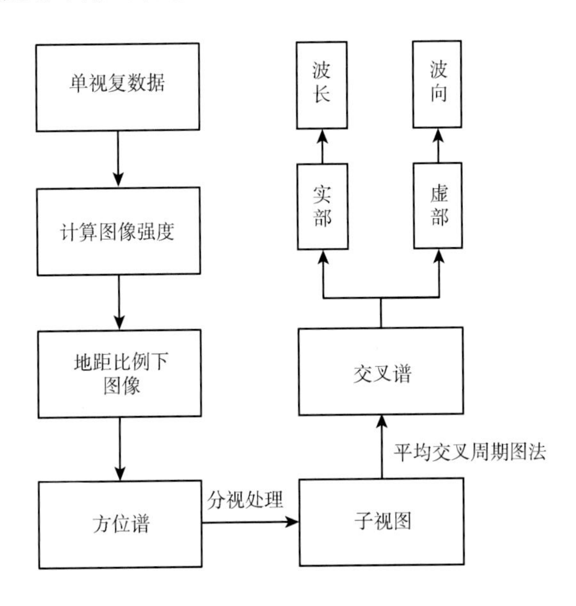

图 8.11　交叉谱算法流程图

斜距分辨率和地距分辨率之间的关系：

$$\rho_{\mathrm{g}} = \frac{\rho_{\mathrm{s}}}{\sin\theta} \tag{8.2.8}$$

式中，ρ_{g}为地距分辨率；ρ_{s}为斜距分辨率；θ为入射角，可在元数据中获取。

强度的计算公式如下：

$$S = I^2 + Q^2 \tag{8.2.9}$$

式中，S为每个像元的强度；I为复图像实部值；Q为复图像虚部值。

8.3　面向台风、海洋中尺度涡旋等典型现象的海洋大气相互作用过程

8.3.1　基于卫星-Argo协同观测的南海中尺度涡旋对台风的响应

1. 研究方案介绍

中尺度涡旋在海洋动力学和热盐、能量的输送及其他生物、化学过程中起着非常重要的作用，其影响大洋环流、温度、盐度以及叶绿素等的垂直与水平分布，近几十年海洋涡旋的研究逐渐成为海洋研究领域的一大热点。涡旋与台风的相互作用是海气相互作用的重要分支，台风驱动海洋中尺度三维环流，会对局地的热力和热力产生显著影响，从而显著增强局地的海水混合进入上层海洋，改变上层海洋的温盐结构。由此可见，研究涡旋-台风相互作用有助于提高对海洋环流动力学的认识，研究涡旋对台风的响应有其重要意义。

新型微波遥感多元协同观测数据结构复杂、来源多、数量大，对数据集成提出了挑战。海气动力过程现象多，过程复杂，参数多样化，可建立中国自主海洋卫星信息集成系统，实现面向典型海洋大气动力过程的遥感观测应用示范。研究多模式下卫星协同观测机制，并结合现场协同观测，建立协同观测策略和数据融合优化方案，研究多源资料的时空配准，能够有效服务于典型海域风场反演信息的准确性提升。

涡旋与台风的相互作用是海气相互作用的重要分支，台风驱动海洋中尺度三维环流会对局地热力产生显著的影响，从而显著增强局地的海水混合进入上层海洋，改变上层海洋的温盐结构。从涡的大小、深度、能量方面可以揭示台风的最大风速、台风的移动速度、强迫时间对涡旋的影响。台风的强迫时间与涡旋中心的海表高度、温度、动能的变化密切相关，其可以作为台风对海洋影响的指示性因子。针对南海中尺度涡旋对台风的响应特征的研究方法的技术路线图如图 8.12 所示。

南海中尺度涡旋对台风的响应特征的研究方案包括：①2001～2015 年南海中尺度涡旋与台风相交数据集。涡旋识别与追踪算法是基于 OW 算法，卫星高度数据是来自法国国家间研究中心(Collect Localisation Satellites，CLS)提供的 AVISO(archiving，validation，

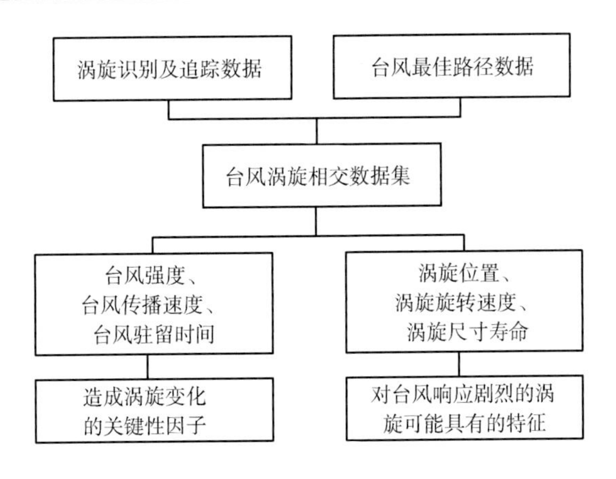

图 8.12　技术路线图

and interpretation of satellite oceanographic)。台风“最佳路径”数据包含台风的半径，由此可以筛选出台风过境时，存在在台风一倍半径底下的涡旋。②南海中尺度涡旋对台风的响应特征。研究中采用定量和定性分析相结合的方法，研究涡旋自身属性对其受台风影响程度的制约。

2. 南海中尺度涡旋对台风的响应

利用 14 年的卫星高度计数据，结合 Liu Yingjie 等提出的涡旋识别算法和 Mohammad D. Ashkezari 等提出的涡旋验证算法，识别并验证了南海 2001～2014 年的中尺度涡旋数据。图 8.13(a)为美国联合台风预警中心的台风最佳路径数据绘图，图 8.13(b)为利用涡旋识别最终结果绘制的南海涡旋分布图。图 8.14 显示的是 2010 年当台风 MEGI 经过南海时，南海表面区域出现明显的冷斑，并伴有海平面高度异常(>–12 cm)，因此认为该区域受台风影响有新涡旋产生。图 8.15 显示的是 2006 年当台风 UTOR 经过南海时，南海区域内的一个涡旋，受其影响面积增大，涡动能增大 1.15 倍，因此认为台风能增强已经存在的涡旋。

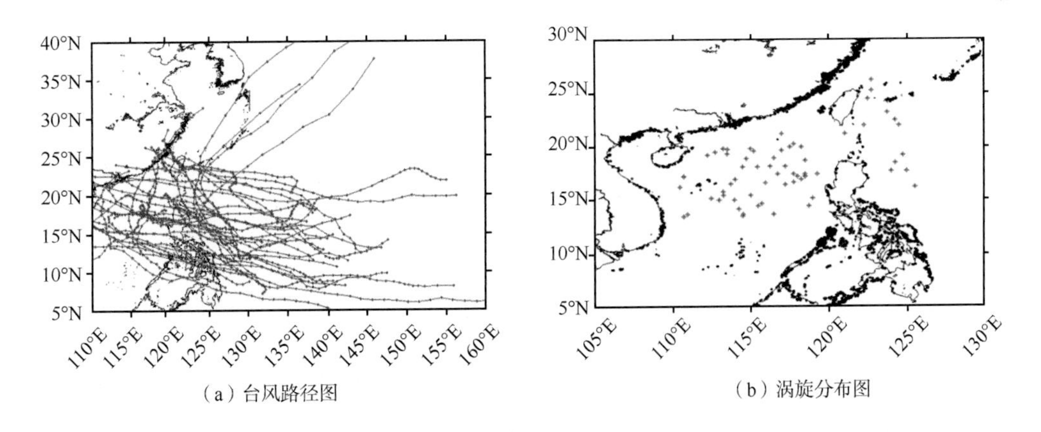

(a) 台风路径图　　(b) 涡旋分布图

图 8.13　台风路径图以及涡旋分布图

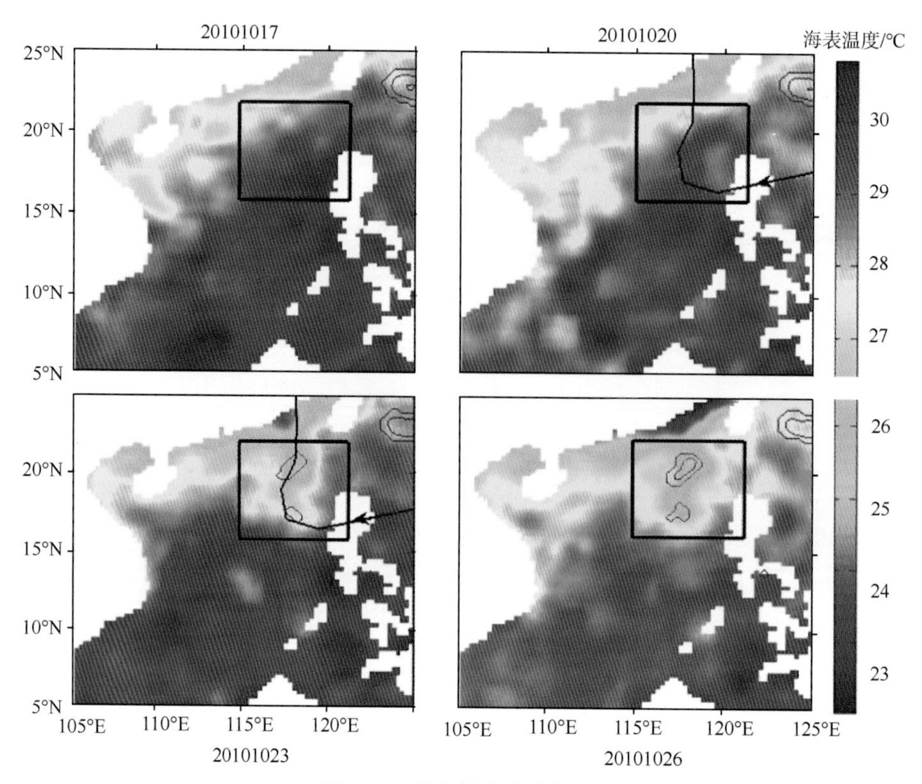

图 8.14　台风诱发产生新涡

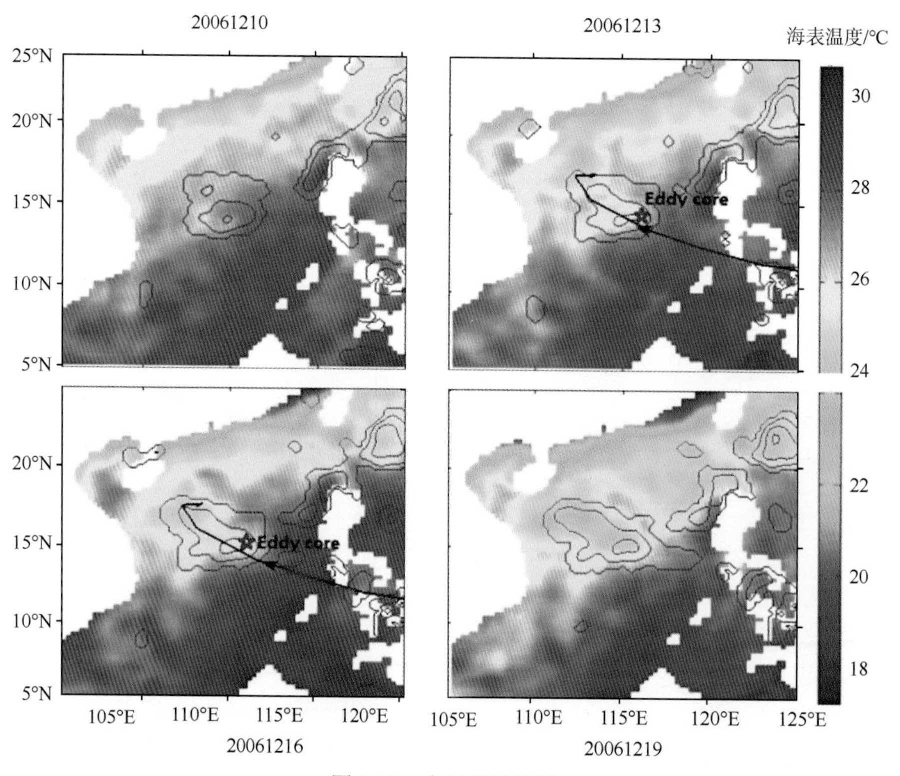

图 8.15　台风增强旧涡

为了研究涡旋自身属性值对涡旋受台风影响程度的制约，将研究涡旋分别按照涡旋中心点位于台风路径的左右侧，将涡旋半径与整体涡旋平均半径的比较以及涡旋寿命与整体涡旋平均寿命的比较分为两组进行统计对比实验。图 8.16 显示了实验结果，可以得到如下特征：①涡旋中心点位于台风路径左侧的比涡旋中心点位于台风路径右侧的更容易受台风影响；②小涡旋更容易受台风影响；③寿命短的涡旋更容易受台风影响。

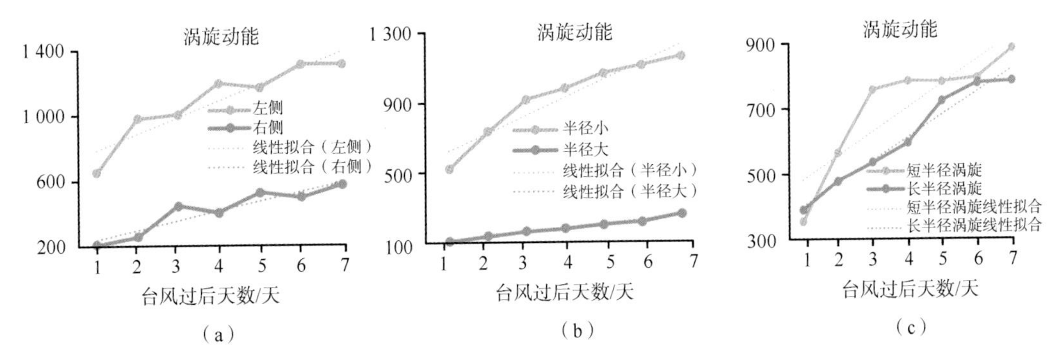

图 8.16 位于台风路径左右两侧的涡旋(a)；涡旋半径大小(b)；涡旋寿命长短(c)受台风影响程度研究

经研究可以发现如下结论，台风能诱发新涡并增强区域里已经存在的涡旋；中心点位于台风路径左侧的比位于右侧的涡旋更容易受台风影响；尺寸小寿命短的涡旋对台风的响应更剧烈；寿命短的涡旋比寿命长的涡旋更容易受台风的影响。上述结论产生的原因主要是台风在西向移动过程中，受右侧海岸线影响，右侧上升流受阻，减弱了台风对其右侧涡旋的影响，而尺寸小、寿命短的涡旋更经常出现在浅海地区，受海底地形和海上台风的双重影响，导致这类涡旋对台风的响应更为剧烈。

8.3.2 卫星资料同化在台风预报中的应用

我国是沿海国家，台风是影响我国的主要灾害性天气系统之一，它能够带来狂风暴雨以及巨浪、风暴潮等灾害性天气现象、危及其所影响海域的海洋工程、航运作业等，关系到工作人员的人身安危，同时使受袭击的沿海省市遭受生命、财产等损失。所以，对灾害性天气制作出准确及时的预报意义十分重大。

及时准确的预报离不开经验丰富的预报员，同样需要数值预报的支撑。而数值预报的准确性与模式初始场的准确与否有着直接关系，所以优化初始场，对提高初始场的精度十分关键。

同化技术是优化初始场的一种有效的方法，同化技术的选择以及观测资料的质量是影响初始场的两大关键因素(见图 8.17)。随着专家学者多年的不断研究，同化技术也在不断改进优化，变分同化方法是目前同化方法中比较先进的方法之一。随着卫星、雷达等遥感技术的发展，各种非常规观测资料迅速增多。迄今为止，卫星资料同化在国内外已有多年的研究和应用历史，其效果表明卫星资料可以有效改进海洋环境数值预报初始场，从而提高数值预报的质量。因此，分别选择三维变分(3DVAR)同化方法和混合变分

(Hybrid)同化方法同化卫星资料作为本项工作中优化初始场的方法。

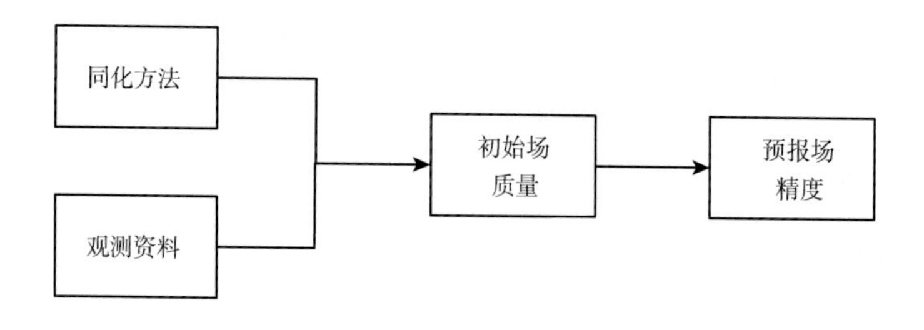

图 8.17　提高数值预报精度方法示意图

1. 数值预报模式和同化方法

采用的是新一代中尺度数值天气预报模式(weather research and forecasting model, WRF)3.7.1 版本，同化系统是 WRF 模式的同化模块 WRFDA。该模式是由美国气象环境预报中心(NCEP)和美国国家大气研究中心(NCAR)等联合研发的(章国材，2005)，它具有高分辨率、完全可压非静力等特点。该模式因其完全开放、可移植性强等特点，在中短期数值预报模拟中得到了广泛应用。WRFDA 同化系统同化方法以三维变分为基础，得到不断创新完善(Barker et al.，2012)。2003 年 6 月，第一版的 WRF 同化系统开发出来，命名为 WRF 3DVAR。之后随着 WRF 版本的更新也不断更新，2004 年，由于四维变分(4DVAR)同化的加入，同化系统改名为 WRF-VAR。同样，2008 年混合集合-变分(Hybrid)算法的引入，同化系统再一次改名为 WRFDA，且一直沿用至今。由于该同化系统可同化多种常规资料以及非常规资料，使用便捷，所以得到广泛使用。

变分法主要是通过将动力约束和资料约束以及多种多源观测资料进行统一考虑，使得包括预报场以及所有的观测资料进行全局调整，从而得到最优分析场。变分法的核心就是求得表征分析场与观测场之间偏差的目标函数的极小值(官元红等，2008)。三维变分(3DVAR)是变分法的一种方法，它是通过迭代一个代价函数而产生一个分析时刻的大气真实状态的最优估计。这种方法具有全局属性、观测算子可非线性、目标函数可包含多种物理过程以及可引入一些外部弱约束到目标函数中等优点，所以国际上主要的大气数值预报中心都采用该同化方法(Lindskog et al., 2004; Derber and Bouttier, 1999; Courtier et al.，1998)。然而，3DVAR 同化方法并不是完美的，该方法也存在无法避免的缺陷：其背景误差协方差是静态的，是基于时空均匀和各向同性的假设，而实际大气系统的真实背景误差应该在很大程度上依赖于具体的天气形势。为解决 3DVAR 中背景误差协方差是静态的问题，混合变分(Hybrid)同化方法逐渐兴起并成为研究热点，该方法是将集合预报估计得到的背景误差协方差应用到变分同化中，该方法为变分同化引入了依流而变的背景误差协方差，弥补了变分同化采用静态背景误差协方差的缺陷，而又保留了原有的同化框架。简单地说，就是实现变分同化中背景误差协方差的重构。目标函数同 3DVAR 同化方法形式一样：

$$J(x)=\frac{1}{2}(x-x_b)^{\mathrm{T}}\boldsymbol{B}^{-1}(x-x_b)+\frac{1}{2}\left(y_0-H[x]\right)^{\mathrm{T}}O^{-1}\left(y_0-H[x]\right) \tag{8.3.1}$$

其不同的是矩阵 $\boldsymbol{B}$ 不再是静态背景误差协方差矩阵，而是静态背景误差协方差矩阵 B_1 和集合协方差矩阵 B_2 的加权线性组合：$B=\alpha_1 B_1+a_2 B_2$，其中，$\alpha_1+\alpha_2=1$。B_1 的构建同 3DVAR 同化方法，来源于 NMC 方法，B_2 来源于 Random-CV 方法生成的集合扰动场。

2. HY-2A 卫星和 ASCAT 卫星散射计海面风数据介绍

HY-2A 卫星是我国自主研发的第一颗海洋环境动力卫星，于 2011 年 8 月发射成功并在轨运行至今。HY-2A 卫星采用笔形圆锥扫描天线，双极化，工作频率为 Ku 波段 13.256 Hz，轨道周期为 104.5 min，轨道高度为 971 km，轨道刈幅优于 1700 km，可提供空间分辨率为 25 km 的 10 m 海面风，风速测量范围为 2～24 m/s，风速精度为 2 m/s，风向为 20°。

新型散射计 ASCAT 搭载于 2006 年 10 月 19 日 ESA 发射的气象业务卫星(MetOp)之上。ASCAT 散射计是一个实测的孔径雷达，工作频率为 C 波段 5.255 GHz(C 波段有别于 Ku 波段，C 波段具有较长的波长，受云雨等因素影响较小，而 Ku 波段频率高，对于目标特征的变化更加敏感，有利于探测低速风场)，V 极化，因散射计左右两边都采用了三根扇形波束天线，扫描刈幅增加到 1100 km，提供空间分辨率为 12.5 km 和 25 km 两种数据，获得的海面上 10 m 处的等效风矢量可覆盖全球海洋。

3. 模式建立

WRF 模式水平分辨率采用的是 18 km，以(128°E，23°N)为中心，共 555×425 个水平网格点(见图 8.18)，垂直为不均匀 35 层。试验中采用的模式的物理过程设置见表 8.4。

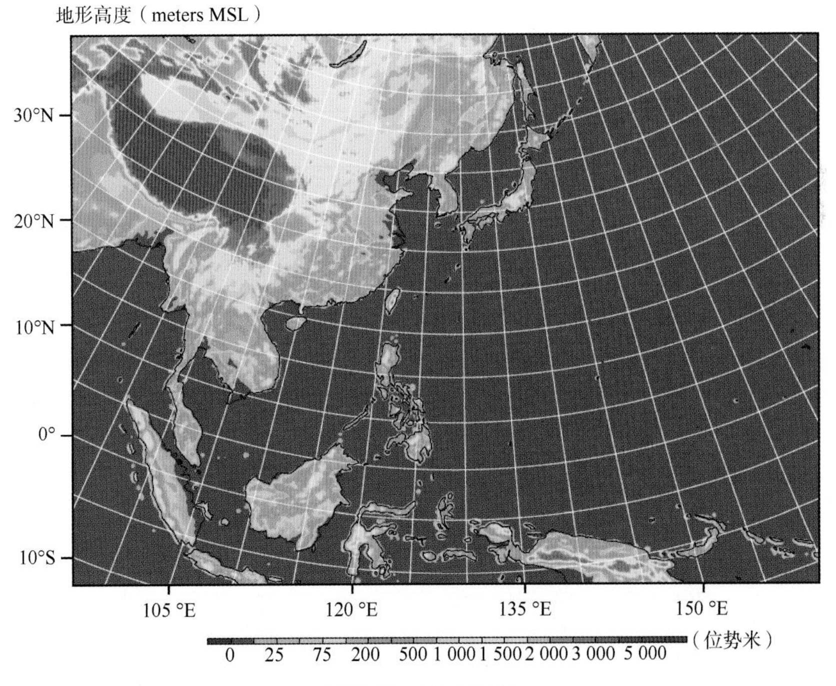

图 8.18　模式区域

表 8.4　物理过程参数化方案设置

物理过程	参数化方案
微物理过程	WRF Single-Moment 6-class (WSM6)
长波辐射	RRTM
短波辐射	Dudhia
近地面层	Monin-Obukhov
陆面	Noah
边界层	YSU
积云参数化	KF

4. 台风“苏力”数值同化及模拟后报试验

1) 试验设计

选取发生在南海的超强台风“苏力”进行试验，2013 年 7 月 11 日 00 时(UTC，下同)苏力位于(130.9°E，22.1°N)，中心强度 935 hPa，中心附近最大风力 52 m/s。

试验预报开始时间为 2013 年 7 月 11 日 00 时，做 72 h 积分，试验方案见表 8.5。该试验使用的观测资料为 HY-2A 散射计资料，起止时间为 2013 年 7 月 10 日 20 时 53 分至 22 时 08 分，如图 8.19 所示。

表 8.5　HY-2A 散射计风场在台风“苏力”中的同化试验方案

试验方案代号	变分同化时间窗	Nudging 时间	同化方案
cntl	—	—	无
Nudg	—	0～12 h	Nudging
Var4h	−2～2 h (UTC 10-14)	—	3DVAR
Var6h	−3～3 h (UTC 09-15)	—	3DVAR
Var4h+ng	−2～2 h (UTC 10-14)	0～12 h	3DVAR+Nudging
Var6h+ng	−3～3 h (UTC 09-15)	0～12 h	3DVAR+Nudging

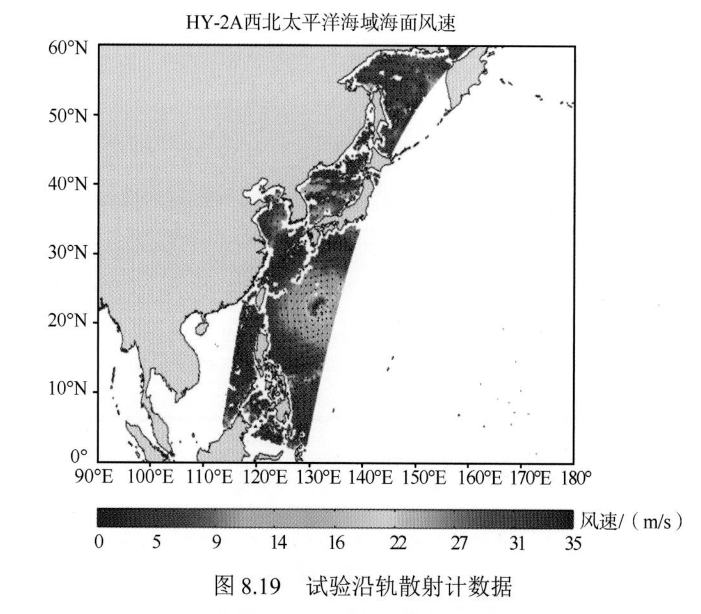

图 8.19　试验沿轨散射计数据

2) 同化结果分析

水平增量场是指分析场与背景场的差值场，反映了观测数据对初始场的影响程度，水平增量大的区域说明该区域的初始场受观测资料影响较明显。经过同化 HY-2A 数据(6 h 时间窗口)之后得到海平面 10 m 高风速同化前后增量图。如图 8.20 所示，该时刻台风“苏力”中心所在位置及附近出现了风速的正增量区，达到 7 m/s；而风暴中心外围北侧和南侧出现了比较对称的风速负增量区域，达到 10 m/s。由此可以初步判断 HY-2A 数据对风暴近海平面层风速的反演情况：①根据台风眼内风速较小这一物理特性，卫星反演数据扩大了风速特征；②该时次是“苏力”生命史中最强的时刻之一，处在巅峰时刻的“苏力”中心气压达到 935hPa，近中心风速有 52 m/s，而 HY-2 所能反演的极值风速为 25 m/s 左右，证明台风中心外围出现较大且对称分布的风速负增量区是因为卫星反演极值风速能力无法达到而出现的。

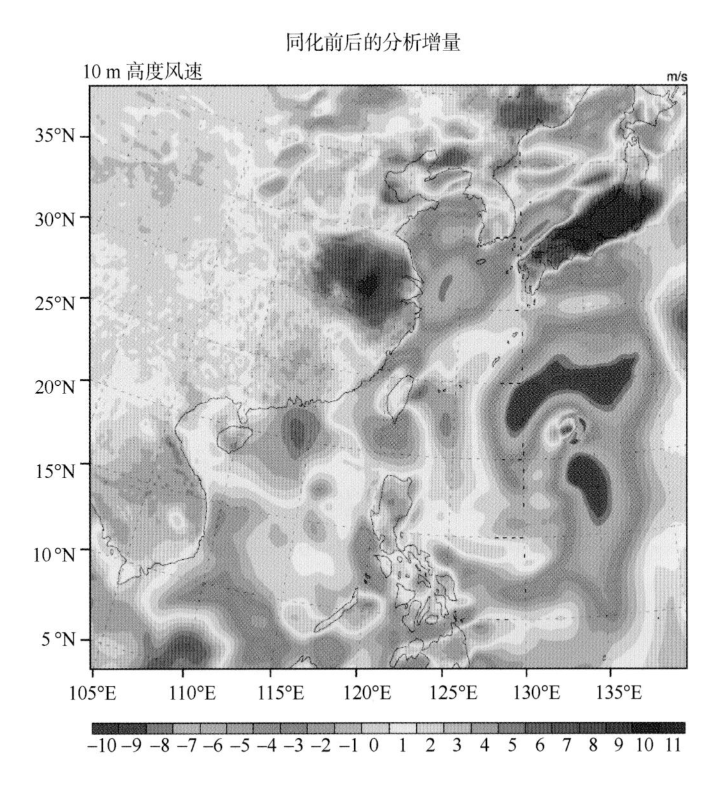

图 8.20　Var6h 海平面 10 m 高风速同化前后增量图

3) 模拟后报结果分析

从试验结果来看，6 组试验的 72 h 模拟路径和实况趋势基本一致(见图 8.21)，模拟结果的误差均不大于 230 km。

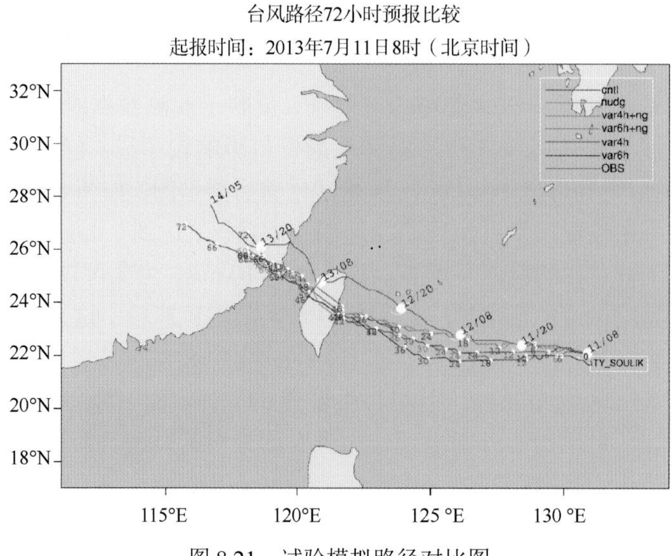

图 8.21　试验模拟路径对比图

通常用台风中心海平面最低气压和最大风速来表征台风的强度。图 8.22(a)是 6 组试验的 72 h 台风中心最低气压模拟情况与实况的对比，由图 8.22(a)可以看出六组试验的台风中心最低气压的模拟趋势基本一致，而且与实况的趋势也基本一致，只是模拟的最低气压基本低于实际气压，说明模拟的台风强度偏强。此外，对比 6 组试验，结合图 8.22(b)可以看到，在模拟前期，只使用 3DVAR 同化方法的试验组(var4h、var6h)的结果与实况相比偏差较小，而在后期，这两组试验的误差开始明显偏大，而使用了 nudging 方法的试验组的偏差相对偏小，cntl 试验的误差和 var4h、var6h 结果较为一致。

图 8.23(a)是 6 组试验的 72 h 台风中心附近最大风速模拟情况与实况的对比，由图 8.23(a)可以看出，在预报初期试验模拟最大风速低于实况，中期基本一致，后期模拟高于实况，结合图 8.23(b)，更能直观地对比出 6 组试验中，包含 nudging 过程的 3 组试验的模拟误差较大，而未使用 nudging 的 var4h 组的模拟结果最接近实况。

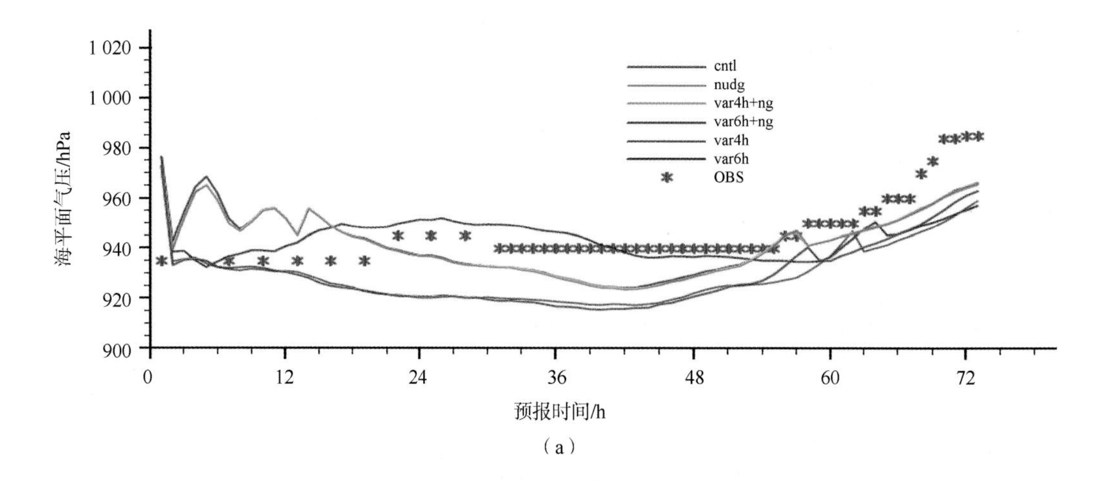

(a)

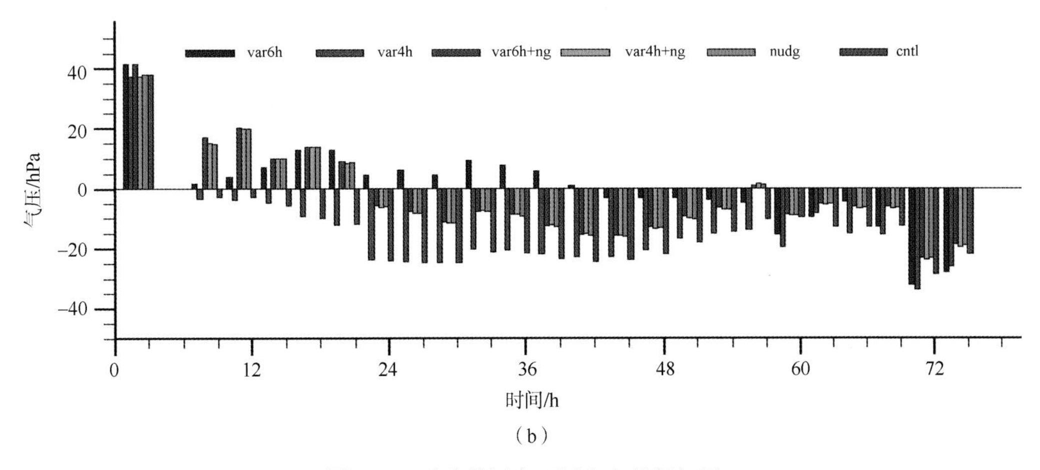

（b）

图 8.22　试验模拟台风近中心最低气压

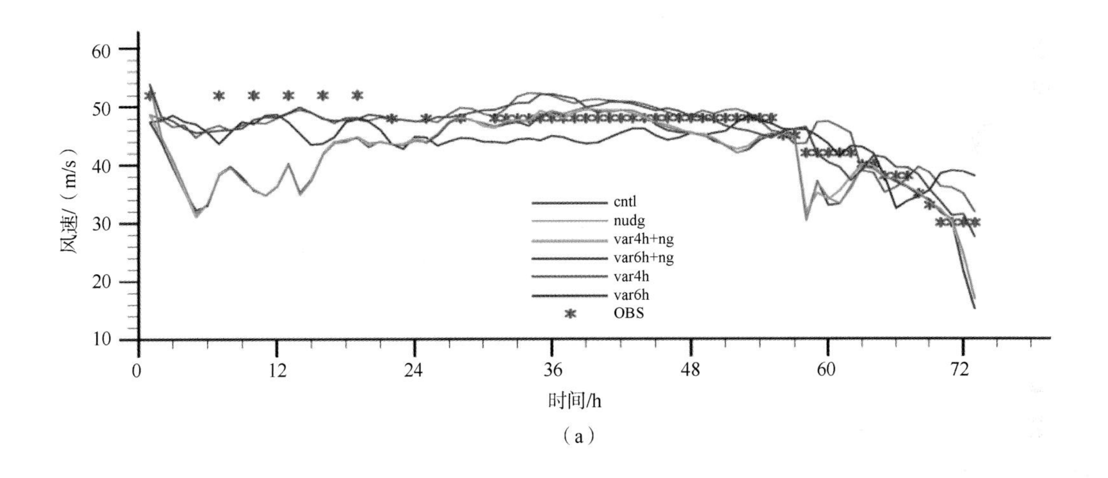

（a）

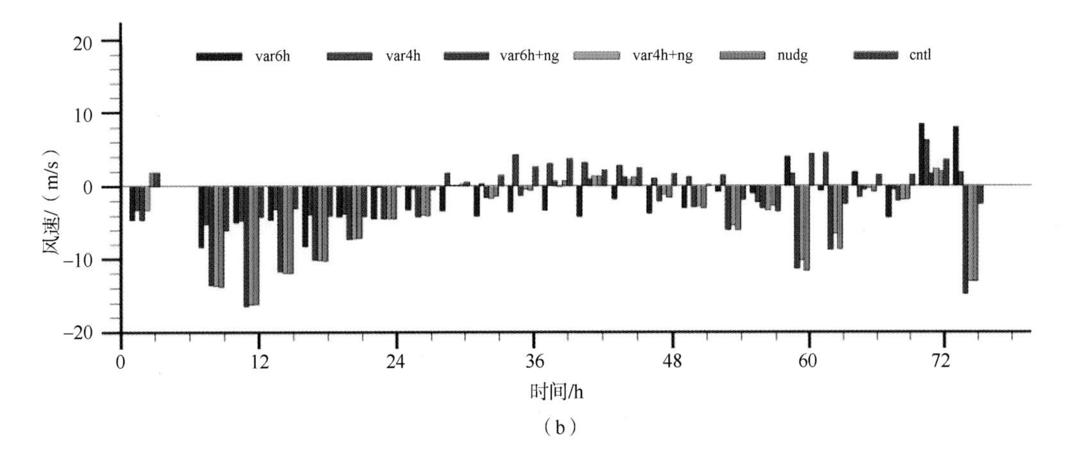

（b）

图 8.23　试验模拟台风近中心最大风速

4）小结

采用 3DVAR 同化方法同化 HY-2A 散射计资料，对试验预报路径结果不理想，有待继续进行试验，但能够对台风的强度预报有正效应；采用格点 Nudging 方法，可以引入大尺度信息，对台风路径预报有改进。

5. 台风“菲特”数值同化及模拟后报试验

1）试验设计

选取 2013 年第 23 号台风“菲特”（Fitow）进行试验，“菲特”是于 2013 年 9 月 29 日 12 时在菲律宾以东洋面（133.3°E，10.6°N）生成，最初缓慢向西北偏北向移动，10 月 4 日 09 时加强为强台风后移动路径明显西折，移动速度加快，并于 6 日 17 时 15 分以强台风强度在福建省福鼎市登陆，登陆时强度很强，中心最大风力达 14 级（42 m/s），最低气压为 955hPa，该强度是历史同期登陆我国最强的台风，所带来的狂风和超强降雨影响到了我国多个沿海省市，其中浙江省受灾最严重。受“菲特”影响，浙江省 11 市 80 个县共 874.25 万人受灾，紧急转移人口 103.92 万人（曹楚等，2014）。此次台风致使 10 死 1 失踪，直接经济损失超过 623 亿元（王海平等，2014）。

共设计了 4 组对比试验（见表 8.6），分析了基于 Random-CV 扰动方案的 Hybrid 同化方法在同化不同观测资料后对台风路径和强度模拟的影响，并将结果与 Ctrl 试验做对比。

表 8.6　试验设计

<table>
<tr><th>试验代码</th><th>观测资料</th><th>同化窗口</th><th>起报时刻</th><th>模拟时效</th></tr>
<tr><td>Ctrl</td><td>无</td><td></td><td rowspan="4">2013 年 10 月 4 日 00 时</td><td rowspan="4">72 h</td></tr>
<tr><td>Hybrid_hy2</td><td>HY-2A 卫星散射计海面风资料</td><td rowspan="3">2013 年 10 月 3 日 21 时至 2013 年 10 月 4 日 3 时</td></tr>
<tr><td>Hybrid_ascat</td><td>ASCAT 卫星散射计海面风资料</td></tr>
<tr><td>Hybrid_hy2+ascat</td><td>以上两种观测资料</td></tr>
</table>

Ctrl 试验是以初始时刻 2013 年 10 月 03 日 12 时的 GFS 资料的 12 时预报结果为背景场进行 72 h 模拟，模拟结果后处理同三组同化试验；其他三组同化试验的流程如图 8.24 所示，三组同化试验的不同之处在于观测资料。

2）oma 和 omb 结果分析

图 8.25 是不同组试验使用不同观测资料进行同化后，观测的 U、V 分量分别与背景场的 U、V 分量和分析场的 U、V 分量进行比较的结果。由图 8.26 可以看出，不论是使用 HY-2A 卫星散射计资料还是 ASCAT 卫星散射计资料或是二者，其效果都是一致的，分析场相对于背景场更接近于观测数据，即 oma＜omb，oma 代表观测值与分析场的差，omb 代表观测值与背景场的差，当 oma＜omb 时，说明分析场相对于背景场更接近于观测，从而说明同化过程是有效的，使用观测数据进行同化这一过程使初始场起到了正效应。

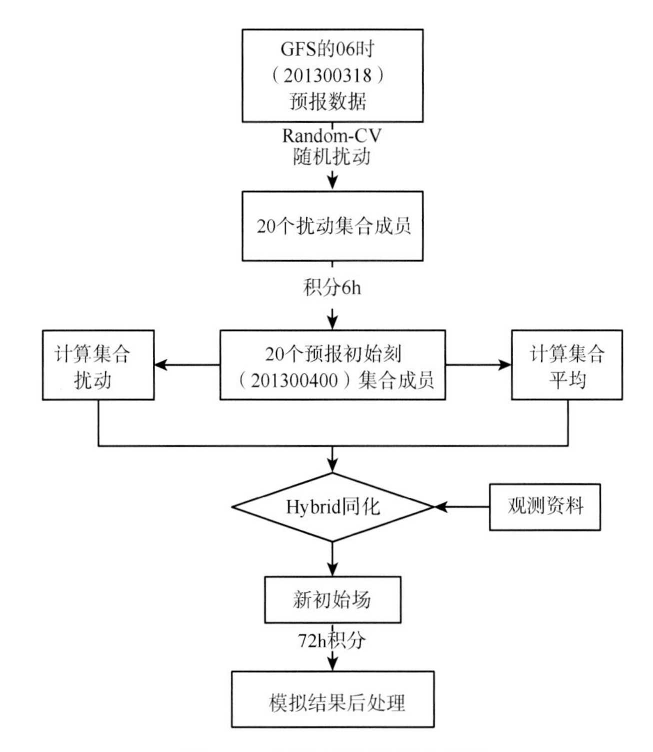

图 8.24　同化试验流程示意图

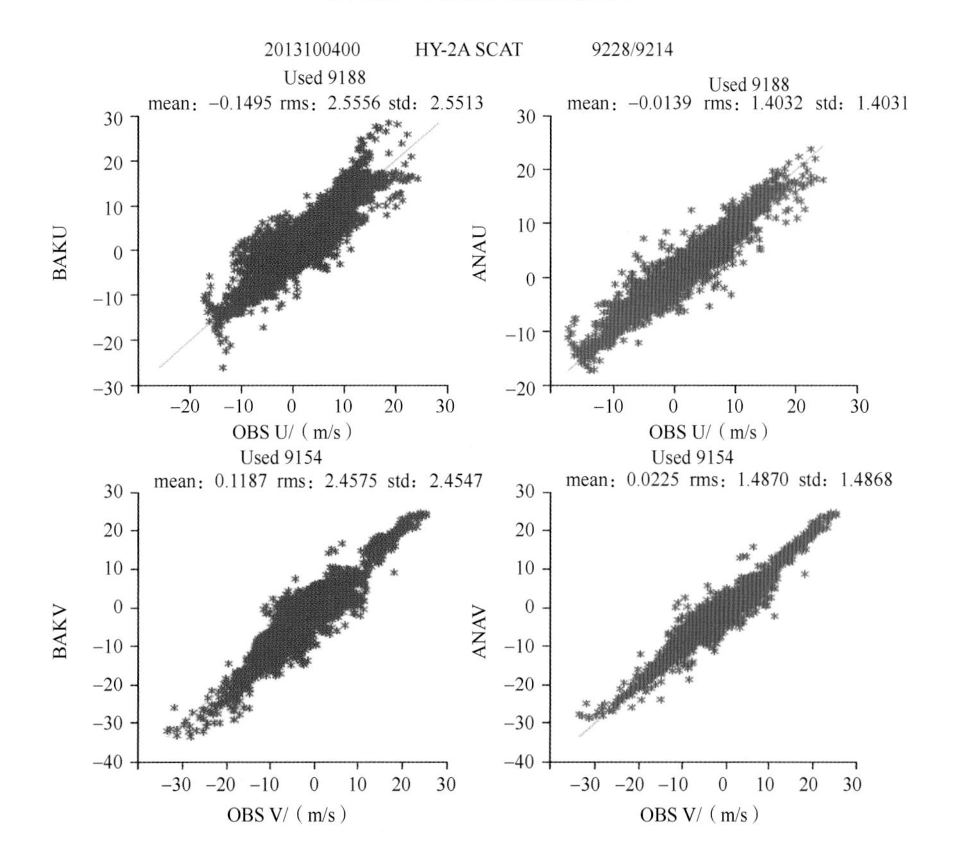

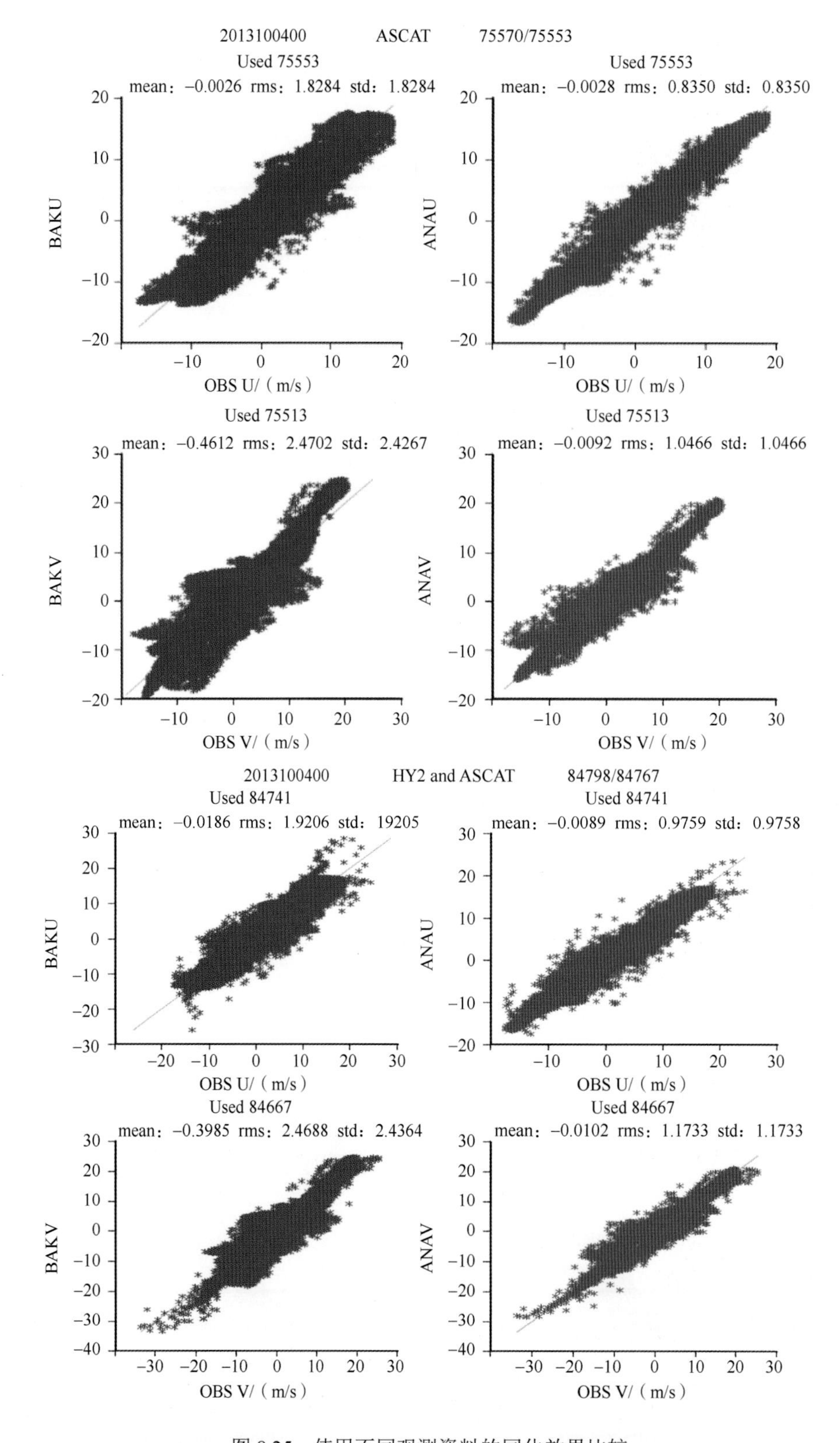

图 8.25　使用不同观测资料的同化效果比较

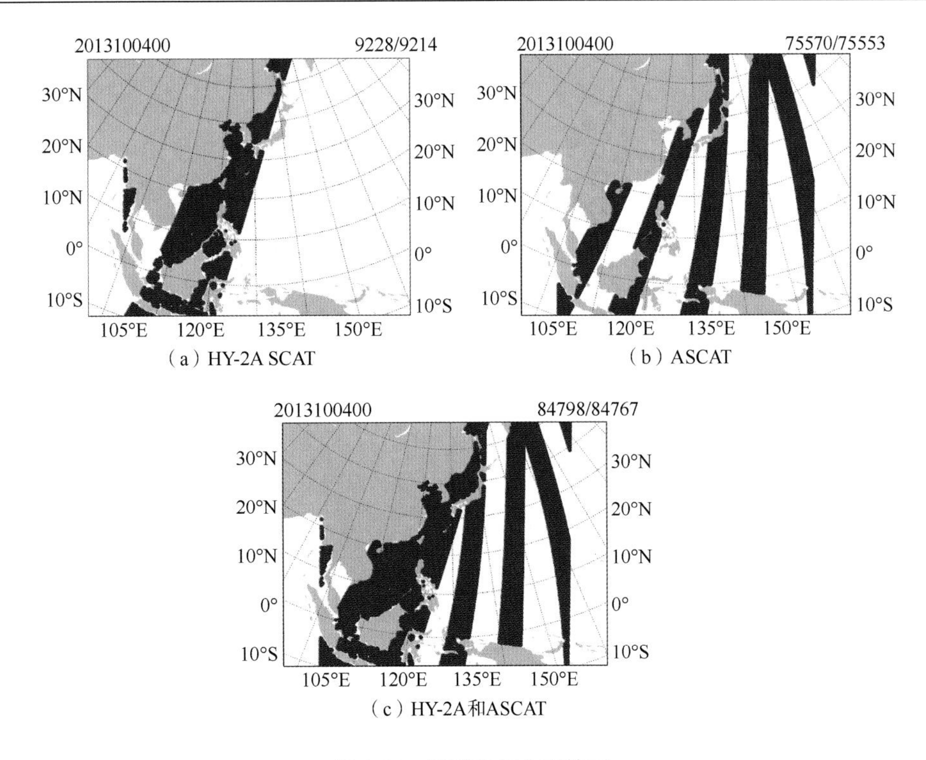

（a）HY-2A SCAT　（b）ASCAT

（c）HY-2A和ASCAT

图 8.26　观测数据分布情况

3) 水平增量结果分析

图 8.27 是 3 组同化试验的水平增量图，由图 8.27 可以看出，观测资料为 HY-2A 资料时，在台风中心附近有较大增量，而观测资料为 ASCAT 资料时，在台风中心附近未见异常大的增量，这应该与这两种卫星散射计的工作频率有关，HY-2A 卫星散射计的工作频率为 Ku 波段，而 ASCAT 卫星散射计的工作频率为 C 波段，Ku 波段受云雨天气影响，C 波段不受云雨等恶劣天气影响，因此在有台风天气时，ASCAT 卫星散射计的观测风不会受影响，不会产生异常增量。

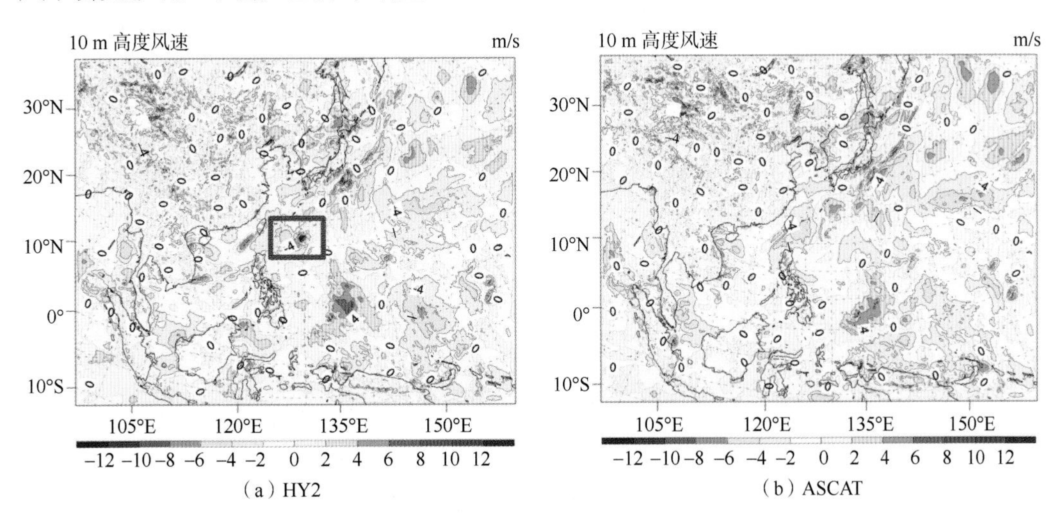

（a）HY2　（b）ASCAT

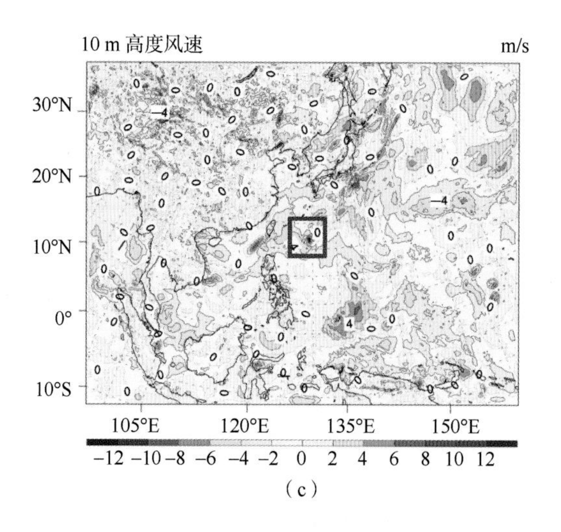

(c)

图 8.27　3 组同化试验的水平增量图

4) 台风路径 72 h 模拟结果分析

图 8.28 是 4 组试验的台风路径 72 h 模拟结果与台风实况的比较，由图 8.28 可以看出，在预报前期，4 组结果比较接近，随着预报时效延长，4 组试验的路径开始发生变化，观测资料包含 HY-2A 卫星散射计资料的两组试验的路径模拟一直处于偏南位置，而控制试验 Ctrl 模拟的台风向西移动的速度过大，相比之下观测资料仅为 ASCAT 资料时，模拟的路径更接近于实况。结合图 8.29 的误差时序图可以更加直观地看出，在整个预报过程，Hybrid_ASCAT 试验的路径误差一直是最小的，在 24 h 后效果更明显，Ctrl 试验的结果是最差的，路径误差随预报时效变大十分迅速，其他两组试验的效果位于上述两组试验效果之间。

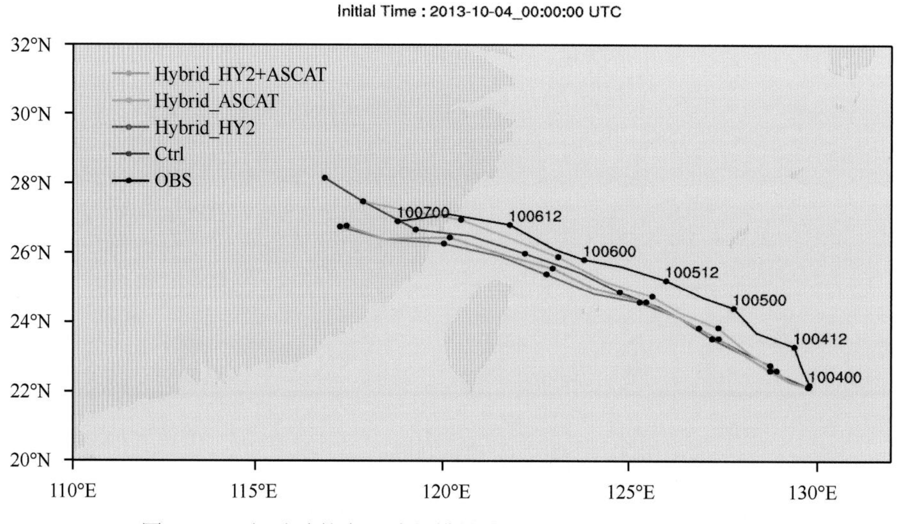

图 8.28　4 组试验的台风路径模拟结果与台风位置实况对比图

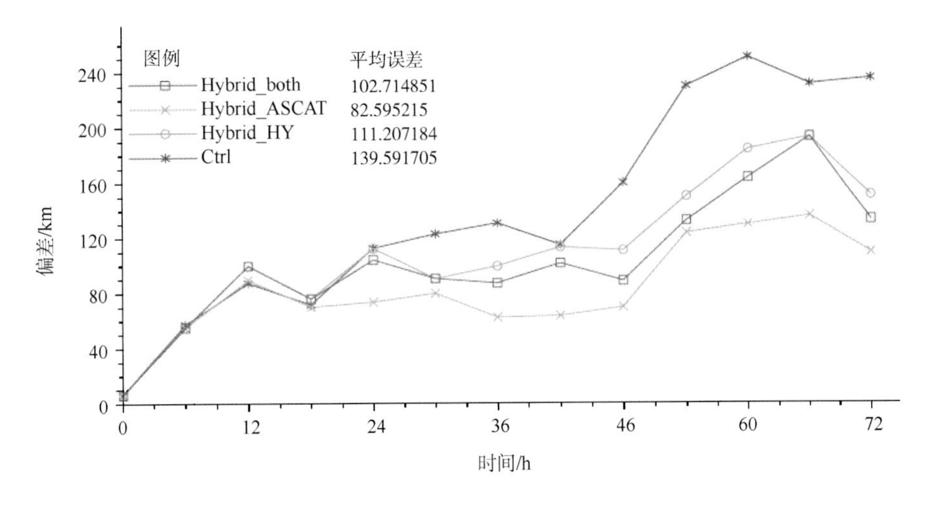

图 8.29　4 组试验台风路径模拟结果与实况偏差时序图

5) 台风强度 72 h 模拟结果分析

图 8.30(a) 是 4 组试验的 72 h 台风中心最低气压模拟情况与实况的对比，由图 8.30(a) 可以看出，4 组试验的台风中心最低气压的模拟趋势基本一致，而且与实况的趋势也基本一致，只是模拟的最低气压基本高于实际气压，说明模拟的台风强度偏弱。此外，对比 4 组试验，Ctrl 试验(蓝线)的气压大多数时刻都高于其他 3 组试验，也就是说，加入了观测资料，使得初始场更接近于实况，从而模拟后报也同样更接近于实况。图 8.30(b) 是四组试验的 72 h 台风中心最低气压模拟后报结果与实况的偏差以及绝对误差，由该图更能直观地看出 Ctrl 试验的偏差相对更大些，Hybrid_HY2 试验的整体平均效果最好，Hybrid_HY2+ASCAT 试验组效果其次。

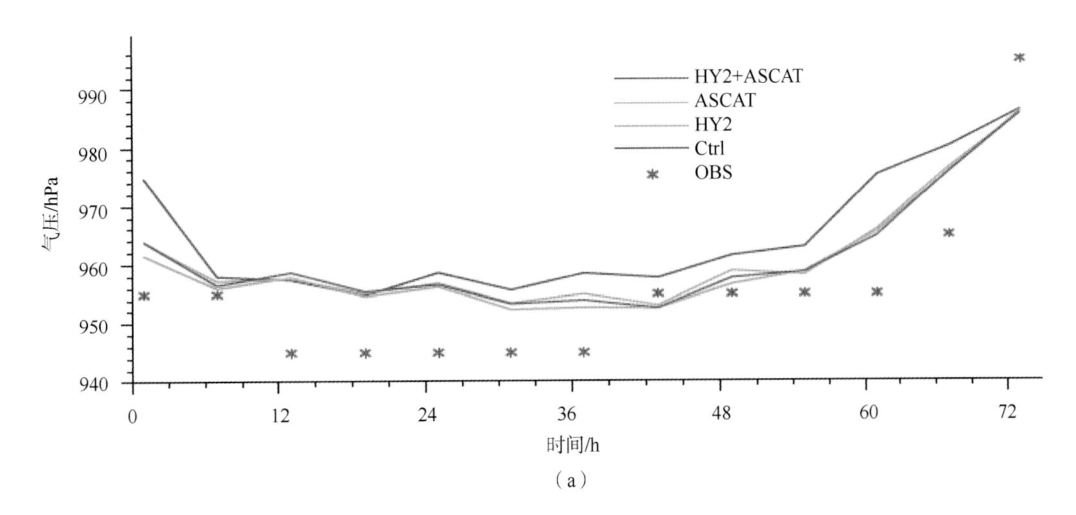

(a)

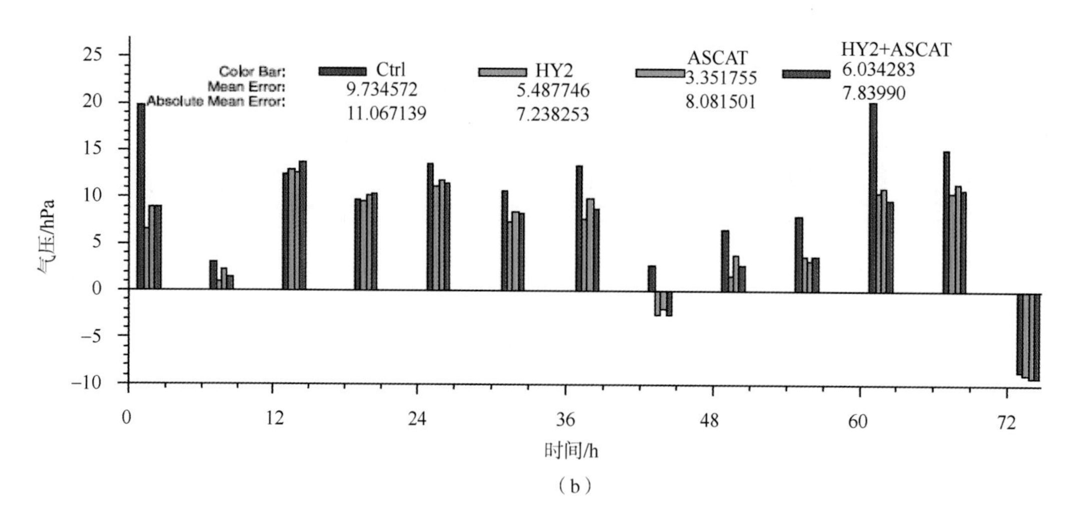

（b）

图 8.30　台风中心最低气压模拟结果

图 8.31(a)是 4 组试验的 72 h 台风中心附近最大风速模拟情况与实况的对比，由图 8.31(a)可以看出，试验模拟趋势基本和实况一致，但模拟风速小于实况，即模拟强度偏弱，Ctrl 试验结果偏差相对较大，其他 3 组同化试验结果十分相近，结合图 8.31(b)中的平均偏差和平均绝对误差，Hybrid_ASCAT 组的试验结果平均结果最接近实况，Hybrid_HY2 和 Hybrid_HY2+ASCAT 2 组结果不分上下。

6)小结

以 2013 年第 23 号台风“菲特”为例，使用了两种观测资料进行了三组 Hybrid 同化试验，分别对 Ctrl 试验的初始场进行了优化，并进行了 72 h 的短期模拟后报，试验结果表明，四组试验均能模拟出台风的大致移动路径，台风强度的模拟趋势与实况基本一致，但是模拟强度偏弱；三组同化试验的结果明显优于 Ctrl 试验。

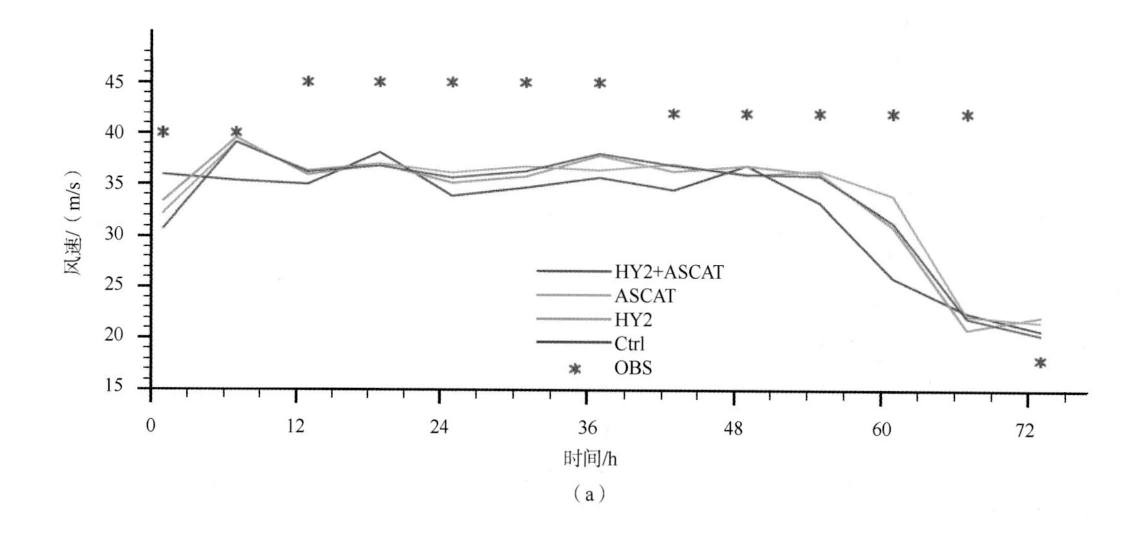

（a）

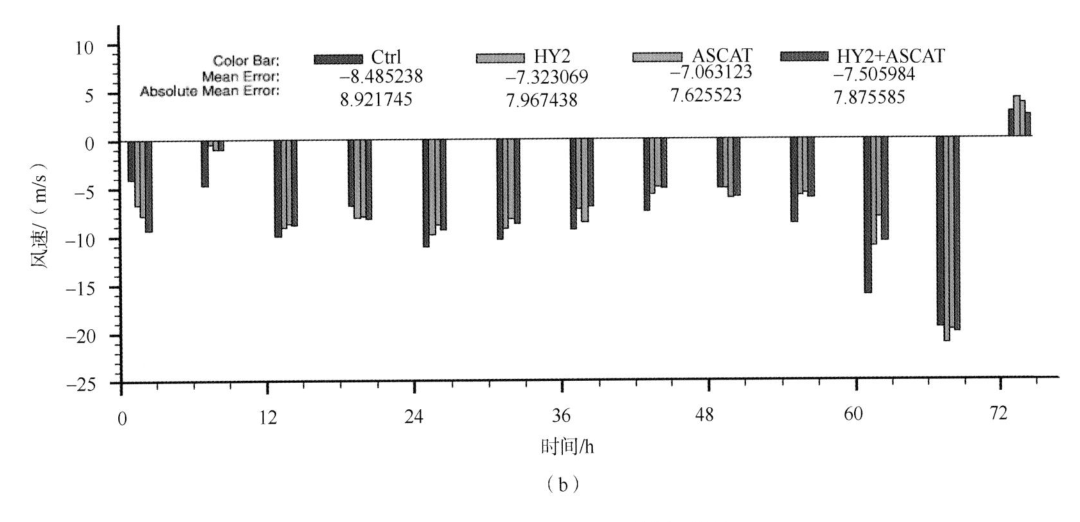

（b）

图 8.31　台风中心最大风速模拟结果

8.4　开展海空天立体遥感观测与验证技术研究

8.4.1　遥感反演风场的验证与误差源分析

微波散射计、辐射计和合成孔径雷达具有全天候监测海面风场的能力，微波系列传感器测量海面风场的基本原理是建立海面后向散射系数、海面亮温与海面风矢量或风速的关系。利用卫星散射计进行海面风场的反演，通常需要经过如下几个步骤：首先，需要计算海面风矢量单元的后向散射系数，获得不同天线相应的雷达参数；其次，利用风矢量与海面后向散射系数的地球物理模式函数，获得多个风矢量解；最后，实现风矢量多解的模糊性消除。散射计风场反演算法主要是通过地球物理模式函数以及海面风矢量单元的不同方位角的观测获得海面的风矢量解。地球物理模式函数本身的特征和仪器噪声，使得通常的风场反演结果在低风速和高风速范围内偏差较为明显，另外大气对后向散射系数的吸收和衰减的影响也是风场反演误差的来源之一。微波辐射计是一种被动微波遥感器。它通过接收被测目标的微波辐射来研究目标的地球物理特性。微波辐射计测量海面风速的基本原理是粗糙海面的电磁散射强度与粗糙度相关，从而海面的辐射功率和辐射亮温也与粗糙度有关，微波辐射计风场反演的误差主要来源于辐射计噪声、定标误差和地球物理模型函数本身。

时空变异作为遥感验证的误差主要来源之一，由于海表面物理参数的高动态特征及观测手段的限制，相关研究仍处于理论数值模拟水平，缺少实际观测数据的相关分析和研究。通过独立的方法来评价由系统输出得到的数据产品的质量的过程，即为真实性检验，其主要工作是利用现场监测数据和外推模式，确定地球物理数据产品的误差。监测内容包括大气条件、水气界面和次层水面的光学特性以及所要探测的海洋动力要素参量。真实性检验可有效地评价遥感数据的产品质量，从而提高卫星遥感数据的可靠性。

国际上一直重视遥感卫星的真实性验证工作，国际地球观测卫星委员会早在 1984 年就成立了定标和真实性检验工作组，来协调各国遥感卫星真实性验证的相关工作。卫星产品和现场实测数据具有不同的时空采样特性，需要根据卫星产品的空间分辨率，以及观测要素时空变化与均匀性来确定合理的时空窗口，国际上通用的时空窗口的确定原则是：空间窗口 3×3 或 5×5 像元，时间窗口±3h，然而由于数据和出海条件的限制，该时空匹配原则往往难以严格执行，特别是对于风场信息快速变化的物理量而言，上述验证策略存在很大的不确定性。从遥感数据的时空变异规律入手，合理地选择代表性验证集和评价方法，是遥感验证策略和技术的重要研究方向。

8.4.2 风场稳定度特征计算与验证

风场变化相对于海表温度等属性而言是一个快速变化的量，这给风场的验证带来了诸多困难，图 8.32 给出了某一时刻卫星观测风场数据与其对应时刻±3h 内的风场连续观测数据统计风玫瑰图。从图 8.32 中可以看出，该时刻内连续观测数据的平均值与遥感观测值的误差并不大，但是在实际验证过程中，由于实测数据往往是±3h 内的风场连续观测数据的某一片段，这给卫星或模式数据的验证带来了很大的不确定性。

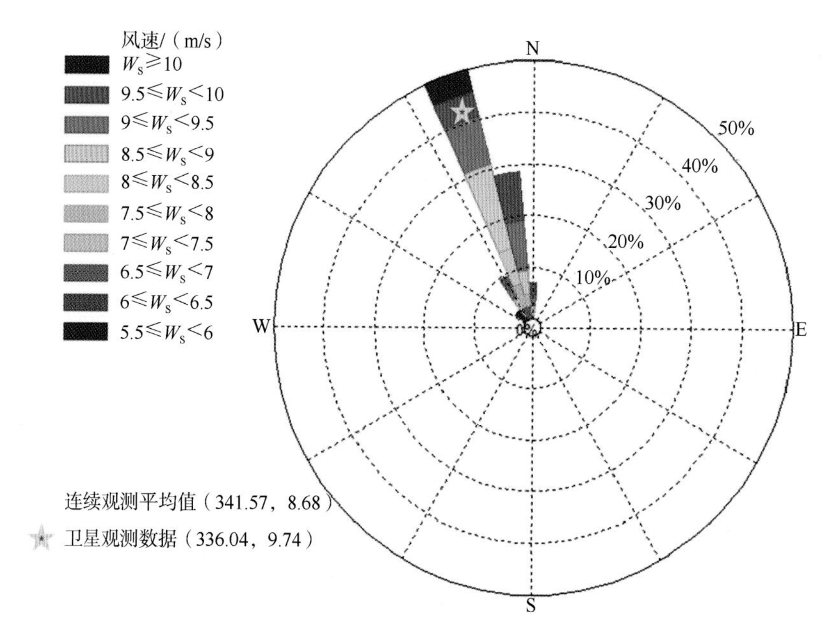

图 8.32　卫星观测风场数据与其对应时刻±3 h 内的风场连续观测数据统计风玫瑰图

图 8.33 是风场数据在时间上的变化特征，显然在同样的时间验证窗口范围内，风速、风向稳定的数据验证误差要明显小于风速、风向不稳定的数据。

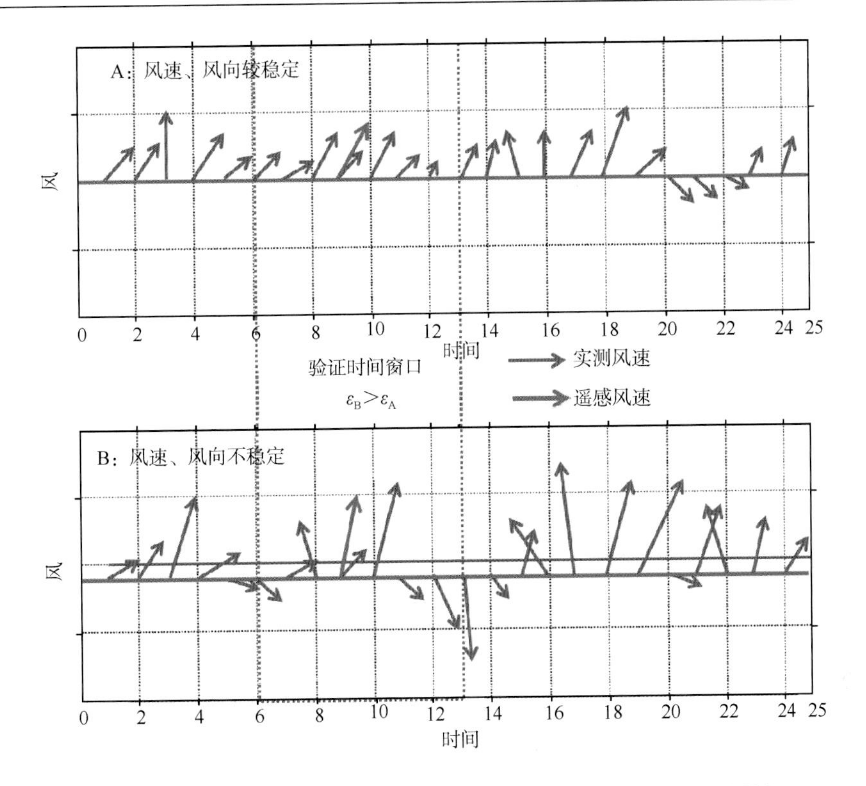

图 8.33　以风场为代表的时间变化风速、风向稳定性与验证误差特征

同样，风速、风向在空间上的变异也是误差和不确定性的主要来源之一，图 8.34 给出了空间风速、风向稳定性与验证误差特征的理论分析来源。

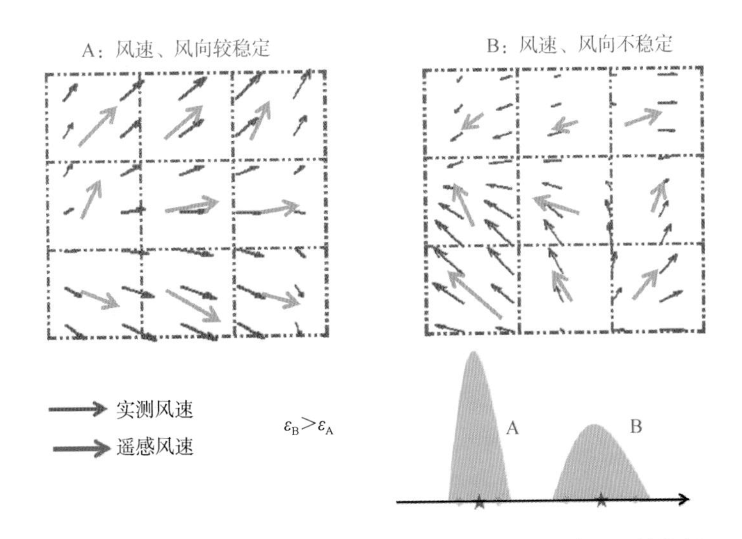

图 8.34　以风场为代表的空间风速、风向稳定性与验证误差特征

这里引入风向稳定性计算模型参与风场验证的代表性评估，具体计算方法如下。

时间上的风向稳定性系数计算如图 8.35 所示。

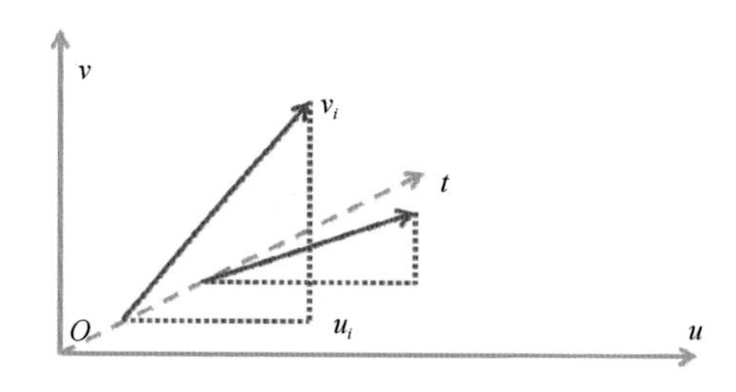

图 8.35　时间上的风向稳定性系数计算示意图

按照图 8.35，时间序列上的风向稳定性系数计算方法如下：

$$S(t)=100\times\frac{\left[\left(\sum_{i=1}^{t}u_i\right)^2+\left(\sum_{i=1}^{t}v_i\right)^2\right]^{1/2}}{\sum_{i=1}^{t}\left(u_i^2+v_i^2\right)^{1/2}} \tag{8.4.1}$$

式中，u_i、v_i 分别为经、纬向风，这个系数可以帮助我们了解指定时期内(样本数 t)风向的变异性。

按照图 8.36，空间网格窗口内的风向稳定性系数计算方法如下。

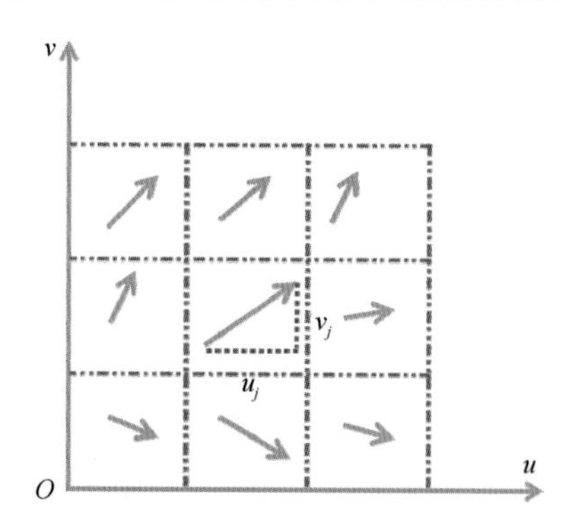

图 8.36　空间上的风向稳定性系数计算示意图

$$S(j)=100\times\frac{\left[\left(\sum_{j=1}^{9}u_j\right)^2+\left(\sum_{j=1}^{9}v_j\right)^2\right]^{1/2}}{\sum_{j=1}^{9}\left(u_j^2+v_j^2\right)^{1/2}} \tag{8.4.2}$$

式中，u_j、v_j 分别为 3×3 网格窗口内纬向和经向风。

S 是一个无量纲参数，表示矢量平均与标量平均风速的比值，范围为 0(风向随机变化)～100(风向固定)。

为了进一步定量分析风向稳定性与验证误差的关系，将 NDBC 数据和 NCEP 的匹配数据与风向稳定性结果进行了再次匹配分级，分级的原则是，(50～100]为第一级 Level1，(25～50]为第二级 Level2，[0～25]为第三级 Level3，各级数据散点图如图 8.37 所示。

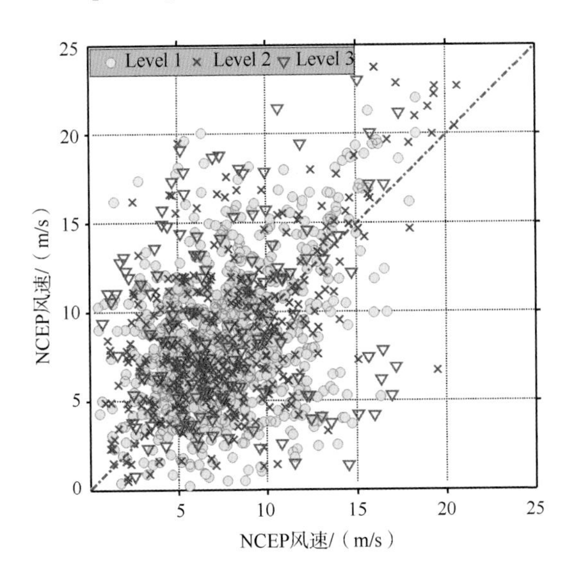

图 8.37　不同风向稳定性条件等级区划验证散点图

精度评价各指标计算结果如下。

(1) 平均绝对相对误差(RE)：

$$\text{RE}=\frac{1}{M}\sum_{i=1}^{M}\left(\frac{|r_i-s_i|}{|s_i|}\times 100\right) \tag{8.4.3}$$

(2) 均方根误差(RMSE)：

$$\text{RMSE}=\sqrt{\frac{1}{M}\sum_{i=1}^{M}(r_i-s_i)^2} \tag{8.4.4}$$

(3) 平均相对偏差(BIAS)：

$$\text{BIAS}=\frac{1}{M}\sum_{i=1}^{M}\left[\frac{(r_i-s_i)}{|s_i|}\times 100\right] \tag{8.4.5}$$

式中，M 为检验样本集数据对的个数；r_i 为遥感数据产品结果值；s_i 为实际测量数据结果值；

(4) 相关系数(γ)：

$$\gamma=\frac{\sum(r_i-\overline{r})(s_i-\overline{s})}{\sqrt{\sum(r_i-r)^2\sum(r_i-\overline{s})^2}} \tag{8.4.6}$$

式中，$\overline{r}$ 和 $\overline{s}$ 分别为遥感数据产品 r 和实际测量数据 s 的算术平均值；γ 值范围介于–1～1，即–1≤γ≤1；

(5) 误差标准差(SD)：

$$
\begin{cases}
\mathrm{SD}=\sqrt{\dfrac{1}{M}\sum\limits_{i=1}^{M}(d_i-\bar{d})^2} \\
d_i=r_i-s_i
\end{cases}
\tag{8.4.7}
$$

式中，$\bar{d}$ 为数据集 d 的算术平均值；M 为检验样本集数据对的个数；r_i 为遥感数据产品结果值；s_i 为实际测量数据结果值。

从表 8.7 中可以看出，Level 3 的数据集验证结果较差，Level 1、Level 2 两者的结果相似。风向稳定性的特征是影响风速验证结果的因素之一。

表 8.7　不同风向稳定等级验证集的验证统计结果

风向稳定性/评价指标	RE	RMSE	BIAS	γ	SD
Level 1	62.41	4.3490	21.53	0.5457	4.2686
Level 2	66.50	4.3310	25.76	0.5644	3.9039
Level 3	74.69	6.3986	21.78	0.1126	6.2041

8.4.3　风场精度验证策略与结果

在风场精度验证策略问题上，本节提出了如图 8.38 所示的风场数据验证流程。风场数据的精度验证主要分为两个部分：第一部分为对风速区间进行归类，形成不同类别的数据集；第二部分利用 ASCAT、WindSat、Sentinel-1、ASAR 等风场数据集数据，计算多年时空风向稳定性系数，根据风向稳定性系数，确定不同时间段风向稳定等级，对第一部分的数据集进行等级标记和验证。

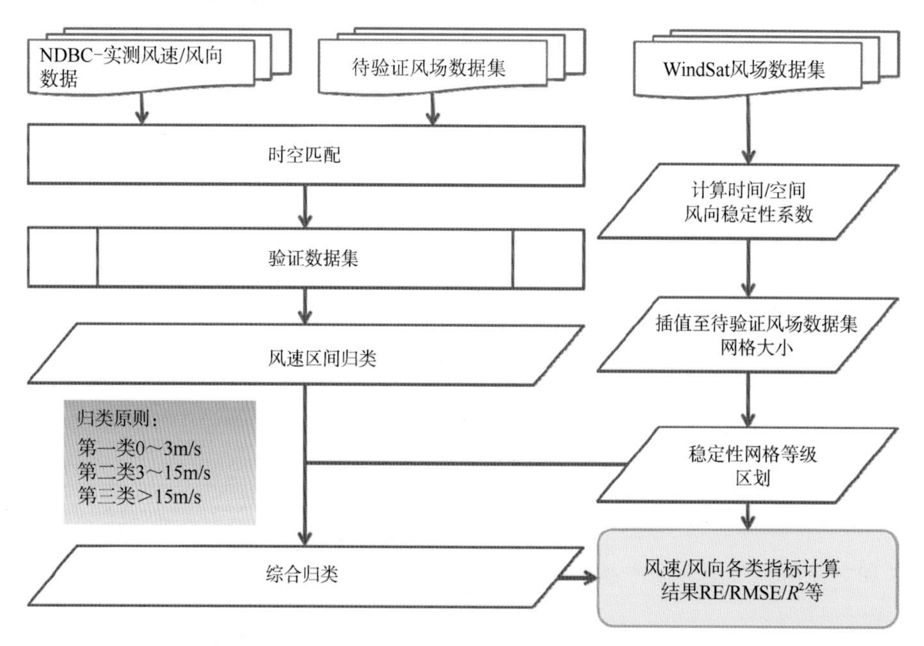

图 8.38　风场数据验证流程图

海面风场(SWP)各季度的区划结果如图 8.39 所示。

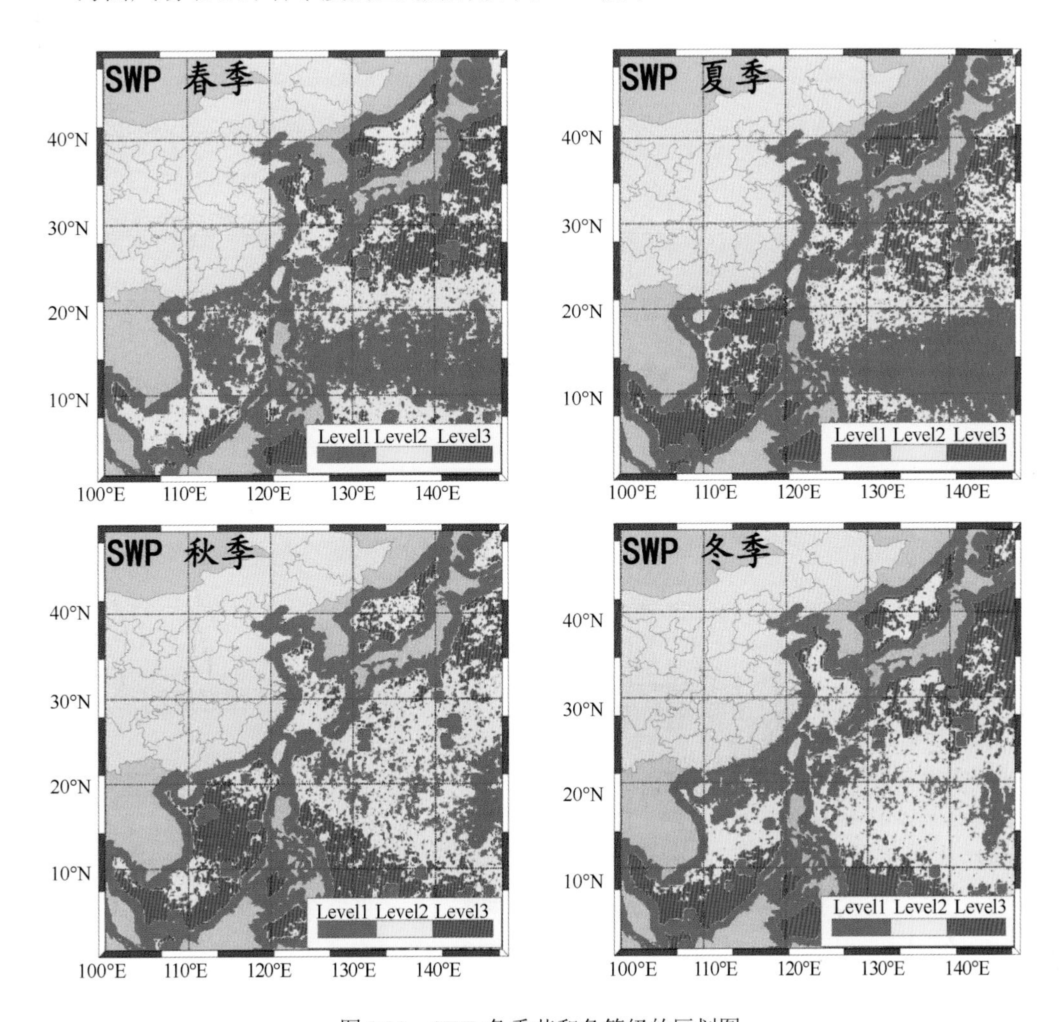

图 8.39　SWP 各季节和各等级的区划图

从图 8.40～图 8.43 可以看出，不同等级区划的误差分析结果存在很大的差异，风向的统计结果为：RE 的 Level 1 结果为 18.36%，最大的为 Level 2，其结果是 20.54%，总体 RE 为 19.59。RMSE 的 Level 1 结果为 27.71，同样最大的也为 Level 2，其结果是 33.09%，总体 RMSE 为 31.14。风速的统计结果为：RE 的 Level 1 结果为 19.22%，最大的为 Level 2，其结果是 23.70%，总体 RE 为 19.88。RMSE 的最小值是 Level 2，结果为 1.59，最大的为 Level 3，其结果是 1.97，总体 RMSE 为 1.74。

图 8.44 是不同风速区间下的实测-遥感数据匹配分析结果，从图 8.44 中可以看出，风速为 3～15 m/s，区划等级为 Level 2 的数据检验精度结果最好，RE 和 BIAS 都较小，相关系数最大。

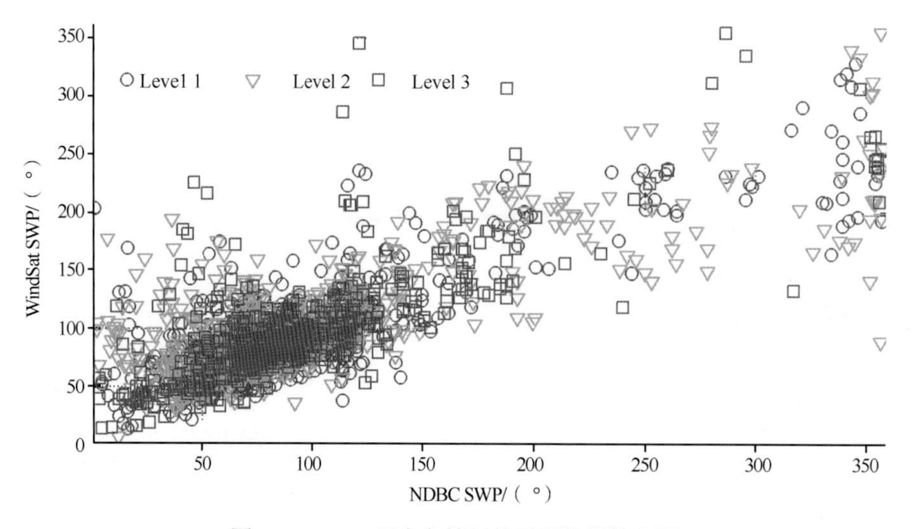

图 8.40　SWP 风向各等级的匹配数据散点图

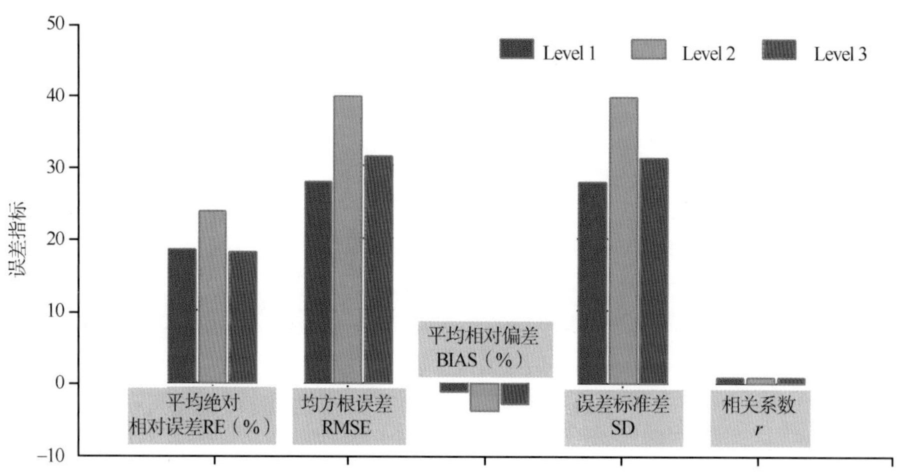

图 8.41　SWP 风向各等级精度验证结果柱状图

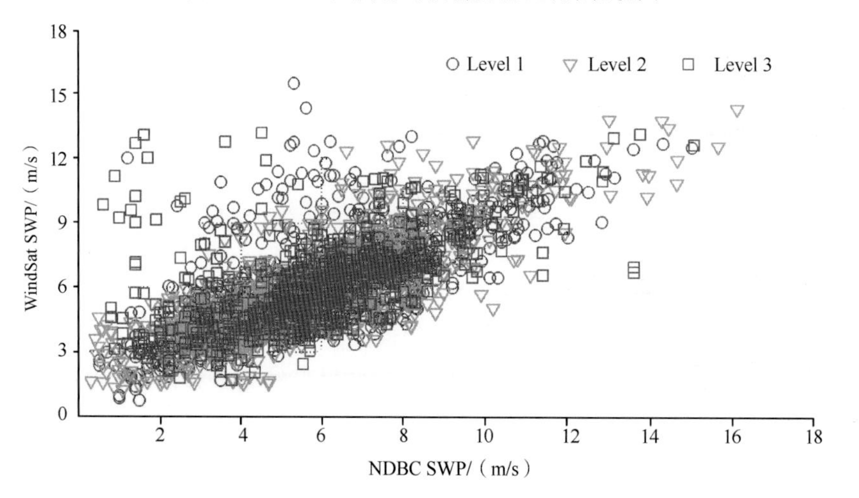

图 8.42　SWP 风速各等级的匹配数据散点图

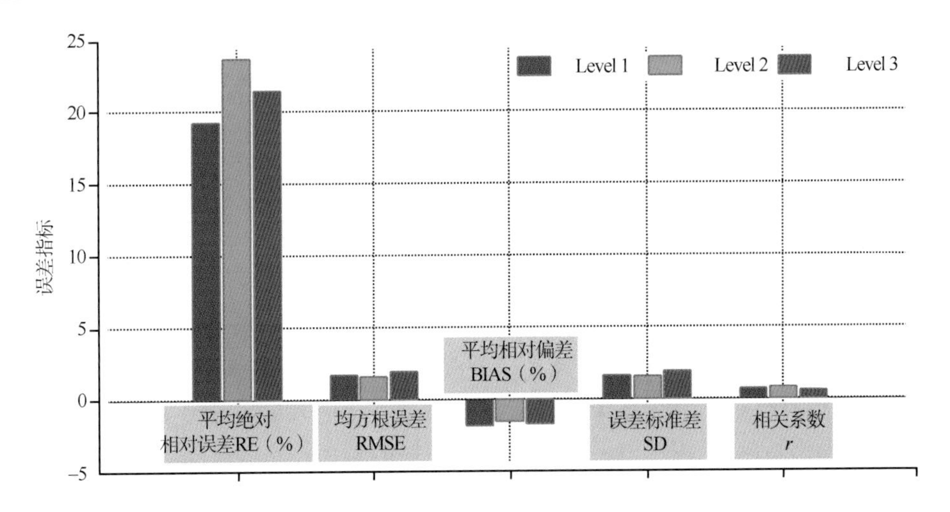

图 8.43　SWP 风速各等级精度验证结果柱状图

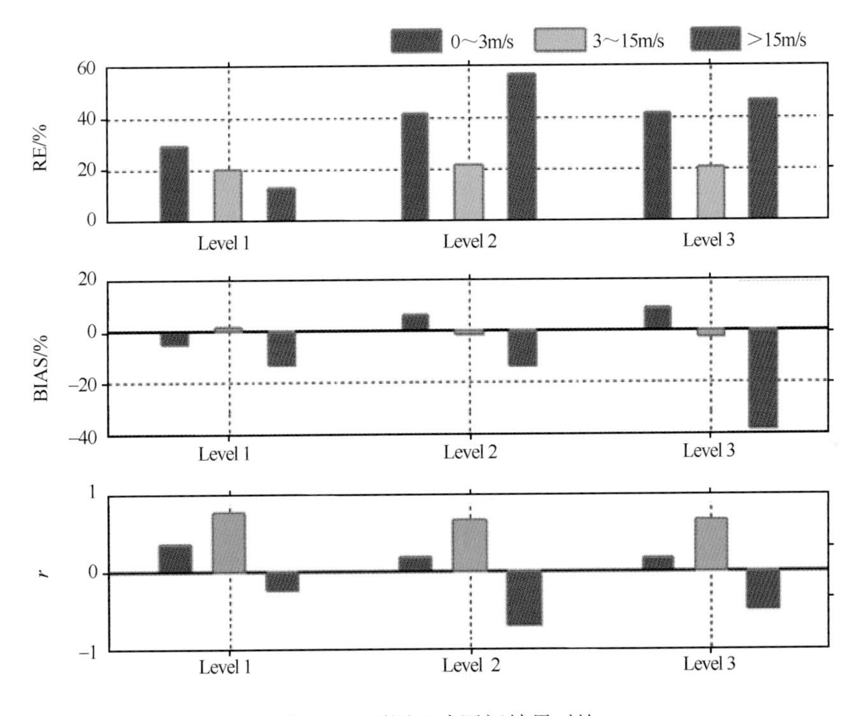

图 8.44　不同风速区间结果对比

因此，利用变异等级区划结果对验证数据集进行代表性评价，可以更加有效、全面地评估遥感产品的精度结果，揭示遥感产品的误差来源，并为实测样点(走航、浮标)时空策略优化提供指导。

8.5　建立典型海洋大气动力过程的多源卫星遥感观测应用示范

8.5.1　南海海表盐度卫星遥感应用初探

海水盐度指海水中溶解的全部固体与海水重量之比，通常以每千克海水中所含克数来表示，其是描述海洋基本性质的关键变量之一，对于全球的淡水循环、海平面上升、海洋环流以及气候变化具有极为重要的研究意义。海水的盐度受陆地冲淡水、海洋蒸发、海洋降雨、海冰生成和消融影响，具有独特的时间和空间分布特征。过去对于海洋盐度的观测以现场采集为主。随着卫星观测技术的发展，卫星观测海表盐度(SSS)作为一种新兴的大面积、高时空分辨率、低成本的观测手段，受到越来越多的重视。

南海位于中国大陆南方，是属于西太平洋的边缘海，被中国、菲律宾群岛及中南半岛各国环绕。南海东边界经巴士海峡、巴林塘海峡等海峡和水道与太平洋沟通，南界为加里曼丹岛和苏门答腊岛经卡里马塔海峡及加斯帕海峡与爪哇海相接，西南面经马六甲海峡与印度洋相连。海域面积广阔，约 350 万 km^2，平均水深 1 212 m(冯士筰等，1999)。

基于南海现场调查数据，可以对 SMAP 在南海的观测精度进行初步估算，如图 8.45 所示。其中，PFL 数据为海面表层 1～10 m 的盐度平均值。两者差值小于 0.3 psu。同时，我们的研究也发现，两者平均差值随深度增大，从 0.23 psu 逐渐增大，在 138 m 处达到最大值 1.096 psu，之后随着深度增大而变小。从海水表面到约 50 m 深处，差值均小于 0.5 psu。因此，SMAP 的盐度数据可以一定程度上拓展至对海洋上层盐度的估计。基于类似的计算方法，可以得到整个海洋上层的盐度反演差值，在此不再赘述。

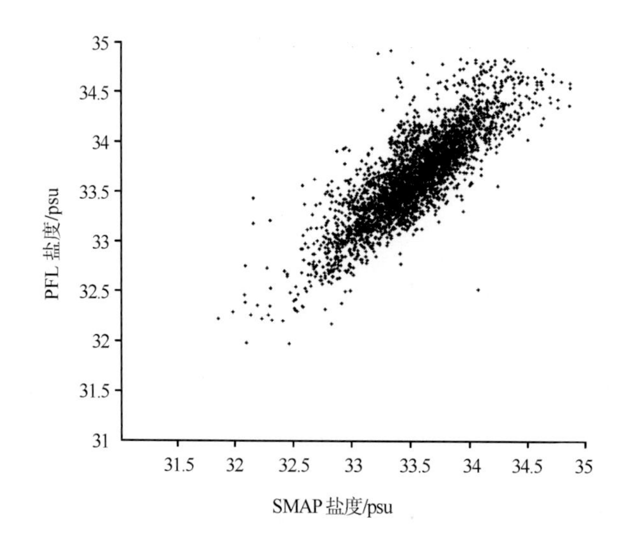

图 8.45　SMAP 数据和 PFL 现场观测数据对比

同时，利用 2015 年的现场观测数据(以 CTD 和 PFL 为主)，本节也进行了迄今为止的三大星载盐度计(SMOS、Aquarius 和 SMAP，采用 NODC 0.25°分辨率 8 天平滑数据)数据的初步横向比较，其 Taylor 图如图 8.46 所示。可以发现，SMAP 数据表现最好，其 RMSD 在 0.5psu 以下，相关系数为 0.5。研究表明，盐度计反演数据跟现场数据的比较结果受到多方面因素的影响，如两者的测量深度不同等。而且盐度计不同的空间分辨率往往意味着不同的平滑尺度，其也会与针对“单点”测量的现场数据有误差。因此，这里的比较结果仅能有效反映卫星反演海表盐度的误差上限。

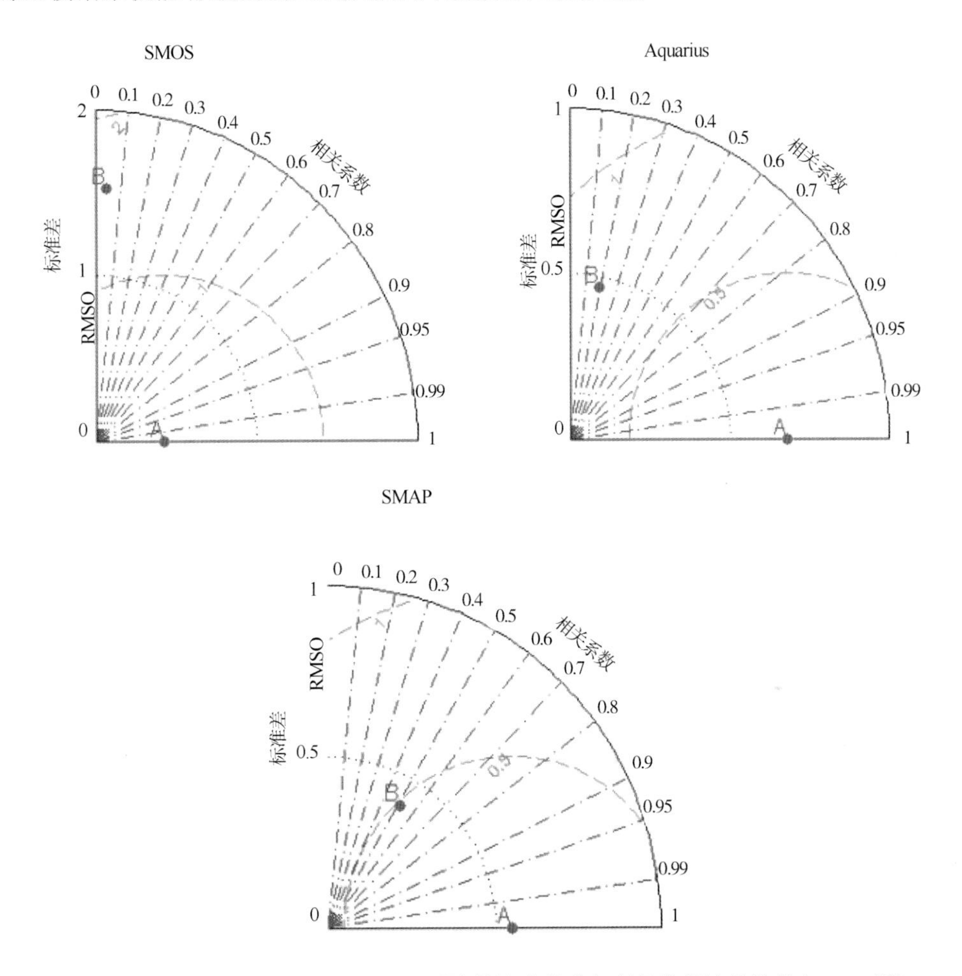

图 8.46　SMOS、Aquarius 和 SMAP 反演的海表盐度与现场数据比较结果(Taylor 图)

蓝色虚线代表相关系数，绿线代表 RMSD，黑色线代表标准差；A 点代表现场数据，B 点代表对应盐度计数据

南海的海表盐度具有明显的空间差异和季节差异(图 8.47)。整个南海的海表盐度分布呈现浅水盐度较低、深水较高的趋势。近岸海域由于受到多条陆地河流冲淡水和低盐沿岸水影响，盐度显著低于外海深水区域。外海深水区受季风和大尺度海洋环流影响较大。冬季，来自黑潮的高温高盐海水经巴士海峡入侵南海，由东北向西南延伸，并伴随着具有高温高盐特征的中尺度涡自东向西传播直抵陆架坡折处。夏季受西南季风以及与

之密切相关的降水分布影响，南部低盐水舌向北向东扩展。卫星观测可以提供大面积(覆盖整个南海)、多时间分辨率(日均、月均、季平均)和较高空间分辨率(40～100 km)的区域同步观测，结合 CTD、Argo 等海洋调查数据进行验证，对于人们进一步认识和了解南海海表盐度的时空分布规律(Li et al.，2016；Zeng et al.，2014)，研究南海外强迫驱动机制、陆地冲淡水的影响(Wang et al.，2014)、海洋降水(Ho et al.，2017)、沿岸上升流、中尺度涡(Isern-Fontanet et al.，2016)等海洋过程具有重大意义。

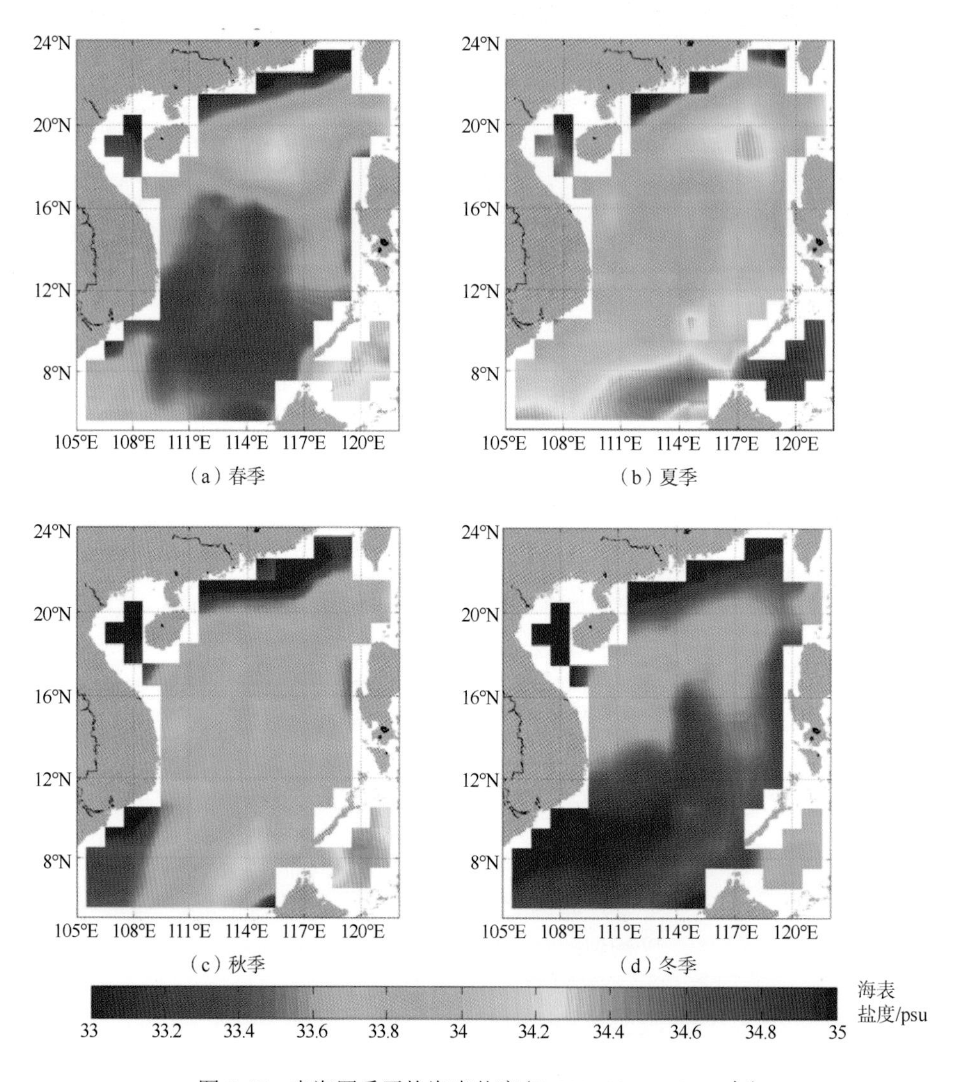

图 8.47　南海四季平均海表盐度(SMAP 2015～2017 年)

利用卫星观测数据大规模同步观测的优势，可以进一步增强对南海水文动力条件的监测。例如，图 8.48 显示了基于遥感观测的南海海水表层温度–盐度图。其中，盐度数据来源于 SMAP 卫星观测，温度数据来源于 CMC GHRSST。观测表明，南海及其周围区域表层水体可以大致分为三种(温度阈值 28°C，盐度阈值 33.5psu)：高温高盐水体、高温低盐水体，以及低温高盐水体(在南海不存在低温低盐水体)。其中，高温高盐水体主要分布于南海中部海域(以及邻近的苏禄海)，低温高盐水体主要分布于南海北部，低盐高温水体主要分布于南海南部(图 8.49)。值得一提的是，高盐低温水体应该是黑潮入侵水、中国黄东海陆架水，以及陆地淡水河入海水混合的结果，其覆盖大部分的中国南海北部陆架区，并从吕宋海峡一直延伸至越南沿岸，这基本与之前的文献研究结果相一致(Hu et al.，2000；Shaw，1991)。其时间覆盖率大约在 50%，很可能是受黑潮入侵的季节周期(每年以冬季入侵为主)影响。

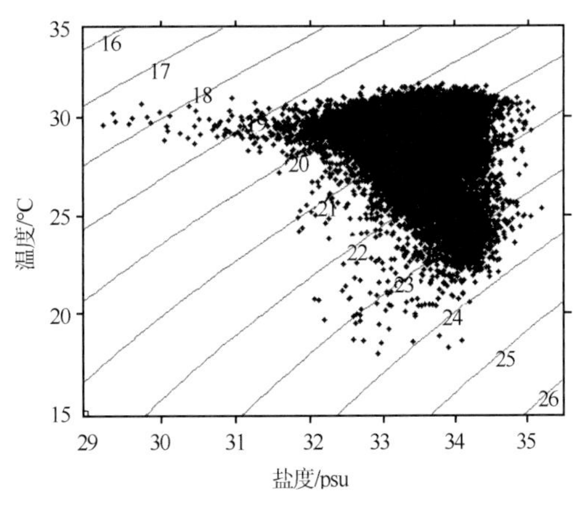

图 8.48　南海表层基于遥感观测的温盐图

蓝色线表示相对海水密度(kg/m^3，参考值 1 000 kg/m^3)

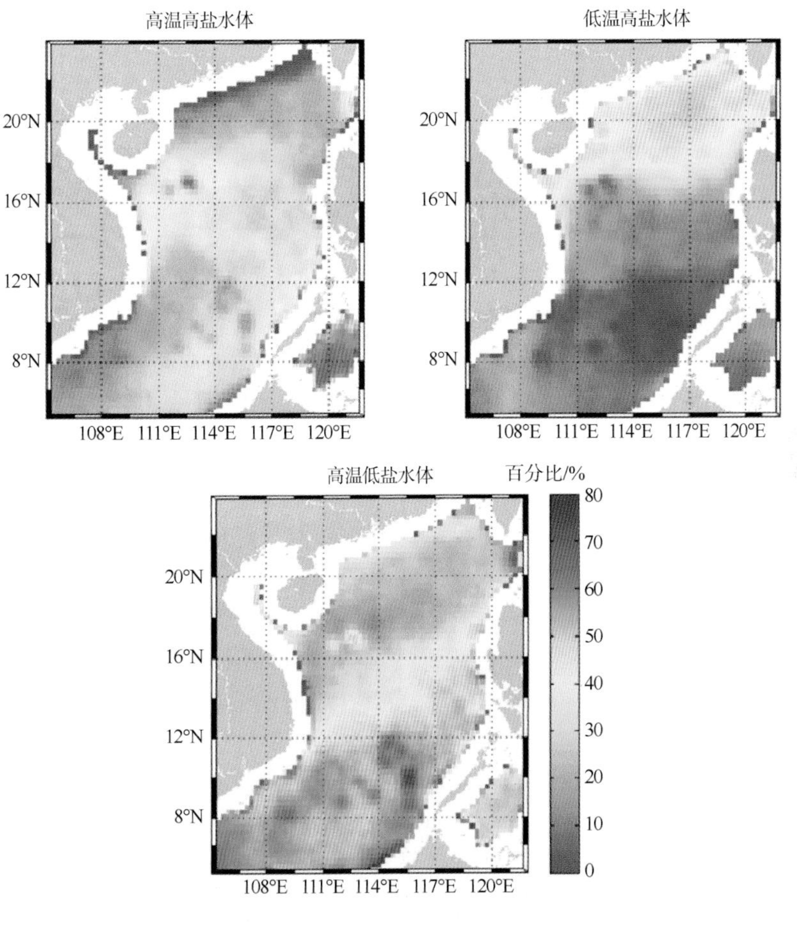

图 8.49　南海水体空间分布图

8.5.2 基于超图学习的 SAR 海面溢油检测

基于 SAR 的海面溢油检测，目前还存在几个问题：由于人为标记油斑训练集时主观性很强，容易导致误标记问题；油斑在 SAR 中成像为黑色斑块，而无风区、海面浅水面植物以及许多恶劣天气也将导致 SAR 成像为黑斑，容易产生油斑与非油斑的训练样本分布极不平衡；还有标记油斑的成本相当高并且有一定的不稳定性，从而导致有标记的样本数量相当少。为了解决这些问题，我们提出超图学习方法进行溢油检测，利用基于超图学习的误标记检测方法检测出油斑中的误标记样本，该方法慎重地确定误标记样本与次误标记样本，减弱可能的误标记样本对学习性能的影响。然后利用代价敏感的超图学习模型检测油斑，使得油斑检测性能有所提升。

1. SAR 海面溢油检测概述

海面辽阔和气候的不确定性，导致近距离现场的监测工作难以实施，必须需要大范围全天候并不受限于气候条件的监测手段。随着遥感技术的飞速发展，它已成为监测海面溢油最有效的工具之一，利用卫星的持续跟踪观测可以根据油污的范围和扩散方向确定高效地清除溢油的方法。遥感技术是运用传感器对物体的电磁波辐射、反射特性进行探测，并根据其特性对物体的性质、特征和状态进行分析的科学技术。它不需要直接接触有关目标就可对信息进行收集判读、分类和识别。利用遥感技术可获取大范围数据资料，其获取信息的速度快、周期短，获取信息受条件限制少，获取信息的手段多、信息量大，因此具有宏观性强、记录信息完整、工作周期短、资料积累快等优点。

目前，海面溢油遥感监测的手段有可见光遥感器、紫外遥感器、红外遥感器、激光荧光遥感器、微波传感器。微波传感器包含被动微波传感器和主动微波传感器。被动微波辐射计是根据海面对来源于太空的辐射波的反射强度信息来检测油膜，水面与油面存在较大的反射差异。有许多学者关注于被动微波辐射计在溢油成像中的研究，但这种方法容易受生物材料的干扰，信噪比较低，难以获取到高空间分辨率的图像。雷达成像系统是属于主动微波传感器，海面的毛细波反射雷达波导致成像为亮区域，而海面上的油膜会抑制毛细波使得成像为较暗区域，依此成像差异可以区分油面与水面。

随着雷达技术的迅速发展，目前最常使用的是 SAR，其各项性能指标都优于普通雷达。SAR 传感器因其具有的全天候全天时、不受天气变化影响(暴雨，风速过大或无风状态除外)、成本低、空间分辨率较高等优点，在海面溢油监测中的应用最为普遍。SAR 遥感监测海面溢油主要是利用其对地面目标反应敏感的特性，SAR 发射的微波信号与地面目标相互作用后，接收器接收到地物的后向散射信号，经处理对地物成像。海面上存在的毛细波会增大海表粗糙度而使得反射到 SAR 的回波信号增强，从而成像上呈现“亮”区域。而当溢油发生时，海面油膜会平滑海面，从而抑制毛细波的产生，在成像上呈现“暗”区域。在风速和波浪高度合适的情况下，SAR 能探测海面油膜，以此将油膜与背景海水区分开来。然而，SAR 成像中，很多的海洋现象如内波、自然油膜、暴风雨区、背风区、海流轨迹、海面浮冰、低风速区及浅海地形等，都会呈现“暗”区域特征。这些现象为利用 SAR 进行溢油监测带来了不确定性，对油膜信息的判读造成困扰。最近，还有利用多极化 SAR 成像系统来区分油膜与类似油膜物，很多研究工作证实了多极化 SAR 能够提供强大的区分能力，但其成本极高，还没有普及使用。

综上所有的传感器中，SAR 适合在大面积区域、全天候和恶劣天气下工作，在溢油检测上表现为最有效率和最适用的，也是众多学者的重点研究方向，很多研究者把机器学习方面的研究成果引入溢油检测工作中，基于机器学习的 SAR 图像的溢油检测研究成果丰富。

基于 SAR 图像区分溢油和疑似溢油现象，国内外许多专家和学者提出了一系列自动识别溢油算法，分别致力于图像分割、溢油特征参数提取和海洋溢油与疑似溢油现象分类三个主要方面的研究工作。有些学者专注于其中一个方面的工作，也有结合这三个方面研制成一个完整的溢油监测系统。由于统计模式识别、人工智能神经网络和模糊逻辑分类溢油与识别溢油的方法上存在系统固有的不足，导致利用这些系统识别 SAR 图像溢油的精度需要进一步提高，溢油检测的虚警率需要进一步降低。

然而，由于海洋环境的复杂性以及 SAR 成像特点，溢油检测仍然还存在很多问题，以下是基于机器学习方法的部分关键问题。

(1) 数据稀少，虽然说溢油事故发生频繁，但在众多的 SAR 图像中，大部分图像没包含溢油目标，也就是可用来学习的数据很少，此外在遥感应用领域中获取样本数据的成本极高，能够获取的标记数据很少，所以目前最普遍的监督学习算法在溢油检测上的性能无法进一步提高。

(2) 训练数据不平衡，在获取的溢油数据与类似油膜数据中，溢油数据的数量远远小于类似油数据的数量，不平衡率可达十到数百分之一；

(3) 判定为溢油的主观性很强，各个专家对给定黑斑归属为溢油的概率在主观认识上是不同的，一个人认为某给定黑斑很可能是溢油，但另一个人认为是溢油的可能性很小，这就容易产生误标志现象，如何标定溢油归属的概率也是一个棘手的问题。

综上存在的问题，如何区分 SAR 图像上的海面溢油和疑似溢油仍然是目前的研究热点之一。

2. SAR 溢油实验数据概述

本书所用的 SAR 数据来源于加拿大海冰署(Canadian Ice Service，CIS)办公室，为监测加拿大海运油污非法排放，CIS 开展了集成卫星追踪污染计划，该计划属于基于 RADARSAT-1 卫星图像的海冰监测项目的一部分内容。本书获取的 2004～2013 年的 103 景 SAR 图像位于加拿大东西两侧的近海区域，如图 8.50 所示，圆标记表示油斑而三角形标记表示疑似油斑。其中，油污检测大致的流程是，由有经验的专家通过目视判读取 SAR 图像中的黑斑作为溢油候选对象，然后结合一些先验知识和现场环境信息进一步确定其是否为油块。这些环境信息包括黑斑位置、与陆地的距离、天气信息、形状信息、与航运线的距离、与周围海域的对比信息等。还有为提高溢油检测的准确性，他们针对黑斑与最近油轮的距离进行分类，附近挨着油轮的候选黑斑为第一类，图 8.51(a)显示黑斑附近有亮斑，这类黑斑判定为油的概率最大，也最有可能让飞机到现场进行验证。接下来，距最近油轮在 50 km 以内的候选黑斑为第二类，如图 8.51(b)所示，而在 50 km

以内没有油轮的作为第三类，最后是人为判定最不可能为油斑的黑斑为第四类，如图 8.51(c)、图 8.51(d) 所示。本文把所获取的图像分为两类，原第一、第二类为油斑类，原第三、第四类为非油斑类。

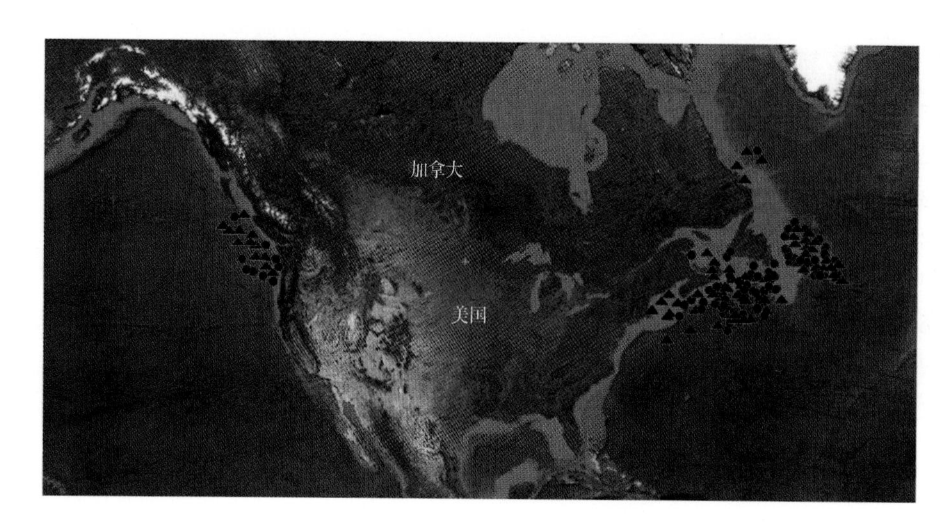

图 8.50　本书研究溢油区域

位于加拿大东边与西边近海区域；圆标记表示油斑，三角形标记表示疑似油斑

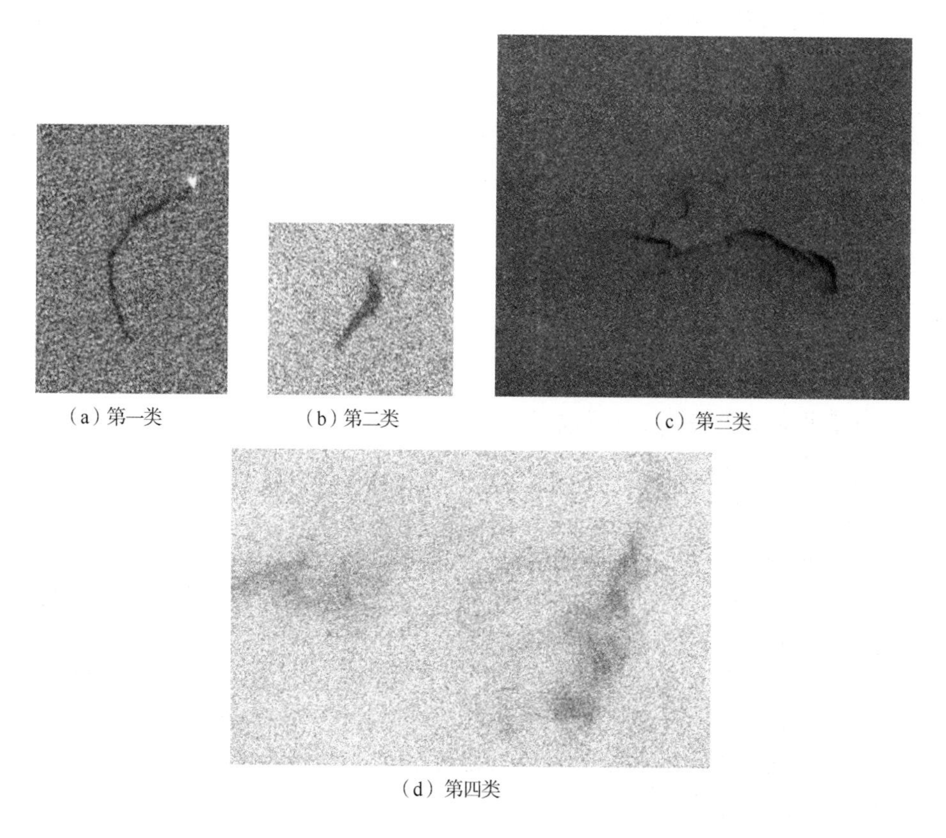

(a) 第一类　(b) 第二类　(c) 第三类

(d) 第四类

图 8.51　黑斑分类示例

由于获取到的图像没有相关的环境信息及与航线相关的信息，只能针对图像的灰度信息提取黑斑特征。这里依靠目视判读，手动提取黑斑，再计算每块黑斑特征，本书采用的特征如下。

1) 物理特征

(1) 黑斑内部像素灰度均值(TM)；
(2) 黑斑内部像素灰度标准差(TSd)；
(3) 黑斑外部像素灰度均值(BM)；
(4) 黑斑外部像素灰度标准差(BSd)；
(5) 黑斑内外像素灰度均值比率(IMR)，IMR=TM/BM；
(6) 黑斑内外像素灰度标准差比率(SdR)，SdR=TSd/BSd；
(7) 均值比率与标准差比率之比(IMRSdRR)，IMRSdRR=IMR/SdR。

2) 几何特征

(1) 面积(A)，黑斑的所有像素点的数量，或转换成实际尺度；
(2) 周长(P)，黑斑区域的边缘像素点数量，或转换成实际尺度；
(3) 形状复杂度(C)，$C = P^2 / 2\sqrt{\pi A}$，值越大，反映的黑斑几何区域越复杂；
(4) 形状参数(SE)，长径(L)表示黑斑的最小矩形的长，短径(W)表示包含黑斑的最小矩形的宽，$\mathrm{SE} = L / W$；
(5) 紧密度(Comp)，Comp=LW / A，表示最小矩形的面积与黑斑面积的比率。

对于同一黑斑可以提取上述特征，很多特征之间是相关的，如面积、周长与形状复杂度是相关的特征表示。所有的特征中，有的带单位，有的表示数量多少或者是一种比例值，因而没有单位，并且不同的特征有不同的尺度，因此需要将所有特征转换成标准的特征表示。这里采用如下形式的标准化：

$$x_i^{\mathrm{sd}} = \frac{x_i - \mu_i}{\sigma_i} \tag{8.5.1}$$

式中，x_i为黑斑第 i 个特征；μ_i为其均值；σ_i为其方差；结果是x_i^{sd}，只有标准化后的特征才能作为后一步分类器的输入。

该实验数据集是从 SAR 图像中手动切割黑斑得出的，每个切块为矩形，并且都包含完整黑斑，所以切块大小不一。附近有轮船的(亮斑)也可能包括在内，在计算黑斑的特征时，如果油轮紧挨着黑斑[图 8.51(a)]，油轮在 SAR 图像中是亮点，所以此时的特征参数均有不同程度的影响。如果亮点没有紧挨着黑斑，仍然在切块以内，在计算背景特征时也有影响，但影响较小，可以忽略。这里切取了 412 块黑斑，其中 30 块是油斑，其他的 382 块是非油斑。

图 8.52 是黑斑及黑斑提取示例图，左边的图像为从 SAR 图像中切割出来的包含的完整小块图像，右边是提取的黑斑。

图 8.52　黑斑示例图
左边为切块；右边为提取出的黑斑

3. SAR 溢油检测问题

基于机器学习的 SAR 溢油检测存在的问题如下：误标记、训练集不平衡与训练样本少，在本书研究工作中这些问题同样存在，下面一一讨论相应的解决方案。

1) 油斑误标记问题

在介绍实验数据时就可以看出溢油标记是由两种方法确定的：一种方法是现场证实，在发生溢油的现场证实某 SAR 图像是油斑；另一种方法是由许多有经验的专家主观评定某对象是否为油斑，专家投票多的确定为油斑，得票少的对象为疑似油斑或者确定为非油斑。由此可以看出，在标记的过程存在较强的主观性，也可能存在误标记的情况，所以有必要进行误标记检测。

在油斑数据集上执行误标记检测，共检测出 10 个样本的标记是误标记，其中 1 个标记为油斑样本，另外 9 个标记为非油斑样本，在后续的实验中抛弃这 10 个样本数据。实验包含这 10 个数据样本时，执行 KNN、SVM、AdaBoost、CART 和 HL 算法后，分类加权精度如图 8.53 所示。从这个实验结果可以看出，去除了误标记样本后，这五个分类器的分类精度提升了许多，说明误标记样本的存在对溢油检测有较大的影响，因而在溢油检测的工作中有必要检测数据集中的误标记情况。

2) 油斑训练集不平衡问题

实验数据集除去检测的误标记样本外，油斑对象为 29 块，而非油斑为 373 块，不平衡比例约为 1∶13，可用的训练样本分布严重不平衡。为了减弱训练集不平衡问题带来的影响，我们研究马氏距离在溢油检测上的应用并提出基于马氏距离的代价敏感学习方法。

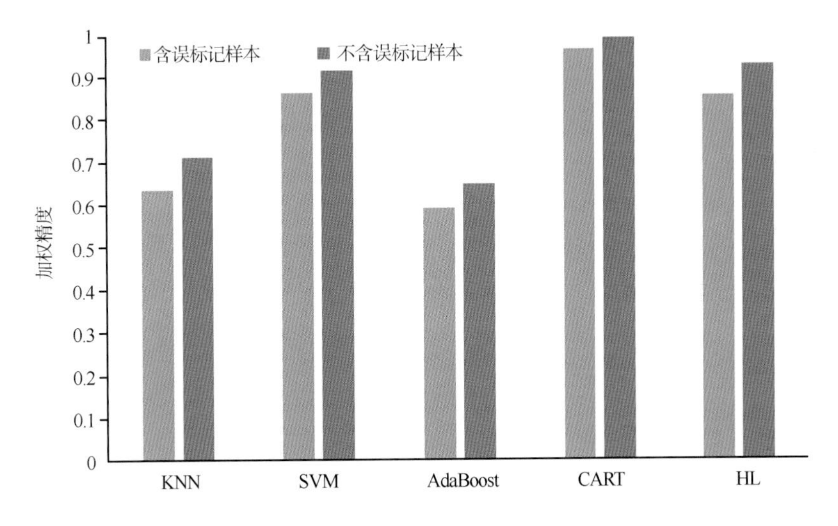

图 8.53　分类器在抛弃误标记样本前后的加权精度

马氏距离(Mahalanobis distance，MD)是由印度统计学家 P. C. Mahalanobis 提出的，可以表示数据的协方差距离，也可以表示两个未知样本集分布间的相似度，还可以表示一个样本点到一个样本集分布的距离度量方式。它实质是一种特征映射变换函数，把一种多维度的特征映射到一个基于标准差测度的一维特征表示，类似于欧氏距离。但与欧氏距离不同的是它考虑各种特征间的关联，以及与尺度无关的独立测度，当然这也是它的一个缺点，不同特征都转换成一种测度，无视特征的差异性。给定一个数据分布后，根据其均值与协方差矩阵，就可以计算马氏距离，后续工作就围绕马氏距离这一维特征上了。

设定 $X \in R^{m\times n}$，其中 m 和 n 分别表示样本特征的维度与样本的个数，是从标准空间分布中采样的一些观测样本集。$\mu \in R^m$ 是观测样本集的均值，和 $S \in R^{m\times n}$ 是 X 的方差矩阵。任意一个样本点 $y \in R^m$ 与标准分布的马氏距离 D 的表达式如式(8.5.2)所示：

$$D(y, X) = \sqrt{(y-\mu)^{\mathrm{T}} = S^{-1}(y-\mu)} \tag{8.5.2}$$

两个样本点 $y_1 \in R^m$ 和 $y_2 \in R^m$ 间的马氏距离的表达式为

$$D(y_1, y_2) = \sqrt{(y_1-y_2)^{\mathrm{T}} = S^{-1}(y_1-y_2)} \tag{8.5.3}$$

许多学者研究马氏距离的应用，Fiscella 等利用马氏距离分类器在溢油检测上取得了一定的成效，本书的算法是在此基础上增加了选取标准样本集时的滤除噪声，以及在确定阈值时加入了代价敏感处理方法。

基于代价敏感的马氏距离分类器(cost-sensitive Mahalanobis distance，CMD)，考虑不同类的错分权值，在搜索分割阈值时加入不同的权值，其处理过程总体分为以下三步。

第一步　基于油斑数据训练集，计算所有样本两两间的距离，为给定非油斑样本点选取距其最近的 k 个点为邻域。如果这邻域内无同类样本点，那此点标记为噪声，应当排除在大类样本外，剩下的为大类样本训练集。注意，怎样确定邻域需要依据不同的应用，这里确定 $k=5$。这一步主要是为尽可能地选取最有代表性的非油斑样本集，去掉噪声点。

第二步　计算所有样本的马氏距离，把上述获得的非油斑样本集作为标准分布集，以此来确定标准分布空间，而油斑样本相对于此分布空间被当成是异常点，因为这些点与这个标准分布的距离都将较远。

基于这个计算式，训练样本集中所有的样本点都有一个相对应的马氏距离值，所有样本间的关系映射为一个新的量度空间。图 8.54 展示黑斑数据集一次实验的映射图(红色“+”代表油斑，蓝色“。”代表非油斑)，可以看出，大部分油斑的马氏距离比非油斑的大，当然也有交叉的部分。

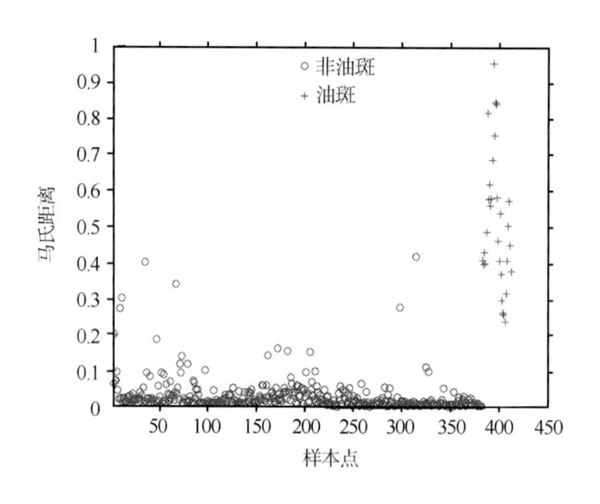

图 8.54　马氏距离示例

第三步　确定区分阈值，基于上述的标准分布空间，所有的测试样本点也有相对应的马氏距离，给定一个阈值，就可以把测试样本点分开。以往的方法是在训练样本集中，从最小距离值往值大的方向搜索，错分的样本个数一般是先减少，到某个值后又增加，中间的最小错分个数对应的马氏距离值就作为区分两类的最优值。在此，为适应不平衡分类问题，加入代价敏感处理过程。对于非油斑与油斑给定 1∶c 的权重，即错分非油斑的代价为 1，而错分油斑的代价为 c，依据此代价计算相应的分割阈值。在搜索阈值时，可以依据一定的步长，也可以先排序，然后从小到大按顺序搜索。在实践中，按有序搜索法更好地确定阈值，当错分代价之和为最小值时，阈值应确定在这两点间的中间位置或者处于 1∶c 的比例分割点。此时获得的阈值就是要求的基于马氏距离的分类界限。

3) 油斑训练样本少的问题

目前出现的溢油分类算法大都是基于监督学习模型，而监督分类需要较多的标记样本用于训练模型。在实践中，当海面出现黑斑时，为确认该黑斑是否为油斑，通常由飞机载着各类传感器到现场测量确认，而在 SAR 中获取的黑斑时间与现场确认的时间存在一个时间差，黑斑在这个时间差里可能发生形状及周边环境的变化。如果是溢油将发生扩散现象，油面形状及厚度分布都将发生较大的变化。如果油面面积太小，而海面风速过大，导致油面扩散过快，到现场确认时也有可能出现无法测量的情况。由此看来，要在海面现场确认油斑，成本极高，因而油斑训练样本数量上相对减少。这就需要考虑选取训练样本需求较小的半监督方法，而适合小量样本算法首选的就是超图学习。

本书提出将多模型超图学习方法及不平衡处理应用到该油斑检测上来，多模型超图学习方法考虑样本间多层相关性，能够提高油斑的检测率。对于油斑训练集不平衡的处理，在该超图学习模型里加入权重因子的方法，目标函数重写为

$$
\begin{aligned}
&\arg\min_{\boldsymbol{F},\beta}\sum_{\eta=1}^{c}\left(\beta_1\boldsymbol{f}_\eta\mathbf{L}^t\boldsymbol{f}_\eta^{\mathrm{T}}+\beta_2\boldsymbol{f}_\eta\mathbf{L}^s\boldsymbol{f}_\eta^{\mathrm{T}}+\beta_3\boldsymbol{f}\boldsymbol{L}^p\boldsymbol{f}_\eta^{\mathrm{T}}+\lambda\left\|\boldsymbol{f}_\eta-\boldsymbol{y}_\eta\right\|^2\right)\\
&=\arg\min_{\boldsymbol{F},\beta}\sum_{\eta=1}^{c}\left[\boldsymbol{f}_\eta\left(\sum_{i=1}^{3}\beta_i\boldsymbol{L}^i\right)f_\eta^{\mathrm{T}}+\lambda\left\|\boldsymbol{f}_\eta-\boldsymbol{y}_\eta\right\|^2\right]\\
&\text{s.t.}\ \sum_{i=1}^{3}\beta_i=1
\end{aligned}
\tag{8.5.4}
$$

采用迭代求解法，更新 $\boldsymbol{f}_\eta$ 改为

$$
\boldsymbol{f}_\eta=\lambda\tau_\eta\boldsymbol{y}_\eta\left(\lambda\boldsymbol{I}+\sum_{i=1}^{3}\beta_i^r\boldsymbol{L}^i\right)^{-1}
\tag{8.5.5}
$$

直至算法收敛。

4. 实验与分析

1) 油斑样本不平衡分类实验

为评估不平衡的油斑检测问题，本书利用正类正确率(TPR)、负类正确率(TNR)和 F 测度。TPR、TNR 和 F 测度定义如下：

$$
\mathrm{TPR}=\frac{\mathrm{TP}}{\mathrm{TP}+\mathrm{FN}}\qquad \mathrm{TNR}=\frac{\mathrm{TN}}{\mathrm{TN}+\mathrm{FP}}\qquad F=\frac{2\times\dfrac{\mathrm{TP}}{\mathrm{TP+FP}}\times\dfrac{\mathrm{TP}}{\mathrm{TP+FN}}}{\dfrac{\mathrm{TP}}{\mathrm{TP+FP}}+\dfrac{\mathrm{TP}}{\mathrm{TP+FN}}}
\tag{8.5.6}
$$

TPR 和 TNR 直观地显示油斑与非油斑分类的性能，F 尺度重在表现油斑检测性能上，其综合精确性和完备性的分类效率评估方法。

表 8.8 展示了分类结果，下面分别讨论基于重采样、代价敏感与算法层面的不平衡分类性能对比。

表 8.8　油斑不平衡分类结果

编号	方法	TPR	TNR	F	编号	方法	TPR	TNR	F	编号	方法	TPR	TNR	F
1	KNN	0.77	0.82	0.43	13	KNN+MTD	0.90	0.47	0.32	25	KNN+CS	0.83	0.80	0.44
2	SVM	0.77	0.94	0.62	14	SVM+MTD	0.97	0.19	0.28	26	SVM+CS	0.87	0.92	0.61
3	NB	0.77	0.79	0.41	15	NB+MTD	0.90	0.49	0.33	27	NB+CS	0.83	0.76	0.42
4	NN	0.77	0.80	0.42	16	NN+MTD	0.93	0.41	0.32	28	NN+CS	0.83	0.78	0.43
5	CART	0.77	0.95	0.64	17	CART+MTD	0.87	0.46	0.30	29	CART+CS	0.87	0.92	0.61
6	AdaBoost	0.77	0.95	0.64	18	AdaBoost+MTD	0.87	0.46	0.30	30	AdaBoost+CS	0.87	0.92	0.61
7	KNN+SOM	0.40	0.66	0.18	19	KNN+MWMOTE	0.77	0.81	0.43	31	OSVM（非油斑类）	0.40	0.95	0.40
8	SVM+SOM	0.73	0.72	0.35	20	SVM+MWMOTE	0.77	0.92	0.59	32	OSVM（油斑类）	0.97	0.19	0.28
9	NB+SOM	0.77	0.79	0.41	21	NB+MWMOTE	0.77	0.74	0.38	33	极限机学习	0.77	0.75	0.38
10	NN+SOM	0.77	0.73	0.37	22	NN+MWMOTE	0.77	0.77	0.40	34	CMD	0.97	0.91	0.67
11	CART+SOM	0.77	0.95	0.64	23	CART+MWMOTE	0.77	0.93	0.61					
12	AdaBoost+SOM	0.77	0.95	0.64	24	AdaBoost+MWMOTE	0.77	0.95	0.64					

a. 基于重采样方法的分类实验

表 8.8 中 1～6 是这 6 种分类器在原始油斑数据集上的分类性能，所有的 TPR 都是一致的，但 TNR 不一致，在 F 测度上，CART 和 AdaBoost 的结果最好，SVM 稍逊一筹。7～24 是经过三种采样后的油斑数据集上的分类性能，对于 SOM 降采样方法，CART 和 AdaBoost 的分类性能保持不变，但其他四种分类器的性能都有所下降，特别是 KNN，其性能下降显著。因此，这个降采样方法对 CART 和 AdaBoost 无影响，不适合其他四种分类方法。

对于基于 MTD 函数的多重采样方法，所有分类器的 TPR 都有所提高，符合我们所期望的结果。然而它们的 TNR 都产生较大幅度的下降，因此在 F 测度上也有不同程度的下降。通过去除一部分大类样本和生成基于小类的一部分合成小类样本，多重采样方法使得决策向大类方向靠近，因而在提高了 TPR 的同时也在训练集中增加了一些噪声点。

对于基于 WMWOTE 的多重采样方法，其解决了噪声点的问题，因为在生成虚拟样本时，只依靠小类中的样本，经过已排除了噪声点的部分小类样本间的线性组合，合成的样本将处于该类样本的包围圈内。然而，相比于前一种采样方法的分类结果，这些分类器的 TPR 保持不变，而 TNR 有所提高，这对于原始数据集的性能来说还是有所下降。

基于采样方法的油斑不平衡检测，都在一定程度上影响检测性能。为提高正确检测油斑的概率，重采样方法把决策面推向大类样本，同时，降低了非油斑的正确检测率。在非油斑样本数量特别多的情况下，决策面向在大类方向移动，在总体分类精度上有所降低。

b. 基于代价敏感方法的分类实验

为展示代价敏感处理过程在溢油检测方面的影响，给这些分类器都赋予一定的权值序列。如前面第三节所述，确定非油斑与油斑的比例为 1∶c，这个 c 值难以确定。这里一种思路是当没有相应的先验知识可参考时，提出这样一种假设：所要区分的每一类在重要性上是大体等同的，假设其重要性都为单位 1，再分摊到每一个样本上，得到每一个样本的重要性是 1/该类的样本数量，从另一个角度看，一类中的样本数量越少，其重要性越强，这与“物以稀为贵”理论殊途同归。还有一种思路是搜索 c 值，从 0.1 以一定步长向上增长，在增长的过程中，分类结果中相应的 F 值会增大，到某个临界点时下降，这个临界点对应的 c 值确定为最佳权值。

基于代价敏感处理的分类实验结果表明，与基于 MTD 的方法性能相似，TPR 增加却要牺牲 TNR。然而，F 测度有不同的差异，这说明在处理不平衡溢油数据训练集时加入代价敏感处理过程是有必要的。表 8.8 的 25～30 的结果是 1～12.7 的最优结果，其上限对应于不平衡比例，即非油斑样本数量/油斑样本数量。

c. 基于算法层面的不平衡分类实验

我们调试基于算法自身改进的方法，包括 OSVM、极限机器学习和本书提出的基于代价敏感的 MD 分类方法。采用三重交叉验证方法，把 30 块油斑和 382 块非油斑都分成三等分，取其中的一份油斑与一份非油斑作为训练集，剩下的为测试集，实质上这里有 9 种组合方式，结果取这 9 种组合对应的平均结果。OSVM 只考虑将其中一个类别的样本信息作为分类器的输入，而忽略其他类的信息。这里可分别定为油斑类与非油斑类。表 8.8 中的 31～32 展示相应的结果，两种方案的性能都较差，在考虑的这一类的性能较高而被忽略的那一类的正确率就非常低，以致 F 测度的表现也非常低。极限学习方法(结果在表 8.8 中的 33)在油斑区分上的性能也很差，说明其不适合溢油检测。

与上述方法相比，本书提出的方法(结果在表 8.8 中的 34)在油斑区分上表现出更高的性能，在 TPR 与 TNR 上都不低，所以 F 测度上表现最好。大部分的油斑都被区分出来，部分非油斑被错分。

为研究在选取标准样本集构建标准空间分布时去除噪声点的必要性，我们进行去除噪声前后的实验，以 5-NN 选取邻域的情况，有两个非油斑点的邻域内没有同类点(类似于前一节中介绍的误标记样本)，这两个样本作为噪声点被去除。总体分类的性能没有变化，但从 MD 的分布上看，标准样本集的 MD 平均值相对于包含这两个噪声样本点的相应均值更小。我们认为，小类样本的总体 MD 越大，离大类样本集的距离越远，就越容易区分。因此，去除噪声有利于小类样本的分离，但由于该油斑数据集有限，从总体性能上无法确定其优越性。

2)基于多模型超图的油斑检测实验

该实验是为检测小训练样本的分类性能，在油斑样本集中随机地选取 9 个样本作为训练样本，其他的 20 个样本作为测试样本，在非油斑样本集中随机地选取 100 个样本作为训练样本，其他的 273 个样本作为测试样本，实验重复 20 次，取错分率均值为性能评价指标。图 8.55 显示了几种分类器在溢油检测中的实验结果，可以看出，以 KNN 为基准方法，其他分类器的性能均有提高，后四种基于新框架的分类器性能有显著提高，HLS 和 HLP 两种方法表现出近似的错分率，而 HLSP 在两者的基础上再次降低错分率。这说明这三种拉普拉斯图的结合在区分油斑与似油斑时起到了互补的作用，这种结合的学习模型能够增强区分能力。再者，为检测所提出学习模型的性能，本书研究增加了另外一组实验，在构建传统超图时，只取 K 近邻点作为一条超边，此时分类器简称为“HLSP-R”。对比 HLSP-R 与 HLSP，后者性能高于前者，说明在黑斑数据集上超边的不同选取方法对学习性能是有影响的，充实样本间的相关性是有必要的。

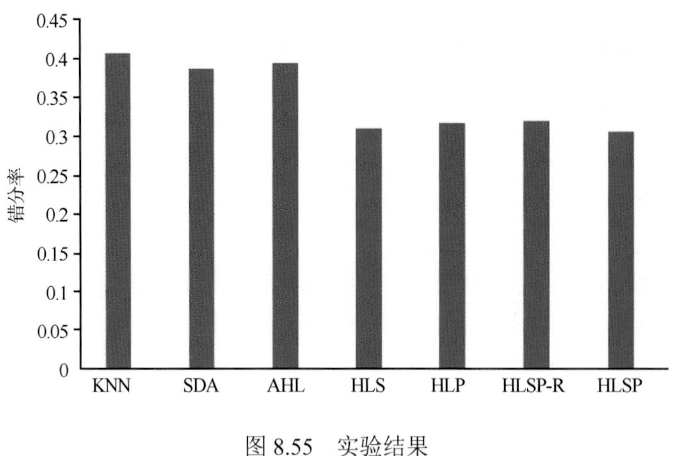

图 8.55　实验结果

图 8.56 展示了以下传统方法在溢油检测上的对比实验结果：SVM、NB、NN 和 AdaBoosting，这几种方法都属于监督学习算法，实验结果显示其性能均不如本书所提出的算法。

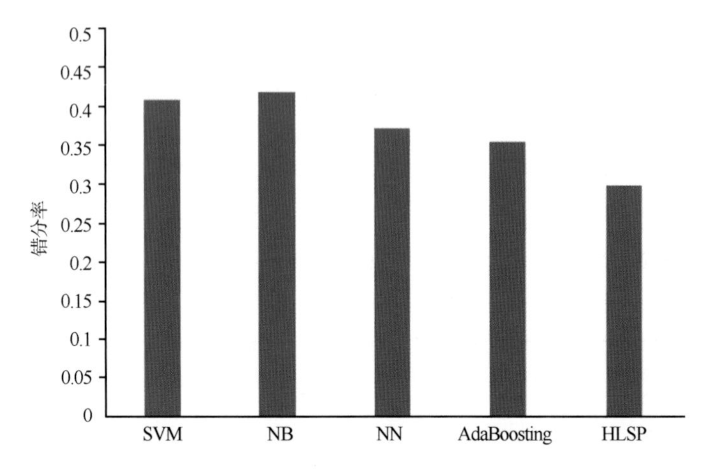

图 8.56　与传统方法对比实验结果

5. 小结

基于 SAR 的海面溢油检测，目前还存在几个问题：人为标记油斑训练集时主观性很强，容易导致误标记问题；油斑在 SAR 中成像为黑色斑块，而无风区、海面浅水面植物以及许多恶劣天气也将导致 SAR 成像为黑色斑块，容易产生油斑与非油斑的训练样本分布极不平衡的现象；还有标记油斑的成本相当高并且有一定的不稳定性，导致有标记的样本数量相当少。为了解决这些问题，本书首先介绍基于 SAR 的海面溢油检测相关知识与研究现状。然后，介绍误标记检测问题，用本书提出的误标记检测算法检测出所用实验数据集中疑为误标记的样本。接着，介绍油斑训练集不平衡问题，提出一种基于马氏距离的油斑检测算法来处理该问题。同时，对标记样本少的问题进行描述，提出代价敏感的结合稀疏表示与成对约束超图学习来解决该问题。最后，介绍实验及分析，通过实验，本书提出的算法在分类性能上表现出较好的效率。

8.5.3　基于卫星遥感获取的海洋表层海流时空特征分析

海流是大规模的海水以相对稳定的速度所做的非周期性的流动，是影响船舶航行、海洋物质和能量输运、全球气候变化的主要水文要素之一，也是海洋牧场建设、海上溢油防灾减灾的重要考虑因素。因此，精确的海流研究具有重要的科学与现实意义。

由于受到观测手段、观测仪器以及观测成本的限制，要得到实际的海流资料是非常困难的。传统的观测方法主要是船舶、漂流浮标、海流计和少数的地波雷达台站，其获取流场的手段比较单一、方法比较落后，并且难以大范围地有效获取，得到的海流观测数据稀疏或者观测海域有限，只能通过大范围平均获得较为粗糙的海流图像。自 20 世纪七八十年代以来，海洋遥感观测及其应用研究取得了快速的发展，一系列的卫星观测计划相继展开，如高分辨率的辐射计、高度计、散射计卫星等。卫星遥感具有时空分辨率高、范围大、精度高和准同步等特点，遥感资料通过结合海洋动力学方法反演海表流场，其成为获取大范围海洋流场信息的重要途径。国际上，利用卫星遥感资料反演的表层流产品 Oscar，通过与实测 ADCP、海流计等资料比较，发现其与实测流速之间呈现较好的一致性，其在海洋环流研究与应用中发挥了巨大作用。

实际上，海流成分十分复杂，海表流场可分为地转流、风生环流、潮汐海流和内波海流等，实测海流是各海流分量的矢量叠加。在目前的海流反演中，地转流、风生环流是两个最普遍的海流分量，而潮汐海流、内波海流等海流分量由于具有偶发性，不是全球表层海流的普遍性分量。例如，通过卫星测高资料反演地转流、通过卫星风场资料反演风生海流 Ekman，这是卫星遥感反演的 Oscar 海流产品的两个主要海流分量，但是我们发现在有些海域 Oscar 海流产品与实测资料仍有较大差异，研究发现，风场波浪引起的海流具有十分突出的影响(汪德昭和尚尔昌，2013)，因此本书将利用更多种卫星遥感资料来反演精确的海洋表层海流，除反演 Oscar 的主要海流成分外，还反演海浪引起的波致流分量，总流场是地转流、Ekman、波致流三个海流分量的矢量叠加，并在反演的高精度表层海流的基础上，分析海流的时-空变化特征。

1. 使用的数据

本书采用的主要数据是 AVISO 提供的多卫星融合的 MADT 海表面高度数据(http：//aviso.altimetry.fr/index.php?id51271)、QuikSCAT 散射计风场数据(NASA；http：//winds.jpl.nasa.gov/missions/quikscat/index.cfm)、ECMWF 波浪数据(http：//apps.ecmwf.int/datasets/data/interim-full-daily)以及 Drifter 实测漂流浮标数据(http：//www.aoml.noaa.gov/phod/

dac/index.php）。其中，AVISO 测高数据用于反演表层地转流、QuikSCAT 散射计风场数据用于反演 Ekman 流、ECMWF 波浪数据用于反演波致流，Lagrangian 漂流浮标数据用于验证反演的海流精度。所使用的数据见表 8.9。

表 8.9　使用的数据及其概况

数据	时间/年	空间分辨率	时间分辨率	数据格式	用途
Aviso MADT 测高数据	2000～2016	1/4°×1/4°	每天	格网型	地转流反演
QuikSCAT 散射计风场数据	2000～2016	1/4°×1/4°	每天	格网型	Ekman 流反演
ECMWF 波浪数据	2000～2016	3/4°×3/4°	6h	格网型	波致流反演
Lagrangian 漂流浮标数据	2000～2016	—	6h	离散值	海流验证

2. 方法

1）基于卫星遥感获取表层海流及其海流分量

本书中反演的海流分量包括地球自转平衡导致的地转流 $\boldsymbol{V}_{\mathrm{g}}$、由海洋风力驱动的 Ekman 流 $\boldsymbol{V}_{\mathrm{e}}$ 和与 Stokes-drift 波浪相关的波致流 $\boldsymbol{V}_{\mathrm{w}}$，三个海流分量的反演可以详细参考 Hui 和 Xu（2016），然后将这三个海流分量进行矢量叠加得到总表层海流 $\boldsymbol{V}$，即

$$\boldsymbol{V} = \boldsymbol{V}_{\mathrm{g}} + \boldsymbol{V}_{\mathrm{e}} + \boldsymbol{V}_{\mathrm{w}} \tag{8.5.7}$$

2）基于 Drifter 实测漂流浮标数据的表层海流验证场的获取

利用 Drifter 实测数据验证表层流速度，检验利用卫星遥感数据反演的表层海流的精度。Drifter 不同于卫星的是，漂流浮标的观测是不规律的，而且不是网格化的，其全球分布如图 8.57（a）所示。本书研究除利用离散的 Lagrangian Drifter 观测值进行检验外，还将利用 Drifter 的离散观测值进行栅格插值，对反演的表层流进行全球海域的总体精度评价。首先，利用空间插值和时间平均，将 2006 年 1 月 1 日～2016 年 12 月 31 日的表层流产品插值到浮标站点所在的位置，得到该时间点与漂流浮标一一对应的卫星反演结果，然后再将这些一一对应的流速插值到 1°×1°的网格上，对所有的网格点求平均，结果如图 8.57（b）所示。

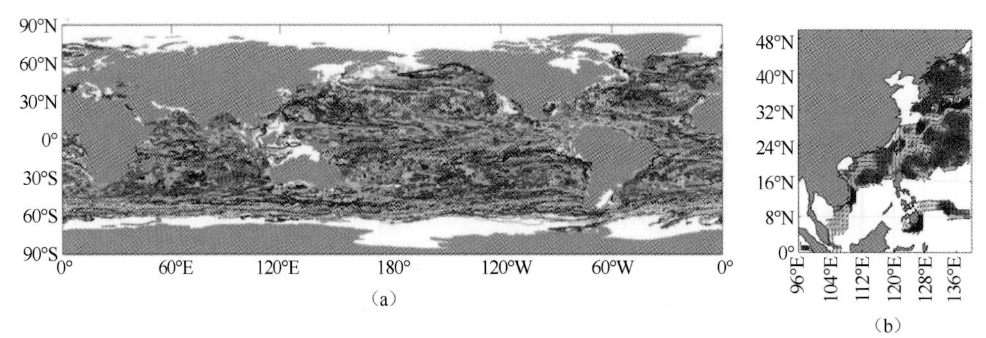

图 8.57　（a）2000～2008 年全球 Lagrangian 漂流浮标的运行轨迹；（b）1°×1°网格上平均的 Drifter 漂流浮标流速

3. 结果

本书最终得到了空间分辨率为 1/4°×1/4°的日平均表层海流及其海流分量产品，图 8.58 为随机选取的全球表层流及其三个海流分量。

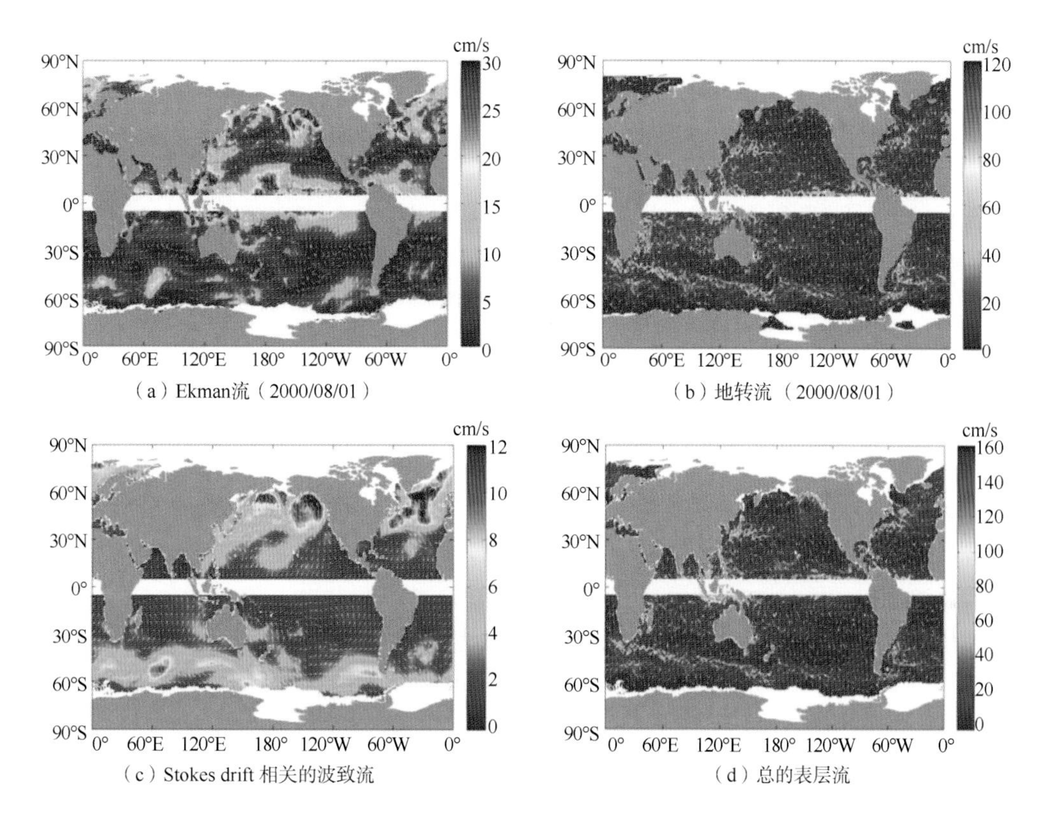

（a）Ekman流（2000/08/01） （b）地转流（2000/08/01）

（c）Stokes drift 相关的波致流 （d）总的表层流

图 8.58 表层流产品的各个分量

利用 2000～2008 年的 Lagrangian 漂流浮标数据对得到的全球表层流产品进行验证，如图 8.59 所示，反演的表层流与 Lagrangian 浮标相比，其纬向的相关性要大于经向的相关性，纬向的 RMSE 要小于经向的 RMSE，因此本书通过遥感数据获取的表层海流在纬向上的精度更高，这主要跟卫星的中高纬的运行轨道和沿轨的观测模式导致的数据源纬向精度更高有关。但是，在海陆交界处，尽管相关性很高，但两者的 RMSE 较大，甚至达到 30 cm/s(如红海边缘区)，这主要是近岸地形对海流造成的影响缘故。

另外，本书研究利用 2000～2008 年 13098 个离散的 Drifter 观测值进行检验(表 8.10)，这与全球分布的网格化海流检验是一致的。但总体上本书研究反演的海流速率要小于浮标实测的数据(图 8.60)，这主要是本书研究忽略了除地转流、Ekman 流、波致流外的其他海流成分和不同系统的观测误差导致的。

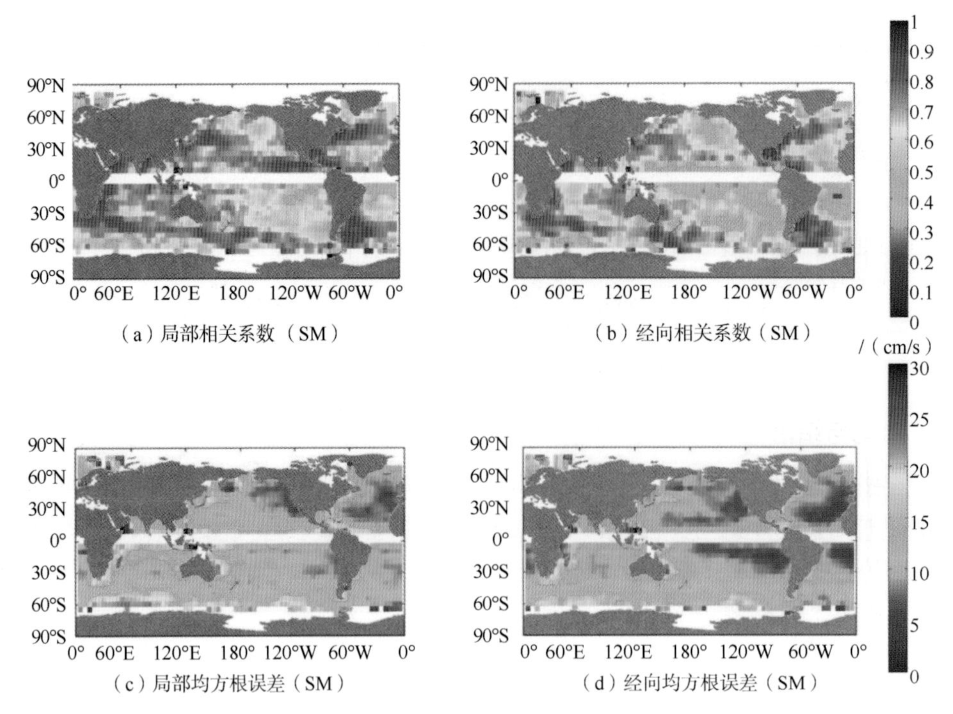

图 8.59　卫星反演的表层流与 Drifter 经纬向的相关系数(a)和(b)；卫星反演的纬向表层流与 Drifter 纬向流的经纬向均方根误差(c)和(d)

表 8.10　基于离散 Drifter 漂流浮标观测点的验证

方向	相关系数	RMSE/(cm/s)
纬向	0.75	12.36
经向	0.71	11.38

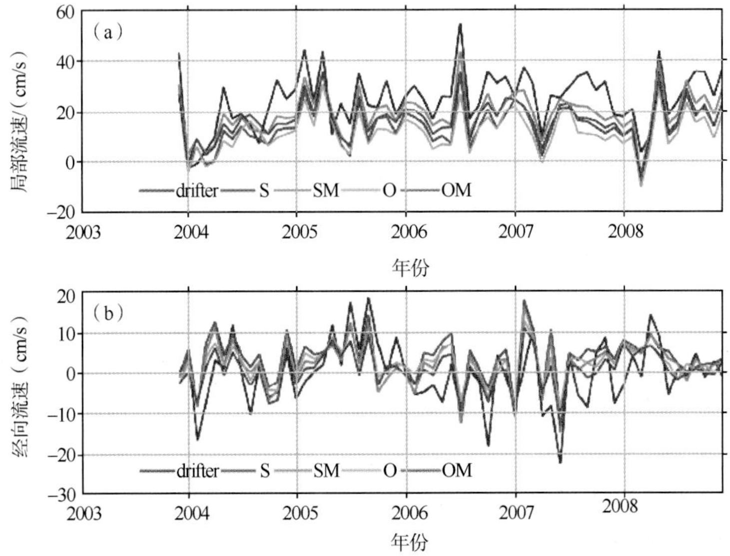

(a)
局部流速/(cm/s)
drifter　S　SM　O　OM
2003　2004　2005　2006　2007　2008
年份

(b)
经向流速（cm/s）
drifter　S　SM　O　OM
2003　2004　2005　2006　2007　2008
年份

图 8.60　随机选取的 ID 为 41284、43344、44884 三个漂流浮标与本书研究反演的海流数据的比较
从图中明显发现浮标数据大于反演的海流数据

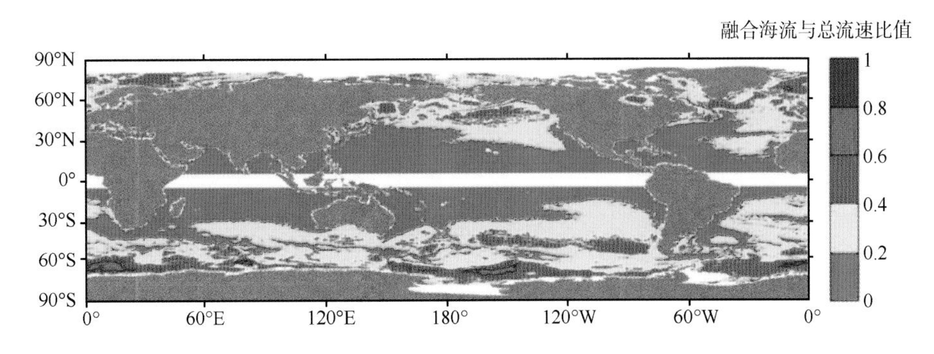

图 8.61　融合海流与总流速比值的全球分布

4. 讨论与结论

通过计算 Drifter 相关的波致流流速占总流速的比例，对波浪的影响进行了评估，图 8.62(a)显示出，就全球大部分区域而已，该比值都在 0.2 以上，在北太平洋、北大西洋和南大洋的中高纬度地区，该比值在 0.2～0.4，有些区域甚至超过了 0.5，达到了 0.6，即波浪的影响主要在中高纬度地区比较大。

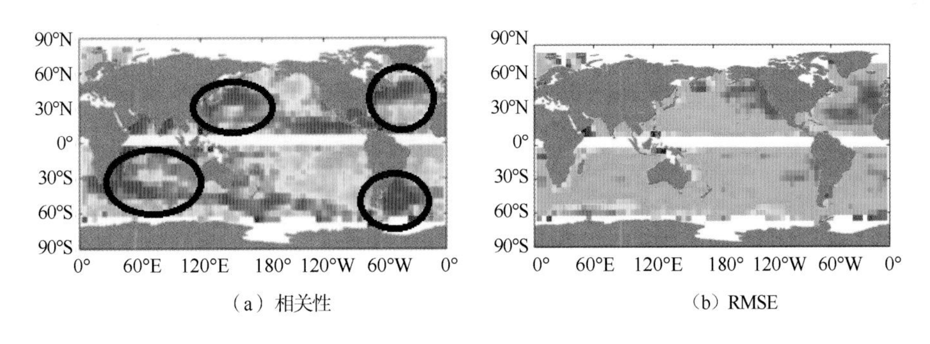

(a) 相关性　　(b) RMSE

图 8.62　卫星反演的海流与 Drifter 海流的全球比较分布

根据卫星反演的表层流与 Drifter 获取的综合海流相比较的全球分布特征，在相关系数高($R>0.8$)而 RMSE 低(RMSE<10)的区域是地转流、Ekman、波致流三个海流分量占主导的海域，通过将三个海流分量叠加，可直接被认为是海域中的综合海流(图 8.62)，而对于其他区域，卫星反演的海流与海面真实海流还有相当大的差异，需要考虑其他海流分量的影响。

8.5.4　多源融合遥感数据在海洋环境噪声估计中的应用

声波是目前唯一能够在海水介质中进行远距离传播的有效信息载体，人们创造了各种不同的水声设备，用来进行水下探测、识别、导航、定位、通信和遥控；而这些设备在水下的应用强烈地受到海洋水声环境的影响(汪德昭和尚尔昌，2013)。作为声波传播信道的海洋水声环境是极其复杂的时变、空变的随机信道，而其中一个非常重要的声学特性就是海洋环境噪声(郭新毅等，2014)。按照发生机理可以将海洋环境噪声的声源分为四类：海洋动力噪声、海洋生物噪声、海洋中的人为噪声和海洋热噪声。以上各类噪声中，海洋动力噪声是最主要的一类，在所有海区和任何水文条件下均有这种噪声的存在，而上述其他噪声均有地区性和时间性，如海洋生物噪声只有在近岸海区，气温条件适于生物生长时影响才较大，而人为噪声仅在近海港口区和航线附近才能明显观察到。其中，海洋动力噪声主要由海浪、海流、潮汐、地震、风等自然因素所形成的动力而产生的。潮汐、地震和湍流都是低频噪声的原因，而高频部分主要是由海面波浪所产生的，其主要物理机制出现在海面处及其附近，大多数与风场对海面的作用及风场形成的海面波浪活动有关(杨燕明，2010)。

现有的海洋环境噪声特性分析研究中，同步风场数据主要采用浮标测量得到的结果，由于其投入成本较高、覆盖范围较小，使得噪声同步数据较为缺乏，制约了海洋环境噪声研究的发展；而采用模式计算得到的海面风场，受初始场和边界条件的影响，与实际观测数据仍有区别。而随着卫星遥感技术的发展(蒋兴伟，2014；潘德炉等，2013)，特别是利用新型微波遥感器和星载微波散射计及高度计实现了对全球海面风场的观测，使大范围、长时序的噪声同步风场数据观测成为可能(林明森等，2013)，从而为海洋环境噪声的估计提供了一种新的手段。

1. 多源微波遥感数据融合

海面风是影响海洋环境噪声场的重要因素之一。因此，利用新型的微波遥感器，即三维成像高度计获取的数据，结合已有的高度计和散射计的数据，开展多源微波遥感数据融合，可以为噪声估计提供融合海面风场数据。具体的融合过程如下。

选择待融合的三维成像高度计海面风场和微波散射计及高度计海面风场数据与合适的坐标投影关系，剔除陆地、海冰区域的数据。主动式微波散射计风场反演过程中有三个主要因素影响海面矢量风的观测质量：第一，反演过程中得到的多个可能的风矢量解问题；第二，降雨对后向散射系数的污染而降低了风矢量的质量；第三，散射计星下点和刈幅边缘的风场数据质量降低。因此，需要对散射计风场进行质量控制。对于三维成像高度计风场数据，同样存在刈幅边缘位置的数据质量降低的情况，需要对数据进行质量控制。

多源微波遥感海面风场融合拟采用时空加权插值和 Kriging 插值两种方法。其中，构建变异函数并正确地估计模型的参数是 Kriging 插值算法的关键，常用的有效变异函数模型包括球型模型、指数模型和高斯模型。

(1) 球形模型：

$$\gamma(h)=\begin{cases}C_0+C_1\left[1.5h/a-0.5(h/a)^3\right] & 0\leqslant h\leqslant a\\ C_0+C_1 & h>a\end{cases} \tag{8.5.8}$$

(2) 指数模型：

$$\gamma(h)=C_0+C_1\left(1-\mathrm{e}^{-h/a}\right) \tag{8.5.9}$$

(3) 高斯模型：

$$\gamma(h) = C_0 + C_1\left[1 - e^{-(h/a)^2}\right] \tag{8.5.10}$$

式中，C_0 为块金值；C_1 为部分基台值；$C_0 + C_1$ 为基台值；h 为分离距离；a 为变差距离，即拟合的结果达到基台值时对应的距离。其中，块金值代表随机变异的量，基台值代表变量变异的结构性方差(吴学文和晏路明，2007)。在以半径为 a 的邻域内，任意两个数据都是相关的，且相关程度随距离增大而减弱。块金系数 $U = C_0/\left(C_0 + C_1\right)$ 是块金值与基台值的比值，用于反映变量的自相关程度，其值越小表明自相关程度越高。由于空间和时间的量纲不同，不能简单地将时间作为空间的一维进行处理，需要分别选取时间和空间的变异函数(李莎等，2012)。设定两个样本点间的时空距离为 $h = \left(h_s, h_t\right)$，当 $Z\left(s,t\right)$ 满足二阶平稳时，其协方差函数为

$$C(h_s, h_t) = \mathrm{Cov}\left[Z(s + h_s, t + h_t) - Z(s, t)\right] \tag{8.5.11}$$

则变异函数为

$$\gamma\left(h_s, h_t\right) = \frac{1}{2}E\left[Z\left(s + h_s, t + h_t\right) - Z\left(s, t\right)\right]^2 = \sigma^2 - C\left(h_s, h_t\right) \tag{8.5.12}$$

式中，σ^2 为 $Z\left(s,t\right)$ 的方差。在满足相应条件下，变异函数是有效的(张仁铎，2005)。采用一类积和式变异函数来拟合海面风场的时空变异结构(李莎等，2012)：

$$C_{st}\left(h_s, h_t\right) = k_1 C_s\left(h_s\right) C_t\left(h_t\right) + k_2 C_s\left(h_s\right) + k_3 C_t\left(h_t\right) \tag{8.5.13}$$

$$\gamma_{st}\left(h_s, h_t\right) = \left[k_1 C_t\left(0\right) + k_2\right]\gamma_s\left(h_s\right) + \left[k_1 C_s\left(0\right) + k_3\right]\gamma_t\left(h_t\right) - k_1\gamma_s\left(h_s\right)\gamma_t\left(h_t\right) \tag{8.5.14}$$

式中，C_{st} 为时空协方差；C_s 为空间协方差；C_t 为时间协方差；γ_{st}、γ_s、γ_t 为相应的变异函数；$C_{st}\left(0,0\right)$、$C_s\left(0\right)$、$C_t\left(0\right)$ 为相应的基台值。模型中的系数 k_1、k_2、k_3 为

$$\begin{aligned} k_1 &= \left[C_s\left(0\right) + C_t\left(0\right) - C_{st}\left(0,0\right)\right] / C_s\left(0\right) C_t\left(0\right) \\ k_2 &= \left[C_{st}\left(0,0\right) - C_t\left(0\right)\right] / C_s\left(0\right) \\ k_3 &= \left[C_{st}\left(0,0\right) - C_t\left(0\right)\right] / C_t\left(0\right) \end{aligned} \tag{8.5.15}$$

Kriging 插值的公式如下：

$$Z^*\left(s_0, t_0\right) = \sum_{i=0}^{n} \lambda_i Z\left(s_i, t_i\right) \tag{8.5.16}$$

式中，$Z^*\left(s_0, t_0\right)$ 为时空点 (s_0, t_0) 处的估计值；λ_i 为邻近观测值的权重系数，是由时空变异函数确定的。时空 Kriging 插值需要同时满足无偏性和估计方差最小的条件，为了求解 λ_i，引入拉格朗日乘数 μ，得

$$\begin{cases} \sum_{i=1}^{n} \lambda_i \gamma\left[(s_i, t_i) - (s_j, t_j)\right] + \mu = \gamma\left[(s_j, t_j) - (s_0, t_0)\right] \\ \sum_{i=0}^{n} \lambda_i = 1, \qquad i, j = 1, K, n \end{cases} \tag{8.5.17}$$

将 λ_i 代入式(8.5.16)，即可解算该点的估计值 $Z^*\left(s_0,t_0\right)$。

全球海面风场的融合结果如图 8.63 所示。

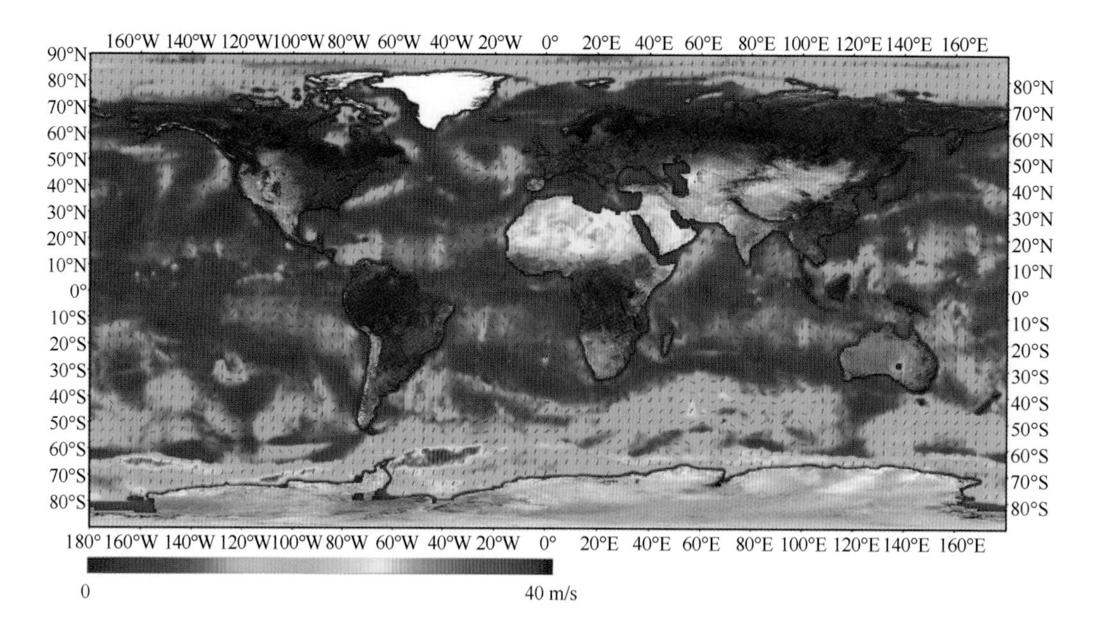

图 8.63　多源微波遥感观测海面风场融合结果

2. 海洋环境噪声估计

海洋环境噪声估计主要包括噪声源级和声传播两部分。其中，持续性自然噪声源主要分布在海面及海表一定深度范围内，而微波遥感观测的对象主要集中在海面。因此，本节提到的海洋环境噪声估计主要是指利用多源微波遥感数据对相关海洋环境噪声声源强度及其分布进行估计。

海洋环境噪声的研究和测量始于第二次世界大战期间，目前已有大量海洋环境噪声的研究结果。Dietz 等(1960)研究发现，在浅海海域当风速＜5 kn 且频率＜80Hz 时，风速与噪声谱级不存在相关性。Piggott(1964)对浅海的测量结果分析得出，在高频部分，风速对数与噪声谱级大致呈线性关系，在低频段(频率＜140Hz)时，风速在 25 kn 以上才对噪声有贡献。Crouch 和 Burt(1972)将此结果推广至深海海域。目前，最具代表性的噪声场谱级曲线包括 Knudsen 谱(Knudsen et al., 1948)、Wenz 谱(Wens，1962)、Piggott 谱、Crouch 谱等。林建恒等(2013)利用在中国近海获取的噪声数据对海面风场进行修正估计。笪良龙等(2014)利用预报的风速数据对南海夏季的海洋环境噪声与风速的相关性进行了分析。魏士俨等(2017)利用中国南海海域海洋环境噪声的观测数据、HY-2A 散射计和 ASCAT 数据，对星载微波散射计和 NCEP 海面风场数据与海洋环境噪声的相关性进行对比分析，结果表明，微波散射计海面风场与海洋环境噪声相关性较好且优于 NCEP(图 8.64)。

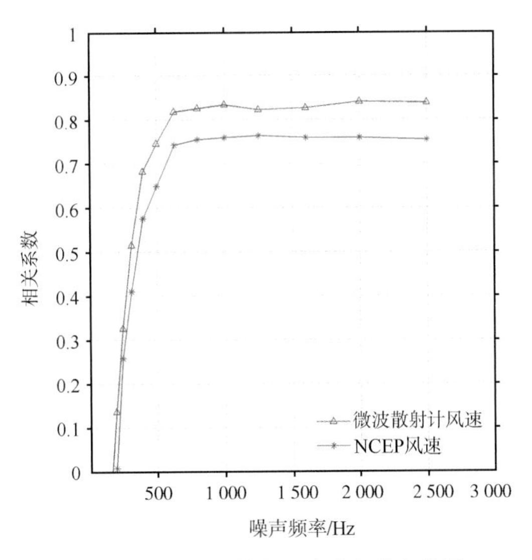

图 8.64　风速对数与噪声谱级的相关性

选取中国南海和西北太平洋部分海域为主要示范区，通过多源微波遥感数据的融合，得到该海域的海面风场(图 8.65)。

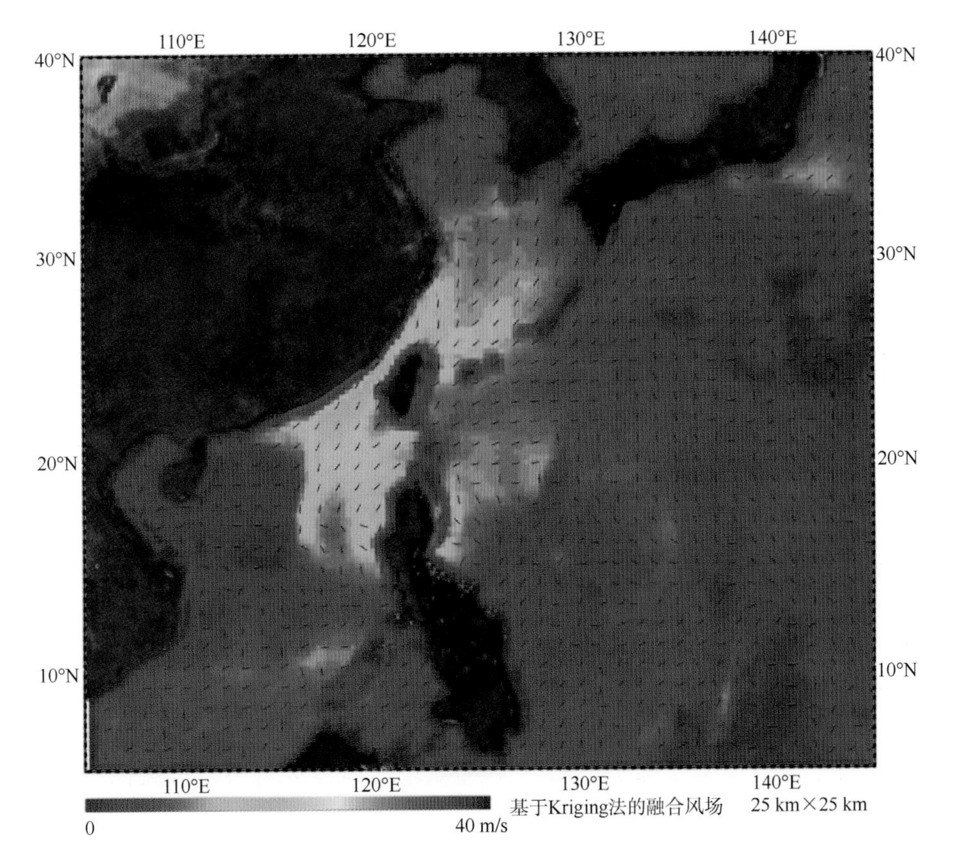

图 8.65　多源微波遥感海面风场融合结果

在此基础上，利用 Kuperman 等提出的风关海域环境噪声的经验公式(Kuperman et al.，2011)，对该海域的海洋环境噪声进行估计(图 8.66)。本节并未涉及声传播的内容，该结果仅为海洋环境噪声声源强度分布的估计。

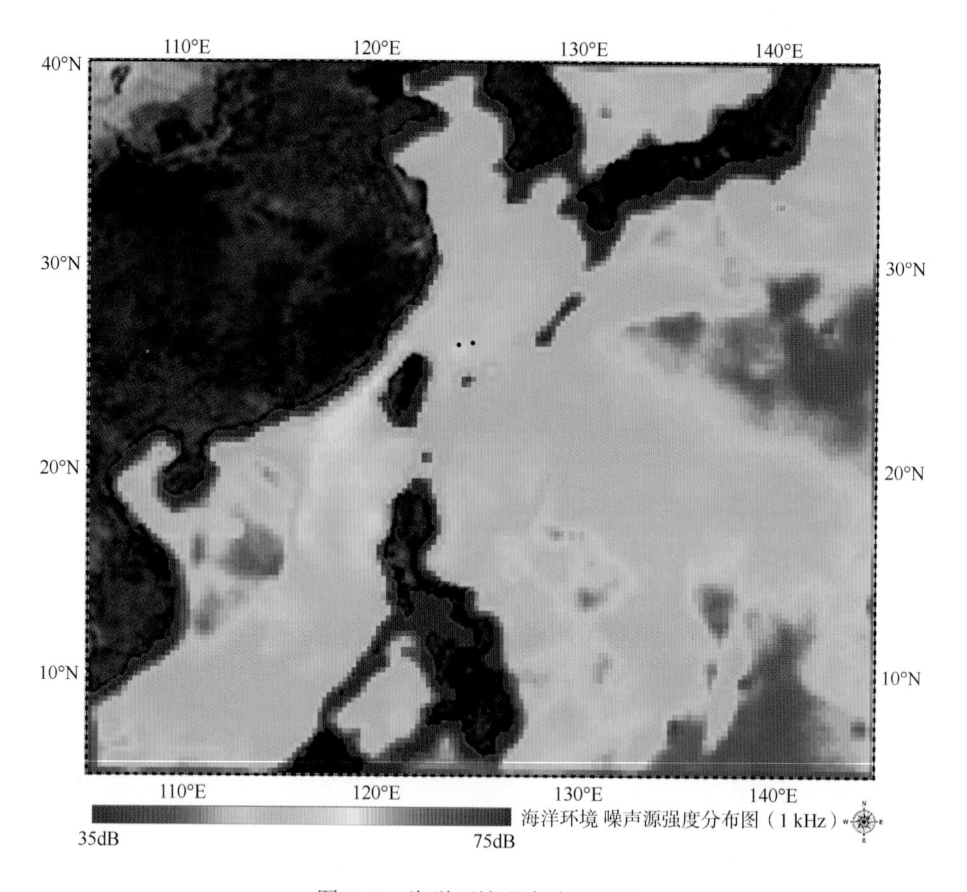

图 8.66　海洋环境噪声估计结果

参 考 文 献

曹楚, 王忠东, 林念萍, 等. 2014. 2013 年“菲特”台风暴雨的水汽和螺旋度分析. 广东气象, 36(5): 41-45.

笪良龙, 王超, 卢晓亭, 等. 2014. 基于潜标测量的海洋环境噪声谱特性分析. 海洋学报, 36(5): 54-60.

冯士筰, 李凤岐, 李少菁. 1999. 海洋科学导论. 北京: 高等教育出版社.

官元红, 周广庆, 陆维松, 等. 2008. 资料同化方法的理论发展及应用综述. 气象与减灾研究, 30(4): 1-8.

管长龙. 2000. 我国海浪理论及预报研究的回顾与展望. 中国海洋大学学报(自然科学版), 30(4): 549-556.

郭新毅, 李凡, 铁广朋, 等. 2014. 海洋环境噪声研究发展概述及应用前景. 物理, 43(11): 723-731.

贾永君, 张有广, 林明森. 2014. HY-2 卫星雷达高度计风速反演验证. 中国工程科学, 16(6): 54-59.

蒋兴伟. 2014. 海洋动力环境卫星基础理论与工程应用. 北京: 海洋出版社.

李莎, 舒红, 徐正全. 2012. 利用时空 Kriging 进行气温插值研究. 武汉大学学报信息科学版, 37(2):

237-240.
李晓明. 2010. ENVISAT 卫星 ASAR 波模式数据海浪反演算法研究. 青岛: 中国海洋大学.
林建恒, 蒋国健, 苑泉乐, 等. 2013. 一种海洋环境噪声估计风速的修正法. 声学学报, 31(3): 276-280.
林莉. 2014. 基于 SAR 复数据的海浪谱反演方法研究. 青岛：中国海洋大学.
林明森, 邹巨洪, 解学通, 等. 2013. HY-2A 微波散射计风场反演算法. 中国工程科学, 15(7): 68-74.
刘晓燕. 2014. SAR 反演海浪方向谱及其在中国海和西北太平洋的特性. 青岛: 中国海洋大学.
美国国家研究理事会海洋环境噪声对海洋哺乳动物的潜在影响研究委员会. 2010. 海洋噪声与哺乳动物. 杨燕明, 译. 北京: 海洋出版社.
潘德炉, 林明森, 毛志华, 等. 2013. 海洋微波遥感与应用. 北京: 海洋出版社.
汪德昭, 尚尔昌. 2013. 水声学. 北京: 科学出版社.
王海平, 高拴柱. 2014. 2013 年 10 月大气环流和天气分析. 气象, 40(1): 126-131.
王永强. 2014. HY-2 与 Jason-2 高度计数据对比及基于 Matlab GUI 的系统开发. 青岛: 中国海洋大学.
魏士俨, 杨晟, 许德伟. 2017. 星载微波散射计海面风场与海洋环境噪声的相关特性分析. 海洋学报, 39(5): 61-67.
吴学文, 晏路明. 2007. 普通 Kriging 法的参数设置及变异函数模型选择方法. 地球信息科学, 9(3): 104-108.
许富祥. 1991. 海浪灾害及中国海灾害性海浪分布规律. 烟台: 全国沿海地区减灾与发展研讨会.
张仁铎. 2005. 空间变异理论及应用. 北京: 科学出版社.
章国材. 2005. 美国 WRF 模式的进展和应用前景. 气象, 30(12): 27-31.
Barker D, Huang X Y, Liu Z, et al. 2012. The weather research and forecasting model's community variational/ensemble data assimilation system: WRFDA. Bulletin of the American Meteorological Society, 93(6): 831-843.
Courtier P, Andersson E, Heckley W, et al. 1998. The ECMWF implementation of three - dimensional variational assimilation (3D-Var). I: formulation. Quarterly Journal of the Royal Meteorological Society, 124(550): 1783-1807.
Crouch W W, Burt P J. 1972. The logarithmic dependence of surface-generated ambient-sea-noise spectrum level on wind speed. Journal of the Acoustical Society of America, 51(3): 1066-1072.
Derber J, Bouttier F. 1999. A reformulation of the background error covariance in the ECMWF global data assimilation system. Tellus A, 51(2): 195-221.
Dietz F T, Kahn J S, Birch W B. 1960. Effect of wind on shallow water ambient noise. Journal of the Acoustical of America, 32: 915.
Hasselmann K, Hasselmann S. 1991. On the nonlinear mapping of an ocean wave spectrum into a synthetic aperture radar image spectrum and its inversion. Journal of Geophysical Research Oceans, 96(C6): 10713-10729.
Ho C R, Hsu P C, Lin C C, et al. 2017. Satellite observations of rainfall effect on sea surface salinity in the waters adjacent to Taiwan// Remote Sensing of the Ocean, Sea Ice, Coastal Waters, and Large Water Regions. International Society for Optics and Photonics: 10422: P. 104220Z.
Hu J, Kawamura H, Hong H, et al. 2000. A review on the currents in the South China Sea: seasonal circulation, South China Sea warm current and kuroshio intrusion. Journal of Oceanography, 56(6): 607-624.
Isern-Fontanet J, Olmedo E, Turiel A, et al. 2016. Retrieval of eddy dynamics from SMOS sea surface salinity measurements in the Algerian Basin (Mediterranean Sea). Geophysical Research Letters, 43(12):

2016GL069595.

Knudsen V O, Afford R S, Emling J W. 1948. Underwaterambient noise. Journal of Marine Research, 7(3): 410-429.

Kuperman W A and Ferla M C. 1985. A shallow-water experiment to determine the source spectrum level of wind-generated noise. Journal of the Acoustical Society of America, 77(6): 2067-2073.

Li C, Zhao H, Li H, et al. 2016. Statistical models of sea surface salinity in the South China Sea based on SMOS satellite data. IEEE Journal of Selected Topics in Applied Earth Observations and Remote Sensing, 9(6): 2658-2664.

Lindskog M, Salonen K, Järvinen H, et al. 2004. Doppler radar wind data assimilation with HIRLAM 3DVAR. Monthly Weather Review, 132(5): 1081-1092.

Piggott C L. 1964. Ambient sea noise at low frequencies in shallow water of the Scotian Shelf. Journal of the Acoustical Society of America, 36: 2152-2163.

Shaw P T. 1991. The seasonal variation of the intrusion of the Philippine sea water into the South China Sea. Journal of Geophysical Research: Oceans, 96(C1): 821-827.

Wang Y, Jiang H, Zhang X, et al. 2014. Spatial and temporal distribution of sea surface salinity in coastal waters of China based on aquarius. IOP Conference Series: Earth and Environmental Science, 17(1): 012116.

Wens G M. 1962. Acoustic ambient noise in the ocean: spectraand sources. The Journal of The Acoustical Society of America, 34(12): 1936-1952.

Zeng L, Timothy L W, Xue H, et al. 2014. Freshening in the South China Sea during 2012 revealed by Aquarius and *in situ* data. Journal of Geophysical Research: Oceans, 119(12): 8296-8314.